MODERN
유체역학

공학박사 노 병 준
공학박사 나 기 대
공학박사 모 양 우
공학박사 박 길 문
공학박사 서 이 수
공학박사 이 행 남
공학박사 유 영 태
공저

東 明 社

모던 유체역학

초판 발행 2002년 1월 30일
10쇄 발행 2021년 2월 26일

지은이 노병준, 나기대, 모양우, 박길문, 서이수, 이행남, 유영태
펴낸이 최국주
펴낸곳 동명사
출판등록 1950년 11월 1일(제1-76호)
주소 (우 10881) 경기도 파주시 회동길 50(문발동)
전화 031-955-7200(대표)~2, 7203(편집부), 7204(물류)
팩스 031-955-7205
전자우편 webmaster@dmsbook.com
홈페이지 www.dmsbook.com

ISBN 978-89-411-0262-5 93550
값 39,000원

머리말

학문의 발전추이에 따라 국내 유체공학의 교육과 연구방향도 크게 변하여 선진화되어 가고 있다. 유체역학의 기본 이론은 변할 수가 없지만 이론을 적용하는 응용공학에서는 예전과는 달리 유체공학도 친환경적이고, 인간문화와 관련된 바이오메커닉스(Bio-Mechanics)공학으로 방향을 선회하여 가고 있다. 그리하여 최근에는 공학기초학문으로서의 유체역학의 교육도 복잡하고 난이한 고도의 이론교육보다는 실용적이며 쉽게 적용할 수 있는 내용에 중점을 두어 교육하고 있는 추세이다.

그동안 선배 제현들의 조언과 지도에 힘입어 기본 유체역학, 최신 유체역학 등을 저술하면서 수정과 보완을 거쳐 보다 나은 내용으로 개정하고자 노력하여 왔다. 그리하여 금번에는 폭넓은 학부과정의 교육수준에 맞추어 기본 유체역학을 근간으로 모던 유체역학을 새롭게 출간하게 되었으니 선배 제현들의 아낌없는 조언과 지도편달을 부탁드린다.

본 모던 유체역학에서는 유체의 성질과 단위, 점성유체와 비점성 유체, 운동량 이론, 경계층의 기본이론, 층류와 난류유동 등의 내용을 보다 이해하기 쉽게 기술하였으며, 마지막 장에서는 유체의 유속, 유량, 점도 등의 계측방법과 해석 그리고 계측장치의 설계기법을 수록하여 실제 적용할 수 있도록 내용을 수록하였다. 아울러 활용되는 단위로서 SI 단위, 공학단위, BG(EE)단위 등을 활용하여 문제해결에 도움이 되도록 하였으며, 부록에서는 유체공학에 필요한 제반 참고자료와 각 장에서 제시된 연습문제의 해답을 수록하여 유체역학을 공부하는 독자들에게 도움이 되도록 하였다.

끝으로 본 도서 발행해 수고해 주신 동명사 편집부 여러분과 협조해 주신 모든 분들에게 깊은 사의를 표하는 바이다.

2002년 2월

저 자

차 례

제1장 서 론

제2장 유체의 성질

제3장 유체 정역학

제4장 비점성 유체의 유동

제5장 점성유체의 유동

제6장 운동량 이론

제7장 층류유동

제8장 난류유동

제9장 경계층 이론

제10장 차원해석과 상사율

第11장 관로유동

第12장 수로유동

제13장 압축성 유체

제14장 유체계측

제 1 장

서 론

Introduction

1.1 유 체

일반적으로 물질은 고체(solids), 액체(liquids), 기체(gases)로 구분하며, 물질을 구성하고 있는 분자들의 밀집도에 따라 구분하기도 한다. 세 물질 중 분자들의 거리가 가장 조밀한 상태의 물질이 고체이고, 이에 비하여 분자간의 거리가 좀더 멀리 떨어져 있는 물질이 액체이며, 분자간의 거리가 가장 멀리 떨어져 그들의 운동이 가장 자유스러운 상태의 물질이 기체이다.

그러나 이 세 물질을 구성하고 있는 분자들은 각각 열을 가하면 분자들의 운동이 활발해지고, 어느 한계온도 이상이 되면 본래의 상태에서 다른 상태의 물질로 변하는 상태변화를 가져오게 된다.

단단한 쇠(鐵)에 열을 가하면 녹아서 액체의 상태로 되는 것이나, 물〔水〕에 열을 가하면 증발하여 기체, 즉 수증기 상태로 되는 것들은 모두 그러한 예라고 볼 수 있다.

그리하여 외부에서 열이나 압력을 가하지 않은 본래의 상태에서의 액체와 기체를 통틀어 유체(fluids)라고 한다.

액체라 함은 물 · 기름 등을 들 수 있고, 기체라 함은 공기라고 단순히 말할 수도 있지만, 좀더 구체적으로 말한다면 암모니아 가스(ammonia gas), 탄산가스, 산소 등의 가스를 총괄하는 말이다.

보다 더 역학적인 견지에서 유체를 정의해 보면, 유체는 정지상태에 있을 때에는 접선력(tangential force) 또는 전단력(shear force)을 받지 않는다. 그러나 유체는 매우 작은 외력이 유체입자에 작용하여도 이에 대해 계속적으로 저항할 수 있는 힘을 가지고 있지 않는 물질이다. 그리하여 전단력, 접선력 또는 수직력(normal force)에 의해서 발생하는 응력(stress)에 대한 성질로써 고체와 유체를 구별하기도 한다.

1.2 유체의 분류

유체는 상태, 물질적 성질, 외력에 대한 변화 등에 따라 분류하고 있다.

유체가 운동하고 있을 때에 발생하는 응력들은 실제적으로 점성(viscosity) 때문이다. 그리하여 유체를 점성에 의하여 구분하면 점성유체(viscous fluids)와 비점성유체(inviscid fluids)로 나눌 수 있다.

점성유체에 대해서는 뒷장에서 자세히 언급하겠지만, 우리가 물리적인 성질로 엄격

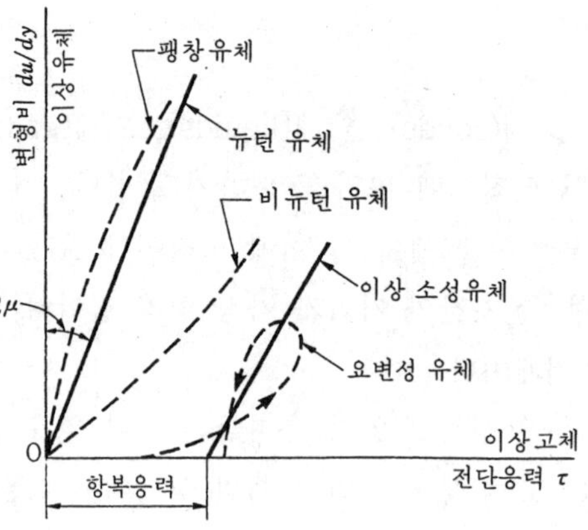

(a) 유 체

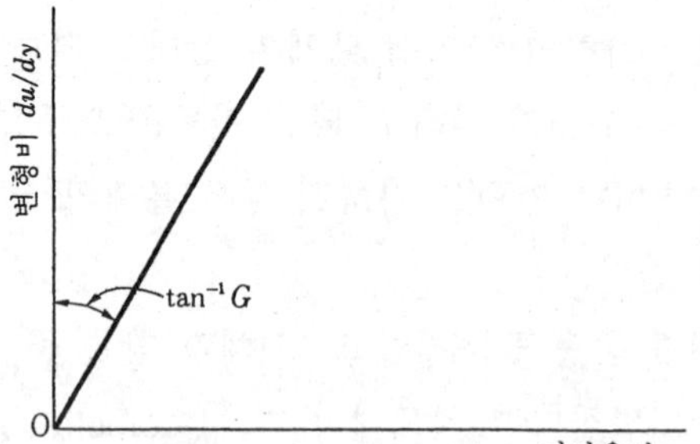

(b) 고 체

그림 1 · 1 Rhedogy 선도

〔주〕 Rheology : 물질의 변형과 유동에 관한 학문으로서 액체의 비뉴턴 운동과 고체의 소성유동이 이에 속한다.

히 논하면 모든 유체는 점성을 가지고 있다. 다만, 그 점도에 따라서 운동상태가 달라지고, 일정한 유동의 법칙, 즉 점성의 법칙〔또는 뉴턴의 점성법칙(Newton's law of viscosity)〕에 준하느냐, 않느냐에 따라 점성유체와 비점성 유체로 구분하게 된다. 나아가서 점성에 의한 유체의 구분에서, 일정한 온도와 압력하에서의 점성계수는 일정하므로 유체유동이 뉴턴의 점성법칙에 준하는 유체를 뉴턴 유체(Newtonian fluids)라 하고, 잉크나 우유처럼 이에 준하지 않는 유체를 비뉴턴 유체(non-Newtonian fluids)라고 한다.

유체 중에는 압력을 가하거나 유동속도가 음속 이상이 되면 그 체적(volume)이 감소하는 경우가 있다. 일반적으로 공기가 유동할 때 좁은 목(throat) 부분을 통과하는 경우, 그 속도가 초음속(340 m/s 이상)이 되면 체적의 감소를 가져오게 되며, 밀폐된 용기에 공기를 넣고 압축하면 그 압축력(압력)의 정도에 따라 그에 상당하는 체적의 감소를 가져오게 된다.

이와 같이 체적이 변화하는 기체와 같은 유체를 압축성 유체(compressible fluids), 물이나 기름처럼 압력이나 유속 등에 의해 체적이 변화하지 않는 유체를 비압축성 유체(incompressible fluids)라고 한다. 그러나 대부분의 경우, 공학적인 계산이나 응용에서는 모든 유체를 비압축성 유체로 취급하는 경우가 많다.

모든 유체에서 점성의 영향을 전혀 고려하지 않는 경우에는 완전유체(perfect fluids) 또는 이상유체(ideal fluids)라 하기도 한다.

1.3 유체역학

우리가 일상에서 가장 밀접하게 접하고 생에 필요로 하는 것이 유체이다. 공기, 물, 식용유, 공업용 기름이나 가스 등은 우리에게 직접 또는 간접으로 필수적인 물질이며, 이들 중에는 조금만 모자라도 인간에게 치명적인 영향을 주는 것도 있고, 만물의 소생의 원천이 되기도 한다. 이러한 유체들은 정지상태로 존재하면서 혜택을 주기도 하고, 운동상태에서 에너지를 발생하여 우리 생활에 도움을 주기도 한다.

고지대에 있는 호수의 물이 저지대로 흘러내리는 낙차(fall 또는 head)를 이용한 수력발전(hydraulic generation)이나 바람을 이용한 풍력발전, 그리고 유체의 상대적 유동을 이용한 공중을 나는 비행기와 항해하는 배, 가정에 공급되는 수돗물, 진공 소제기, 산업체에서 사용하는 유압기(oil press)나 공기 압축기(air press) 등과, 우리 체내에 흐르는 피〔血〕의 유동까지 유체와 인간은 뗄 수 없는 연맥을 이루고 있다. 이러한 유체의 제반 물리적 성질과 거동(behaviour)을 역학적으로 해석하는 학문을 유체역학(fluid mechanics)이라고 한다.

유체역학에서 정지상태에 있는 유체에 대한 역학적인 해석을 다루는 학문이 유체 정역학(fluid statics)이며, 운동하는 유체의 제반 역학적인 해석을 다루는 학문이 유체 동역학(fluid dynamics)이다.

이 밖에도 공기나 가스 등 기체에 대한 공기역학(aerodynamics 또는 gas dynamics)이 있으며, 관개수로(irrigation), 제방(dam), 수문(sluice) 등과 같은 물〔水〕의 처리에 관한 수력학(hydraulics)이 있다.

1.4 유체역학의 발달과정

유체유동에서 과학적으로 해석이 필요하고, 역학적인 계산이나 설계가 필요하기 시작한 것은 이집트·메소포타미아·인도 등 고대국가들이 관개수로에 대한 공사를 시작하면서부터였다. 그리하여 이때부터 수로의 특성을 이해하기 시작하였으나, 실제적으로 공사를 설계하여 시공할 수 있는 정도에까지 지식이 발달하지 못하였다.

유체에 대한 관심은 크게 증가되어, B.C. 220년경에는 Archimedes가 Hiero 2세의 왕관의 금량을 계산하기 위해 물을 이용한 것이 부력(buoyancy)에 대한 연구의 시초가 되었다.

같은 무렵에 유체기계(fluid machinery), 항해하는 배(vessel), 수로의 개선 등을 위하여 경험에 기초를 두고 수력학에 대한 많은 연구를 하였으나, 17~18세기에 이르기까지는 큰 성과를 거두지 못하였다.

결국 Isaac Newton(1642~1727), Daniel Bernoulli(1700~1782), Leonhard Euler(1707~1783) 등이 유체역학의 이론정립에 크게 기여하였다. 당시 수학자나 물리학자들에 의하여 정립된 이론식들은 점성(viscosity)을 전혀 고려하지 않았기 때문에 실제와는 큰 차이가 있다. 그리하여 실무 종사자들은 실제 점성유체에 사용할 수 있는 경험식(empirical equation)을 유도하여 사용하기는 하였으나 그 범위는 극히 한정되었다. 이러한 문제들은 20세기에 와서야 수학 및 물리학자들의 문제해결을 위한 노력과 엔지니어들의 실험에 의한 해결의 노력이 상호접근하기 시작하여 풀려나가기 시작하였으며, 유동(flow)에 대한 이해가 크게 진전되었다.

이 무렵까지는 모든 유동을 층류(laminar flow)로만 간주하여 왔으나 1883년에 Osborne Reynolds는 실험을 통하여 유동을 층류와 난류로 구분하였다. 그 후 그는 난류운동 방정식을 유도하였고, 뒤이어 많은 학자들에 의해 난류에 관한 연구가 시작되었다. 이후 약 1세기 후에 Ludwig Prandtl(1875~1953)은 경계층(boundary layer)의 개념을 제시하였다. 이 이론은 비행기 개발을 위한 고도의 분석과 해석에 크게 기여하였을 뿐만 아니라 점성이 적은 유체유동의 해석에도 큰 도움을 주었다.

기체역학은 비교적 새로운 분야로서 19세기경까지는 크게 대두되지 못하였다.

Bernhard Riemann(1826~1866)은 1860년에 충격파(shock wave)에 대한 논문을 발표하였으며, 20년 후에는 Ernst Mach(1838~1916)에 의해 초음속 유동(supersonic flow)에서 충격파에 대한 연구가 이루어졌다.

기체역학에 대한 체계적인 정리가 약 1세기를 지나면서 다시 Prandtl에 의하여 재정립되었으며, 이에 대한 관심은 제1차 세계대전 이후 더욱 커졌다. 그리하여 제2차 세계대전이 발발할 무렵에는 이미 초음속 풍동(supersonic wind tunnel)의 설계제작에 성공하였고, 이어서 초음속 비행기가 개발되었다.

최근의 유체역학의 연구는 아주 복잡한 난류에 집중되어 있으며, 정밀계측과 분석에 의한 정밀산업에의 응용에 큰 관련을 맺고 있다. 그리하여 유체역학을 순수한 기초과학의 의미보다는 이론과 응용의 동반과학으로서 유체공학(fluid engineering)이라고도 한다.

최근 첨단과학으로 일컫는 전자공학의 발달로 예전에는 불가능했던 난류성분의 계측과 분석이 정밀하고 신속하게 이루어지고 있으며, 특히 LDV(Laser Doppler Velocimeter), PIV(Particle Image Velocimeter) 등 계측장치의 개발은 유체공학의 계측연구에 획기적인 전환을 가져왔다. 그리하여 지금은 점성유체의 연구도 크게 진전되었으며, 계측분석 장치도 컴퓨터와 온라인화(on-line화)하여 자동계측, 자동신호 처리 등으로 일정한 유동형태를 이루지 않는 난류의 연구도 활발히 이루어지고 있다.

공학의 발달이 첨단화되어 가면서 유체공학의 계측과 분석도 급진적으로 발달되어 가고 있다. 유체유동을 실험적으로 계측분석하지 않고 이론식을 적용하여 수치적인 방법으로 컴퓨터에 의해 해석하는 전산 유체역학(CFD: Computational Fluid Dynamics)이 최근에 큰 비중을 차지하고 있다. 또한, 유체의 유동장을 영상(image)으로 컴퓨터에 입력하여 유동의 특성을 분석하는 영상분석 장치(image analyzing system)와 유체입자들의 크기와 속도 등을 계측할 수 있는 입자동적 분석장치(PDA: Particle Dynamic Analyzer)가 개발되었다. 이러한 계측장치들은 광섬유와 레이저광을 이용한 21세기의 최첨단 계측기들이다.

1.5 단 위

일반적으로 단위계를 구분하면 미터법(meter system)과 풋파운드법(foot-pound system)으로 되어 있으나, 우리나라와 프랑스 등은 미터법을, 미국과 영국 등은 풋파운드법을 사용하고 있다. 그러나 각국마다 사용하고 있는 단위들이 같지 않아 국제적인 학문 교류와 연구에 많은 불편이 있어, 이를 시정하기 위하여 1960년에 프랑스 파리에 있는 국제도량형협회 본부에서 40개국 과학자 대표들이 모여 이른바 국제단위계(Système International d'Unités)인 SI 단위를 사용하기로 채택하였으나, 각국에서는 과거 오랫동안 사용해 온 관습으로 이 제도가 완전히 활용되지 못하고 있는 실정이다.

이후 미국기계학회(ASME : American Society of Mechanical Engineers)에서는 1974년 7월 1일부터 모든 단위를 SI 단위로 통일하여 논문을 제출하도록 규정하였으나, 실제 사용자측에서도 저자나 나라에 따라 사용하는 단위가 다르기 때문에 많은 혼동을 가져오고 있다.

예를 들어 밀도단위의 경우, 이제까지 우리나라에서 사용해 온 공학 단위계에서는 $kgf \cdot s^2/m^4$로 표기하나, SI 단위계에서는 kg/m^3로 표기하여 우리가 사용해 온 공학 단위계에서의 비중량의 단위와 동일하여 혼동을 갖게 된다. 물론, SI 단위계에서 kg은 질량을 나타낸다. 그러므로 이후 독자들은 책에 따라 동일한 명칭의 물리량들이 표기되는 단위계에 따라 다르다는 것을 인지해야 한다.

또 다른 단위의 하나는 USCS계 단위로서 미국의 공학계에서 많이 사용되고 있는 푸트파운드계 단위이다. 그러나 요즈음은 SI계 단위 사용의 점진적인 증가로 사용빈도가 줄어들고 있으며, 제한된 기술논문에서나 산업현장에서 사용되고 있다.

또한 영국에서는 자기 나라에서 오랫동안 사용하여 온 BG 단위(British Gravitational Units), 또는 EE 단위(English Engineering Units)를 지금도 많이 사용하고 있다.

각 단위계에 따라 기본단위인 길이 · 질량 · 시간을 SI 단위계에서는 MKS(Meter-

표 1 · 1 SI 기본단위의 명칭과 기초

양	SI계의 명칭	기 호
길이	미터(meter)	m
질량	킬로그램(kilogram)	kg
시간	초(second)	s
전류	암페어(ampere)	A

Kilogram-Second)로 사용하고, 길이 · 힘 · 시간을 공학 단위계에서는 CGS(Centimeter-Gram-Second)로, BG(EE) 단위계와 USCS 단위계에서는 FPS(Foot-Pound-Second)로 사용하고 있다.

차후 본 교재에서 SI 단위, BG(EE) 단위, 공학단위, USCS 단위들을 독자들이 숙지하여 활용할 수 있도록 예제나 연습문제에서 고루 취급하게 될 것이다. 따라서 단위의 환산(부록 Ⅲ 참조)에 혼동하지 않도록 주의가 요구된다.

또한 단위계에 따라 질량이나 힘의 경우에는 다르게 사용되고 있으며 이는 표 1 · 2와 같다.

표 1 · 2 단위의 구분

구분 / 단위계	힘 또는 중량	질 량	비 고
SI 단위계	N	kg	
BG(EE) 단위계	lb	slug	
공학 단위계	kgf	kgf · s²/m	
USCS 단위계	lb	lbm	

표 1 · 3 SI계와 USCS계 단위

양	기 호	SI	USCS
가속도(acceleration)	a	m/s²	ft/s²
기체상수(gas constant)	R	J/kg · K	ft · lb/lbm · °R
면적(area)	A	m²	ft²
비열(specific heat)	C_p, C_v	J/kg · K	ft · lb/lbm · °R
속도(velocity)	V	m/s	ft/s
압력(pressure)	p	Pa	lb/ft²
양력(lift)	L	N	lb
엔탈피(enthalpy)	h	J/kg	ft · lb/lbm
엔트로피(entropy)	S	J/K	ft · lb/°R
유량(discharge)	Q	m³/s	ft³/s
절대온도(absolute temperature)	T	K	°R
중력상수(gravitational constant)	g	kg · m/N · s²	lbm · ft/lb · s²
질량(mass)	M	kg	lbm
토크(torque)	T	N · m	lb · ft

〔주〕 표 1 · 3에서 K는 Kelvine을, °R는 Rankine을 의미한다.

표 1·4 SI계와 BG계 단위

양	SI	BG	환 산
가속도(acceleration)	m/s^2	ft/s^2	$1\ ft/s^2 = 0.3048\ m/s^2$
각속도(angular velocity)	s^{-1}	s^{-1}	$1\ s^{-1} = 1\ s^{-1}$
길이(length)	m	ft	1 ft=0.3048 m
동력(power)	W=J/s	ft · lb/s	1 ft · lb/s=1.3558 W
밀도(density)	kg/m^3	$slug/ft^3$	$1\ slug/ft^3 = 515.4\ kg/m^3$
비열(specific heat)	$m^2/s^2 \cdot K$	$ft^2/s^2 \cdot °R$	$1\ m^2/s^2 \cdot K = 5.980\ ft^2/s^2 \cdot °R$
속도(velocity)	m/s	ft/s	1 ft/s=0.3048 m/s
시간(time)	s	s	1 s=1 s
압력(pressure)	$Pa = N/m^2$	lb/ft^2	$1\ lb/ft^2 = 47.88\ Pa$
에너지, 열, 일 (energy, heat, work)	J=N · m	ft · lb	1 ft · lb=1.3558 J
온도(temperature)	K	°R	1 K=1.8°R
점성계수(viscosity)	kg/m · s	slug/ft · s	1 slug/ft · s=47.88 kg/m · s
질량(mass)	kg	slug	1 slug=14.5939 kg

1 Newton(N)은 중력 가속도(g)가 작용하지 않는 물질의 순수한 무게 1kg에 가속도 $1\ m/s^2$이 작용하는 힘을 말한다.

$$1\ N = 1\ kg \times 1\ m/s^2$$

그러므로 공업적으로나 일상적으로 사용하고 있는 1 kgf의 중량은 중력 가속도(acceleration of gravity 또는 gravitational acceleration) $g = 9.8\ m/s^2$가 작용하므로

$$1\ kgf = 1\ kg \times 9.8\ m/s^2 = 9.8\ N$$

이 된다.

또한 에너지, 일 등의 단위들은 다음과 같다.

$$1\ J(Joule) = 1\ N \cdot m$$
$$1\ dyne = 1\ g \times 1\ cm/s^2$$

공업상의 일(work) : kgf · m

$$1\ J = 10\ megadyne \cdot cm = 0.1\ megadyne \cdot m$$
$$1\ kgf \cdot m = 9.8\ J = 0.98\ megadyne \cdot m$$
$$1\ kW = \frac{1000}{9.8}\ kgf \cdot m/s = 102\ kgf \cdot m/s$$
$$열량(Q) = 열당량(A) \times 일(W)$$

표 1·5 물리량의 공학단위와 SI 단위

양(quantity)	공학단위	SI 단위
가속도(acceleration)	m/s^2	m/s^2
각속도(angular velocity)	rad/s	rad/s
길이(length)	m	m
동력(power)	kgf · m/s	W, $kg \cdot m^2/s^3$
동점성계수(kinematic viscosity)	m^2/s	m^2/s
무게(weight)	kgf	$kg \cdot m/s^2$
밀도(density)	$kgf \cdot s^2/m^4$	kg/m^3
비중량(specific weight)	kgf/m^3	$kg/m^2 \cdot s^2$
속도(velocity)	m/s	m/s
시간(time)	s	s
압력(pressure)	kgf/cm^2	N/m^2. (Pa)
에너지(energy)	kgf · m	J, N · m, $kg \cdot m^2/s^2$
온도(temperature)	℃	℃
운동량(momentum)	kgf · s	kg · m/s
응력(stress)	kgf/cm^2	N/m^2
일(work)	kgf · m	J, N · m, $kg \cdot m^2/s^2$
절대온도(abolute temperature)	K	K
점성계수(viscosity)	$kgf \cdot s/m^2$	$N \cdot s/m^2$
질량(mass)	$kgf \cdot s^2/m$	kg
토크(torque)	kgf · m	$kg \cdot m^2/s^2$
힘(force)	kgf	N

이외에 많이 사용되지는 않으나 최초에 정의한 학자의 이름을 인용한 다음과 같은 단위들도 있다.

$$1\ \text{poise} = 1\ \text{g/cm} \cdot \text{s}$$
$$1\ \text{stokes} = 1\ \text{cm}^2/\text{s}$$
$$1\ \text{centistokes} = \frac{1}{100}\ \text{stokes}$$

예 제 1.1 1000 lb 중량의 물체에 지상에서 표준 중력 가속도 $g = 32.174\ \text{ft/s}^2$이 작용한다면

〔주〕 poise : 프랑스의 물리학자인 Jean Poiseuille(1799~1869)가 처음 그의 이름을 인용하여 사용한 단위이다.
stokes : 영국의 수학자이며 물리학자인 George Stokes(1819~1903)가 처음 그의 이름을 인용하여 사용한 단위이다.

(a) SI 단위로 몇 kg의 질량이 되겠는가?

(b) 달의 표면에서 표준 가속도가 $g_m = 1.62\ \mathrm{m/s^2}$인 곳에서 이 물체는 몇 뉴턴(N)의 무게가 되겠는가?

(c) 만약, 순수한 400 lb 중량의 힘이 지상이나 달에서 이 물체에 작용한다면 얼마의 가속도가 발생하겠는가?

풀이 뉴턴의 운동 방정식 $F = ma$에서

(a) $F = W = mg$, $1000\ \mathrm{lb} = (m\ \mathrm{slugs})(32.174\ \mathrm{ft/s^2})$

$$m = \frac{1000}{32.174} = (31.08\ \mathrm{slugs})(14.5939\ \mathrm{kg/slug}) = 453.6\ \mathrm{kg}$$

(b) $F = W_m = mg_m = (453.6\ \mathrm{kg})(1.62\ \mathrm{m/s^2}) = 734.8\ \mathrm{N}$

(c) $F = ma$, $400\ \mathrm{lb} = (31.08\ \mathrm{slugs})(a\ \mathrm{ft/s^2})$

$$a = \frac{400}{31.08} = 12.87\ \mathrm{ft/s^2} = 3.92\ \mathrm{m/s^2}$$

가속도는 어느 곳에서나 동일하게 발생한다.

예제 1.2 293.16 K (20℃)에서 물의 점성계수는 $\mu = 0.01$ poise이다. 이 값을 BG 단위로 환산하라.

풀이 $$\mu = (0.001\ \mathrm{kg/m \cdot s})\frac{1\ \mathrm{slug}}{14.59\ \mathrm{kg}}(0.3048\ \mathrm{m/ft})$$

$$= 2.09 \times 10^{-5}(\mathrm{slug/ft \cdot s})$$

1.6 차 원

물리량이나 역학적인 단위들은 기본적으로 질량 · 길이 · 시간 등으로 나타낸다. 따라서 SI 단위계에서는 질량(mass)을 M, 길이(length)를 L, 시간(time)을 T로 표기하여 MLT계(MLT system)라 하고, 공학 단위계에서는 질량 M 대신에 힘(force) F로 표기하여 FLT계(FLT system)라고 한다.

그러므로 힘이나 질량이 포함되지 않은 물리량의 단위들은 계에는 관계없이 동일한 차원을 갖는다.

표 1 · 6에는 여러 가지 물리량들의 기호와 MLT계, FLT계 차원들이 제시되어 있다.

표 1·6 여러 가지 물리량의 차원

양(quantity)	기 호	MLT계	FLT계
가속도(acceleration)	a	LT^{-2}	LT^{-2}
각(angle [radians])	θ	$M^0L^0T^0$	$F^0L^0T^0$
각가속도(angular acceleration)	α	T^{-2}	T^{-2}
각속도(angular velocity)	ω	T^{-1}	T^{-1}
각운동량(angular momentum)	I_w	ML^2T^{-1}	FLT
관성모멘트(moment of inertia)	I	ML^2	FLT^2
길이(length)	l	L	L
동력(power)	P	ML^2T^{-3}	FLT^{-1}
동점성계수(kinematic viscosity)	ν	L^2T^{-1}	L^2T^{-1}
면적(area)	A	L^2	L^2
모멘트(moment)	T_0	ML^2T^{-2}	FL
밀도(density)	ρ	ML^{-3}	$FL^{-4}T^2$
비열(specific heat)	k	$L^2T^{-2}\theta^{-1}$	$L^2T^{-2}\theta^{-1}$
비중량(specific weight)	γ	$ML^{-2}T^{-2}$	FL^{-3}
속도(velocity)	V	LT^{-1}	LT^{-1}
시간(time)	t	T	T
압력(pressure)	P	$ML^{-1}T^{-2}$	FL^{-2}
에너지(energy)	W	ML^2T^{-2}	FL
열량(heat)	Q	ML^2T^{-2}	FL
온도(temperature)	T	θ	θ
운동량(momentum)	mV	MLT^{-1}	FT
응력(stress)	σ	$ML^{-1}T^{-2}$	FL^{-2}
일(work)	W	ML^2T^{-2}	FL
점성계수(dynamic viscosity or viscosity)	μ	$ML^{-1}T^{-1}$	$FL^{-2}T$
주기(frequency)	f	T^{-1}	T^{-1}
질량(mass)	m	M	M
질량유량(mass flow rate)	$\dot{m}$	MT^{-1}	$FL^{-1}T$
체적(volume)	V	L^3	L^3
체적유량(volume flow rate)	Q	L^3T^{-1}	L^3T^{-1}
탄성계수(modulus of elasticity)	K	$ML^{-1}T^{-2}$	FL^{-2}
토크(torque)	T_0	ML^2T^{-2}	FL
표면장력(surface tension)	σ	MT^{-2}	FL^{-1}
힘(force)	F	MLT^{-2}	F

제 2 장

유체의 성질
Fluid Properties

2.1 물리량의 정의

2.1.1 질량(Mass), M

질량(M)은 유체의 양(quantity)을 나타내는 말로서, 유체의 내부조직과 크기의 함수이다. 질량은 창조하거나 파괴할 수 없으나 형태를 바꿀 수는 있다. 그러므로 질량 보존의 법칙(law of conservation of mass)은 압력과 온도가 일정한 경우에 시간과 위치에 따라 질량은 불변하므로 역학적인 식으로 다음과 같이 표기할 수 있다.

$$\frac{dM}{dt} = \frac{dM}{ds} = 0 \qquad (2 \cdot 1)$$

여기서 t는 시간, s는 위치를 나타낸다.

질량의 단위는 SI 계에서는 kg이며, 미국에서는 관례적으로 lbm으로 사용하고 있다. 역학적으로는 무게를 중력 가속도로 나눈 값으로

$$M = \frac{W}{g} \ \mathrm{kgf \cdot s^2/m} \qquad (2 \cdot 2)$$

와 같이 표기된다.

2.1.2 밀도(Density), ρ

밀도는 단위체적당 질량으로 정의되어 있다. 질량을 M, 체적을 V라 하면

$$\rho = \frac{M}{V} \text{ kg/m}^3\text{(SI 단위)} \tag{2·3}$$

$$\rho = \frac{W}{g} \Big/ V \text{ kgf} \cdot \text{s}^2/\text{m}^4\text{(공학단위)} \tag{2·3 a}$$

$$\rho = \frac{M}{V} \text{ slug/ft}^3\text{(BG와 EE 단위)} \tag{2·3 b}$$

SI계 단위로 나타냈을 때 밀도의 역수는 비체적(specific volume)으로 다음과 같다.

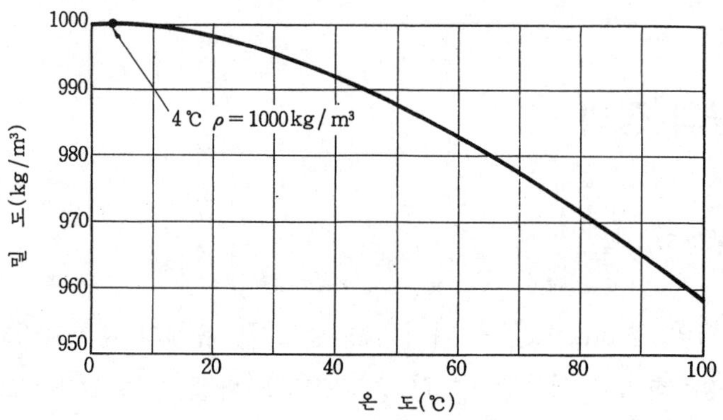

그림 2·1 온도에 따른 물의 밀도변화

표 2·1 압력과 온도에 따른 물의 밀도

온도(℃)	압력					
	25 bar (224℃)	50 bar (264℃)	75 bar (290.6℃)	100 bar (311.1℃)	150 bar (342.24℃)	200bar (365.8℃)
20	994.0	1000.5	1001.6	1002.8	1005.0	1007.3
40	993.3	994.4	995.5	996.6	998.7	1000.8
80	972.8	973.9	975.0	976.1	978.3	980.5
120	944.3	945.5	946.8	948.0	950.4	952.7
160	908.6	910.1	911.6	913.0	915.9	918.7
200	865.4	867.3	869.2	871.1	874.7	878.1
220	840.5	842.7	845.0	847.1	851.2	855.2
260	–	784.4	787.6	790.8	796.8	802.4
300	–	–	–	715.7	726.2	735.5
Sat	835.2	777.7	731.1	688.5	603.1	491.2

$$v = \frac{1}{\rho} = \frac{V}{M}\ \mathrm{m^3/kg} \qquad (2 \cdot 4)$$

밀도는 점성과 마찬가지로 압력과 온도의 함수이다. 표 2 · 1은 압력이 25 bar에서 200 bar까지, 온도가 20℃에서 300℃까지 변화할 때 물의 밀도를 나타낸 값들이다.

예제 2.1 5℃에서 물의 밀도가 SI 단위로 $\rho = 999.96\ \mathrm{kg/m^3}$이다. (a) slug-ft 단위와, (b) lbm 단위로 나타내라.

풀이 (a) $\rho = 999.96\ \mathrm{kg/m^3} \times \frac{1}{14.594}\ \mathrm{slug/kg} \times (0.3048\ \mathrm{m/ft})^3$

$= 1.94023\ \mathrm{slug/ft^3}$

(b) $\rho = 1.94023\ \mathrm{slug/ft^3} = 1.94023 \frac{\mathrm{lb \times s^2 \times lbm}}{\mathrm{ft^4 \times lb}} \times 32.174\ \mathrm{ft/s^2}$

$= 62.425\ \mathrm{lbm/ft^3}$

예제 2.2 표준 해수면 기압($p = 101\ \mathrm{kN/m^2}$)하에 있는 공기의 온도가 4℃이다. 공기의 밀도는 얼마인가?

풀이 $\rho = \frac{P}{RT} = \frac{101 \times 10^3\ \mathrm{N/m^3}}{287\ \mathrm{J/kg \cdot K} \times (273+4)\mathrm{K}} = 1.27\ \mathrm{kg/m^3}$

2.1.3 비중량(Specific weight), γ

비중량은 단위체적당의 무게이다.

$$\gamma = \frac{W}{V}\ \mathrm{kgf/m^3}(\text{공학단위}) \qquad (2 \cdot 5)$$

비중량, 밀도, 중력 가속도의 관계식은

$$\gamma = \rho g \qquad (2 \cdot 6)$$

비중량 BG 단위는 $\mathrm{lb/ft^3}$이며, SI 단위는 $\mathrm{N/m^3}$로 표기된다.

순수한 물의 비중량은 표준 대기압하($g = 32.174\ \mathrm{ft/s^2} = 9.807\ \mathrm{m/s^2}$) 바다 표면의 높이에서 60°F일 때 BG 단위로 $62.4\ \mathrm{lb/ft^3}$이며, SI 단위로는 $9.80\ \mathrm{kN/m^2}$이다. 그러나 공학적인 계산에서는 $1000\ \mathrm{kgf/m^3}$를 많이 사용하고 있다.

식 (2 · 6)에서 볼 수 있는 바와 같이 비중량은 밀도의 함수이므로 어떤 유체의 특성을 나타낼 때 많이 사용하고 있으며, 공기의 경우에는 $pv = \frac{p}{\rho g} = \frac{p}{\gamma} = RT$의 관계로부터 임의 압력에 대한 밀도와 비체적을 계산하기도 한다.

2.1.4 비중(Specific gravity), S

비중이란 4℃에서 순수한 물의 밀도에 대한 대상물질의 밀도의 비이다. 즉, 물의 비중량에 대한 대상물질의 비중량의 비로 정의하거나 물의 무게에 대한 물의 부피와 동일한 대상물질의 무게의 비로 정의하고 있다.

$$S = \frac{\rho_m}{\rho_w} = \frac{\gamma_m}{\gamma_w} = \frac{W_m}{W_w} = \frac{M_m}{M_w} \tag{2·7}$$

여기서 첨자 w와 m은 물과 대상물질을 나타낸다.

예제 2.3 기온이 4℃인 표준 대기압($p = 101\ \mathrm{kN/m^2}$) 상태에서 공기의 밀도를 구하라.

풀이 Boyle-Charles의 공식 $p = \rho RT$에서 공기의 기체상수 $R = 287\ \mathrm{J/kg \cdot K}$이므로

$$\text{밀도}: \rho = \frac{p}{RT} = \frac{101 \times 10^3\ \mathrm{N/m^2}}{287\ \mathrm{J/kg \cdot K} \times 281\ \mathrm{K}} = 1.25\ \mathrm{kg/m^3}$$

예제 2.4 체적이 $14\ \mathrm{m^3}$이고, 질량이 1200 kg인 디젤유의 밀도, 비체적 및 비중을 구하라.

풀이
$$\text{밀도}: \rho = \frac{M}{V} = \frac{1200}{14} = 85.7\ \mathrm{kg/m^3}$$

$$\text{비체적}: v = \frac{1}{\rho} = \frac{1}{85.7} = 0.012\ \mathrm{m^3/kg}$$

$$\text{비중}: S = \frac{\rho}{\rho_w} = \frac{85.7}{1000/9.8} = 0.84$$

예제 2.5 온도 20℃, 압력이 $400\ \mathrm{kN/m^2}$인 대기압하에서 공기의 밀도와 비체적을 구하라.

풀이 공기의 기체상수는 $R = 287\ \mathrm{J/kg \cdot K}$이고, Boyle-Charles의 공식 $pv = RT$

에서 $p = \rho RT$이므로

$$\text{밀도}: \rho = \frac{p}{RT} = \frac{400,000\ \text{N/m}^2}{287\ \text{J/kg}\cdot\text{K}\times 293\ \text{K}} = 4.76\ \text{kg/m}^3$$

$$\text{비체적}: v = \frac{1}{4.76} = 0.21\ \text{m}^3/\text{kg}$$

예 제 2.6 체적이 0.84 ft^3인 압력공기 탱크에 공기가 가득 채워지면 게이지 압력으로 50 psi가 된다. 이때 탱크 내에 있는 공기의 무게를 구하라. 단, 온도는 70°F이고, 절대 대기압은 14.7 psi이다.

풀 이 우선 공기의 밀도를 구하면,

$$\rho = \frac{p}{RT} = \frac{(50\ \text{lb/in}^2 + 14.7\ \text{lb/in}^2)(144\ \text{in}^2/\text{ft}^2)}{(1716\ \text{ft}\cdot\text{lb/slug}\cdot{}^\circ\text{R})[(70+460)^\circ\text{R}]} = 0.0102\ \text{slug/ft}^3$$

따라서, 공기의 무게는 $1\ \text{lb} = 1\ \text{slug}\cdot\text{ft/s}^2$이므로

$$W = \rho g V = (0.0102\ \text{slug/ft}^3)(32.2\ \text{ft/s}^2)(0.84\ \text{ft}^3) = 0.276\ \text{lb}$$

2.2 압력과 응력, p, $\sigma(\tau)$

정지유체에서 압력(pressure)이라 함은 유체에 수직으로 작용하는 단위면적당의 힘(force)을 말한다. 따라서, 압력은 단위면적에 작용하는 힘으로서 이에 대응하는 힘을 응력(stress)이라고 한다.

응력에는 작용하는 외력에 방향에 따라 수직응력과 전단응력으로 구분하고 있다. 즉, 면적에 수직으로 외력이 작용할 때 발생하는 응력을 수직응력(normal stress)이라 하고, 유체의 유동층과 층 사이에서 전단력(shear force)에 의하여 발생하는 응력을 전단응력(shear stress)이라 한다. 결국, 응력들과 압력은 단위면적에 대응하거나 작용하는 힘으로서 동일한 단위를 갖게 한다. 면적 $A\ \text{cm}^2$에 힘 $F\ \text{kgf}$가 작용하였다면

$$p = \frac{F}{A}\ \text{kgf/cm}^2 \tag{2·8}$$

$$\sigma = \tau = \frac{F}{A}\ \text{kgf/cm}^2 \tag{2·9}$$

SI 단위에서 압력은 Pa(Pascal)로 많이 사용하고 있으며, 경우에 따라서는 문자로서 압력의 단위를 나타내기도 한다.

$1\,\text{Pa} = 1\,\text{N/m}^2$

psf : pounds per square feet

psi 또는 lb/in^2 : pounds per square inch

psia : 절대압력(absolute pressure)

absolute pressure per square inch

psig : 계기압력(gage pressure)

gage pressure per square inch

등이 있고, 절대압력은

$$\text{절대압력} = \text{계기압력} + \text{대기압}(1\,\text{atm})$$

$$\text{표준 대기압 } 1\,\text{atm} = 14.696\,\text{lb/in}^2 = 29.92\,\text{in}\cdot\text{Hg}(0℃\text{에서})$$
$$= 1.013\,\text{bar} = 100\,\text{kN/m}^2 = 1.0332\,\text{kgf/cm}^2$$

예 제 2.7 xy평면상에서 넓이가 $30\,\text{cm}^2$인 면에 벡터 힘 $\mathbf{F} = (5\,\mathbf{i} + 4\,\mathbf{j} + 6\,\mathbf{k})$ kgf가 작용한다. 이 힘의 수직성분과 전단성분을 계산하라. 또, 여기에 발생하는 수직응력(normal stress)과 전단응력(shear stress)을 구하라.

풀 이 여기서, xy 평면상에서의 면적 $30\,\text{cm}^2$에 수직한 단위벡터는 $\mathbf{k}$이다. 그러므로 $\mathbf{F}_n = 6\,\text{kgf}$($\mathbf{k}$방향 성분의 힘)이다. xy, yz에 수직한 성분은 $\mathbf{F}_x = 5\,\text{kgf}$($\mathbf{i}$ 방향 성분의 힘), $\mathbf{F}_y = 4\,\text{kgf}$($\mathbf{j}$ 방향 성분의 힘)이다. 따라서, xy 평면에 작용 작용하는 전단성분은

$$\mathbf{F}_s = \sqrt{\mathbf{F}_x^{\,2} + \mathbf{F}_y^{\,2}} = 6.4\,\text{kgf}$$

따라서, 수직응력 σ_n과 전단응력 τ는

$$\sigma_n = \frac{6}{30} = 0.2\,\text{kgf/cm}^2$$

$$\tau = \frac{6.4}{30} = 0.213\,\text{kgf/cm}^2$$

2.3 점 성

모든 유체는 앞에서 말한 바와 같이 점성을 가지고 있다. 이 유체가 유동하는 경우에 어느 속도 내에서는 일종의 층류유동(laminar flow)을 하게 된다. 그러므로 그림 2 · 2에서와 같이 유체의 층과 층 사이에는 서로 다른 유속이 형성된다.

점 1과 점 2 사이의 거리가 dy이고, 점 1에서의 속도를 u, 점 2에서의 속도를 $u+du$라고 하면, 점 1을 통과한 유체입자가 dt시간 동안에 움직인 거리는 $d_1 = udt$, 점 2에서는 $d_2 = (u + du)dt$가 된다. 그러므로 1층과 2층 사이에서 발생하는 상대적 변위(relative displacement)는 $\dfrac{(d_2 - d_1)}{dy} = \dfrac{du\,dt}{dy} = \left(\dfrac{du}{dy}\right)dt$로 나타낼 수 있다. 그러나 아주 작은 응력을 받고 있는 유체유동에서 연속적으로 작용하는 일정한 응력의 결과는 그림 2 · 2에서와 같이 아주 작은 변형(strain)으로 간주할 수 있으므로, 유체유동에서 응력은 변형률(rate of strain)에 관련되어 있다.

유동하고 있는 유체의 층 사이에는 분명히 마찰력이나 전단력(frictional or shearing force)이 존재한다. 이 전단력에 의하여 단위면적에 발생하는 응력을 전단응력(shear stress)이라 하여 τ로 표기하고, 뉴턴은 이 전단응력을 상대적 변형(relative strain), 즉 $\dfrac{du}{dy}$에 비례한다고 보고 다음과 같은 식을 제시하였다.

$$\tau \propto \frac{du}{dy} \tag{2 · 10}$$

이 식에 비례상수 μ를 도입하면

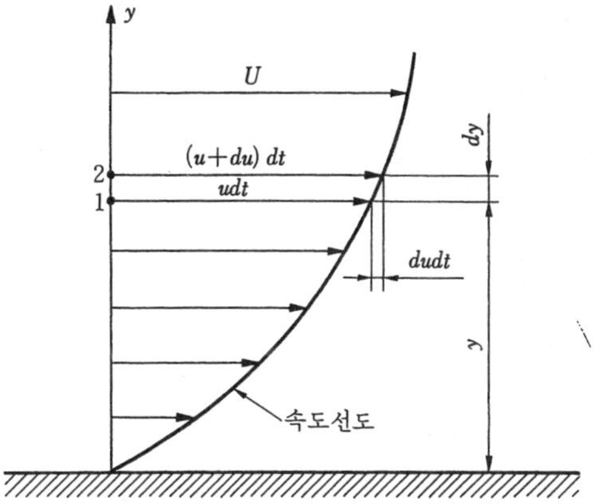

그림 2 · 2

$$\tau = \mu \frac{du}{dy} \tag{2 · 11}$$

로 놓을 수 있다. 식 (2 · 11)에서 비례상수 μ를 그 유체의 점성계수(coefficient of viscosity or dynamic viscosity)로 정의하였다.

이는 훅의 탄성의 법칙(Hook's law of elasticity)과 마찬가지로 벽면으로부터의 아주 가까운 층 내에서는 식 (2 · 11)에서와 같이 전단응력의 변화는 점성계수를 비례상수로 하여 직선적으로 변화하는 것을 알 수 있다.

이 식은 1668년에 처음으로 뉴턴이 세운 점성유체의 층류유동에 대한 식이며, 이를 점성의 법칙 또는 뉴턴의 점성의 법칙(Newton's law of viscosity)이라 한다. 이 식의 성립여부는 후에 많은 학자들의 실험을 통하여 증명이 되었으며, 현재는 경계층(boundary layer)의 계산에 많이 이용되고 있는 매우 중요한 식이다.

그림 2 · 2에서와 같이 속도 기울기 $\dfrac{du}{dy}$를 갖는 점성유체의 유동에서 전단력에 의한 변형(strain)과 전단응력은 밀접한 관계를 가지고 있다. 그림 2 · 3에서 볼 수 있는 바와 같이 $dx \cdot dy$평면에서 dy만큼 떨어진 위층과 아래층 사이에 속도 차이가 du일 때 dt시간 동안 움직인 거리 차이 $du\,dt$에 대한 각변형을 $d\theta$라 하면

$$du\,dt = d\theta\,dy \tag{2 · 12}$$

로 쓸 수 있으므로

$$\tau = \mu \frac{du}{dy} = \mu \frac{d\theta}{dt} \tag{2 · 13}$$

의 관계가 성립하여 전단응력은 속도 기울기와 각 변형률에 비례함을 알 수 있다.

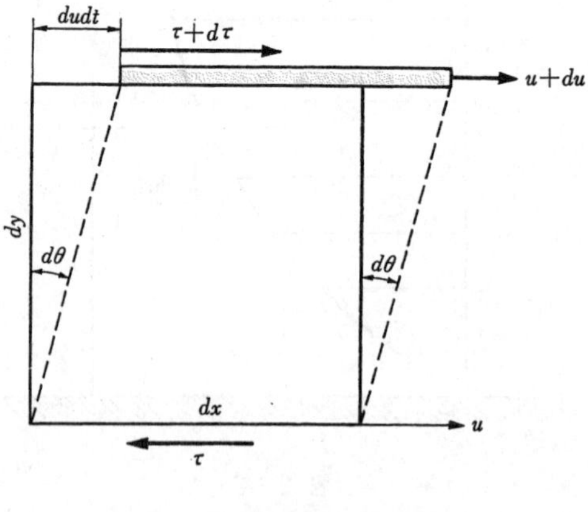

그림 2 · 3

때때로 유체유동의 운동 방정식이나 계산에서 점성계수 μ를 밀도 ρ로 나누어 사용하는 경우가 많다. 그리하여 그 몫을 ν로 표시하여

$$\nu = \frac{\mu}{\rho} \tag{2·14}$$

로 나타내고, ν를 동점성 계수(coefficient of kinematic viscosity) 또는 동점도(kinematic viscosity)라고 한다.

Helmholtz는 Poiseuille의 실험식을 응용하여 대기압하에서 물의 점성계수와 동점성 계수를 다음과 같이 계산하였다.

$$\mu = \frac{0.01779}{1 + 0.03368\,T + 0.00022099\,T^2} \text{ poise} \tag{2·15}$$

$$\nu = \frac{0.01779}{1 + 0.03368\,T + 0.00022099\,T^2} \text{ strokes} \tag{2·16}$$

여기서 T는 ℃이다.

Bingham도 역시 대기압하에서 순수한 물의 점성계수의 실험식을 다음과 같이 구하였다.

$$\mu = [0.021482\{T - 8.435 + (T^2 - 16.87\,T + 8149.5492)^{0.5}\} - 1.20]^{-1} \tag{2·17}$$

여기서 T의 단위는 ℃이다.

Gindly와 Gibson은 공기의 점성 계수식을

$$\mu = 0.0001702(1 + 0.00329\,T + 0.000007\,T^2) \text{ poise} \tag{2·18}$$

로 나타내었고, 또 Sutherland는 기체의 점성에 대한 관계식으로부터 식 (2 · 19)와 같은 실험식을 구하였다.

$$\mu = \mu_0 \frac{273 + C}{T + C}\left(\frac{T}{273}\right)^{\frac{3}{2}} \tag{2·19}$$

여기서 μ_0는 절대온도 $T = 273$℃에 있어서의 점성계수, C는 기체에 따라 정해지는 상수이다.

나아가서 가스의 운동이론으로부터 유도된 다음 식 (2 · 20)을 사용하여 가스의 점성계수를 계산하기도 한다.

$$\mu = \frac{1}{\pi d_0} \frac{MV}{3\sqrt{2}} \tag{2 · 20}$$

여기서 M은 분자량, d_0는 분자의 지름, V는 분자운동의 평균속도를 나타낸다. 그러나 실제적으로 사용되고 있는 가스의 점성계수의 가정식은 다음과 같다.

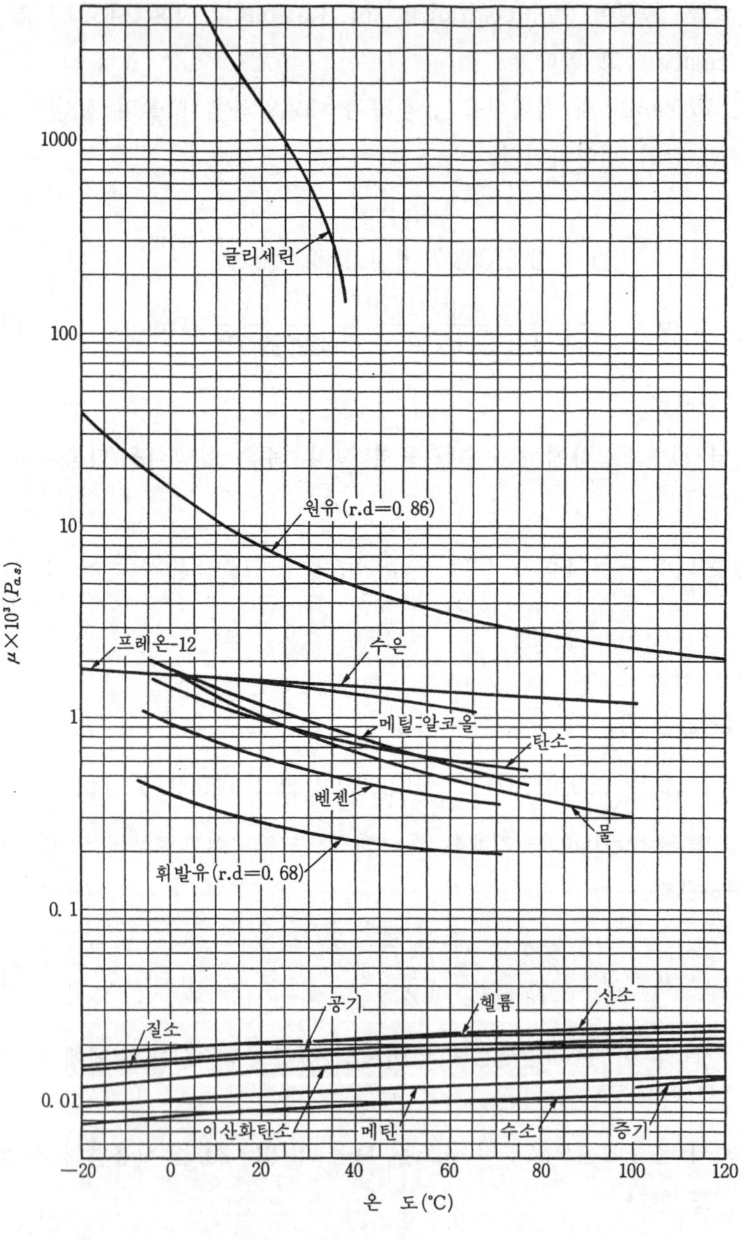

그림 2 · 4 온도와 유체의 점성관계

$$\mu = \mu_0 \left(\frac{T}{T_0} \right)^n \qquad (2 \cdot 21)$$

여기서 μ_0는 T_0에서의 점성계수이고 n은 기체에 따라 변하는 지수로서, 상온에서

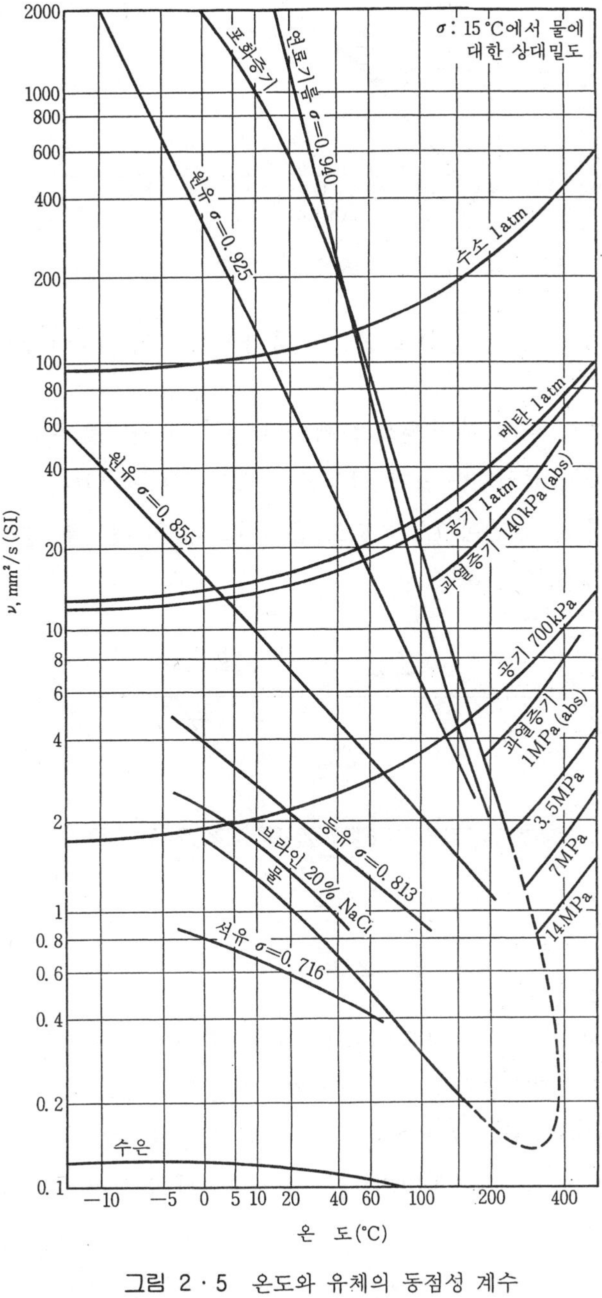

그림 2·5 온도와 유체의 동점성 계수

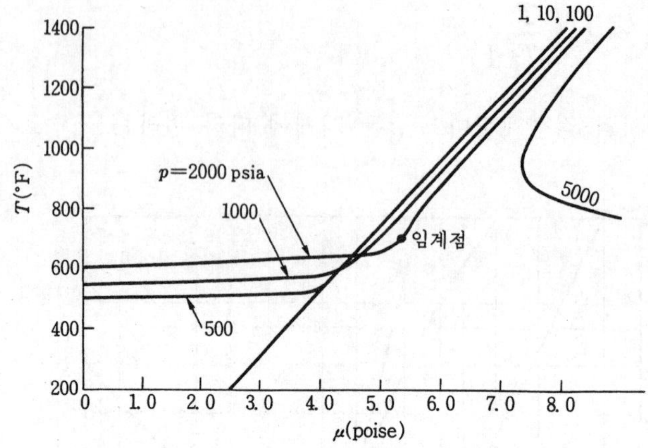

그림 2·6 압력에 따른 수증기와 물의 점성변화

공기의 경우 $n = 0.76$의 값을 가지며, 온도가 증가함에 따라 $n = 0.5$까지 감소한다.

예 제 2.8 그림 2·7과 같이 수평으로 평판이 거리 h 간격을 두고 평행하게 놓여 있으며, 그 사이에는 점성계수 μ가 일정한 유체로 채워져 있다. 또, 압력은 어느 곳에서나 일정하여 위 평판이 U_0 속도로 움직이고 있을 때, 두 평판 사이의 속도도와 전단응력의 분포를 구하라.

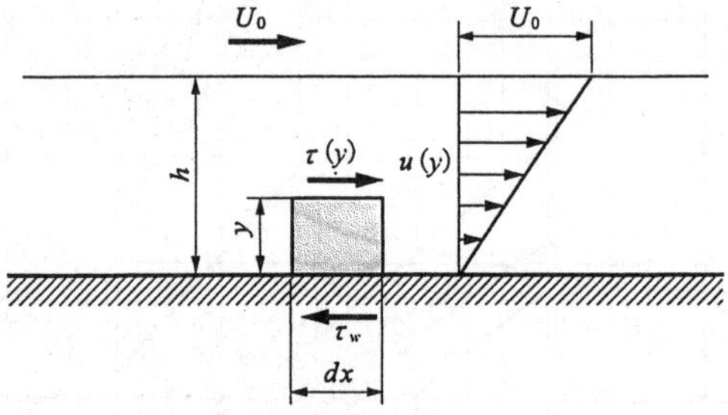

그림 2·7

풀 이 벽면으로부터의 거리 y인 곳에서 판의 유동방향으로 발생하는 전단응력을 τ, 벽면상에 발생하는 전단응력을 τ_w라 할 때, 이들은 상호속도가 다른 유동층 사이에 발생하는 것이기 때문에 방향이 서로 반대가 된다. 또, 어느 곳에서나 작용하는 압력이 일정하다고 가정하였기 때문에 가속이나 압력의 증가가 없는 것으로 간주한다. 그러므로

$$\tau = \tau_w = C$$

그런데 $\tau = \mu \dfrac{du}{dy} (= C)$이므로

$$u = \frac{\tau}{\mu} y + C$$

로 쓸 수 있다.

미끄럼이 없는 유동조건하에서 $y = 0$에서는 $u = 0$이며, 또 $y = h$에서는 $u = U_0$이므로 $C = 0$이 되고, 전단응력 분포식은

$$\tau = \frac{\mu U_0}{h}$$

와 같이 되고, 속도 분포식은

$$u = \frac{U_0}{h} y$$

가 된다. 이와 같은 두 평면 사이의 유체유동을 쿠에트 유동(Couètte flow)이라고 한다.

예제 2.9 무게가 25 N인 1 m × 1 m의 널판이 경사 20°인 경사면을 2.0 cm/s의 속도로 미끄러져 내려가고 있다. 널판과 경사면 사이는 점성계수가 $\mu = 0.05$ N · s/m^{2}인 얇은 기름막에 의해서 분리되어 있다. 양 끝단의 영향을 무시하고 널판과 경사면 사이의 간격을 계산하라.

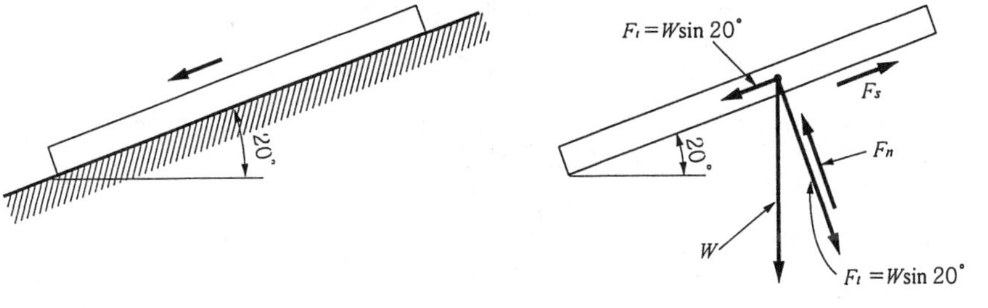

그림 2 · 8

풀이 널판의 미끄러지는 속도가 일정하면 전단저항력 F_s는 사면과 평행한 방향의 중력 F_t와 같다.

$$F_t = F_s$$

$$W \sin 20° = \mu \frac{du}{dy} A$$

따라서, 이 경우 기름막 내의 속도분포를 직선으로 가정할 수 있으므로, $\frac{du}{dy}$ 는 $\frac{\Delta u}{\Delta y}$ 로 표현할 수 있다. 따라서 윗식은 다음과 같다.

$$W \sin 20° = \mu \frac{\Delta u}{\Delta y} A$$

$$\begin{aligned} \Delta y &= \mu \frac{\Delta u}{W \sin 20°} A \\ &= \frac{0.05\,\mathrm{N \cdot s/m^2} \times 0.020\,\mathrm{m/s} \times 1\,\mathrm{m^2}}{25\,\mathrm{N} \times \sin 20°} \\ &= 0.117\,\mathrm{mm} \end{aligned}$$

예제 2.10 점성유체 SAE 30 오일의 유동에서 내부에 전단응력이 발생하였다면, 20℃에서 $V = 3\,\mathrm{m/s}$로 유동할 때 고체면으로부터 2 cm 떨어진 곳에서 전단응력은 얼마인가? 단, 20℃에서 SAE 30 오일의 $\mu = 0.29\,\mathrm{kg/m \cdot s}$이다.

풀이 $\tau = \mu \frac{du}{dy} = \mu \frac{V}{h}$ 로부터

$$\begin{aligned} \tau &= \frac{(0.29\,\mathrm{kg/m \cdot s})(3\,\mathrm{m/s})}{0.02\,\mathrm{m}} \\ &= 43.5\,\mathrm{kg/m \cdot s^2} = 43.5\,\mathrm{N/m^2} = 43.5\,\mathrm{Pa} \end{aligned}$$

예제 2.11 지름이 15 cm인 축이 1800 rpm으로 회전하고 있다. 이 축 주위에는 지름이 15.05 cm, 길이가 30 cm인 베어링이 장치되어 있고, 이 사이에 점성계수가 $\mu = 0.018\,\mathrm{kg/m \cdot s}$인 기름이 가득 채워져 있다. 이때 베어링에서 점성에 의한 저항력을 이기기 위한 동력은 얼마인가?

풀이 동력 = 전전단력 × 축의 원주속도이므로

$$P = \tau A V$$

$$V = \omega r = 60\pi r = 4.5\pi\,\mathrm{m/s}$$

그러므로

$$P = \mu\left(\frac{V}{\Delta r}\right)(\pi DL)(V)$$
$$= (0.018)\left(\frac{4.5\pi}{0.00025}\right)(\pi)(0.150)(0.300)(4.5\pi)$$
$$= 2031\ \text{W} = 2.031\ \text{kW}$$

예제 2.12 두 벽 사이에 유동되는 등유의 속도 분포식은 100°F에서 $u = 100y \times (0.1 - y)$ ft/s이다. 벽 사이의 간격은 0.1 ft이고 등유의 점성계수는 $\mu = 3 \times 10^{-5}$ lb·s/ft^{2}이다. 전단응력과 속도 분포값을 구하라. 단, y는 벽면으로부터의 거리 거리이다.

풀이 $u = 100y(0.1 - y) = 10y - 100y^2$

$$\frac{du}{dy} = 10 - 200y, \qquad \left(\frac{du}{dy}\right)_{y=0} = 10\ \text{s}^{-1},$$
$$\left(\frac{du}{dy}\right)_{y=0.1} = -10\ \text{s}^{-1}$$
$$\tau_0 = \mu\frac{du}{dy} = (3 \times 10^{-5}) \times 10 = 3 \times 10^{-4}\ \text{lb/ft}^2$$
$$\tau_{0.1} = -3 \times 10^{-4}\ \text{lb/ft}^2$$

표 2·2

y	0	0.02	0.04	0.06	0.08	0.10
u	0	0.16	0.24	0.24	0.16	0

예제 2.13 20℃에서 유동하고 있는 글리세린의 압력 기울기가 $\frac{dp}{dx} = 1.6$ kN/m^{3}이라고 한다. 벽과 벽 사이의 간격이 $B = 5$ cm라면 벽으로부터 12 mm 떨어진 곳에서의 속도와 전단응력을 구하라. 또 벽면에서 전단응력과 속도는 어떻게 되는가? 정지한 평판 사이의 점성유체 유동속도 분포식은 다음과 같다.

풀이 $u = \frac{1}{2\mu}\frac{dp}{dx}(By - y^2)$

$u = \frac{1}{2\mu}\frac{dp}{dx}(By - y^2)$, $B = 0.05$ m, $\frac{dp}{dx} = 1600$ N/m^2, $y = 0.012$ m, $\mu = 6.2 \times 10^{-1}$ N·s/m^{2}이므로, 속도는

$$u = \left(\frac{1600}{2 \times 0.62}\right)\{0.05 \times 0.012 - (0.012)^2\} = 0.588 \text{ m/s}$$

전단응력은 $\tau = \mu \dfrac{du}{dx}$, $\dfrac{du}{dy} = \dfrac{1}{2\mu}\dfrac{dp}{dx}(B - 2y)$이므로

$$\tau_0 = \left(\frac{1600}{2}\right)(0.05) = 40 \text{ N/m}^2$$

$$\tau_{12 \text{ mm}} = \left(\frac{1600}{2}\right)(0.05 - 2 \times 0.012) = 20.8 \text{ N/m}^2$$

예 제 2.14 그림 2·9와 같이 원추를 각속도 ω로 회전시키기 위한 토크는 T이고, 원추와 이를 둘러싼 벽 사이 h에는 유체가 채워져 있다. 이 유체의 점성계수 μ는 얼마인가?

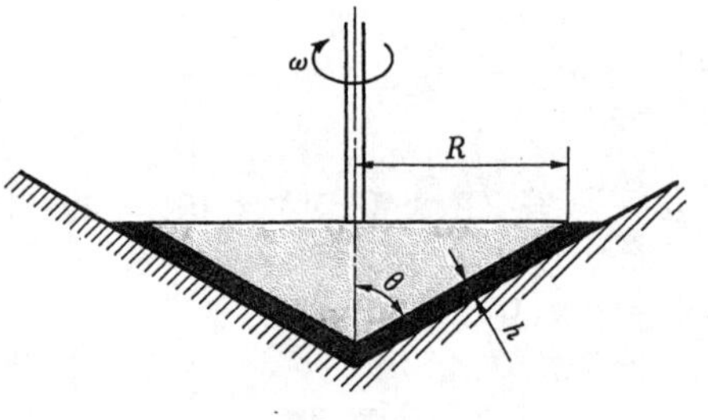

그림 2·9

풀이 $T = \int_0^R r\,dF = \int_0^R rz\,dA = \int_0^R \mu\left(\dfrac{\omega r}{h}\right)\left(2\pi r \dfrac{dr}{\sin\theta}\right)(r) = \dfrac{\pi\mu\omega R^4}{2h\sin\theta}$

$$\mu = \frac{2Th\sin\theta}{\pi\omega R^4}$$

예 제 2.15 그림 2·10과 같이 안쪽의 원통을 40 rpm으로 회전시키기 위하여 0.015 kgf·m의 회전력이 필요할 때 기름의 점성계수를 구하라. 단, 원통의 길이는 50 cm이다.

풀이 $T = F \cdot r = \tau A r$에서

$$0.015 \text{ kgf} \cdot \text{m} = \tau(2\pi r \times 0.50)r$$

$$\tau \text{ kgf/m}^2 = \frac{0.015}{2\pi \times 0.50 \times r^2} = \frac{0.0048}{r^2} = \mu\frac{du}{dy}$$

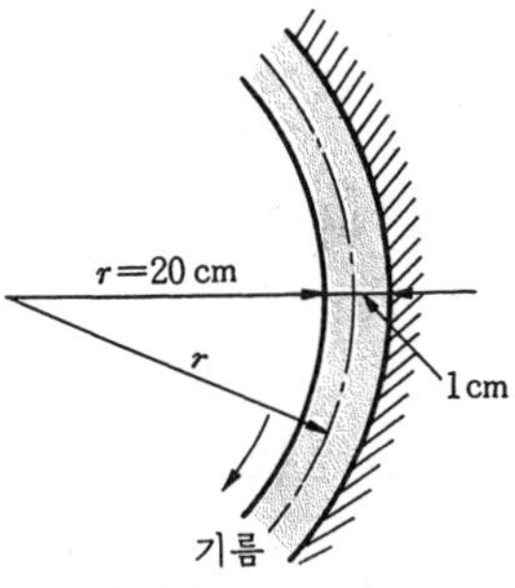

그림 2·10

여기서 속도 기울기 $\frac{du}{dy}$와 $\frac{du}{dr}$의 관계는 $\frac{du}{dy} = -\frac{du}{dr}$로 쓸 수 있다.
따라서

$$-\frac{du}{dr} = \frac{0.0048}{\mu r^2}$$

이를 적분하면

$$u = \frac{0.0048}{\mu r} + C$$

외측의 원통은 정지하고 있으므로, 그 표면 $r = 0.21$ m에서 속도 $u = 0$이므로

$$0 = \frac{0.0048}{\mu \times 0.21} + C$$

$$C = \frac{-0.0229}{\mu}$$

$$u = \frac{1}{\mu}\left(\frac{0.0048}{r} - 0.0229\right)$$

내측원통의 표면은 회전하고 있으므로 $r = 0.20$ m에서

$$u = 2\pi \times 0.20 \times \frac{40}{60} = 0.8373 \text{ m/s}$$

따라서, 윗식에 대입하면

$$0.8373 = \frac{1}{\mu}\left(\frac{0.0048}{0.20} - 0.0229\right)$$

즉

$$\mu = 0.0013 \text{ kgf/m}^2$$

예 제 2.16 그림 2・11에 표시한 베어링에서 지름 40 cm의 축이 매분 400회전하고 있을 때, 마찰손실 마력은 얼마인가?

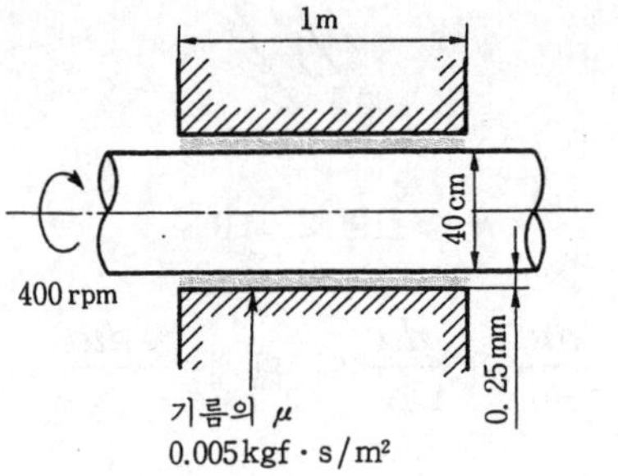

그림 2・11

풀 이 축의 원주속도는

$$u = r\omega n = 0.20 \times 2\pi \times \frac{400}{60} = 8.37 \text{ m/s}$$

베어링의 표면은 고정되어 있으므로 표면속도는 0이다. 따라서, 속도 기울기는

$$-\frac{du}{dr} = \frac{8.37}{0.00025} = 33,480 \text{ s}^{-1}$$

베어링과의 접촉면적은

$$A = 2\pi \times 0.2 \times 1 = 1.256 \text{ m}^2$$

여기서 마찰력은 전단력과 동일하므로

$$F = \tau A = \mu\left(-\frac{du}{dr}\right)A$$
$$= 0.005 \times 33,480 \times 1.256 = 210.254 \text{ kgf}$$

따라서 마찰손실 마력은

$$L = F \cdot u = 210.254 \times 8.37 = 1759.83 \text{ kgf} \cdot \text{m/s}$$
$$= 23.43 \text{ HP}$$

2.4 압축성

압축성 물질에서 압력이 p에서 dp만큼 증가함에 따라 체적이 V에서 dV만큼 감소하여 $(V-dV)$로 되었다면 단위체적당의 감소율은 $-\dfrac{dV}{V}$가 되며, 이 물질을 탄성체로 가정할 때 감소율은 압력의 증가에 비례한다고 볼 수 있으므로

$$-\frac{d}{V}=\beta dp \quad \text{또는} \quad \beta=-\frac{1}{V}\frac{dV}{dp} \tag{2·22}$$

로 쓸 수 있다. 이때의 비례상수 β를 압축률(compressibility)이라 하고, 이 압축률의 역수를 체적탄성 계수(bulk modulus of elasticity)라고 한다.

$$K=\frac{1}{\beta}=-\frac{dp}{dV}=-v\frac{dp}{dv} \tag{2·23}$$

$v=\dfrac{1}{\gamma}=\dfrac{1}{\rho g}$의 관계에서 비중량 γ와 밀도 ρ의 상대적 증가는 비체적 v의 상대적 감소를 의미하므로, 결국 체적의 상대적 감소와 같다. 그러므로 식 (2·23)을

$$K=\gamma\frac{dp}{d\gamma}=\rho\frac{dp}{d\rho} \tag{2·24}$$

로 나타낼 수 있다.

물의 체적탄성 계수는 약 2.3 GN/m^2이며, 압력이 1 MN/m^2의 변화에 대하여 0.05%의 체적변화를 가져온다. 또, 20℃에서 Pa로 나타낸 물의 체적탄성 계수는 대기압하에서 약 2.18×10^9 Pa이며, 1000 atm에서 약 2.86×10^9 Pa가 될 때까지는 선형적인 증가를 나타낸다.

그러므로 20℃에서 상기압력의 범위 내에서는

$$K=(2.18\times10^9+6.7p)\ \text{Pa} \tag{2·25}$$

가 되며, 여기서 p는 Pa로 나타낸 게이지 압력이다.

예제 2.17 어떤 기체가 0.01 m^3의 체적을 갖는 강제의 용기 내에서 10 kgf/cm^2의 압력을 받고 있다가 압력이 20 kgf/cm^2로 증가되었을 때, 기체의 체적이 0.0085 m^3로 되었다. 이 기체의 체적탄성 계수를 구하라.

풀이 $K=-V\dfrac{dp}{dV}=-0.01\dfrac{20-10}{(0.0085-0.01)}=66.67\ \text{kgf/cm}^2$

표 2·3 물의 압축률 β(cm²/kgf)

($\beta \times 10^5$)

압력범위(kgf/cm²) \ 온도(℃)	0	10	20	50
1~25	5.08	4.84	4.75	
25~50	4.99	4.76	4.61	
50~75	4.93	4.58	4.41	
75~100	4.86	4.55	4.38	
100~500	4.60	4.33	4.20	4.03
500~1000	4.03	3.82	3.68	3.54
1000~1500	3.46	3.37	3.27	3.15

표 2·4 물의 체적탄성 계수 K(kgf/cm²)

압력범위(kgf/cm²) \ 온도(℃)	0	10	20
1~25	1.97×10^4	2.07×10^4	2.11×10^4
25~50	2.00	2.10	2.17
50~70	2.03	2.18	2.27
100~500	2.17	2.31	2.38
500~1000	2.48	2.61	2.72

표 2·5 액체의 체적탄성 계수

액체	$K \times 10^6$, (bar)$^{-1}$	
	1 atm	1000 atm
글리세롤	25	20
메탄올	120	50
물	46	35
벤젠	95	50
석유	70	—
수은	4	4
아닐린	45	30
아세톤	125	55
야채기름	50	—
에탄올	114	50
n-옥탄	120	56
이황화탄소	95	50
클로로포름	106	52

2.5 기체의 변화

2.5.1 등온변화(Isothermal change)

열역학에서 일반적으로 이상기체는 Boyle-Charles의 법칙에 의하여 다음과 같이 표시된다.

$$pv = RT \tag{2·26}$$

$$\gamma = \frac{p}{RT} \text{(공학 단위계)} \tag{2·27}$$

$$\rho = \frac{p}{RT} \text{(SI 단위계)} \tag{2·27 a}$$

여기서 p는 기체의 절대압력, v는 비체적(m^3/kgf), R는 기체상수(m/K), T는 절대온도(K)를 나타내며, 식 (2·26)을 기체의 상태 방정식(equation of state)이라고 한다.

부피가 $V m^3$, 중량이 G kgf인 기체의 비체적은 $v = \frac{V}{G}$ m^3/kgf이므로 식 (2·26)은

$$pV = GRT \tag{2·28}$$

가 된다.

대기압(1 atm = 760 mmHg)하에서 산소(O_2)의 비중량은 $\gamma = 1.429$ kgf/m^3이고 분자량(M)은 32이므로, 1 kmol의 산소의 중량은 $G = 32$ kgf가 된다. 그러므로 체적(V)은 32/1.429 = 22.4 m^3가 되며, 식 (2·28)은 다음과 같이 쓸 수 있다.

$$pV = MRT \tag{2·29}$$

여기서 다시 $T = 273$ K, $p = 10,332$ kgf/m^2, $V = 22.4$ m^3를 대입하면

$$MR = 848 \text{ kgf} \cdot \text{m/kmol} \cdot \text{K}$$

가 되며, 이것을 일반기체 상수(universal gas constant)라고 한다.

음속(sonic velocity)은 정의에 의하여 $a_s = \sqrt{\frac{dp}{d\rho}}$ 이므로 식 (2·24)와 함께

$$a_s = \sqrt{\frac{K}{\rho}} \tag{2·30}$$

가 된다. 물 속에서의 음속은 약 1440 m/s이고 대기 중에서는 335 m/s이나, 음속은 온도에 따라 변하므로 대기 중에서는 다음과 같은 식으로 계산된다.

$$a_s = 331 + 0.6t \tag{2·31}$$

식 (2·26)을 미분하여 정리하면

$$\frac{dp}{dv} = -\frac{p}{v} \tag{2·32}$$

이 결과를 식 (2·23)에 대입하면 체적탄성 계수 K는

$$K = p \tag{2·33}$$

가 된다. 따라서, 등온변화의 경우, 음속은 식 (2·30)과 식 (2·33)으로부터

$$a_s = \sqrt{\frac{p}{\rho}} \tag{2·34}$$

로 간단히 계산할 수 있다.

또, 완전가스의 경우 공학 단위계에서는 $p = \rho gRT$이고, SI 단위계에서는 $p = \rho RT$이므로 윗식은 다음과 같이 된다.

$$a_s = \sqrt{gRT} \quad \text{또는} \quad a_s = \sqrt{RT} \tag{2·35}$$

액체와 기포(gas bubbles)들의 혼합물질 내에서의 음속은 식 (2·33)으로 구할 수 있으나, 이는 공명음(resonant sound)의 진동이 발생하지 않을 때만 적용이 가능하다. 공명음이 발생하지 않는 혼합물질의 경우, 가스의 농도가 희박하고 온도가 일정한 때에 음속은

$$a_m = \sqrt{\frac{K_m}{\rho_m}} \tag{2·36}$$

또한, 체적에 대한 가스의 비를 q라 하고, 첨자 l, m, g를 액체, 혼합물질과 가스에 대한 값들로 나타내면

$$\rho_m = q\rho_g + (1-q)\rho_l \tag{2·37}$$

$$\frac{1}{K_m} = \frac{q}{K_g} = \frac{1-q}{K_l} \tag{2·38}$$

로 계산하며, 이때 음속은 다음과 같은 식으로 구한다.

$$a_m = \left\{ \frac{p_g K_l}{[qK_l + (1-q)p_g][q\rho_g + (1-q)\rho_l]} \right\}^{\frac{1}{2}} \qquad (2 \cdot 39)$$

예 제 2.18 대기압하 20℃일 때, 물 속에서의 음속은 얼마인가? 단, $K = 2.18 \times 10^9$ Pa이다.

풀 이 $a_s = \sqrt{\dfrac{K}{\rho}} = \sqrt{\dfrac{2.18 \times 10^9}{1000}} = 1476$ m/s

2.5.2 단열변화(Adiabatic change)

단열변화에서 압력 p와 비체적 v와의 관계식은

$$pv^k = C \qquad (2 \cdot 40)$$

여기서 k는 비열비(ratio of specific heats)를 나타내고, 1 atm하에서 공기의 경우 $k = 1.4$이다.

$$k = \frac{C_p}{C_v} (C_p : \text{정압비열},\ C_v : \text{정적비열}) \qquad (2 \cdot 41)$$

식 (2 · 40)을 미분하여 정리하면

$$\frac{dp}{dv} = \frac{-kp}{v}$$

이 식을 식 (2 · 23)에 대입하면, 단열변화의 경우 체적탄성 계수 K는

$$K = kp \qquad (2 \cdot 42)$$

이 식을 식 (2 · 30)에 대입하면, 단열변화에서의 음속은

$$a_s = \sqrt{\frac{kP}{\rho}} \qquad (2 \cdot 43)$$

가 된다. 따라서, 완전가스의 식은 공학 단위계에서는 $p = \rho gRT$가 되므로

$$a_s = \sqrt{kgRT} \qquad (2 \cdot 44)$$

로 되고, SI 단위계에서는 $p = \rho RT$이므로 다음과 같이 된다.

표 2·6 기체의 M, R, k의 값

기 체	분자량 M	기체상수 R(m/K)	1 atm, 20℃에서 정압비열 C_p	1 atm, 20℃에서 정적비열 C_v	비열비 (단열비) $k=C_p/C_v$
공기	28.96	29.27	0.241	0.172	1.40
산소(O_2)	32.00	26.50	0.218	0.156	1.40
수소(H_2)	2.02	420.6	3.408	2.420	1.41
아황산가스(SO_4)	64.00	13.24	0.151	0.120	1.25
암모니아(NH_3)	17.00	49.79	0.530	0.410	1.29
이산화탄소(CO_2)	44.01	19.27	0.202	0.156	1.30
일산화탄소(CO)	28.01	30.29	0.250	0.180	1.40
질소(N_2)	28.00	30.26	0.250	0.178	1.40
헬륨(He)	4.00	211.9	1.251	0.775	1.66

표 2·7 공기의 물리적 성질

기호	구분 \ 온도(℃)	0	10	20	40	60	80	100
ρ	공학단위 (kgf·s²/m⁴)	0.132	0.127	0.123	0.115	0.108	0.102	0.096
ρ	공학단위 (kg/m³)	1.252	1.206	1.164	1.092	1.025	0.942	0.916
γ	공학단위 (kgf/m³)	1.293	1.247	1.205	1.128	1.060	1.000	0.946
$\mu\times10^{-6}$	공학단위 (kgf·s/m²)	1.78	1.82	1.86	1.95	2.03	2.12	2.21
$\mu\times10^{-6}$	SI 단위 (N·s/m²)	17.456	17.848	18.240	19.123	19.907	20.790	21.673
$\nu\times10^{-6}$	공학 및 SI 단위 (m²/s)	13.9	14.66	15.7	17.6	19.4	21.5	23.6

$$a_s=\sqrt{kRT} \tag{2·45}$$

《참고》 ① 등온변화(isothermal change)

$$pv=C$$

② 단열변화(adiabatic change) : 열량 $dQ=0$인 변화

$$pv^k=\frac{p}{\gamma^k}=C$$

여기서 k는 단열비(adiabatic ratio)이며, 비열비(ratio of specific heats)라고도 한다.

$$k = \frac{C_p}{C_v}$$

③ 등엔트로피 변화(isentropic change): 엔트로피 $dS = 0$인 변화

$$dS = \frac{dQ}{T} \ (T : 절대온도)$$

에서 $dS = 0$이므로 $dQ = 0$이 되어, 이 경우는 단열변화와 동일하다.

④ 폴리트로픽 변화(polytropic change): 이는 폴리트로픽 지수 n의 값에 따라 여러 형태의 변화를 한다.

$pv^n = C$ (n : 폴리트로픽 지수)

$n = 0$일 때 $p = C$ …… 등압변화

$n = 1$일 때 $pv = C$ ……등온변화

$n = k$일 때 $pv^k = C$ ……단열변화

$n = \infty$일 때 $v^n = C$ ……등적변화

표 2·8 물의 물리적 성질

기호	구분 \ 온도(℃)	0	10	20	40	60	80	100
ρ	공학단위 ($kgf \cdot s^2/m^4$)	102.03	102.01	101.86	100.33	99.16	99.16	97.80
	공학단위 (kg/m^3)	999.9	999.7	998.2	992.2	983.2	971.8	958.4
γ	공학단위 (kgf/m^3)	999.9	999.7	998.2	992.2	983.2	971.8	958.4
$\mu \times 10^{-6}$	공학단위 ($kgf \cdot s/m^2$)	182.9	132.2	101.3	80.8	48.1	35.9	28.3
	SI 단위 ($N \cdot s/m^2$)	1793.636	1296.439	993.414	792.377	471.670	352.059	277.528
$\nu \times 10^{-6}$	공학 및 SI 단위 (m^2/s)	1.789	1.300	1.006	0.658	0.478	0.364	0.294

예 제 2.19 20℃ 단열과정에서 대기 중에서의 음속을 구하라.

풀 이 공학 단위계에서는

$$a_s = \sqrt{kgRT} = \sqrt{1.4 \times 9.81 \times 29.27 \times 293} = 343.2 \text{ m/s}$$

또는, SI 단위에서 $R = 287.1\,\text{m} \cdot \text{N/kg} \cdot \text{K}$이므로

$$a_s = \sqrt{kRT} = \sqrt{1.4 \times 287.1 \times 293} = 343.2 \text{ m/s}$$

혹은

$$a_s = 331 + 0.6t = 331 + 0.6 \times 20 = 343 \text{ m/s}$$

예 제 2.20 질소 $10\,\text{m}^3$를 압축하여 압력 $20\,\text{kgf/cm}^2$에서 $4\,\text{m}^3$가 되었다. 등온 및 단열변화의 경우, 압축 전후에 있어서의 체적탄성 계수를 구하라.

풀 이 등온변화: Boyle-Charles 법칙에 의하여 $pV = C$, $p_2 = 20\,\text{kgf/cm}^2$, $V_1 = 10\,\text{m}^3$, $V_2 = 4\,\text{m}^3$이고, $p_1V_1 = p_2V_2$에서 $p_1 = \frac{V_2}{V_1}p_2 = \frac{4}{10} \cdot 20 \times (100^2) = 80,000\,\text{kgf/m}^2 = 8\,\text{kgf/cm}^2$이다. 그러므로 체적탄성 계수는

식 (2 · 33)에 의하여

압축 전: $K = p = 8\,\text{kgf/cm}^2$

압축 후: $K = p = 20\,\text{kgf/cm}^2$

단열변화: $pV^k = C$에서 $p_1V_2{}^k = p_2V_2{}^k$이고, 또 대기압과 상온에서는 $k = 1.4$이므로, $p_1 = p_2\left(\frac{V_2}{V_1}\right)^k = 20 \times (100)^2 \times \left(\frac{4}{10}\right)^{1.4} \fallingdotseq 55,452\,\text{kgf/m}^2 = 5.5452\,\text{kgf/cm}^2$이다. 그러므로 체적탄성 계수는 식 (2 · 42)에 의하여

압축 전: $K = kp_1 = 1.4 \times 5.5452 \fallingdotseq 7.7633\,\text{kgf/cm}^2$

압축 후: $K = kp_2 = 1.4 \times 20 = 28\,\text{kgf/cm}^2$

예 제 2.21 20℃, 2.5 atm에서 질소(N_2)의 비중량과 밀도를 구하라.

풀 이 표 2 · 6에서 질소의 기체상수는 $R = 30.26\,\text{m/K}$이므로

비중량: $\gamma = \frac{p}{RT} = \frac{2.5 \times 10,332}{30.26 \times 293} = 2.91\,\text{kgf/m}^3$

밀도: $\rho = \frac{\gamma}{g} = \frac{2.91}{9.8} = 0.297\,\text{kgf} \cdot \text{s}^2/\text{m}^4$

2.6 표면장력과 모세관 현상

일반적으로 유체 중 액체의 평형상태는 액체 내부의 이웃하는 분자들끼리의 인력에 의하여 유지되고 있으나, 자유표면에서의 액체는 이웃분자와의 접촉이 없어 인력을 받지 않으므로 자체의 표면적을 최소한 작게 하려고 하는 장력(tension)이 작용한다. 이것을 표면장력(surface tension)이라고 한다. 즉 자유 표면적을 최소화하는 데 드는 힘을 자유표면 에너지(free surface energy) 또는 퍼텐셜 에너지(potential energy)라 하고, 감소된 단위면적당의 자유표면 에너지를 표면장력이라고 한다. 원래의 표면적을 A, 감소된 후의 표면적을 B, 자유표면 에너지를 E_S라 하면 표면장력 σ는

$$\sigma = \frac{E_s}{A - B} = \frac{\text{힘} \times \text{거리}}{\text{거리} \times \text{거리}} = \text{kgf/m}$$

가 되어, 단위 길이에 수직으로 작용하는 힘으로 표시된다. 물방울이 풀잎 위에 동그랗게 맺혀 있는 현상이나, 빗방울이 구형이 되어 떨어지는 것은 모두 표면장력의 한 예이다.

그림 2・12와 같이 만곡면의 반지름을 R_1, R_2라 하고, 각 방향으로 작용하는 표면장력을 σ라고 하면, 미소 면적 $dx\,dy$에 작용하는 힘의 평형 방정식은 다음과 같이 압력차$(p_i - p_0)$와 표면장력 σ로써 나타낼 수 있다.

$$(p_i - p_0)dx\,dy = 2\sigma dy \sin\alpha + 2\sigma dx \sin\beta \tag{2・46}$$

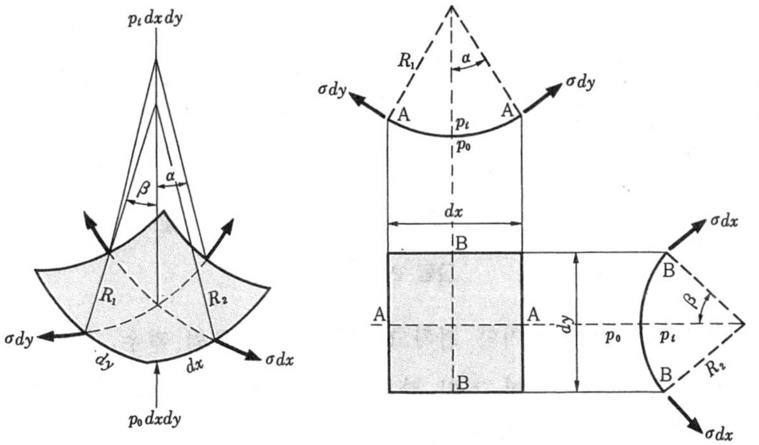

그림 2・12

그런데 각 α와 β는 아주 작은 값이기 때문에 $\sin\alpha = \dfrac{dx}{2R_1}$, $\sin\beta = \dfrac{dy}{2R_2}$로 놓을 수 있으므로, 식 (2·46)은

$$p_i - p_0 = \sigma\left(\frac{1}{R_1} + \frac{1}{R_2}\right) \qquad (2 \cdot 47)$$

그림 2·13 (a)의 경우는 원통형 액체 내부의 압력증가가 표면장력에 의하여 균형을 이루고 있는 상태이다.

따라서

$$2RL\Delta p = 2\sigma L$$

$$\Delta p = \frac{\sigma}{R} \qquad (2 \cdot 48)$$

또, 그림 2·13 (b)에서는 물방울 내부의 압력증가가 표면장력과 균형을 이루고 있는 경우이다.

$$\pi R^2 \Delta p = 2\pi R\sigma$$

$$\Delta p = \frac{2\sigma}{R} \qquad (2 \cdot 49)$$

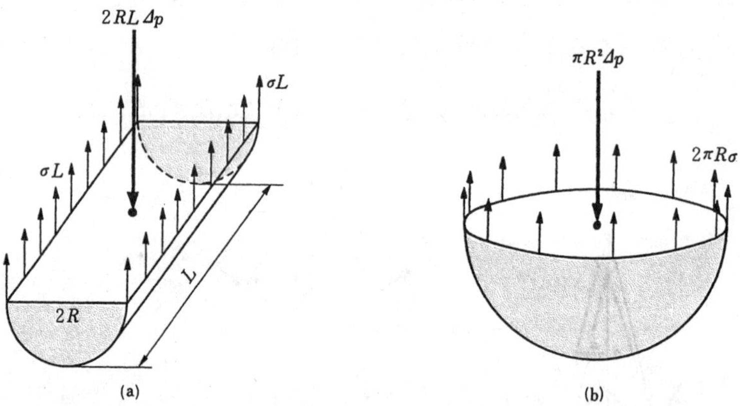

그림 2·13

이 결과는 내부·외부에서 공기와 접하고 있는 비눗방울의 경우, 내부의 압력증가를 고려하면 내·외부의 반지름이 거의 같으므로 Δp_b를 비눗방울의 압력증가, Δp_d를 물방울의 압력증가라 하면 다음과 같다.

$$\Delta p_b \approx 2\Delta p_d = \frac{4\sigma}{R} \qquad (2 \cdot 50)$$

안지름이 작은 모세관을 액체의 표면에 수직하게 넣었을 때, 액체 자유표면의 응집력과 고체면에 대한 부착력의 차이에 의하여, 관 내의 액체표면과 자유표면 사이에 높이 차이를 나타내는데, 이 현상을 모세관 현상(capillarity)이라고 한다.

그림 2·14에서 보는 바와 같이 응집력이 부착력보다 크면 관 내의 면은 자유표면보다 하강하고 위로 볼록해지며(수은), 응집력이 부착력보다 작으면 그 반대의 현상이 된다(물). 이와 같이 관내·외의 높이 차이를 계산하기 위하여 압력의 차이와 표면장력에 의한 식 (2·47)로부터 관의 단면이 원형인 경우에는, 관 내의 액체의 표면은 구면이 되므로 그림 2·12에서 R_1과 R_2는 같은 값을 갖게 된다.

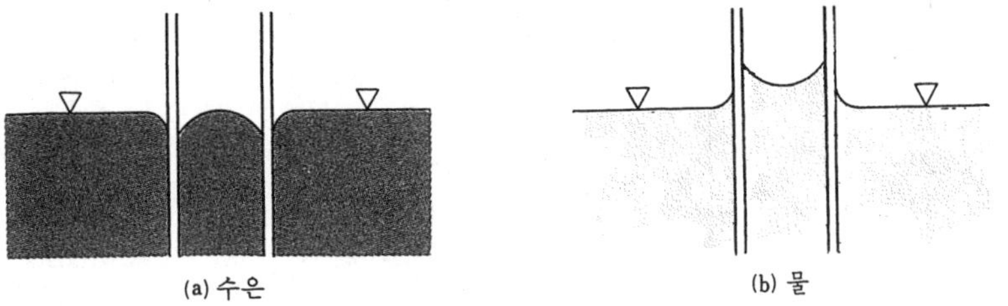

그림 2·14 모세관 현상

그림 2·15에서 $p_0 = -\gamma h$, $p_i = 0$이므로 $p_i - p_0 = \gamma h$이고 $R_1 = R_2 = R$이다. 또 $r/R = \cos\theta$이므로 식 (2·47)은

$$h = \frac{2\sigma\cos\theta}{\gamma r} \qquad (2\cdot 51)$$

가 된다. 또한 $2\pi r\sigma\cos\theta = \pi r^2 h\gamma$로부터 직접 식 (2·51)을 구할 수 있다.

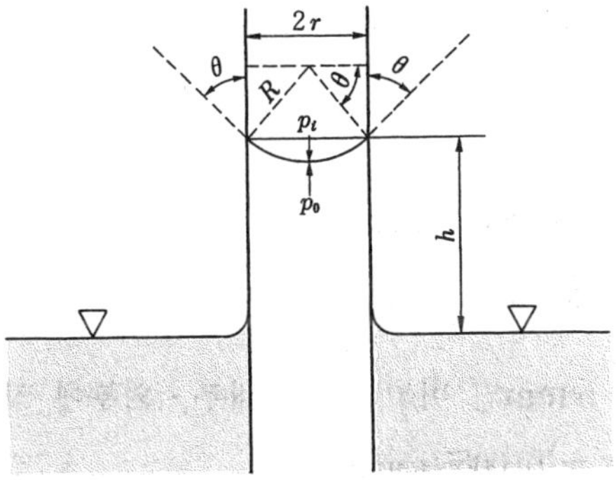

그림 2·15 모세관 현상에 의한 높이

표 2·9 액체의 표면장력(1 atm, 20℃)

액 체	표면장력(kgf/m)	액 체	표면장력(kgf/m)
물	0.0074	알코올	0.0023
수은	0.0485	글리세린	0.0064
에테르	0.0017	올리브유	0.0033
벤졸	0.0030	원유	0.0024~0.0039

표 2·10 온도의 변화에 따른 물의 표면장력

온 도		표면장력
(℃)	(°F)	σ(N/m)
−8	17.6	0.077
0	32	0.0756
10	50	0.0742
20	68	0.0728
30	86	0.0712
40	104	0.0696
50	122	0.0679
60	140	0.0662
70	158	0.0644
80	176	0.0626
100	212	0.0589

예 제 2.22 1 atm, 20℃에서 물방울의 내부압력이 외부압력보다 0.005 kgf/cm^{2}만큼 더 크다면 물방울의 지름은 얼마가 되겠는가?

풀 이 표 2·9에서 20℃에서의 물의 표면장력은 $\sigma = 0.0074$ kgf/m이므로, 식 (2·47)에서

$$p_i - p_0 = 0.005 \times 100^2 = 0.0074\left(\frac{2}{R}\right)$$
$$R = 0.000296 \text{ m} = 0.296 \text{ mm}$$
$$d = 0.296 \times 2 = 0.592 \text{ mm}$$

예 제 2.23 반지름이 5 mm인 비눗방울의 내부·외부에 작용하는 압력차는 얼마인가? 단, 표면장력은 $\sigma = 0.0065$ kgf/m이다.

풀 이 비눗방울 외부에 작용하는 압력을 p_0, 내부에 작용하는 압력을 p_i라고 하면, 내부·외부의 압력차에 의하여 비눗방울에 작용하는 힘과 표면장력에 의한 힘은

평형을 이루고 있다.

따라서 압력차에 의한 힘: $(p_i - p_0)\pi R^2$

표면장력에 의한 힘: $2\pi R\sigma \times 2$(내부 · 외부)

즉

$$p_i - p_0 = \frac{4\sigma}{R} = \frac{4 \times 0.0065}{0.005} = 5.2\ \text{kgf/m}^2$$
$$= 5.2 \times 10^{-4}\ \text{kgf/cm}^2$$

예제 2.24 그림 2 · 15와 같이 (a) 모세 유리관을 물에 세우는 경우와, (b) 모세 유리관을 수은에 세우는 경우, 자유표면과 모세관 내의 액체의 높이 차이는 각각 얼마인가? 단, 모세관의 안지름은 1 mm이다.

풀이 이 문제는 유리와 물, 유리와 수은과의 표면장력을 먼저 알아야 풀 수 있다. 따라서, 반지름이 1 mm인 모세관에서 물과 유리의 접촉각은 $\theta \approx 0°$이고, 표면장력은 $\sigma = 0.073$ N/m이다. 또, 수은에 대한 값들은 $\theta = 130°$, $\sigma = 0.48$ N/m이다.

따라서

$$\text{(a)}\ h = \frac{2(0.073\ \text{N/m})(\cos 0°)}{(1000\ \text{kg/m}^3)(9.8\ \text{m/s}^2)(0.001\ \text{m})} = 1.5\ \text{cm}$$

$$\text{(b)}\ h = \frac{2(0.48\ \text{N/m})(\cos 130°)}{(13,600\ \text{kg/m}^3)(9.8\ \text{m/s}^2)(0.001\ \text{m})} = -0.46\ \text{cm}$$

예제 2.25 깨끗한 유리관이 20℃인 물에 수직으로 세워져 있다. 모세관 현상에 의하여 관 내외의 수면의 높이 차이가 1.0 mm 이하가 되기 위해서는 유리관의 지름은 얼마가 되어야 하는가?

풀이 표 2 · 10에서 20℃일 때 물의 표면장력은 $\sigma = 0.00728\ \text{N/m}^3$이고, 부록표 I-2에서 비중량은 $\gamma = 9789\ \text{N/m}^3$이다. 또, 물과 유리의 접촉각은 $\theta \approx 0°$이므로 $h = 1.0$ mm에 대하여 풀면, 식 (2 · 51)로부터

$$r = \frac{2\sigma\cos\theta}{\gamma h} = \frac{2(0.00728\ \text{N/m})(1)}{(9789\ \text{N/m}^3)(1.0 \times 10^{-3}\ \text{m})} = 0.00149\ \text{m}$$

즉, 유리관의 지름은

$$D = 2r = 0.00298\ \text{m} = 2.98\ \text{mm}$$

예 제 2.26 그림 2·16은 모세관의 반지름이 1.6 mm인 경우, 유리관 내의 물이 용기의 수면으로부터 얼마의 높이가 되겠는가? 단, 물의 온도는 20℃이다.

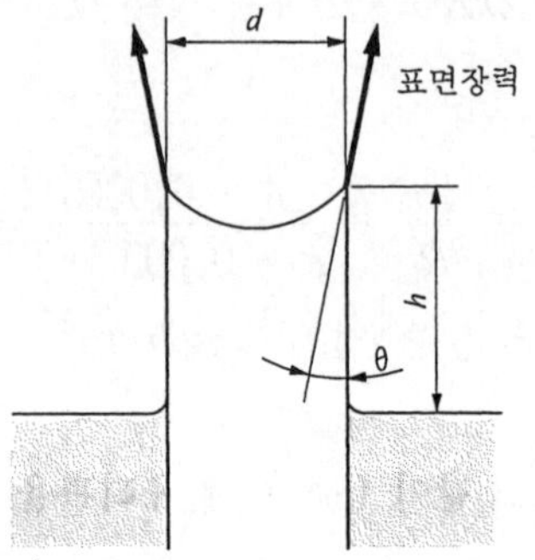

그림 2·16

풀 이 용기의 수면보다 위에 있는 모세관 내의 수주에 연직방향으로 힘의 평형을 취하면 다음 식이 된다.

$$F_\sigma \cdot h - W = 0, \qquad \sigma \pi d \cos\theta - \gamma h \frac{\pi}{4} d^2 = 0$$

유리에 대한 물의 접촉각 θ가 매우 작으므로 $\theta \approx 0°$, $\cos\theta \fallingdotseq 1$이다. 또, 표 2·10으로부터 $\sigma = 0.0728$ N/m이므로

$$h = \frac{4\sigma}{\gamma d} = \frac{4 \times 0.0728 \text{ N/m}}{9789 \text{ N/m}^3 \times 1.6 \times 10^{-3} \text{ m}} = 18.6 \text{ mm}$$

2.7 증기압

증기압이란 액체가 끓는 상태에서의 증기의 압력을 말한다. 이때 증기압은 온도의 증가와 더불어 증가하기 때문에 결국 온도의 함수이다. 예를 들면, 물은 고도가 바다 표면과 같고 대기압 14.7 psia에서 212°F가 되면 끓기 시작한다. 만약, 액체압력이 증기압보다 크면 액체와 증기 사이에는 증발(evaporation)이 일어나고, 작으면 액체 내부에 증기거품(vapor bubbles)이 발생하게 된다. 그리하여 유체유동에서 가끔 볼 수 있는 공동현상(cavitation, 부록 VI 참조)과 같은 현상이 일어난다. 정지상태에 있는 물이 갑자기 50 ft/s의 가속도로 유동하게 되면 압력은 15 lbm/in^{2}이나 1 atm으로 떨어지게 되어 공동현상이 발생한다. 유동이 발생하는 끓는 액체에서 무차원으로 나타낸

공동수(cavitation number)는 다음과 같은 식으로 정의되어 있다.

$$C_a = \frac{p_a - p_v}{\frac{1}{2}\rho V^2} \tag{2·52}$$

여기서 p_a는 주위압력, p_v는 증기압, V는 유체의 유속을 나타낸다.

예 제 2.27 100℃에서 물의 증기압이 101 kN/m^{2}이며, 이때 물이 끓기 시작한다. 물의 증기압은 온도의 감소에 따라 3.1 kN/m^2·℃의 비율로 선형적인 감소를 하게 된다. 대기의 절대압력이 69 kN/m^{2}이고, 높이가 3000 m인 곳에서 물의 비등온도는 얼마인가?

풀 이 $t = 100 - \frac{(101 - 69)}{3.1} = 89.7℃$

…… 연 습 문 제 ……

1. 수은의 비중을 13.6으로 할 때, 수은주 760 mm에 상당하는 압력을 구하라.

2. 단열변화에서 공기의 압력이 2배로 되면 비체적은 몇 배로 되는가?

3. 완전기체에서 압력이 3 kgf/cm^2, 온도 30℃에서의 비체적이 0.5 m^3/kgf일 때, 그 기체의 기체상수 및 분자량을 구하라.

4. 절대압력 2 kgf/cm^2, 25℃의 수소가 일정한 온도로 절대압력이 4 kgf/cm^2로 되었다면 이 수소의 비체적은 얼마인가?

5. 등엔트로피 변화에서 밀도가 0.123 $kgf \cdot s^2/m^4$인 공기가 압력이 4배로 증가하면 비체적은 어떻게 되는가?

6. 표준상태에서 기체상수가 $R = 29.3$ m/K인 공기의 비체적과 밀도를 구하라.

7. 1 atm, 30℃에서 어떤 기체의 동점성 계수가 1.58×10^{-5} m^2/s이고 점성계수는 3.02×10^{-6} $kgf \cdot s/m^2$일 때, 이 기체의 분자량은 얼마나 되는가?

8. 해저 6 km에서의 압력은 61×10^6 Pa이다. 표면에서의 비중량이 10.0 kN/m^3이고, 체적탄성 계수가 2.4×10^9 Pa이라면 그 깊이에서의 바닷물의 비중량은 얼마인가?

9. 온도가 20℃일 때 (a) 바다 표면의 높이에서, (b) 압력이 8.1×10^7 Pa이고, 밀도가 1057 kg/m^3인 해저 8000 m에서 음속을 각각 구하라. 단, 바닷물의 체적탄성 계수는 $K = 2.18 \times 10^9$ Pa이다.

10. 표준 대기압, 20℃에서 공기와 물의 점성계수의 비와 동점성 계수의 비를 구하라.

11. 1000 cm^3의 물에 3×10^6 N/m^2의 압력이 작용하면 물의 체적은 얼마나 되겠는가?

12. 상온 대기압 상태에서 안지름이 4 mm인 모세 유리관을 물에 세우면 물은 유리관 내에서 얼마나 올라가겠는가? 단, 물의 유리에 대한 표면장력은 $\sigma = 0.073$ N/m, 접촉각 $\theta \approx 0°$이다.

13. 10℃에서 0.5 mm 간격을 두고 두 유리평판이 수직으로 세워져 있다. 모세관 현상에 의한 물의 최대 상승높이를 구하라.

14. 단면이 2 mm × 4 mm의 유리관에 물이 들어 있을 때, 수주 상단의 내부 · 외부에

생기는 압력차이를 구하라. 단, $\sigma = 0.0074\,\text{kgf/m}$이다.

15. 비중이 1.25인 벤졸에 지름이 4 mm인 유리관을 세웠다면 모세관 현상으로 생기는 접촉각은 몇 도나 되는가? 단, 표 2·9 참조, 높이 차 $h = 2\,\text{mm}$이다.

16. 표면장력이 $7.02 \times 10^{-3}\,\text{kgf/m}$인 액체가 지름이 2 mm되는 방울을 형성하였다면 그 내부압력은 얼마나 되는가?

17. $\dfrac{\rho VL}{\mu}$의 차원을 구하라. 단, L은 길이, V는 속도이다.

18. 국제규격(SI)에서 압력의 단위는 파스칼이다. 1 Pa에 해당하는 psi 및 kgf/cm^2 값은 얼마인가?

19. 점성계수 $\mu = 2.0 \times 10^{-4}\,\text{slug/ft}\cdot\text{s}$를 foot−pound−second 단위와 kg-m-s 단위로 고쳐라.

20. 기름의 동점성 계수가 $\nu = 1.5\,\text{stokes}$이고, 비중량이 $\gamma = 0.00085\,\text{kgf/cm}^3$이다. 점성계수는 몇 poise인가?

21. 점성계수 $\mu = 0.6\,\text{poise}$이고, 비중 $S = 0.6$인 유체의 동점성 계수를 구하라.

22. 지름 10 cm인 축이 0.2 mm의 간격으로 베어링에 지지되어서 300 rpm으로 회전하고 있는데, 축과 베어링 사이에는 기름이 차 있다. 베어링 폭 1 cm당의 토크를 구하라. 단, $\mu = 1.0\,\text{poise}$이다.

23. Couètte flow에서 두 평판 사이의 거리가 8 mm이고, 위판의 속도가 5 m/s로 움직이고 있을 때, 밑판으로부터의 거리가 3 mm되는 곳에서의 유속을 구하라.

24. 바깥원통의 지름이 20 cm, 안쪽원통의 지름 18 cm, 길이가 30 cm인 2개의 원통이 동축상에 장치되어 있다. 바깥원통은 고정하고 안쪽 원통을 2 rev/s로 회전시키는 데 필요한 토크를 구하라. 단, 두 원통 사이에는 점성계수가 $0.08\,\text{kgf}\cdot\text{s/m}^2$인 기름으로 채워져 있다.

25. 지름이 7.5 cm인 축 주위에 지름이 7.55 cm이고 길이가 30 cm인 베어링이 끼워져, 그 사이에 기름을 채워서 회전하고 있다. 이 축이 18 rev/s로 회전하는 데 $1.10\,\text{N}\cdot\text{m}$의 토크가 필요하다면 기름의 점성계수는 얼마인가?

26. 점성계수가 $0.12\,\text{kg/m}\cdot\text{s}$인 기름이 지름이 260 mm인 두 원판 사이에 기름막이 균일한 두께 0.12 mm로 형성되어 있다. 회전원판이 동축상에서 다른 쪽 원판에 상대적으로 10 rev/s로서 회전하고 있는 원판 모서리의 영향을 무시한다면, 회전운동

을 계속하기 위해 필요한 토크는 얼마인가?

27. 점성계수가 $\mu = 1.2 \times 10^{-3}$ kg/m · s인 유체가 다음과 같은 속도 분포식에 의하여 표면유동하고 있다. 경계층에서 전단응력은 얼마인가?

$$u = (720y - 2.6 \times 10^6 y^3) \text{ m/s}$$

28. 바깥지름이 d이고 길이가 l인 고체 원형 실린더가 안지름이 D인 실린더에 끼워져 수직운동을 하고 있다. 두 실린더벽 사이에 점성이 μ인 유체의 유막이 형성되어 윤활작용을 하고 있다.

(a) 이때 내부 실린더의 하강속도를 나타내는 식을 구하라. 내부 실린더의 무게를 W, 두 실린더는 같은 축을 이루고 있다고 가정한다.

(b) 외부 실린더 안지름이 90.6 mm, 내부 실린더 바깥지름이 90 mm이며, 무게가 20 N이고, 길이가 200 mm이다. 하강속도를 구하라.

29. 그림 2 · 17은 축에 의해서 회전하고 있는 디스크로 구성된 장치이다. 디스크는 고체면 경계 가까이 위치하고 있으며, 그 사이에는 오일이 채워져 있다.

(a) 디스크는 1 rad/s로 회전하고 있다. 이때 $r = 2$ cm와 $r = 4$ cm인 곳에서의 전단 응력비를 구하라.

(b) 만약, 회전속도가 2 rad/s라면 $r = 2$ cm에서 디스크에 접하고 있는 기름의 속도는 얼마인가?

(c) 기름의 점성계수가 0.01 N · s/m^{2}이고, 고체면과 디스크 사이의 거리가 2 mm라고 하면 (b)의 조건에서 전단응력은 얼마인가?

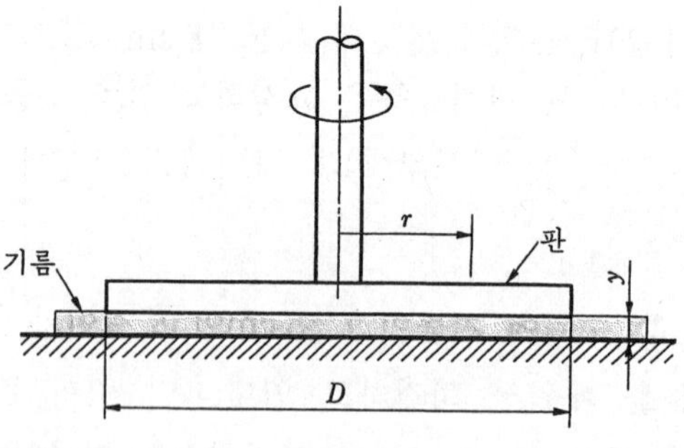

그림 2 · 17

30. 그림 2 · 17에서 $D = 6$ cm이고 $y = 2$ mm이며, 회전속도가 2 rad/s일 때 디스크를 회전시키기 위한 토크를 구하라. 단, 점성계수는 0.01 N · s/m^{2}이다.

제 3 장

유체 정역학
Fluid Statics

3.1 개 론

유체역학(fluid mechanics)은 유체 정역학(fluid statics)과 유체 동역학(fluid dynamics)으로 나눌 수 있다. 그런데 유체 정역학은 유체요소들 사이의 상대적 운동이 없는 상태에서 다루는 유체역학의 한 분야이므로, 이 장에서는 정지상태에 있는 유체에 관해서만 다룬다.

일반적으로 유체에 작용하고 있는 힘은 표면력(surface force)과 질량력(body force)의 두 가지가 있다. 표면력은 유체요소의 표면에 수직력(normal force) 또는 접선력(tangential force)으로 접촉면에 작용하는 힘을 말한다. 그러나 질량력은 유체의 질량이나 체적에 따라 어떠한 접촉이 없이 이루어지는 동력과 같은 분력이 유체에 작용하는 힘이다.

유체 정역학에서는 이웃하고 있는 유체층 사이에 상대적인 운동이 없다. 그러므로 유체 정역학에서 다루는 유체의 힘은 압력과 중력 두 가지이다.

유체 정역학적인 해석은 댐에 들어 있는 물이나 대기와 같은 기체의 압력변화 계산, 유체 제동장치의 해석 및 물에 잠겨 있거나 떠 있는 부체의 안정도 계산 등에 직접적으로 적용하게 된다.

3.2 정지유체 내의 압력

압력(pressure)은 단위면적에 작용하는 힘으로서 공학단위에서는 kgf/cm^2를 많이 사용하고 있으며, SI 단위에서는 N/m^2(Pa)로, 그리고 BG(EE) 단위에서는 psi (lb/in^2)로 사용하고 있다.

Blaise Pascal(1623~1662)은 "정지상태의 유체 내부에 작용하는 압력은 작용하는 방향에 관계없이 일정하다"고 정의하였으며, 이를 Pascal의 정리(Theorem of Pascal)라 한다. 이를 증명하기 위하여 그림 3·1과 같이 x, y, z 방향에 대한 유체의 미소 입방체의 각 변의 크기를 각각 dx, dy, dz, 그 사변의 크기를 ds라 하고, x방향으로 작용하는 압력을 p_1, y방향에 작용하는 압력을 p_2, 사면에 수직하게 작용하는 압력을 p_3라 하면, 평형의 조건에 의하여 다음과 같은 평형 방정식으로 나타낼 수 있다.

x방향 : $\sum F_x = 0$이어야 하므로

$$p_1\,dy\,dz - p_3\,dz\,ds\sin\alpha = 0 \tag{3·1}$$

그런데 $dy\,dz = dz\,ds\sin\alpha$이므로 식 (3·1)에 대입하면

$$p_1 = p_3 \tag{3·2}$$

y방향 : $\sum F_y = 0$이어야 하므로

$$p_2\,dx\,dz - p_3\,dz\,ds\cos\alpha - \gamma\frac{dx\,dy\,dz}{2} = 0 \tag{3·3}$$

여기서 $dx\,dz = dz\,ds\cos\alpha$이므로 식 (3·3)은

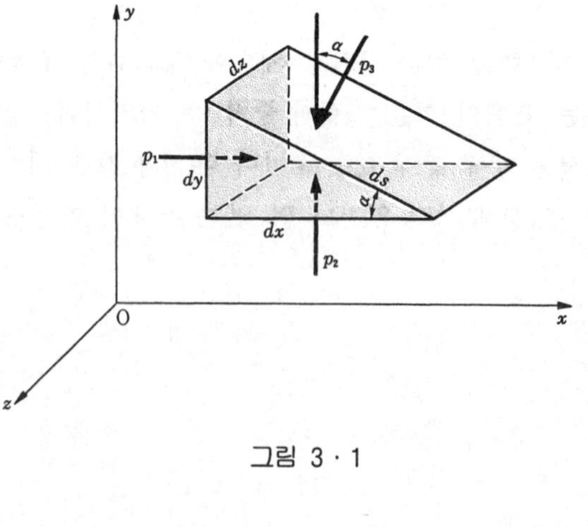

그림 3·1

$$p_2 - p_3 - \frac{\gamma dy}{2} = 0$$

매우 작은 미소 입방체이므로 $\frac{dy}{2}$는 무시하여도 된다.

$$p_2 = p_3 \tag{3·4}$$

따라서, 식 (3·2)와 식 (3·4)로부터

$$p_1 = p_2 = p_3 \tag{3·5}$$

의 결과를 얻을 수 있다.

Pascal 정리의 별해 ....

그림 3·2와 같은 미소의 4면체가 있다고 가정할 때, 이 4면체에 작용하는 각 방향에 대한 힘의 합은 평형조건에 의하여 0(zero)이 되어야 하므로 f_x, f_y, f_z를 x, y, z 방향으로 작용하는 질량력의 분력이라 하고 α, β, θ를 A_x, A_y, A_z 사면이 A_e 사면과 각각 이루는 각이라 한다. 그리고 x_0, y_0, z_0를 각 꼭지점에서 마주보는 면에 수직한 높이라 하면, 전과 동일한 방법으로

$$x\text{방향}: p_x A_x - p_e A_e \cos\alpha + f_x \rho\left(\frac{A_x x_0}{3}\right) = 0 \tag{3·6}$$

$A_x = A_e \cos\alpha$이고, 극히 작은 4면체이므로 $\frac{x_0}{3} \approx 0$

$$p_x = p_e \tag{3·7}$$

동일한 방법으로 y, z방향에 대해서 구하면

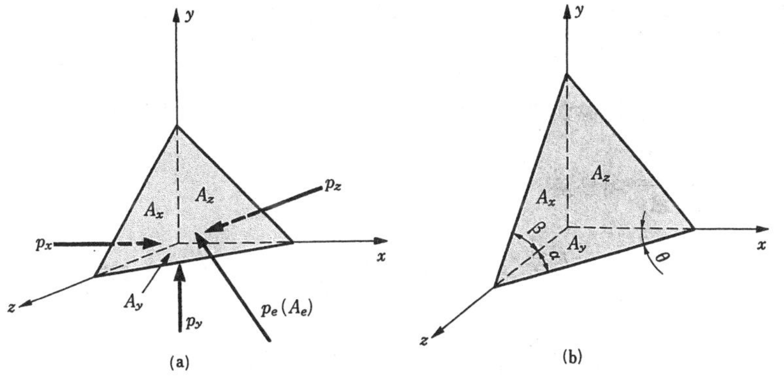

그림 3·2

$$p_y = p_e \tag{3·8}$$

$$p_z = p_e \tag{3·9}$$

따라서, 식 (3·7)~(3·9)로부터

$$p_x = p_y = p_z \tag{3·10}$$

를 얻는다.

이와 같은 Pascal의 이론을 응용하여 Braham은 수압기(hydraulic ram)를 고안하였다.

그림 3·3은 수압기의 원리를 나타낸 그림이며, 단위면적당 받는 힘이 같아야 하므로 다음과 같은 식이 성립된다.

$$\frac{F_1}{A_1} = \frac{F_2}{A_2} \tag{3·11}$$

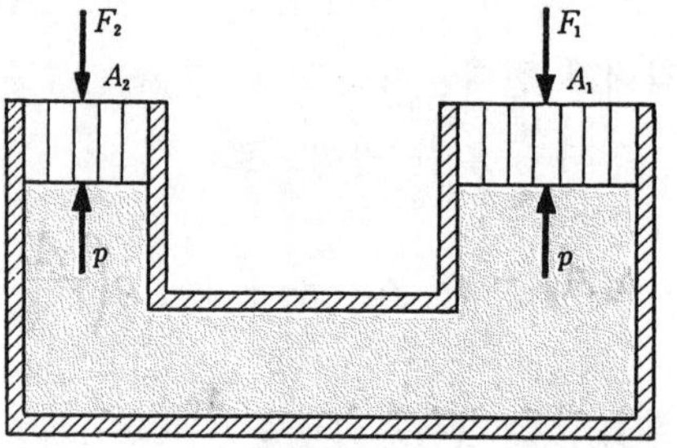

그림 3·3

예 제 3.1 대·소 두 실린더가 물로 연통되어 있는데, 작은 피스톤의 지름이 15 mm이고 큰 피스톤의 지름이 150 mm일 때, 큰 피스톤 위에 있는 1 ton의 중량을 올리기 위하여 작은 피스톤에 얼마의 힘을 작용시켜야 하는가? 또, 큰 피스톤 위의 중량을 10 mm만큼 올리려면 작은 피스톤은 얼마나 내려가야 하는가?

풀 이 $F_1 = A_1 \dfrac{F_2}{A_2}$ 이므로

$$F_1 = \left(\frac{\pi}{4} \times 15^2\right) \times 1000 \Big/ \left(\frac{\pi}{4} \times 150^2\right) = 10\ \mathrm{kgf}$$

$$h_1 = \frac{1000 \times 10}{10} = 1000 = 1\ \mathrm{m}$$

예 제 3.2 잭이 그림 3·4와 같이 되어 있다. 손잡이 H에 100 kgf의 힘을 가하면, F_2에는 얼마의 무게를 지탱시킬 수 있겠는가?

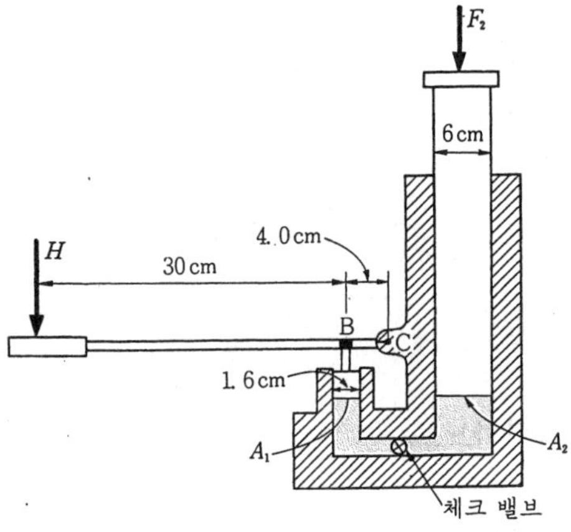

그림 3·4

풀이 A_1 피스톤이 받는 힘 F_1은 모멘트 중심 C를 기준하여

$$0.34\text{ m} \times 100\text{ kgf} - 0.04 \times F_1 = 0$$

$$F_1 = \frac{0.34 \times 100}{0.04} = 850\text{ kgf}$$

A_1의 단위면적당 받는 힘을 p_1이라 하면 $F_1 = p_1 A_1 = 850$ kgf이므로

$$p_1 = \frac{850}{A_1} = \frac{850}{\pi d^2/4} = 4.23 \times 10^6\text{ kgf/m}^2$$

따라서

$$F_2 = p_1 A_2 = 4.23 \times 10^6 \times \frac{\pi}{4} \times (0.06)^2 = 11.95\text{ ton}$$

3.3 유체 정역학의 정지유체 기본 방정식

3.3.1 비압축성 유체(Incompressible fluids)의 경우

정지상태에서의 유체의 평형은 모든 방향으로 작용하는 힘의 합이 $\sum F = 0$이 되어

야 한다. 그림 3 · 5의 (a)에서는 x방향으로, 그림 3 · 5 (b)에서는 z방향으로 작용하는 힘을 나타내고 있으며, x-y면에 수직한 방향을 y방향으로 하고, y방향에 대한 크기는 단위길이로 간주하였다. 그러므로 파스칼 정리의 증명에서와 같이 x, y방향에 대한 평형 방정식들은 다음과 같이 된다.

그림 3 · 5 (a)에서 x방향에 대하여

$$pdz - \left(p + \frac{\partial p}{\partial x}dx\right)dz = 0$$

$$\frac{\partial p}{\partial x} = 0 \qquad (3 \cdot 12)$$

y방향에 대해서도 수평방향이므로

$$\frac{\partial p}{\partial y} = 0 \qquad (3 \cdot 13)$$

그림 3 · 5 (b)에서 z방향에 대하여

$$pdx - \left(p + \frac{\partial p}{\partial z}\right)dx - \rho g\, dx\, dz = 0$$

$$\frac{dp}{dz} = -\rho g \qquad (3 \cdot 14)$$

또는

$$\frac{dp}{dz} = -\gamma \qquad (3 \cdot 14\,a)$$

식 (3 · 14)를 유체 정역학의 기본 방정식이라고 한다.

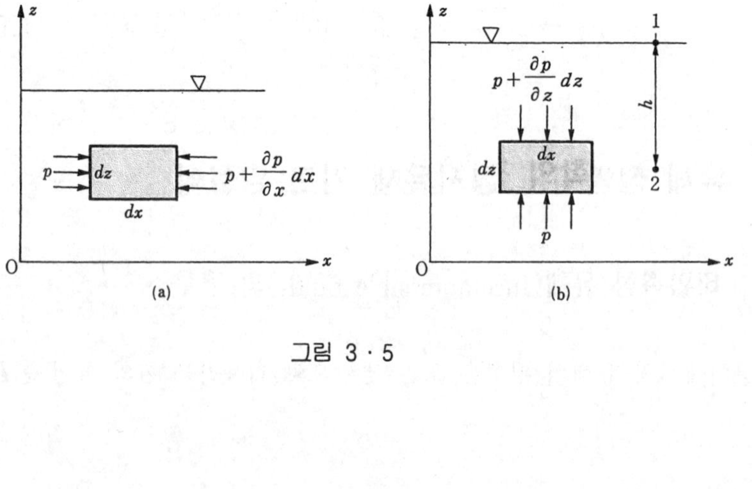

그림 3 · 5

이상의 결과에서 알 수 있듯이 정지유체 내에서 압력은 오직 중력의 방향에 대해서만 그 값이 변한다. 밀도 ρ가 일정한 경우에 식 (3·14)를 자유표면 점 1에서 임의 깊이 점 2까지 적분하면

$$\int_1^2 dp = -\rho g \int_1^2 dz$$

$$p_2 - p_1 = \rho g(z_1 - z_2) \qquad (3 \cdot 15)$$

$z_1 - z_2 = h$라 하면 식 (3·15)는

$$p_2 - p_1 = \rho g h = \gamma h \qquad (3 \cdot 16)$$

예 제 3.3 사람이 잠수할 수 있는 실제 깊이는 50 m이다. 이 깊이에서 (a) 민물의 경우와, (b) 바닷물의 경우 압력은 각각 얼마나 받게 되는가?

풀 이 (a) $p = \rho g h = 1000 \times 9.81 \times 50 = 4.91 \times 10^5$ Pa

(b) $p = S\rho g h = 1.025 \times 1000 \times 9.81 \times 50 = 5.03 \times 10^5$ Pa

예 제 3.4 그림 3·6과 같이 비중이 0.8인 기름과 물이 층을 이루며 뚜껑이 열린 용기에 채워져 있다. 물의 맨 밑바닥에서 받는 게이지 압력은 얼마인가?

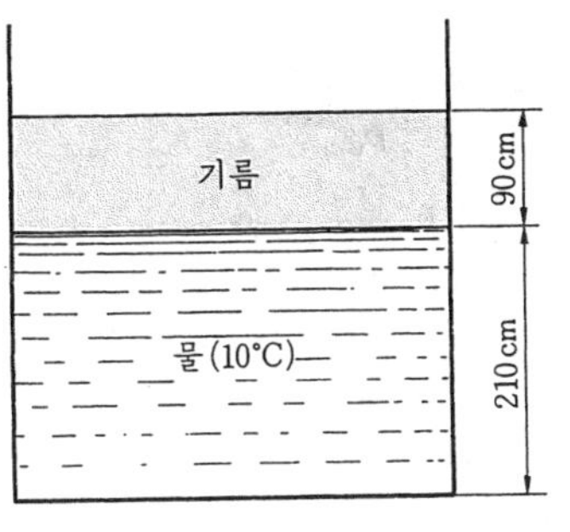

그림 3·6

풀 이 기름과 물이 경계면에서 받는 압력 p_1은

$$p_1 = \gamma_0 h_1 = \rho_0 g h_1 = 0.8 \times 1000 \times 9.81 \times 0.9 = 7.06 \text{ kPa}$$

물의 맨 밑바닥에서 받는 압력 p_2는

$$p_2 = p_1 + \gamma_w h_2 = p_1 + \rho_w g h_2$$
$$= 7.06 + 9.81 \times 1000 \times 2.1 = 27.66 \text{ kPa}$$

3.3.2 압축성 유체(Compressible fluids)의 경우

비압축성 유체의 경우는 ρ나 γ가 일정하기 때문에 적분이 간단하였으나, 기체와 같은 압축성 유체의 경우에는 ρ와 γ가 압력 p의 함수이므로 ρ나 γ의 값을 일정하게 놓고 적분할 수가 없다.

$z = 0$에서 대기압을 p_0, 임의의 높이 z에서 압력을 p라고 하면 식 (3 · 14)는

$$\int_{p_0}^{p} dp = -\int_0^z \rho g\, dz = -\rho g z \qquad (3 \cdot 17)$$

가 된다.

따라서, 압축성 유체의 경우, 각 변화의 조건에 따라 살펴보면 다음과 같다.

〔1〕 등온변화(isothermal change)

Boyle-Charles의 법칙에 의하여 $\dfrac{\rho}{p} = \dfrac{\rho_0}{p_0}$이므로, 식 (3 · 17)에 대입하여 적분하면

$$\int_{p_0}^{p} \frac{dp}{p} = -\frac{\rho_0}{p_0} gz$$

$$\ln p - \ln p_0 = -\frac{\rho_0}{p_0} gz$$

$$\ln\left(\frac{p}{p_0}\right) = -\frac{\rho_0}{p_0} gz$$

$$p = p_0 \exp\left(-\frac{\rho_0}{p_0} gz\right) \qquad (3 \cdot 18)$$

또는

$$p = p_0 \exp\left(-\frac{gz}{RT_0}\right) \qquad (3 \cdot 18\,\mathrm{a})$$

그리고 높이에 따른 온도 감소율은 $\dfrac{\Delta T}{\Delta z} = \alpha$라 하면

$$T = T_0 - \alpha(z - z_0) \qquad (3 \cdot 19)$$

로 쓸 수 있다. $\dfrac{dp}{dz} = -\rho g = -\gamma$의 관계식으로부터

$$\frac{dp}{dz} = -\frac{p}{RT} \tag{3·20}$$

이 두 식들로부터

$$\frac{dp}{dz} = -\frac{p}{R[T_0 - \alpha(z - z_0)]} \tag{3·21}$$

이 식을 적분하면 압력과 고도에 따른 관계식을 다음과 같이 구할 수 있다.

$$\frac{p}{p_0} = \left[\frac{T_0 - \alpha(z - z_0)}{T_0}\right]^{1/\alpha R} \tag{3·22}$$

또는

$$p = p_0\left[\frac{T_0 - \alpha(z - z_0)}{T_0}\right]^{1/\alpha R} \tag{3·22a}$$

〔2〕 단열변화(adiabatic change)

단열변화에서는 $\frac{p}{\gamma^k} = C$이므로 $\frac{p}{\rho^k} = \frac{p_0}{\rho_0^k}$이고, 따라서 다음과 같이 나타낼 수 있다.

$$\frac{\rho_0}{\rho} = \left(\frac{p_0}{p}\right)^{\frac{1}{k}} \tag{3·23}$$

식 (3·14)를 변형하면 $dz = -\frac{dp}{\rho g}$가 되므로, 여기에 윗식을 대입하면 다음과 같은 식이 유도된다.

$$\int_0^z dz = -\int_{p_0}^{p} \frac{dp}{\rho g} = -\frac{p_0^{\frac{1}{k}}}{\rho_0 g}\int_{p_0}^{p} p^{-\frac{1}{k}}dp$$

$$z = -\frac{k}{k-1}\frac{p_0^{\frac{1}{k}}}{\rho_0 g}\left(p^{\frac{k-1}{k}} - p_0^{\frac{k-1}{k}}\right)$$

$$= -\frac{k}{k-1}\frac{p_0}{\rho_0 g}\left\{\left(\frac{p}{p_0}\right)^{\frac{k-1}{k}} - 1\right\}$$

$$z = \frac{k}{k-1}\frac{p_0}{\rho_0 g}\left\{1 - \left(\frac{p}{p_0}\right)^{\frac{k-1}{k}}\right\} \tag{3·24}$$

공기의 기체상수를 R, 절대온도를 T라 하면 Boyle-Charles의 법칙에 의하여 $\frac{p}{\rho} = gRT$이고, T_0일 때 압력을 p_0, 밀도를 ρ_0라 하면 $\frac{p_0}{\rho_0} = gRT_0$가 되므로 식 (3·24)에 대입하면

$$z = \frac{k}{k-1} RT_0 \left\{1 - \left(\frac{p}{p_0}\right)^{\frac{k-1}{k}}\right\} \tag{3·25}$$

또, 단열변화에서 $\frac{p}{\rho^k} = \frac{p_0}{\rho_0^k}$이므로 $\frac{p}{p_0} = \left(\frac{\rho}{\rho_0}\right)^k$가 되고, 등온변화에서는 $\frac{\rho}{p} = \frac{1}{gRT}$, $\frac{\rho_0}{p_0} = \frac{1}{gRT_0}$이므로 대입하여 정리하면

$$\left(\frac{\rho}{\rho_0}\right)^k = \left(\frac{p}{gRT} \Bigg/ \frac{p_0}{gRT_0}\right)^k = \left(\frac{p}{p_0}\frac{T_0}{T}\right)^k = \frac{p}{p_0}$$

$$\left(\frac{T_0}{T}\right)^k = \left(\frac{p}{p_0}\right)^{1-k} \tag{3·26}$$

또는

$$\frac{T}{T_0} = \left(\frac{p}{p_0}\right)^{\frac{k-1}{k}} \tag{3·26 a}$$

이 식을 식 (3·25)에 대입하여 정리하면

$$z = \frac{k}{k-1} R(T_0 - T) \tag{3·27}$$

가 된다. 따라서, 비열비는 공기의 경우 1 atm 상온에서 $k = 1.4$이고, 공기계수 $R \fallingdotseq 29.3\ \mathrm{J/kgf \cdot K}$이므로, 이 값을 윗식에 대입하면

$$T = T_0 - \frac{z}{103} \tag{3·28}$$

가 되며, 이 식은 지면으로부터 고도의 증가에 따른 온도의 감소를 나타내는 식이다. 나아가서 고도에 따른 압력의 감소를 계산하는 식을 구하기 위하여 식 (3·24)를 직접 변형하여

$$p = p_0\left(1 - \frac{k-1}{k}\frac{\rho_0}{p_0}gz\right)^{\frac{k}{k-1}} \tag{3·29}$$

또는, $\frac{p_0}{\rho_0} = gRT_0$와 함께

$$p = p_0\left(1 - \frac{k-1}{k}\frac{z}{RT_0}\right)^{\frac{k}{k-1}} \tag{3·30}$$

를 구할 수 있다. 식 (3·28)~(3·30)에서 T_0, p_0, ρ_0는 고도 $z = 0$에서, 즉 지면상에서의 값들이다.

〔3〕 폴리트로픽 변화(polytropic change)

$\dfrac{p}{\rho^n} = \dfrac{p_0}{{\rho_0}^n}$ (여기서 n은 폴리트로픽 지수임)로부터 $\rho = \rho_0\left(\dfrac{p}{p_0}\right)^{\frac{1}{n}}$을 구하여 기본방정식 (3·14)에 대입하면

$$dz = -\frac{1}{\rho_0 g}\left(\frac{p}{p_0}\right)^{-\frac{1}{n}}dp \tag{3·31}$$

를 얻는다. $z = 0$일 때 T_0, p_0이고, $z = z$일 때 T, p라 하여 적분하면

$$\int_0^z dz = -\frac{1}{\rho_0 g}p_0^{\frac{1}{n}}\int_{p_0}^{p} p^{-\frac{1}{n}}dp$$

$$z = \frac{n}{n-1}\frac{p_0}{\rho_0 g}\left[1 - \left(\frac{p}{p_0}\right)^{\frac{n-1}{n}}\right] \tag{3·32}$$

이 식은 폴리트로픽 변화에서 고도와 압력과의 관계를 나타내는 식이며, 임의 고도 z에서 압력을 구하는 식을 변형시키면

$$p = p_0\left(1 - \frac{\rho_0 g}{p_0}\frac{n-1}{n}z\right)^{\frac{n}{n-1}} \tag{3·33}$$

이 된다. 밀도는 $\dfrac{\rho}{\rho_0} = \left(\dfrac{p}{p_0}\right)^{\frac{1}{n}}$의 관계를 대입하여

$$\rho = \rho_0\left(1 - \frac{\gamma_0}{p_0}\frac{n-1}{n}z\right)^{\frac{1}{n-1}} \tag{3·34}$$

또, 온도를 구하기 위하여 $\dfrac{p}{\rho g T} = \dfrac{p_0}{\rho_0 g T_0} = R$의 관계에서 $\dfrac{T}{T_0} = \left(\dfrac{p}{p_0}\right)\left(\dfrac{\rho_0}{\rho}\right)$를 얻으므로, 식 (3·33)~(3·34)로부터 다음 식을 구할 수 있다.

$$T = T_0\left(1 - \frac{\rho_0}{p_0}\frac{n-1}{n}gz\right) \tag{3·35}$$

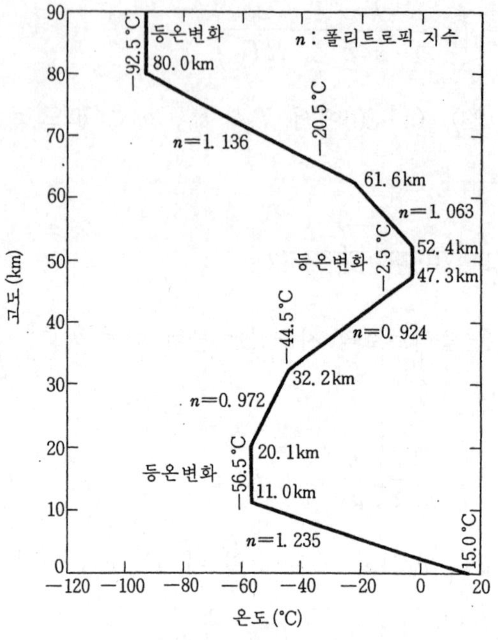

그림 3 · 7 고도에 따른 온도변화

또, 대기 중에서 고도에 따라 온도의 감소율을 구하여 식 (3 · 35)를 절대온도 T와 고도 z에 대하여 미분하면

$$dT = -T_0 \frac{\rho_0}{p_0} \frac{n-1}{n} gdz \qquad (3 \cdot 36)$$

가 된다. 여기에 다시 $\frac{\rho_0}{p_0} = \frac{1}{gRT_0}$의 관계를 대입하고, $\frac{dT}{dz} = \frac{\Delta T}{\Delta z}$로 표기가 가능하므로 결국 온도 감소율은

$$-\frac{\Delta T}{\Delta z} = \frac{1}{29.27} \frac{n-1}{n} \qquad (3 \cdot 37)$$

대기 중에서 고도에 따른 온도변화를 보면, 온도의 감소율은 대류권(troposphere: 해발 7마일까지의 대기층) 내에서는 0.0065℃/m이며, 15℃에서 해발 11,019 m의 고도에서는 −56.6℃가 된다.

단열변화 상태에서는 $n = k$가 되어 $n = 1.40$을 갖게 되며, $R = 286.8\ \mathrm{J/kg \cdot K}$이다. 건조한 대기 중에서 이와 같은 값을 갖게 되므로 이 경우 온도 감소율은 온도의 단열적 감소율(adiabatic lapse rate)이라고 하며, $-\frac{\Delta T}{\Delta z} = 0.000996$℃/m가 된다.

예제 3.5 온도가 0.0065℃/m로 감소해 가는 대류권 내에서 폴리트로픽 지수 n의 값을 구하라.

풀이 식 (3·37)로부터 $-\dfrac{\Delta T}{\Delta z} = 0.0065$℃/m이므로

$$0.0065 \times 29.27n = n-1, \qquad n = 1.235$$

예제 3.6 내연기관의 성능은 고도가 높아지게 되면 감소하고 공기가 희박해져서 공기밀도나 연료 공급량이 감소된다. 자동차가 고도 5280 ft, 온도가 80°F, 압력이 수은주 24.8 in인 A 지역을 떠나 고도가 10,600 ft인 B 지역을 달려가고 있다. 이때 B 지역의 기압과 A 지역에 대한 동력 저하율을 구하라. 단, 온도 감소율은 3°F/1000 ft이다.

풀이 주어진 값들은 A 지역에서 $z_0 = 5280$ ft, $p_0 = 24.8$ in Hg, $T_0 = 80$°F, B 지역에서 $z = 10{,}600$ ft, $\dfrac{dT}{dz} = -0.003$°F/ft이다.

기본 방정식 (3·14 a)에서 이상 및 정지상태의 유체의 경우로 가정하여

$$\frac{dp}{dz} = -\gamma, \qquad p = \gamma RT$$

$$\frac{dp}{dz} = -\frac{p}{RT}, \qquad \frac{dp}{p} = -\frac{1}{RT}dz$$

온도는 고도에 비례하여 선형적으로 변화하므로 $\dfrac{dT}{dz} = -m$으로 놓고 적분하면, $T = T_0 - m(z - z_0)$를 얻는다. 그러므로

$$\frac{dp}{p} = \frac{-1}{R\{T_0 - m(z - z_0)\}}dz = \frac{1}{mR} \times \left\{\frac{-md(z - z_0)}{T_0 - m(z - z_0)}\right\}$$

p_0에서부터 p, z_0에서부터 z까지 적분하면,

$$\int_{p_0}^{p}\frac{dp}{p} = \frac{1}{mR}\int_{z_0}^{z}\frac{-md(z - z_0)}{T_0 - m(z - z_0)}$$

$$\ln\left(\frac{p}{p_0}\right) = \frac{1}{mR}\left[\ln\{T_0 - m(z - z_0)\}\right]_{z_0}^{z}$$

$$= \frac{1}{mR}\ln\left\{\frac{T_0 - m(z - z_0)}{T_0}\right\} = \frac{1}{mR}\ln\left(\frac{T}{T_0}\right)$$

또는

$$\frac{p}{p_0} = \left(\frac{T}{T_0}\right)^{\frac{1}{mR}}$$

$$\frac{1}{mR} = \frac{1}{0.003\ ^\circ\mathrm{F/ft} \times 53.3\ \mathrm{ft \cdot lb/lb^\circ F}} = 6.25$$

또,

$$\frac{T}{T_0} = 1 - \frac{m(z - z_0)}{T_0}$$

$$= 1 - \frac{0.003(10,600 - 5280)}{460 + 80} = 0.970$$

그러므로 $\frac{p}{p_0} = \left(\frac{T}{T_0}\right)^{\frac{1}{mR}}$에서 $p = p_0\left(\frac{T}{T_0}\right)^{\frac{1}{mR}}$이므로

$$p = 24.8 \times (0.970)^{6.25} = 20.5\ \mathrm{in\,Hg}$$

동력변화(감소)는 압축에 의한 밀도의 변화(감소)에 비례하므로

$$\frac{\Delta p}{p_0} = \frac{\Delta\rho}{\rho_0} = \frac{\rho - \rho_0}{\rho_0} = \frac{\rho}{\rho_0} - 1$$

이고, 가스의 상태식 $p = \rho gRT$에서 $p - p_0 = \Delta p$라 할 때

$$\frac{\rho}{\rho_0} = \frac{p}{p_0}\frac{T_0}{T}$$

기관의 성능저하는

$$\frac{\Delta p}{p_0} = \frac{p}{p_0}\frac{T_0}{T} - 1 = 0.829 \times \frac{1}{0.970} - 1 = -0.145$$

$$\frac{\Delta p}{p_0} = -14.5\,\%$$

예 제 3.7 고도가 36,000 ft인 곳에서 압력과 온도는 각각 3.28 psia, −67°F이다. 압축성이고, 등온변화일 때에 고도가 56,000 ft가 되면 압력은 얼마나 되는가?

풀 이 여기서 $z = (56,000 - 36,000) = 20,000\ \mathrm{ft}$, $g = 32.2\ \mathrm{ft/s^2}$, $p_0 = 3.28\ \mathrm{psia}$, $R = 1716\ \mathrm{ft \cdot lb/slug \cdot {}^\circ R}$, $T_0 = (460 - 67) = 393^\circ\mathrm{R}$이므로, 식 (3 · 18 a)로부터

$$p = p_0 \exp\left(-\frac{gz}{RT_0}\right)$$
$$= 3.28 \exp\left(-\frac{32.2 \times 20,000}{1716 \times 393}\right) = 1.26 \text{ psia}$$

예 제 3.8 바다 표면의 높이에서 절대압력과 온도가 각각 101.3 kPa 및 15℃이다. 대기권 내에서 고도가 2000 m이면 압력은 얼마가 되겠는가?

풀 이 SI 단위계에서 기체상수 $R = 287 \text{ J/kg} \cdot \text{K}$이고, 온도 감소율 $\alpha = 0.0065$℃/m 이므로, 식 (3 · 22 a)로부터

$$p = p_0 \left[\frac{T_0 - \alpha(z - z_0)}{T_0}\right]^{\frac{1}{\alpha R}}$$
$$= (101,300)\left[\frac{288 - 0.0065 \times 2000}{288}\right]^{\frac{1}{0.0065 \times 287}}$$
$$= 98,823 \text{ N/m}^2 \fallingdotseq 98.8 \text{ kPa}$$

3.4 기압계

우리는 유체의 높이(또는 깊이)와 기준점에서의 압력과의 관계식 (3 · 16)을 유도하였다.

그림 3 · 8은 수은 기압계를 나타낸 것으로서, 이를 맨 처음에 고안한 사람은 1643년에 이탈리아의 Evengelista Torricelli(1608~1647)이다.

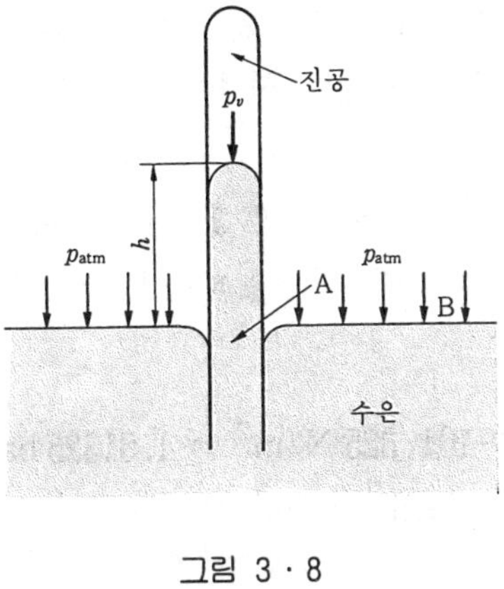

그림 3 · 8

관 내 A부분은 수은이 주위의 압력에 의해 올라가는 것을 보여 준다. 관 내는 진공상태로 되어 있으며, 관 내 수은주 상단부의 진공을 토리첼리 진공(Torricellian vacuum)이라 한다. 또, 그림 3·8에서 점 A와 점 B의 압력은 동일한 높이에 있기 때문에 동일하여야 한다. 미소의 곡부가 옆에 존재하기는 하나, 이것의 영향은 극히 작아 무시해도 된다.

그러므로

$$p_a = p_v + \rho g h \tag{3·38}$$

여기서 p_a는 절대압력(absolute pressure), p_v는 관 내 수은주 상단의 압력이며, ρ는 수은의 밀도를 나타낸다. 또한, p_v는 진공관 내의 극히 작은 값이므로 무시하여도 된다.

즉

$$p_a = \rho g h \tag{3·38 a}$$

따라서, 대기압하에서 수은주의 높이를 계산하여 보면

$$h = \frac{p_a}{\rho g} = \frac{101,325 \text{ N/m}^2}{(13,560 \text{ kg/m}^3)(9.81 \text{ m/s}^2)}$$
$$\fallingdotseq 0.762 \text{ m} \quad \text{(SI 단위)}$$

또는

$$h = \frac{p_a}{\gamma} = \frac{10,332 \text{ kgf/m}^2}{13,560 \text{ kgf/m}^3}$$
$$\fallingdotseq 0.762 \text{ m} \quad \text{(공학단위)}$$

가 되어 1기압의 수은주는 약 760 mm가 됨을 알 수 있다.

이 경우 지름이 15 mm보다 작은 관을 사용하면, 표면장력에 의한 모세관 현상의 영향이 크게 나타난다.

그림 3·9는 Fortin형 기압계이며, 그림 3·10은 외부에서 작용하는 압력에 의하여 탄성체가 변형을 일으켜, 여기에 연결된 바늘이 움직여 눈금을 가리키도록 고안된 Aneroid 기압계이다.

$$1 \text{ atm} = 101,325 \text{ N/m}^2 = 1.01325 \text{ bar} = 1.03323 \text{ kgf/cm}^2$$
$$= 14.696 \text{ lb/in}^2$$

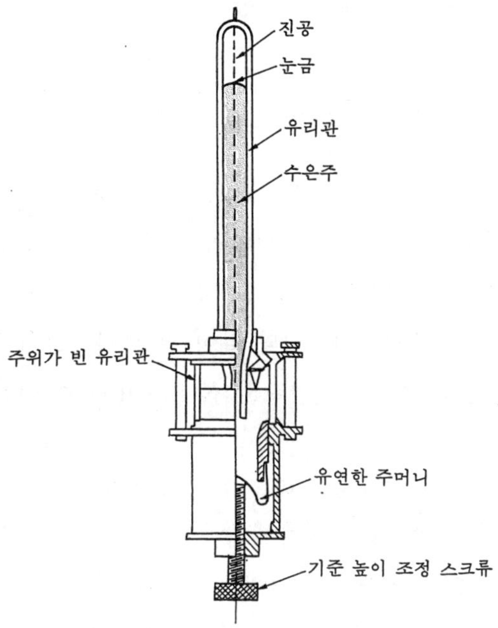

그림 3·9 Fortin형 기압계

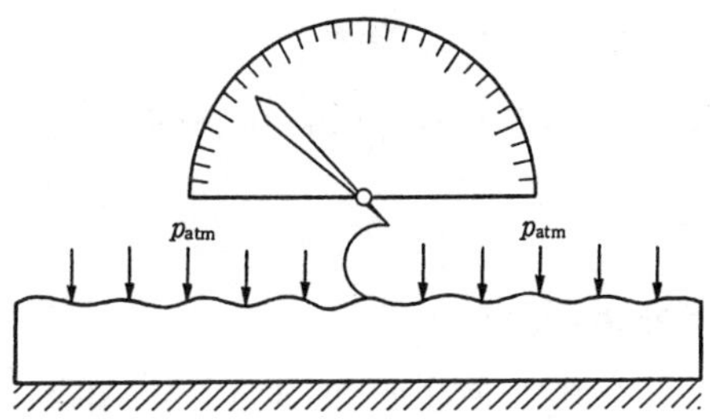

그림 3·10 Aneroid 기압계

3.5 압력계

유체의 압력은 정지유체 내의 압력, 유동유체의 압력, 압축용기 내의 압력 등으로 유체의 조건에 따라 계측방법이나 계측기가 다양해진다. 압력 계측기에는 액주 압력계(piezometer), U자관(U-tube), 경사 압력계(inclined manometer), 미압계(micro-manometer), 압력 변환기(pressure tranducer)가 있으며, 최근에는 기계식 미압계보다는 디지털 전기식 미압계(digital electric micro-manometer)가 개발되어 수주 $1\mu m$

이하의 압력까지 계측이 가능하도록 되어 있다.

3.5.1 액주 압력계와 U자관(Piezometer & U-tube)

유체의 압력을 간단하게 계측할 수 있는 방법으로 투명한 관을 사용하고 있다. 그림 3·11 (a)와 같이 투명관을 관로나 압력탱크에 수직으로 설치하면 그 압력에 해당되는 높이만큼 액주가 상승하게 된다. 물론, 이때에 계측하고자 하는 관로나 압력탱크 내에는 액체가 채워져 있는 경우이다. 이와 같이 관을 사용하여 압력을 측정하는 압력계를 액주 압력계라고 한다. 이 경우 압력은 식 (3·16)으로부터 $p = \gamma h$로서 간단하게 계산된다.

그림 3·11 (b)는 U자관(U-tube)을 이용하여 압력을 측정하는 경우로 주로 유동하는 관로 내의 유체 압력계측에 많이 사용된다. 이때 U자관 내에는 관로 내 유체보다 비중이 큰 액체를 사용해야 하는데, 두 유체들은 상호 혼합되지 않아야 한다. 여기에서 A 유체의 비중량을 γ_A, B 유체의 비중량을 γ_B라고 하면, 같은 수평높이에 있는 Q_1, Q_2의 압력은 동일하여야 하므로,

$$p + \gamma_A H = \gamma_B h + p_{atm} \tag{3·39}$$

이 되며, $\gamma_A \ll \gamma_B$이고 p_{atm}은 게이지 압력으로 0(zero)이 되므로, 결국

$$p = \gamma_B h \tag{3·39 a}$$

가 되어 쉽게 압력을 계측할 수 있다.

또, 그림 3·12에서는 뒷장에서 논하게 될 관 내 두 점 사이의 압력을 U자관을 이

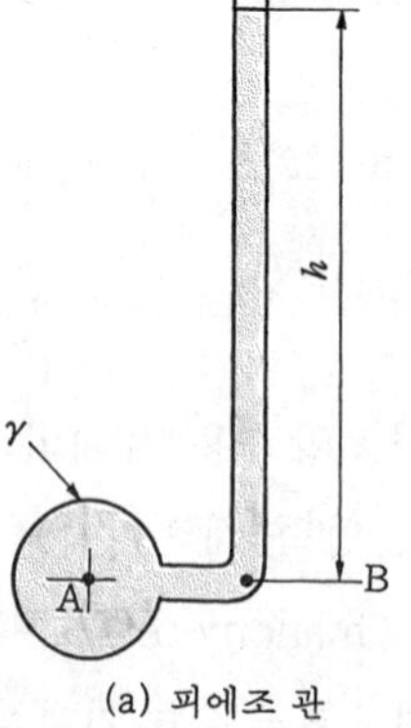

(a) 피에조 관

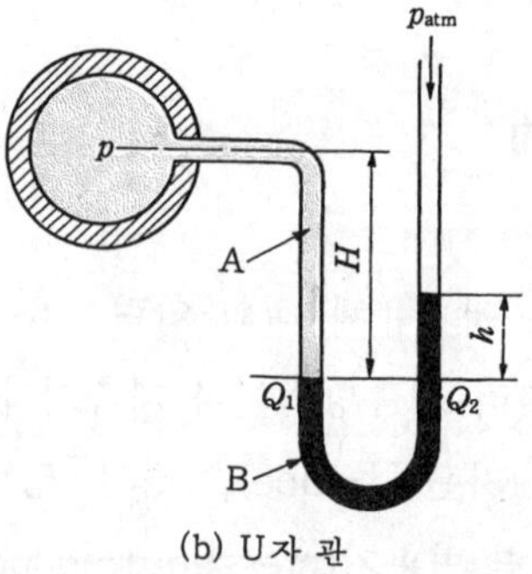

(b) U자 관

그림 3·11

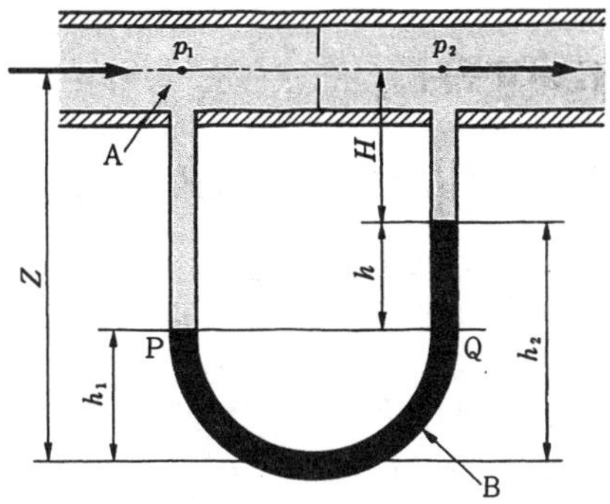

그림 3 · 12

용하여 측정하는 방법이다. 그러므로 U자관 내에서 평형 방정식을 세우면,

$$p_1 + (H + h)\rho_A g = p_2 + \rho_A H + \rho_B g$$

$$p_1 - p_2 = (\rho_B - \rho_A)gh \qquad (3 \cdot 40)$$

또는

$$p_1 - p_2 = (\gamma_B - \gamma_A)h \qquad (3 \cdot 40\,a)$$

여기서 γ_A, γ_B는 A 및 B 유체의 비중량이다.

또, U자관의 하부로부터 압력이 작용하는 p_1, p_2까지의 높이를 Z, B 유체의 높이를 각각 h_1, h_2라 하면

$$p_1 + (H - h_1)\rho_A g + h_1 \rho_B g = p_2 + (Z - h_2)\rho_A g + h_2 \rho_B g$$

이 식을 정리하면 $h_2 - h_1 = h$이므로, 이 관계를 대입하면 다음과 같이 된다.

$$p_1 - p_2 = (\rho_B g - \rho_A g)h \qquad (3 \cdot 41)$$

또는

$$p_1 - p_2 = (\gamma_B - \gamma_A)h \qquad (3 \cdot 41\,a)$$

예 제 3.9 그림 3 · 12에서 A와 B의 액체가 각각 물과 수은일 때 압력차이는 얼마인가? 단, 그림에서 $h = 30$ mm이다.

풀 이 우선 수은의 비중은 13.6이다. 그리고 물의 비중량은 $\gamma_A = 1000\,\text{kgf/m}^3$이다. 그러므로 수은의 비중 $S = \dfrac{\gamma_B}{\gamma_A}$에서 $\gamma_B = \gamma_A S = 1000 \times 13.6 = 13,600\,\text{kgf/m}^3$

이다.

그러므로 식 (3 · 41 a)로부터

$$p_1 - p_2 = (13,600 - 1000) \times 0.03 = 378\ \mathrm{kgf/m^2}$$
$$= 0.0378\ \mathrm{kg/cm^2}$$

예 제 3.10 수은이 들어 있는 U자관을 한쪽은 대기에 통하도록 하고 다른 쪽은 유동하는 관 내의 물에 연결하였다. 관의 중심에서 낮은 쪽 수은주까지의 높이는 6 cm이고, 수은주의 높이차이는 4 cm였다. 이때 관 내의 압력은 몇 Pa인가?

풀 이 공기와 접하고 있는 부분의 압력은 대기압이므로 0이며, γ_w, γ_m을 물 및 수은의 비중량이라 할 때 $\gamma_w = 1000\ \mathrm{kgf/m^3}$, $\gamma_m = 13,600\ \mathrm{kgf/m^3}$이고, $1\ \mathrm{kgf} = 9.81\ \mathrm{N}$이므로

$$p + 1000 \times 9.81 \times 6 \times 10^{-2} = 13,600 \times 9.81 \times 4 \times 10^{-2}$$
$$p = 4748\ \mathrm{N/m^2} = 4.748\ \mathrm{kPa}$$

예 제 3.11 그림 3 · 13에서와 같이 원심펌프에 의한 흡입압력은 얼마인가? 관 내에서는 물이 흐르고, U자관에는 수은이 들어 있다.

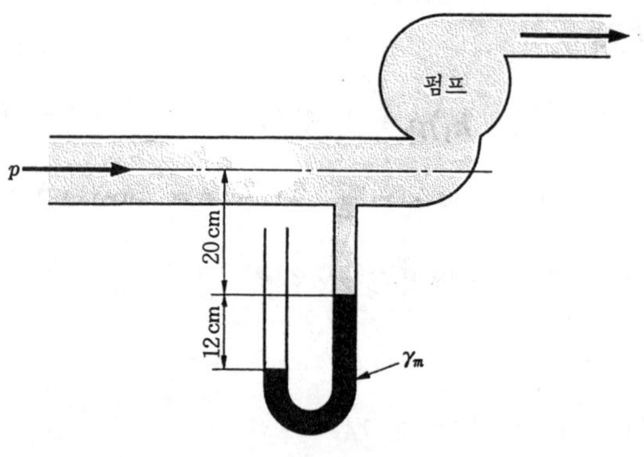

그림 3 · 13

풀 이 $p_1 - p_2 = -\rho g(h_2 - h_1)$으로부터

$$0 - \gamma_m h_m - \gamma_w y = p$$
$$p = -(13,600)(9.81)(0.12) - (1000)(9.81)(0.20)$$
$$\fallingdotseq -18\ \mathrm{kPa}$$

3.5.2 경사 압력계(Inclined manometer)

미압을 재는 경우에는 비중이 1인 증류수를 사용해도 양 수주의 차이를 판별하기가 매우 어렵다. 이러한 경우에는 그림 3·14와 같이 압력관(piezometer tube)을 임의 각도로 경사지게 설치하면 매우 작은 수주의 높이차이(그림에서 h)를 사변(그림에서 S)으로 크게 확대시켜 읽을 수 있다.

$$h = S\sin\theta \tag{3·42}$$

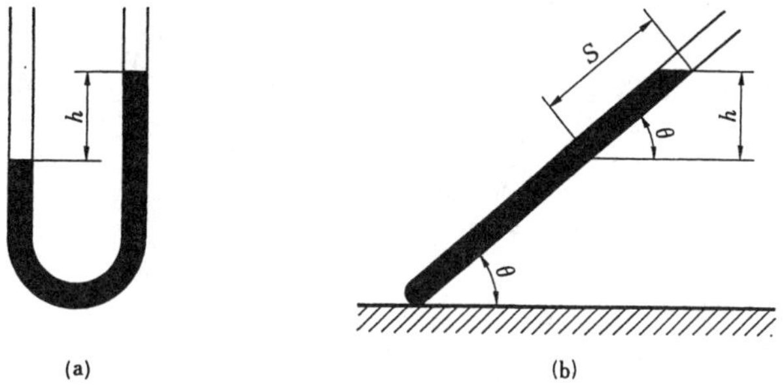

그림 3·14

예 제 3.12 공기의 압력차이를 재기 위하여 U자관에 비중이 1인 물을 넣어 압력을 측정하였다. 압력차이가 미소하기 때문에 U자관을 수평면과 10°가 되게 기울여 측정한 결과 20 mm의 수주차이를 읽을 수가 있었다. 이때의 압력차이는 얼마이며, 한쪽 압력이 다른 쪽 압력의 3배가 되는 경우의 압력은 각각 얼마인가?

풀 이 식 (3·42)로부터 압력차의 수직높이는

$$h = 20 \times \sin 10° = 3.473\ \text{mm}$$

공기와 물의 비중량은 표 2·6, 2·7에서 각각 20℃에서 $\gamma_a = 1.205\ \text{kgf/m}^3$, $\gamma_w = 998.2\ \text{kgf/m}^3$이고, 1 kgf = 9.81 N이므로 식 (3·40 a)로부터

$$p_1 - p_2 = 3.473 \times 10^{-3}(998.2 - 1.205) \times 9.81 = 34\ \text{N/m}^2$$
$$= 34\ \text{Pa}$$

또, $p_1 = 3p_2$이므로 $3p_2 - p_2 = 34\ \text{Pa}$

$$p_2 = 17\ \text{Pa}, \qquad p_1 = 51\ \text{Pa}$$

3.5.3 미압계(Micro-manometer)

미압은 경사 압력계로서도 측정이 불가능한 경우가 많다. 그리하여 압력차의 눈금을 아주 정밀하게 읽을 수 있는 방법을 고안해 낸 것이 미압계이다. 그 원리를 살펴보면 그림 3·15와 같이 A, B, C는 서로 다른 액체들이며, a_1의 양측 단면적은 동일하고, 또 a_2의 양측 관의 단면적도 동일하다. 나아가서 좌우의 역학적인 평형을 생각하면

$$p_1 + \rho_A g(h + \Delta z) + \rho_B g\left(z - \Delta z + \frac{y}{2}\right)$$
$$= p_2 + \rho_A g(h - \Delta z) + \rho_B g\left(z + \Delta z - \frac{y}{2}\right) + \rho_C gy \qquad (3 \cdot 43)$$

관 내의 유체들은 모두 정지상태에 있으므로

$$a_1 \Delta z = a_2 \frac{y}{2}$$

Δz의 값을 식 (3·43)에 대입하면

$$p_1 - p_2 = gy\left\{\rho_C - \rho_B\left(1 - \frac{a_2}{a_1}\right) - \rho_A \frac{a_2}{a_1}\right\} \qquad (3 \cdot 44)$$

여기서 $a_2 \ll a_1$이므로

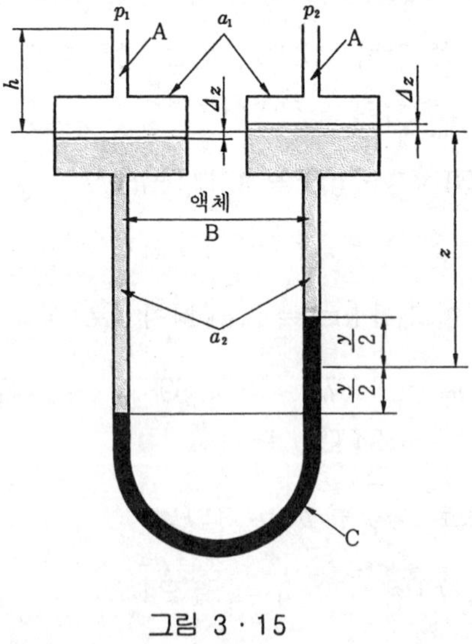

그림 3·15

$$p_1 - p_2 \simeq (\rho_C - \rho_A)gy \qquad (3 \cdot 45)$$

결국, 액체 C의 관 내의 높이차 y로 압력차 $p_1 - p_2$가 나타난다.

그림 3·16은 실제 수동식 미압계의 설명도이다. 현재는 미압계의 경우에도 수동식보다는 전기식 미압계(electric micro-manometer)를 많이 사용하고 있으며, 수주 1 μm 이하까지 측정이 가능하다.

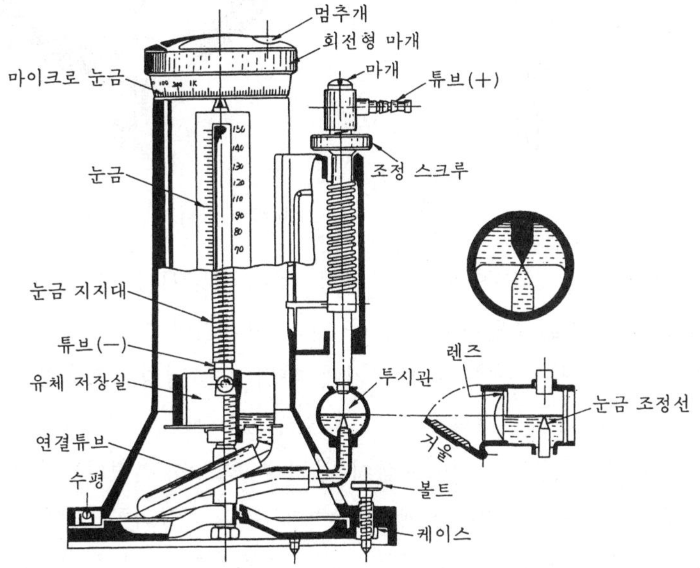

그림 3·16

3.5.4 Bourdon 압력계와 압력 변환기(Bourdon gauge & Pressure tranducer)

앞절에서는 관 내의 액주 상승높이를 계측하여 압력을 측정하는 기본적인 방법들이었다. 수동적이고 기본적인 원리의 응용이기는 하지만 압력계측에서 정확한 값을 얻을 수 있는 방법들이다. 근래의 압력 계측용 전자기기들도 결국은 이 방법에 의해 계측한 데이터에 의해 보정하게 된다.

고압을 계측하기 위해서는 액주관을 사용할 수가 없으며, 사용이 불편하므로 편리하게 광범위한 압력을 계측할 수 있는 Bourdon 압력계가 개발되어 상용되고 있다. 이는 탄성체의 성질을 이용하여 개발한 것이다. 그림 3·17에서 보는 바와 같이 압력이 Bourdon관 내에 작용하면 관이 팽창되면서 바늘을 회전시켜 압력눈금을 가리키도록 고안되었다.

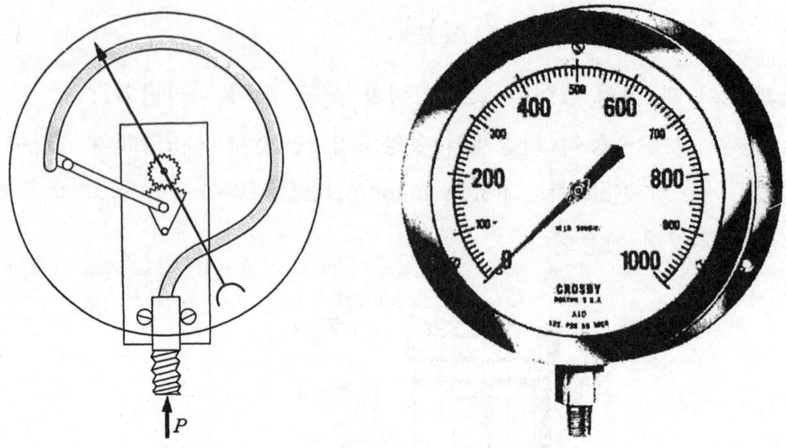

그림 3 · 17 Bourdon 압력계

그림 3 · 18은 부르동 압력계와 선형 차변기(LVDT : Linear Variable Differential Transformer)로 조립하여 개발한 압력 변환기의 개략도이다. 또한 부르동관 대신에 다이어프램을 사용하여 압력 크기에 따라 수축팽창함으로써 압력을 계측하도록 되어 있는 압력 변환기의 개략도가 그림 3 · 19이다.

그림에서 볼 수 있듯이 다이어프램이 압력을 받으면 변형하면서 변형량을 연결핀을 통하여 실리콘 빔(silicon beam)에 전달하게 된다. 실리콘 빔에는 스트레인 게이지(strain gauge)가 부착되어 빔의 변형값을 전기회로를 통하여 데이터로 출력되도록 고안되었다.

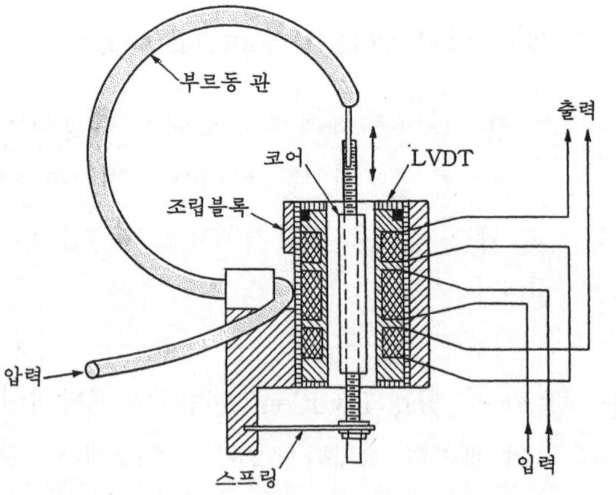

그림 3 · 18 LVDT형 압력 변환기 개략도

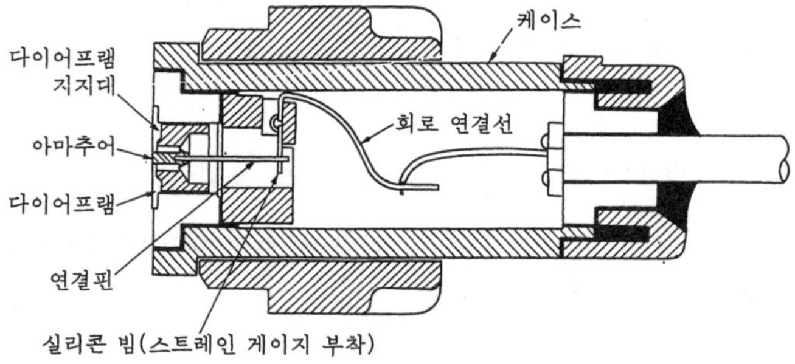

그림 3·19 압력 변환기 개략도

예 제 3.13 그림 3·20과 같이 기름이 채워져 있는 관에 압력계와 U자관이 부착되어 수직으로 설치되어 있으며, U자관 내의 액주는 수은을 사용하였다. 기름의 비중이 0.9, 수은의 비중이 13.57일 때 상온에서 압력계 p_x에 나타나는 게이지 압력을 구하라.

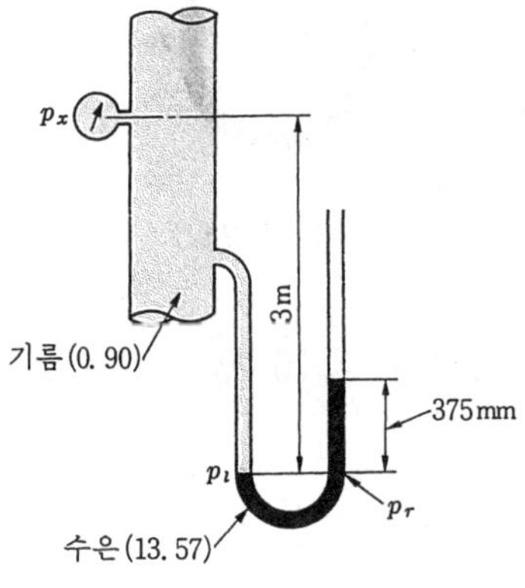

그림 3·20

풀 이 게이지 상부에서 작용하는 압력은 p_x로 나타난다. 물, 기름, 수은의 비중량을 각각 γ, γ_1, γ_2라 하고 기름과 수은의 비중을 S_1, S_2라 하면, 부록 표 I-2에서 상온(15℃)에서의 물의 비중량은 $\gamma = 9798\ \mathrm{N/m^3}$이므로

$$\gamma_1 = S_1\gamma = 0.9 \times 9798 = 8818\ \mathrm{N/m^3}$$
$$\gamma_2 = S_2\gamma = 13.57 \times 9798 = 132,959\ \mathrm{N/m^3}$$

그러므로 U자관의 좌우에서 평형을 고려하면

$$p_x + 8818 \times 3 = 132,959 \times 0.375$$
$$p_x = 23,406\ \mathrm{N/m^2} \fallingdotseq 23.4\ \mathrm{kPa}$$

예제 3.14 그림 3·21과 같이 미압계에는 물과 기름으로 채워져 있고, A와 B에 각각 p_A, p_B가 작용하여 수주의 높이 차이가 3 cm가 되었다. A와 B의 압력차를 계산하라.

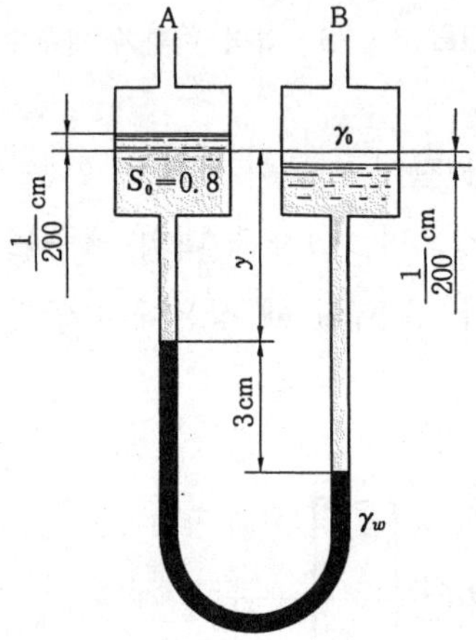

그림 3·21

풀이

$$p_A + \gamma_0\left[y + \frac{1}{200}(0.01)\right] + \gamma_w(0.03)$$
$$= \gamma_0\left[0.03 + y - \left(\frac{1}{200}\right)(0.01)\right] + p_B$$

여기서 $S_0 = 0.8$이고 $\gamma_w = 1000\ \mathrm{kgf/m^3}$이므로 $\gamma_0 = 800\ \mathrm{kgf/m^3}$가 된다. 따라서

$$p_B - p_A = 800\left[y + \left(\frac{1}{200}\right)(0.01)\right] + 1000(0.03) - 800\left[0.03 + y - \frac{1}{200}(0.01)\right] = 6.08\ \mathrm{kgf/m^2}$$

3.6 전압력

압력은 단위면적당 수직으로 작용하는 힘이며, 전압력은 전면적에 작용하는 힘(力)을 말한다.

따라서 전압력 P_t는

$$P_t = p\,\mathrm{kgf/cm^2} \times A\,\mathrm{cm^2} = pA\,\mathrm{kgf}$$

여기서 알 수 있는 바와 같이, 전압력의 단위는 kgf로서 힘의 단위가 된다. 즉 단위면적에 작용하는 힘에 전면적 A를 곱함으로써 이는 중심(gravity center)을 지나는 집중력의 의미가 된다.

3.7 유체에 잠긴 평면에 작용하는 유체의 압력

유체에 잠긴 평면은 대개 평판을 연상하게 되며, 저수지의 댐과 수문 등의 설계는 여기에 작용하는 전압력을 정확히 알아야 가능하다. 또, 압력을 받는 면이 수평인 경우, 수직인 경우, 경사진 경우, 곡면인 경우를 생각할 수가 있다. 그리하여 이들의 각각에 대하여 그 면에 작용하는 전압력을 고려해 보자.

3.7.1 평판이 수평으로 잠겨 있는 경우

단위면적당의 압력이 p이고 잠겨진 평판의 수평면적이 A라고 하면, $p = \gamma h$이므로 전압력은 다음과 같이 계산된다.

$$P_t = p \times A = \gamma hA \tag{3·46}$$

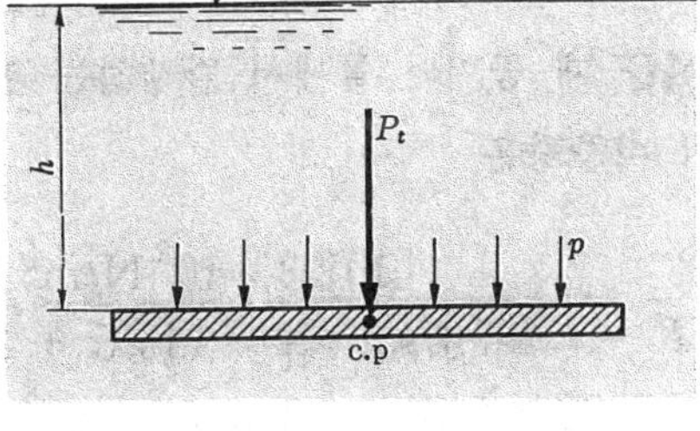

그림 3·22

이때 P_t가 통과하는 점은 전압력의 작용점이며, 평면상에서는 하나의 도심(centroid)과 같은 점이다. 이 점을 압력중심(pressure center)이라고 한다.

3.7.2 평판이 수직으로 잠겨 있는 경우

액체 속에 그림 3·23과 같이 수직으로 잠겨 있는 사각 평판의 경우, 이 평판의 폭을 단위폭으로 간주하면 그 평판에 작용하는 전압력은 다음과 같이 계산할 수가 있다.

$$P_t = \frac{1}{2}\gamma(h_1 + h_2) \times (h_2 - h_1) = \frac{1}{2}\gamma(h_2^2 - h_1^2) \quad (3 \cdot 47)$$

물론, 액체 중에서의 압력은 표면으로부터의 깊이 h에 비례하여 증가하므로 그림 3·23에 나타난 대로 압력분포는 완전히 선형적임을 알 수 있다.

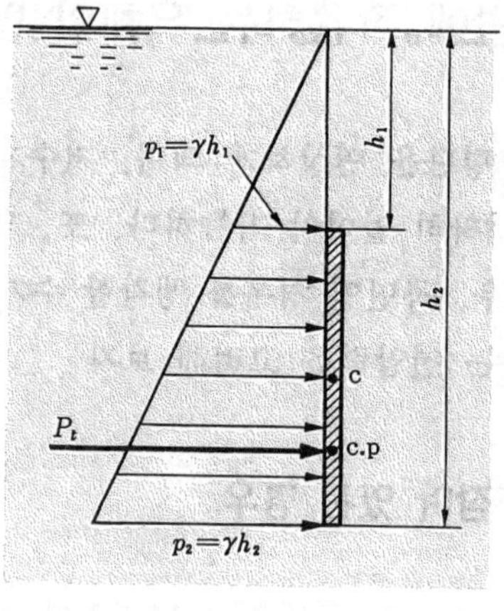

그림 3·23

예 제 3.15 해수면을 기준으로 압력이 101.3 kPa(절대압력)이고 온도가 15.5℃인 공기와 이와 동일한 조건의 담수에 대해서 연직방향으로 압력 변화율을 비교하라. 또, 표고가 4 m 감소했을 때 공기와 물에서 발생하는 총압력 변화를 계산하라.

풀 이 먼저, 공기와 물의 비중량은

$$\rho_a = \frac{P}{RT} = \frac{101.3 \times 10^3 \text{ N/m}^2}{287 \text{ J/kg} \cdot \text{K} \times (15.5 + 273)\text{K}} = 1.22 \text{ kg/m}^3$$

$$\gamma_a = \rho g = 1.22 \times 9.81 = 11.97 \text{ kg/m}^2 \cdot \text{s}^2 = 11.97 \text{ N/m}^3$$

물의 비중량은 부록 표 I-2에서

$$\gamma_w = 9798\ \mathrm{N/m^3}$$

따라서 압력 감소율은 각각

$$\left(\frac{dP}{dz}\right)_a = -11.97\ \mathrm{N/m^3}, \qquad \left(\frac{dP}{dz}\right)_w = -9798\ \mathrm{N/m^3}$$

공기에 대한 총압력 변화는

$$(-11.97\ \mathrm{N/m^3}) \times (-4\ \mathrm{m}) = 47.88\ \mathrm{N/m^2} = 47.88\ \mathrm{Pa}$$

물에 대한 총압력 변화는

$$(-9798\ \mathrm{N/m^3}) \times (-4\ \mathrm{m}) = 39.19\ \mathrm{kN/m^2} = 39.19\ \mathrm{kPa}$$

3.7.3 평판이 경사지게 잠겨 있는 경우

그림 3 · 24는 임의의 넓이를 갖는 평판이 액체에 경사지게 완전히 잠겨 있으며, 자유표면인 수평면과 θ의 각을 이루고 있다. 평판에 수직한 방향을 x축, 평행한 방향을 y축이라 정하고, 표면으로부터 깊이 h인 곳의 dA에 작용하는 전압력을 dP_t라 하면

$$dP_t = p\,dA = \gamma h dA = \gamma y \sin\theta\, dA \tag{3 · 48}$$

가 되므로, 평판의 한 면에 작용하는 전압력은

$$P_t = \int_A \gamma y \sin\theta\, dA = \gamma \sin\theta \int_A y\, dA \tag{3 · 49}$$

가 된다. 그런데 $\int_A y\, dA$는 x축에 대한 1차 면적 모멘트(first moment of area)이므

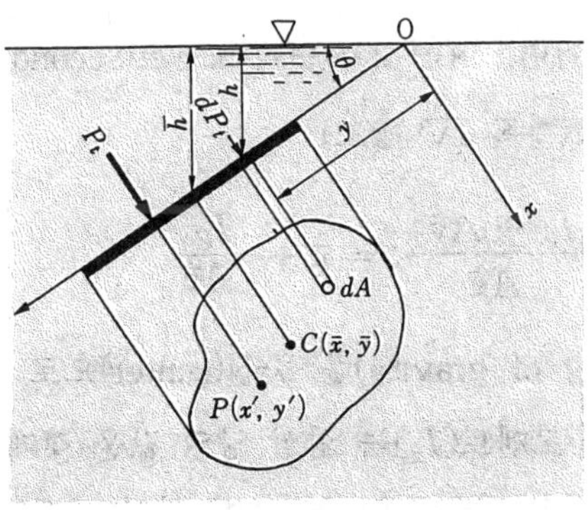

그림 3 · 24

로 전면적을 A, 도심(centroid) C의 좌표를 $(\overline{x}, \overline{y})$라 할 때, Varignon의 정리에 의하여

$$\int_A y\,dA = A\overline{y}$$

가 되므로, 전압력은 다음과 같다.

$$P_t = \gamma\overline{y}\sin\theta \mathrm{A} = \gamma\overline{h}A \qquad (3 \cdot 50)$$

결국, $\gamma\overline{h}$는 도심에서의 압력이므로, 전압력은 도심에 작용하는 압력에 전면적의 곱으로 계산된다(부록 IV 참조).

3.7.4 유체에 잠긴 평판의 압력중심

압력은 평판에 수직으로 작용하므로 전압력선 역시 평판에 수직으로 작용한다. 이 전압력선이 통과하는 평판상의 좌표를 압력중심(center of pressure)이라고 한다. 압력중심에 작용하는 전압력은 각 압력들의 합력이므로, 압력중심에 작용하는 전 모멘트(total moment) 역시 각 압력들에 의해 정해지는 모멘트들의 합과 같다.

그러므로 전 모멘트는

$$P_t \times y' = \int_A \gamma y^2 \sin\theta\, dA \qquad (3 \cdot 51)$$

그러므로 y'는

$$y' = \frac{\gamma\sin\theta\int_A y^2 dA}{\gamma\sin\theta\int_A y\,dA} = \frac{I_x}{A\overline{y}} \qquad (3 \cdot 52)$$

여기서 $\int_A y^2 dA = I_x$이며, 이는 2차 면적 모멘트(second moment area)이다. 또, $I_x = I_C + A\overline{y}^2$이 되므로(부록 IV 참조)

$$y' = \frac{I_C + A\overline{y}^2}{A\overline{y}} = \overline{y} + \frac{I_C}{A\overline{y}} \qquad (3 \cdot 53)$$

여기서 I_C는 중심(center of gravity)을 중심(center)으로 계산한 관성 모멘트(moment of inertia)이며, 2차 모멘트(I_x)는 항상 양의 값을 갖게 되므로, 식 (3 · 53)에서 보는 바와 같이 $y' > \overline{y}$로서 압력중심은 중심보다 항상 아래에 있음을 알 수 있다. 다

시 x'의 좌표를 구하기 위하여 y'의 경우와 동일한 방법으로 점 O를 모멘트 센터, 즉 Oy축을 기준으로 하여 전모멘트를 계산하면

$$P_t \times x' = \int_A \gamma xy \sin\theta \, dA = \gamma \sin\theta \int_A xy \, dA \qquad (3 \cdot 54)$$

$$x' = \frac{\int_A xy \, dA}{A\bar{y}} \qquad (3 \cdot 55)$$

여기서 $\int_A xy\,dA$의 값은 Oy축을 면적 A를 분할하는 대칭으로 잡을 경우에는 0이 된다.

예 제 3.16 그림 3·25와 같이 3 m × 3 m의 정사각형의 수문이 수직으로 설치되어 있다. 이 수문을 열기 위한 힘 F는 얼마 이상이 되어야 하는가?

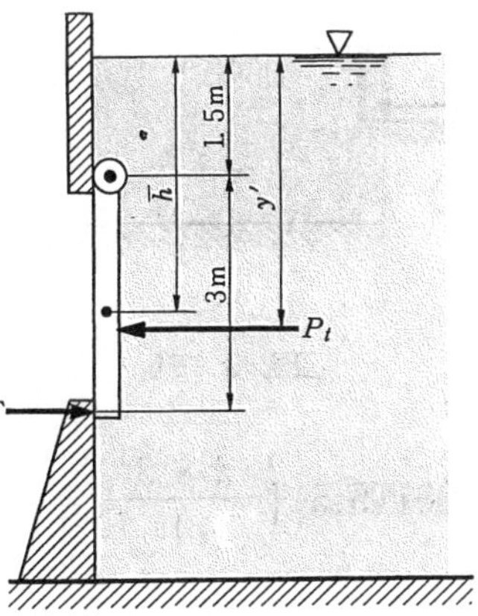

그림 3·25

풀 이 $P_t = \gamma \bar{h} A$ 에서

$$\bar{h} = 1.5 + \frac{3}{2} = 3.0\,\text{m}$$

$$P_t = 1000 \times 3 \times (3 \times 3) = 27,000\,\text{kgf}$$

압력중심의 위치는

$$y' = \bar{h} + \frac{I_c}{A\bar{h}} = 3 + \frac{(3 \times 3^3)/12}{(3 \times 3) \times 3} = 3.25\,\text{m}$$

돌축을 모멘트 중심으로 할 때

$$P_t \times (y' - 1.5) = F \times 3$$

$$F = \frac{27,000}{3} \times (3.25 - 1.5) = 15,750\ \text{kgf}$$

예제 3.17 지름이 3 m인 원형 수문이 그림 3·26과 같이 물 속 4 m인 곳에 수직하게 돌축으로 장치되어 있다. (a) 이 원형 평판이 받는 전압력과, (b) 압력중심까지의 깊이, (c) 이 수문을 여는 데 필요한 최소한의 힘을 각각 구하여라.

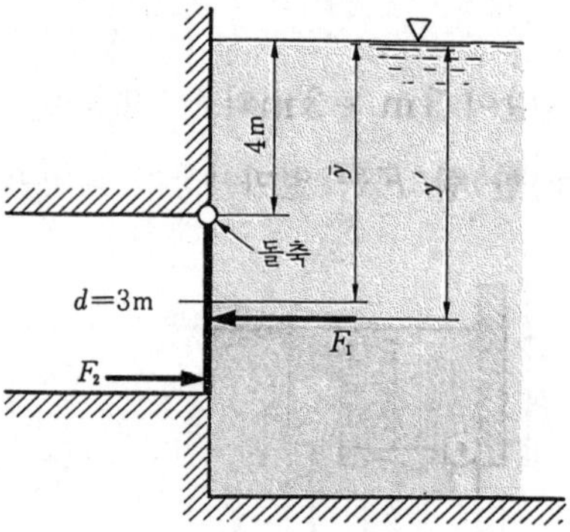

그림 3·26

풀이 (a) $F_1 = \gamma \bar{y} A = (1000)(5.5)\left(\frac{\pi \times 3^2}{4}\right) = 38,857.5\ \text{kgf}$

(b) $y' = \bar{y} + \frac{I_C}{A\bar{y}} = \bar{y} + \left(\frac{A}{16} d^2\right) \Big/ A\bar{y}$

$$= 5.5 + \frac{9}{16} \Big/ 5.5 = 5.60\ \text{m}$$

(c) 돌축을 모멘트 중심으로 하여 모멘트를 구하면

$$(5.60 - 4)F_1 = 3F_2, \qquad F_2 = 20,724\ \text{kgf}$$

예제 3.18 그림 3·27과 같이 삼각 평판이 수직으로 물에 잠겨 있을 때, 평판의 한 면이 받고 있는 전압력과 압력중심을 구하라. 단, 물의 비중량은 $\gamma = 9798$ N/m^3이다.

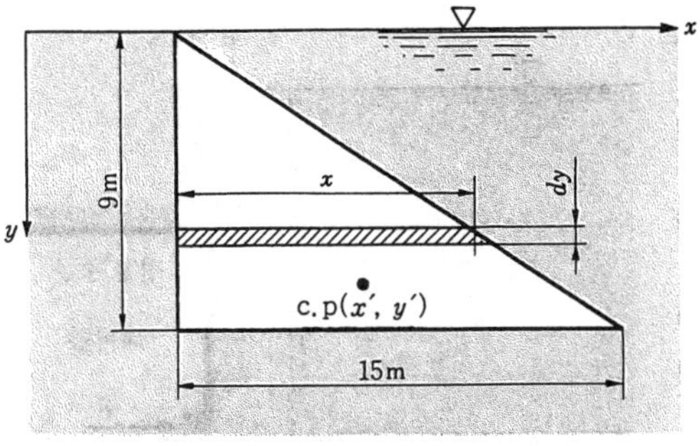

그림 3 · 27

풀이 평판의 도심은 6 m 깊이에 존재한다.

$$P_t = \gamma\bar{h}A = 9798 \times 6 \times \frac{1}{2}(9 \times 15) = 3968.19\ \text{kN}$$

압력중심의 수직거리는

$$y' = y + \frac{I_C}{\bar{y}A} = \bar{y} + \frac{bh^3/36}{\bar{y}\frac{1}{2}(bh)} = \bar{y} + \frac{h^2}{18\bar{y}}$$

$$= 6 + \frac{81}{18 \times 6} = 6.75\ \text{m}$$

압력중심의 수평거리를 구하기 위하여 압력 모멘트를 구하면

$$dM_t = \frac{1}{2}x \times dP_t = \frac{1}{2}x\gamma yxdy$$

x와 y는 $x = \frac{15}{9}y$로 쓸 수 있으므로

$$M_t = \frac{25}{18}\gamma\int_0^9 y^3dy = \frac{25}{18} \times 9798\left[\frac{y^4}{4}\right]_0^9 = 22,321\ \text{kN} \cdot \text{m}$$

$P_t x' = M_t$로부터

$$x' = \frac{22,321}{3968.19} = 5.62\ \text{m}$$

예제 3.19 그림 3 · 28은 지름이 12 ft인 원판 수문이 도심의 축에 수평으로 설치되어 개폐될 수 있도록 장치된 것이다. 문이 열리지 않도록 하기 위하여 멈추개에 얼마의 힘이 유지되어야 하는가?

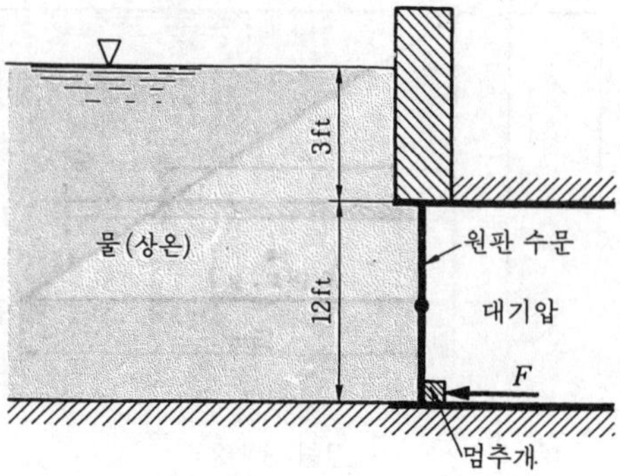

그림 3 · 28

풀이 $P_t = pA = \gamma \bar{h} A$에서

$$P_t = 9 \times 62.4 \times \pi \times 36 = 63,483.3\ \text{lb}$$

$$y' - \bar{y} = \frac{I_C}{A\bar{y}} = \left(\frac{\pi r^4}{4}\right) \Big/ (9 \times \pi r^2)$$

$$= \frac{\pi \times 6^4}{4} \Big/ 9 \times \pi \times 6^2 = 1\ \text{ft}$$

돌축을 중심으로 하는 모멘트는 $\sum M_t = 0$이므로

$$63,483.3 \times 1 - 6F = 0, \qquad F = 10,580.55\ \text{lb}$$

예제 3.20 그림 3 · 29와 같이 액체 위의 공기는 4 psig의 압력을 받고 있으며, 액체의 비중은 0.8이다. 사각 수문의 폭이 6 ft라면 수문이 열리지 않도록 지탱하기 위한 힘 F는 얼마인가?

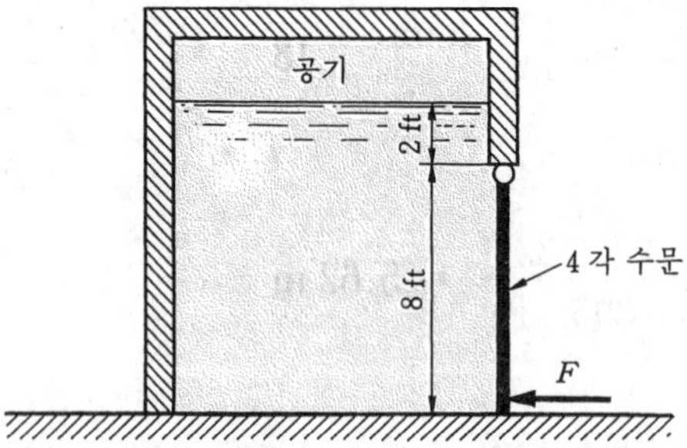

그림 3 · 29

풀이 4 psig에 해당하는 액체의 깊이 h는

$$h = \frac{p}{\gamma} = \frac{4\times144}{0.8\times62.4} = 11.5\,\text{ft}$$

$$P_t = pA = (11.5+2+4)(62.4\times0.8)(6\times8) = 41,932.8\,\text{lb}$$

$$y' - \bar{y} = \frac{I_C}{A\bar{y}} = \frac{6\times8^3}{12\times17.5\times6\times8} = 0.305\,\text{ft}$$

$$F = 41,932.8\times\frac{(4+0.305)}{8} = 22,565.088\,\text{lb}$$

예 제 3.21 담수와 해수를 갈라 막는 수직수문에서 담수측의 수심이 8 m, 해수측의 수심이 3 m일 때, 이 수문의 양측에 작용하는 각각의 전압력 p_1, p_2와 이들의 합력 P와 밑면으로부터 그의 작용점까지의 거리 x를 구하라. 단, 수문은 폭이 3 m의 사각형이다.

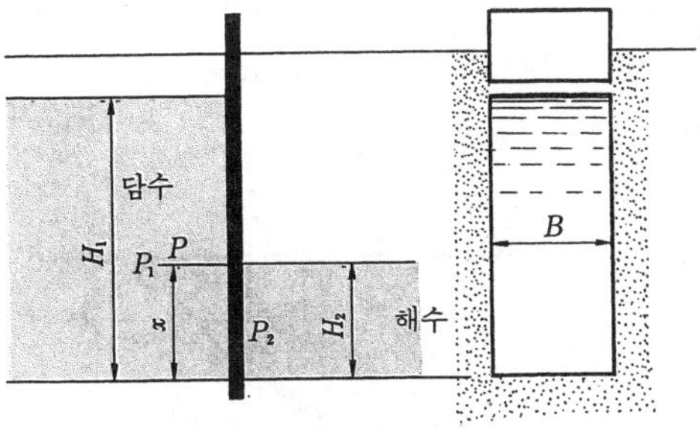

그림 3 · 30

풀 이 그림 3 · 30에서 담수측에 작용하는 전압력 P_1은

$$P_1 = \gamma\frac{H_1}{2}H_1B = 1000\times\frac{8}{2}\times8\times3 = 96,000\,\text{kgf}$$

해수측의 전압력은 해수의 비중량이 $\gamma' = 1025\,\text{kgf/m}^3$이므로

$$P_2 = \gamma'\frac{H_2}{2}H_2B = 1025\times\frac{3}{2}\times3\times3 = 13,837.5\,\text{kgf}$$

따라서 P_1과 P_2의 합력은

$$P = P_1 - P_2 = 96,000 - 13,837.5 = 82,162.5\,\text{kgf}$$

P_1, P_2의 밑면에 대한 모멘트를 생각하면, P_1, P_2의 작용점은 각각 수면으

로부터 수심의 $\frac{2}{3}$의 위치에 있으므로 $P_1 \times \frac{H_1}{3}$ 및 $P_2 \times \frac{H_2}{3}$가 되어 다음과 같은 모멘트 등식이 성립된다.

$$P \times x = P_1 \times \frac{H_1}{3} - P_2 \times \frac{H_2}{3}$$

$$= 96,000 \times \frac{8}{3} - 13,837.5 \times \frac{3}{3}$$

$$= 242,162.5 \text{ kgf} \cdot \text{m}$$

으로 되어, 밑면으로부터 P의 작용점까지의 거리 x는

$$x = \frac{242,162.5}{82,162.5} = 2.95 \text{ m}$$

예 제 3.22 폭 1.5 m, 높이 2 m의 수문의 문짝이 그림 3·31과 같이 상단에 돌축(hinge)에 의하여 45°의 경사로 장치되어 있다. 문짝의 하단을 직각으로 밀어서 열 경우에 얼마의 힘이 필요한가?

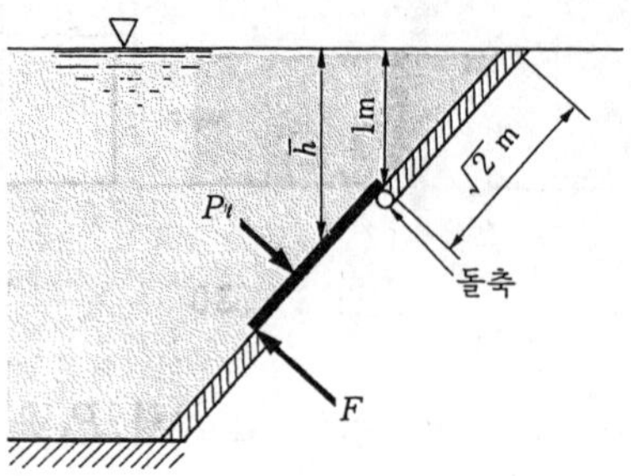

그림 3·31

풀 이 전압력 P_t를 구하기 위하여 수문중심의 깊이 $\bar{h}$를 구하면

$$\bar{h} = 1 \text{ m} + \frac{1}{\sqrt{2}} \text{ m} = 1.707 \text{ m}$$

따라서, 전압력 P_t는

$$P_t = \gamma \bar{h} A = 1000 \times 1.707 \times (1.5 \times 2) = 5121 \text{ kgf}$$

압력중심의 위치는 식 (3·52)에 의하여

$$y' = \frac{\int y^2 dA}{\int y\,dA} = \frac{\int_{\sqrt{2}}^{2+\sqrt{2}} 1.5y^2 dy}{\int_{\sqrt{2}}^{2+\sqrt{2}} 1.5y\,dy} = \frac{\frac{1.5}{3}\{(2+\sqrt{2})^3 - (\sqrt{2})^3\}}{\frac{1.5}{2}\{(2+\sqrt{2})^2 - (\sqrt{2})^2\}}$$

$$= 2.55\text{ m}$$

돌축을 모멘트 중심으로 하면 모멘트의 등식은

$$P_t(y' - \sqrt{2}) = F \times 2$$

따라서 힘 F를 계산하면 다음과 같다.

$$F = \frac{y' - \sqrt{2}}{2} P_t = \frac{2.55 - 1.414}{2} \times 5121 \fallingdotseq 2909\text{ kgf}$$

예제 3.23 그림 3·32와 같이 폭 6 ft, 길이가 12 ft인 사각 수문이 B에 돌축으로 연결되어 있다. 점 A에서 받는 단위폭당의 힘을 구하라.

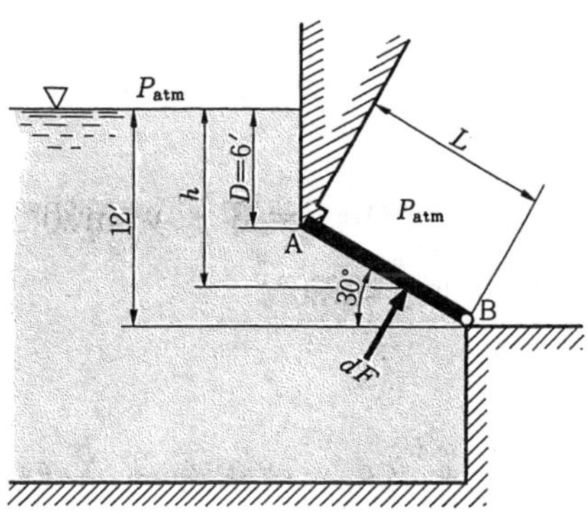

그림 3·32

풀이 기본 방정식 $P_t = \int p\,dA$로부터 구하면 된다. 만일, 수문이 B에 돌축으로 연결되어 있는 자유물체로 생각하면 그림 3·33과 같은 좌표를 생각할 수 있다.

점 B를 기준한 x축상에서 F_A에 의한 모멘트와 dF에 의해 발생하는 모멘트는

$$M_A = F_A L$$

$$M_t = \int_A (L - y) p\,dA$$

$\Sigma M_t = 0$이므로

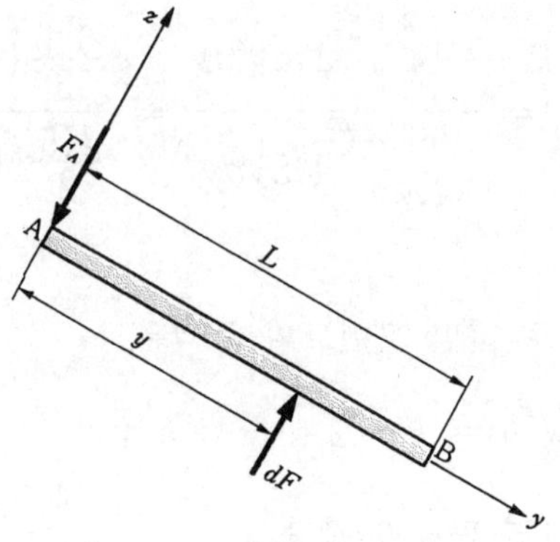

그림 3 · 33

$$F_A = \frac{1}{L}\int_A (L - y)p\,dA$$

여기서 dA는 폭을 b로 할 때 $dA = b\,dy$

$$F_A = \frac{1}{L}\int_0^L (L - y)pb\,dy$$

그림 3 · 32에서

$$h = D + y\sin 30° = 6 + y\sin 30°$$
$$p = \gamma(6 + y\sin 30°)$$

이므로

$$F_A = \frac{1}{L}\int_0^L (L - y)pb\,dy = \frac{b}{L}(L - y)\gamma(D + y\sin 30°)dy$$

단위폭당의 힘은

$$\begin{aligned}\frac{F_A}{b} &= \frac{\gamma}{L}\int_0^L (DL + Ly\sin 30° - Dy - y^2\sin 30°)dy \\ &= \frac{\gamma}{L}\left[DLy + \frac{L}{2}y^2\sin 30° - \frac{D}{2}y^2 - \frac{y^3}{3}\sin 30°\right]_0^L \\ &= \frac{\gamma}{L}\left[DL^2 + \frac{L^3}{2}\sin 30° - \frac{DL^2}{2} - \frac{L^3}{3}\sin 30°\right] \\ &= \frac{\gamma}{L}\left[\frac{DL^2}{2} + \frac{1}{6}L^3\sin 30°\right]\end{aligned}$$

따라서

$$\frac{F_A}{b} = \frac{62.4}{12}\left[\frac{6 \times 12^2}{2} + \frac{1}{6} \times 12^3 \times \frac{1}{2}\right] = 2995.2 \text{ lb/ft}$$

3.7.5 곡면판이 잠겨 있는 경우

잠겨 있는 곡면에 작용하는 합력, 즉 전압력은 평판이 놓여 있는 경우와 같은 방법으로는 계산할 수 없으므로, 수평 및 수직분력으로 나누어 계산해야 한다. 그림 3·34에서 곡면에 작용하는 힘은 곡면 AB에 해당하는 ABC의 유체에 대하여 계산함으로써 $F_{H'}$와 $F_{V'}$를 구할 수 있다.

$$\begin{aligned} \Sigma F_x &= F_{BC} - F_{H'} = 0 \\ \Sigma F_z &= F_{V'} - W_{ABC} - F_{AC} = 0 \end{aligned} \qquad (3 \cdot 56)$$

여기서 F_{BC}, $F_{H'}$는 수평으로 작용하는 분력, F_{AC}, $F_{V'}$는 수직으로 작용하는 분력이며, W_{ABC}는 유체 ABC의 무게이다.

그러므로 $F_{H'} = F_{BC}$, $F_{V'} = W_{ABC} + F_{AC}$이고, $F_{H'}$와 $F_{V'}$의 역방향에 대한 값을 F_H, F_V라 하면 합력 F는

$$F = \sqrt{{F_H}^2 + {F_V}^2} \qquad (3 \cdot 57)$$

합력의 작용방향은

$$\theta = \tan^{-1}\frac{F_V}{F_H} \qquad (3 \cdot 58)$$

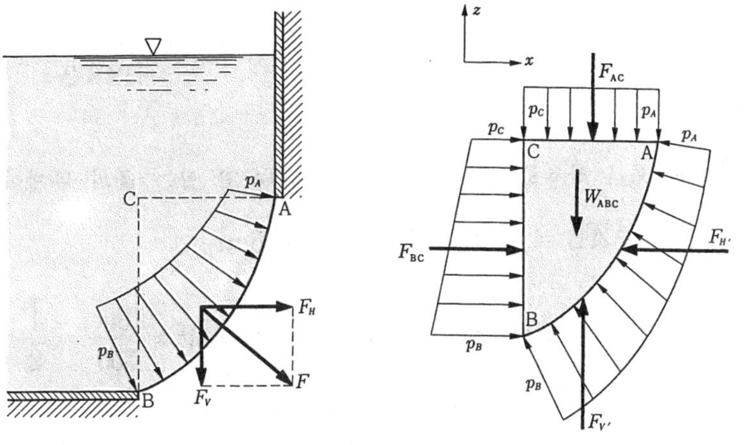

그림 3·34

예 제 3.24 그림 3·35와 같이 반지름 4 m, 길이 5 m인 부채꼴 수문이 설치되어 있다. 수문이 받는 전추력(total thrust)을 구하라.

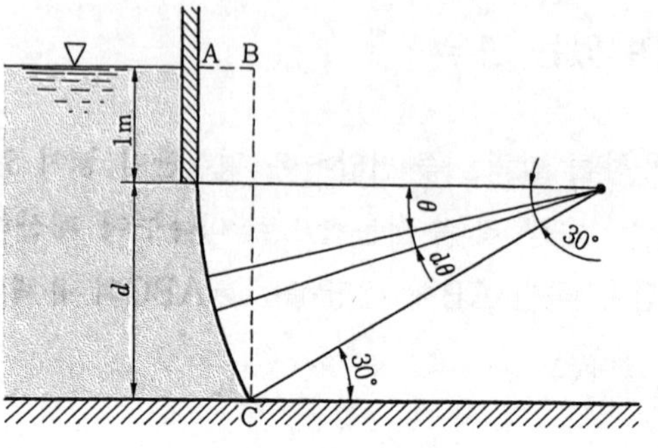

그림 3·35

풀 이 곡면으로 설치되어 있는 수문의 수직길이 d는

$$d = 4\sin 30° = 2\text{ m}$$

수면으로부터 도심까지의 거리는

$$\bar{h} = 1 + \frac{1}{2}d = 2\text{ m}$$

그러므로 수평으로 작용하는 힘은

$$F_H = \gamma \bar{h} A = 1000 \times 2 \times (5 \times 2) = 20,000\text{ kgf}$$

표면으로부터의 압력중심까지의 거리는 식 (3·53)에 의하여

$$y' = \frac{I_C + A\bar{h}^2}{A\bar{h}} = \frac{bd^3/12}{bd\bar{h}} + \bar{h} = \frac{2^2}{12\times 2} + 2$$
$$= 2.167\text{ m}$$

수직방향으로 작용하는 전힘은 ABC를 채우고 있는 물의 무게이므로

$$\overline{\text{AB}} = 4 - 4\cos 30° = 0.536\text{ m}$$
$$F_V = \gamma V$$
$$= 1000\times 5\left\{(0.536\times 1) + \pi\times 4^2\times\frac{30}{360} - \frac{1}{2}\times 2\times 4\cos 30°\right\} = 6292.8\text{ kgf}$$

그러므로 곡면판에 작용하는 합력은

$$F = (20,000^2 + 6303.4^2)^{\frac{1}{2}} = 20,969.8\ \text{kgf}$$

합력방향이 수평면과 이루는 각은

$$\theta = \tan^{-1}\frac{F_V}{F_H} = \tan^{-1}\frac{6303.4}{20,000} \fallingdotseq 17.5°$$

각 θ는 수평면과 미소 단면적 dA가 이루는 각이고, dA는 미소각 $d\theta$에 대한 미소 부채꼴의 넓이이다. 따라서 dA에 작용하는 수평방향에 대한 전힘은

$$dF_H = p dA \cos\theta = \gamma h\, dA \cos\theta$$

그런데 여기서 $h = (1 + 4\sin\theta)$ m이고, $dA = 4 \times d\theta \times 5 = 20\, d\theta$ m^2이므로, 전수평 분력은

$$F_H = \gamma\int h\cos\theta\, dA = 1000 \times 20\int_0^{\frac{\pi}{6}}(1 + 4\sin\theta)\cos\theta\, d\theta$$
$$= 20,000\ \text{kgf}$$

마찬가지로 미소 면적 dA에 작용하는 수직분력은

$$F_V = \gamma\int h\sin\theta\, dA$$

그러므로 전수직 분력은

$$F_V = 1000 \times 20\int_0^{\frac{\pi}{6}}(1 + 4\sin\theta)\sin\theta\, d\theta = 6303.4\ \text{kgf}$$

결과적으로 어느 방법으로 구해도 F_H, F_V값은 동일하다는 것을 알 수 있다.

예 제 3.25 그림 3·36과 같이 물 속에 원의 1/4 되는 곡면이 잠겨 있다. 여기에 작용하는 수평 및 수직력을 구하라. 단, 곡면의 폭은 3 m이다.

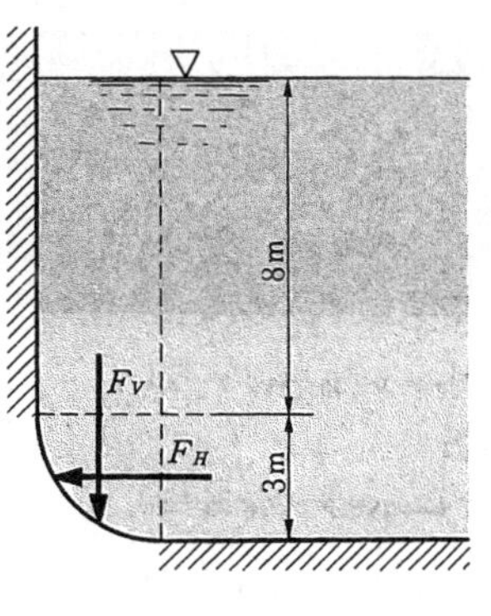

그림 3·36

풀이 수평력 : $F_H = \gamma \bar{h} A = 1000 \times 9.5 \times (3 \times 3) = 85,500 \text{ kgf}$

수직력 : $F_V = \gamma V = 1000 \times \left(3 \times 3 \times 8 + \dfrac{1}{4} \times \pi \times 3^2 \times 3\right) = 93,195 \text{ kgf}$

3.7.6 평판이 층을 이루고 있는 유체에 잠겨 있을 때

밀도가 다른 유체가 정지상태에서 층을 이루고 있는 경우에는 앞에서와 같은 동일한 방법으로 압력이나 압력중심을 간단하게 구할 수 없다.

그림 3 · 37과 같이 밀도가 서로 다른 유체들이 층을 이루고 있을 때, 이 층을 가로질러 평판이 수평과 각 $\theta°$만큼 경사지게 잠겨 있는 경우를 생각해 보자. 이 경우 전 압력은 표면의 기준점으로부터 도심까지의 거리에 평판의 면적을 곱하여 구할 수 없으므로, 각 유체층에 따라 구분하여 계산하여야 한다.

$$P_t = \Sigma P_i = \Sigma p_i A_i \tag{3 · 59}$$

따라서 압력중심을 각 유체층에 따라 구하면

$$p_i \times y' = -\gamma_i \sin\theta_i \int_A y_i^2 dA_i$$

$$y' = -\frac{\gamma_i \sin\theta_i I_{xxi}}{\gamma_i \sin\theta_i \int_A y_i^2 dA_i} = \frac{I_{xxi}}{\bar{y}_i A_i} \tag{3 · 60}$$

여기서 $I_{xxi} = \int_A y_i^2 dA_i$이다.

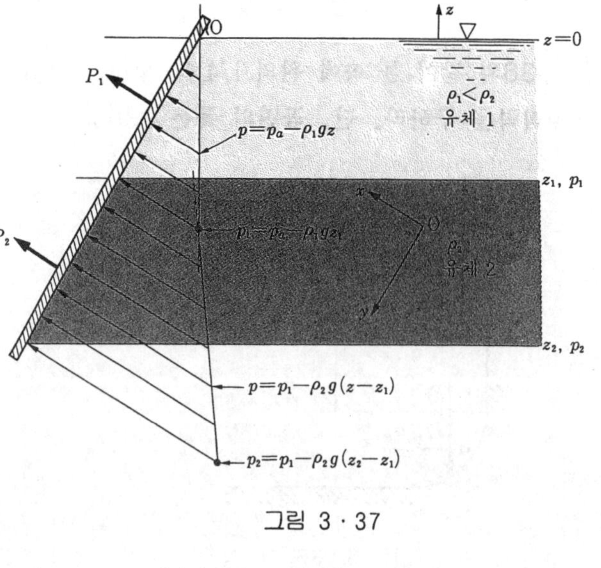

그림 3 · 37

$$P_i \times x_i' = -\gamma_i \sin\theta_i \int_A xy\, dA_i$$

$$x' = -\frac{\gamma_i \sin\theta_i I_{xyi}}{\gamma_i \sin\theta_i \int_A xy_i\, dA_i} = \frac{I_{xyi}}{y_i A_i}$$

여기서 $I_{xyi} = \int_A y_i\, dA_i$이다.

예 제 3.26 폭이 7 ft이고 깊이가 20 ft인 탱크에 8 ft의 기름, 6 ft의 물, 4 ft의 수은이 층을 이루며 담겨 있다. (a) 전압력, (b) 7 ft 폭면이 받는 압력의 합력중심을 구하라.

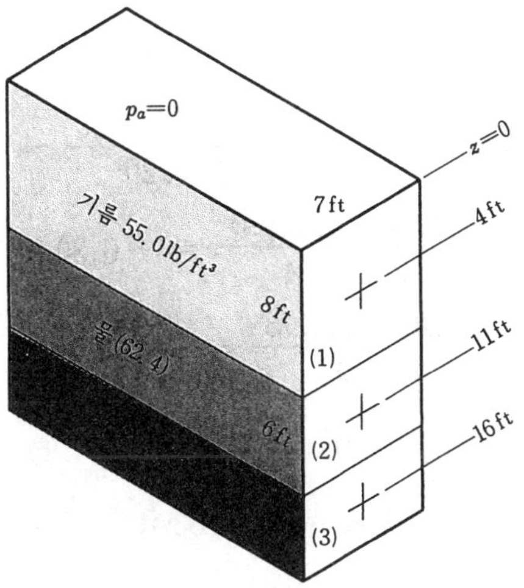

그림 3 · 38

풀 이 (a) 각 유체층의 도심(圖心)에 작용하는 압력은

$$p_1 = \gamma h = 55.0 \times 4 = 220 \text{ lb/ft}^2$$

$$p_2 = 55.0 \times 8 + 62.4 \times 3 = 627 \text{ lb/ft}^2$$

$$p_3 = 55.0 \times 8 + 62.4 \times 6 + 846 \times 2 = 2506 \text{ lb/ft}^2$$

각 해당 유체층의 전압력은

$$P_1 = p_1 A_1 = 220 \times 8 \times 7 = 12,320 \text{ lb}$$

$$P_2 = p_2 A_2 = 627 \times 6 \times 7 = 26,334 \text{ lb}$$

$$P_3 = p_3 A_3 = 2506 \times 4 \times 7 = 70,168 \text{ lb}$$

그러므로 전압력은

$$P_t = \Sigma P_i = 108,822 \text{ lb}$$

(b) 압력중심을 구하기 위하여 각 유체 단면의 관성 모멘트를 구하면

$$I_{xx_1} = \frac{bh^3}{12} = \frac{7 \times 8^3}{12} = 298.7 \text{ ft}^4$$

$$I_{xx_2} = \frac{7 \times 6^3}{12} = 126.0 \text{ ft}^4$$

$$I_{xx_3} = \frac{7 \times 4^3}{12} = 37.3 \text{ ft}^4$$

따라서

$$y_1' = -\frac{\gamma_1 I_{xx_1}}{P_1} = \frac{55.0 \times 298.7}{12,320} = -1.33 \text{ ft}$$

$$y_2' = -\frac{62.4 \times 126.0}{26,334} = -0.30 \text{ ft}$$

$$y_3' = -\frac{846 \times 37.3}{70,168} = -0.45 \text{ ft}$$

그러므로 실제압력 중심의 위치는

$$z_1' = -4 - 1.33 = -5.33 \text{ ft}, \qquad z_2' = -11 \text{ ft},$$

$$z_3' = -16.45 \text{ ft}$$

표면을 기준으로 하여 모멘트를 구하면

$$\Sigma P_i \times z_i' = P_t \times z_{cp}$$

$$12,320 \times (-5.33) + 26,334 \times (-11.30) + 70,168 \times (-16.45)$$

$$= 108,800 \times z_{cp}$$

$$z_{cp} = -\frac{1,517,503}{108,822} = -13.94 \text{ ft}$$

3.8 부 력

유체 속에 전부 또는 일부가 잠겨 있는 물체는 유체에 의하여 밑에서 떠받치는 힘을 받게 된다. 이것을 부력(buoyancy or buoyant force)이라고 하며, 이 이론을 실제적으로 정립한 사람은 Archimedes(B.C. 220)이다. 그림 3 · 39와 같이 유체 속의 정지상태에 있는 물체에서 미소 체적을 갖는 원통 dV에 작용하는 전압력은

$$dF_z = (p_{\text{atm}} + \gamma h_2)dA - (p_{\text{atm}} + \gamma h_1)dA = \gamma(h_2 - h_1)dA \qquad (3 \cdot 62)$$

여기서 $(h_2 - h_1)dA = dV$이므로

$$F_z = \int dF_z = \int_V \gamma dV = \gamma V \qquad (3 \cdot 63)$$

여기서 γ는 유체의 비중량이며, V는 잠겨 있는 물체의 체적이다. 그러므로 잠겨 있는 물체에 작용하는 전압력은 그 잠겨진 물체가 배제한 동일한 부피의 액체무게와 같으며, 이 물체가 유체 중에 떠 있기 위해서는 잠겨진 물체의 무게와 동일한 힘으로 밑에서 떠받치는 힘이 필요하게 된다. 이 힘이 부력이며, 이것을 아르키메데스의 원리(principle of Archimedes)라고 한다.

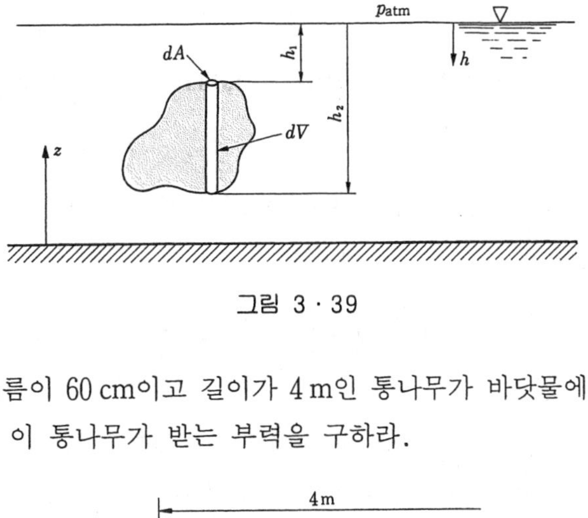

그림 3 · 39

예 제 3.27 지름이 60 cm이고 길이가 4 m인 통나무가 바닷물에 그림 3 · 40과 같이 잠겨 있다. 이 통나무가 받는 부력을 구하라.

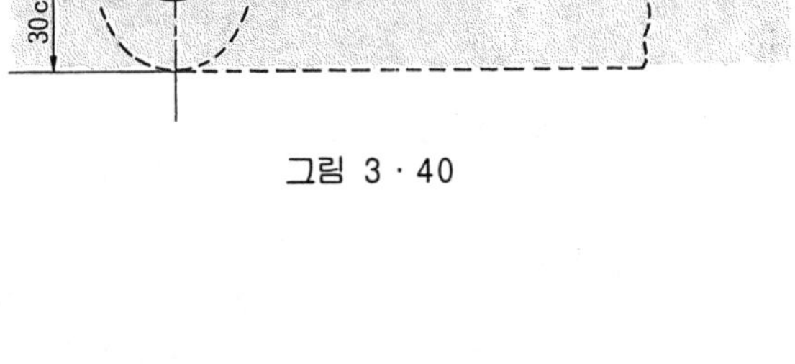

그림 3 · 40

풀이 바닷물에 잠겨 있는 부피를 계산하기 위해서는, 각 θ_1과 θ_2를 먼저 계산해야 된다.

$$\cos\frac{\theta_1}{2} = \frac{10}{30}, \qquad \theta_1 = 2\cos^{-1}\frac{10}{30} = 141°$$

$$\theta_2 = 360° - 141° = 219°$$

또

$$\sin 70.5° = \frac{b}{30}, \qquad b = 30\sin 70.5 = 28.28\ \text{cm}$$

θ_1이 차지하는 3각 부분의 넓이는

$$S_1 = 2 \times \frac{1}{2} \times 0.2828 \times 0.1 = 0.0283\ \text{m}^2$$

θ_2가 차지하는 부채꼴의 넓이는

$$S_2 = \frac{\pi}{4}d^2 \times \frac{219}{360} = 0.1719\ \text{m}^2$$

총넓이는

$$S = S_1 + S_2 = 0.0283 + 0.1719 = 0.2002\ \text{m}^2$$

잠긴 부분의 부피

$$V = 0.2002 \times 4 = 0.8008\ \text{m}^3$$

그러므로 부력은

$$F_B = \gamma V = 1025\ \text{kgf/m}^3 \times 0.8008\ \text{m}^3 = 820.82\ \text{kgf}$$

예제 3.28 잠수부가 50 gal 기름통에 공기를 가득 채워서 바다 밑바닥에 있는 앵커를 끌어올리는 데 사용하였다. 바닷물 속에서 이 앵커의 무게는 400 lb이다. 대기 중에서 빈 통의 무게가 50 lb라면 공기로 채워진 이 통이 앵커에 매여 있을 때 잠수부가 앵커를 끌어올리는 데는 얼마의 힘이 필요하겠는가?

풀이 F_D를 잠수부가 내는 힘, W_B는 통의 무게, F_B는 통의 부력, W_A는 앵커의 무게라고 하면

$$F_D + F_B = W_A + W_B$$

$$F_B = \gamma V = \frac{50 \text{ gal}}{7.48 \text{ gal/ft}^3} \times 64 \text{ lb/ft}^3 = 427.8 \text{ lb}$$

즉,

$$F_D = W_A + W_B - F_B = 50 + 400 - 427.8 = 22.2 \text{ lb}$$

3.9 부력을 받는 물체의 안정도

3.9.1 잠겨진 물체의 안정도(Stability of submerged bodies)

유체 내에서의 물체의 안정은 세 가지 측면에서 볼 수 있다. 물체가 약간 변위의 상태에 있다가 원상태로 되돌아가는 안정평형(stable equilibrium)을 이루는 경우, 반대로 변위상태에서 원상태로 되돌아가지 않고 더욱더 불안정 상태로 계속되어 가는 경우, 그리고 원래의 안정상태로나 불안정 상태로 변위하지 않는 중립평형(neutral equilibrium)을 이루는 경우의 세 가지가 있다.

그림 3 · 41은 중심(center of gravity) G가 부심(center of buoyancy) B보다 아래에 있는 안정한 상태에 있음을 나타내고 있다. 부심 B를 지나는 부력 F_B는 연직상방으로 작용하고, 중심 G를 지나는 중력 W는 연직하방으로 작용하고 있다. 특히, 그림 3 · 41 (a)는 부심과 중심이 동일한 연직선상에 존재함으로써 안정평형을 이루고 있으며, 그림 3 · 41 (b)는 거리 x만큼의 각변위(angular displacement)를 하였으나 Wx가 우력(couple)이 되어 원상태로 돌아가려고 하는 복원력(restoring force)이 발

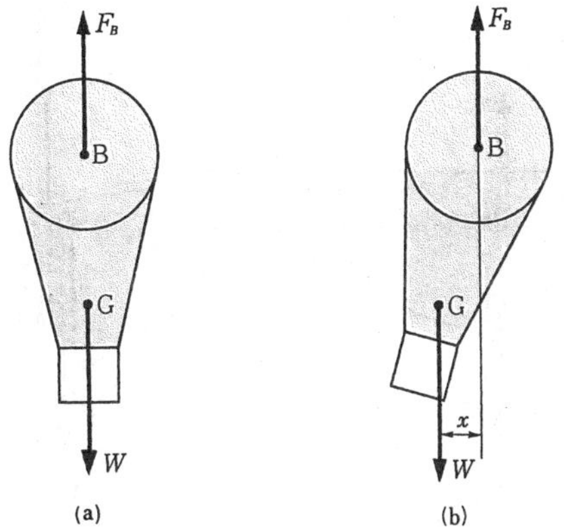

그림 3 · 41

생하게 된다. 이와는 반대로 중심 G가 부심 B보다 위에 있을 때 조금이라도 각변위를 하게 되면, Wx는 복원력이 되는 것이 아니라 오히려 전복하는 힘으로 바뀌어져 버린다. 그리고 B와 G가 동일점에 있게 되면 중립평형을 이루게 된다.

3.9.2 부체의 안정도(Stability of floating bodies)

부체의 안정도를 살펴보기 위하여, 그림 3 · 42 (a)의 배와 같은 부체의 경우에는 대개 중심이 부심보다 위에 존재하기 마련이다. 부체가 정지상태에 있기 때문에 $\sum F = 0$이며, 부력의 크기는 부체의 무게와 같다. 특히, 이 경우는 상방으로 작용하는 부력의 중심선과 하방으로 작용하는 중력의 중심선이 동일한 선상에 있는 경우이다.

그림 3 · 42 (b)와 같이 부체가 기울어져서 θ만큼의 각변위를 하였을 때, 중심 G는 원위치에 존재하게 되거나 부심 B 또는 B′로 위치가 변하게 된다. 왜냐하면 부체가 각변위를 하는 동안 오른쪽의 액체 중에 잠적한 부체의 부피는 증가하는 반면, 왼쪽의 부체의 부피는 감소하여 잠적한 부분의 형태가 변하기 때문이다.

부심과 중심을 통과하는 직선과 변위한 부심 B′를 지나는 연직선이 만나는 점을 경심(metacenter)이라 하는데, 이 점은(그림 점 M) θ가 크게 변하지 않기 때문에 일정한 점에 있다고 간주한다.

이와 같이 경심이 중심보다 위에 있을 때는 부체에 각변위가 생겨도 부력과 중력에 의한 복원력이 발생하여 안정한 상태가 된다. 그러나 경심이 중심보다 아래에 존재하는 경우에는 부력과 중력은 전복우력(overturning couple)이 되어 불안정한 상태가 된다.

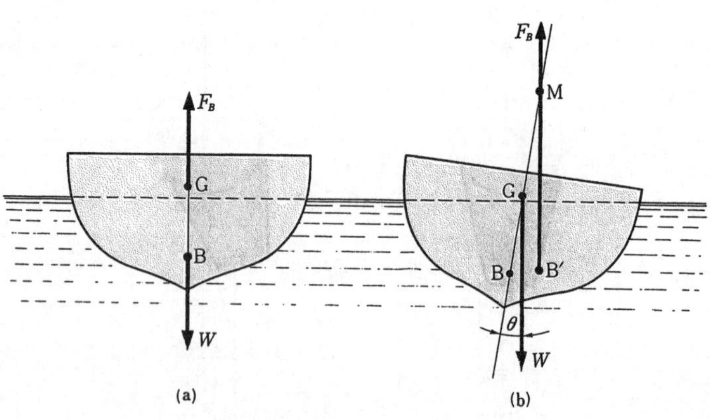

그림 3 · 42

중심 G와 경심 M 사이의 거리는 경심높이(metacentric height)이고, 중립평형을 이루는 경우는 경심높이가 영이 되는 때이다. 즉 부심, 중심, 경심 세 점이 동일점에 존재하는 경우이다. 복원우력(restoring couple)은 $W\overline{\mathrm{GM}}\sin\theta$이므로 $\overline{\mathrm{GM}}$의 크기는 부체의 안정도의 척도가 되는 것이다.

그림 3·43에서는 배에 원래의 무게 외에 P의 무게가 중심선의 중앙에 위치하고 있다가 배가 기울어짐에 따라 배의 중심으로부터 x만큼 옮겨간 경우이다.

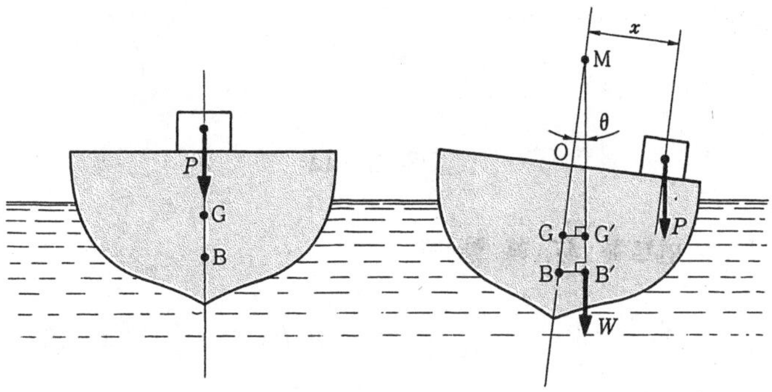

그림 3·43

중심 G를 기준으로 발생하는 W에 의한 모멘트는 $W\overline{\mathrm{GG'}} = W\overline{\mathrm{GM}}\sin\theta$이고, O를 중심으로 P에 의해 발생하는 모멘트는 $P(x\cos\theta)$이다. 결과적으로, 이 두 모멘트는 동일하여야 하므로, $W\overline{\mathrm{GM}}\sin\theta = P(x\cos\theta)$로부터

$$\overline{\mathrm{GM}} = \frac{Px}{W}\cot\theta \qquad (3\cdot 64)$$

배가 기울어졌을 때 생기는 경심과 부심간의 거리와 경심(점 M)의 위치에 따른 배의 안정도를 살펴보자.

그림 3·44(a)와 같이 θ만큼 기울어져 있을 때 물 위에 떠오른 체적 O12와 물 속에 잠적된 체적 O34는 동일하다. 그러므로 체적 O12는 수직하방으로 중력이 작용하고, 체적 O34는 수직상방으로 부력을 받고 있다. 그러므로 이 두 힘은 O를 중심으로 하나의 우력(couple)이 되며, 결과적으로 O를 모멘트 센터로 하는 우력 모멘트(couple moment)를 생각할 수 있다.

O로부터 x만큼 떨어진 곳에서의 미소길이 dx를 생각하면, 물 속에 잠긴 그림 3·44(a)의 빗금친 부분의 넓이는 $dx\,x\sin\theta$이고, dx에 대한 배의 길이방향으로의 거리를 y라고 하면, 이 미소부분의 체적은 $dV = dx\,x\sin\theta\,y$가 된다.

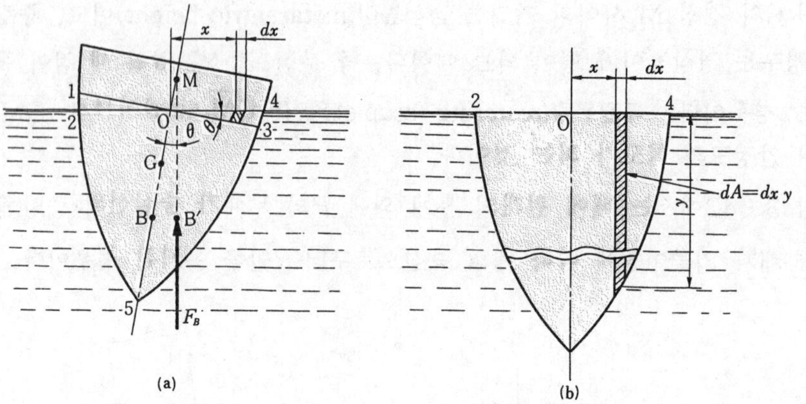

그림 3 · 44

그러므로 우력 모멘트를 M_C라 할 때

$$M_C = 2 \times \int\int_{034} \gamma x \, dx \, x \sin\theta y \approx \gamma \int\int_A x^2 dA \qquad (3 \cdot 65)$$

여기서 $dA = dx\, y$이다.

다시 부력에 의한 모멘트를 생각해 보면, 부심 B가 B′로 옮겨감에 따라 잠적한 부분 254에 대한 부력은 B′를 통과하게 된다. 그러므로 원래의 부심 B를 모멘트 중심으로 할 때 부력에 의해 받는 모멘트 M_B는

$$M_B = F_B \overline{\mathrm{MB}} \sin\theta \qquad (3 \cdot 66)$$

이고, 결과적으로 이 두 모멘트는 동일하여야 하므로, 식 (3 · 63)에서 $F_z = F_B$로 표시하면, 식 (3 · 65)와 식 (3 · 66)으로부터

$$\overline{\mathrm{MB}} = \frac{1}{V} \int_A x^2 dA = \frac{I}{V} \qquad (3 \cdot 67)$$

여기서 $I = \int_A x^2 dA$는 2차 모멘트이다. 또, 부력에 의해 발생하는 중심 G를 중심으로 하는 복원 모멘트(restoring moment)를 M_R라 하면

$$M_R = F_B \overline{\mathrm{MG}} \sin\theta \qquad (3 \cdot 68)$$

배가 원래의 안정상태로 복원되느냐, 아니면 전복되느냐 하는 것은 식 (3 · 68)에서 $\overline{\mathrm{MG}}$의 크기, 즉 경심 M의 위치가 어디에 생기느냐에 달려 있다.

$$\overline{\mathrm{MG}} = \overline{\mathrm{MB}} - \overline{\mathrm{GB}}$$

M_R값이 양(+)일 때는 안정하고 M_R값이 음(−)일 때는 불안정을 나타내는 바, 이 조건은 결과적으로 다음과 같다.

$\overline{MB} - \overline{GB} > 0$이면, $M_R > 0$: 안정. 이는 경심 M이 중심 G보다 위에 생기는 경우이다.

$\overline{MB} - \overline{GB} < 0$이면, $M_R < 0$: 불안정. 이는 경심 M이 중심 G보다 밑에 생기는 경우이다.

예제 3.29 폭이 7 m, 길이가 15 m, 높이가 2.6 m인 화물선이 민물에 떠 있으며 80,000 kgf 총중량을 받고 있다. 중심과 부심이 체적의 한 중심에 존재한다고 가정하면 경심높이는 얼마인가?

풀이 중심 G는 배의 밑면에서 1.3 m인 곳에 있고, 부심은 잠긴 부분의 $\frac{1}{2}$ 되는 곳에 존재하게 된다.

$$\gamma V = 80,000\ \text{kgf}, \qquad V = \frac{80,000}{1000} = 80\ \text{m}^3$$

잠긴 부분의 총높이는

$$h = \frac{80}{7 \times 15} = 0.762\ \text{m}$$

그러므로 부심은 밑면으로부터 0.381 m인 곳에 존재한다. 따라서 경심높이는

$$\overline{GM} = \frac{I}{V} - \overline{GB} = \frac{A \times 7^2/12}{0.762A} - (1.3 - 0.381)$$
$$= 4.44\ \text{m}$$

3.10 운동유체의 상대적 평형

유체 정역학적인 방법으로 운동하고 있는 유체의 거동을 해석하기도 한다. 예를 들면, 균일 직선운동을 하고 있는 유체는 가속도나 전단력이 유체 내부에 발생하지 않으므로 적용이 가능한 것이다.

등가속 직선운동을 하고 있는 유체유동에서는 유동층 사이에 상대운동이 없기 때문에 전단력이 발생하지 않으며, 이와 같이 운동하고 있는 유체에서는 유체 정역학적인

해석이 가능하므로 이것을 상대적 평형(relative equilibrium)이라고 한다.

그림 3·45에서 α_x, α_z는 각각 x, z방향으로 작용하는 등가속도이고 미소 입방체 $dx\,dy\,dz$의 각 면에 작용하는 압력이 p일 때 x방향에 대하여

$$\text{좌측면에 작용하는 힘} = p\,dy\,dz$$

$$\text{우측면에 작용하는 힘} = \left(p + \frac{\partial p}{\partial x}dx\right)dy\,dz$$

가 된다. 유체가 상대적 평형을 이루고 있다면 전단력이 작용하지 않으므로, 수평방향(x방향)으로 작용하는 힘은 뉴턴의 제2운동 법칙에 의하여

$$\left\{p - \left(p + \frac{\partial p}{\partial x}dx\right)\right\}dy\,dz = \rho\,dx\,dy\,dz\,\alpha_x$$

즉

$$-\frac{\partial p}{\partial x} = \rho\alpha_x \tag{3·69}$$

또는

$$-\frac{\partial p}{\partial x} = \frac{\gamma}{g}\alpha_x \tag{3·69 a}$$

와 같은 식이 된다. 동일한 방법으로 수직방향(z방향)에 대해서도 생각하면, 연직하방으로는 압력 외에 미소 입방체의 무게 $\rho g\,dx\,dy\,dz$가 작용하므로

$$\left\{p - \left(p + \frac{\partial p}{\partial x}dz\right)\right\}dx\,dy - \rho g\,dx\,dy\,dz = \rho\,dx\,dy\,dz\,\alpha_z$$

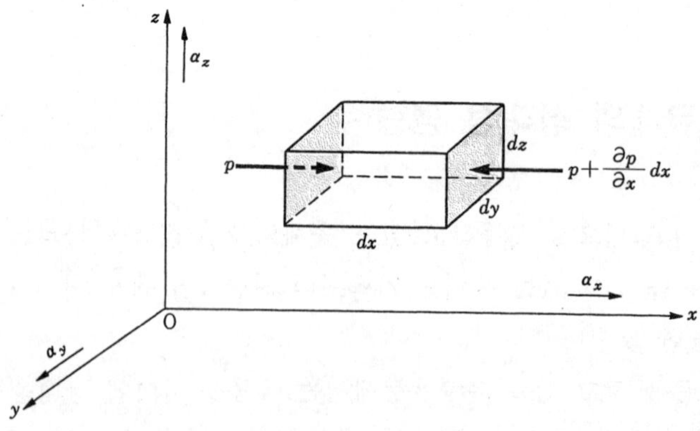

그림 3·45

이를 정리하면

$$-\frac{\partial p}{\partial z} = \rho(g + \alpha_z) \tag{3 · 70}$$

또는

$$-\frac{\partial p}{\partial z} = \gamma + \frac{\gamma}{g}\alpha_z \tag{3 · 70 a}$$

의 식이 유도된다.

y방향에 대해서도

$$-\frac{\partial p}{\partial y} = \rho\alpha_y \tag{3 · 71}$$

또는

$$-\frac{\partial p}{\partial y} = \frac{\gamma}{g}\alpha_y \tag{3 · 71 a}$$

가 된다. 그림 3 · 46과 같이 상대적 평형을 이루고 있는 유체 내의 압력은 x, z방향에 따라 변하므로, 압력 p는 x와 z의 함수이다. 따라서,

$$dp = \frac{\partial p}{\partial x}dx + \frac{\partial p}{\partial z}dz = 0$$

이고, 이를 변형하여 식 (3 · 69)~(3 · 70)에 대입하면,

$$\frac{dz}{dx} = -\frac{\partial p/\partial x}{\partial p/\partial z} = \frac{-\alpha_x}{g + \alpha_z} \tag{3 · 72}$$

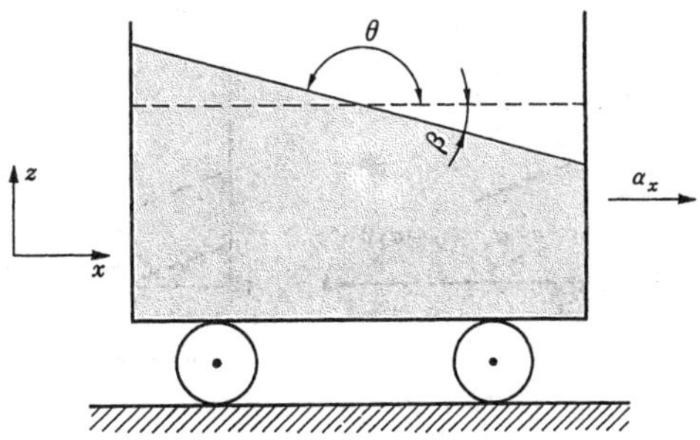

그림 3 · 46

가 되어 등가속도의 경우에 유체 표면의 기울기 $\dfrac{dz}{dx}$도 역시 일정한 값을 갖게 되어 상대적 평형을 이루게 된다.

z방향으로의 가속도는 $\alpha_z = 0$이므로, 식 (3·72)로부터

$$\frac{dz}{dx} = -\frac{\alpha_x}{g} \tag{3·73}$$

즉

$$-\frac{dz}{dx} = \tan\beta = \tan(180° - \theta) = \frac{\alpha_x}{g} \tag{3·73 a}$$

가 된다. 유체가 x방향으로 가속을 받아 수평표면이 기울기를 갖는 새로운 경사진 표면을 형성하여 평형을 이루기 전까지는 유체 내부에 전단력이 작용할 뿐만 아니라 유체 정역학의 이론을 적용할 수가 없다.

또, z방향으로만 등가속도가 작용하면, 유체 표면은 당연히 수평을 유지하게 하고, 유체가 들어 있는 용기가 자유낙하하게 되면, z방향으로 $-g$의 가속을 받게 되며, 유체는 균일압력을 받게 된다.

그림 3·47과 같이 등가속도가 작용하여 유체 표면이 기울어진 상태에 있을 때, 그 유체 내부에서의 압력 기울기를 살펴보자.

등압평면에 수직한 축을 η축, 평행한 축을 ξ축으로 하여 η, ξ방향에 대한 압력 기울기를 살펴보면

$$\xi\text{방향}: \frac{\partial p}{\partial \xi} = 0 \tag{3·74}$$

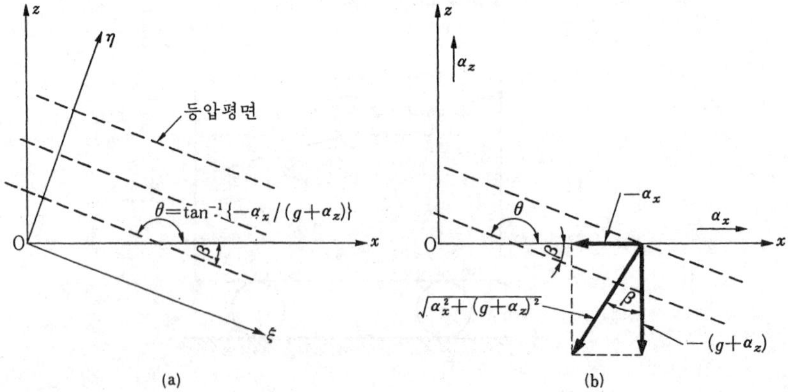

그림 3·47

$$\eta\text{방향}:\ \frac{\partial p}{\partial \eta}=\frac{\partial p}{\partial x}\bigg/\frac{\partial \eta}{\partial x}=\frac{-\rho\alpha_x}{\sin\beta} \tag{3·75}$$

그림 3·47(b)에서 보는 바와 같이

$$\sin\beta=\frac{\alpha_x}{\sqrt{\alpha_x^2+(\alpha_z+g)^2}}=\sin(180°-\theta)$$
$$=\sin\theta \tag{3·76}$$

이므로, 식 (3·75)에 대입하여 풀면

$$\frac{\partial p}{\partial \eta}=-\rho\{\alpha_x^2+(\alpha_z+g)^2\}^{\frac{1}{2}} \tag{3·77}$$

이는 기울어진 액체 표면에 수직한 방향(η축)에 대한 압력 기울기를 나타내는 식이다.

예 제 3.30 뚜껑이 없는 수조에서 수직상방으로 $6\ \mathrm{m/s^2}$의 가속도가 작용하고 있다면, 깊이 2 m에서 받는 압력은 얼마인가?

풀 이 식 (3·70 a)에 의하여

$$\frac{\partial p}{\partial z}=\frac{dp}{dz}=-\left(\gamma+\frac{\gamma}{g}\alpha_z\right)$$
$$=-\left(1000+\frac{1000}{9.8}\times 6\right)$$
$$=-1612.24\ \mathrm{kgf/m^3}$$

깊이 2 m인 곳에서의 압력은

$$p=-\int_0^{-2}1612.24\,dz$$
$$=1612.24\times 2$$
$$=0.322\ \mathrm{kgf/cm^2}$$

예 제 3.31 그림 3·48과 같이 뚜껑이 없는 수조가 등가속도로 경사진 면을 올라가고 있다. BC 수평면은 수조가 정지상태에 있을 때 이루는 면이고, BD는 임의의 등가속도를 받을 때 이루는 면이다. 수면 BC가 BD면이 될 수 있는 등가속도를 구하고 점 A에서 가속 전후의 압력을 구하라.

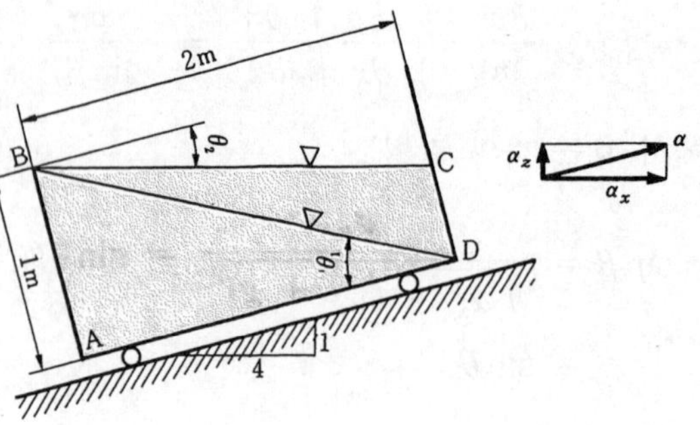

그림 3 · 48

풀이 가속을 받는 상태의 유체 표면 기울기는 그림 3 · 48에서 $\tan(\theta_1 - \theta_2)$이므로, 우선 θ_1, θ_2를 구하면

$$\theta_1 = \tan^{-1}0.5 = 26.565°$$
$$\theta_2 = \tan^{-1}0.25 = 14.036°$$
$$\text{기울기} = \tan(26.565° - 14.036°) = 0.222$$

식 (3 · 72)를 이용하여 $a_x = 4a_z$이므로

$$-0.222 = \frac{-4a_z}{a_z + 9.8}$$
$$a_z = 0.576\,\mathrm{m/s^2},\quad a_x = 2.304\,\mathrm{m/s^2},\quad a = 2.375\,\mathrm{m/s^2}$$

정지상태의 유체 표면으로부터 점 A까지의 깊이 h_b는

$$h_b = \overline{\mathrm{AB}}\sin(90° - \theta_2) = 1\times\sin 75.964° = 0.97\,\mathrm{m}$$

그러므로 가속 전의 점 A의 압력 p_b는

$$p_b = \gamma h_b = 1000\times 0.97 = 0.097\,\mathrm{kgf/cm^2}$$

또, 가속되어 이루는 수면 BD로부터 점 A까지의 깊이 h_a는

$$h_a = \overline{\mathrm{AB}}\sin(90° - \theta_1) = 1\times\sin 63.435° = 0.89\,\mathrm{m}$$

가속 후의 압력 p_a를 구하기 위하여

$$\frac{\partial p}{\partial z} = -\left(\gamma + \frac{\gamma}{g}a_z\right) = -\left(1000 + \frac{1000}{9.8}\times 0.576\right)$$
$$= -1058.78\,\mathrm{kgf/m^3}$$

이므로, 적분하면

$$p_a = -\int_0^{-0.89} 1058.78\,dz = 0.0942\,\text{kgf/cm}^2$$

예 제 3.32 그림 3·49와 같이 밑면이 100 cm × 120 cm이고, 높이가 60 cm인 수조에 바퀴를 달아 물을 가득 채우고, 3 m/s^{2}의 등가속도로 수평방향으로 끌고 갔다면 흘러넘친 물의 양은 얼마나 되는가?

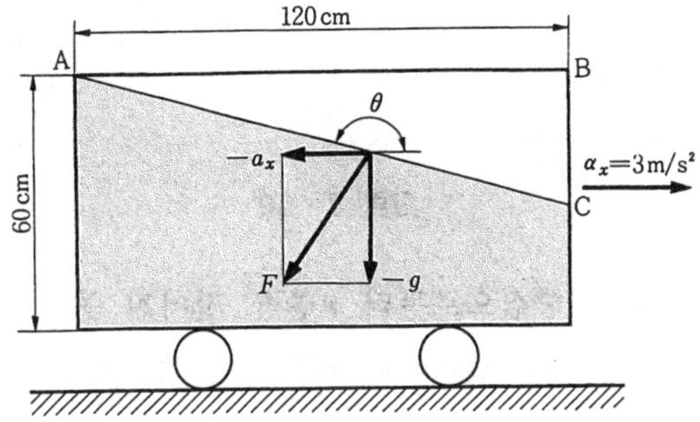

그림 3·49

풀 이 우선 수면의 경사각을 구해보면

$$\theta = \tan^{-1}\left(-\frac{a_x}{g}\right) = \tan^{-1}\left(-\frac{3}{9.8}\right) \fallingdotseq 163°$$

$$\overline{BC} = \overline{AB}\tan 17° = 120 \times \tan 17° = 36.7\ \text{cm}$$

그러므로 흘러넘친 물의 양 Q는

$$Q = \frac{1}{2} \times 120 \times 36.7 \times 100 = 0.22\ \text{m}^3$$

3.11 회전유체의 상대적 평형

한 축 주위를 고체처럼 운동하고 있는 유체의 회전을 강제 소용돌이 운동(forced-vortex motion)이라고 한다. 이때 회전하고 있는 모든 유체입자의 각속도는 같다. 이것은 중심으로부터의 거리에 반비례하여 변하는 속도로서 원형통로를 따라 운동하는 자유 소용돌이 운동(free-vortex motion)과는 다르다.

유체입자들의 동일한 각속도 운동이기 때문에 유체 내부에 전단응력이 발생하지 않으며, 회전축을 향한 반지름 방향의 가속도(구심 가속도)가 존재할 뿐이다.

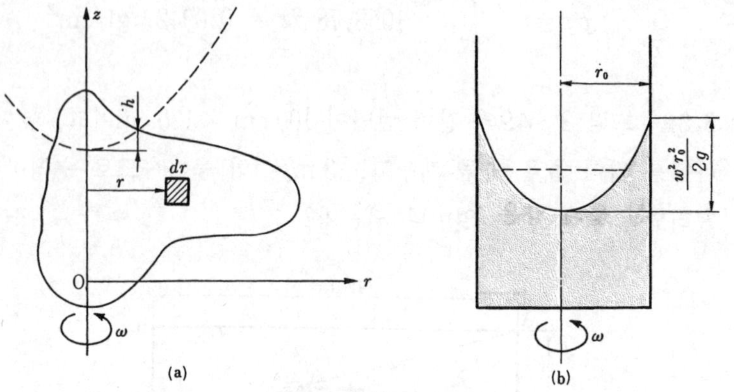

그림 3 · 50

그림 3 · 50에서와 같이 중심으로부터 r만큼 떨어진 곳의 압력을 p, 미소 면적 dA의 반지름 방향의 미소 거리를 dr라 하면, 이 점에서의 평형 방정식은

$$p\,dA - \left(p + \frac{\partial p}{\partial r}\,dr\right)dA = \rho\,dA\,dr\,(-\omega^2 r)$$

그러므로

$$\frac{\partial p}{\partial r} = \rho r \omega^2 \tag{3 · 78}$$

여기서 ω는 각속도이고 $-\omega^2 r$는 구심 가속도인바, 음(−)의 부호는 반지름 r가 외향이고 구심 가속도 $\omega^2 r$는 내향이기 때문이다. 압력 p는 r와 z의 함수이므로 전미분 dp는

$$dp = \frac{\partial p}{\partial z}\,dz + \frac{\partial p}{\partial r}\,dr$$

이므로, 여기에 식 (3 · 14)와 식 (3 · 78)을 대입하면 다음과 같다.

$$dp = -\rho g\,dz + \rho r \omega^2 dr \tag{3 · 79}$$

또는

$$dp = -\gamma dz + \frac{\gamma}{g} r \omega^2 dr \tag{3 · 79 a}$$

액체의 경우 ρ와 γ는 일정하므로, 적분하면

$$p = -\rho g z + \frac{1}{2}\rho r^2 \omega^2 + C$$

상수 C를 구하기 위해 $r=0$, $z=0$에서 $p=p_0$(대기압)이므로, $C=p_0=0$이 되어

$$p = \frac{1}{2}\rho r^2 \omega^2 \tag{3·80}$$

이 되며, 이를 변형하면 다음과 같이 된다.

$$h = \frac{p}{\gamma} = \frac{r^2\omega^2}{2g} \tag{3·81}$$

또는

$$h = \frac{u^2}{2g} \tag{3·81 a}$$

여기서 $u = \omega r$(원주속도)이다. 그러므로 그림 3·50 (b)에서 보는 바와 같이, 유체가 강제회전하여 상승하는 최대높이 h_{max}은 $r = r_0$일 때

$$h_{max} = \frac{\omega^2 r_0^2}{2g} \tag{3·82}$$

이고, 회전하여 실린더 중심부의 표면보다 상승되어 있는 유체의 체적은 대략

$$V = \frac{1}{2}\pi r_0^2 \frac{\omega^2 r_0^2}{2g} = \frac{\pi}{4}\frac{\omega^2 r_0^4}{g} \tag{3·83}$$

으로 된다.

예 제 3.33 그림 3·51과 같이 밀폐된 용기 내에 유체를 강제회전시키면 중심으로부터 임의의 거리 r에서의 압력은 얼마인가?

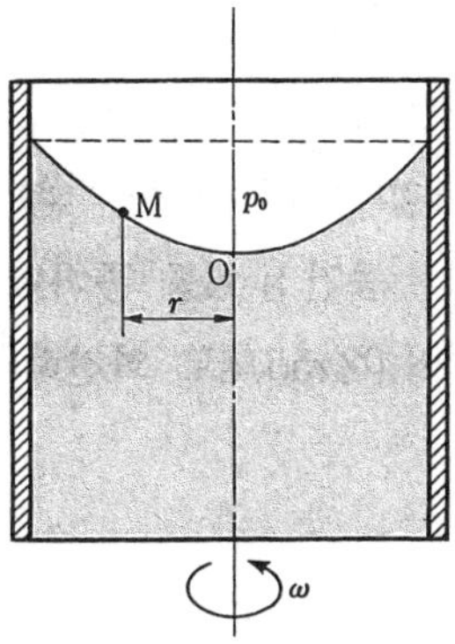

그림 3·51

풀이 Boyle의 법칙에 의하여 기체의 비중량은 주어진 온도하에서 압력 p에 비례한다.

또 점 M에서의 반지름 r에 대한 압력 기울기는 식 (3·78)에 의하여

$$\frac{\partial p}{\partial r} = \rho r\omega^2 = \frac{\gamma}{g} r\omega^2 \quad \cdots\cdots ①$$

$p = \gamma RT$와 함께

$$\frac{\partial p}{\partial r} = \frac{p}{gRT} r\omega^2 \quad \cdots\cdots ②$$

이것을 다시 전미분으로 고쳐 쓰면

$$\frac{dp}{p} = \frac{\omega^2}{gRT} rdr \quad \cdots\cdots ③$$

식 ③을 적분하면

$$\log \exp p = \frac{\omega^2}{gRT}\frac{r^2}{2} + C \quad \cdots\cdots ④$$

$r = 0$일 때 $p = p_0$이므로 $C = \log \exp p_0$이다.

이것을 식 ④에 대입하여 풀면

$$\frac{\omega^2 r^2}{2gRT} = \log \exp\left(\frac{p}{p_0}\right) \quad \cdots\cdots ⑤$$

$\omega r = u$(원주속도)이므로, 결과적으로

$$p = p_0 \exp\left(\frac{u^2}{2gRT}\right) \quad \cdots\cdots ⑥$$

예제 3.34 그림 3·52에서 길이 6 ft의 곧은 관의 밑면은 막혀 있으며, 관 내에는 물이 가득 차 있다. 이 관은 중간점 B를 통과하는 수직축과 30° 기울어져 있으며, 이 축을 중심으로 각속도 8.02 rad/s로 회전하고 있다. 관의 중간점 B와 하단 C에서의 압력을 구하라.

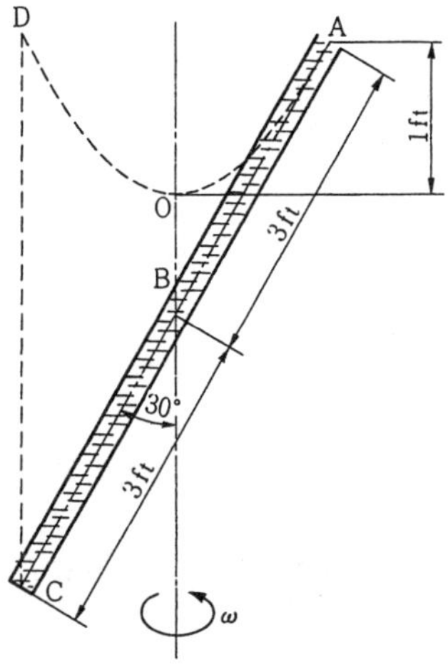

그림 3 · 52

풀이 우선, 회전하여 생기는 유체 표면의 높이차 h는 식 (3 · 81)에 의하여

$$h = \frac{\omega^2 r^2}{2g} = \frac{(8.02)^2 \times (3\ \sin 30°)^2}{2 \times 32.2} = 2.25\ \text{ft}$$

점 B에서의 압력을 구하기 위하여 $\overline{OB}$를 구하면

$$\overline{OB} = 3\cos 30° - 1 = 1.60\ \text{ft}$$

그러므로 압력 $p_B = \gamma h = 62.4 \times 1.60 = 99.84\ \text{lb/ft}^2$
하단 점 C의 압력은

$$p_c = \gamma h = 62.4 \times 6\cos 30° = 324.2\ \text{lb/ft}^2$$

예제 3.35 원통형 실린더에 비중량 1025 kgf/m^3의 유체를 넣고 액체 표면에 작용하는 압력이 2 kgf/cm^2되게 하여 밀폐시켰다. 이때 실린더 축을 중심으로 하여 실린더를 원주속도 60 m/s로 회전시켰다. 일정한 시간이 지난 후 내부의 유체와 실린더 간에 상대운동이 없이 동일하게 회전하고 있다면, 포물면을 이루는 유체의 높이차이와 실린더 지름의 $\frac{3}{4}$되는 점에서의 압력을 구하라. 단, 실린더의 지름은 20 cm이고, 실린더 내의 온도는 20℃이다.

풀이 문제에서 주어진 값들은 $u = 60\ \text{m/s}$, $p_0 = 2\ \text{kgf/cm}^2$, $T = 293\ \text{K}$, $d =$ 20 cm이다. 예제 3 · 33의 식 ⑥으로부터 $r = 10$ cm인 곳에서의 압력 p를 구

하면

$$p = p_0 \exp\left(\frac{u^2}{2gRT}\right)$$

$$= 2 \times \exp\left(\frac{60^2}{2 \times 9.8 \times 29.27 \times 293}\right) = 2.043\ \text{kgf/cm}^2$$

각속도 : $\omega = \dfrac{u}{r} = \dfrac{60}{0.1} = 600\ \text{rad/s}$

지름의 $\dfrac{3}{4}$, 즉 $\dfrac{1}{4}d$인 곳에서의 원주속도와 압력은

$$u' = r\omega = 0.05 \times 600 = 30\ \text{m/s}$$

$$p = p_0 \exp\left(\frac{u'^2}{2gRT}\right)$$

$$= 2 \times \exp\left(\frac{30^2}{2 \times 9.8 \times 29.27 \times 293}\right) = 2.01\ \text{kgf/cm}^2$$

…… 연 습 문 제 ……

1. 대기압 1 atm = 101,293 N/m^{2}임을 증명하라.

2. 게이지 압력 6 kgf/cm^{2}는 수은주로 몇 mmHg인가?

3. 해발 1950 m인 한라산 꼭대기에서의 대기압은 얼마인가? 단, 해상의 대기압은 1.02 kgf/cm^{2}이고 온도는 15℃이다(등온변화로 간주한다).

4. 뚜껑이 없는 수조에 물이 깊이 3.2 m 채워져 있고, 그 위에 비중이 0.85인 기름이 50 cm 담겨 있다면 물과 기름이 접하는 면에서의 압력 p_0는 얼마인가? 또, 바닥으로부터 0.2 m 떨어진 곳에서의 압력 p_b는 얼마인가? 게이지 압력으로 계산하라.

5. 그림 3 · 53과 같이 U자관에 수은 · 물 · 기름이 들어 있고 관의 양끝은 대기에 접하고 있다. 수은주의 높이차이가 20 mm라고 하면 이때 수주 h는 얼마인가? 단, 기름의 비중은 0.88이고 높이는 40 mm이다.

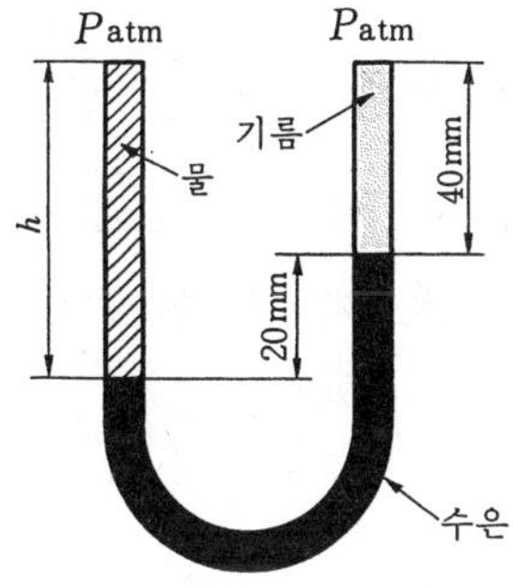

그림 3 · 53

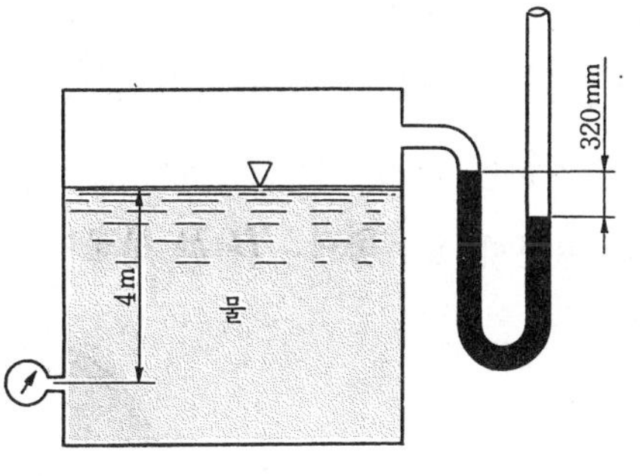

그림 3 · 54

6. 그림 3 · 54에서 게이지 압력을 구하라(U자관 내의 액체는 수은이다).

7. 그림 3 · 55와 같은 상태에서 1 kgf의 힘이 A에 작용한다면 U자관의 눈금은 얼마로 되는가? 단, 탱크 B에는 비중이 0.90인 기름이, U자관 C 내에는 비중이 13.6인 수은이 각각 들어 있으며, U자관 한 끝은 대기와 접하고 있다.

8. 두 저수탱크에 비중량이 γ인 액체가 그림 3 · 56과 같이 연결되어 있다. 이때에 γ를 마노미터의 눈금 A와 B 및 γ_A, γ_B항으로 나타내라.

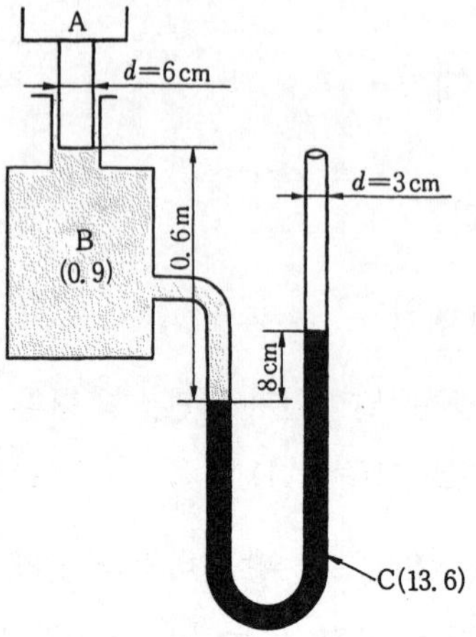

그림 3 · 55

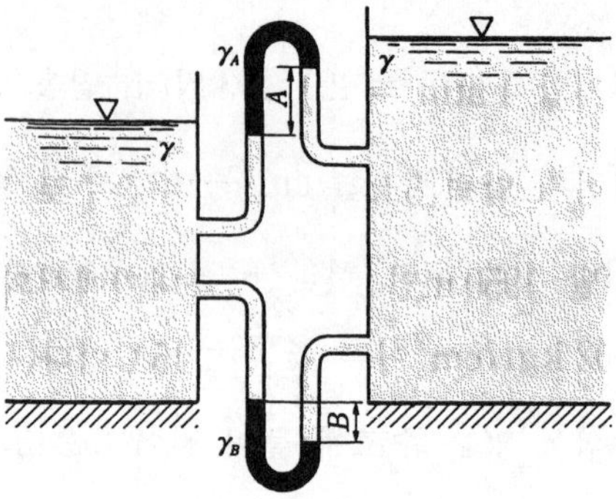

그림 3 · 56

9. 2일간 수은주의 눈금의 변화는 각각 70°F, 95°F였다. 이때 실제의 압력을 구하라.

10. 경사 마노미터에서 모세관을 사용하여 압력을 측정한 결과, 경사진 관에 0.6 m의 눈금차이가 났다. 경사각이 30°일 때 압력은 얼마인가? 단, 마노미터에는 물을 사용하였다.

11. 대기압이 100 kPa에서 게이지 압력이 138 kPa이면 절대압력은 얼마인가?

12. 그림 3 · 57에서 내부의 고압을 지탱하기 위하여 지름이 2 cm인 볼트 40개가 A–A 부분에 필요하다. B–B 부분에는 몇 개의 볼트가 필요하겠는가?

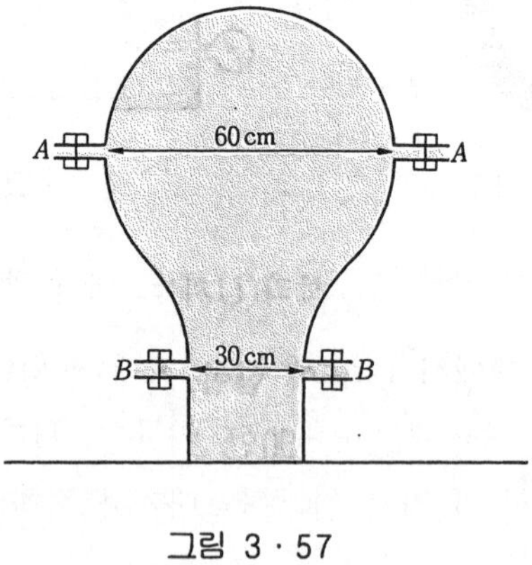

그림 3 · 57

13. 액체의 밀도는 표면으로부터 깊이가 증가함에 따라 $\rho = \rho_w(1 + 0.01h)$의 관계로 변화한다. 여기서 ρ_w는 물의 밀도이며, m 단위로 나타낸 h는 표면으로부터 깊

이이다. 10 m 깊이에서 게이지 압력은 얼마나 되겠는가?

14. 밀도가 다른 두 재질로 된 원형 막대기를 문제 13과 같은 조건의 액체에 넣으면 얼마의 깊이로 잠기겠는가?

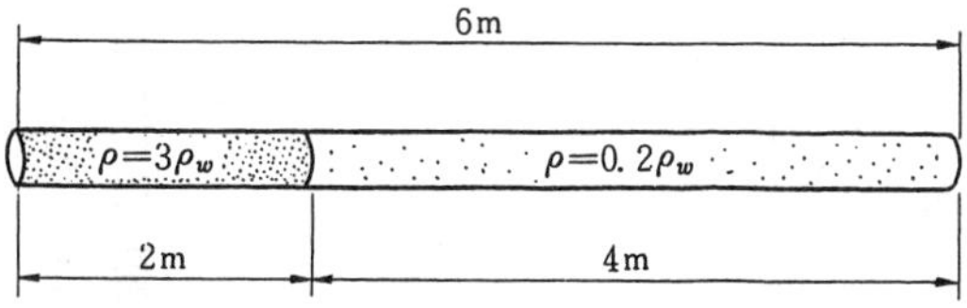

그림 3 · 58

15. 그림 3 · 59에서 관의 중심 A에서의 게이지 압력을 구하라.

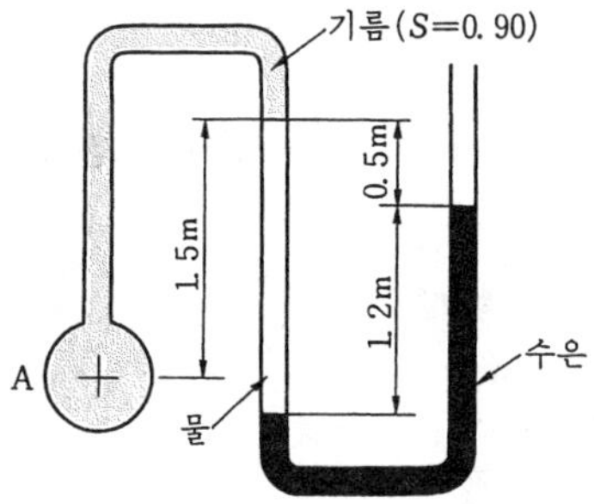

그림 3 · 59

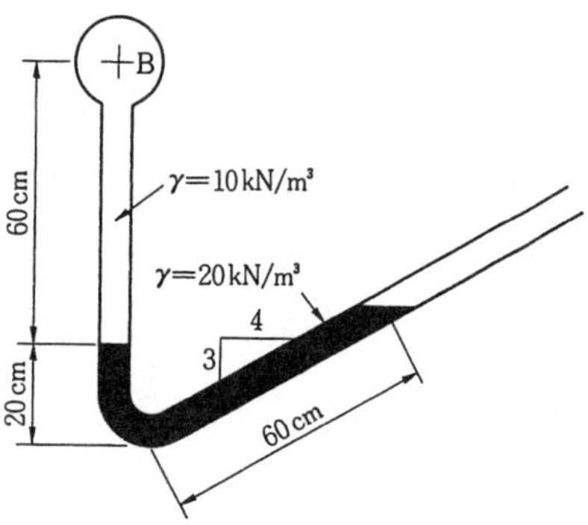

그림 3 · 60

16. 그림 3 · 60에서 관의 중심 B에서의 압력을 구하라.

17. 그림 3 · 61은 비중이 0.85인 기름으로 채워진 경사 압력계를 나타낸 것이다. 저수탱크의 안지름이 20 cm일 때 이 탱크의 공기압력을 500 Pa까지 증가시키고, 경사관의 액주를 20 cm로 유지시키려면 경사각 θ는 얼마가 되겠는가?

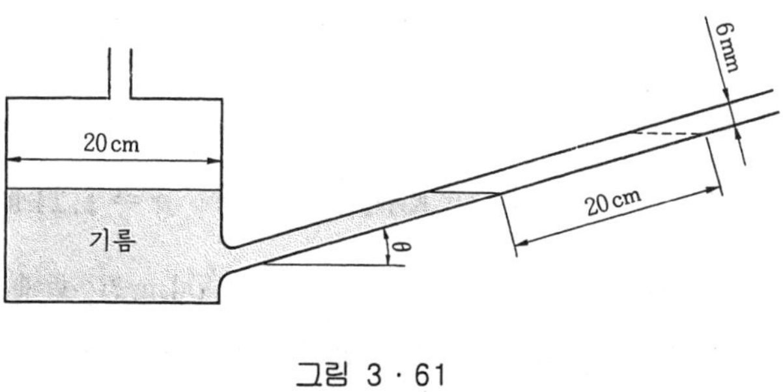

그림 3 · 61

18. 그림 3 · 62에서 $p_A - p_B$를 구하라.

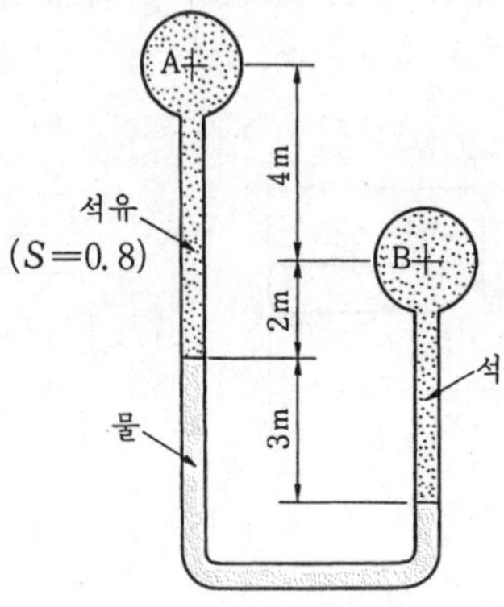

그림 3 · 62

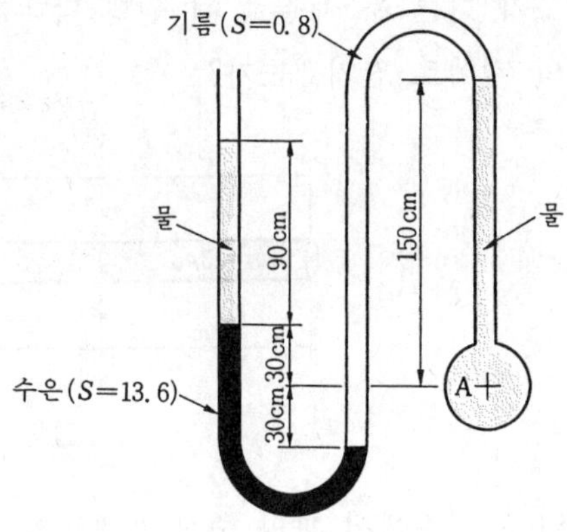

그림 3 · 63

19. 그림 3 · 63에서 관의 중심 A에서의 압력을 구하라.

20. 그림 3 · 64와 같이 F_1에 120 kgf의 힘이 작용하면 F_2에는 얼마의 힘을 가해야 양피스톤이 정지상태에 있겠는가?

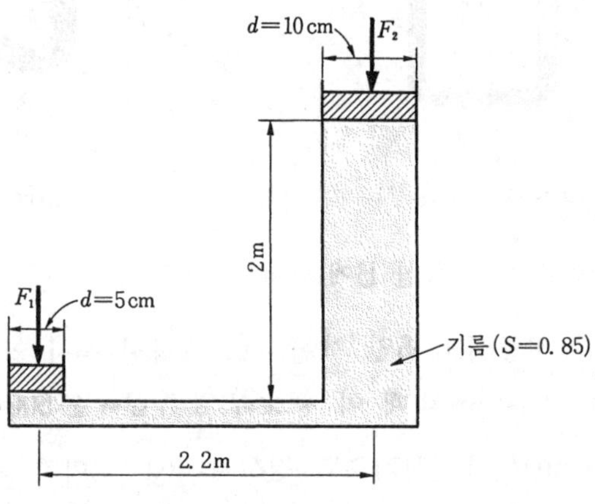

그림 3 · 64

21. 단열변화에서 온도 $t = 15$℃, 압력 $p = 0.85\ \text{kgf/cm}^2$인 곳의 높이를 구하라. 단, 해면에서 공기의 압력 $p = 1.02\ \text{kgf/cm}^2$, 밀도 $\rho = 1.24\ \text{kgf} \cdot \text{s}^2/\text{m}^4$이다.

22. 폴리트로픽 지수 $n = 1.235$인 경우, 고도 $z = 20$ km인 곳에서의 압력 및 밀도를 구하라. 단, 지상에서는 표준 대기압 상태이고 기온은 $t = 20$℃이다.

23. 문제 22에서 온도 변화율(감소율)은 얼마인가?

24. 폴리트로픽 변화의 경우, 고도 10 km인 곳과 해상에서의 온도차이가 25℃였다면 이때의 폴리트로픽 지수는 얼마나 되겠는가?

25. 등온변화 $t = 23$℃하에서 체적이 $3\ m^3$인 공기의 체적 변화량을 구하라. 단, 압력이 $2\ kgf/cm^2$에서 $6\ kgf/cm^2$로 되었다.

26. 그림 3 · 46에서 수평면과 경사진 수면이 20°를 이루기 위한 x방향에 대한 등가속도 a_x를 구하라.

27. 뚜껑이 개방된 반지름 16 cm인 원통 실린더에 물을 가득 담고 각속도 60 rad/s로 강제회전시켰을 때 흘러넘치는 물의 양을 구하고, 실린더의 중심축과 벽 사이의 물의 높이를 구하라.

28. 그림 3 · 65와 같이 지름이 30 cm인 통나무 한쪽에 30 cm × 30 cm × 30 cm인 콘크리트 블록 70 kgf 무게를 매달아 물 속에 띄웠다. 이때 평형위치 H를 구하고, 나무와 콘크리트가 떠 있는 상태에서 중심과 부심을 구하라. 단, 통나무 무게는 무시한다.

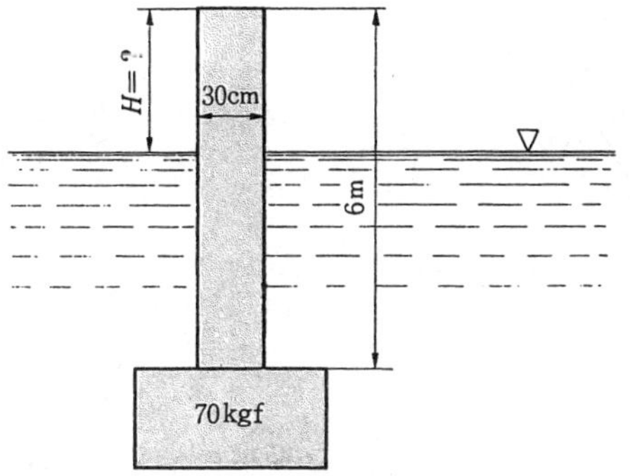

그림 3 · 65

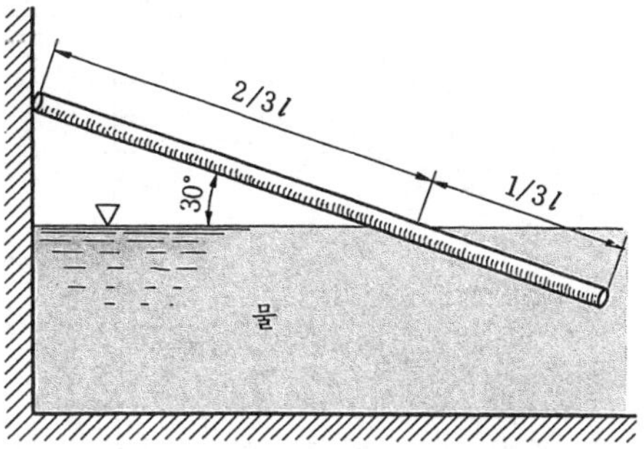

그림 3 · 66

29. 나무기둥이 그림 3 · 66과 같이 한쪽은 벽에 돌축으로 연결되어 있고, 다른 한쪽은 물에 잠겨 있다. 이때 나무기둥의 무게와 부력의 작용에 의하여 평형상태에 있다면 나무의 비중량은 얼마인가?

30. 지름이 1 m이고 길이가 1 m인 통나무의 비중량은 $8000\ N/m^3$이다. 이 통나무는 수직으로 물에 뜨겠는가?

31. 그림 3 · 67과 같이 삼각 평판이 유체 중에 수직으로 잠겨 있다. 평판에 작용하는 전압력과 압력중심을 구하라.

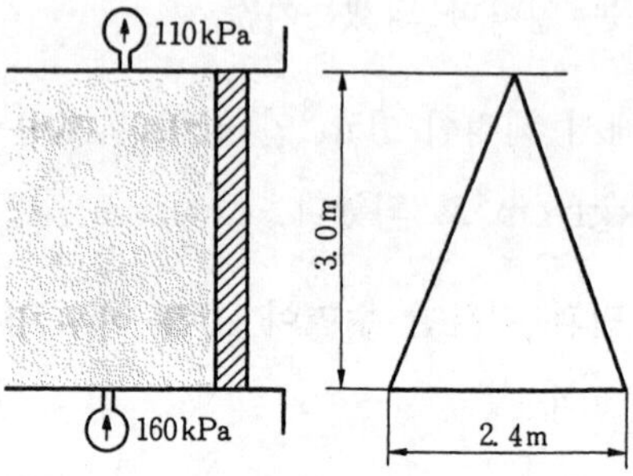

그림 3 · 67

32. 그림 3 · 68에서 사각형 수문이 넘어지기 위한 물의 깊이를 구하라. 수문의 무게는 무시한다.

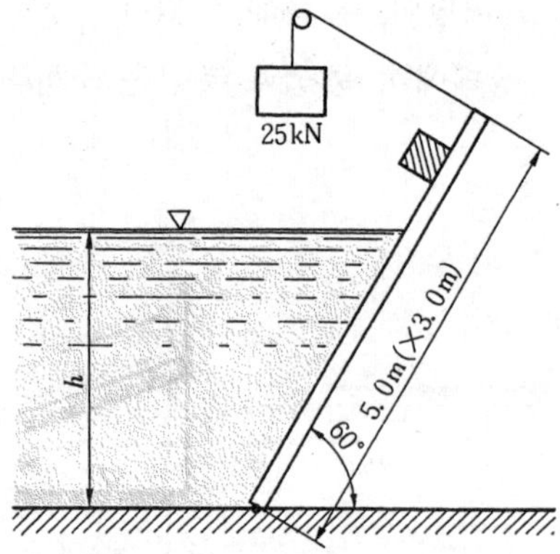

그림 3 · 68

33. 폭 2 m, 길이 4 m인 사각형 수문이 수면과 수직하게 길이방향으로 상단의 깊이가 1.5 m인 곳에 잠겨 있다. 이때 수문에 작용하는 전압력과 압력중심을 구하라.

34. 긴 지름이 8 m, 짧은 지름이 6 m인 타원이 수면과 긴 지름이 30°의 각도로 상단의 깊이가 1 m되는 점에 잠겨 있다. 이 타원에 작용하는 전압력과 압력중심을 구하라.

35. 그림 3 · 69에서 보는 바와 같이 삼각 프리즘이 물 속에 잠겨 불평형을 이루고 있다. 평형을 이룰 수 있는 각을 구하는 식을 h_1, h_2로 나타내라.

36. 그림 3 · 70과 같이 A 액체의 비중이 0.75, B 액체의 비중이 1.20이다. a 주위

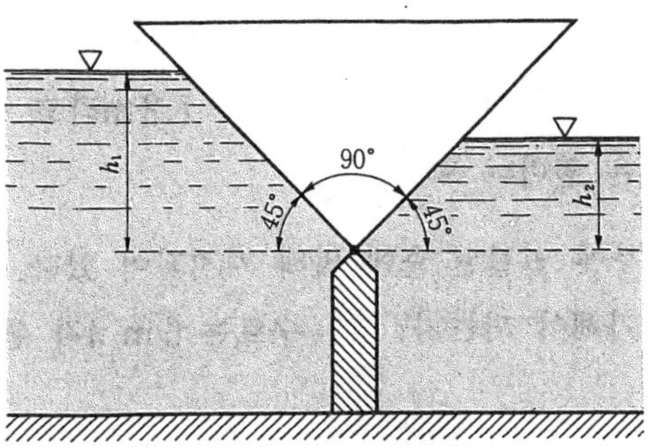

그림 3 · 69

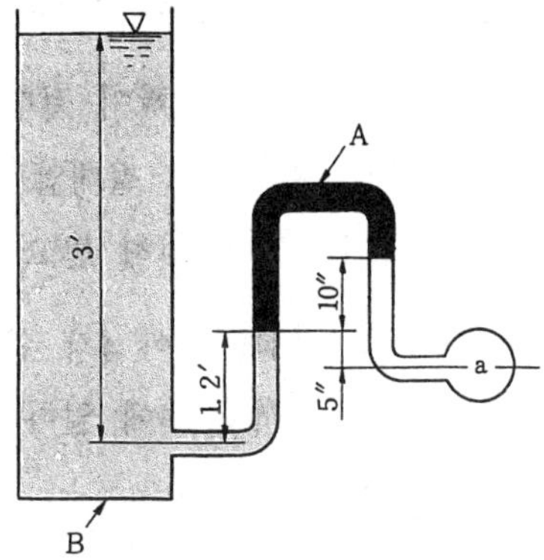

그림 3 · 70

의 액체가 물일 때 점 a에서의 게이지 압력은 얼마인가?

37. 그림 3 · 71과 같이 폭 5 m의 사각형 수문이 A에 돌축으로 연결되어 있다. 이 수문에 작용하는 전압력을 구하라.

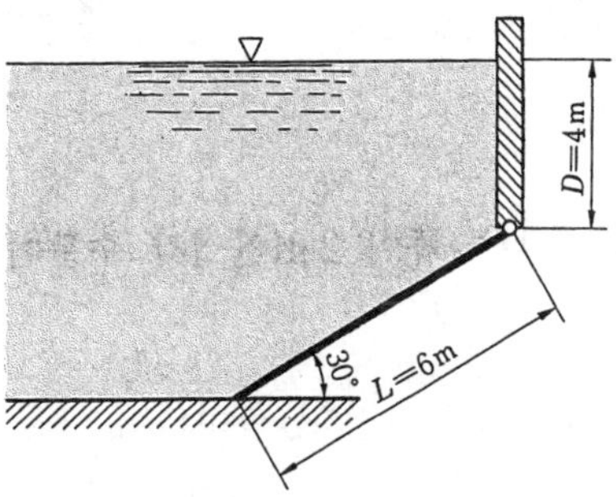

그림 3 · 71

38. 그림 3 · 72와 같이 뚜껑이 없는 수조에 물이 12 ft까지 차 있다. 수조 밑에 있는

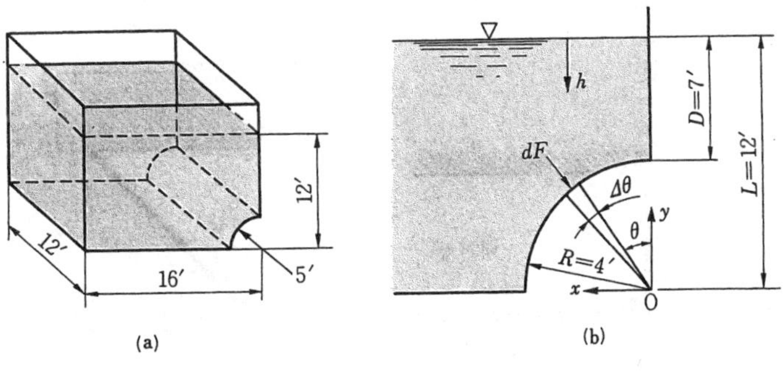

그림 3 · 72

곡부가 받는 수평 및 수직분력과 압력을 구하라.

39. 제트 여객기의 문짝이 절대압력 120 kPa로 닫혀 있고, 여객기가 순항할 때 외부의 압력은 40 kPa의 절대압력을 받는다. 문짝의 넓이가 2.2 m × 1.2 m라고 하면, 이 문짝이 공기에 의해 받고 있는 순힘은 얼마나 되겠는가?

40. 그림 3 · 73과 같이 4각 수문이 중심부에 연결된 축에 의해 지지되어 있다. 수문을 열기 위해서는 축에 얼마의 토크를 가해야 되는가? 단, 수로는 6 m 4각 관로로 되어 있다.

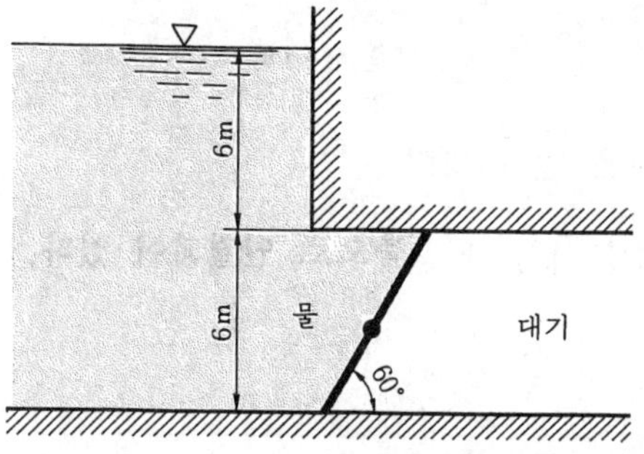

그림 3 · 73

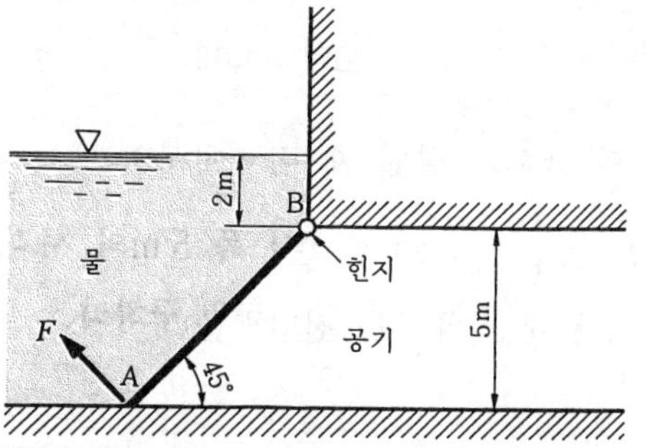

그림 3 · 74

41. 그림 3 · 74에서 수문 AB는 폭이 2 m인 4각 수문이다. A에서 수문을 여는 데 필요한 힘은 얼마인가?

42. 그림 3 · 75에서 보는 4각 수문은 편심피벗되어 자동으로 물의 높이 h에 따라 열리도록 되어 있다. 수문이 열릴 수 있는 물의 높이 h를 l의 값으로 나타내라.

43. 그림 3 · 76에서 수문의 무게가 80 kN이고 폭이 1 m라고 하면, 물의 압력과 중력

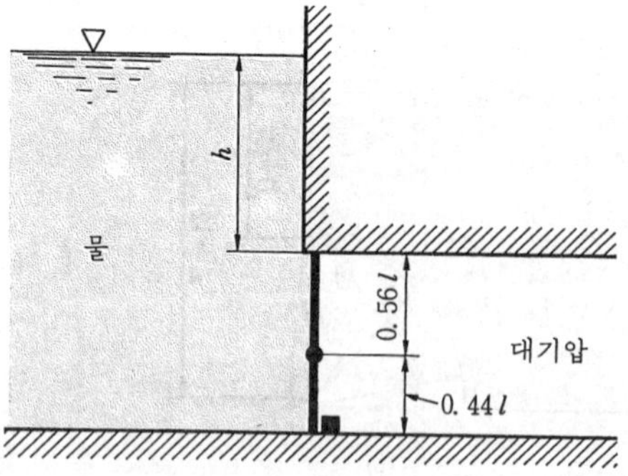

그림 3 · 75

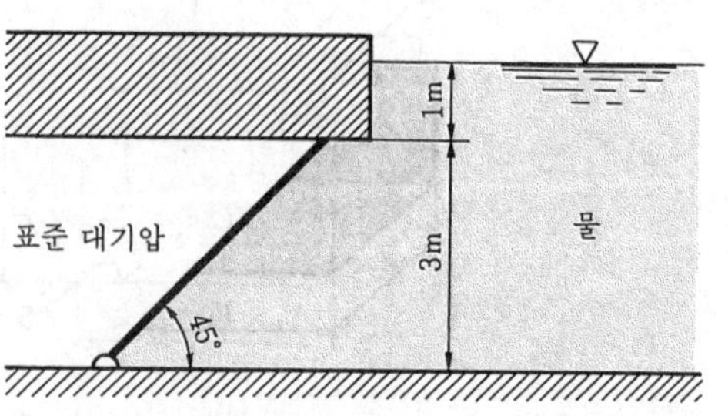

그림 3 · 76

을 받고 있는 현상태에서 넘어지겠는가, 지탱되겠는가?

44. 그림 3·77과 같이 ABC 3각 수문이 수조에 설치되어 있으며, AC를 축으로 열고 닫을 수 있도록 장치되어 있다. 수문이 열리지 않도록 지탱하기 위하여 B에 얼마의 힘을 가해야 되겠는가?

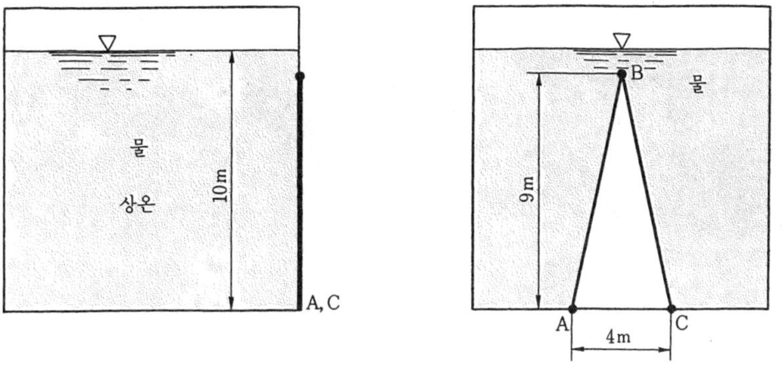

그림 3·77

45. 그림 3·78에서 둥근 지붕(dome)이 제 위치에 있기 위해서는 볼트에 얼마의 힘이 필요한가? 단, 이 지붕은 금속으로 되어 있으며, 무게는 5 kN이고 밑바닥은 없다.

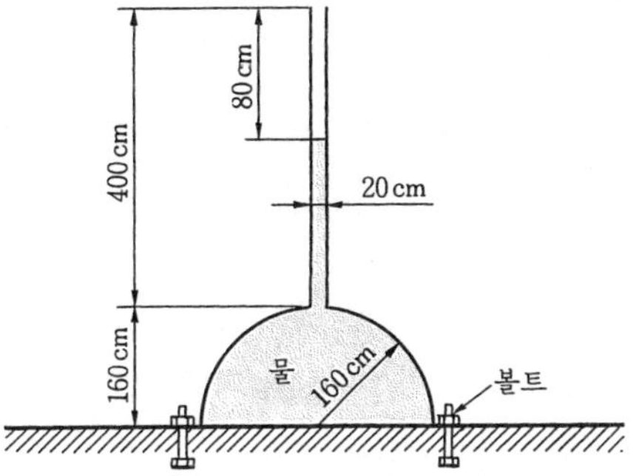

그림 3·78

제 4 장

비점성 유체의 유동

Inviscid Flow

4.1 개 론

제 3 장에서는 여러 가지 상태의 유체 정역학에 대하여 다루었다. 이 장에서는 유체가 운동상태에 있을 때 이를 역학적으로, 특히 Newton의 운동의 제 2 법칙(Newton's second law of motion)에 의하여 해석해 나가게 될 것이다. 우리는 이것을 유체 동역학(fluid dynamics)이라고 한다. 앞에서 언급한 대로 유체에는 압축성 유체와 비압축성 유체, 점성유체와 비점성 유체가 있는데, 여기에서는 비압축성 유체와 비점성 유체를 주로 다루게 될 것이다.

4.2 유체의 유동구분

유체의 유동은 시간과 위치, 그리고 방향에 따라 변하므로 유동을 다음과 같이 구분하고 있다.

4.2.1 시간과 위치에 따른 유동구분

〔1〕 정상 균일유동(Steady uniform flow)

유속이나 유량이 시간경과와 관계없이 일정하게 유동하고 있는 것을 말하며, 그 예로 대개 단면적이 일정한 직관 내의 유체유동을 들 수 있다. 즉, 유속 u가 시간 t와 유동위치 s의 함수라 할 때

$$u = f(t, s) \tag{4 · 1}$$

이다. 여기서

$$\frac{\partial u}{\partial t} = 0, \qquad \frac{\partial u}{\partial s} = 0$$

이 되는 유동을 정상 균일유동이라 한다. 즉, 시간이 t일 때 s위치에서 어느 일정방향의 유속이 u라면, 시간이 경과하여 $t + \Delta t$로 되고, 위치가 $s + ds$로 변위되어도 유속은 u로서 일정한 경우이다.

〔2〕 비정상 균일유동(Unsteady uniform flow)

이는 유속이 시간에 따라 변화하는 유동으로서, 단면적이 일정한 직관에서 가속도나 감속도가 발생할 때 관 내의 유동위치에는 관계없이 동시에 가속 및 감속이 되는 유동의 경우이다.

즉, 식 (4 · 1)에서

$$\frac{\partial u}{\partial t} \neq 0, \qquad \frac{\partial u}{\partial s} = 0$$

인 유동이다.

〔3〕 정상 불균일 유동(Steady non-uniform flow)

관 내의 유동을 고려할 때, 어느 일정한 점에서의 유속은 시간에는 관계없이 일정하나, 동일한 시간에 관 내의 유동방향의 위치에 따라 유속이 변화하는 유동을 말하며, 이는 단면적이 일정하지 않은 관 내의 유체유동에서 볼 수 있다.

즉, 식 (4 · 1)에서

$$\frac{\partial u}{\partial t} = 0, \qquad \frac{\partial u}{\partial s} \neq 0$$

인 유동이다.

균일유동과 균일분포 유동을 구분하지 않고 사용하는 경우가 많으나, 균일유동은 일정한 방향으로 위치가 변하여도 그 방향의 유속이 동일함을 말하고, 균일분포 유동

이라 함은 어느 한 위치에서 전단면에 유체의 유속이 동일함을 의미한다. 여기서 후자의 경우에 관 벽면 가까운 곳에 존재하는 경계층(boundary layer)의 유동영역은 고려하지 않은 경우이다.

이상 위에서 기술한 유체의 유동은 유선(streamline)들의 모임이다. 이와 같이 이웃하는 유선들의 묶음을 유관(stream tube)이라고 한다. 또, 이 유관의 단면적이 극히 작아서 그 내부에 존재하는 유선들의 속도차이가 무시할 수 있을 정도로 작을 때 이것을 유사(stream filament)라 하고, 또 유체의 한 입자가 유동해 가는 경로를 유적선(path line)이라고 한다.

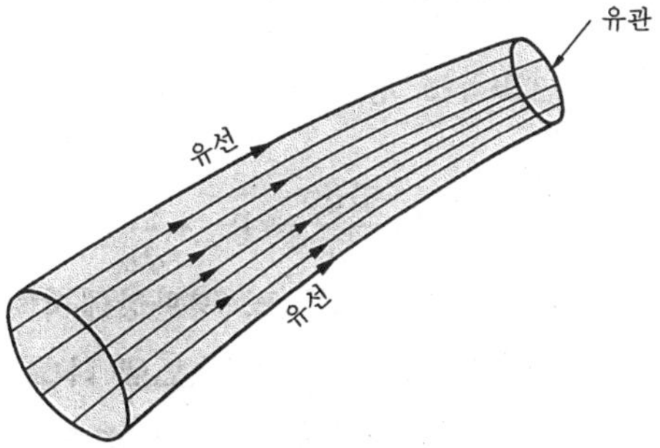

그림 4 · 1

4.2.2 방향에 따른 유동구분

식 (4 · 1)에서 논의했던 유속을 알기 쉽게 정상유동으로 간주하고 유동위치 s를 x, y, z의 방향으로 생각하자. 그러면 식 (4 · 1)은

$$u = f(x, y, z) \tag{4 · 2}$$

로 나타낼 수 있다. 유동형태에 따라 분류해 보면 다음과 같다.

〔1〕 1차원 유동(One-dimensional flow)

이는 유동을 한 방향과 시간의 함수로만 취급하는 유동을 말한다. 따라서, 식 (4 · 2)에서 x방향으로만의 유동이나 속도 기울기가 존재하고, y나 z방향에 대해서는 유동이 없음을 뜻한다. 그림 4 · 2와 같은 관 내의 유동을 일반적으로 공학에서 1차원 유동으로 간주하여 (a)와 같이 균일분포 유동으로 취급하지만, 실제적으로는 점성의 영향으로 어떤 유체의 관 내 유동에서도 유동분포는 그림 (b)와 같이 나타나므로 엄격

그림 4 · 2

히 말하면 1차원 유동을 전단면상에서는 찾아보기가 어렵다.

〔2〕 2차원 유동(two-dimensional flow)

이는 유동이 두 방향으로 변화하는 경우를 말한다. 대부분의 경우에 유체유동은 2차원 유동에 속한다.

식 (4 · 2)에서 말하면 $\frac{\partial u}{\partial x} \neq 0$, $\frac{\partial u}{\partial y} \neq 0$, $\frac{\partial u}{\partial z} = 0$과 같은 경우이다. 그림 4 · 2 (b)와 같은 경우가 바로 이 경우이며, 또 평판상에서의 유동도 경계층(제 9 장에서 상세히 다루게 됨)에서는 2차원 유동의 속도분포로 나타나다가, 높이가 무한히 커질 때 1차원 유동 속도분포를 나타낸다(그림 4 · 3 참조).

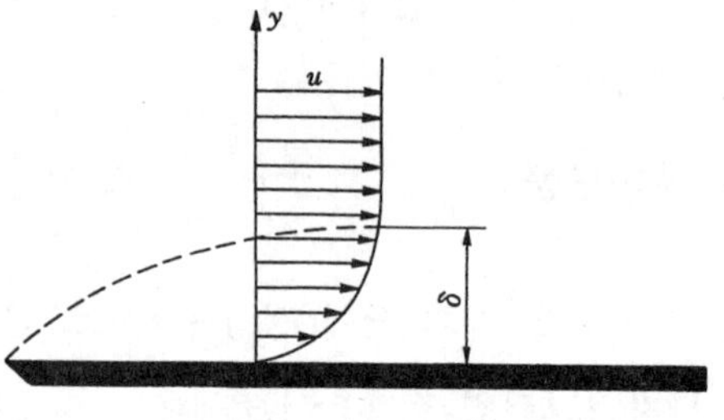

그림 4 · 3 평판상의 속도분포(δ : 경계층의 두께)

〔3〕 3차원 유동(Three-dimensional flow)

3차원 유동은 일반유동의 경우에는 뚜렷하게 나타나지 않는다. 이런 경우의 예는 자유분사 노즐에서 유체를 분사시킬 때 회전시켜 분사시키거나 복잡한 충돌유동에서 볼 수 있다.

따라서 식 (4 · 2)에서 $\frac{\partial u}{\partial x} \neq 0$, $\frac{\partial v}{\partial y} \neq 0$, $\frac{\partial w}{\partial z} \neq 0$인 유동을 말한다.

4.3 유체입자의 가속

4 · 1절에서 기술한 바와 같이 유체의 속도는 시간(t)과 위치 또는 거리(s)의 함수이다. 유체의 한 입자가 시간 dt 동안에 거리 ds만큼 이동해 갔다면, 발생하는 입자의 가속도는 식 (4 · 1)을 거리와 시간에 대하여 미분함으로써 얻을 수 있다.

즉

$$du = \frac{\partial u}{\partial s} ds + \frac{\partial u}{\partial t} dt$$

가 되고, 양변을 dt로 나누면 $\dfrac{du}{dt} = a$, $\dfrac{ds}{dt} = u$이므로

$$a = u\frac{\partial u}{\partial s} + \frac{\partial u}{\partial t} \qquad (4 \cdot 3)$$

여기서

$\dfrac{\partial u}{\partial t}$: 순간 가속도(temporal acceleration)

$u\dfrac{\partial u}{\partial s}$: 대류 가속도(convective acceleration)

$\dfrac{du}{dt} = a$: 실질 가속도 또는 전가속도 (substantial or total acceleration)

정상유동에서는 $\dfrac{\partial u}{\partial t} = 0$이다. 그러나 대류 가속도 $u\dfrac{\partial u}{\partial s}$는 반드시 0이 되는 것은 아니기 때문에 전가속도 $\dfrac{du}{dt}$는 0이 아니므로 정상유동이라 하여도 실질적인 가속도는 존재하는 것이다.

이상 간단하게 논한 유체입자의 유동방향의 위치를 s로 표시하였으나, 이는 1차원 유동이 아닌 경우 하나의 속도장(velocity field)을 나타내는 것이다.

그러므로 유속을 속도벡터(velocity vector) $\boldsymbol{V}$, 위치를 공간위치 $\boldsymbol{s}$로 표시하면

$$\boldsymbol{V} = f(\boldsymbol{s},\ t) = f(x,\ y,\ z,\ t)$$

이 식을 미분하면

$$D\boldsymbol{V} = \frac{\partial \boldsymbol{V}}{\partial x} dx + \frac{\partial \boldsymbol{V}}{\partial y} dy + \frac{\partial \boldsymbol{V}}{\partial z} dz + \frac{\partial \boldsymbol{V}}{\partial t} dt$$

가 되며, 다음과 같이 정리된다.

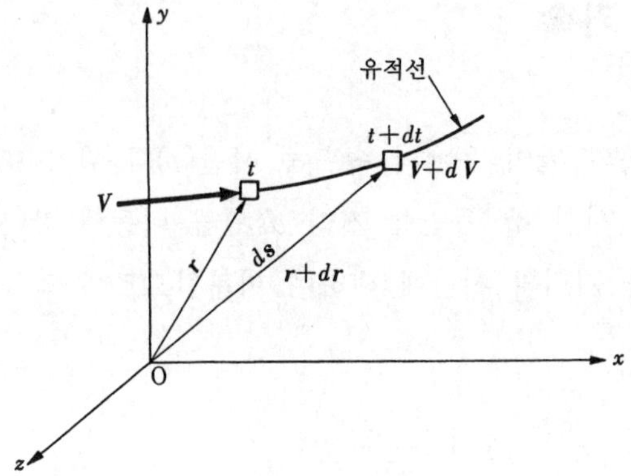

그림 4 · 4

$$\frac{DV}{Dt} = u\frac{\partial V}{\partial x} + v\frac{\partial V}{\partial y} + w\frac{\partial V}{\partial z} + \frac{\partial V}{\partial t} \qquad (4 \cdot 4)$$

여기서

$$\frac{dx}{dt} = u, \qquad \frac{dy}{dt} = v, \qquad \frac{dz}{dt} = w$$

이며

$$u\frac{\partial V}{\partial x} + v\frac{\partial V}{\partial y} + w\frac{\partial V}{\partial z}$$

는 대류 가속도항이 된다.

유체입자가 어느 곡로로 운동하게 될 때 가속도는 곡률중심을 중심으로 하여 발생하게 된다. 원주속도가 u이고, 곡률 반지름이 r_p라면 입자의 가속도는 $\frac{u^2}{r_p}$이 될 것이다.

따라서, 유선의 곡률 반지름이 r_s이고, 곡률중심을 중심으로 한 입자의 원주속도가 u_n인 경우의 가속도는 $a_n = \frac{u^2}{r_s}$이 되고, 순간 가속도는 $\frac{\partial u_n}{\partial t}$이 되므로

$$a_n = \frac{u^2}{r_s} + \frac{\partial u_n}{\partial t} \qquad (4 \cdot 5)$$

이 된다. 정상유동이 아닌 경우에는 $\frac{\partial u_n}{\partial t}$값이 존재한다.

예 제 4.1 지름이 D인 평행으로 놓여 있는 원판이 속도 U로 그림 4·5와 같이 상호 접근하고 있다. 두 판 사이의 거리가 h일 때 원판의 끝부분 A에서 발생하는 (a) 대류 가속도와, (b) 순간 가속도를 U, h, D로 나타내라. 단, A 부분에 유출되는 유속은 균일분포 유동으로 가정한다.

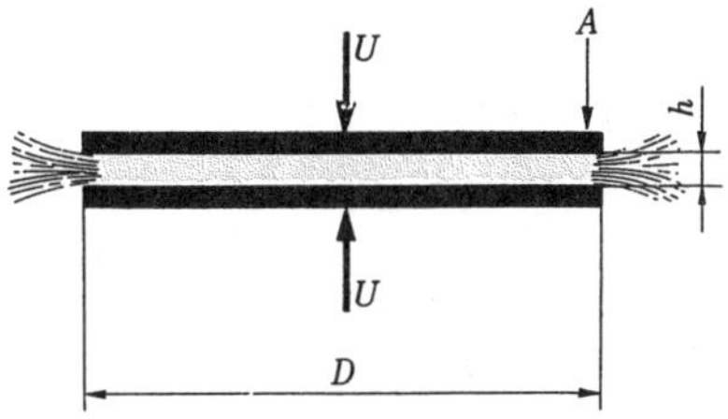

그림 4·5

풀 이 A 부분의 유출속도를 V라고 하고, 유량을 고려하면

$$\pi DhV = 2 \times \frac{\pi}{4} D^2 U, \qquad V = \frac{Ur}{h}$$

(a) 대류 가속도

$$a_c = V\frac{\partial V}{\partial r} = \frac{Ur}{h}\frac{\partial}{\partial r}\left(\frac{Ur}{h}\right) = \frac{U^2 r}{h^2} = \frac{U^2 D}{2h^2}$$

(b) 순간 가속도

$$a_t = \frac{\partial V}{\partial t} = \frac{\partial}{\partial t}\left(\frac{Ur}{h}\right)$$

$h = h_0 - 2Ut$로 나타낼 수 있으므로

$$a_t = \frac{\partial}{\partial t}\left(\frac{Ur}{h_0 - 2Ut}\right) = \frac{2U^2 r}{(h_0 - 2Ut)^2} = \frac{U^2 D}{h_2}$$

예 제 4.2 그림 4·6과 같이 구를 풍동(wind tunnel)에 놓고 실험을 하였다. 풍동 내의 유동속도는 U_0이고, 기준점 A로부터 축방향의 거리 x의 증가에 따라 속도 $u = U_0\left(1 - \frac{r_0^3}{x^3}\right)$으로 변하고 있다. 공기가 구의 중심위치를 지나는 순간의 가속도를 x, r_0, U_0의 항으로 나타내라.

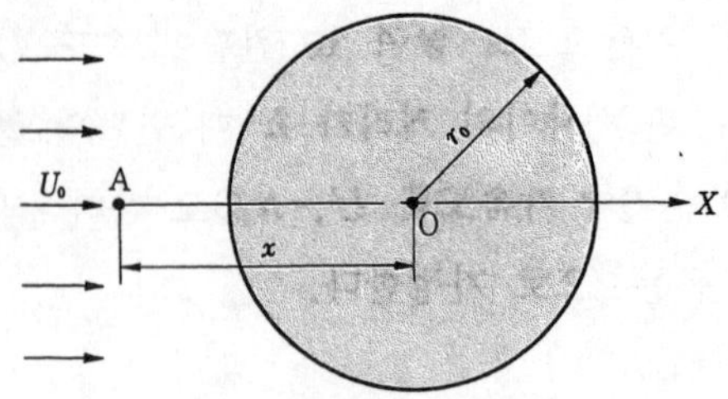

그림 4·6

풀이 가속도는

$$a = u\frac{\partial u}{\partial x} + \frac{\partial u}{\partial t}$$

이므로, 주어진 u의 값을 대입하여 계산하면

$$a = U_0\left(1-\frac{r_0^3}{x^3}\right)\frac{\partial}{\partial x}U_0\left(1-\frac{r_0^3}{x^3}\right)+\frac{\partial}{\partial t}U_0\left(1-\frac{r_0^3}{x^3}\right)$$

$$= U_0^2\left(1-\frac{r_0^3}{x^3}\right)\left(\frac{3r_0^3}{x^4}\right)+0 = 3U_0^2\frac{r_0^3}{x^4}\left(1-\frac{r_0^3}{x^3}\right)$$

예 제 4.3 그림 4·7에서 유량은 다음과 같이 계산된다.

$$Q = Q_0 - Q_1\frac{t}{t_0}$$

시간 $t=0.06$ s일 때 유동방향으로 A-A 단면에서의 속도 기울기는 1m당 2m/s 이다. $Q_0=0.98\,\text{m}^3/\text{s}$, $Q_1=0.6\,\text{m}^3/\text{s}$, $t_0=1$ s이고, 1차원 유동이라고 가정하면 $t=0.60$ s일 때 A-A 단면에서의 유속, 순간 가속도, 대류 가속도를 구하라.

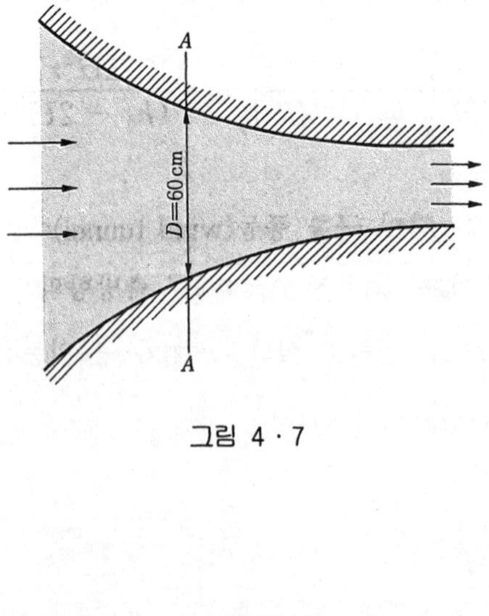

그림 4·7

풀이 주어진 유량식으로부터

$$Q = Q_0 - Q_1 \frac{t}{t_0} = 0.98 - 0.6t$$

유속은

$$V = \frac{Q}{A} = \frac{9.8 - 0.6 \times 0.6}{\pi \times 0.3^2} = 2.194 \text{ m/s}$$

순간 가속도는

$$a_t = \frac{\partial V}{\partial t} = \frac{\partial}{\partial t}\left(\frac{Q}{A}\right) = \frac{\partial}{\partial t}\left(\frac{0.98 - 0.6t}{\pi \times 0.3^2}\right) = 2.123 \text{ m/s}^2$$

대류 가속도는 주어진 속도 기울기가 $\frac{\partial V}{\partial s} = 2 \text{ s}^{-1}$이므로

$$a_c = \frac{\partial V}{\partial t} = 2.194 \text{ m/s} \times 2 \text{ s}^{-1} = 4.388 \text{ m/s}^2$$

4.4 Lagrange 방법과 Euler의 방법

4.4.1 기본이론

한 쪽이 고정된 스프링 보드가 진동하고 있을 때 스프링 보드의 어느 한 점의 위치는 그림 4 · 8 (a)에서와 같이 시간에 따라 변화하게 된다. 그러므로 위치 x는 역학적

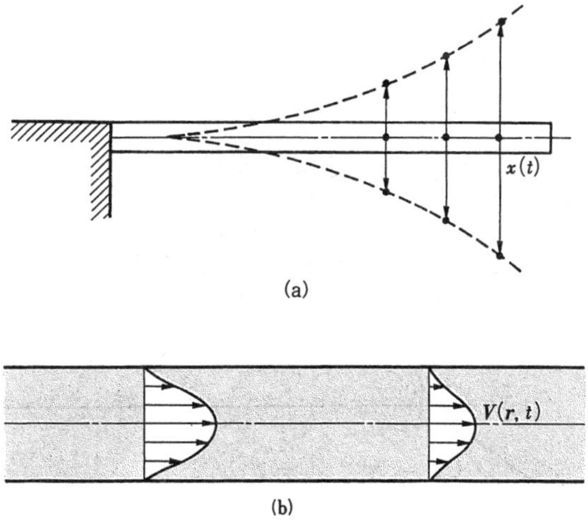

그림 4 · 8

으로는 $x = x(t)$로 쓸 수 있으므로 시간이 독립변수가 됨을 알 수 있다. 그러나 그림 4 · 8 (b)에서와 같이 임의의 관 내를 흐르는 유체는 시간에 따라 형상이 변하는 스프링 보드와 달리 형상이 고정되어 있는 관 내를 유동하게 된다. 이때 관 내를 유동하는 유체의 어느 한 점에서 고려하여야 할 사항은 유속이다. $\boldsymbol{V}$를 미지의 유속이라 하고, $\boldsymbol{r}$를 임의의 위치라고 하면 $\boldsymbol{V} = \boldsymbol{V}(\boldsymbol{r}, t)$로 나타낼 수 있다. 따라서, 이 경우는 위치와 시간이 독립변수가 된다.

4.4.2 Lagrange의 방법

그림 4 · 9에서 **P**는 임의의 시간 t_0에서 어느 기준 계(system)에 대한 위치를 나타낸다. 유체 연속체를 직각 좌표계에 적용시키면 점 **P**의 좌표는 x_0, y_0 z_0이다. 또한 동일한 시간 t_0일 때 좌표 x_1, y_1, z_1에 점 **Q**도 생각할 수 있다.

그러므로 P의 위치에서 시간이 t_0에서 t로 된 경우 x, y, z를

$$x = x(x_0, y_0, z_0, t) \tag{4·6}$$

$$y = y(x_0, y_0, z_0, t) \tag{4·7}$$

$$z = z(x_0, y_0, z_0, t) \tag{4·8}$$

로 나타낼 수 있다. 이 관계식들로부터 계의 위치는 초기위치를 따라 변하며, 여기서 x_0, y_0, z_0는 임의로 선택한 독립변수이다.

그러나 일단 계의 위치가 선정되면 다른 합력의 위치(x, y, z)가 정해질 수 있으며, 식 (4 · 6)~(4 · 8)에서 알 수 있는 바와 같이 x, y, z는 x_0, y_0 z_0에 따라 변하는

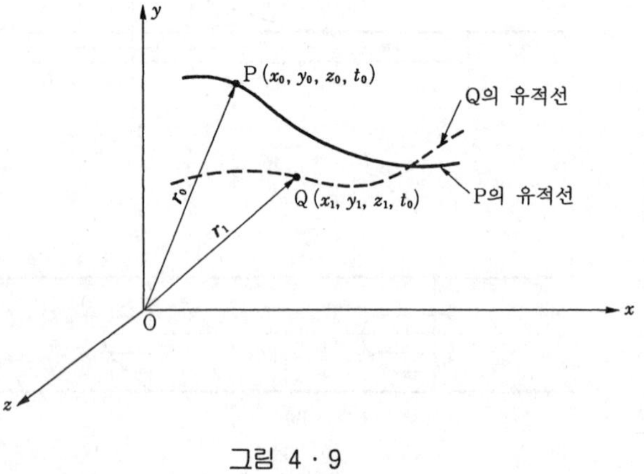

그림 4 · 9

종충변수이다. 이와 같은 방법으로 계의 위치를 기술하는 것을 Lagrange 방법이라 한다.

일정한 유체입자의 유적을 Lagrange 방법으로 설명할 수 있으며, 속도와 가속도를 직각 좌표계에서 다음과 같이 나타낸다.

$$u = \frac{\partial x}{\partial t}, \qquad a_x = \frac{\partial u}{\partial t} = \frac{\partial^2 x}{\partial t^2}$$
$$v = \frac{\partial y}{\partial t}, \qquad a_y = \frac{\partial v}{\partial t} = \frac{\partial^2 y}{\partial t^2}$$
$$w = \frac{\partial z}{\partial t}, \qquad a_z = \frac{\partial w}{\partial t} = \frac{\partial^2 z}{\partial t^2}$$

4.4.3 Euler의 방법

어느 순간에 유동장 내의 공간위치 P(x, y, z)를 나타낼 때에는 Euler의 기술방법을 많이 이용하게 된다. 이 방법에서는 공간위치 P는 독립적으로 선택되며, 변수들은 변수들은 압력, 응력 등의 텐서(tensors)와 속도장 $V(x, y, z, t)$와 같은 공간적 변화에 기인하여 정해진다.

유체입자들의 가속도는 정의에 의하여

$$a = \frac{dV}{dt} \tag{4·9}$$

로 쓸 수 있고, 이는 Euler와 Lagrange의 방법 모두에 적용된다. 그러므로

$$u = f_1(x, y, z, t)$$
$$v = f_2(x, y, z, t)$$
$$w = f_3(x, y, z, t)$$

로 표기되고, 속도에 관련하여 두 방법들은 상호관계를 가지고 있으며, 초기조건을 $x = x_0$, $y = y_0$, $z = z_0$, $t = t_0$로 하면 Lagrange의 방법이 된다.

4.5 유동함수

유동함수(stream function)라 함은 두 유선 사이에 유동하는 체적유량(volume-rate)을 말한다.

그림 4 · 10에서 축 O-x를 기준으로 하여, 유선 AB와 축 O-x 사이의 유동함수를 Ψ_1, CD와 축 O-x 사이의 유동함수를 Ψ_2라 하면, 두 유선 AB, CD 사이의 유동함수는 $\Psi_2 - \Psi_1$이 된다.

어느 순간에 유선 CD가 C′D′로 변위되었다면, 유선 CD상의 임의 위치의 점 p는 x방향으로 $-dx$만큼, y방향으로 dy만큼의 변위를 가져온다. 따라서, x 및 y 방향으로의 유선 CD, C′D′ 사이에서의 단위폭당의 유동함수는 각각 $-vdx$, udy가 되고, CD, C′D′ 간의 변위가 극히 미소하므로 다음과 같이 쓸 수 있다.

$$d\Psi = udy = -vdx \tag{4 · 10}$$

또, 유동함수 Ψ는 x와 y의 함수이므로, 이를 편미분으로 나타내면

$$\frac{\partial \Psi}{\partial y} = u, \qquad \frac{\partial \Psi}{\partial x} = -v \tag{4 · 10 a}$$

2차원 유동에서 유동함수 Ψ_1인 임의의 유선상의 한 점을 y_1, Ψ_2인 유선상의 한 점을 y_2라 하면, 이들 사이의 총유량, 즉 유동함수는 식 (4 · 10)으로부터 적분하여 구할 수 있다.

$$\int_{\Psi_1}^{\Psi_2} d\Psi = \int_{y_1}^{y_2} udy$$

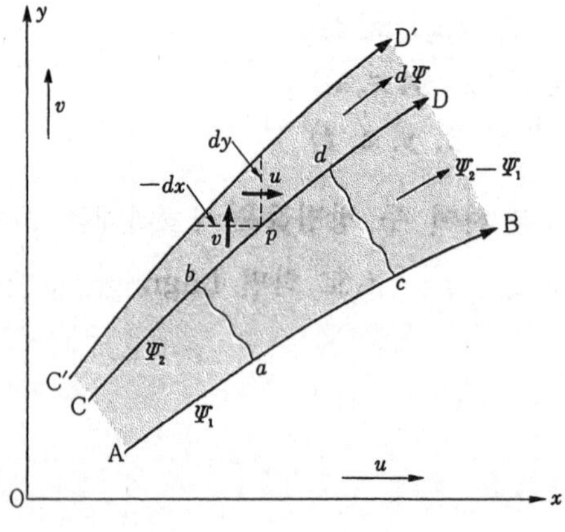

그림 4 · 10

$$\Psi_2 - \Psi_1 = \int_{y_1}^{y_2} u dy \tag{4 · 11}$$

물리적으로 보아 유동함수는 유체 내의 유선 사이에 운동하고 있는 단위폭당 유동하는 유체의 체적유량이므로, 3차원 유동의 경우 각 평면에 대한 유동함수는 그림 4 · 11에서 다음과 같이 계산할 수 있다.

x-y 평면: $vdx = udy$
x-z 평면: $udz = wdx$
y-z 평면: $vdz = wdy$

이 세 식들을 정리하면 다음과 같다.

$$\frac{dx}{u} = \frac{dy}{v} = \frac{dz}{w} \tag{4 · 12}$$

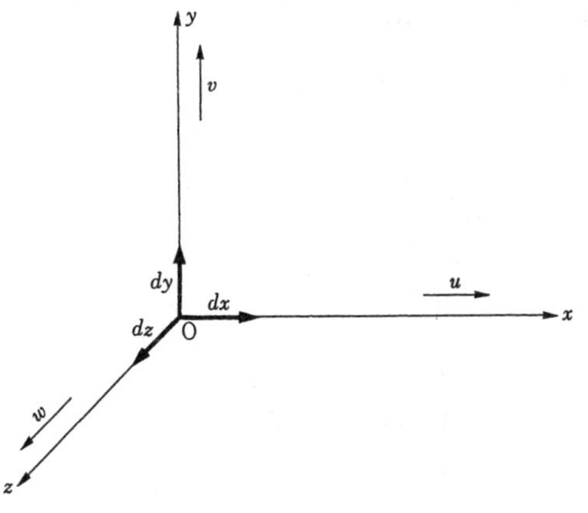

그림 4 · 11

4.6 회전운동과 비회전 운동

그림 4 · 12에서 z축을 회전축으로 하는 미소체적 입방체 $dx\,dy\,dz$를 생각해 보자. x, y방향의 속도를 u, v라 하고 반시계 방향을 +로 하여 dx의 회전율을 구하면

$$\frac{\left(v + \dfrac{\partial v}{\partial x}dx - v\right)}{dx} = \frac{\partial v}{\partial x} \tag{4 · 13}$$

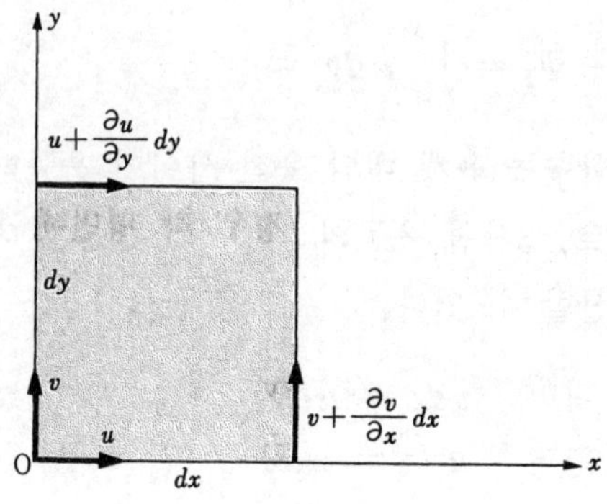

그림 4 · 12

dy의 회전율을 구하면

$$\frac{-\left(u+\dfrac{\partial u}{\partial y}dy-u\right)}{dy}=-\frac{\partial u}{\partial y} \tag{4 · 14}$$

그러므로 z축에 대한 유체요소의 회전율은 dx, dy면의 회전율 합의 평균이 되므로

$$\omega_z=\frac{1}{2}\left(\frac{\partial v}{\partial x}-\frac{\partial u}{\partial y}\right) \tag{4 · 15}$$

같은 방법으로 x, y축에 대해서도

$$\omega_y=\frac{1}{2}\left(\frac{\partial u}{\partial z}-\frac{\partial w}{\partial x}\right) \tag{4 · 16}$$

$$\omega_x=\frac{1}{2}\left(\frac{\partial w}{\partial y}-\frac{\partial v}{\partial z}\right) \tag{4 · 17}$$

결국, 회전율의 벡터합을 구해 보면

$$\begin{aligned}\nabla\times\mathbf{V}&=\left(\mathbf{i}\frac{\partial}{\partial x}+\mathbf{j}\frac{\partial}{\partial y}+\mathbf{k}\frac{\partial}{\partial z}\right)\times(\mathbf{i}u+\mathbf{j}v+\mathbf{k}w)\\&=\mathbf{i}\left(\frac{\partial w}{\partial y}-\frac{\partial v}{\partial z}\right)+\mathbf{j}\left(\frac{\partial u}{\partial z}-\frac{\partial w}{\partial x}\right)+\mathbf{k}\left(\frac{\partial v}{\partial x}-\frac{\partial u}{\partial y}\right)\\&=\begin{vmatrix}\mathbf{i}&\mathbf{j}&\mathbf{k}\\\dfrac{\partial}{\partial x}&\dfrac{\partial}{\partial y}&\dfrac{\partial}{\partial z}\\u&v&w\end{vmatrix}=\mathrm{curl}\,\mathbf{V}\end{aligned}$$

그러므로

$$\text{curl}\,\mathbf{V} = 2\omega$$
$$\omega = \frac{1}{2}\,(\nabla \times \mathbf{V}) \qquad (4 \cdot 18)$$

여기서

$$|\omega| = \sqrt{\omega_x^2 + \omega_y^2 + \omega_z^2}$$

$\nabla \times \mathbf{V}$는 속도벡터 'curl'이다. 이것을 소용돌이 운동(vorticity)이라고 한다.

따라서, 비회전 운동(irrotational motion)이라 함은 각 축에 대한 회전율이 $\omega_x = \omega_y = \omega_z = 0$이 되는 운동이다. 그러므로

$$\nabla \times \mathbf{V} = 0 \qquad (4 \cdot 19)$$

즉,

$$\frac{\partial \omega}{\partial y} = \frac{\partial v}{\partial z}, \qquad \frac{\partial u}{\partial z} = \frac{\partial w}{\partial x}, \qquad \frac{\partial v}{\partial x} = \frac{\partial u}{\partial y} \qquad (4 \cdot 20)$$

4.7 연속 방정식

유체유동에서 단면적이 균일한 관이나 불균일한 관 내의 유량은 질량보존의 법칙에 의하여 동일한 시간에 어느 단면에서나 같다. 즉, 어느 위치에서나 유입질량과 유출질량이 같으므로, 일정한 관 내에 축적된 질량은 유속에 관계없이 일정하다. 이것을 연속의 원리(principle of continuity)라고 한다.

4.7.1 1차원 유동에서의 연속 방정식

그림 4 · 13과 같이 단면이 일정하지 않은 관 내의 유체유동에서 점 1, 2 사이의 유체의 축적량을 보면, 유입질량과 유출질량은 동일하고, 또 유입질량에서 유출질량을 뺀 값이 단면 1, 2 사이에 축적된 질량이다.

A_1, A_2 단면에서 dt시간 동안의 유동질량을 m_1, m_2라 하면

$$m_1 = \rho_1 A_1 dx_1$$
$$m_2 = \rho_2 A_2 dx_2$$

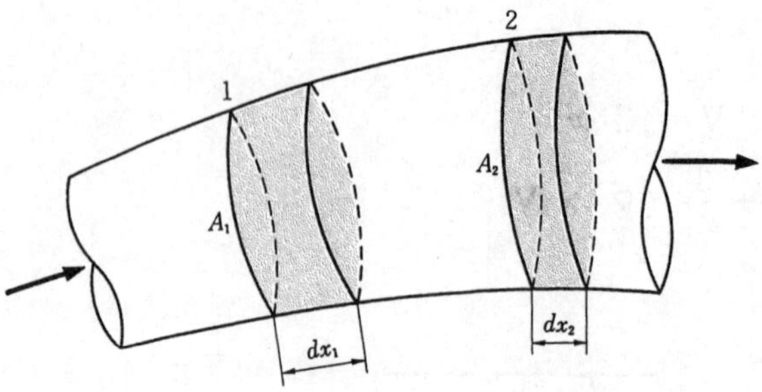

그림 4 · 13

이는 질량보존의 법칙에 의하여 $m_1 = m_2$이므로, 단위시간에 흘러간 질량은

$$\frac{\rho_1 A_1 dx_1}{dt} = \frac{\rho_2 A_2 dx_2}{dt}$$

여기서 $\dfrac{dx_1}{dt} = u_1$, $\dfrac{dx_2}{dt} = u_2$로 놓을 수 있으므로

$$\rho_1 A_1 u_1 = \rho_2 A_2 u_2 \tag{4 · 21}$$

따라서

$$\rho A u = C \tag{4 · 21 a}$$

나아가서 정상유동 비압축성 유체에서는 밀도 ρ가 일정하므로, 식 (4 · 21 a)는

$$Au = C \tag{4 · 21 b}$$

가 된다.

여기서 식 (4 · 21), (4 · 21 a), (4 · 21 b)는 1차원 유동에서의 연속 방정식이다.

예 제 4.4 안지름이 20 cm인 관로를 절대압력 147 kN/m^2, 온도 20℃에서 공기가 1.2 kg/s로 유동하고 있다. 이때 관내 유동을 균일분포 유동으로 간주하여 유속을 구하라.

풀 이 주어진 유량은 1.2 kg/s로서 $\rho Au = 1.2$ kg/s이고, 이때 $R \fallingdotseq 286.8$ J/kgf·K이므로 공기의 밀도를 구하면

$$\rho = \frac{p}{RT} = \frac{147,000}{286.8 \times 293} = 1.749 \text{ kg/m}^3$$

그러므로

$$u = \frac{1.2}{1.749 \times \frac{\pi}{4} \times (0.2)^2} = 21.84 \text{ m/s}$$

예 제 4.5 관로유동에서 안지름이 16 cm인 곳에 물의 유속이 20 m/s였다. 안지름이 30 cm인 곳에서의 유속은 얼마인가?

풀 이 비압축성 유체이므로 ρ는 일정하다. 그러므로 식 (4·21 b)에 의하여

$$\frac{\pi}{4} = 0.16^2 = \frac{\pi}{4} \times 0.3^2 \times u_2$$

$$u_2 = 5.69 \text{ m/s}$$

예 제 4.6 안지름이 600 mm인 관 내를 압력 313 kN/m^2, 온도 34℃의 공기가 158.4 ton/hr으로 유동하고 있을 때, 관 내의 평균풍속은 얼마인가?

풀 이 완전기체의 상태식으로부터

$$p = 313,000 \text{ N/m}^2, \qquad R = 286.8 \text{ J/kgf} \cdot \text{K}, \qquad T = 307$$

이므로

$$\rho = \frac{p}{RT} = \frac{313,000}{286.8 \times 307} = 3.55 \text{ kg/m}^3$$

다음에 유량은 $Q = 158.4 \text{ ton/hr} = 158.4 \times 10^3 \div 3600 \text{ kg/s}$이므로, 평균유속은 연속의 식에서

$$v = \frac{Q}{\rho A} = \frac{158.4 \times 10^3}{3600 \times 3.55 \times \frac{\pi}{4} \times (0.6)^2} = 44 \text{ m/s}$$

예 제 4.7 유량 Q m^3/s를 단면적이 50 cm × 80 cm인 사각관으로 유동시키고 있다. 동일한 유량을 유속을 2배로 증속하여 원형관으로 유동시키려면 관의 지름을 얼마로 하면 되는가?

풀 이 사각관 내의 유속을 u라 하면, 유량은

$$Q = 0.5 \times 0.8 \times u = 0.4u \text{ m}^3\text{/s}$$

원형관 내에서 유속은 $2u$가 되므로

$$Q = \frac{\pi}{4} d^2 \times 2u$$

연속이론에 의하면

$$0.4u = \frac{\pi}{4} d^2 \times 2u$$

따라서

$$d = 50 \text{ cm}$$

4.7.2 일반유동에서의 연속 방정식

그림 4 · 14와 같이 x, y, z 방향의 3차원 유동에서 유체의 연속이론을 적용하여 보자. 연속이론에서는 유체의 유입 및 유출량을 논하게 되므로, 그림 4 · 14와 같은 직각 좌표계에서 미소 입방체 $dx\,dy\,dz$를 생각할 수 있다.

x, y, z 방향의 유속을 각각 u, v, w라 할 때, x방향으로 dt시간 동안 유동하는 질량을 생각하면

$$\text{유입질량}: \rho u\,dy\,dz\,dt$$

$$\text{유출질량}: \left(\rho + \frac{\partial \rho}{\partial x} dx\right)\left(u + \frac{\partial u}{\partial x} dx\right) dy\,dz\,dt$$

그러므로 단위시간에 미소 입방체 내에 축적된 질량은

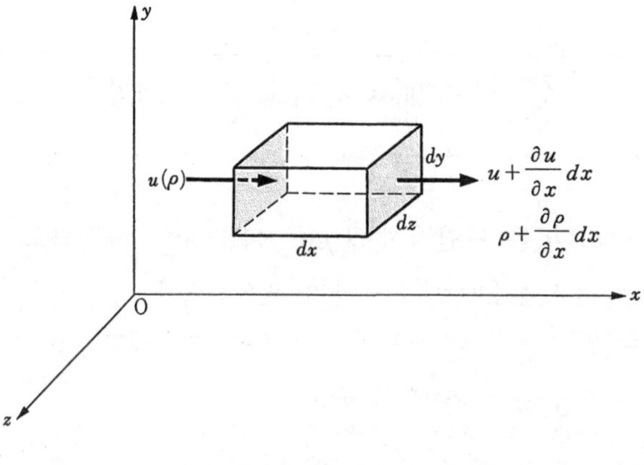

그림 4 · 14

$$\text{축적질량} = \frac{\text{유입질량}}{dt} - \frac{\text{유출질량}}{dt}$$
$$= \rho u\, dy\, dz - \left(\rho + \frac{\partial \rho}{\partial x} dx\right)\left(u + \frac{\partial u}{\partial x} dx\right) dy\, dz$$

전개해서 고차 미분항을 무시하고 정리하면, x방향에 축적된 질량은

$$-\left(u\frac{\partial \rho}{\partial x} + \rho\frac{\partial u}{\partial x}\right) dx\, dy\, dz = -\frac{\partial(\rho u)}{\partial x} dx\, dy\, dz \quad \cdots\cdots ①$$

동일한 방법으로 y 및 z 방향에 대해서도

$$y\text{방향}: -\frac{\partial(\rho v)}{\partial y} dx dy dz \quad \cdots\cdots ②$$

$$z\text{방향}: -\frac{\partial(\rho w)}{\partial z} dx dy dz \quad \cdots\cdots ③$$

결국, 미소 입방체 $dx\, dy\, dz$에 축적된 전질량은 x, y, z방향으로 축적된 질량의 합이 되므로

$$-\left\{\frac{\partial(\rho u)}{\partial x} + \frac{\partial(\rho v)}{\partial y} + \frac{\partial(\rho w)}{\partial z}\right\} dx dy dz \quad \cdots\cdots ④$$

가 된다. 또, 입방체 내에 축적된 질량은 동일한 시간에 입방체 내부에 발생하는 질량의 변화와 같다. 단위시간 동안의 질량의 변화는

$$\left\{\left(\rho + \frac{\partial \rho}{\partial t} dt\right) - \rho\right\} dx dy dz = \frac{\partial \rho}{\partial t} dx dy dz \quad \cdots\cdots ⑤$$

따라서, ④ = ⑤이어야 하므로, 이를 정리하면

$$\frac{\partial(\rho u)}{\partial x} + \frac{\partial(\rho v)}{\partial y} + \frac{\partial(\rho w)}{\partial z} + \frac{\partial \rho}{\partial t} = 0 \qquad (4 \cdot 22)$$

이 식이 일반 3차원 유동에서 직각 좌표계로 표시한 연속 방정식이다. 만약, 2차원 유동을 고려할 때 x, y, z 방향 중 두 방향만 고려하면 된다. 또한, 비압축성 유체의 정상유동에서는 $\frac{\partial \rho}{\partial t} = 0$, $\rho = C$이므로

$$\frac{\partial u}{\partial x} + \frac{\partial v}{\partial y} + \frac{\partial w}{\partial z} = 0 \qquad (4 \cdot 23)$$

이 된다.

이와 같은 연속 방정식은 편의에 따라 벡터로 나타내어 사용하는 경우가 많이 있다.

x, y, z 방향에 대한 단위벡터를 각각 **i**, **j**, **k**라 하고, ∇를 델(del) 또는 라플라스 연산자(Laplacian operator)라고 하면

$$\nabla = \mathbf{i}\frac{\partial}{\partial x} + \mathbf{j}\frac{\partial}{\partial y} + \mathbf{k}\frac{\partial}{\partial z}$$

또, 속도벡터(velocity vector)를 **V**라 하고 x, y, z 방향의 속도를 u, v, w라고 하면

$$\mathbf{V} = \mathbf{i}u + \mathbf{j}v + \mathbf{k}w$$

이 식에 일정한 값 ρ를 곱하여 위의 두 식으로부터 다음과 같은 스칼라적(Scalar product, dot⟨ · ⟩ product)을 구할 수 있다.

$$\nabla \cdot (\rho\mathbf{V}) = \left(\mathbf{i}\frac{\partial}{\partial x} + \mathbf{j}\frac{\partial}{\partial y} + \mathbf{k}\frac{\partial}{\partial z}\right) \cdot (\mathbf{i}\rho u + \mathbf{j}\rho v + \mathbf{k}\rho w) \qquad (4 \cdot 24)$$

단위벡터들의 적(積)들을 살펴보면, 단위벡터의 스칼라적은

$$\mathbf{i} \cdot \mathbf{i} = \mathbf{j} \cdot \mathbf{j} = \mathbf{k} \cdot \mathbf{k} = 1$$
$$\mathbf{i} \cdot \mathbf{j} = \mathbf{i} \cdot \mathbf{k} = \mathbf{j} \cdot \mathbf{k} = 0$$

이와 같은 단위벡터들의 적에 의하여 식 (4 · 24)의 결과는

$$\nabla \cdot (\rho\mathbf{V}) = \frac{\partial}{\partial x}(\rho u) + \frac{\partial}{\partial y}(\rho v) + \frac{\partial}{\partial z}(\rho w) \qquad (4 \cdot 25)$$

그리하여 연속 방정식 (4 · 22)는 식 (4 · 25)와 함께

$$\nabla \cdot (\rho\mathbf{V}) = -\frac{\partial \rho}{\partial \mathrm{t}} \qquad (4 \cdot 26)$$

정상유동 비압축성 유체에서는 식 (4 · 23)이나 식 (4 · 26)으로부터

$$\nabla \cdot \mathbf{V} = 0 \qquad (4 \cdot 27)$$

여기서 $\nabla \cdot$ **V**를 속도벡터의 발산(divergence of velocity vector)이라고 한다.

또, $\rho = f(t, x, y, z)$이므로 이를 전미분하여 정리하면

$$\frac{D\rho}{dt} = \frac{\partial \rho}{\partial t} + u\frac{\partial \rho}{\partial x} + v\frac{\partial \rho}{\partial y} + w\frac{\partial \rho}{\partial z} \qquad (4 \cdot 28)$$

가 되며, 이를 다시 정리하면,

$$\frac{D\rho}{dt}=\frac{\partial\rho}{\partial t}+\frac{\partial(\rho u)}{\partial x}+\frac{\partial(\rho v)}{\partial y}+\frac{\partial(\rho w)}{\partial z}$$
$$-\rho\left(\frac{\partial u}{\partial x}+\frac{\partial v}{\partial y}+\frac{\partial w}{\partial z}\right)$$

가 되므로, 식 (4 · 22)와 함께

$$\frac{D\rho}{Dt}+\rho\left(\frac{\partial u}{\partial x}+\frac{\partial v}{\partial y}+\frac{\partial w}{\partial z}\right)=0 \qquad (4\cdot 29)$$

으로 정리된다. 따라서 이 식은 다음과 같이 쓸 수 있다.

$$\frac{D\rho}{Dt}+\rho\,\mathrm{div}\,\mathbf{V}=0 \qquad (4\cdot 30)$$

이 식을 Euler의 연속 방정식이라고 한다.

예 제 4.8 2차원 비압축성 유체유동에서 x 및 y 방향의 속도가 아래와 같이 표시될 때 연속 방정식을 만족하는가?

$$u=-\frac{x}{x^2+y^2},\qquad v=-\frac{y}{x^2+y^2}$$

풀 이 우선, 2차원 비압축성 유체유동이므로 식 (4 · 23)은 다음과 같이 쓸 수 있다.

$$\frac{\partial u}{\partial x}+\frac{\partial v}{\partial y}=0$$

여기서

$$\frac{\partial u}{\partial x}=\frac{\partial}{\partial x}\left(-\frac{x}{x^2+y^2}\right)=-\frac{1}{x^2+y^2}+\frac{2x^2}{(x^2+y^2)^2}$$
$$\frac{\partial v}{\partial y}=\frac{\partial}{\partial y}\left(-\frac{y}{x^2+y^2}\right)=-\frac{1}{x^2+y^2}+\frac{2y^2}{(x^2+y^2)^2}$$

이 되어 연속 방정식을 만족한다.

예 제 4.9 $\mathbf{V}=(2x^2+5y^2)\,\mathbf{i}+(-4xy)\,\mathbf{j}$의 유속을 갖는 비압축성 정상유동에서 이 유속은 연속 방정식을 만족하는가?

풀 이 주어진 식에서 2차원 유동을 나타내므로

$$\nabla\cdot\mathbf{V}=\frac{\partial}{\partial x}(2x^2+5y^2)+\frac{\partial}{\partial y}(-4xy)=4x-4x=0$$

따라서, 연속 방정식을 만족한다.

예 제 4.10 2차원 유동에서 유동함수는 연속 방정식을 만족하는가?

풀 이 $\dfrac{\partial \Psi}{\partial y} = u, \quad \dfrac{\partial \Psi}{\partial x} = -v$ 이므로

$$\frac{\partial u}{\partial x} + \frac{\partial v}{\partial y} = \frac{\partial}{\partial x}\left(\frac{\partial \Psi}{\partial y}\right) + \frac{\partial}{\partial y}\left(\frac{\partial \Psi}{\partial x}\right) = 0$$

이다. 그러므로 연속 방정식을 만족한다.

4.7.3 원통좌표에서의 연속 방정식

그림 4·15와 같이 r를 반지름 방향, z를 축방향으로 하여 유체가 유동하고 있을 때, 직각좌표에서와 동일한 방법으로 유입질량, 유출질량 및 축적질량을 계산해 보자.

유체의 밀도를 ρ, 반지름과 축, 원주방향의 유속을 각각 u, w, v라 하고, 단위시간에 미소 입방체 $dr\,dz(rd\theta)$에서 반지름 방향으로 축적된 질량은

$$\rho u\, rd\theta\, dz - \left(\rho + \frac{\partial \rho}{\partial r}dr\right)\left(u + \frac{\partial u}{\partial r}dr\right)(r + dr)\,d\theta\, dz$$

$$= -\left(ur\frac{\partial \rho}{\partial r} + \rho r\frac{\partial u}{\partial r} + \rho u\right)dr\, d\theta\, dz$$

$$= -\frac{\partial(\rho u r)}{\partial r}\,dr\, d\theta\, dz \quad \cdots\cdots ①$$

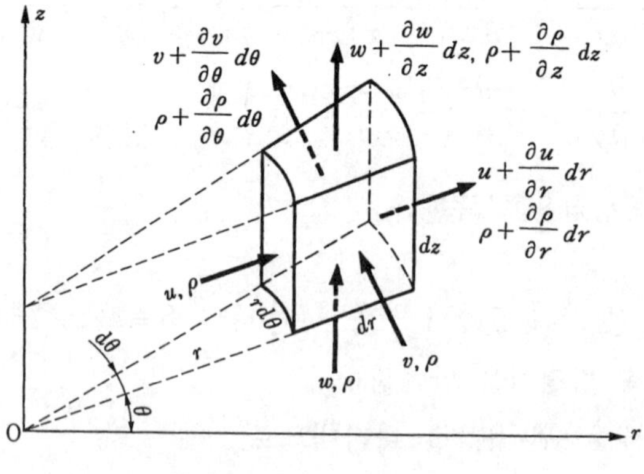

그림 4·15

원주방향으로 축적된 질량은

$$\rho v\,dr\,dz - \left(\rho + \frac{\partial \rho}{\partial \theta}\,d\theta\right)\left(v + \frac{\partial u}{\partial \theta}\,d\theta\right)dr\,dz$$

$$= -\left(v\frac{\partial \rho}{\partial \theta} + \rho r\frac{\partial v}{\partial \theta}\right)dr\,d\theta\,dz$$

$$= -\frac{\partial(\rho v)}{\partial \theta}\,dr\,d\theta\,dz \quad \cdots\cdots ②$$

축방향으로 축적된 질량은

$$\rho w\,rd\theta\,dr - \left(\rho + \frac{\partial \rho}{\partial z}\,dz\right)\left(w + \frac{\partial w}{\partial z}\,dz\right)rd\theta\,dr$$

$$= -\left(w\frac{\partial \rho}{\partial z} + \rho\frac{\partial w}{\partial z}\right)rd\theta\,dr\,dz$$

$$= -\frac{\partial(\rho w)}{\partial z}\,rd\theta\,dr\,dz \quad \cdots\cdots ③$$

따라서, 미소 입방체에 축적된 유체의 전질량은

$$-\left\{\frac{\partial(\rho ur)}{r\partial r} + \frac{\partial(\rho v)}{r\partial \theta} + \frac{\partial(\rho w)}{\partial z}\right\}r\,d\theta\,dr\,dz \quad \cdots\cdots ④$$

밀도 ρ를 시간함수로 보아 단위시간당 미소 입방체 내에서의 질량의 변화량은

$$\left\{\left(\rho + \frac{\partial \rho}{\partial t}\right) - \rho\right\}rd\theta\,dr\,dz \quad \cdots\cdots ⑤$$

결국, 미소 입방체에 축적된 질량은 같으므로

$$\frac{\partial(\rho ur)}{r\partial r} + \frac{\partial(\rho v)}{r\partial \theta} + \frac{\partial(\rho w)}{\partial z} + \frac{\partial \rho}{\partial t} = 0 \qquad (4 \cdot 31)$$

이것이 원통좌표로 표시한 연속 방정식이다. 비압축성 유동의 경우에는 $\rho = C$, $\dfrac{\partial \rho}{\partial t} = 0$이므로

$$\frac{\partial(ur)}{r\partial r} + \frac{\partial v}{r\partial \theta} + \frac{\partial w}{\partial z} = 0 \qquad (4 \cdot 32)$$

또는

$$\frac{\partial u}{\partial r} + \frac{u}{r} + \frac{\partial v}{r\partial \theta} + \frac{\partial w}{\partial z} = 0 \qquad (4 \cdot 32\,\mathrm{a})$$

이 된다.

예 제 4.11 직각 좌표계에서 연속 방정식은 다음과 같다. 이것을 원통 좌표계로 변환하라.

$$\frac{\partial(\rho u)}{\partial x} + \frac{\partial(\rho v)}{\partial y} + \frac{\partial(\rho w)}{\partial z} + \frac{\partial \rho}{\partial t} = 0$$

풀 이 그림 4·16에 직각좌표와 원통좌표를 상호비교가 용이하도록 그림으로 나타내었다. 원주상의 임의의 점 p에서 반지름 방향과 x축이 이루는 각을 θ라 하면

$$x = r\cos\theta, \qquad y = r\sin\theta$$

이다. 그런데 x와 y는 시간 t, 반지름 r, 각 θ의 함수이다. 그러므로 그 각 변수에 대한 미분값을 취하면

$$\frac{dx}{dt} = \frac{dr}{dt}\cos\theta - r\sin\theta\frac{d\theta}{dt}$$

여기서 $\frac{dr}{dt} = v_r$, $\frac{d\theta}{dt} = \omega$, $r\omega = v_\theta$, $\frac{dx}{dt} = u$이므로

$$\left.\begin{aligned} u &= v_r\cos\theta - v_\theta\sin\theta \\ \frac{dx}{dr} &= \cos\theta \\ \frac{dx}{d\theta} &= -r\sin\theta \end{aligned}\right\} \qquad \text{①}$$

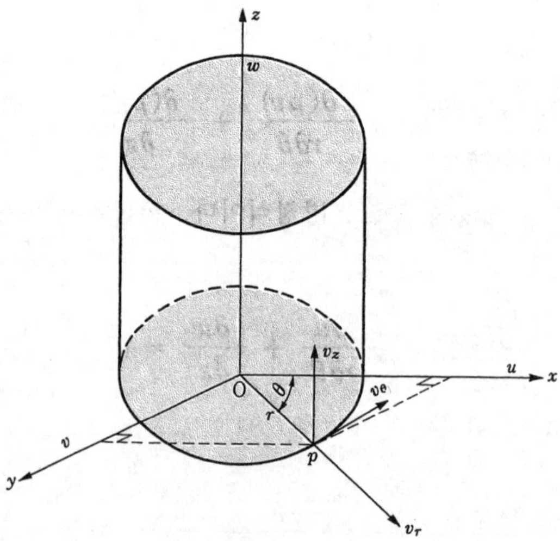

그림 4·16

y에 대해서도 $\dfrac{dy}{dt} = \dfrac{dr}{dt}\sin\theta + r\cos\theta\dfrac{d\theta}{dt}$

즉

$$\left.\begin{aligned} v &= v_r \sin\theta + v_\theta \\ \frac{dy}{dr} &= \sin\theta \\ \frac{dy}{d\theta} &= r\cos\theta \end{aligned}\right\} \cdots\cdots ②$$

z에 대해서는

$$z = z \quad \cdots\cdots ③$$

p의 위치는 r와 θ의 함수인 동시에 x, y의 함수이다.

$$\begin{aligned} \frac{\partial p}{\partial r} &= \frac{\partial p}{\partial x}\frac{\partial x}{\partial r} + \frac{\partial p}{\partial y}\frac{\partial y}{\partial r} \\ &= \frac{\partial p}{\partial x}\cos\theta + \frac{\partial p}{\partial y}\sin\theta \quad \cdots\cdots ④ \\ \frac{\partial p}{\partial \theta} &= \frac{\partial p}{\partial x}\frac{\partial x}{\partial \theta} + \frac{\partial p}{\partial y}\frac{\partial y}{\partial \theta} \\ &= \frac{\partial p}{\partial x}(-r\sin\theta) + \frac{\partial p}{\partial y}(r\cos\theta) \quad \cdots\cdots ⑤ \end{aligned}$$

식 ④, ⑤로부터 $\dfrac{\partial p}{\partial x}$를 구하기 위하여, ④ $\times \cos\theta -$ ⑤ $\times \dfrac{\sin\theta}{r}$를 계산하면

$$\cos\theta\frac{\partial p}{\partial r} = \frac{\partial p}{\partial x}\cos^2\theta + \frac{\partial p}{\partial y}\sin\theta\cos\theta \quad \cdots\cdots ④'$$

$$\frac{\sin\theta}{r}\frac{\partial p}{\partial \theta} = \frac{\partial p}{\partial x}\sin^2\theta + \frac{\partial p}{\partial y}\sin\theta\cos\theta \quad \cdots\cdots ⑤'$$

즉 ④′−⑤′는

$$\frac{\partial p}{\partial x} = \cos\theta\frac{\partial p}{\partial r} - \frac{\sin\theta}{r}\frac{\partial p}{\partial \theta} \quad \cdots\cdots ⑥$$

식 ⑥은 다음과 같이 하나의 미분식으로 나타낼 수 있다.

$$\frac{\partial}{\partial x} = \cos\theta\frac{\partial}{\partial r} - \frac{\sin\theta}{r}\frac{\partial}{\partial \theta} \quad \cdots\cdots ⑦$$

같은 방법으로 $\dfrac{\partial p}{\partial y}$를 구하기 위하여 ④ × $\sin\theta$ + ⑤ × $\dfrac{\cos\theta}{r}$를 계산하면

$$\sin\theta\frac{\partial p}{\partial r} = \frac{\partial p}{\partial x}\sin\theta\cos\theta + \frac{\partial p}{\partial y}\sin^2\theta \quad \cdots\cdots\cdots\cdots\cdots\ ④''$$

$$\frac{\cos\theta}{r}\frac{\partial p}{\partial\theta} = \frac{\partial p}{\partial x}(-\sin\theta\cos\theta) + \frac{\partial p}{\partial y}\cos^2\theta \quad \cdots\cdots\ ⑤''$$

즉 ④″ + ⑤″는

$$\frac{\partial p}{\partial y} = \sin\theta\frac{\partial p}{\partial r} + \frac{\cos\theta}{\partial r}\frac{\partial p}{\partial\theta} \quad \cdots\cdots\cdots\cdots\cdots\cdots\cdots\cdots\cdots\ ⑧$$

식 ⑦과 같은 형식으로 나타내면 다음과 같다.

$$\frac{\partial}{\partial y} = \sin\theta\frac{\partial}{\partial r} + \frac{\cos\theta}{r}\frac{\partial}{\partial\theta} \quad \cdots\cdots\cdots\cdots\cdots\cdots\cdots\cdots\cdots\ ⑨$$

이제까지 구한 식 ①, ②, ⑦, ⑨를 직각좌표에서 연속 방정식의 각 항에 대입하여 정리하면

$$\frac{\partial(\rho u)}{\partial x} = \cos^2\theta\frac{\partial(\rho v_r)}{\partial r} - \sin\theta\cos\theta\frac{\partial(\rho v_\theta)}{\partial r} + \frac{\sin^2\theta}{\partial r}(\rho v_r)$$
$$+ \frac{\sin^2\theta}{r}\frac{\partial(\rho v_\theta)}{\partial\theta} + \frac{\sin\theta\cos\theta}{r}(\rho v_\theta) \quad \cdots\cdots\cdots\ ⑩$$

$$\frac{\partial(\rho v)}{\partial y} = \sin^2\theta\frac{\partial(\rho v_r)}{\partial r} + \sin\theta\cos\theta\frac{\partial(\rho v_\theta)}{\partial r} + \frac{\cos^2\theta}{r}(\rho v_r)$$
$$+ \frac{\cos^2\theta}{r}\frac{\partial(\rho v_\theta)}{\partial\theta} - \frac{\sin\theta\cos\theta}{r}(\rho v_\theta) \quad \cdots\cdots\cdots\ ⑪$$

또 $v_z = w$, 즉 $\dfrac{\partial(\rho w)}{\partial z} = \dfrac{\partial(\rho v_z)}{\partial z}$이므로, 식 ⑩, ⑪과 함께

$$\frac{\partial(\rho u)}{\partial x} + \frac{\partial(\rho v)}{\partial y} + \frac{\partial(\rho w)}{\partial z} + \frac{\partial\rho}{\partial t} = \frac{1}{r}\frac{\partial(\rho r v_r)}{\partial r}$$
$$+ \frac{1}{r}\frac{\partial(\rho v_\theta)}{\partial\theta} + \frac{\partial(\rho v_z)}{\partial z} + \frac{\partial\rho}{\partial t} \quad \cdots\cdots\cdots\cdots\cdots\cdots\ ⑫$$

즉

$$\frac{1}{r}\frac{\partial(\rho r v_r)}{\partial r} + \frac{1}{r}\frac{\partial(\rho v_\theta)}{\partial\theta} + \frac{\partial(\rho v_z)}{\partial z} + \frac{\partial\rho}{\partial t} = 0 \quad \cdots\ ⑬$$

예제 4.12 비압축 3차원 선회유동에서 축방향의 속도는 $w = 2az$이고, 원주방향의 속도는 $v_\theta = \frac{A}{r}[1 - \exp(-ar)^2]$이다. 반지름 방향의 속도를 구하라.

풀이 원통좌표에서 3차원 비압축성 유체유동의 연속 방정식은

$$\frac{1}{r}\frac{\partial(rv_r)}{\partial r} + \frac{1}{r}\frac{\partial v_\theta}{\partial \theta} + \frac{\partial w}{\partial z} = 0$$

주어진 w와 v_θ의 식을 대입하여 정리하면

$$\frac{1}{r}\frac{\partial(rv_r)}{\partial r} = -2a$$

적분하면

$$v_r = -ar + C$$

$r = 0$일 때, $v_r = 0$이므로 $C = 0$

즉

$$v_r = -ar$$

4.8 Euler의 운동 방정식

그림 4·17과 같이 유체의 미소 입방체 $dx\,dy\,dz$가 x, y, z의 3차원 유동을 하고 있을 때, 유체의 단위질량에 작용하는 x, y, z의 각 방향에 대한 분력을 f_x, f_y, f_z라고 하면 질량력은 각각 $f_x \rho dx dy dz$, $f_y \rho dx dy dz$, $f_z \rho dx dy dz$가 된다. 그러므로 이 미소 입방체에 작용하는 힘은 압력에 의한 힘과 질량력에 의한 힘의 두 가지가 있으며, 유동하고 있는 유체에서는 운동하고 있는 각 방향에 대한 힘의 합의 차에 의해서 가속도가 발생한다. 이러한 유동 입방체의 운동 방정식은 뉴턴의 운동의 법칙에 의하여

x방향:

$$p\,dy\,dz + f_x \rho\,dx\,dy\,dz - \left(p + \frac{\partial p}{\partial x}dx\right)dy\,dz = \rho\,dx\,dy\,dz\,a_x$$

$$f_x - \frac{1}{\rho}\frac{\partial p}{\partial x} = a_x \qquad (4\cdot33)$$

같은 방법으로 y, z방향에 대해서도

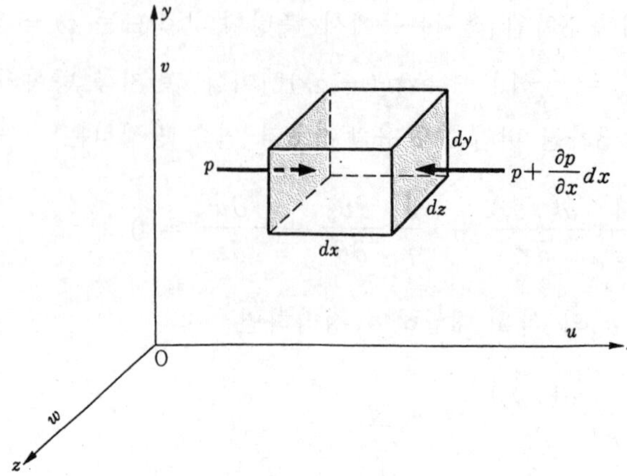

그림 4 · 17

$$f_y - \frac{1}{\rho}\frac{\partial p}{\partial y} = \alpha_y \qquad (4 \cdot 34)$$

$$f_z - \frac{1}{\rho}\frac{\partial p}{\partial z} = \alpha_z \qquad (4 \cdot 35)$$

가 된다.

여기서 α_x, α_y, α_z는 x, y, z방향으로 작용하는 각각의 가속도들이며, $\alpha_x = \frac{d^2x}{dt^2}$, $\alpha_y = \frac{d^2y}{dt^2}$, $\alpha_z = \frac{d^2z}{dt^2}$를 나타내는 값들이다.

Euler는 위의 세 방정식에 포함되어 있는 가속도들을 보다 더 자세히 풀어서 다음과 같이 나타내었다. 즉, 각 방향에 대한 속도성분들 u, v, w는 시간 t 및 x, y, z의 함수들이므로 전미분으로 나타내면

$$du = \frac{\partial u}{\partial x}dx + \frac{\partial u}{\partial y}dy + \frac{\partial u}{\partial z}dz + \frac{\partial u}{\partial t}dt$$

양변을 dt로 나누면 $\frac{dx}{dt} = u$, $\frac{dy}{dt} = v$, $\frac{dz}{dt} = w$이고, $\alpha_x = \frac{du}{dt}$이므로

$$\alpha_x = \frac{du}{dt} = u\frac{\partial u}{\partial x} + v\frac{\partial u}{\partial y} + w\frac{\partial u}{\partial z} + \frac{\partial u}{\partial t} \qquad (4 \cdot 36)$$

같은 방법으로 α_y, α_z에 대해서도

$$\alpha_y = \frac{dv}{dt} = u\frac{\partial v}{\partial x} + v\frac{\partial v}{\partial y} + w\frac{\partial v}{\partial z} + \frac{\partial v}{\partial t} \qquad (4 \cdot 37)$$

$$a_z = \frac{dw}{dt} = u\frac{\partial w}{\partial x} + v\frac{\partial w}{\partial y} + w\frac{\partial w}{\partial z} + \frac{\partial w}{\partial t} \qquad (4 \cdot 38)$$

그러므로 a_x, a_y, a_z를 식 (4 · 33)~(4 · 35)에 각각 대입하면

$$f_x - \frac{1}{\rho}\frac{\partial p}{\partial x} = u\frac{\partial u}{\partial x} + v\frac{\partial u}{\partial y} + w\frac{\partial u}{\partial z} + \frac{\partial u}{\partial t} \qquad (4 \cdot 39)$$

$$f_y - \frac{1}{\rho}\frac{\partial p}{\partial y} = u\frac{\partial v}{\partial x} + v\frac{\partial v}{\partial y} + w\frac{\partial v}{\partial z} + \frac{\partial v}{\partial t} \qquad (4 \cdot 40)$$

$$f_z - \frac{1}{\rho}\frac{\partial p}{\partial z} = u\frac{\partial w}{\partial x} + v\frac{\partial w}{\partial y} + w\frac{\partial w}{\partial z} + \frac{\partial w}{\partial t} \qquad (4 \cdot 41)$$

이 식을 Euler의 운동 방정식이라고 하며, 스위스의 수학자인 Leonhard Euler(1707~1783)가 1755년에 정립한 식이다.

예제 4.13 Euler의 운동 방정식을 벡터로 나타내라.

풀이 임의의 체적 V에 대하여 생각하면, 뉴턴의 운동 방정식에 의하여 다음과 같이 나타낼 수 있다.

$$\boldsymbol{F} = \int_V \rho \frac{D\mathbf{V}}{Dt} dV \cdots\cdots ①$$

여기서 우변은 질량력 $\mathbf{f}$에 의한 힘과 체적의 표면에 작용하는 힘의 합이다. 그러므로

$$\int_V \rho \frac{D\mathbf{V}}{Dt} dV = \int_V \rho \mathbf{f} dV - \int_S p\mathbf{n}ds \cdots\cdots ②$$

여기서 $\mathbf{n}$은 ds의 표면에 수직으로 작용하는 단위벡터이며, 가우스(Gauss)의 이론에 의하여 표면적분을 체적적분으로 변환할 수 있다.

$$\int_S p\mathbf{n}\, ds = \int_V \nabla p dV = \int_V \text{grad}\, p dV \cdots\cdots ③$$

그러므로 식 ②는

$$\int_V \left(\rho \frac{D\mathbf{V}}{Dt} - \rho\mathbf{f} + \text{grad}\, p\right) dV = 0 \cdots\cdots ④$$

따라서, 식 ④가 성립되기 위해서는 ( ) 안의 값이 0이 되어야 하므로

$$\left(\rho \frac{D\mathbf{V}}{Dt} - \rho \mathbf{f} + \text{grad}\, p\right) = 0$$

즉

$$\frac{D\mathbf{V}}{Dt} = -\frac{1}{\rho}\,\text{grad}\, p + \mathbf{f} \quad \cdots\cdots ⑤$$

다시 고쳐 쓰면

$$\frac{D\mathbf{V}}{Dt} = \frac{\partial \mathbf{V}}{\partial t} + (\mathbf{V}\cdot\nabla)\mathbf{V} = -\frac{1}{\rho}\nabla p + \mathbf{f} \quad \cdots\cdots ⑥$$

또한, 벡터의 연산은

$$\frac{1}{2}\nabla(\mathbf{V}\cdot\mathbf{V})\frac{1}{2}\nabla\mathbf{V}^2 = (\mathbf{V}\cdot\nabla)\mathbf{V} + \mathbf{V}\times\text{curl}\,\mathbf{V} \quad \cdots\cdots ⑦$$

이므로, 식 ⑥과 식 ⑦에서 $(\mathbf{V}\cdot\nabla)\mathbf{V}$를 소거하면 다음 식과 같다.

$$\frac{\partial \mathbf{V}}{\partial t} + \frac{1}{2}\nabla\mathbf{V}^2 + \frac{1}{\rho}\nabla p = \mathbf{f} + \mathbf{V}\times\text{curl}\,\mathbf{V} \quad \cdots\cdots ⑧$$

4.9 Bernoulli의 방정식

그림 4·18과 같이 임의의 관 내를 유동하는 유체의 에너지 총합에 대해서 생각해 보자. 기준면에서부터 유동중심까지의 높이가 z_1인 단면 (1)과 z_2인 단면 (2)에서 그 사이에 유동하는 유체의 전에너지는 손실이 없다고 가정했을 때, 단면 (1)의 전에너지와 면 (2)의 전에너지는 동일하여야 한다.

단면 A_1 및 A_2에 작용하는 전에너지는 운동 에너지, 위치 에너지, 압력 에너지의 합이다. 따라서, 전에너지를 E라 하면

$$E = \frac{1}{2}mv^2 + mgh + pAl \text{(여기서 } l\text{은 거리를 나타낸다)} \quad \cdots\cdots ①$$

또, 단면 (1), (2)에서의 단위시간 동안의 전에너지를 각각 E_1, E_2라고 하면

$$E_1 = \frac{1}{2}\rho A_1 v_1 v_1^2 + \rho A_1 v_1 g z_1 + p_1 A_1 v_1 \quad \cdots\cdots ②$$

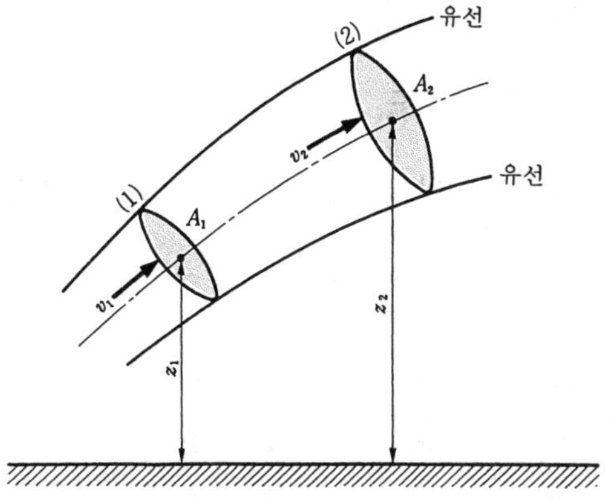

그림 4 · 18

$$E_2 = \frac{1}{2}\rho A_2 v_2 v_2^2 + \rho A_2 v_2 g z_2 + p_2 A_2 v_2 \quad \cdots\cdots\cdots\cdots\cdots\cdots \text{③}$$

결국, $E_1 = E_2$이므로 등치시켜 ρ로 제하면

$$\frac{1}{2}A_1 v_1 v_1^2 + gA_1 v_1 z_1 + \frac{p_1}{\rho}A_1 v_1 = \frac{1}{2}A_2 v_2 v_2^2 + gA_2 v_2 z_2 + \frac{p_2}{\rho}A_2 v_2 \quad \cdots\cdots\cdots\cdots\cdots\cdots \text{④}$$

연속이론에 의하여 $A_1 v_1 = A_2 v_2$이므로

$$\frac{1}{2}v_1^2 + gz_1 + \frac{p_1}{\rho} = \frac{1}{2}v_2^2 + gz_2 + \frac{p_2}{\rho} \qquad (4 \cdot 42)$$

따라서

$$\frac{v^2}{2g} + \frac{p}{r} + z = C \qquad (4 \cdot 42\,\text{a})$$

또는

$$\frac{v^2}{2} + \frac{p}{\rho} + gz = C \qquad (4 \cdot 42\,\text{b})$$

이 식을 Bernoulli 방정식이라고 하며, 스위스의 수학자 Daniel Bernoulli(1700~1782)가 1738년에 그의 저서에 처음으로 발표함으로써 널리 알려지게 되었다.

Bernoulli 방정식의 별해 ………

〔1〕 Euler 방정식으로부터 유도

질량력을 무시하고 비압축성 2차원 정상유동으로 가정하면, Euler 방정식은 다음과 같이 나타낼 수 있다.

$$u\frac{\partial u}{\partial x}+v\frac{\partial u}{\partial y}=-\frac{1}{\rho}\frac{\partial p}{\partial x} \quad \cdots\cdots\cdots ①$$

$$u\frac{\partial v}{\partial x}+v\frac{\partial v}{\partial y}=-\frac{1}{\rho}\frac{\partial p}{\partial y} \quad \cdots\cdots\cdots ②$$

식 ①, ②를 적분할 수 있도록 하기 위하여 ① × dx, ② × dy를 취하면

$$u\frac{\partial u}{\partial x}dx+v\frac{\partial u}{\partial y}dx=-\frac{1}{\rho}\frac{\partial p}{\partial x}dx \quad \cdots\cdots\cdots ①'$$

$$u\frac{\partial v}{\partial x}dy+v\frac{\partial v}{\partial y}dy=-\frac{1}{\rho}\frac{\partial p}{\partial y}dy \quad \cdots\cdots\cdots ②'$$

가 된다. 또, 유동함수의 식 (4 · 12)로부터 $v=u\dfrac{dy}{dx}$, $u=v\dfrac{dx}{dy}$를 얻을 수가 있으므로, 전자를 식 ①′에, 후자를 식 ②′에 대입하면

$$u\frac{\partial u}{\partial x}dx+u\frac{\partial u}{\partial y}dy=-\frac{1}{\rho}\frac{\partial p}{\partial x}dx \quad \cdots\cdots\cdots ①''$$

$$v\frac{\partial v}{\partial x}dy+v\frac{\partial v}{\partial y}dy=-\frac{1}{\rho}\frac{\partial p}{\partial y}dy \quad \cdots\cdots\cdots ②''$$

식 ①″와 식 ②″를 합하여 정리하면

$$\frac{1}{2}\frac{\partial}{\partial x}(u^2+v^2)dx+\frac{1}{2}\frac{\partial}{\partial y}(u^2+v^2)dy$$

$$=-\frac{1}{\rho}\left(\frac{\partial p}{\partial x}dx+\frac{\partial p}{\partial y}dy\right) \quad \cdots\cdots\cdots ③$$

따라서, 2차원 유동의 경우 실제 유동방향의 합성속도를 $\boldsymbol{V}$라고 하면 $\boldsymbol{V}^2=u^2+v^2$으로 표기되므로 식 ③은

$$\frac{\partial}{\partial x}\left(\frac{1}{2}\boldsymbol{V}^2\right)dx+\frac{\partial}{\partial y}\left(\frac{1}{2}\boldsymbol{V}^2\right)dy=-\frac{1}{\rho}\left(\frac{\partial p}{\partial x}dx+\frac{\partial p}{\partial y}dy\right) \cdots ④$$

이다. 결국, 식 ④의 좌변은 $\boldsymbol{V}^2=f(x,\ y)$로 된 함수의 전미분 형식이고, 우변은

$p = f(x, y)$로 된 함수의 전미분이다. 그러므로

$$d\left(\frac{1}{2}V^2 + \frac{p}{\rho}\right) = 0 \quad \cdots\cdots ⑤$$

$\rho = C$이므로 적분하면

$$\frac{V^2}{2} + \frac{p}{\rho} = C \quad \cdots\cdots ⑥$$

또는

$$\frac{V^2}{2g} + \frac{p}{r} = C \quad \cdots\cdots ⑥$$

이 식에서 위치 에너지의 항 z가 없는 것은 Euler 방정식에서는 위치를 고려하지 않기 때문이며, 이 식들은 그림 4·18에서 (1), (2)점이 기준면으로부터 동일한 높이에 있는 경우의 식이 된다.

〔2〕 Newton의 운동 방정식으로부터 유도

그림 4·19와 같이 수평 기준면으로부터 임의의 높이 z인 곳에 단면이 A인 미소 입방체 Ads를 생각해 보자.

유동방향에 대한 미소 입방체에 작용하는 전힘 F는 다음과 같다.

$$F = pA - \left(p + \frac{\partial p}{\partial s}ds\right)A - \rho gAds\cos\theta$$

$$= -\frac{\partial p}{\partial s}dsA - \rho gAds\cos\theta \quad \cdots\cdots ①$$

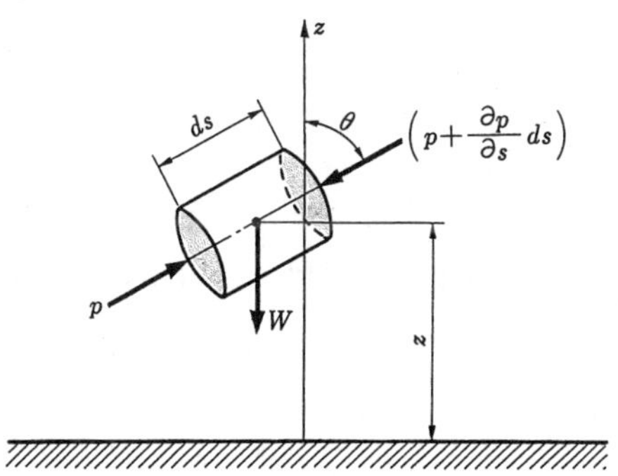

그림 4·19

엄밀히 계산하면, 미소 입방체의 상하단면의 크기는 차이가 있으나 매우 작은 입체이므로 동일하다고 간주할 수 있다. 유동방향의 속도를 v라 하면, 미소 중량에 발생하는 전힘은 m_α이므로

$$m_\alpha = \rho A\,ds\,\frac{dv}{dt} \quad \cdots\cdots\cdots\cdots ②$$

가 되며, 결국 ① = ②이어야 하므로

$$-\frac{\partial p}{\partial s}\,dsA - \rho gA\,ds\cos\theta = \rho A\,ds\frac{dv}{dt} \quad \cdots\cdots\cdots\cdots ③$$

$\cos\theta = \dfrac{dz}{ds}$이고, $\dfrac{\partial p}{\partial s} = \dfrac{dp}{ds}$로 놓을 수 있으므로 식 ③은 다음과 같다.

$$\frac{1}{\rho}\frac{dp}{ds} + \frac{dv}{dt} + g\frac{dz}{ds} = 0 \quad \cdots\cdots\cdots\cdots ④$$

여기서 $v = f(s,\ t)$이므로 $\dfrac{dv}{dt} = v\dfrac{\partial v}{\partial s} + \dfrac{\partial v}{\partial t}$에서 정상유동이고, $\dfrac{\partial v}{\partial t} = 0$이 되어 $\dfrac{dv}{dt} = v\dfrac{\partial v}{\partial s} = v\dfrac{dv}{ds}$가 된다. 그러므로 식 ④는

$$\frac{1}{\rho}\frac{dp}{ds} + v\frac{dv}{ds} + g\frac{dz}{ds} = 0 \quad \cdots\cdots\cdots\cdots ⑤$$

이 되고, 이를 적분하면

$$\frac{p}{\rho} + \frac{v^2}{2} + gz = C \quad \cdots\cdots\cdots\cdots ⑥$$

또는

$$\frac{v^2}{2g} + \frac{p}{r} + z = C \quad \cdots\cdots\cdots\cdots ⑥'$$

와 같은 Bernoulli 방정식이 유도된다.

예 제 4.14 수평으로 놓인 관을 이용하여 송수하는 데 있어 입구에서의 안지름이 20 cm이고 유속이 10 m/s로 유입되었다면, 안지름이 40 cm인 곳에서의 물은 얼마의 속도로 유출되겠는가? 또, 입구에서 압력이 2 kgf/cm^{2}가 작용하였다면, 안지름 40 cm인 곳에서 받는 압력은 얼마인가?

풀 이 연속 방정식으로부터 출구에서의 속도 v_2는

$$\frac{1}{4}\pi(0.2)^2 \times 10 = \frac{1}{4}\pi(0.4)^2 \times v^2$$

$$v_2 = 2.5\,\text{m/s}$$

또, 수평관이므로 Bernoulli 정리에 의하여 $z_1 = z_2$이고

$$\frac{v_1^2}{2g} + \frac{p_1}{\gamma} = \frac{v_2^2}{2g} + \frac{p_2}{\gamma}$$

즉

$$\frac{10^2}{2\times 9.8} + \frac{2\times 10^4}{1000} = \frac{2.5^2}{2\times 9.8} + \frac{p_2}{1000}$$

$$p_2 = 2.48\,\text{kgf/cm}^2$$

예 제 4.15 수조에서 부동 수직관에 의하여 물이 유출될 때 관로 중의 단면 A_1, A_2에서의 압력수두(壓力水頭)를 각각 계산하라. 단, 수조의 상수면적은 A_0, 단면 A_1, A_2 및 유출구의 단면적 A는 각각 $4\,\text{m}^2$, $0.04\,\text{m}^2$, $0.1\,\text{m}^2$이며, 상수면에서 A_1, A_2, A까지의 수직거리는 $H_1 = 1\,\text{m}$, $H_2 = 2\,\text{m}$, $H = 3\,\text{m}$이다. 그리고 유동은 정상유동으로 간주한다.

풀이 이 문제의 유동에서 에너지의 손실이 전혀 없는 것으로 간주하고, 단면 A_0와 A에 Bernoulli의 방정식을 적용하면

$$\frac{v_0^2}{2g} + \frac{p_0}{\gamma} + z_0 = \frac{v^2}{2g} + \frac{p}{\gamma} + z \quad \cdots\cdots ①$$

단, v_0, p_0, z_0는 단면 A_0에서의 속도, 압력, 위치의 수두(水頭)를 나타내고, v, p, z는 단면 A에서의 속도, 압력, 위치의 수두를 나타낸다. 그리고 A를 통과하는 수평면을 기준 수평면으로 취하면, $z_0 = H$, $z = 0$이며, A_0와 A의 면에는 대기압이 작용하여 $p_0 = p = p_a$로 되므로 식 ①은

$$\frac{v_0^2}{2g} + H = \frac{v^2}{2g} \quad \cdots\cdots ②$$

으로 된다.

여기에 유량을 Q로 하면 연속의 식에서 $v_0 = \dfrac{Q}{A_0}$인데 A_0는 A_1, A_2, A에 비하여 40배 또는 100배나 크므로 $\dfrac{v_0^2}{2g}$은 극소해서 무시할 수 있다. 그러므로

식 ②는

$$H = \frac{v^2}{2g}$$

이다. 따라서 평균속도 v는

$$v = \sqrt{2gH} = \sqrt{2 \times 9.8 \times 3} = 7.67 \text{ m/s}$$

로 되고, 유량 Q는

$$Q = Av = 0.03 \times 7.67 = 0.23 \text{ m}^3\text{/s}$$

이다. 이것으로 각 단면의 속도를 구하면

$$v_1 = \frac{Q}{A_1} = \frac{0.23}{0.04} = 5.75 \text{ m/s}$$

$$v_2 = \frac{Q}{A_2} = \frac{0.23}{0.1} = 2.3 \text{ m/s}$$

여기서 참고로 앞에서 무시한 $\frac{v_0^2}{2g}$을 구해 보면

$$v_0 = \frac{Q}{A_0} = \frac{0.23}{4} = 0.0575 \text{ m/s}$$

$$\frac{v_0^2}{2g} = \frac{0.0575^2}{2 \times 9.8} = 0.000169 \text{ m}$$

로 되어 무시할 수 있는 것을 알 수 있다.

다음에 A_0, A_1 단면에 대하여 Bernoulli의 식을 적용하면

$$\frac{v_0^2}{2g} + \frac{p_0}{\gamma} + z_0 = \frac{v_1^2}{2g} + \frac{p_1}{\gamma} + z_1$$

으로 되어 단면 A_1을 포함하는 수평면을 기준으로 하면 $z_0 = H_1$, $z_1 = 0$이고, 또 $\frac{v_0^2}{2g}$은 무시되므로 윗식은

$$\frac{p_0}{\gamma} + H_1 = \frac{v_1^2}{2g} + \frac{p_1}{\gamma} \quad \cdots\cdots \text{③}$$

으로 된다. $p_0 = p_a$(대기압)이므로 식 ③에 대입하면

$$\frac{p_1}{\gamma} - \frac{p_0}{\gamma} = H_1 - \frac{v_1^2}{2g} = 1 - \frac{5.75^2}{2 \times 9.8} = -0.69 \text{ m}$$

이것이 A_1 단면의 압력을 계기압력으로 표시한 것이며, 결국 대기압보다 낮다

는 것을 알 수 있다.

다음에 A_0, A_2 단면에 Bernoulli의 식을 적용하면

$$\frac{v_0^2}{2g} + \frac{p_0}{\gamma} + z_0 = \frac{v_2^2}{2g} + \frac{p_2}{\gamma} + z_2$$

로 되며, 단면 A_1의 경우와 같은 방식으로 A_2 단면의 계기압력을 구하면 다음과 같다.

$$\frac{p_2}{\gamma} - \frac{p_0}{\gamma} = H_2 - \frac{v_2^2}{2g} = 2 - \frac{2.3^2}{2 \times 9.8} = 1.73\ \mathrm{m}$$

즉, 대기압보다 높다.

예제 4.16 기준 수평면에서 임의의 높이에 원형관이 경사지게 설치되어 있다. 2 m 높이에서 관 안지름이 30 cm이고, 관이 점점 확대되어 8 m 높이에서 안지름이 40 cm가 된다고 할 때, 그 단면에서의 압력을 구하라. 단, 안지름이 30 cm의 단면에서는 147 kN/m^{2}의 압력이 작용한다고 한다. 관 내에서는 물이 유동되고 있으며, 유량은 400 l/s이고 마찰손실은 일체 없다고 가정한다.

풀이 Bernoulli의 정리를 적용하기 위하여 각 단면의 면적과 속도를 계산하면

$$A_1 = \frac{\pi}{4} d_1^2 = \frac{\pi}{4} \times 0.3^2 = 0.0707\ \mathrm{m}^2$$

$$A_2 = \frac{\pi}{4} d_2^2 = \frac{\pi}{4} \times 0.4^2 = 0.1256\ \mathrm{m}^2$$

따라서

$$v_1 = \frac{Q}{A_1} = \frac{0.4}{0.0707} = 5.66\ \mathrm{m/s}$$

$$v_2 = \frac{Q}{A_2} = \frac{0.4}{0.1256} = 3.18\ \mathrm{m/s}$$

또 $z_1 = 2\ \mathrm{m}$, $z_2 = 8\ \mathrm{m}$, $p_1 = 147,000\ \mathrm{N/m^2}$, $\rho = 998\ \mathrm{kg/m^3}$이므로, 식 (4·42 b)에 의하여

$$\frac{v_1^2}{2} + \frac{p_1}{\rho} + gz_1 = \frac{v_2^2}{2} + \frac{p_2}{\rho} + gz_2$$

$$p_2 = \rho\left\{\frac{v_1^2 - v_2^2}{2} + \frac{p_1}{\rho} + g(z_1 - z_2)\right\}$$

위의 값을 대입하면

$$p_2 = 998\left\{\frac{5.66^2 - 3.18^2}{2} + \frac{147,000}{998} + 9.8(2 - 8)\right\}$$

$$= 99.26\ \text{kN/m}^2 = 99.26\ \text{kPa}$$

예 제 4.17 그림 4·20과 같이 $d_1 = 30$ cm, $d_2 = 16$ cm인 직관을 수평면과 30° 기울어지게 5 m 설치하였다. 입구에서 유량이 3 m³/s로 유입될 때 출구에서는 물이 얼마의 속도로 분출되는가? 또, 출구에서 대기 중에 분출된다면 입구에서는 얼마의 압력으로 압송하여야 되는가? 단, 마찰손실이 없는 것으로 간주한다.

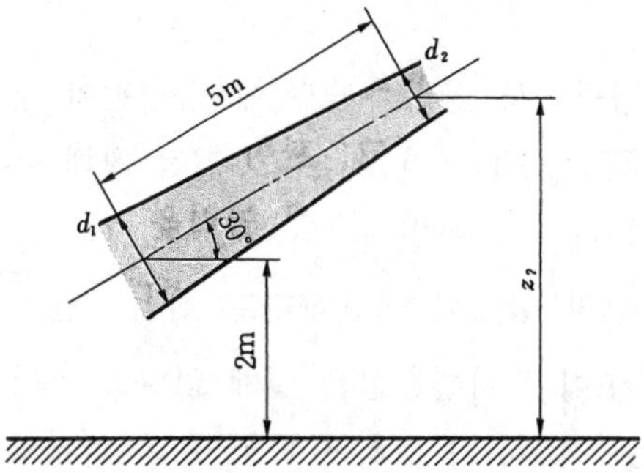

그림 4·20

풀 이 출구에서의 유속은 $Q = Av$에서

$$3 = \frac{1}{4}\pi(0.16)^2 v_2, \qquad v_2 = 149.28\ \text{m/s}$$

입구에서의 유입속도는

$$3 = \frac{1}{4}\pi(0.3)^2 v_1, \qquad v_1 = 42.46\ \text{m/s}$$

출구에서의 압력은 대기압이므로 $p_2 \fallingdotseq 1\ \text{kgf/cm}^2$이고, 출구까지의 높이 z_2는

$$z_2 = 2 + 5\sin 30° = 4.5\ \text{m}$$

그러므로 Bernoulli 방정식으로부터

$$\frac{(42.26)^2}{2 \times 9.8} + \frac{p_1}{1000} + 2 = \frac{(149.28)^2}{2 \times 9.8} + \frac{1 \times 10^4}{1000} + 4.5$$

$$p_1 = 105.83\ \text{kgf/cm}^2$$

예 제 4.18 공기가 압축되어 있는 탱크에 수평으로 관이 부착되어 공기가 분출되고 있다. 이 관의 지름은 $D=0.03$ m이고, 출구부분 노즐의 지름이 $d=0.01$ m이다. 탱크 내의 압력은 게이지 압력으로 $p_1 = 3.0$ kPa가 유지되고 있다면, 관 내의 압력과 분출되는 유량을 계산하라.

풀 이 관 내의 공기의 유동을 정상, 비점성, 비압축성 유동으로 가정하고, 탱크 내, 관 내, 노즐 출구의 각 위치를 (1), (2), (3)으로 정하여 Bernoulli 방정식을 적용하면

$$p_1 + \frac{1}{2}\rho v_1^2 + \gamma z_1 = p_2 + \frac{1}{2}\rho v_2^2 + \gamma z_2$$

$$= p_3 + \frac{1}{2}\rho v_3^2 + \gamma z_3$$

여기서 $z_1 = z_2 = z_3$, $p_3 = p_{\text{atm}} = 0$(게이지 압력), 큰 탱크로 가정할 경우 $v_1 \approx 0$이 되므로, 윗식은 다음과 같이 정리된다.

$$v_3 = \sqrt{\frac{2p_1}{\rho}}, \qquad p_2 = p_1 - \frac{1}{2}\rho v_2^2$$

탱크 내 압력은 절대압력으로 $p_1 = (3.0+101)$ kPa이고, $R=287\ \text{N}\cdot\text{m/kg}\cdot\text{K}$, $T_1 = 288$ K이므로 공기의 밀도는

$$\rho = \frac{p_1}{RT_1} = \frac{104,000}{287 \times 288} = 1.26\ \text{kg/m}^3$$

따라서

$$v_3 = \sqrt{\frac{2 \times 3000}{1.26}} = 69.0\ \text{m/s}$$

$$Q = A_3 v_3 = \frac{\pi}{4} d^2 v_3 = \frac{\pi}{4}(0.01)^2 \times 69 = 0.00542\ \text{m}^3/\text{s}$$

관 내의 압력을 계산하기 위하여, $A_2 v_2 = A_3 v_3$로부터

$$v_2 = A_3 \frac{v_3}{A_2} = \left(\frac{d}{D}\right)^2 v_3 = \left(\frac{0.01}{0.03}\right)^2 \times 69 = 7.67\ \text{m/s}$$

따라서 압력 p_2는

$$p_2 = 3000 - \frac{1}{2} \times 1.26 \times (7.67)^2 = 2963\ \mathrm{N/m^2}$$

예제 4.19 물이 그림 4·21과 같이 수축관을 통하여 유동되고 있다. 위치 (1)과 (2)를 연결하여 거꾸로 부착된 U자관에 비중이 $S < 1.0$인 액체를 넣어 두 위치의 압력차를 계측하였다. 액주의 눈금높이 차이 h를 계산하라.

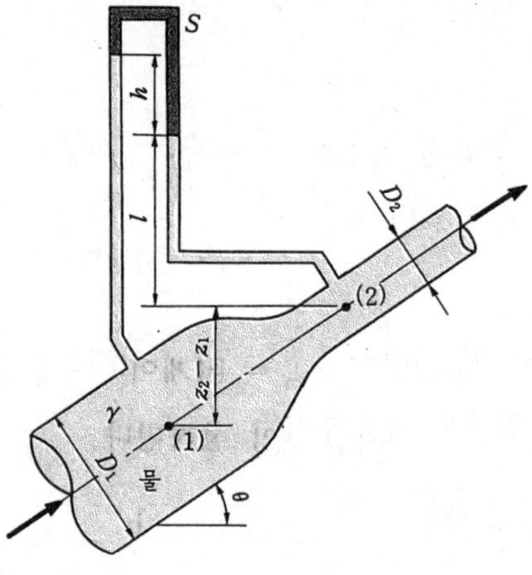

그림 4·21

풀이 수축관 내의 유동을 정상·비점성·비압축성 유동으로 가정하면 위 (1), (2)에 대한 Bernoulli 방정식은

$$p_1 + \frac{1}{2}\rho v_1^2 + \gamma z_1 = p_2 + \frac{1}{2}\rho v_2^2 + \gamma z_2$$

가 되며, 연속이론에 의하여 $Q = A_1 v_1 = A_2 v_2$이므로

$$p_1 - p_2 = \gamma(z_2 - z_1) + \frac{1}{2}\rho v_2^2\left[1 - \left(\frac{A_2}{A_1}\right)^2\right] \quad \cdots\cdots\cdots\cdots ①$$

으로 정리된다.

또, 그림에서 압력에 대한 평형 방정식을 세우면,

$$p_1 - \gamma(z_2 - z_1) - \gamma l - \gamma h = p_2 - \gamma l - S\gamma h$$

즉

$$p_1 - p_2 = \gamma(z_2 - z_1) + (1 - S)\gamma h \quad \cdots\cdots ②$$

식 ①과 식 ②를 함께 정리하면

$$(1 - S)\gamma h = \frac{1}{2}\rho v_2^2\left[1 - \left(\frac{A_2}{A_1}\right)^2\right]$$

또, $v_2 = \dfrac{Q}{A_2}$ 이므로 눈금높이 차이 h는 다음과 같이 계산된다.

$$h = \left(\frac{Q}{A_2}\right)^2 \frac{1-(A_2/A_1)^2}{2g(1 - S)}$$

예 제 4.20 그림 4 · 22에서와 같이 단면적이 $A = 2A_0$인 파이프에 속도계수 $C_v = 0.86$이고, 단면적이 A_0인 오리피스가 설치되어 있다. 이 파이프는 수면으로부터 120 m 깊이의 댐에 부착되어 있다. 물이 오리피스 부분을 흐르는 동안 다른 손실이 없다고 가정할 때, 파이프 출구에서 속도 V를 구하라.

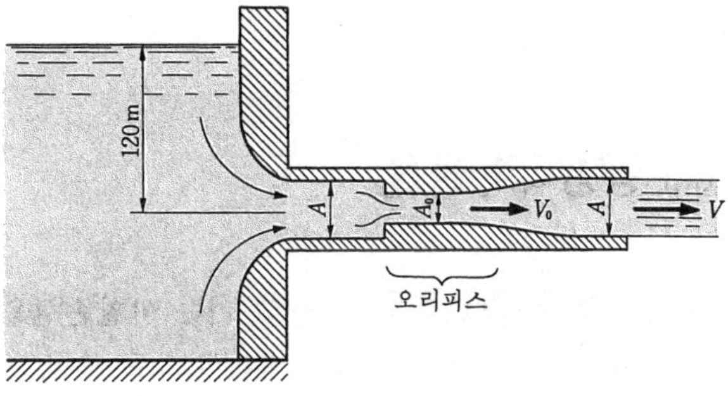

그림 4 · 22

풀 이 Bernoulli 방정식으로부터 속도 V_0를 구하면

$$\frac{V_1^2}{2g} + \frac{p_1}{\gamma} = \frac{V_0^2}{2g} + \frac{p_0}{\gamma}$$

$V_1 \ll V_0$이기 때문에 $V_1 \approx 0$, $\dfrac{p_1}{\gamma} = H$이므로

$$V_0 = C_v\sqrt{2g\left(H - \frac{p_0}{\gamma}\right)} \quad \cdots\cdots ①$$

오리피스 후부(後部)에서 압력을 구하기 위하여 오리피스의 출구와 관의 출구에 Bernoulli 방정식을 적용하면

$$\frac{p_0}{\gamma}+\frac{V_0^2}{2g}=\frac{p_2}{\gamma}+\frac{V^2}{2g}$$

$p_2=p_{\text{atm}}$이고, $A_0V_0=AV$이므로

$$\frac{p_o}{\gamma}=-\frac{V^2}{2g}\left\{\left(\frac{A}{A_0}\right)^2-1\right\} \quad \cdots\cdots ②$$

식 ①에 대입하면

$$V_0=\frac{A}{A_0}V=C_v\sqrt{2g\left\{H+\frac{V^2}{2g}\left(\frac{A^2}{A_0^2}-1\right)\right\}} \quad \cdots\cdots ③$$

그러므로 속도 V는

$$V=\left\{\frac{2gH}{1+A^2/A_0^2\left(\dfrac{1}{C_v^2}-1\right)}\right\}^{1/2}=\left\{\frac{2\times 9.8\times 120}{1+4[1/(0.86)^2-1]}\right\}^{1/2}$$

$$=31.25\text{ m/s}$$

4.10 Bernoulli 방정식의 응용

Bernoulli 방정식 (4 · 42)는 유체의 유동 중에 생기는 마찰손실을 고려하지 않은 에너지 보존이론에 의하여 유도된 식이다. 그러나 실제적으로 유동 중에는 점성의 영향에 의한 전단력의 발생, 접하는 고체면과의 마찰력의 발생, 유체입자들간의 충돌에 의한 에너지 손실, 관의 곡률과 조도 등 많은 요인들에 의하여 압력손실이 발생하므로, 이를 고려하지 않으면 안 된다. 유체역학의 연구가 고도로 발전한 현재에도 각 요인들에 대한 손실량들을 항목별로 정확히 계산해 낼 수 없기 때문에, 이를 통틀어 손실수두(head loss)라 하며, 이를 h_L로 하면 다음과 같은 식으로 나타낼 수 있다.

$$\frac{v^2}{2g}+\frac{p}{\gamma}+z+h_L=C \qquad (4\cdot 43)$$

그러나 본 절에서는 h_L을 고려하지 않고, 원래 Bernoulli의 식을 이용하여 유체유동에 대한 제반 측정공식들을 유도해 보기로 한다.

예제 4.21 그림 4·23에서와 같이 비중이 0.84인 기름이 관 내를 유동하고 있다. 점 (1), (2) 사이에 압력손실이 3.0 ft일 때, 점 (2)에서의 압력은 얼마인가?

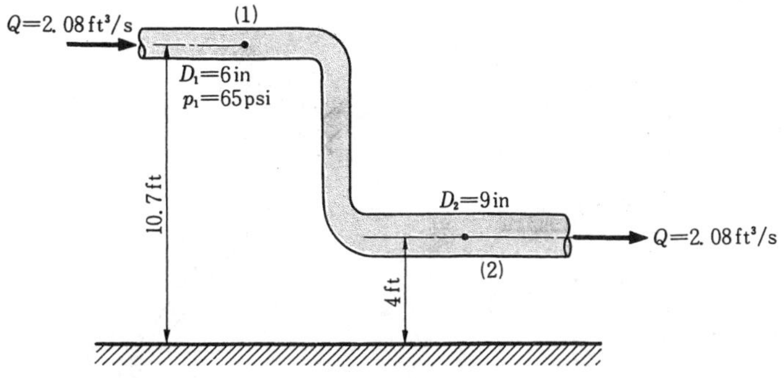

그림 4·23

풀이 $$\frac{p_1}{\gamma}+\frac{v_1^2}{2g}+z_1=\frac{p_2}{\gamma}+\frac{v_2^2}{2g}+z_2+h_L$$

$$\frac{p_1}{\gamma}=\frac{(65\ \text{lb/in}^2)(144\ \text{in}^2/\text{ft}^2)}{(0.84)(62.4\ \text{lb/ft}^3)}=178.57\ \text{ft}$$

$$v_1=\frac{Q}{A_1}=\frac{2.08}{\pi\times(0.25)^2}=10.6\ \text{ft/s}$$

$$\frac{v_1^2}{2g}=\frac{(10.6)^2}{2\times 32.2}=1.74\ \text{ft}$$

$$z_1=10.70\ \text{ft}$$

$$v_2=\frac{Q}{A_2}=\frac{2.08}{\pi\times(0.375)^2}=4.71\ \text{ft/s}$$

$$\frac{v_2^2}{2g}=\frac{(4.71)^2}{2\times 32.2}=0.34\ \text{ft}$$

$$z_2=4.0\ \text{ft},\qquad h_L=3.0\ \text{ft}$$

그러므로 윗식에 대입하면

$$178.57\ \text{ft}+1.74\ \text{ft}+10.70\ \text{ft}=\frac{p_2}{\gamma}+0.34\ \text{ft}+4.0\ \text{ft}+3.0\ \text{ft}$$

$$p_2=9627\ \text{lb/ft}^2=66.9\ \text{psi}$$

예제 4.22 그림 4·24에서와 같이 지름이 60 mm인 사이펀(siphon)에 의하여 비중이 0.82인 기름이 탱크로부터 유출되고 있다. 점 (1), (2) 사이의 압력손실 수두는 1.5 m이고, 점 (2)와 점 (3) 사이의 압력손실 수두는 2.4 m이다. 사이펀으로부터 유출되는 기름의 양과 점 (2)에서의 압력을 구하라.

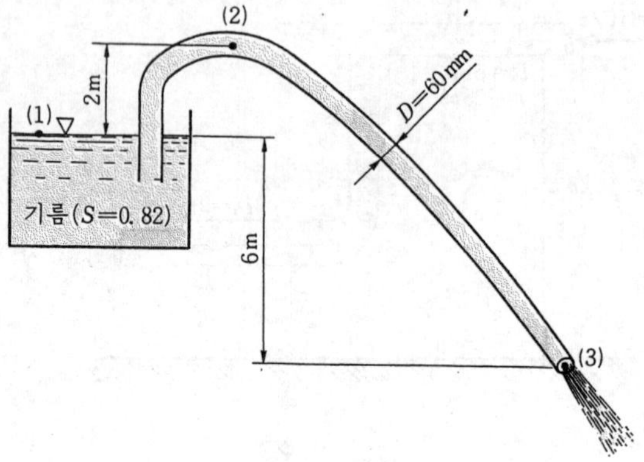

그림 4 · 24

풀이 점 (1), (3)에서의 에너지 방정식은

$$\frac{p_1}{\gamma_0} + \frac{v_1^2}{2g} + z_1 = \frac{p_3}{\gamma_0} + \frac{v_3^2}{2g} + z_3 + h_L$$

여기서 $p_1 = p_3 = p_{\text{atm}} = 0$, $v_1 \ll v_2$ 이기 때문에 $v_1 \approx 0$, $z_1 = 6\text{ m}$, $z_3 = 0$, $h_L = 1.5 + 2.4 = 3.9\text{ m}$이므로, 윗식에 대입하면

$$6 = \frac{v_3^2}{2 \times 9.8} + 3.9, \qquad v_3 = 6.42\text{ m/s}$$

$$Q = A_3 v_3 = \frac{\pi}{4} \times 0.6^2 \times 6.42 = 1.81\text{ m}^3\text{/s}$$

점 (1), (2)에서의 에너지의 방정식은

$$\frac{p_1}{\gamma} + \frac{v_1^2}{2g} + z_1 = \frac{p_2}{\gamma} + \frac{v_2^2}{2g} + z_2 + h_L$$

$v_2 = v_3 = 6.42\text{ m/s}$이고, 기름의 비중량은

$$\gamma_0 = \rho_w \times g \times 0.82 \fallingdotseq 1000 \times 9.8 \times 0.82 = 8036\text{ N/m}^3$$

$$0 = \frac{p_2}{8036} + \frac{(6.42)^2}{2 \times 9.8} + 2 + 1.5$$

$$p_2 = -41.15\text{ kN/m}^2 = -41.15\text{ kPa}$$

여기서 p_2의 값이 음(陰)이 되는 것은 사이펀 효과로 대기압보다 낮은 진공상

태임을 의미한다.

예 제 4.23 그림 4·25에서 제반손실을 무시하면 노즐로부터 분출되는 높이 H는 얼마나 되겠는가?

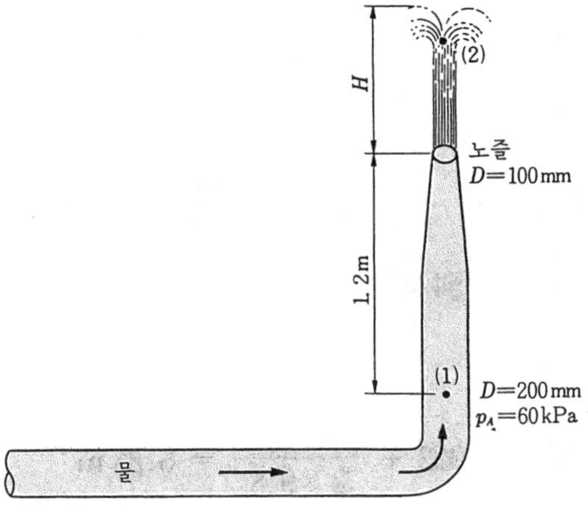

그림 4·25

풀 이 점 (1), (2)에서 에너지 방정식은

$$\frac{p_1}{\gamma} + \frac{v_1^2}{2g} + z_1 = \frac{p_2}{\gamma} + \frac{v_2^2}{2g} + z_2 + h_L$$

점 (1)을 기준 높이라 하면, $z_1 = 0$, $z_2 = 1.2\text{m} + H$, $p_2 = p_{\text{atm}} = 0$, $v_2 = 0$, $h_L = 0$이다.

따라서

$$\frac{60}{9.8} + \frac{v_1^2}{2g} = 1.2 + H$$

$$H = \frac{v_1^2}{2g} + 4.922\text{ m} \quad \cdots\cdots ①$$

노즐출구와 점 (1) 사이에서 에너지 방정식을 적용하면

$$p_n = p_{\text{atm}} = 0, \qquad z_n = 1.2\text{ m}, \qquad h_L = 0$$

$$A_1 = \frac{\pi}{4}(0.2)^2 = 0.03142\text{ m}^2$$

$$A_n = \frac{\pi}{4}(0.1)^2 = 0.00785\text{ m}^2$$

이므로

$$6.122\,\text{m} + \frac{v_1^2}{2g} = \frac{v_n^2}{2g} + 1.2\,\text{m} \quad \cdots\cdots\cdots\cdots ②$$

연속의 원리에 의하여

$$A_1 v_1 = A_n v_n, \qquad (0.2)^2 v_1 = (0.1)^2 v_n, \qquad v_n = 4.00\, v_1$$

식 ②에 대입하면

$$6.122 + \frac{v_1^2}{2 \times 9.8} = \frac{(4v_1)^2}{2 \times 9.8} + 1.2$$

$$v_1 = 2.54\,\text{m/s}$$

식 ①에 대입하면

$$H = 4.922 + \frac{(2.54)^2}{2 \times 9.8} = 5.25\,\text{m}$$

4.10.1 오리피스(Orifice)

그림 4 · 26과 같이 물과 담겨 있는 큰 수조(tank)를 생각해 보자. 수면으로부터 깊이가 h인 벽면에 미소의 구멍(orifice)이 뚫려서 물이 분출되고 있다. 이와 같이 대기 중에 분출되는 분류(噴流)를 자유분사(free jet)라고 한다.

오리피스는 유체와 접촉면적을 최소화하여 마찰손실을 줄이기 위해 입구 또는 출구부분을 날카롭게 가공하여 사용하고 있다. 이와 같은 오리피스를 칼날 오리피스(sharp-edged-orifice)라고 한다.

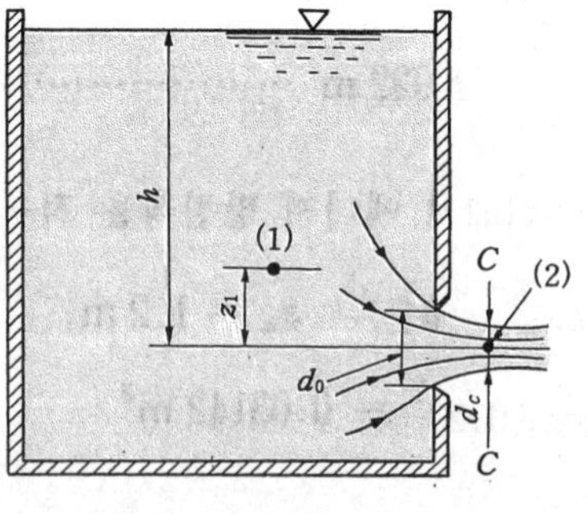

그림 4 · 26

물이 오리피스를 통해 분출될 때 분류의 단면은 오리피스의 단면 $A_0 = \frac{\pi}{4} d_0^2$에서 최소가 되어 그 크기가 A_0와 같아야 되나, 실제로 분류의 최소단면은 오리피스 단면 A_0를 지난 C-C 단면에서의 단면적 $A_c = \frac{\pi}{4} d_c^2$과 같은 수축된 분류의 최소단면이 된다. 이와 같은 현상을 수축현상(vena contracta)이라고 한다. 분류의 속도를 구하기 위하여 점 (1), (2)에서의 속도와 압력을 각각 v_1, p_1, v_2, p_2라 하면 Bernoulli 방정식은

$$\frac{v_1^2}{2g} + \frac{p_1}{\gamma} + z_1 = \frac{v_2^2}{2g} + \frac{p_2}{\gamma}$$

그런데 $p_2 = p_{\text{atm}} = 0$이고 v_1은 수조 내에서 유체가 하강하는 속도이므로 v_2에 비하여 무한히 작은 값으로 $v_1 \approx 0$이 된다.

또, $p_1 = \gamma(h - z_1)$이므로 윗식에 대입하여 풀면

$$h = \frac{v_2^2}{2g}$$

즉

$$v_2 = \sqrt{2gh} \tag{4 · 44}$$

여기서 v_2는 오리피스에서 분출되는 유체의 속도이다. 이 식은 이탈리아의 물리학자 Torricelli(1608~1647)가 처음으로 유도한 식으로서 Torricelli식이라고 한다.

식 (4 · 44)는 제반 손실을 고려하지 않은 Bernoulli 방정식으로부터 유도된 이론식이므로 실제 유속은 이 값보다 작은 값이 된다. 그러므로 이 계산값을 보정하기 위하여 계수(coefficient)를 고려해야 한다. 식 (4 · 44)에서 실제유속을 v_{act}라 하면

$$v_{\text{act}} = C_v \sqrt{2gh} \tag{4 · 45}$$

여기서 C_v를 속도계수(coefficient of velocity)라 하고, 이론적인 속도를 v_{id}라 하면 $C_v = \frac{v_{\text{act}}}{v_{id}}$이다. 나아가서 '수축현상'의 영향에 의하여 수축계수(coefficient of contraction) C_c를 고려하면, $C_c = \frac{A_c}{A_0} = \left(\frac{d_c}{d_0}\right)^2$으로 나타낼 수 있다. 그림 4 · 27은 분류의 분출구의 형상에 따라 수축계수가 변하고 있음을 보여 주고 있다. 또한 속도계수와 수축계수에 의하여 유량계수(coefficient of discharge) C_d는 다음과 같이 구할 수 있다.

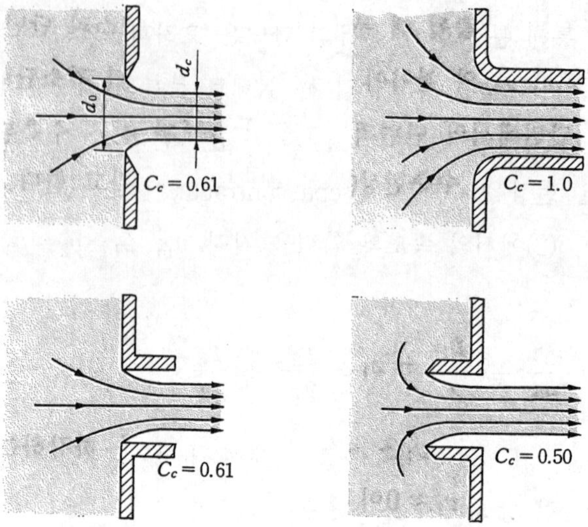

그림 4 · 27

$$C_d = \frac{\text{실제유량}}{\text{이론유량}} = \frac{A_c \times v_{act}}{A_0 \times v_{id}} = C_c \times C_v$$

4.10.2 잠수 오리피스(Submerged orifice)

잠수 오리피스는 수고(水高)가 다른 두 곳의 저수지나 탱크에서 가로막힌 벽의 밑부분의 작은 구멍을 통한 압력차에 의하여 수고가 높은 곳에서 낮은 곳으로 물이 흘러나가는 경우이다.

그러므로 이 경우 오리피스를 통과하는 유속을 구하기 위하여 점 (1), (2)에서의 압력과 속도를 p_1, v_1, p_2, v_2라 하면, Bernoulli 방정식에 의하여,

$$\frac{v_1^2}{2g} + \frac{p_1}{\gamma} + z_1 = \frac{v_2^2}{2g} + \frac{p_2}{\gamma} + z_2$$

에서 $z_1 = 0$, $v_1 \ll v_2$이므로 $v_1 \approx 0$, 또 $p_1 = \gamma(h_1 - z_1)$, $p_2 = \gamma h_2$가 되어

$$v_2 = \sqrt{2g(h_1 - h_2)} = \sqrt{2gH} \qquad (4 \cdot 46)$$

결국, 분출속도는 양 수면의 높이차 H에 좌우된다.

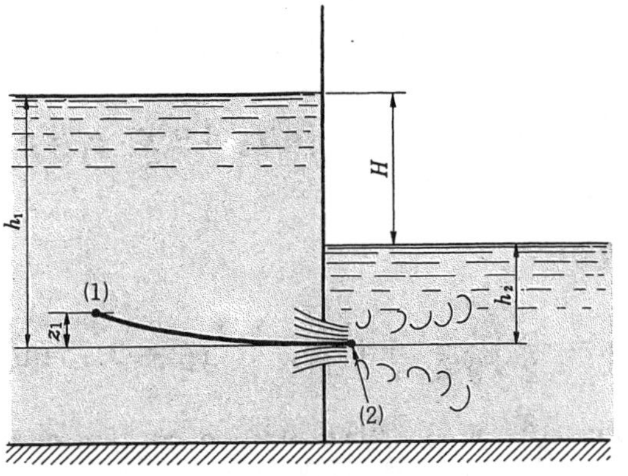

그림 4 · 28

예 제 4.24 물이 담긴 탱크의 밑바닥 옆면에 5 ϕ의 구멍이 뚫렸다. 탱크는 오리피스의 단면에 비하여 무한히 크다. 오리피스 중심으로부터 물이 몇 미터 높이로 탱크에 담겨 있을 때 10 m/s로 물이 분출되겠는가? 단, 속도계수는 $C_v = 0.9$이다.

풀이 $v = C_v \sqrt{2gh}$ 에서

$$h = \frac{v_2}{C_v^2 \times 2g} = \frac{10^2}{0.9^2 \times 2 \times 9.8} = 6.3\,\mathrm{m}$$

예 제 4.25 그림 4 · 29와 같이 물이 수조에 연결된 파이프를 통해 분출하고 있다. 수면과 파이프의 출구 사이에 총압력 손실수두가 15 cm이다. 이때 분출속도와 유량을 구하라.

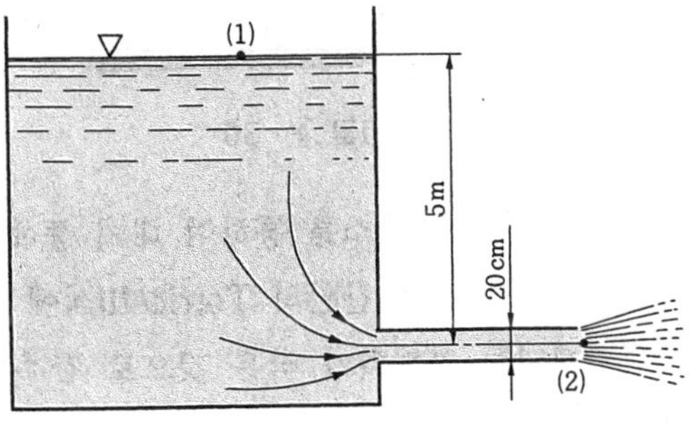

그림 4 · 29

풀이 점 (1), (2) 위치에서 에너지 방정식은

$$\frac{p_1}{\gamma} + \frac{{v_1}^2}{2g} + z_1 = \frac{p_2}{\gamma} + \frac{{v_2}^2}{2g} + z_2 + h_L$$

여기서 $p_1 = p_2 = p_{\text{atm}} = 0$, $v_1 \ll v_2$이므로 $v_1 \approx 0$, $z_1 = 5\,\text{m}$, $z_2 = 0$, $h_L = 15\,\text{cm}$이다.

윗식에 대입하면

$$5 = \frac{{v_2}^2}{2 \times 9.8} + 0.15, \qquad v_2 = 9.75\,\text{m/s}$$

$$Q = \frac{\pi}{4}d^2 v \fallingdotseq \frac{\pi}{4}(0.2)^2 \times 9.75 = 0.306\,\text{m}^3/\text{s}$$

예 제 4.26 잠수 오리피스의 중심으로부터 한쪽은 15 m, 다른 한쪽은 9 m의 물이 채워져 있다. 높은 곳에서 낮은 곳으로 분출되는 물의 유속을 구하라. 단, 이때 잠수 오리피스의 속도계수는 무시한다.

풀 이 $v = \sqrt{2gh} = \sqrt{2 \times 9.8(15 - 9)} = 10.84\,\text{m/s}$

예 제 4.27 그림 4·30과 같이 용기 내의 압력과 밖의 대기압 차에 의하여 기체가 분출될 때 분출속도는 v는 어떻게 구할 수 있는가?

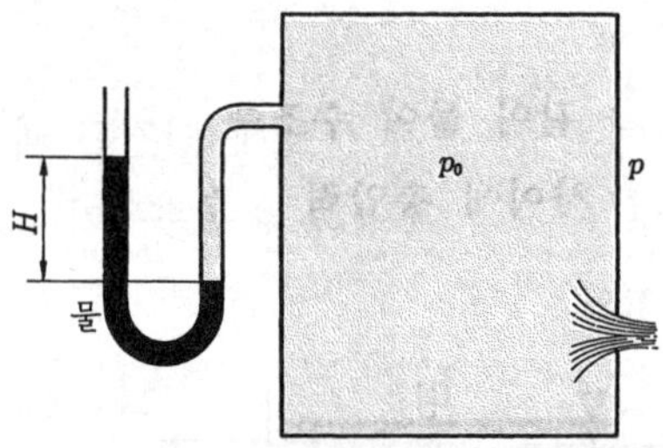

그림 4 · 30

풀 이 기체가 압력차에 의해서 오리피스를 통하여 대기 중에 분출되므로 압력차가 큰 경우, 기체는 압축성 유체이므로 간단히 Torricelli식에 의하여 유속을 구할 수가 없다. 그러므로 여기에서는 압력차가 작은 것으로 간주하여 계산하기로 한다.

그림에서 수주(水柱)는

$$H = \frac{p_0 - p}{\gamma} \quad \cdots\cdots\cdots\cdots\cdots\cdots \text{①}$$

기체의 비중량을 γ', 물의 비중량을 γ라고 하고 수주 H를 기주(氣柱) H'로

환산하면

$$H' = \frac{\gamma}{\gamma'} H = \frac{\gamma}{\gamma'} \frac{p_0 - p}{\gamma} = \frac{p_0 - p}{\gamma'} \quad \cdots\cdots ②$$

그러므로

$$v = C_v \sqrt{2gH'} = C_v \sqrt{\frac{g}{\gamma'}(p_0 - p)} \quad \cdots\cdots ③$$

여기서 $p = p_{atm}$이므로 $p_0 - p = p_g$는 기체압력을 계기압력으로 표시한 것이다.

$$v = C_v \sqrt{2g \frac{p_g}{\gamma'}} \quad \cdots\cdots ④$$

4.10.3 오리피스에 의한 유량계산

유량은 간단하게 단면적 A와 유속 v의 적(積)으로써 계산한다.

$$Q = Av \qquad (4 \cdot 47)$$

그러나 이는 공학적인 계산으로 균일분포 유동 또는 평균속도인 경우이다. 그림 4 · 31과 같이 수축현상이 일어나는 오리피스 유동에서 유량 계산식을 유도해 보자. 미소 단면적 $dh \times b_c$에 흐르는 유량 dQ는

$$dQ = C_v \sqrt{2gh}\, b_c\, dh$$

그러므로 전유량은

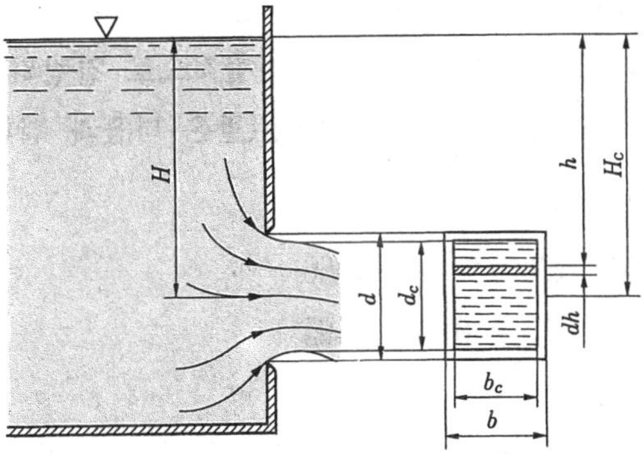

그림 4 · 31

$$Q = C_v b_c \sqrt{2g} \int_{H_C - \frac{dc}{2}}^{H_C + \frac{dc}{2}} h^{\frac{1}{2}} dh$$

그러므로

$$Q = \frac{2}{3} C_v b_c \sqrt{2g} \left\{ \left(H_c + \frac{d_c}{2} \right)^{\frac{3}{2}} - \left(H_c - \frac{d_c}{2} \right)^{\frac{3}{2}} \right\} \quad (4 \cdot 48)$$

실제로 식 (4 · 48)에 나타낸 H_c, b_c, d_c의 값을 측정할 수가 없다. 그러므로 알 수 있는 값 H, b, d로 대치하여 주고, H_c, b_c, d_c는 수축부에서의 값들이므로 수축계수 C_c와 함께 식 (4 · 48)을 다음과 같이 바꿔 쓸 수 있다.

$$\begin{aligned} Q &= \frac{2}{3} C_c C_v b \sqrt{2g} \left\{ \left(H + \frac{d}{2} \right)^{\frac{3}{2}} - \left(H - \frac{d}{2} \right)^{\frac{3}{2}} \right\} \\ &= \frac{2}{3} C_d b \sqrt{2g} \left\{ \left(H + \frac{d}{2} \right)^{\frac{3}{2}} - \left(H - \frac{d}{2} \right)^{\frac{3}{2}} \right\} \end{aligned} \quad (4 \cdot 49)$$

여기서 $H \gg d$이고 수축단면에서의 속도분포는 $\sqrt{2gH}$로 계산할 수 있으므로, 실제적으로는 아래와 같이 간단한 식을 사용한다.

$$Q = C_d b d \sqrt{2gH} \quad (4 \cdot 50)$$

여기서 bd는 오리피스의 단면적을 나타내므로 단면이 어떤 형상이든 단면적을 A라 하면 유량 Q는

$$Q = C_d A \sqrt{2gH} \quad (4 \cdot 50\,\mathrm{a})$$

간소화한 식 (4 · 50 a)에 의한 계산결과와 식 (4 · 49)에 의한 계산결과는 1% 이하의 오차범위에 있으므로 실제로는 식 (4 · 50 a)를 사용한다.

이상의 식들에서 오리피스의 계수들은 모두 실험적으로 결정되어야 하며, 원형 칼날 오리피스에서 자유분사의 경우, 밝혀진 실험값들은 다음과 같다.

속도계수 $C_v = 0.97 \sim 0.99$
수축계수 $C_c = 0.61 \sim 0.66$
유량계수 $C_d = 0.60 \sim 0.65$

예 제 4.28 물이 들어 있는 탱크에 수면으로부터 30 m 깊이에 지름 5 cm의 오리피스가 있다. 대기 중 분출되는 유량은 몇 $\mathrm{m^3/min}$인가? 단, 탱크의 수명은 항

상 일정하며, 오리피스의 속도계수는 0.95이고 수축계수는 0.60이다.

풀이 $Q = C_d A\sqrt{2gH} = C_v C_c A\sqrt{2gH}$

$$= 0.95 \times 0.60 \times \frac{\pi}{4}(0.05)^2\sqrt{2 \times 9.8 \times 30}$$

$$= 0.027\ \mathrm{m^3/s} = 1.63\ \mathrm{m^3/min}$$

예제 4.29 밑면이 80 cm × 120 cm이고, 높이가 2 m 되는 수조의 밑면으로부터 10 cm 높이 옆면에 지름 16 mm의 구멍이 뚫렸다. 이 구멍으로부터 물이 2 m/s의 속도로 분출되고 있다. 이 순간 수면의 높이는 밑면으로부터 얼마가 되며, 유출량은 얼마인가? 단, 속도계수는 0.97, 유량계수는 0.64이다.

풀이 $v_{act} = 2\ \mathrm{m/s}$, $C_v = 0.97$이므로, $v_{\mathrm{act}} = C_v\sqrt{2gh}$ 에서

$$2 = 0.97\sqrt{2 \times 9.8 \times h}, \qquad h = 0.217\ \mathrm{m}$$

그러므로 밑면으로부터 수면까지의 높이는

$$H = h + 0.1 = 0.317\ \mathrm{m}$$

유량은

$$Q = C_d A\sqrt{2gh} = 0.64 \times \frac{\pi}{4} \times (0.016)^2\sqrt{2 \times 9.8 \times 0.217}$$
$$= 0.00027\ \mathrm{m^3/s}$$

예제 4.30 안지름이 1.2 m인 수조에서 오리피스를 통하여 지름이 10 cm인 분류가 분출되고 있다. 수면이 2 m 높이에서 50 cm 높이까지 하강하는 데 걸리는 시간을 구하라.

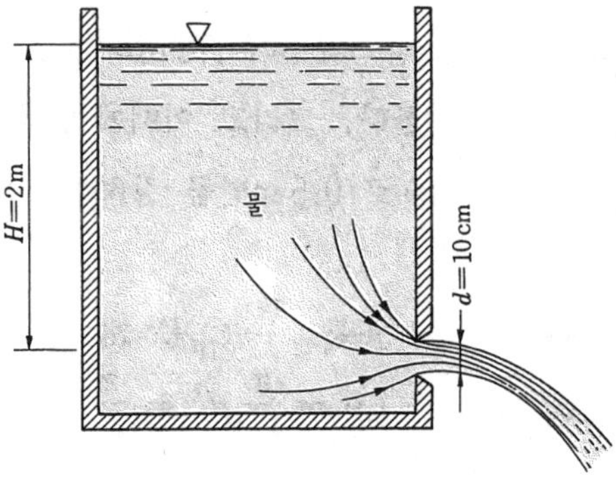

그림 4 · 32

풀이 수조의 단면적을 A_T, 수두를 H, 분류의 수축부 단면적을 A_1, A_1에서의 분류 속도를 V_1이라 하면 연속이론에 의하여

$$A_1 V_1 = -A_T \frac{dh}{dt}, \qquad \sqrt{2gh} A_1 = -A_T \frac{dh}{dt}$$

변형하면

$$dt = -\frac{A_T}{\sqrt{2g} A_1} h^{-\frac{1}{2}} dh$$

적분하면

$$t = -\frac{2A_T}{\sqrt{2g} A_1} h^{\frac{1}{2}} + C$$

시간 $t = 0$일 때 $h = H$이므로

$$C = \frac{2A_T}{\sqrt{2g} A_1} H^{\frac{1}{2}}$$

그러므로

$$t = \frac{2A_T}{\sqrt{2g} A_1} (H^{\frac{1}{2}} - h^{\frac{1}{2}})$$

여기에 $H = 2\,\text{m}$, $h = 0.5\,\text{m}$, $A_T = \frac{\pi}{4}(1.2)^2 = 1.130\,\text{m}^2$, $A_1 = \frac{\pi}{4}(0.1)^2 = 0.00785\,\text{m}^2$를 대입하면

$$t = \frac{2 \times 1.130}{\sqrt{2 \times 9.8} \times 0.00785}(1.414 - 0.707) = 46.0\,\text{s}$$

예 제 4.31 지름 3 cm의 오리피스로부터 1.2 m의 수두에서 물이 분출하여 100초 동안에 207 l가 유출되었다고 한다. 그리고 이때에 분류가 오리피스 출구에서 수평으로 1.5 m 나갔을 때 수직으로 0.5 m만큼 강하했다면 수축계수 C_c, 속도계수 C_v는 얼마인가?

풀이 오리피스 유량공식으로부터 유량계수 C_d를 계산할 수 있다.

여기서 $Q = 0.00207\,\text{m}^3/\text{s}$, $A = \frac{\pi}{4} d^2 = \frac{\pi}{4} \times (0.03)^2 = 0.0007065\,\text{m}^2$ 이므로

$$C_d = \frac{Q}{A\sqrt{2gH}} = \frac{0.00207}{0.0007065 \times \sqrt{2 \times 9.8 \times 1.2}} = 0.604$$

그리고 C_v를 구하기 위하여 다음과 같이 생각한다. 먼저 오리피스로부터의 이론적인 분출속도 v_{id}는

$$v_{id} = \sqrt{2gh} = \sqrt{2 \times 9.8 \times 1.2} \fallingdotseq 4.85\,\text{m/s}$$

실제의 분출속도 v_{act}로 수평방향으로 x m 진행하는 데 필요한 시간 t는

$$t = \frac{x}{v_{\text{act}}} \quad \cdots\cdots ①$$

그리고 t초 동안에 지구의 인력방향으로 움직인 거리 y는

$$y = \frac{1}{2} g t^2 \quad \cdots\cdots ②$$

식 ①, ②에서 t를 소거하면

$$y = \frac{1}{2} g \frac{x^2}{v_{\text{act}}^2}$$

여기에서 실제의 분출속도 v_{act}는

$$v_{\text{act}} = \sqrt{\frac{x^2 g}{2y}} = \sqrt{\frac{1.5^2 \times 9.8}{2 \times 0.5}} = 4.70\,\text{m/s}$$

따라서, 속도계수와 수축계수는

$$C_v = \frac{v_{act}}{v_{id}} = \frac{4.70}{4.85} = 0.969$$

$$C_c = \frac{C_d}{C_v} = \frac{0.6038}{0.969} = 0.623$$

4.10.4 오리피스에 의한 관내유량 계산

그림 4·33은 관로유동에서 유량을 측정하기 위하여 관 내부에 유동방향에 수직으로 오리피스를 설치한 경우이다.

점 (1), (2)에서 Bernoulli 방정식을 적용하면

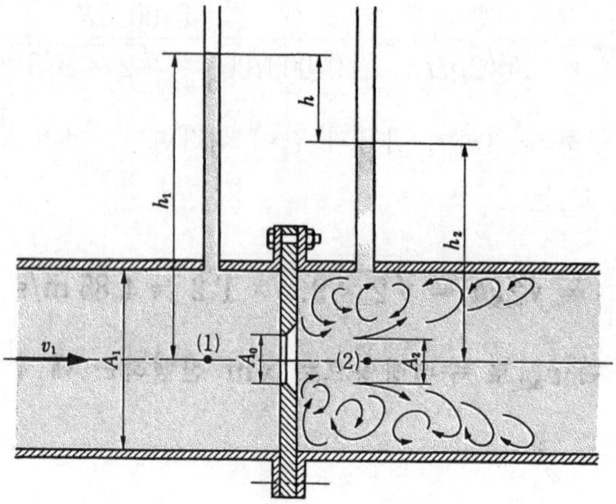

그림 4 · 33

$$\frac{v_1^2}{2g}+\frac{p_1}{\gamma}=\frac{v_2^2}{2g}+\frac{p_2}{\gamma}$$

$\dfrac{p_1}{\gamma}-\dfrac{p_2}{\gamma}=h_1-h_2=h$이므로

$$v_2=C_v\sqrt{2g\left(h+\frac{v_1^2}{2g}\right)} \tag{4·51}$$

또, 연속이론에 의하여 $v_1=v_2\left(\dfrac{A_2}{A_1}\right)$이고, 수축계수 $C_c=\dfrac{A_2}{A_0}$에서 $A_2=C_cA_0$ 이므로

$$v_2=C_v\left\{\frac{2gh}{1-C_v^2(A_0/A_1)^2}\right\}^{\frac{1}{2}} \tag{4·52}$$

또, $C_d=C_c\times C_v$이므로 유량 Q는

$$Q=A_2v_2=C_cA_0v_2$$

$$=C_dA_0\sqrt{\frac{2gh}{1-C_d^2(A_0/A_1)^2}} \tag{4·53}$$

대개의 경우 오리피스의 지름은 관지름의 5분의 1보다 작은 값을 사용하며, 관 오리피스의 유량계수 C_d는 큰 수조의 오리피스의 경우보다 큰 값을 갖는다. 실제적으로는 식 (4 · 53)에서 유량계수 C_d 대신에 임의의 계수 C를 도입한 다음과 같은 식이 사용된다.

$$Q = CA_0\sqrt{\frac{2gh}{1-(A_0/A_1)^2}} \qquad (4 \cdot 54)$$

여기서 C를 유동계수(flow coefficient)라고 말하며 다음과 같이 계산된다.

$$C = C_d\left\{\frac{1-(A_0/A_1)^2}{1-C_d^2(A_0/A_1)^2}\right\}^{\frac{1}{2}}$$

예 제 4.32 그림 4 · 34와 같이 관의 안지름이 8 cm이고 관로에 설치된 오리피스의 지름이 2 cm이다. U자관에 수은을 넣어 압력을 측정한 결과, 수은주가 4 cm 높이차이가 났다. 이때의 유량을 구하라. 단, 오리피스 계수는 0.66이다.

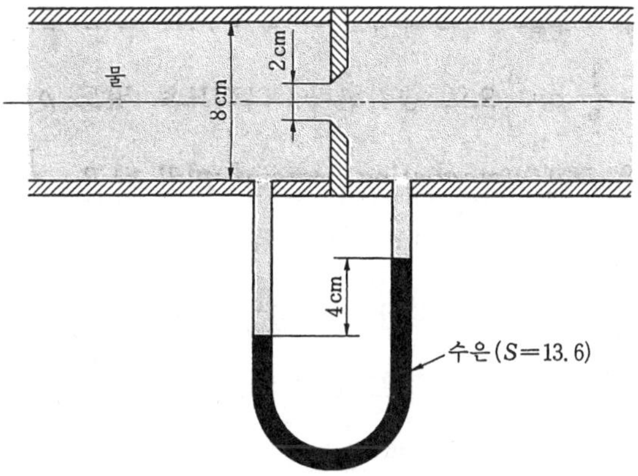

그림 4 · 34

풀 이 $Q = CA_0\sqrt{\frac{2gh}{1-(A_0/A_1)^2}}$ 로부터

$$A_0 = \frac{\pi}{4}(0.02)^2 = 0.000314 \text{ m}^2$$

$$A_1 = \frac{\pi}{4}(0.08)^2 = 0.005024 \text{ m}^2$$

관 내에서 유동하는 물의 압력수두는 수은주이므로

$$\sqrt{2gh} = \sqrt{2gh\frac{h(\gamma_m-\gamma_w)}{\gamma_w}} = \sqrt{2\times 9.8\frac{0.04(13,600-1000)}{1000}}$$

$$= \sqrt{9.8784}$$

그러므로

$$Q = 0.66 \times (0.000314) \frac{\sqrt{9.8784}}{\sqrt{1-(0.000314)^2/(0.005024)^2}}$$
$$= 0.00065\ \mathrm{m^3/s}$$

4.10.5 Pitot관(Pitot-tube)

그림 4 · 35에서 보는 바와 같이 속도 v로 유동하고 있는 유체는 점 X에 도달하면 중앙유선의 속도는 좌우 어느 쪽으로도 진로를 바꾸지 못하여 결국 0이 된다. 이 점을 정체점(stagnation point)이라고 한다. 이 현상을 고려하여 Bernoulli 방정식을 분석해 보면, $\frac{1}{2}\rho v^2 + p + \rho gz = C$에서 속도 v가 어느 특정 점에서 0이 될 때, 그 점에서의 압력은 $\left(p + \frac{1}{2}\rho v^2\right)$으로 증가한다. 그러므로 밀도 ρ가 일정한 유체유동에서는 $\left(p + \frac{1}{2}\rho v^2\right)$을 정체압(stagnation pressure)이라 하고, $\frac{1}{2}\rho v^2$을 동압(dynamic pressure)이라고 한다.

마노미터를 점 X에 설치하여 정체압을 측정하였다면, 정압(靜壓) p를 알 경우에는 $\left(p + \frac{1}{2}\rho v^2\right)$에서 p를 빼줌으로써 속도 v를 구할 수가 있다.

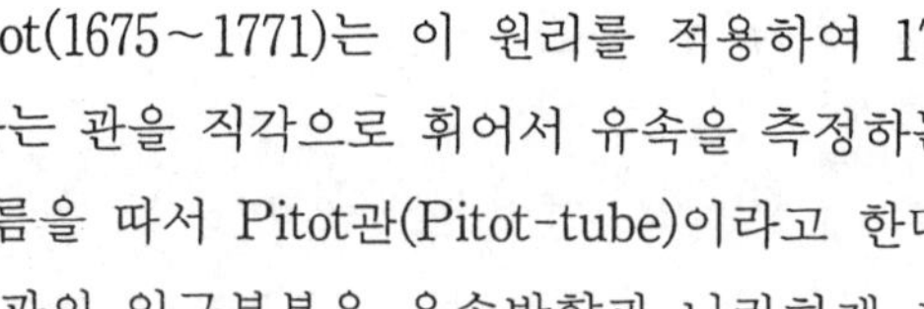

그림 4 · 35

프랑스인 Henri Pitot(1675~1771)는 이 원리를 적용하여 1732년에 파리 센강에서 그림 4 · 36과 같이 가는 관을 직각으로 휘어서 유속을 측정하는 데 성공하였다. 그리하여 이 관을 그의 이름을 따서 Pitot관(Pitot-tube)이라고 한다.

흐르는 강물에 피토관의 입구부분을 유속방향과 나란하게 그림 4 · 36과 같이 설치하였을 때 점 (1), (2)에서 Bernoulli 방정식을 적용해 보자. 우선 점 (2)는 유속이 0이 되는 정체점이며, 피토관에 나타나는 수주(h_2)는 전체 압력, 즉 정체압 $p + \frac{1}{2}\rho v^2$을 나타낸다.

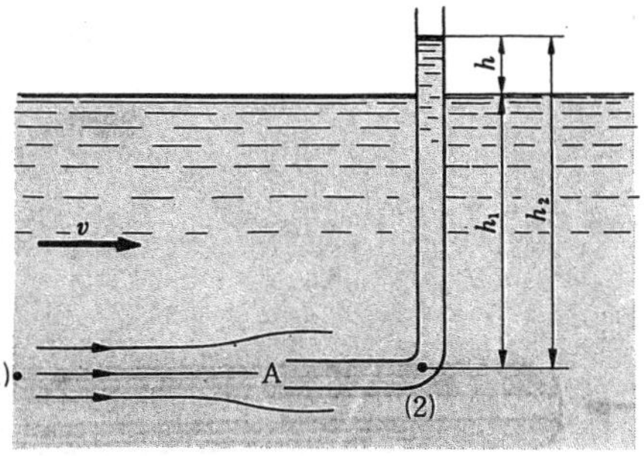

그림 4 · 36

$$\frac{v_1^2}{2g} + \frac{p_1}{\gamma} = \frac{v_2^2}{2g} + \frac{p_2}{\gamma}$$

$v_2 = 0$이므로

$$v_1 = \sqrt{2g\left(\frac{p_2}{\gamma} - \frac{p_1}{\gamma}\right)} = \sqrt{2g(h_2 - h_1)} = \sqrt{2gh}$$

가 된다. 여기서 v_1은 강물의 유속 v를 나타내므로

$$v = k\sqrt{2gh} \qquad (4 \cdot 55)$$

이것이 피토관에 의한 유속을 계산하는 식이며, 여기서 k는 피토관 계수이다.

그림 4 · 37은 피토관을 관 내에 설치하여 관내유속을 측정하는 방법이다. a는 관 내에서 유동하는 유체의 정압을 나타내고 b는 앞에서 언급한 정체압, 즉 전압력을 나타내는 것으로서, 여기서도 식 (4 · 55)에 의하여 유속을 계산할 수 있다.

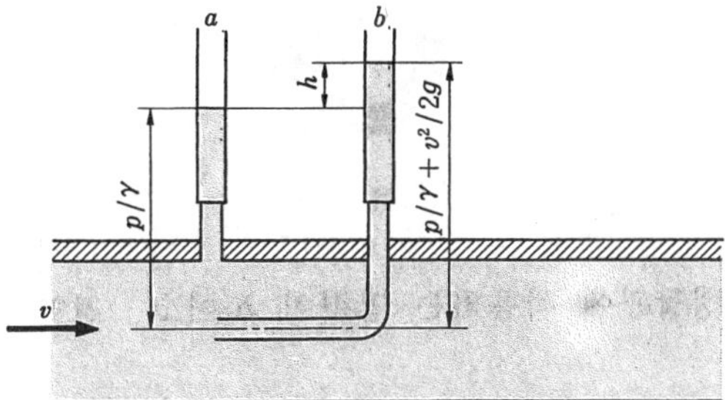

그림 4 · 37

정압과 전압력을 일시에 측정할 수 있도록 피토관을 설계한 것이 그림 4 · 38이다. 그리하여 정압관과 전압력관을 U자관에 연결하여 눈금의 높이차를 읽음으로써 직접

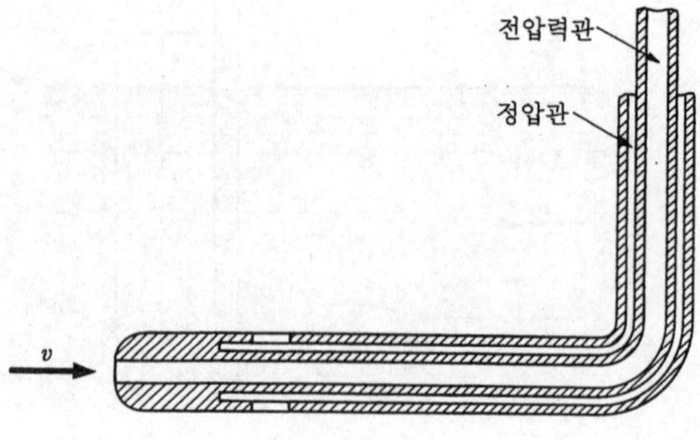

그림 4 · 38

동압을 잴 수 있으므로, 식 (4 · 55)에 의하여 유속을 계산할 수 있다.

그러나 그림 4 · 39에서 볼 수 있는 바와 같이 관 내의 유속을 측정하는 데 U자관을 사용하고 유동유체와 다른 유체를 U자관 내에 넣어 압력차를 측정하는 경우에는 유속을 식 (4 · 55)에 의해 간단하게 계산할 수 없다. 그러므로 관 내에는 비중량이 γ_1인 유체 (1)이 유동하고, U자관에는 비중량이 γ_2인 유체 (2)를 넣어 액주차 h를 측정하여 다음과 같이 유속을 계산한다.

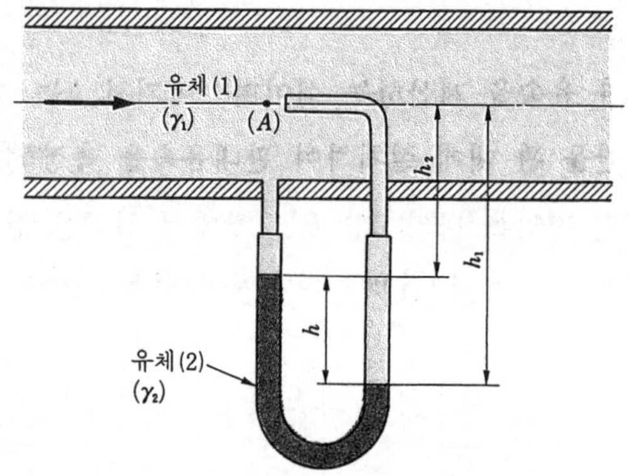

그림 4 · 39

점 (A)를 기준하여 정압관에 작용하는 압력이 p_1이고, 전압관에 작용하는 압력이 p_2일 때

$$p_1 + \gamma_1 h_2 + \gamma_2 h = p_2 + \gamma_1 h_1 \qquad (4 \cdot 56)$$

$$\Delta p = p_2 - p_1 = \gamma_2 h - \gamma_1 (h_1 - h_2) = h(\gamma_2 - \gamma_1) \qquad (4 \cdot 57)$$

여기서 Δp는 관 내에 유동하는 유체의 압력차이므로

$$\frac{\Delta p}{\gamma_1} = \frac{h(\gamma_2 - \gamma_1)}{\gamma_1} \tag{4·58}$$

식 (4·55)를 변형하면

$$v = k\sqrt{2gh} = k\sqrt{2g\frac{\Delta p}{\gamma_1}}$$

그러므로 이 경우의 유속은 다음과 같이 계산된다.

$$v = k\sqrt{2g\frac{h(\gamma_2 - \gamma_1)}{\gamma_1}} \tag{4·59}$$

예 제 4.33 피토관과 U자관을 이용하여 공기의 속도를 측정하는 식을 유도하라. 단, U자관에는 비중이 1인 물을 넣어 압력을 측정하기로 한다.

풀 이 그림 4·40과 같이 전압력 P_t가 피토관 전압력관에 연결되어 있고, 다른 한 쪽은 대기에 개봉되어 있다고 하자. 그리고 물의 비중량을 γ_w, 공기의 비중량을 γ_a라고 하면

$$v = k\sqrt{2g\frac{h(\gamma_w - \gamma_a)}{\gamma_a}}$$

또, 피토관 지름이 1 mm 이상인 경우, 공기는 $k = 1$로 계산해도 오차가 거의 없으므로 $\gamma_a = 1.205\ \text{kgf/m}^3$, $\gamma_w = 998.2\ \text{kgf/m}^3$, $g = 9.8\ \text{m/s}^2$이고, h를 mm 단위로 측정한 값인 경우 $h \times 10^{-3}$ m이므로

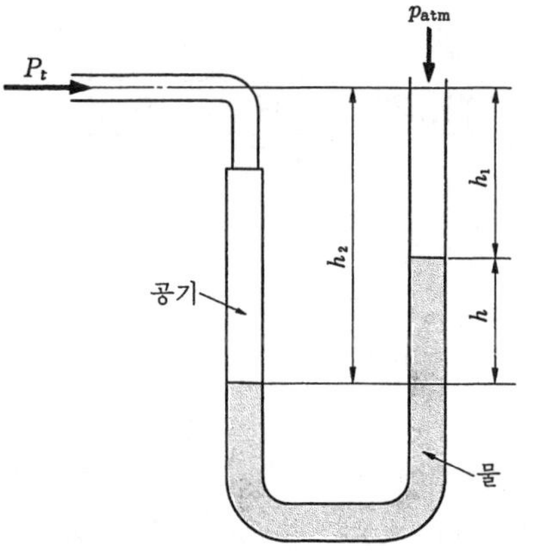

그림 4·40

$$v = \sqrt{2 \times 9.8 \frac{(998.2 - 1.205)h}{1.205 \times 1000}} = 4.026994\sqrt{h}\ \text{m/s}$$

즉

$$v \fallingdotseq 4\sqrt{h}\ \text{m/s}$$

이 식은 공기의 유속을 측정하는 아주 중요한 공식이다.

예제 4.34 관내 유동하는 물의 유속을 측정하기 위하여 U자관을 피토관에 연결하였더니 그림 4·41과 같이 수은주의 차이가 났다. 이때 유속 v는 얼마인가?

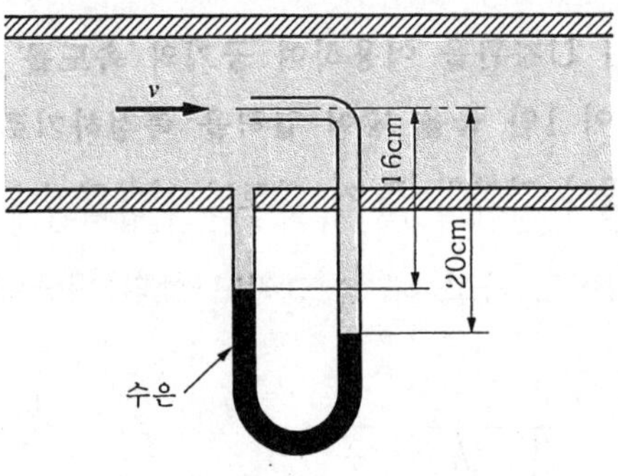

그림 4·41

풀이 식 (4·59)에 의하여 $k = 1$로 놓고, 물의 비중량: $\gamma_w = 998.2\ \text{kgf/m}^3$, 수은의 비중량: $\gamma_m = 13.570\ \text{kgf/m}^3$, 수은주 $h = 20 - 16 = 4\ \text{cm}$로 할 때

$$\begin{aligned} v &= k\sqrt{2g\frac{h(\gamma_m - \gamma_w)}{\gamma_w}} \\ &= \sqrt{2 \times 9.8 \frac{(13.570 - 998.2) \times 0.04}{1000}} \\ &= 3.14\ \text{m/s} \end{aligned}$$

4.10.6 Venturi 미터(Venturi meter)

벤투리 미터는 관 내에 유동하는 유량을 측정하는 기구로서 수축각이 20° 내외인 수축부(convergent), 목부분(throat), 5~7°로 확대되는 확산부(divergent)로 구성되어 있다.

이는 1797년에 이탈리아의 Giovanni Basttia Venturi(1746~1822)가 처음으로 고안한 유량 측정기인데, 1887년에 미국의 Clemens Herchel(1842~1930)에 의해 응용되기 시작하여 널리 알려졌다.

그림 4·42에서 점 (1), (2)에 대해 Bernoulli의 방정식을 적용하면

$$\frac{v_1^2}{2g} + \frac{p_1}{\gamma} = \frac{v_2^2}{2g} + \frac{p_2}{\gamma}$$

$$\frac{p_1 - p_2}{\gamma} = \frac{v_2^2 - v_1^2}{2g} \tag{4·60}$$

그림 4·42에서 $h = h_1 - h_2$, 연속 방정식에서 $Q = A_1 v_1 = A_2 v_2$이므로 식 (4·60)은

$$2gh = v_2^2 - v_1^2 = Q^2\left(\frac{1}{A_2^2} - \frac{1}{A_1^2}\right) = Q^2\left(\frac{A_1^2 - A_2^2}{A_1^2 A_2^2}\right)$$

즉

$$Q = C_d\sqrt{\frac{2gh(A_1A_2)^2}{A_1^2 - A_2^2}} \tag{4·61}$$

여기서 C_d는 유량계수이다.

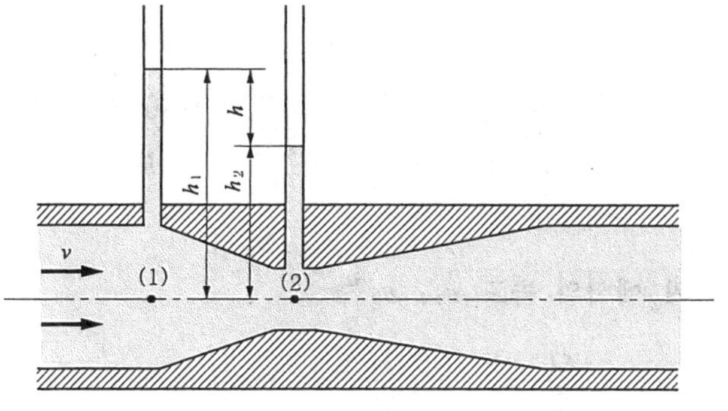

그림 4·42

예제 4.35 그림 4·43과 같이 벤투리 미터에 물이 유동하고 있다. 입구와 목부분의 압력차이는 수은주로 8 cm이다. 유량과 단면 A_1, A_2에서의 유속을 구하라. 단, 유량계수는 0.65이다.

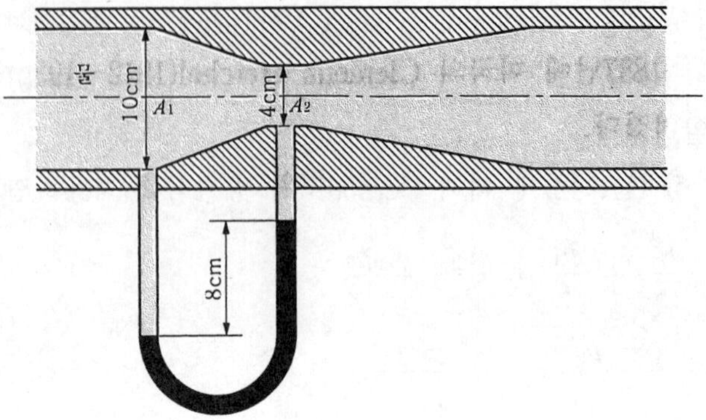

그림 4 · 43

풀이 $A_1 = \frac{\pi}{4}(0.1)^2 = 0.00785\ \mathrm{m}^2$

$A_2 = \frac{\pi}{4}(0.04)^2 = 0.00126\ \mathrm{m}^2$

물과 수은의 비중량을 각각 γ_w, γ_m이라 하면

$$\sqrt{2gh} = \sqrt{2g\frac{h(\gamma_m - \gamma_w)}{\gamma_w}} = \sqrt{2 \times 9.8\ \frac{0.08(13.570 - 998.2)}{1000}}$$
$$= \sqrt{19.7098}$$

그러므로 유량은

$$Q = 0.65\frac{\sqrt{19.7098} \times (0.00785)(0.00126)}{\sqrt{(0.00785)^2 - (0.00126)^2}}$$
$$= 0.0037\ \mathrm{m}^3/\mathrm{s}$$

단면 A_1, A_2에서의 속도 v_1, v_2는

$$v_1 = \frac{Q}{A_1} = \frac{0.0037}{0.00785} = 0.471\ \mathrm{m/s}$$
$$v_2 = \frac{Q}{A_1} = \frac{0.0037}{0.00126} = 2.937\ \mathrm{m/s}$$

4.10.7 노치와 위어(Notch and Weir)

노치에는 4각 또는 3각 노치가 대부분이며, 유체공학에서는 이것들을 유량을 측정하는 기기로서 사용하고 있다. 3각 노치를 V형 노치, 큰 사각형 노치를 보통 위어

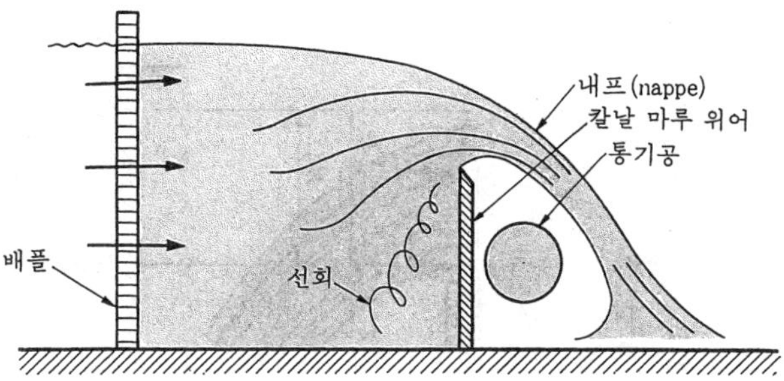

그림 4 · 44

(weir)라고 하나, 보가 일반적으로 지니고 있는 개념으로는 유량측정기기라는 의미가 뚜렷하지가 않다. 그러므로 유량측정기기라는 의미를 살려 원어에 가까운 표기를 사용하여 4각 노치의 경우 칼날마루 위어(sharp-crested weir)라고 하여야 옳을 것이다.

그림 4 · 44에서와 같이 배플(baffle)은 유동하는 물을 정류하기 위하여 설치된 것이며, 위어 위를 흘러넘치는 물의 안정을 위하여 통기공을 설치하기도 한다.

독일의 엔지니어인 Julius Weisbach(1806~1871)는 다음과 같은 가정을 세워서 Bernoulli 방정식을 적용하여 위어에 의한 유량측정 방법을 고안하였다.

① 노치의 상류에서의 유체입자들의 속도는 균일하며 평행하다. 그러므로 압력은 정역학의 기본 방정식 $p = \rho gh$에 의하여 변한다. 다만, 실제로 정상 균일유동을 얻기 위하여 배플을 설치하기도 한다.

② 자유표면은 노치를 통과한 유체입자가 평행으로 움직이고, 또 그 노치 평면에 수직으로 움직인다.

③ 노치 위를 흘러넘치는 수면상의 압력(즉, 내프상의 압력)은 대기압이다.

④ 점성과 표면장력은 무시한다.

〔1〕 4각 위어

이상과 같은 가정과 함께 Bernoulli 방정식을 적용하면, 그림 4 · 45와 같은 4각 위어의 경우 유량측정 공식은 다음과 같이 유도할 수 있다.

단면 (1)에서 $H = z_1 + \dfrac{p_1}{\gamma}$, $z_1 = 0$인 경우는 $H = \dfrac{p_1}{\gamma}$이고, $p_2 = p_{atm}$이며, $v_1 \ll v_2$이므로 $v_1 \approx 0$이다.

그러므로 윗식으로부터

$$v_2 = \sqrt{2g(H - z_2)} \qquad (4 \cdot 62)$$

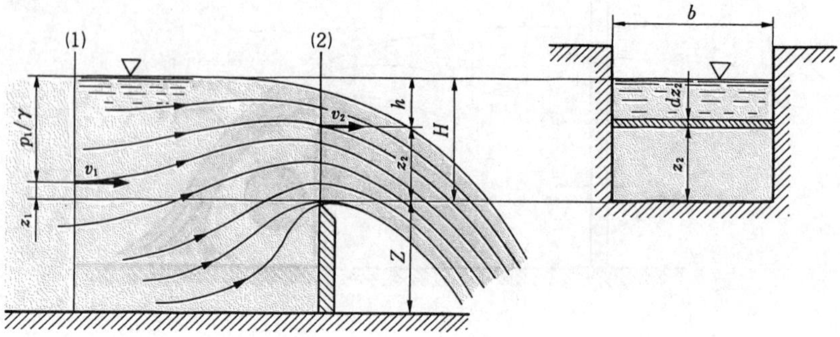

그림 4 · 45

여기서 v_2는 z_2에 따라 변화하므로, 유량을 구해 보면

$$dQ_{id} = v_2 dA = v_2\, b\, dz_2$$

적분하면

$$\begin{aligned} Q_{id} &= b\int_0^H v_2(-dz_2) \\ &= -b\sqrt{2g}\int_0^H (H - z_2)^{\frac{1}{2}} dz_2 = \frac{2}{3}\, b\sqrt{2g}H^{\frac{3}{2}} \qquad (4 \cdot 63) \end{aligned}$$

실제적으로는 이 이상유량(理想流量) Q_{id}에 위어를 통과하는 동안 수축되는 수축계수를 고려하여야 되므로, 실제 사용하고 있는 4각 위어의 유량 계산식은 다음과 같다.

$$Q = C_d \frac{2}{3}\, b\sqrt{2g}H^{\frac{3}{2}} \qquad (4 \cdot 64)$$

그림 4 · 46은 축면위어(suppressed weir)를 나타낸 것으로서, 이는 수로의 폭과 위어의 폭이 동일한 경우이다. 그림에서 폭을 B라고 하면 4각 위어의 유량 계산식인

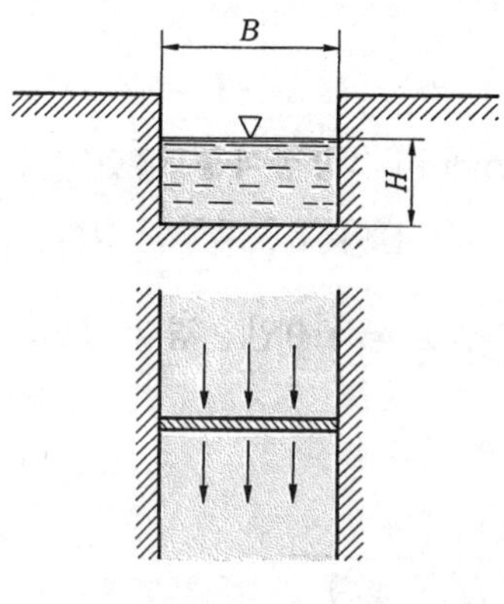

그림 4 · 46

식 (4 · 64)에서

$$Q = C_d \frac{2}{3} B\sqrt{2g}H^{\frac{3}{2}} \tag{4 · 65}$$

을 얻는다. 이 축면위어에서 4각 칼날마루 위어보다 유량계수가 크게 나타나고 있다. 그러므로 T. Rehbock는 그의 실험결과에서 다음과 같은 유량 계수식을 얻었다.

$$C_d = 0.605 + 0.08\frac{H}{Z} + \frac{1}{(1000\,m^{-1})H}$$

여기서 Z는 그림에서 위어의 높이이다(그림 4 · 45 참조).

〔2〕 3각 위어

3각 위어는 일명 'V노치(V-notch)'라고도 한다. 그림 4 · 47과 같이 'V노치'가 설치되어 있는 경우에 유량 계산식을 유도하기 위하여 점 (1)과 점 (2)에서 Bernoulli 방정식을 적용하면

$$\frac{v_1^2}{2g} + \frac{p_1}{\gamma} + z_1 = \frac{v_2^2}{2g} + \frac{p_2}{\gamma} + z_2$$

에서 $v_1 \ll v_2$이다. 따라서, $v_1 \approx 0$, z_1은 기준면상에 있으므로 $z_1 = 0$이다. 앞의 가정에 의하여 $p_2 = p_{\text{atm}}$이므로 식 (4 · 62)로 나타낼 수 있다.

$$v_2 = \sqrt{2g(H - z_2)}$$

나아가서 미소의 단면적 $b\,dz_2$에 유출하는 유량은

$$dQ_{id} = b\,dz_2\sqrt{2g(H - z_2)}$$

그림 4 · 47에서 $b = 2z_2 \tan\frac{\theta}{2}$이므로, 대입하여 적분하면

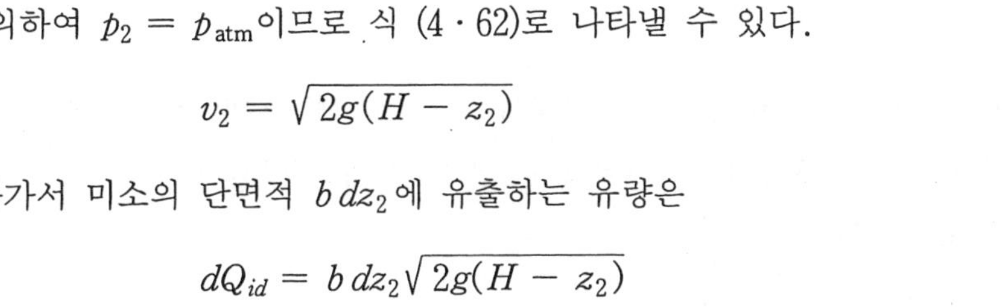

그림 4 · 47

$$Q_{id} = 2\tan\frac{\theta}{2}\sqrt{2g}\int_0^H z_2(H - z_2)^{\frac{1}{2}}(-dz_2) \qquad (4 \cdot 66)$$

다시 $h = H - z_2$이고 미분하면 $dh = -dz_2$이므로, 식 (4 · 66)의 적분을 용이하게 하기 위하여 대입하여 정리하면

$$Q_{id} = 2\tan\frac{\theta}{2}\sqrt{2g}\int_0^H (H - h)h^{\frac{1}{2}}dh \qquad (4 \cdot 67)$$

여기서 h는 수면으로부터 재어 들어가는 깊이이고, H는 점 C로부터 재어 올라가는 높이이므로 부호는 서로 반대이다. 그러므로

$$\begin{aligned} Q_{id} &= 2\tan\frac{\theta}{2}\sqrt{2g}\int_0^H (H - h)h^{\frac{1}{2}}dh \\ &= 2\tan\frac{\theta}{2}\sqrt{2g}\left[\frac{2}{3}Hh^{\frac{3}{2}} - \frac{2}{5}h^{\frac{5}{2}}\right]_0^H \\ &= \frac{8}{15}\tan\frac{\theta}{2}\sqrt{2g}H^{\frac{5}{2}} \end{aligned} \qquad (4 \cdot 68)$$

실제 유량식은 유량계수 C_d를 고려해야 하므로 다음과 같은 식을 사용한다.

$$Q = C_d\frac{8}{15}\tan\frac{\theta}{2}\sqrt{2g}H^{\frac{5}{2}} \qquad (4 \cdot 69)$$

예 제 4.36 폭이 600 mm인 4각 위어에서 넘쳐 흐르는 물의 높이를 측정한 결과 $H = 155$ mm였다. 유량계수 $C_d = 0.61$일 때 유량을 구하라.

풀이 식 (4 · 64)로부터

$$Q = \frac{2}{3}C_d b\sqrt{2g}H^{\frac{3}{2}} = \frac{2}{3} \times 0.61 \times 0.6 \times \sqrt{2 \times 9.8} \times (0.155)^{\frac{3}{2}}$$

$$= 0.066\ \mathrm{m^3/s}$$

예 제 4.37 V노치의 각이 90°인 3각 위어에서 유량이 $6\ \mathrm{m^3/s}$로 흘러넘치고 있 있다. 이때 물은 얼마의 높이로 흘러넘치겠는가? 단, 유량계수는 0.65이다.

풀이 식 (4 · 69)로부터 $Q = 6\ \mathrm{m^3/s}$, $\theta = 90°$, $C_d = 0.65$이므로

$$6 = 0.65 \times \frac{8}{15} \times \tan 45° \times \sqrt{2 \times 9.8} \times H^{\frac{5}{2}}$$

$$H = 1.725\ \mathrm{m}$$

…… 연 습 문 제 ……

1. 관의 안지름이 변화하는 관로에서 안지름이 두 배로 되면 유속은 몇 배로 되는가?

2. 피토관을 공기의 유동방향과 평행하게 설치하여 전압과 정압을 측정한 결과 수주차가 1.6 cm였다. 이때에 풍속은 얼마인가?

3. 강물의 유속을 피토관으로 측정할 때, 두 점의 유속이 한 점의 유속의 세 배가 되는 두 점의 수주의 차는 얼마인가? 여기서 피토관 계수 $k = 0.9$, $v_1 = 0.2\,\text{m/s}$이다.

4. 그림 4 · 48에서와 같은 관유동에서 점 (2)의 유속을 구하라. 단, $v_1 = 10\,\text{m/s}$, $d_1 = 20\,\text{cm}$, $d_2 = 15\,\text{cm}$이다.

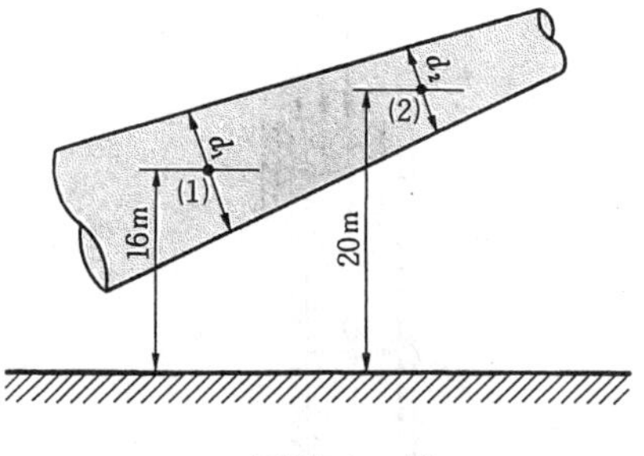

그림 4 · 48

5. 안지름이 10 cm인 관로를 통하여 온도가 20℃이고, 압력이 220 kPa인 조건하에서 24 m/s로 공기를 유동시키고 있다. 질량유량을 구하라.

6. 상온 15℃, 압력 180 kPa에서 헬륨의 유동질량이 0.02 kg/s이다. 안지름을 얼마로 정하면 되겠는가?

7. 60 cm 안지름을 갖는 관을 통하여 물이 유동되고 있다. 관의 중심에서 최대유속이 20 m/s가 되고, 중심으로부터 반지름 r의 증가에 따라 유속은 선형적인 감소를 하여 최소 15 m/s까지 된다고 가정할 때 유량은 얼마나 되겠는가?

8. 수평으로 놓인 개수로(open channel)의 유동에서 실험적으로 유도된 속도 분포식은 $u = U_m\left(\dfrac{y}{d}\right)^n$이다. 여기서 u는 속도이고, y는 밑면으로부터의 거리이다. 만약 $d = 1.6\,\text{m}$이고, $U_m = 4\,\text{m/s}$이며, $n = \dfrac{1}{6}$이라면 수로의 단위폭당 유량은 얼마이며, 평균속도는 얼마인가?

9. 안지름 4 in인 관을 통하여 평균속도 10 ft/s로 물이 유동되고 있다. 유량을 gal,

slug, ft^3으로 각각 계산하라.

10. 2차원 유동장에서 주어진 속도는 다음과 같이 표기된다. 이 유동은 연속 방정식을 만족하는가? 또, 비회전 운동인가?

$$u = \frac{y}{(x^2 + y^2)^{3/2}}, \quad v = \frac{-x}{(x^2 + y^2)^{3/2}}$$

11. 그림 4·49에서와 같이 파이프에서 유출되는 유체는 평행하게 놓여 있는 원형평판 사이로 분출되어 나가고 있다. 밀도의 변화가 없다고 가정하고, 점 A에서 가속도 식을 반지름 r, 유량 Q, 평판 사이의 거리 h로 나타내라. 또 $D = 12$ cm, $h = 2$ cm, $Q = 0.4\ m^3/s$라면 $r = 20$ cm인 위치에서 파이프의 유속과 점 A에서의 가속도를 구하라.

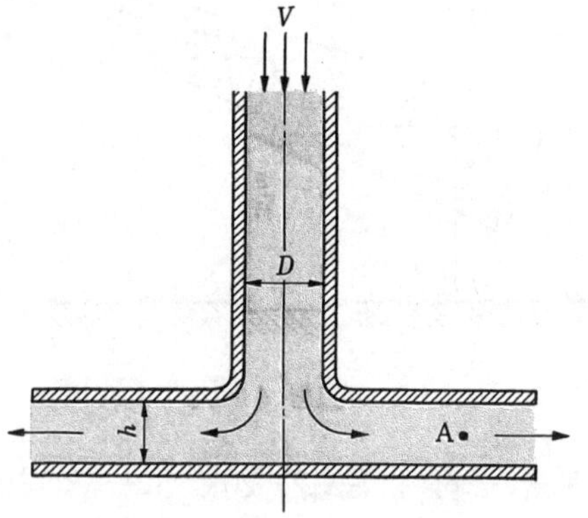

그림 4·49

12. 펌프에서 지름이 200 mm인 관을 통하여 $3\ m^3/min$의 양수(揚水)를 하려면 유속은 얼마이어야 하는가? 이 경우 지름이 반으로 줄면 유속은 어떻게 되는가?

13. 지름이 8″인 관에서 25℃, 15 psi(게이지 압력)의 공기가 6 m/s로 흐르고 있을 때 유량은 얼마인가? 단, 이 경우 $p_{atm} = 14.7\ lb/in^2$이다.

14. 안지름이 400 mm인 관로에 안지름이 $d_1 = 160$ mm, $d_2 = 200$ mm인 두 분관으로 Y자형으로 연결되어 있다. 본관의 유속이 8 m/s로 흐를 때 두 관 내의 유속을 구하라. 단, 유속비는 $v_1 : v_2 = 5 : 3$이다.

15. 그림 4·50과 같이 비중량이 $7.9\ kN/m^3$인 이상유체가 밑구멍을 통하여 대기에 분출되고 있다. 이때 게이지 A, B에서 잰 압력이 각각 14.0 kPa, 41.0 kPa이다.

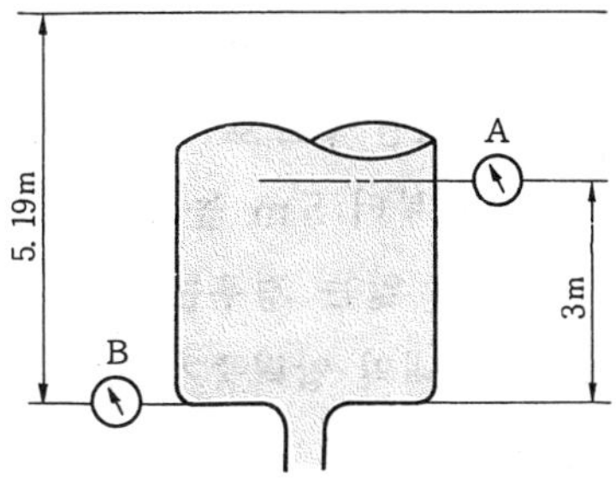

그림 4 · 50

이때 관 내의 유속을 구하라.

16. 그림 4 · 51과 같이 물이 원형 오리피스를 통하여 대기 중에 분출되고 있다. 점 A, B, C, D, E에서의 분출속도는 각각 얼마인가?

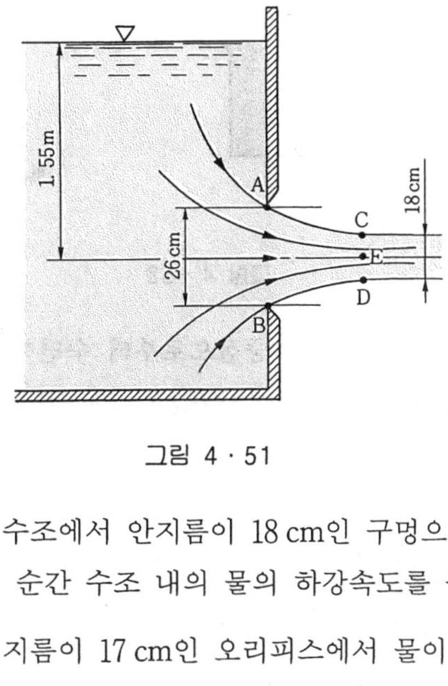

그림 4 · 51

17. 안지름이 2 m인 원통 수조에서 안지름이 18 cm인 구멍으로 물을 유출시킬 때 분출속도가 6 m/s였다. 이 순간 수조 내의 물의 하강속도를 구하라.

18. 수두 4 m 밑으로부터 지름이 17 cm인 오리피스에서 물이 흘러나올 때 유량은 얼마인가? 단, 수축계수 $C_c = 0.62$, 속도계수 $C_v = 0.96$이다.

19. 큰 탱크에 물이 2 m 높이까지 채워져 있고, 그 위에 비중이 0.9인 원유가 1.6 m, 다시 비중이 0.74인 휘발유가 1.8 m로 채워져 있다. 이때 갑자기 탱크 밑바닥에 구멍이 나서 물이 유출될 때 그 분출속도를 구하라.

20. 지름이 50 mm인 노즐이 수조에 부착되어 있다. 노즐과 동일한 높이에 U자관을 연결하여 압력을 측정한 결과, 수은주로 66 mm였다. 분출되는 유량을 구하라.

21. 한쪽 탱크에는 물이, 다른 탱크에는 $0.2\,\text{kgf/cm}^2$의 압력이 작용하는 가스 탱크가 있다. 두 탱크를 지름이 25 mm인 관으로 연결하여 물을 가스 탱크로 보내고자 한다. 이때 물이 연결관 중심으로부터 5 m 높이로 채워져 있을 경우 유량을 구하라. 또, 물이 가스 탱크로 흐르지 않는 경우는 물이 얼마의 높이에 있을 때인가? 단, 물의 유입에 의한 가스 탱크 내의 압력증가는 고려하지 않는다.

22. 그림 4 · 52에서 벽을 넘어갈 수 있는 최소유량과 그때 물의 높이 H를 구하라. 단, 노즐의 안지름이 10 mm이고, 유량계수는 0.65이다.

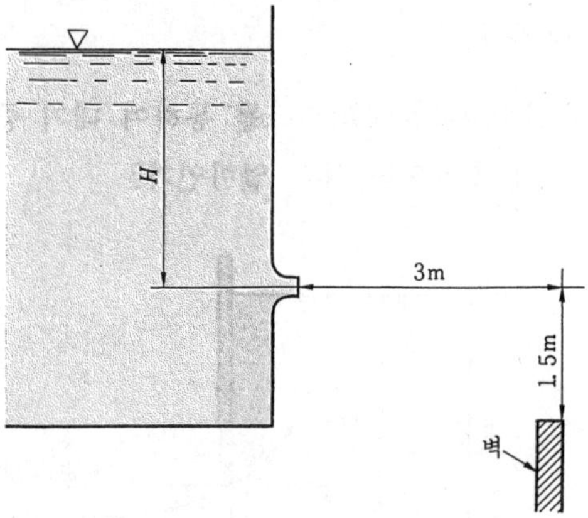

그림 4 · 52

23. 지름이 80 cm인 수조의 오리피스 중심으로부터 수면까지의 높이는 4 m이다. 물이 오리피스로 유출되어 수면이 1 m까지 내려가는 데 걸리는 시간은 얼마인가?

24. 그림 4 · 53과 같이 수조의 지름은 $D = d + CH$로 주어지며 d는 밑면의 지름

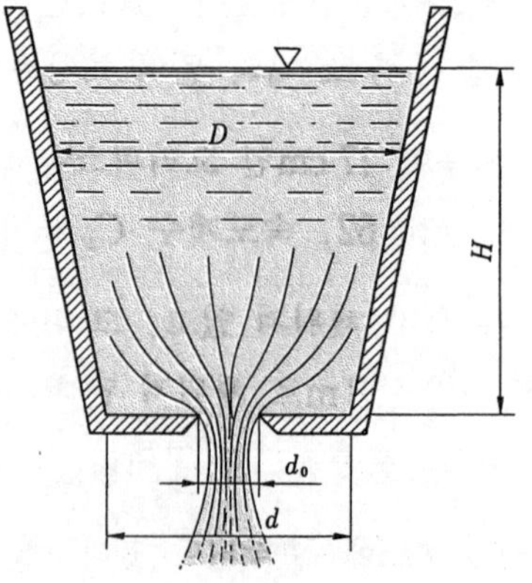

그림 4 · 53

이고, C는 상수이다. 표면의 높이가 H_0에서 H까지 하강하는 데 걸리는 시간 t를 계산하는 식을 d_0, H_0, H, C의 항으로 유도하라. 또 $H_0 = 1.6\text{ m}$, $H = 40\text{ cm}$, $d = 30\text{ cm}$, $C = 0.4$, $d_0 = 6\text{ cm}$일 때 시간을 구하라.

25. 그림 4·54와 같이 탱크에 물이 유입 또는 유출되고 있다. 물은 탱크에 채워지겠는가, 비워지겠는가? 물의 상승 또는 하강속도를 구하라.

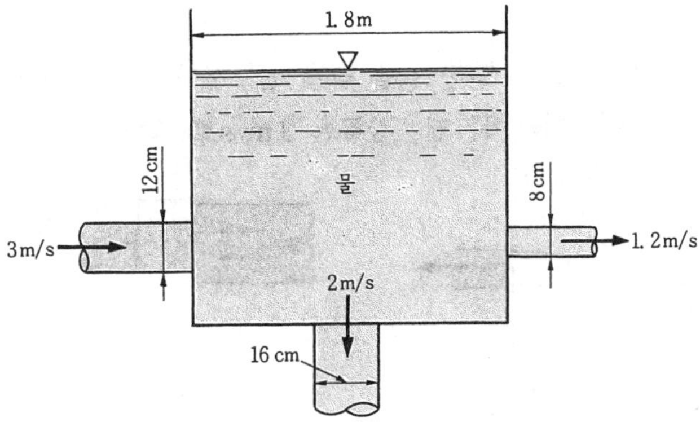

그림 4·54

26. 그림 4·55와 같은 장치에 물이 유동되고 있다. 유량을 구하라.

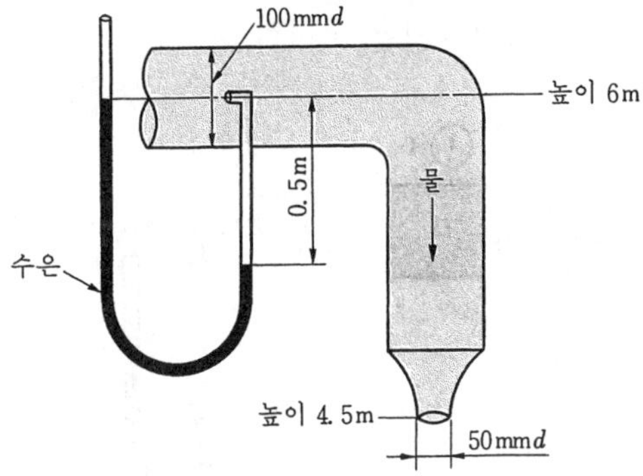

그림 4·55

27. 그림 4·56에서 물의 분출속도를 구하라. 단, 오리피스의 유량계수는 $C_d = 0.65$, 노즐의 속도계수는 0.98이다.

28. 그림 4·57에서 노즐에서의 분출속도와 유량을 구하라.

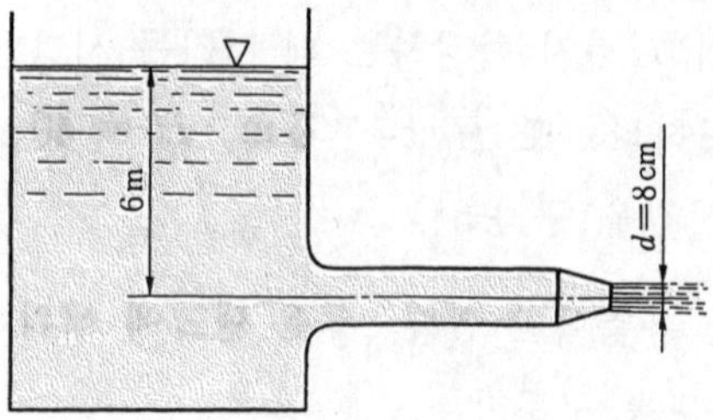

그림 4 · 56

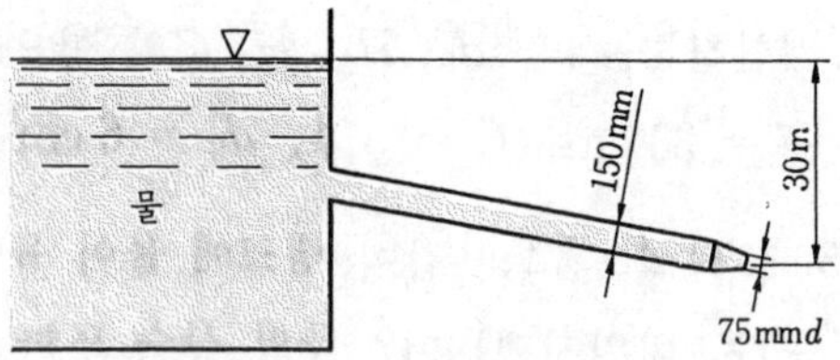

그림 4 · 57

29. 그림 4 · 58과 같이 곡관의 한쪽 끝을 물에 담그고 얼마의 속도로 끌고 가면 3 m 높이의 출구에 물이 분출되는가? 단, 강물은 2 m/s로 흐르고 있다.

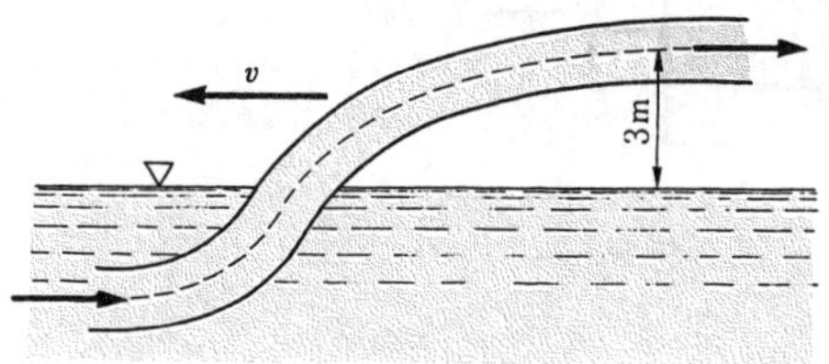

그림 4 · 58

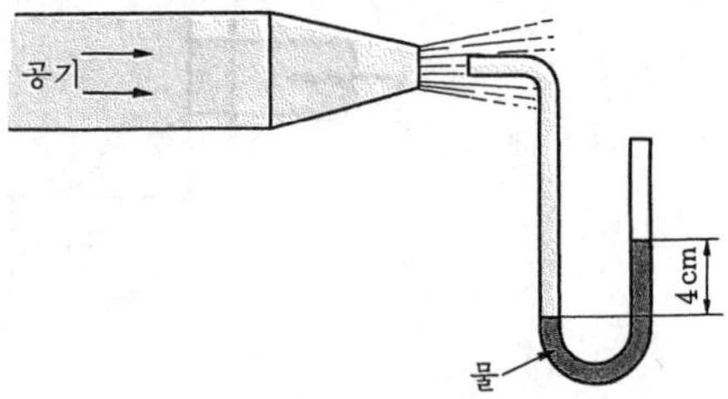

그림 4 · 59

30. 그림 4 · 59와 같이 노즐에서 분사되는 공기의 속도를 계산하라.

31. 그림 4 · 60에서 게이지 압력(A)을 구하라.

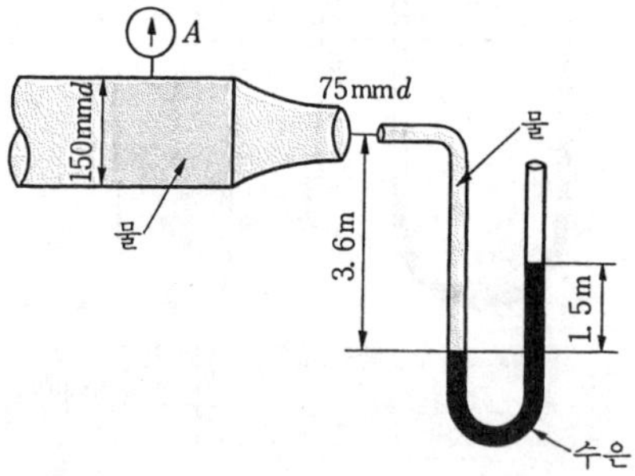

그림 4 · 60

32. 그림 4 · 61의 노즐출구에서 속도와 유량을 구하라. 단, 제반 마찰손실은 무시한다.

33. 그림 4 · 62와 같이 되어 있는 경우에 A_1과 A_2 단면에서의 관계식과 동압차(動

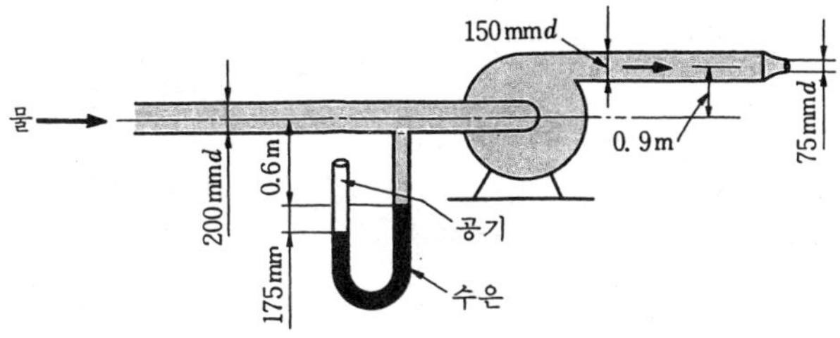

그림 4 · 61

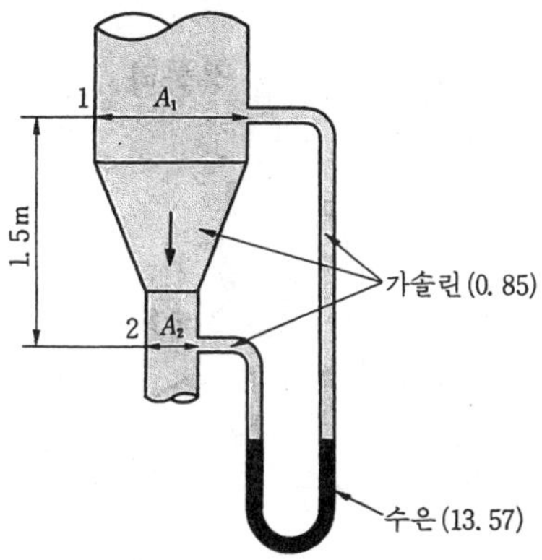

그림 4 · 62

壓差)를 구하라. 단, 유량은 $0.28\,m^3/s$이고, 1, 2면에서 정압이 동일하다.

34. 연소실의 지름이 12 cm이고, 노즐출구의 지름이 8 cm인 로켓이 있다. 발화물질의 밀도는 $1800\,kg/m^3$이고, 연소실에서 노즐출구를 향해 10 cm/s의 속도로 움직인다. 노즐출구의 가스압력은 10 kPa이고, 온도는 2000℃이다. 배기가스의 상수는 415 J/kg · K라면 노즐출구에서의 가스의 분출속도는 얼마인가?

35. 노즐 중심선상의 유속변화는 $V = 2t/(1-0.5\,x/L)^2$으로 변화하고 있다. V는 m/s, t는 시간(s), x는 노즐입구에서부터 거리, L은 노즐길이로 40 cm이다. $x = 0.5L$에서 $t = 3\,s$일 때 1차원 유동이라 가정하고 순간 가속도와 대류 가속도를 구하라.

36. 그림 4 · 63에서 수축노즐 내부의 유속은 입구와 출구 사이에서 선형적인 변화를 나타내고 있다. 1차원 유동이라고 가정하고 $D = 40$ cm, $d = 15$ cm, $L = 2$ m, 유량 $Q = 0.6\,m^3/s$라고 하면 노즐의 $L/2$인 위치에서 대류 가속도와 순간 가속도를 구하라.

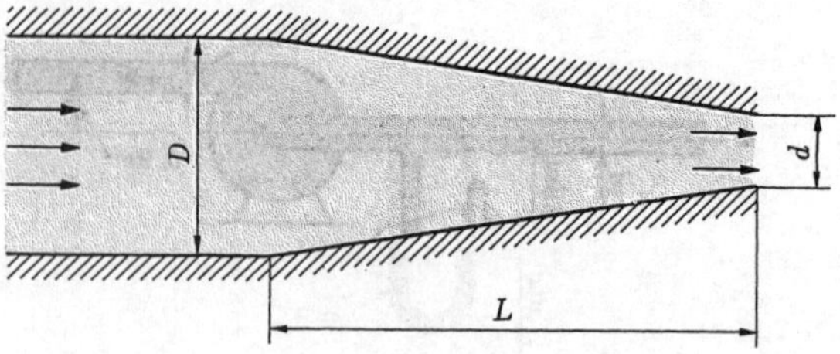

그림 4 · 63

37. 그림 4 · 64와 같이 비중량이 $1.02\,\text{kgf/m}^3$인 공기가 흐를 때, 물이 단면 A_2에 흡입되어 올라올 수 있는 A_2의 넓이를 정하라. 단, 유량은 $Q = 2\,\text{m}^3/\text{s}$이다.

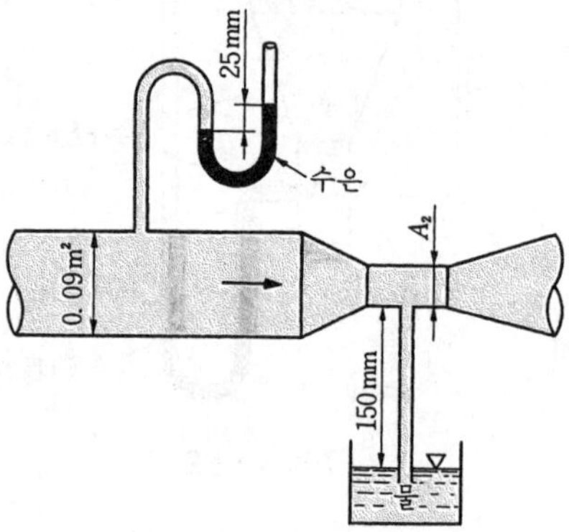

그림 4 · 64

38. 그림 4 · 65와 같이 Venturi 미터를 통하여 유동되는 유체의 유량을 구하라.

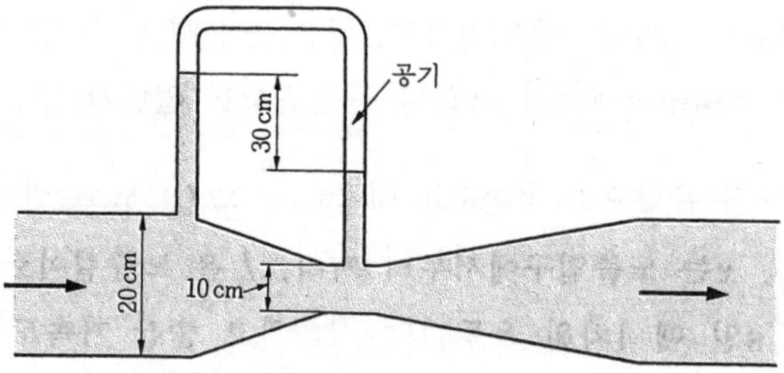

그림 4 · 65

39. V노치에 의한 유량측정에서 넘쳐흐르는 물의 높이가 두 배로 되면 유량은 몇 배로 되는가? 또, 높이가 두 배로 되어도 유량이 변화하지 않으려면 각도는 어떻게 변화하여야 되겠는가?

40. 그림 4·66에서와 같이 비중이 0.9인 기름을 흘러보낼 때, 출구에서의 압력수두와 분출량을 구하라.

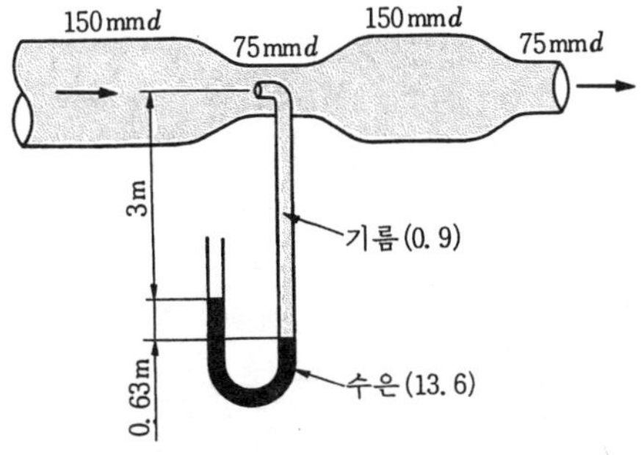

그림 4·66

제 5 장

점성유체의 유동

Viscous Fluid Flow

5.1 개 론

유체는 제1장에서 분류한 바와 같이 점성에 의하여 분류하면 점성유체와 비점성 유체(또는 뉴턴 유체와 비뉴턴 유체)로 구분된다.

실제로 우리가 취급하는 유체는 거의가 점성유체이나, 공학적인 계산에서나 응용에서는 점성의 영향을 무시하는 경우가 많다. 물론, 점도가 높은 기름이나 그리스(grease) 같은 유체는 예외이다. 제4장에서 유도한 운동 방정식은 점성을 고려하지 않은 이상유체에서의 운동 방정식이다.

따라서 본 장에서는 점성유체에서 볼 수 있는 기본 역학적인 특성과 점성을 고려한 운동 방정식, 즉 Navier-Stokes의 운동 방정식에 대하여 다루기로 한다.

5.2 Reynolds의 실험

유체가 유동하는 동안 유체입자들의 운동은 점성의 영향으로 서로 다른 입자들의 운동을 감속시키거나 가속시키는 결과를 가져온다. 이로 인하여 유동은 층류(laminar flow)가 되거나 난류(turbulent flow)가 되는데, 이는 유속에 따라 변화하게 된다. 이에 Reynolds는 실험을 통하여 최초로 점성유체 유동의 층류와 난류를 구분하는 데 성공하였다.

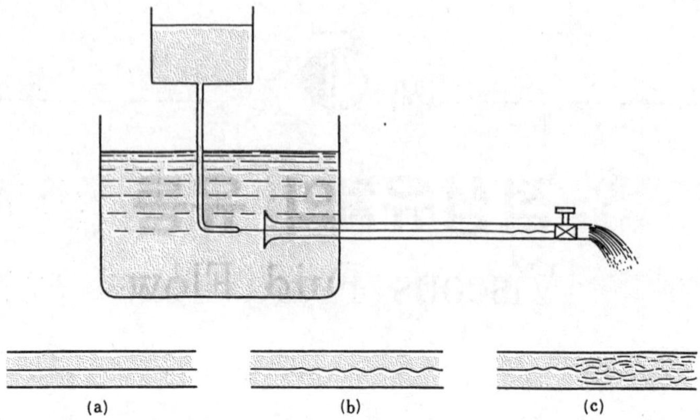

그림 5 · 1

Reynolds는 그림 5 · 1과 같이 가늘고 곧은 유리관(약 12 ϕ)을 유리로 만든 수조에 설치하고, 가는 유리관 내로 유색 액체를 유동시킬 수 있도록 장치하였다. 유리관 끝에는 밸브를 부착하여 그 개도(開度)에 따라 유량을 조절함으로써 유속을 변화시켰다.

유리관 내로 물이 흘러나갈 때, 유색 액체는 동일한 속도로 흘러나가게 되며, 유속이 낮은 상태에서는 흐르는 유색 액체가 분산되지 않고 일직선으로 흘러가는 것을 관찰하였다. 즉 이는 각 유선(流線)들의 흐름이 직선적임을 나타내고 있다〔그림 5 · 1 (a)〕. 그러나 밸브를 조금씩 더 열어 그 유량이 많아지면 유속이 증가하여 유선이 약간씩 흔들리기 시작하다가〔그림 5 · 1 (b)〕, 밸브를 완전히 열어서 유속을 크게 증가시키면 유선이 완전히 산만하게 분산되어 흐르는 것을 볼 수 있다〔그림 5 · 1 (c)〕. 따라서 그림 5 · 1 (a)와 같은 유동을 층류유동(laminar flow)이라 하고, 그림 5 · 1 (c)와 같은 유동을 난류유동(turbulent flow)이라고 한다.

또한 유선은 유속이 낮은 상태의 유동에서도 유리관의 입구에서 멀어지면서 흔들리기 시작하다가 출구에 가까워질수록 더욱 심하게 흔들리는 것을 볼 수 있다. Reynolds가 실험한 결과에 의하면 입구로부터 관 지름의 약 30배 되는 거리에서부터 유선이 흔들리기 시작하는 것으로 밝혀져 있다. 물론, 이 현상은 유속과 유체의 점도에 따라 다르다. 이와 같이 변화하는 유동현상은 밸브의 개도를 줄여가면 다시 원상태로 돌아가는 것을 볼 수 있다.

Reynolds는 이 실험에서 처음에는 물을 사용하였으나, 유체를 액체에서 기체로 바꾸어 실험하였을 때에도 동일한 현상을 발견하였다. 또한 관의 모형도 원형관에서 삼각관 및 사각관 등으로 바꾸어 한 실험에서도 마찬가지 현상이 나타남을 규명하였다.

5.3 Reynolds수(Reynolds number)

Reynolds는 위와 같은 실험에서 유동현상의 변화에 크게 영향을 미치는 인자들을 유량에 관계되는 유속과 단면적으로 보고, 이들의 적(積)을 무차원(non-dimension)으로 나타내었다.

$$\text{Reynolds수} = \frac{\text{밀도} \times \text{유속} \times \text{지름}}{\text{점도}}$$

동점성 계수(ν) = 점도(μ)/밀도(ρ)이므로

$$Re = \frac{VD}{\nu} \tag{5·1}$$

단면이 삼각형이거나 사각형인 경우는 원의 단면적으로 환산한 상당지름(relative diameter)을 사용한다.

특히 가로가 a, 세로가 b인 직사각형인 경우 상당지름 D_r는

$$D_r = \frac{4ab}{2(a+b)} \tag{5·2}$$

로 계산한다.

또, 일반적으로 관 내의 유동이 아닌 평판상의 유동과 같은 경우에는 상당지름을 계산할 수가 없으므로, 일정 기준점으로부터 거리를 지름 대신에 사용한다. 따라서 이것을 국소 Reynolds수(local Reynolds number)라 한다.

Reynolds 실험으로 밝혀진 바에 의하면 일반적으로 관 내의 유동에서, $Re \geqq 2300$이면 난류유동이 일어나고, $Re < 2300$이면 층류유동을 하는 것으로 밝혀져 있다.

5.4 유체가 받는 힘과 응력

Euler 방정식에서 취급한 압력 p는 점성의 영향을 무시한 상태였으므로 단순한 수직력으로만 간주되었으나, 점성유체에서는 미소 입방체 $dx\,dy\,dz$에 x, y, z방향으로 작용하는 힘의 성분들이 각 방향에 따라 수직력, 전단력을 발생시키므로 벡터성분(vector component)으로 간주하여야 한다. 그러므로 단위면적당 작용하는 각 방향의

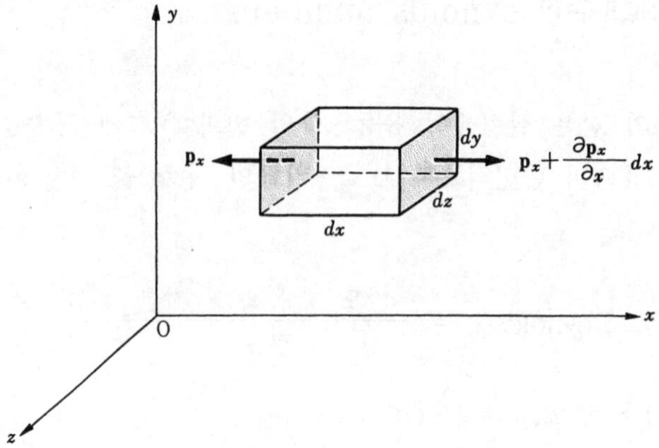

그림 5 · 2

힘의 벡터성분을 $\mathbf{p}_x$, $\mathbf{p}_y$, $\mathbf{p}_z$ 라 하고, 단위질량에 작용하는 힘의 성분을 f_x, f_y, f_z 라 하면, 질량력(body force)과 표면력(surface force)은 다음과 같다.

질량력 : $f_x \rho dx\, dy\, dz$, $f_y \rho dx\, dy\, dz$, $f_z \rho dx\, dy\, dz$

표면력 : $\frac{\partial \mathbf{p}_x}{\partial x} dx\, dy\, dz$, $\frac{\partial \mathbf{p}_y}{\partial y} dy\, dx\, dz$, $\frac{\partial \mathbf{p}_z}{\partial z} dz\, dx\, dy$

따라서 세 방향으로 작용하는 단위체적당 표면력의 합은

$$R = \left(\frac{\partial \mathbf{p}_x}{\partial x} + \frac{\partial \mathbf{p}_y}{\partial y} + \frac{\partial \mathbf{p}_z}{\partial z} \right) \tag{5 · 3}$$

이와 같이 점성유체에서는 실제적으로 존재하는 점성의 영향에 의하여 유체입자에 작용하는 표면력은 단순한 수직력 외에 전단력, 즉 유동층 사이에서 발생하는 장력(tension)이 존재하여 질량력과 함께 유체입자에 가속도를 발생시킨다.

각 방향으로 발생하는 수직응력, 전단응력과 표면력의 관계는 다음과 같다.

$$\boldsymbol{p}_x = \mathbf{i}\sigma_x + \mathbf{j}\tau_{xy} + \mathbf{k}\tau_{xz}$$

$$\boldsymbol{p}_y = \mathbf{i}\tau_{yx} + \mathbf{j}\sigma_y + \mathbf{k}\tau_{yz}$$

$$\boldsymbol{p}_z = \mathbf{i}\tau_{zx} + \mathbf{j}\tau_{zy} + \mathbf{k}\sigma_z$$

그리하여 그림 5 · 3에서 볼 수 있는 바와 같이 미소 입방체 $dx\, dy\, dz$의 방향으로 작용하는 응력들은 다음과 같이 9개가 존재한다.

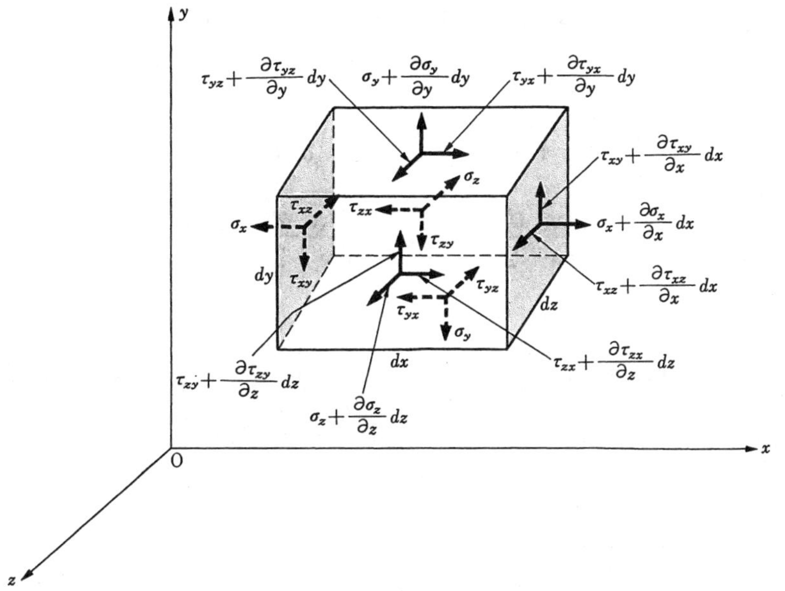

그림 5 · 3

$$\begin{bmatrix} \sigma_x & \tau_{xy} & \tau_{xz} \\ \tau_{yx} & \sigma_y & \tau_{yz} \\ \tau_{zx} & \tau_{zy} & \sigma_z \end{bmatrix}$$

그림 5 · 4에서 보는 바와 같이 수직응력들은 수직하게 작용하므로 오직 전단응력들만이 작용하는 입체에 대해 회전운동을 일으킨다. 그러므로 그림에서 도면에 수직한 z축을 중심으로 모멘트를 구해 보자.

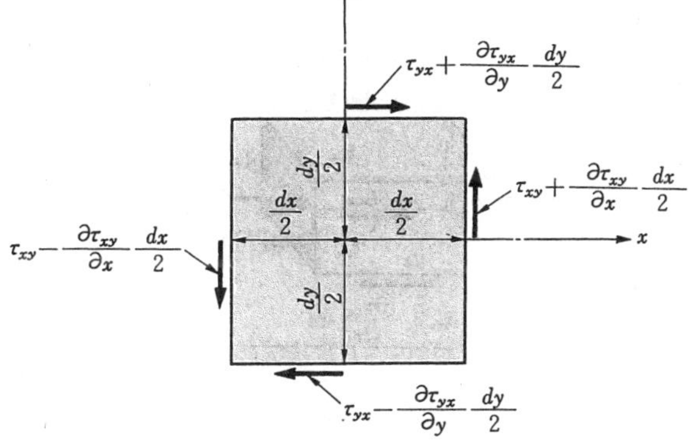

그림 5 · 4

시계 반대방향을 (+)로 할 때, 전단응력에 의한 회전 모멘트의 합은 비회전 유동에서 0이 되므로

$$\left(\tau_{xy} + \frac{\partial \tau_{xy}}{\partial x}\frac{dx}{2} + \tau_{xy} - \frac{\partial \tau_{xy}}{\partial x}\frac{dx}{2}\right) dy\, dz \frac{dx}{2}$$

$$-\left(\tau_{yx} + \frac{\partial \tau_{yx}}{\partial y}\frac{dy}{2} + \tau_{yx} - \frac{\partial \tau_{yx}}{\partial y}\frac{dy}{2}\right) dz\, dx \frac{dy}{2} = 0 \qquad (5 \cdot 4)$$

이를 정리하면

$$\tau_{xy} = \tau_{yx} \qquad (5 \cdot 5)$$

마찬가지로

$$\tau_{xz} = \tau_{zx} \qquad (5 \cdot 6)$$

$$\tau_{yz} = \tau_{zy} \qquad (5 \cdot 7)$$

결국, 앞에서 표시한 9개의 응력들은 6개의 응력이 된다.

또, 그림 5·5에서 각 방향으로 작용하는 힘에 의하여 발생하는 x방향에 대한 표면력의 성분들을 생각하면

수직력(y-z면): $\left\{\left(\sigma_x + \frac{\partial \sigma_x}{\partial x} dx\right) - \sigma_x\right\} dy\, dz = \frac{\partial \sigma_x}{\partial x} dx\, dy\, dz$

전단력(y-x면): $\left\{\left(\tau_{yx} + \frac{\partial \tau_{yx}}{\partial y} dy\right) - \tau_{yx}\right\} dx\, dz = \frac{\partial \tau_{yx}}{\partial y} dy\, dx\, dz$

전단력(z-x면): $\left\{\left(\tau_{zx} + \frac{\partial \tau_{zx}}{\partial z} dz\right) - \tau_{zx}\right\} dx\, dy = \frac{\partial \tau_{zx}}{\partial z} dz\, dx\, dy$

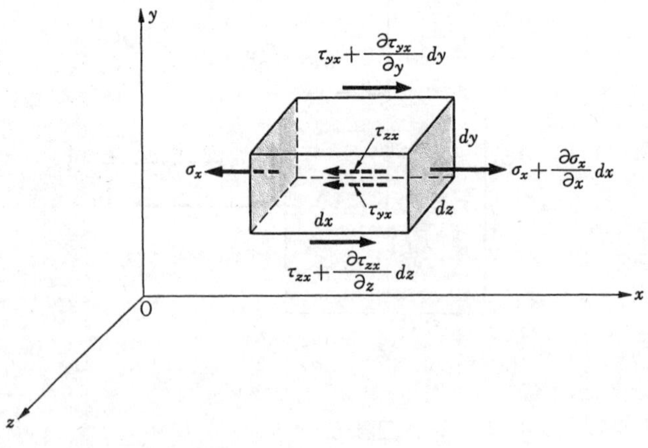

그림 5 · 5

결국, 이 표면력들은 각 방향으로 작용한 장력의 차에 의한 힘들이므로 각 방향에 대한 단위체적당 표면력들의 합력을 각각 R_x, R_y, R_z라 하면 다음과 같다.

$$R_x = \frac{\partial \sigma_x}{\partial x} + \frac{\partial \tau_{yx}}{\partial y} + \frac{\partial \tau_{zx}}{\partial z} \tag{5·8}$$

동일한 방법으로 y와 z방향에 대해서도

$$y\text{방향}: R_y = \frac{\partial \tau_{xy}}{\partial x} + \frac{\partial \sigma_y}{\partial y} + \frac{\partial \tau_{zy}}{\partial z} \tag{5·9}$$

$$z\text{방향}: R_z = \frac{\partial \tau_{xz}}{\partial x} + \frac{\partial \tau_{yz}}{\partial y} + \frac{\partial \sigma_z}{\partial z} \tag{5·10}$$

와 같이 된다.

5.5 변형과 응력의 관계

5.5.1 전단응력과 변형과의 관계

유체가 유동 중에 일으키는 입자의 변형은 유체 자체의 점성에 크게 기인하고 있다. 뉴턴의 점성의 법칙에서 살펴본 바와 같이 전단응력은 점성계수를 상수로 하는 선형 방정식으로 나타낼 수 있으며, 속도 분포선도는 그림 2·2와 같다.

미소 거리 dx에 대한 각속도는 시계 반대방향을 (+)로 할 때

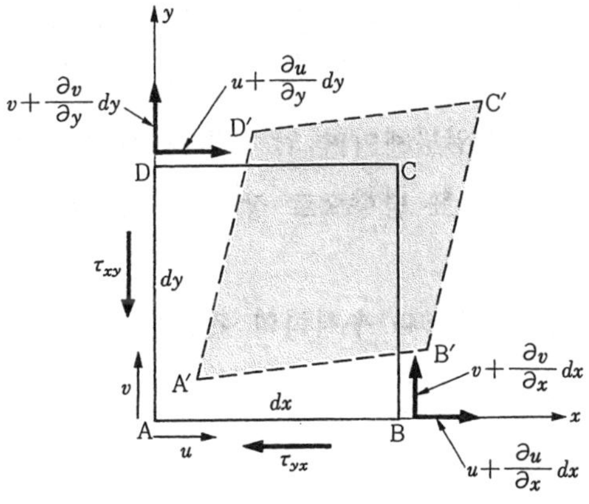

그림 5·6

$$\frac{v+(\partial v/\partial x)dx-v}{dx}=\frac{\partial v}{\partial x}$$

가 되고, 마찬가지로 dy에 대해서는 $-\dfrac{\partial u}{\partial y}$이다. 그러므로 순수한 각변형률은 요소 dx, dy의 각속도 차이로 나타난다.

$$\text{각변형률}=\frac{\partial v}{\partial x}-\left(-\frac{\partial u}{\partial y}\right)=\frac{\partial v}{\partial x}+\frac{\partial u}{\partial y}$$

이는 $x-y$ 평면에 대한 변형이므로 뉴턴의 점성의 법칙과 함께 정리하면

$$\tau_{xy}=\tau_{yx}=\mu\left(\frac{\partial v}{\partial x}+\frac{\partial u}{\partial y}\right) \tag{5·11}$$

로 되며, 마찬가지로 $x-z$, $y-z$ 평면에 대해서도 다음과 같이 정리할 수 있다.

$$\tau_{xz}=\tau_{zx}=\mu\left(\frac{\partial w}{\partial x}+\frac{\partial u}{\partial z}\right) \tag{5·12}$$

$$\tau_{yz}=\tau_{zy}=\mu\left(\frac{\partial w}{\partial y}+\frac{\partial v}{\partial z}\right) \tag{5·13}$$

5.5.2 수직응력과 변형과의 관계

각 방향으로 작용하고 있는 수직응력 σ_x, σ_y, σ_z는 응력이 작용하는 방향의 선변형률(rate of linear deformation)과 체적변형률(rate of volume deformation)에 비례한다고 보고 있다. 또, 어떤 정지상태의 유체에서나 정상유동에서 수직응력은 작용하는 압력 $-p$와 같다. 여기서 (−)값을 나타내는 것은 응력과 압력은 작용방향이 반대이기 때문이다.

그림 5·7은 두께가 b인 미소 입방체이며 압축력과 장력을 동시에 받게 된다. 그림 5·7 (b)는 $\sqrt{2}ab$ 단면에서 화살표 방향으로 장력이 작용하는 경우이고, 그림 5·7 (c)는 압축력이 작용하는 경우이다.

그림 5·7 (b)에서 발생하는 전단력과 수직력의 관계는

$$2ab\tau\sin 45^\circ=\sqrt{2}ab\sigma_1$$

즉

$$\tau=\sigma_1 \tag{5·14}$$

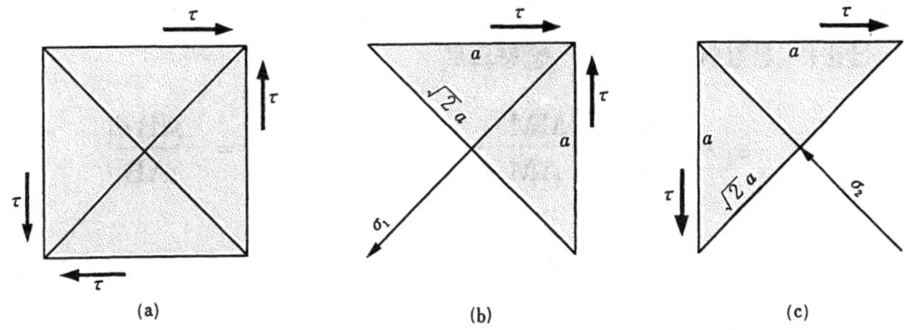

그림 5 · 7

이 되고, 그림 5 · 7 (c)에서는 압축력이 발생하므로

$$2ab\tau\sin 45° = -\sqrt{2}ab\sigma_2$$

즉

$$\tau = -\sigma_2 \tag{5 · 15}$$

그러므로 두 식을 더하면

$$2\tau = \sigma_1 - \sigma_2 \tag{5 · 16}$$

가 된다.

이와 같이 정사각형이 마름모꼴로 변형될 때는 대각선 방향으로 신장 또는 수축이 일어나게 된다.

유체 미소 입방체는 시간이 경과함에 따라 유동 중 그림 5 · 8 (a)와 같이 ABCD 단면이 A′B′C′D′로 변형하게 된다. 즉 신율(elongation)과 수축률(compressibility)을 계산하기 위하여 변형된 단면 A′B′C′D′를 좌표이동하여 그림 5 · 8 (b)와 같이 생

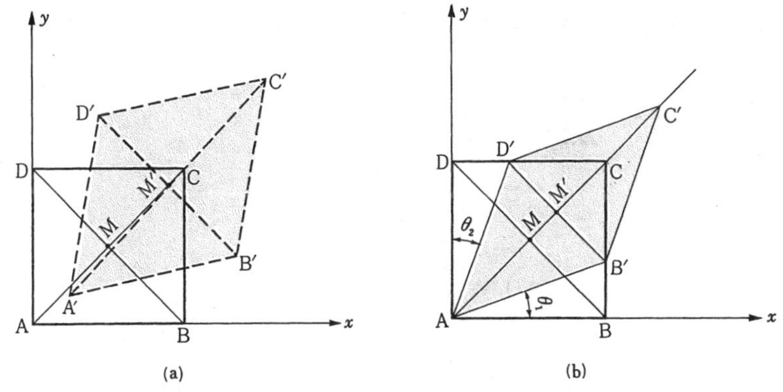

그림 5 · 8

각할 수 있다.

따라서 신율은 신장이 일어나는 방향으로

$$\varepsilon_1 = \frac{\mathrm{CC'}}{\mathrm{AC}} \frac{\mathrm{MM'}}{\mathrm{AM}} = \frac{\mathrm{BB'}\sin 45°}{\mathrm{AB}\sin 45°} = \frac{\mathrm{AB}\,\theta_1}{\mathrm{AB}}$$

즉

$$\varepsilon_1 = \theta_1 \tag{5・17}$$

과 같고, 압축률은 수축이 일어나는 방향으로

$$\varepsilon_2 = \frac{\mathrm{M'D'} - \mathrm{MD}}{\mathrm{MD}} = \frac{-(\mathrm{MD} - \mathrm{M'D'})}{\mathrm{AD}\sin 45°}$$
$$= \frac{-\mathrm{DD'}\ \sin 45°}{\mathrm{AD}\sin 45°} = \frac{-\mathrm{AD}\,\theta_2}{\mathrm{AD}}$$

즉

$$\varepsilon_2 = -\theta_2 \tag{5・18}$$

와 같이 되므로, 위의 두 식으로부터

$$\varepsilon_1 - \varepsilon_2 = \theta_1 + \theta_2 = \theta \tag{5・19}$$

가 된다.

또

$$\sigma_1 - \sigma_2 = 2\tau = 2\mu\frac{\partial\theta}{\partial t} = 2\mu\frac{\partial}{\partial t}(\varepsilon_1 - \varepsilon_2)$$

가 되므로, 여기서 ε_1과 ε_2를 길이성분으로 나타내기 위하여 그 방향에 대한 원래의 미소 길이를 $\varDelta x_1$, $\varDelta y_2$라 하고, 변형 후의 늘어난 길이를 $\varDelta l_1$, $\varDelta l_2$라 하면

$$\varepsilon_1 = \frac{\varDelta l_1}{\varDelta x_1}, \qquad \varepsilon_2 = \frac{\varDelta l_2}{\varDelta y_2}$$

가 되어

$$\frac{\partial}{\partial t}(\varepsilon_1 - \varepsilon_2) = \frac{\partial}{\partial t}\left(\frac{\varDelta l_1}{\varDelta x_1} - \frac{\varDelta l_2}{\varDelta y_2}\right)$$
$$= \frac{1}{\varDelta x_1}\frac{\partial \varDelta l_1}{\partial t} - \frac{1}{\varDelta y_2}\frac{\partial \varDelta l_2}{\partial t} = \frac{\partial u_1}{\partial x_1} - \frac{\partial u_2}{\partial y_2}$$

즉

$$\sigma_1 - \sigma_2 = 2\mu\left(\frac{\partial u_1}{\partial x_1} - \frac{\partial u_2}{\partial y_2}\right) \tag{5·20}$$

로 유도된다.

그림 5·8에서 x축을 AC로, y축을 BD로 45° 회전하였을 때 $\sigma_1 = \sigma_x$, $\sigma_2 = \sigma_y$, $u_1 = u$, $u_2 = v$, $x_1 = x$, $y_2 = y$로 표기할 수 있으므로 윗식은

$$\sigma_x - \sigma_y = 2\mu\left(\frac{\partial u}{\partial x} - \frac{\partial v}{\partial y}\right) \tag{5·21}$$

마찬가지로

$$\sigma_x - \sigma_z = 2\mu\left(\frac{\partial u}{\partial x} - \frac{\partial w}{\partial z}\right) \tag{5·22}$$

$$\sigma_y - \sigma_z = 2\mu\left(\frac{\partial v}{\partial y} - \frac{\partial w}{\partial z}\right) \tag{5·23}$$

가 되어, 수직응력과 변형과의 관계식을 나타내고 있다.

유체에 작용하는 각 축방향의 수직응력을 평균한 값을 장력(tension)으로 정의하고 있다.

$$T = \frac{1}{3}(\sigma_x + \sigma_y + \sigma_z) \tag{5·24}$$

나아가서 압력과 장력은 서로 작용방향이 반대이므로

$$p = -T = -\frac{1}{3}(\sigma_x + \sigma_y + \sigma_z) \tag{5·25}$$

가 되어 식 (5·21)~(5·23), 식 (5·25)로부터 다음과 같은 방법으로 σ_x, σ_y, σ_z를 구할 수 있다.

$$\begin{aligned} 3\sigma_x + 3p &= 3\sigma_x - (\sigma_x + \sigma_y + \sigma_z) = 2\sigma_x - \sigma_y - \sigma_z \\ &= (\sigma_x - \sigma_y) + (\sigma_x - \sigma_z) \\ &= 2\mu\left(2\frac{\partial u}{\partial x} - \frac{\partial v}{\partial y} - \frac{\partial w}{\partial z}\right) \\ &= 2\mu\left\{3\frac{\partial u}{\partial x} - \left(\frac{\partial u}{\partial x} + \frac{\partial v}{\partial y} + \frac{\partial w}{\partial z}\right)\right\} \end{aligned}$$

그러므로

$$\sigma_x = -p - \frac{2}{3}\mu\left(\frac{\partial u}{\partial x} + \frac{\partial v}{\partial y} + \frac{\partial w}{\partial z}\right) + 2\mu\frac{\partial u}{\partial x} \qquad (5 \cdot 26)$$

마찬가지로

$$\sigma_y = -p - \frac{2}{3}\mu\left(\frac{\partial u}{\partial x} + \frac{\partial v}{\partial y} + \frac{\partial w}{\partial z}\right) + 2\mu\frac{\partial v}{\partial y} \qquad (5 \cdot 27)$$

$$\sigma_z = -p - \frac{2}{3}\mu\left(\frac{\partial u}{\partial x} + \frac{\partial v}{\partial y} + \frac{\partial w}{\partial z}\right) + 2\mu\frac{\partial w}{\partial z} \qquad (5 \cdot 28)$$

로 유도된다.

또 다른 방법으로 $\dfrac{\partial u}{\partial x}$, $\dfrac{\partial v}{\partial y}$, $\dfrac{\partial w}{\partial z}$를 x, y, z에 대한 선변형률이라 하고, $\left(\dfrac{\partial u}{\partial x} + \dfrac{\partial v}{\partial y} + \dfrac{\partial w}{\partial z}\right)$를 체적변형률이라 하며, 이에 대한 각각의 비례상수를 2μ, λ로 가정하여 σ_x, σ_y, σ_z를 다음과 같이 직접 가정해서 유도하기도 한다.

$$\sigma_x = -p + 2\mu\frac{\partial u}{\partial x} + \lambda\left(\frac{\partial u}{\partial x} + \frac{\partial v}{\partial y} + \frac{\partial w}{\partial z}\right) \qquad (5 \cdot 29)$$

$$\sigma_y = -p + 2\mu\frac{\partial v}{\partial y} + \lambda\left(\frac{\partial u}{\partial x} + \frac{\partial v}{\partial y} + \frac{\partial w}{\partial z}\right) \qquad (5 \cdot 30)$$

$$\sigma_z = -p + 2\mu\frac{\partial w}{\partial z} + \lambda\left(\frac{\partial u}{\partial x} + \frac{\partial v}{\partial y} + \frac{\partial w}{\partial z}\right) \qquad (5 \cdot 31)$$

위의 세 식을 합하면

$$\sigma_x + \sigma_y + \sigma_z = -3p + (2\mu + 3\lambda)\left(\frac{\partial u}{\partial x} + \frac{\partial v}{\partial y} + \frac{\partial w}{\partial z}\right) \qquad (5 \cdot 32)$$

우변의 연속 방정식은 식 (4 · 29)로부터

$$\frac{\partial u}{\partial x} + \frac{\partial v}{\partial y} + \frac{\partial w}{\partial z} = -\frac{1}{\rho}\frac{D\rho}{Dt} \qquad (5 \cdot 33)$$

가 되므로, 식 (5 · 32)에 대입하면

$$\sigma_x + \sigma_y + \sigma_z = -3p - (2\mu + 3\lambda)\frac{1}{\rho}\frac{D\rho}{Dt} \qquad (5 \cdot 34)$$

로 쓸 수 있다. 좌변 응력의 합은 압력과 밀도의 함수이나, 밀도의 변형률 함수는 아니므로 우변의 둘째 항은 0이 되어야 한다.

즉

$$2\mu + 3\lambda = 0$$

$$\lambda = -\frac{2}{3}\mu \tag{5·35}$$

가 되어 식 (5·29)~(5·31)에 대입하면 식 (5·26)~(5·28)과 동일한 관계식을 얻는다. 이는 1845년에 G. Stokes가 체적변형 계수와 점도와의 관계를 가정하여 사용한 식으로서 Stokes의 가정(Stokes' hypothesis)이라고 한다.

5.6 Navier-Stokes의 운동 방정식

Euler의 운동 방정식에서는 점성의 영향을 고려하지 않았던 표면력 p가 점성유체에서는 점성의 영향을 받아 표면력의 합력이 식 (5·8)~(5·10)과 같이 구해졌다. 그러므로 x방향에 대하여 정리하면

$$R_x = \left(\frac{\partial \sigma_x}{\partial x} + \frac{\partial \tau_{yx}}{\partial y} + \frac{\partial \tau_{zx}}{\partial z}\right)$$

에 τ_{yx}, τ_{zx}는 식 (5·11) 및 식 (5·12)를, σ_x는 식 (5·26)을 각각 대입하면

$$\begin{aligned} R_x &= \frac{\partial}{\partial x}\left\{-p + 2\mu\frac{\partial u}{\partial x} - \frac{2}{3}\mu\left(\frac{\partial u}{\partial x} + \frac{\partial v}{\partial y} + \frac{\partial w}{\partial z}\right)\right\} \\ &\quad + \frac{\partial}{\partial y}\mu\left(\frac{\partial v}{\partial x} + \frac{\partial u}{\partial y}\right) + \frac{\partial}{\partial z}\mu\left(\frac{\partial w}{\partial x} + \frac{\partial u}{\partial z}\right) \\ &= -\frac{\partial p}{\partial x} + \mu\left(\frac{\partial^2 u}{\partial x^2} + \frac{\partial^2 u}{\partial y^2} + \frac{\partial^2 u}{\partial z^2}\right) \\ &\quad + \frac{1}{3}\mu\frac{\partial}{\partial x}\left(\frac{\partial u}{\partial x} + \frac{\partial v}{\partial y} + \frac{\partial w}{\partial z}\right) \end{aligned} \tag{5·36}$$

같은 방법으로 y, z방향에 대해 정리하면 다음과 같다.

$$\begin{aligned} R_y &= -\frac{\partial p}{\partial y} + \mu\left(\frac{\partial^2 v}{\partial x^2} + \frac{\partial^2 v}{\partial y^2} + \frac{\partial^2 v}{\partial z^2}\right) \\ &\quad + \frac{1}{3}\mu\frac{\partial}{\partial y}\left(\frac{\partial u}{\partial x} + \frac{\partial v}{\partial y} + \frac{\partial w}{\partial z}\right) \end{aligned} \tag{5·37}$$

$$R_z = -\frac{\partial p}{\partial z} + \mu\left(\frac{\partial^2 w}{\partial x^2} + \frac{\partial^2 w}{\partial y^2} + \frac{\partial^2 w}{\partial z^2}\right) + \frac{1}{3}\mu\frac{\partial}{\partial z}\left(\frac{\partial u}{\partial x} + \frac{\partial v}{\partial y} + \frac{\partial w}{\partial z}\right) \tag{5 · 38}$$

그러므로 Euler 방정식의 $-\frac{\partial p}{\partial x}$, $-\frac{\partial p}{\partial y}$, $-\frac{\partial p}{\partial z}$ 대신 식 (5 · 36)~(5 · 38)을 각각 대입하면 동점성 계수는 $\nu = \frac{\mu}{\rho}$ 이므로 다음과 같이 정리된다.

$$\frac{\partial u}{\partial t} + u\frac{\partial u}{\partial x} + v\frac{\partial u}{\partial y} + w\frac{\partial u}{\partial z} = f_x - \frac{1}{\rho}\frac{\partial p}{\partial x} + \nu\left(\frac{\partial^2 u}{\partial x^2} + \frac{\partial^2 u}{\partial y^2} + \frac{\partial^2 u}{\partial z^2}\right) + \frac{1}{3}\nu\frac{\partial}{\partial x}\left(\frac{\partial u}{\partial x} + \frac{\partial v}{\partial y} + \frac{\partial w}{\partial z}\right) \tag{5 · 39}$$

$$\frac{\partial v}{\partial t} + u\frac{\partial v}{\partial x} + v\frac{\partial v}{\partial y} + w\frac{\partial v}{\partial z} = f_y - \frac{1}{\rho}\frac{\partial p}{\partial y} + \nu\left(\frac{\partial^2 v}{\partial x^2} + \frac{\partial^2 v}{\partial y^2} + \frac{\partial^2 v}{\partial z^2}\right) + \frac{1}{3}\nu\frac{\partial}{\partial y}\left(\frac{\partial u}{\partial x} + \frac{\partial v}{\partial y} + \frac{\partial w}{\partial z}\right) \tag{5 · 40}$$

$$\frac{\partial w}{\partial t} + u\frac{\partial w}{\partial x} + v\frac{\partial w}{\partial y} + w\frac{\partial w}{\partial z} = f_z - \frac{1}{\rho}\frac{\partial p}{\partial z} + \nu\left(\frac{\partial^2 w}{\partial x^2} + \frac{\partial^2 w}{\partial y^2} + \frac{\partial^2 w}{\partial z^2}\right) + \frac{1}{3}\nu\frac{\partial}{\partial z}\left(\frac{\partial u}{\partial x} + \frac{\partial v}{\partial y} + \frac{\partial w}{\partial z}\right) \tag{5 · 41}$$

이것을 Navier-Stokes의 운동 방정식이라 한다.

나아가서

$$\mathbf{V} : (u,\ v,\ w)$$

$$\mathbf{f} : (f_x,\ f_y,\ f_z)$$

$$\nabla : \left(\frac{\partial}{\partial x},\ \frac{\partial}{\partial y},\ \frac{\partial}{\partial z}\right)$$

이므로 Navier-Stokes의 운동 방정식은 벡터로 다음과 같이 표시된다.

$$\frac{D\mathbf{V}}{Dt} = \mathbf{f} - \frac{1}{\rho}\nabla p + \nu\nabla^2\mathbf{V} + \frac{1}{3}\nu\nabla(\nabla\cdot\mathbf{V}) \qquad (5\cdot 42)$$

물론 비압축성 유체의 경우는 우변의 마지막 항은 $\nabla\cdot\mathbf{V} = 0$이 되어 소실된다. 이 Navier-Stokes의 운동 방정식은 실제적인 실험을 통해서만 규명할 수밖에 없으나, 특수한 조건에서만 해가 존재한다.

이상 직각 좌표계에서 유도한 Navier-Stokes의 운동 방정식을 원통 좌표계로 나타내기 위하여 반지름, 원주, 축방향을 각각 r, ϕ, z로 표시하고, 그 각 방향에 대한 속도를 v_r, v_ϕ, v_z라 하면 비압축성 유체유동에서 원통좌표로 표시한 Navier-Stokes의 운동 방정식은 다음과 같다.

$$\frac{\partial v_r}{\partial t} + v_r\frac{\partial v_r}{\partial r} + \frac{v_\phi}{r}\frac{\partial v_r}{\partial \phi} - \frac{v_\phi^2}{r} + v_z\frac{\partial v_r}{\partial z}$$
$$= f_r - \frac{1}{\rho}\frac{\partial p}{\partial r} + \nu\left(\frac{\partial^2 v_r}{\partial r^2} + \frac{1}{r}\frac{\partial v_r}{\partial r} - \frac{v_r}{r^2}\right.$$
$$\left. + \frac{1}{r^2}\frac{\partial^2 v_r}{\partial \phi^2} - \frac{2}{r^2}\frac{\partial v_\phi}{\partial \phi} + \frac{\partial^2 v_r}{\partial z^2}\right) \qquad (5\cdot 44)$$

$$\frac{\partial v_\phi}{\partial t} + v_r\frac{\partial v_\phi}{\partial r} + \frac{v_\phi}{r}\frac{\partial v_\phi}{\partial \phi} + \frac{v_r v_\phi}{r} + v_z\frac{\partial v_\phi}{\partial z}$$
$$= f_\phi - \frac{1}{\rho}\frac{1}{r}\frac{\partial p}{\partial \phi} + \nu\left(\frac{\partial^2 v_\phi}{\partial r^2} + \frac{1}{r}\frac{\partial v_\phi}{\partial r} - \frac{v_\phi}{r^2}\right.$$
$$\left. + \frac{1}{r^2}\frac{\partial^2 v_\phi}{\partial \phi^2} + \frac{2}{r^2}\frac{\partial v_r}{\partial \phi} + \frac{\partial^2 v_\phi}{\partial z^2}\right) \qquad (5\cdot 45)$$

$$\frac{\partial v_z}{\partial t} + v_r\frac{\partial v_z}{\partial r} + \frac{v_\phi}{r}\frac{\partial v_z}{\partial \phi} + v_z\frac{\partial v_z}{\partial z}$$
$$= f_z - \frac{1}{\rho}\frac{\partial p}{\partial z} + \nu\left(\frac{\partial^2 v_z}{\partial r^2} + \frac{1}{r}\frac{\partial v_z}{\partial r}\right.$$
$$\left. + \frac{1}{r^2}\frac{\partial^2 v_z}{\partial \phi^2} + \frac{\partial^2 v_z}{\partial z^2}\right) \qquad (5\cdot 43)$$

예 제 5.1 그림 5·9와 같이 평행 평판 사이에 유동하는 유체의 유속과 유량 및 전단응력 분포는 어떤 식으로 나타나는가?

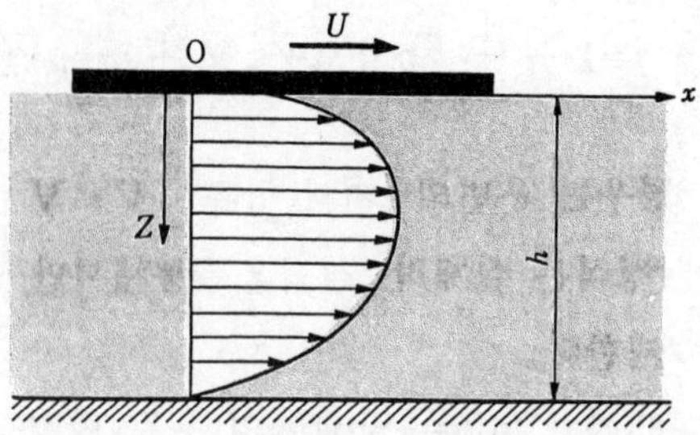

그림 5 · 9

풀이 유동을 1차원 정상유동으로 가정하고, 속도 u는 오직 z만의 함수라고 하면 $v = w = 0$이며 $u = U$이다. 그러므로 연속 방정식으로부터

$$\frac{\partial u}{\partial x} = 0$$

또한 가속도 성분은

$$\frac{Du}{Dt} = \frac{Dv}{Dt} = \frac{Dw}{Dt} = 0$$

이 되고, Navier–stokes 운동 방정식은

$$\frac{\partial p}{\partial x} = \mu \frac{\partial^2 u}{\partial z^2}, \qquad \frac{\partial p}{\partial y} = 0, \qquad \frac{\partial p}{\partial z} = 0$$

경계조건을 고려하면

$z = 0$일 때 $u = U$

$z = h$일 때 $u = 0$

$\dfrac{\partial p}{\partial x} = \mu \dfrac{\partial^2 u}{\partial z^2}$는 전미분식으로 나타내면

$$\frac{1}{\mu}\frac{dp}{dx} = \frac{d^2 u}{dz^2} \quad \cdots\cdots ①$$

적분하면

$$\frac{du}{dz} = \int \frac{1}{\mu}\frac{dp}{dx}\,dz = \frac{1}{\mu}\frac{dp}{dx}z + C_1$$

$$u = \frac{1}{2\mu}\frac{dp}{dx}z^2 + C_1 z + C_2 \quad \cdots\cdots ②$$

위의 경계조건으로부터

$$C_2 = U \quad \cdots\cdots ③$$

$$0 = \frac{1}{2\mu}\frac{dp}{dx}h^2 + C_1 h + U$$

$$C_1 = -\frac{1}{2\mu}\frac{dp}{dx}h - \frac{U}{h} \quad \cdots\cdots ④$$

그러므로 속도 분포식은

$$u = \left(1 - \frac{z}{h}\right)U - \frac{1}{2\mu}(h - z)z\frac{dp}{dx} \quad \cdots\cdots ⑤$$

유량을 구하기 위하여 단위폭에 대하여 생각하면

$$dQ = udz = \left\{\left(1 - \frac{z}{h}\right)U - \frac{1}{2\mu}(h - z)z\frac{dp}{dx}\right\}dz \quad \cdots\cdots ⑥$$

$$Q = \int_0^h \left\{\left(1 - \frac{z}{h}\right)U - \frac{1}{2\mu}(h - z)z\frac{dp}{dx}\right\}dz$$

$$= \frac{h}{2}\left(U - \frac{h^2}{6\mu}\frac{dp}{dx}\right) \quad \cdots\cdots ⑦$$

$x-z$ 면에서의 전단응력은

$$\tau_{xz} = \tau_{zx} = \mu\left(\frac{\partial u}{\partial z} + \frac{\partial w}{\partial x}\right) \quad \cdots\cdots ⑧$$

$w = 0$이므로

$$\tau_{zx} = \mu\frac{du}{dz} = -\mu\frac{U}{h} - \frac{1}{2}(h - 2z)\frac{dp}{dx} \quad \cdots\cdots ⑨$$

그러므로 고정판 $z = 0$인 곳에서와 운동하고 있는 판, 즉 $z = h$인 점에서의 전단응력은 식 ⑨로부터 $z = 0$에서

$$\tau_{zx} = -\mu\frac{U}{h} - \frac{h}{2}\frac{dp}{dx} \quad \cdots\cdots ⑩$$

$z = h$에서

$$\tau_{zx} = -\mu\frac{U}{h} + \frac{h}{2}\frac{dp}{dx} \quad \cdots\cdots ⑪$$

예제 5.2 두 원형 평판이 평행하게 그림 5 · 10과 같이 놓여 있으며, 두 평판 사이에 점성계수가 μ이고, 밀도가 ρ인 액체가 채워져 있다. 상부에 있는 원판을 힘 F로 누를 때 일정한 속도 U로 하강한다면, (a) 액체의 반지름방향 압력 분포식, (b) 힘 F의 계산식, (c) 위 원판이 H 높이까지 내려오는 데 걸리는 시간 T를 구하라.

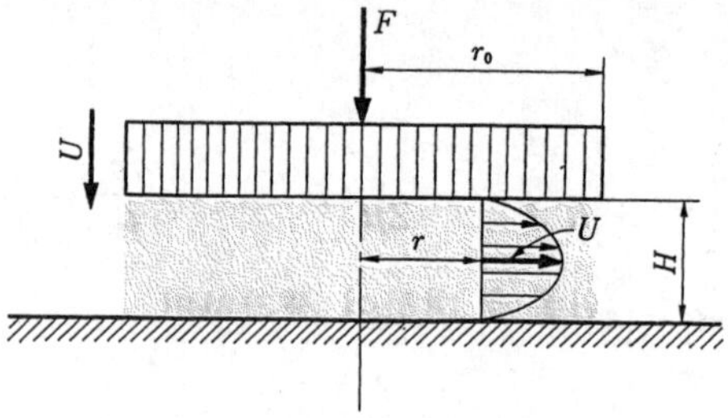

그림 5 · 10

풀이 (a) 원통좌표로 나타난 Navier-Stokes의 운동 방정식에서 가속도의 성분과 축방향 및 방사방향의 속도성분을 무시할 수 있으므로

$$\text{반지름방향}: -\frac{\partial p}{\partial r} + \mu\left[\frac{\partial}{\partial r}\left\{\frac{1}{r}\frac{\partial}{\partial r}(rv_r)\right\} + \frac{\partial^2 v_r}{\partial z^2}\right] = 0 \quad \cdots\cdots ①$$

$$\text{축방향}: \frac{\partial p}{\partial z} + \rho g = 0 \quad \cdots\cdots ②$$

$$\text{방사방향}: \frac{\partial p}{\partial \theta} = 0 \quad \cdots\cdots ③$$

비압축성 유동의 경우 간략화한 연속 방정식은

$$\frac{\partial}{\partial r}(rv_r) = 0 \quad \cdots\cdots ④$$

식 ②를 적분하면

$$p = -\rho g z + f(r) \quad \cdots\cdots ⑤$$

여기서 $f(r)$는 r만의 함수이며 상수이다. 식 ①은 식 ④, ⑤와 함께

$$-\frac{df}{dr} + \mu\frac{d^2 v_r}{dz^2} = 0 \quad \cdots\cdots ⑥$$

속도 분포식을 구하기 위하여 식 ⑥을 적분하면

$$v_r = \frac{1}{2\mu}\frac{df}{dr}z^2 + C_1 z + C_2 \quad \cdots\cdots ⑦$$

유동의 경계조건은

$z = 0$에서 $v_r = 0$

$z = H$에서 $v_r = 0$

그러므로 식 ⑦은

$$v_r = \frac{1}{2\mu}\frac{df}{dr}(z^2 - Hz) \quad \cdots\cdots ⑧$$

유량은

$$Q = \int_0^H \frac{1}{2\mu}\frac{df}{dr}(z^2 - Hz)2\pi r\,dz$$

$$= \frac{\pi r}{\mu}\frac{df}{dr}\int_0^H (z^2 - Hz)dz = -\frac{\pi r}{6\mu}\frac{df}{dr}H^3 \quad \cdots\cdots ⑨$$

또한 유량 Q를 원판의 하강속도 U와 r로 나타내면

$$Q = \pi r^2 U \quad \cdots\cdots ⑩$$

이 두 식들로부터 유량은 동일하므로

$$\frac{df}{dr} = -\frac{6\mu U}{H^3}r$$

즉

$$f = -\frac{3\mu U}{H^3}r^2 + C \quad \cdots\cdots ⑪$$

여기서 f는 압력 분포식 ⑤에서 나온 항으로 동압(動壓)을 나타내므로 $r = r_0$에서 $f = 0$이 된다.

따라서

$$C = \frac{3\mu U}{H^3}r_0^2$$

가 되어

$$f(r) = \frac{3\mu U}{H^3}(r_0^2 - r^2) \quad \cdots\cdots ⑫$$

결과적으로 압력 분포식 ⑤는

$$p = \frac{3\mu U}{H^3}(r_0^2 - r^2) - \rho g z \quad \cdots\cdots ⑬$$

(b) $F = \int_A f dA = \int_0^{r_0} \left\{ \frac{3\mu U}{H^3}(r_0^2 - r^2) \right\} 2\pi r\, dr$

$$= \frac{3\pi\mu U r_0^4}{2H^3} \quad \cdots\cdots ⑭$$

(c) 원판의 하강속도 $U = -\frac{dz}{dt}$로 나타낼 수 있으므로, 식 ⑭에 대입해서 $H = z$로 놓고 시간 t에 관하여 풀면

$$F = -\frac{3\pi\mu r_0^4}{2z^3}\frac{dz}{dt}$$

즉

$$dt = -\frac{3\mu r_0^4}{2F}\frac{dz}{z^3}$$

$$t = -\frac{3\pi\mu r_0^4}{2F}\int_0^H \frac{dz}{z^3} = \frac{3\pi\mu r_0^4}{4FH^2}$$

예제 5.3 비압축성, 비회전, 정상유동에서 Navier-Stokes의 운동 방정식으로부터 Bernoulli의 에너지 방정식을 유도하라.

풀이 수평면으로부터 임의의 높이 h인 점에서 질량력을 무시하고, 정상유동에서 x 방향의 Navier-Stokes의 운동 방정식을 고려하면

$$u\frac{\partial u}{\partial x} + v\frac{\partial u}{\partial y} + w\frac{\partial u}{\partial z}$$

$$= -g\frac{\partial h}{\partial x} - \frac{1}{\rho}\frac{\partial p}{\partial x} + \frac{\mu}{\rho}\left(\frac{\partial^2 u}{\partial x^2} + \frac{\partial^2 u}{\partial y^2} + \frac{\partial^2 u}{\partial z^2}\right)$$

비회전 유동에서는

$$\frac{\partial u}{\partial z} = \frac{\partial w}{\partial x}, \qquad \frac{\partial u}{\partial y} = \frac{\partial v}{\partial x}$$

이므로, 이 관계를 앞식에 대입하여 정리하면

$$\frac{\partial}{\partial x}\left(\frac{u^2}{2}+\frac{v^2}{2}+\frac{w^2}{2}\right)=-g\frac{\partial h}{\partial x}-\frac{1}{\rho}\frac{\partial p}{\partial x}$$
$$+\frac{\mu}{\rho}\frac{\partial}{\partial x}\left(\frac{\partial u}{\partial x}+\frac{\partial v}{\partial y}+\frac{\partial w}{\partial z}\right)$$

여기서 $q^2 = u^2 + v^2 + w^2$으로 놓고, 연속의 이론을 적용하면

$$\frac{\partial}{\partial x}\left(\frac{q^2}{2}\right)=-g\frac{\partial h}{\partial x}-\frac{1}{\rho}\frac{\partial p}{\partial x}$$

이를 다시 정리하면

$$\frac{\partial}{\partial x}\left(\frac{q^2}{2}+gh+\frac{p}{\rho}\right)=0$$

y, z방향에 대해서도 다음과 같이 정리할 수 있다.

$$\frac{\partial}{\partial y}\left(\frac{q^2}{2}+gh+\frac{p}{\rho}\right)=0$$
$$\frac{\partial}{\partial z}\left(\frac{q^2}{2}+gh+\frac{p}{\rho}\right)=0$$

따라서 윗식들을 적분하면 다음과 같은 Bernoulli 방정식을 구할 수 있다.

$$\frac{q^2}{2}+gh+\frac{p}{\rho}=C$$

또는

$$\frac{q^2}{2g}+\frac{p}{\gamma}+h=C$$

제 6 장

운동량 이론

Momentum Theory

6.1 제어체적의 역학적 개념

일반적으로 고체가 운동하는 경우 이에 대한 역학적인 기술은 시간에 대한 위치의 항으로 나타낸다. 그림 6 · 1과 같이 어느 일정한 형태의 물체가 궤적선을 따라 운동하고 있을 때, Newton의 운동 방정식을 적용하여 위치 s를 시간의 함수 t로 나타낼 수 있다. 정지상태에 있는 물체가 자유낙하하는 경우, 잘 알려진 Newton의 법칙은

$$m\frac{d^2s}{dt^2} = mg \tag{6 · 1}$$

여기서 m은 질량, g는 중력 가속도를 나타내고, 시간 $t = 0$일 때 $s = s_0$, 속도 $v = \frac{ds}{dt} = 0$이 되므로 식 (6 · 1)을 이중 적분하면

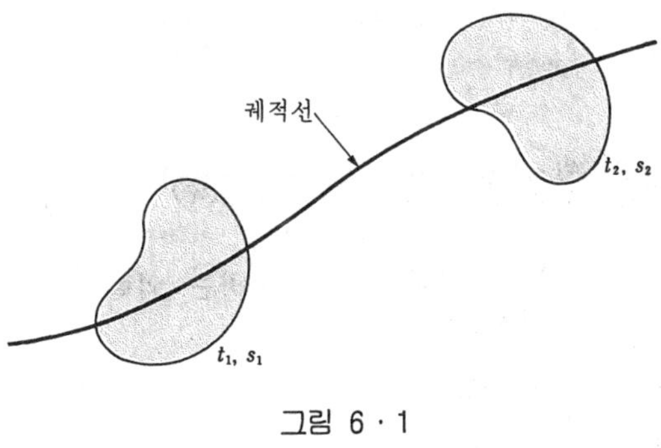

그림 6 · 1

$$s - s_0 = \frac{1}{2} g t^2 \tag{6 · 2}$$

이 되는데, 이것은 Lagrange 방법에 의한 기술이다.

그러나 유체역학에서는 이와는 달리 유체입자가 유동 중에 유동장 내에서 위치가 변함에 따라 계속적으로 그 형태가 변하므로 고체의 운동 경우와는 다른 방법으로 운동을 기술하여야 한다. 그러므로 유체의 운동을 완전히 기술하기 위해서는 변위와 회전뿐만 아니라 변형까지도 고려해야 하며, 유체유동에서 역학적인 문제를 다루기 위해서는 크기와 형태가 주어진 유체(fluid body)에 작용하는 압력과 속도를 알아야 한다.

이와 같이 주어진 위치를 통과하는 유체운동을 해석하는 방법을 Euler 방법 또는 Euler 제어체적이라고 한다.

따라서 이 장에서는 고체물체나 입자들의 운동의 개념을 유체입자들에 적용하여 질량, 운동량, 에너지 보존의 법칙을 설명하고자 한다.

6.2 계(System)에 대한 기본법칙

6.2.1 질량보존의 법칙(Law of Mass Conservation)

질량보존의 법칙이란 물질이 새로이 생성되거나 파괴가 일어나지 않음을 의미하며, 또한 입자들의 단위시간당 전질량의 변화량으로

$$\frac{dM}{dt} = 0 \tag{6 · 3}$$

이 됨을 의미한다.

$$M_{\text{sys}} = \int_{\text{mass(sys)}} dm = \int_{\mathcal{V}(\text{sys})} \rho d\mathcal{V} \tag{6 · 4}$$

6.2.2 Newton의 제2법칙(Newton's Second Law)

Newton의 제2법칙에 의하면 계(system)에 작용하는 외력의 합은 계의 단위시간당 선운동량(linear momentum)의 변화량과 같다.

계의 선운동량을 M_0, 외력의 합을 $\boldsymbol{F}$라 하면

$$M_{0(\text{sys})} = \int_{\text{mass(sys)}} \mathbf{V} dm = \int_{\mathcal{V}(\text{sys})} \mathbf{V} \rho d\mathcal{V} \tag{6 · 5}$$

즉

$$F = \frac{dM_{0(sys)}}{dt} \tag{6 · 6}$$

6.2.3 운동량 모멘트(Moment of momentum)

운동량을 정의하기 위하여 먼저 모멘트를 논하여야 된다. 모멘트(M_t)는 힘(F)과 거리(l)의 적(積)으로 표시되므로

$$M_t = F \times l \tag{6 · 7}$$

이고, 또 운동량(momentum) M_0는 질량과 속도의 적이다.

$$M_0 = M \times V \tag{6 · 8}$$

운동량은 한 질점(質點)에서 일어나는 양(量)이므로, 그 질점에서 단위시간에 대한 운동량의 변화는 결국 그 질점에 작용하는 힘과 같다.

$$\frac{d(MV)}{dt} = M\frac{dV}{dt} = M_a = F \tag{6 · 9}$$

이 식을 변형하면

$$MdV = Fdt \tag{6 · 9 a}$$

가 되며, 여기서 MdV를 운동량의 변화, Fdt를 역적(impule)이라고 한다.

또, 운동량 모멘트(M_m)라 함은 운동량과 거리의 적을 말한다. 따라서 단위시간에 대한 운동량 모멘트의 변화는 그 질점에 작용하는 힘의 한 점에 대함 모멘트와 같다. 이것을 운동량의 법칙(law of momentum)이라고 한다.

$$M_m = M_0 \times l \tag{6 · 10}$$

$$\frac{d(M_m)}{dt} = \frac{d(M_0 l)}{dt} = \frac{d(MVl)}{dt} = Ml\frac{dV}{dt}$$

$$= M_a l = Fl = M_t \tag{6 · 11}$$

6.2.4 열역학의 제1법칙(The first law of thermodynamics)

열역학의 제1법칙은 에너지 보존의 법칙을 의미한다.

$$dQ + dW = dE$$

계의 단위시간당 전열량을 Q, 일량을 W라 하면

$$Q + W = \frac{dE}{dt} \tag{6 · 12}$$

계의 전에너지는

$$E = \int_{\text{mass}} edm = \int_{V} e\rho dV \tag{6 · 13}$$

여기서 $e = u + \frac{v_2}{2} + gz$이다.

6.2.5 열역학의 제2법칙(The second law of thermodynamics)

온도가 T인 계에 열량 dQ가 전달되면 열역학의 제2법칙은 엔트로피(entropy)의 변화 dS로서 다음과 같이 된다.

$$dS \geq \frac{dQ}{T}$$

즉

$$\frac{dS}{dt} \geq \frac{Q}{T} \tag{6 · 14}$$

계의 전엔트로피는

$$S_t = \int_{\text{mass}} Sdm = \int_{V} S\rho dV \tag{6 · 15}$$

6.3 정상유동에서의 운동량 방정식

정상유동에서의 운동량 방정식을 살펴보기 위해 그림 6 · 2와 같이 임의의 두 유선을 택하였을 때, 그 사이에 흐르는 유체의 운동량은 공간 ABDC에서 $\sum_{\text{ABDC}} V_x \delta m$이 되고 dt시간 후에 ABDC 내의 유량이 A′B′D′C′로 옮겨갔다면, 그때의 운동량은

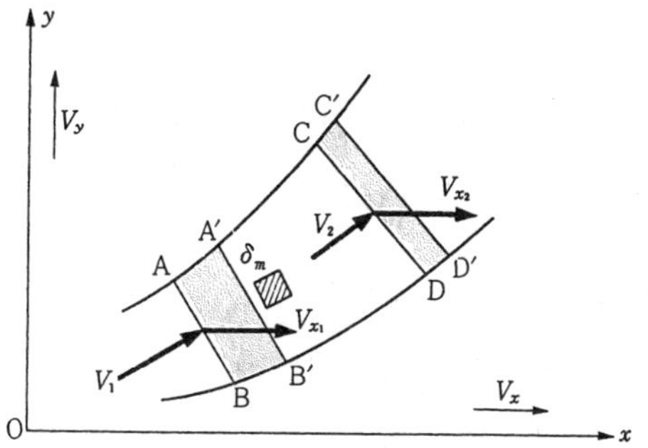

그림 6 · 2

$\sum_{A'B'D'C'} V_x \delta m$이 된다.

그러므로 dt시간 동안 x방향으로의 순수한 운동량의 전증가량은 다음과 같다.

$$\sum_{A'B'D'C'} V_x \delta m - \sum_{ABDC} V_x \delta m$$

그러나 그림 6 · 2에서 살펴보면

$$\sum_{A'B'D'C'} V_x \delta m = \sum_{ABDC} V_x \delta m - \sum_{ABB'A'} V_x \delta m + \sum_{CDD'C'} V_x \delta m \quad (6 \cdot 16)$$

이므로, 윗식에 대입하면 다음과 같이 된다.

$$\begin{aligned} &\sum_{A'B'D'C'} V_x \delta m - \sum_{ABDC} V_x \delta m \\ &= \left(\sum_{ABDC} V_x \delta m - \sum_{ABB'A'} V_x \delta m + \sum_{CDD'C'} V_x \delta m \right) - \sum_{ABDC} V_x \delta m \\ &= \sum_{CDD'C'} V_x \delta m - \sum_{ABB'A'} V_x \delta m \end{aligned} \quad (6 \cdot 17)$$

결과적으로, x방향에 대한 전운동량의 증가는 CDD′C′와 ABB′A′의 차로 계산된다.

앞의 식들에서 단면 CD나 AB에서 모두 x방향의 속도를 V_x로 나타냈으나, 실제적으로 단면 CD를 단면 2, 단면 AB를 단면 1이라 할 때, V_x는 각 단면에 따라 V_{x_1}, V_{x_2}로 되어야 하고, δm 역시 단면 1, 2에서 δm_1, δm_2가 되어야 한다. 그러므로

$$\begin{aligned} \delta m_1 &= \rho_1 V_1 \, dA_1 \\ \delta m_2 &= \rho_2 V_2 \, dA_2 \end{aligned} \quad (6 \cdot 18)$$

가 되고, dt시간 동안의 운동량 변화를 다시 살펴보면

$$(\sum_{CDD'C'} V_x \delta m - \sum_{ABB'A'} V_x \delta m)\, dt$$
$$= (\rho_2 V_2 A_2 Vx_2 - \rho_1 V_1 A_1 Vx_1)\, dt$$
$$= \dot{m}(Vx_2 - Vx_1)\, dt \tag{6 · 19}$$

로 되며, 여기서 질량유량인 $\dot{m} = \rho_1 A_1 V_1 = \rho_2 A_2 V_2$이다.

단위시간에 대한 속도의 변화는 가속도이므로

$$\dot{m}(Vx_2 - Vx_1) = \dot{m}a_x = F_x \tag{6 · 20}$$

가 되므로, 결국 dA에 대해서 x방향에 대한 힘은

$$dF_x = \delta\dot{m}(Vx_2 - Vx_1) = \rho_2 V_2 dA_2 Vx_2 - \rho_1 V_1 dA_1 Vx_1 \tag{6 · 21}$$

이를 적분하면 다음과 같다.

$$F_x = \int \rho_2 V_2 Vx_2\, dA_2 - \int \rho_1 V_1 Vx_1\, dA_1 \tag{6 · 22}$$

마찬가지로 y방향에 대해서도 다음과 같이 계산된다.

$$F_y = \int \rho_2 V_2 Vy_2\, dA_2 - \int \rho_1 V_1 Vy_1\, dA_1 \tag{6 · 23}$$

6.4 운동량 수정계수

유체유동에서 관 내의 1차원 유동의 경우라 하더라도 유동 단면상에서 정확한 균일 유동을 얻는 것은 실제적으로 어려운 일이다. 그러므로 한 단면 A에서의 정확한 운동량은 $\rho\int u^2 dA$로 계산되어야 하지만 유동 단면상의 평균속도를 $\overline{V}$라고 할 때 운동량을 간단하게 $\rho\overline{V}^2 A$로 계산하는데, 이 두 값들은 정확하게 일치하지 않는다. 따라서 다음과 같이 값의 보정이 필요하다.

$$\rho\int u^2 dA = \beta\dot{m}\overline{V} = \beta\rho A\overline{V}^2 \tag{6 · 24}$$

여기서 β를 운동량 수정계수(momemtum correction factor)라고 부르는데, 이를 식으로 정리하면 다음과 같다.

$$\beta = \frac{1}{A}\int\left(\frac{u}{\overline{V}}\right)^2 dA \tag{6 · 25}$$

밀도 ρ가 상수일 때, 균일분포 유동인 경우에는 $\beta \fallingdotseq 1.02$이며, 관 내의 층류유동(層流流動)에서는 $\beta = 4/3$의 값을 갖는다.

6.5 운동량 방정식의 응용

6.5.1 평판에 충돌하는 분류의 힘

일반적으로 평판에 충돌하는 분류는 반동(rebound)을 일으키지 않는 반면, 유체는 어느 경계에 이를 때까지 평판의 표면을 따라 유동해 가다가 표면의 접선방향으로 분리되어 나가는 것을 볼 수 있다.

그림 6・3과 같이 평판에 수직한 방향을 x방향이라 하면, 평판상에서는 x방향으로 유속이 존재하지 않으므로 x방향으로의 운동량도 존재하지 않는다.

그러나 제어체적의 유입으로 인하여 x방향의 운동량이 발생하며, 그 값은

$$(M_0)_x = \int \rho V V x \, dA = \cos\theta \int \rho V^2 \, dA \qquad (6 \cdot 26)$$

가 되는 바, 이는 x방향 운동량의 증가를 나타내며, x방향의 유체에 작용하는 힘(力)과 같다. 따라서 밀도와 속도가 일정할 때 식 (6・26)을 적분하면 다음과 같이 x방향으로 작용하는 힘을 다음과 같이 구할 수 있다.

$$(M_0)_x = \rho V^2 \cos\theta \int dA = \rho Q V \cos\theta \qquad (6 \cdot 27)$$

마찬가지 방법으로 y방향에 대한 힘도 구할 수 있다.

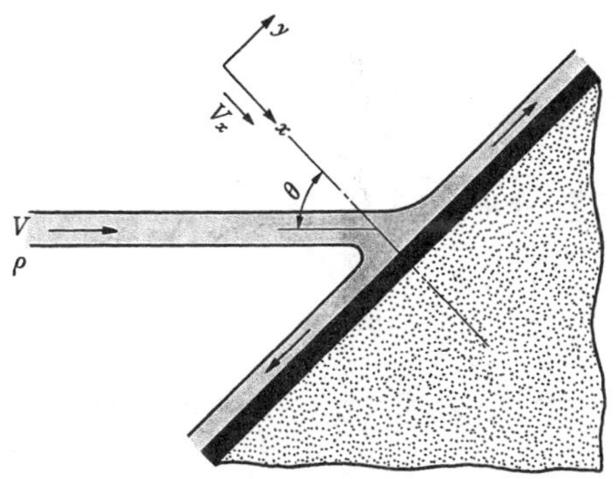

그림 6・3

$$(M_0)_y = \rho V^2 \sin\theta \int dA = \rho Q V \sin\theta \qquad (6 \cdot 28)$$

여기서 $Q = V\int dA$이다.

예 제 6.1 지름이 50 mm인 분류(물)가 40 m/s의 속도로 그림 6 · 4와 같이 30°로 고정평판에 충돌하면 평판은 얼마의 힘을 받겠는가?

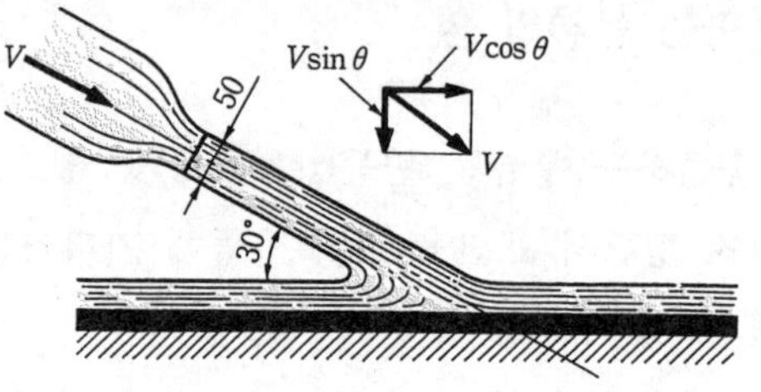

그림 6 · 4

풀 이 운동량의 법칙에 의하여 평판에 작용하는 수직한 힘 F는

$$F = \rho Q(V\sin\theta - 0) = \rho Q V \sin\theta$$

그런데 $Q = \dfrac{\pi}{4} d^2 V,\ \rho = \dfrac{\gamma}{g}$ 이므로

$$F = \frac{1000}{9.8} \times \frac{\pi}{4} \times (0.05)^2 \times 40 \times \sin 30° \times 40 = 160.2\ \text{kgf}$$

예 제 6.2 그림 6 · 5와 같이 평면 바리케이드(barricade)가 노즐에서 분출되는 분류와 수직으로 충돌되도록 설치되어 있다. 노즐에서 분출되는 물의 유속이 15 m/s이고, 노즐 단면적이 0.01 m^{2}이다. 이때 바리케이드에 작용하는 수평력을 구하라.

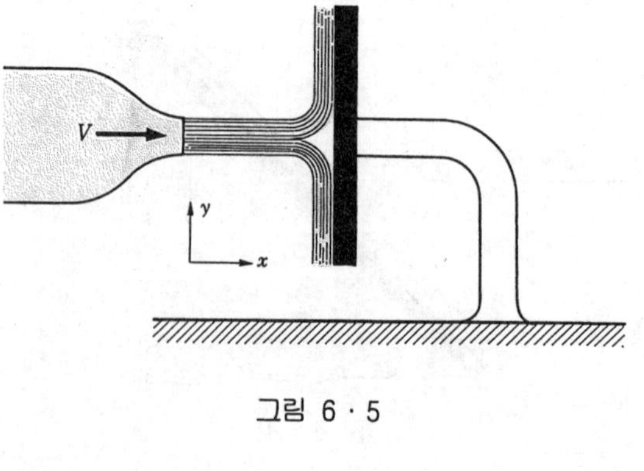

그림 6 · 5

풀이 평판에 작용하는 x방향의 단위시간당 모멘트가 힘이 되므로, 질량력을 무시하고 표면력만을 계산하면

$$(F_s)_x = R_x = \rho A V^2$$

에서 SI 단위로 $\rho = 1000\ \mathrm{kg/m^3}$이므로

$$R_x = 1000\ \mathrm{kg/m^3} \times 0.01\ \mathrm{m^2} \times 15^2\ \mathrm{m^2/s^2}$$
$$= 2250\ \mathrm{kg \cdot m/s^2} = 2.25\ \mathrm{kN}$$

6.5.2 고정 및 이동 베인

터보기계류(turbo machines)는 분사(jets)와 베인(vanes)에 크게 관련되어 있다. 이동베인(moving vanes)에 분사되는 유체로부터 얻는 일과 에너지 전달의 역학적인 문제는 운동량 이론 적용의 한 예이다.

그림 6·6과 같이 원활하게 굽어져 있는 고정베인에 자유분사(free jet)시킬 때 분류는 휘어져서 베인을 따라 유동하고, 운동량의 변화가 발생하며 베인에 힘이 작용하게 된다.

대기 중에서는 이 베인의 입구와 출구에서 균일유동을 하며, 분류의 방향은 베인에 접선방향이고, 또 마찰에 의한 손실이나 충돌손실을 무시하면 입구와 출구에서의 압력은 동일하므로 Bernoulli 방정식을 응용하여 양 끝에서의 속도를 구할 수 있다. 즉 x 방향의 힘은

$$-F_x = \rho_2 A_2 V_2 V x_2 - \rho_1 A_1 V_1 V x_1 \qquad (6 \cdot 29)$$

터보기계류는 이동베인의 운동으로부터 얻어지는 힘을 이용하게 되므로, 고정베인

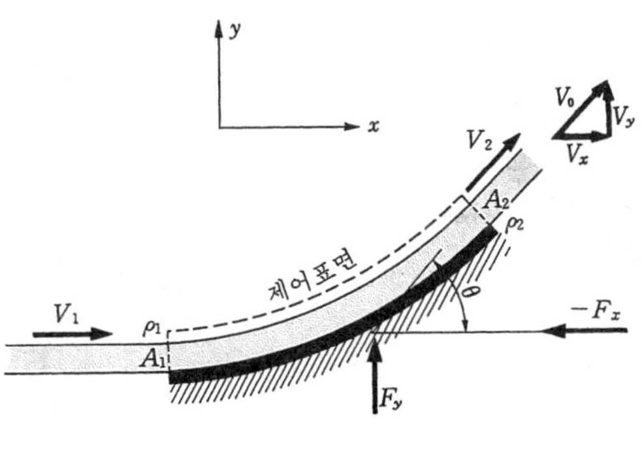

그림 6·6

위에 흐르는 유체로부터는 어떤 일의 결과를 얻을 수 없고, 베인이 운동하고 있을 때 비로소 베인이나 일이 유체에 주어진다.

그림 6 · 7 (a)에서와 같이 이동베인의 접선방향으로 유체가 흘러 들어갈 때 x, y 방향의 힘을 F_x, F_y라 하고, 그림 6 · 7 (b)와 같이 베인이 유체의 유동방향으로 u의 속도로 움직이고 있을 때 점 (1), (2)에서의 상대속도는 유속을 V_0라 하면 $V_0 - u$가 된다.

그림 6 · 7 (b)의 제어표면에 나타난 제어체적에 대한 x방향의 힘은

$$\begin{aligned} -F_x = \rho(V_0 - u)A_0(V_0 - u)\cos\theta \\ - \rho(V_0 - u)A_0(V_0 - u) \end{aligned}$$

즉

$$F_x = \rho(V_0 - u)^2 A_0(1 - \cos\theta) \qquad (6 \cdot 30)$$

가 되며, y방향의 힘은

$$F_y = \rho(V_0 - u)A_0(V_0 - u)\sin\theta - 0$$

즉

$$F_y = \rho(V_0 - u)^2 A_0 \sin\theta \qquad (6 \cdot 31)$$

와 같이 된다.

식 (6 · 30)~(6 · 31)은 하나의 베인에 대해 정리하였지만, 연속베인에 대해서는 다음과 같은 식이 성립된다.

$$F_x = \rho Q(V_0 - u)(1 - \cos\theta) \qquad (6 \cdot 32)$$
$$F_y = \rho Q(V_0 - u)\sin\theta \qquad (6 \cdot 33)$$

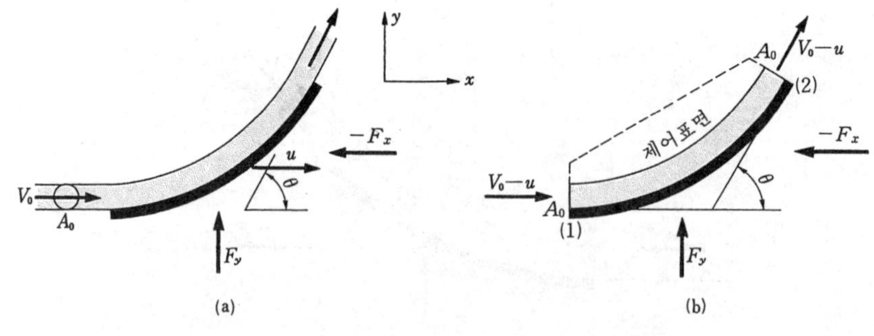

그림 6 · 7

예제 6.3 그림 6·6에서 $2\,\mathrm{ft^3/s}$의 유량[물]을 150° ft/s의 속도로 분사시킬 때, 고정베인에 작용하는 x, y방향의 힘을 구하라. 단, 베인은 130°로 휘어져 있다.

풀이 물의 밀도는 $\rho = 1.935\,\mathrm{slugs/ft^3}$이고,

$$-F_x = \rho V_0 \cos\theta V_0 A_0 - \rho V_0(V_0 A_0)$$
$$F_y = \rho V_0 \sin\theta V_0 A_0$$

이므로

$$F_x = -(1.935\,\mathrm{slugs/ft^3})(2\,\mathrm{ft^3/s})(150\ \cos 135°\,\mathrm{ft/s} - 150\,\mathrm{ft/s}) = 991\,\mathrm{lb}$$
$$F_y = (1.935\,\mathrm{slugs/ft^3})(2\,\mathrm{ft^3/s})(150\ \sin 135°\,\mathrm{ft/s}) = 410\,\mathrm{lb}$$

예제 6.4 그림 6·8(a)와 같이 단일 이동 베인에 물이 분사될 때 분사류(噴射流)에 의해 베인이 받는 힘과 베인에 한 일량을 구하라.

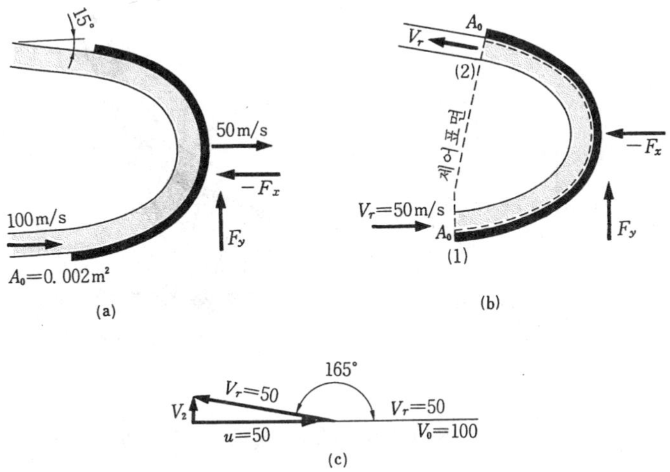

그림 6·8

풀이 그림 6·8(b)는 제어체적과 상대속도에 대하여 도시한 그림이며, 그림 6·8(c)는 극벡터 선도(polar vector diagram)를 도시한 것이다.

물의 밀도는 $\rho = 1000\,\mathrm{kg/m^3}$이고,

$$-F_x = \rho V_r \cos\theta(V_r A_0) - \rho V_r(V_r A_0)$$
$$F_y = \rho V_r \sin\theta(V_r A_0)$$

이므로

$$-F_x = 1000 \times 50 \times \cos 165° \times 50 \times 0.002$$
$$- 1000 \times 50 \times 50 \times 0.002$$
$$F_x = 9829.6\ \text{N}$$
$$F_y = 1000 \times 50 \times \sin 165° \times 50 \times 0.002 = 1294\ \text{N}$$

베인이 받는 동력은

$$L_t = F_x \times u = 9829.6 \times 50 = 491.48\ \text{kW}$$

예 제 6.5 그림 6·9와 같이 분류(물)가 60°로 원활하게 굽어진 베인 위로 흘러가고 있다. 최초 분류지름은 50 mm이고 유속은 36 m/s이다. 마찰에 의하여 유속이 감소되어 베인 끝부분에서 유속은 30 m/s가 되었다. 중력의 영향은 무시하고 이 베인에 작용하는 힘과 작용방향을 구하라.

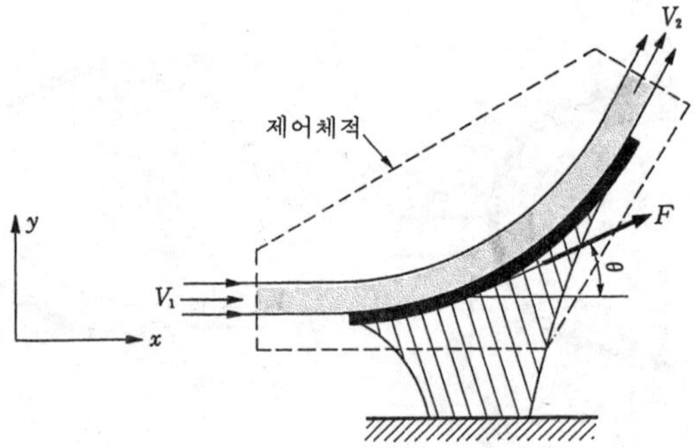

그림 6·9

풀이 그림 6·9에서와 같이 초기속도 V_1과 평행한 방향을 x축으로 잡고 종속도(終速度)를 균일유동으로 가정하면 베인에 작용하는 x, y방향의 힘은

$$F_x = \rho Q V_1 - \rho Q V_2 \cos\theta$$
$$F_y = \rho Q V_2 \sin\theta$$

이므로

$$F_x = \rho Q V_2 \cos 60° - \rho Q V_1$$
$$= \frac{1000}{9.8} \times \frac{\pi}{4} \times (0.05)^2 \times 36 \times 30 \times \frac{1}{2} - \frac{1000}{9.8} \times \frac{\pi}{4} \times (0.05)^2 \times 36 \times 36$$

$$= 151.4\,\text{kgf}$$

마찬가지로 y방향에 대해서도

$$F_y = \rho Q V_2 \sin 60° = \frac{1000}{9.8} \times \frac{\pi}{4} \times (0.05)^2 \times 36 \times 30 \times \frac{\sqrt{3}}{2}$$
$$= 187.3\,\text{kgf}$$

그러므로 합력(resultant force)은

$$F = \sqrt{(151.4)^2 + (187.3)^2} = 240.8\,\text{kgf}$$

작용방향은

$$\theta = \tan^{-1}\left(\frac{187.3}{151.4}\right) = 51°3'$$

즉 51°3′의 x방향으로 합력이 작용한다.

예 제 6.6 그림 6·10 (a)와 같이 150°로 굽어져 있는 베인이 70 ft/s로 움직이고 있다. 베인의 단면은 0.03 ft^{2}이며, 이 베인에 분사되는 물의 유량은 3.3 ft^3/s이다. 베인에서 얻을 수 있는 동력(HP)과 분사류의 운동 에너지를 구하라.

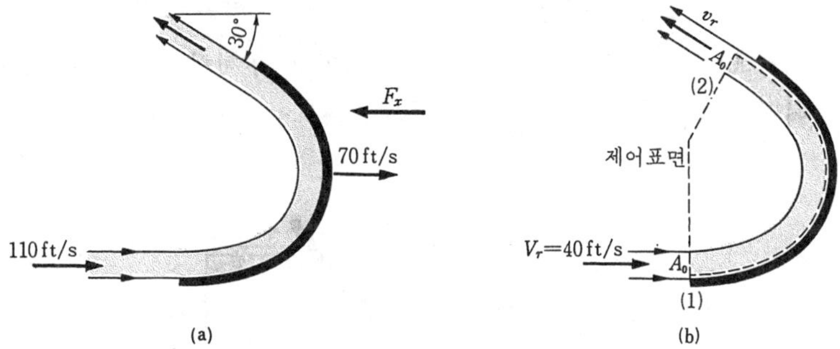

그림 6·10

풀 이 물의 밀도는 $\rho = 1.935$ slugs/ft^{3}이고, 1 HP = 550 ft·lb/s이며, 주어진 값으로부터 분류의 속도는 $V_0 = 3.3/0.03 = 110$ ft/s이다. 그림 6·10 (b)는 정상상태의 제어체적을 그림으로 나타낸 것이다. 따라서 베인에 작용하는 힘 F_x와 동력 L_t는

$$F_x = (1.935\ \text{slugs/ft}^3)(3.3\ \text{ft}^3/\text{s})(40\ \text{ft/s})(1 - \cos 150°)$$

$$= 476.6 \text{ lb}$$

$$L_t = \frac{(476.6 \text{ lb})(70 \text{ ft/s})}{550 \text{ ft} \cdot \text{lb/s}} = 60.7 \text{ HP}$$

베인의 출구에서의 절대속도 성분은

$$V_{2x} = 70 - 40 \cos 30° = 35.4 \text{ ft/s}$$
$$V_{2y} = 40 \sin 30° = 20 \text{ ft/s}$$

유출속도 헤드는

$$\frac{V_2^2}{2g} = \frac{35.4^2 + 20^2}{64.4} = 25.7 \text{ ft}$$

분류의 운동 에너지는

$$E_k = Q\gamma \frac{V_2^2}{2g} = (3.3 \text{ ft}^3/\text{s})(62.4 \text{ lb/ft}^3)(25.7 \text{ ft})$$
$$= 5292.14 \text{ ft} \cdot \text{lb/s}$$

예 제 6.7 그림 6 · 11에서 보는 바와 같이 60°로 굽어진 베인이 바퀴 달린 마차에 부착되어 있다. 질량이 80 kg인 마차와 베인이 트랙 위를 굴러가고 있다. 베인은 노즐로부터 수평으로 분출되는 40 m/s의 물의 속도를 받고 있다. 노즐의 출구 단면적이 0.002 m^2일 때 공기의 저항과 마찰을 무시하면, 마차의 속도는 시간의 함수로 어떻게 표시되는가?

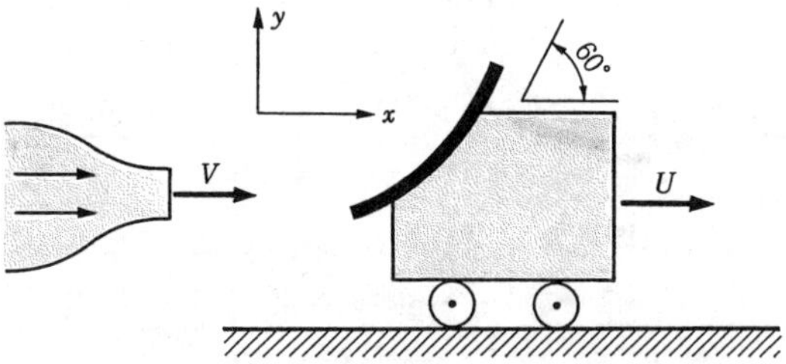

그림 6 · 11

풀이 마찰과 저항을 무시하면 주어진 조건하에서의 운동량 방정식은 다음과 같이 나타낼 수 있다.

$$-\int_{CV} a_x \rho dV = -\rho(V - U)^2 A + \rho(V - U)^2 A \cos\theta$$

여기서

$$-\int_{CV} a_x \rho dV = -M\frac{dU}{dt}$$

이므로

$$-M\frac{dU}{dt} = -\rho(V-U)^2A + \rho(V-U)^2A\cos\theta$$

즉

$$-M\frac{dU}{dt} = (\cos\theta - 1)\rho(V-U)^2A$$

다시 정리하면

$$\frac{dU}{(V-U)^2} = \frac{(1-\cos\theta)\rho A}{M}dt = b\,dt$$

여기서

$$b = \frac{(1-\cos\theta)\rho A}{M}$$

양변을 적분하면

$$\int_0^U \frac{dU}{(V-U)^2} = \int_0^t b\,dt$$

$$\frac{1}{(V-U)} - \frac{1}{V} = bt$$

U에 대하여 풀면

$$\frac{U}{V} = \frac{Vbt}{1+Vbt}$$

$$Vb = V\frac{(1-\cos\theta)\rho A}{M} = 40\text{ m/s}\frac{(1-0.5)}{80\text{ kg}}\times 1000\text{ kg/m}^3 \times 0.002\text{ m}^2 = 0.5\text{ s}^{-1}$$

$$\frac{U}{V} = \frac{0.5t}{1+0.5t}\,(t\text{는 sec 단위})$$

6.5.3 곡관 내의 유동

곡관 내의 유체가 정상유동하고 있을 때, 단면 A_1과 A_2 사이의 관벽에 유체가 작용하는 힘과 모멘트에 대하여 고려해 보자.

그림 6·12에서

p_1 : A_1에 작용하는 단위면적당 압력

p_2 : A_2에 작용하는 단위면적당 압력

F_1 : V_1 방향으로 단위시간당 작용하는 전압력과 운동량의 합

F_2 : V_2 방향으로 단위시간당 작용하는 전압력과 운동량의 합

F_x : x방향의 합력

F_y : y방향의 합력

p_x : x방향의 합력

p_y : y방향의 합력

θ : F_1과 F_2가 이루는 각

α_1 : F_1과 F_x가 이루는 각

α_2 : F_2와 F_x가 이루는 각

F : F_1과 F_2, F_x와 F_y의 합력

단면 A_1과 A_2 사이에 있던 유체는 dt시간 후에는 단면 A_1', A_2' 사이에 존재하

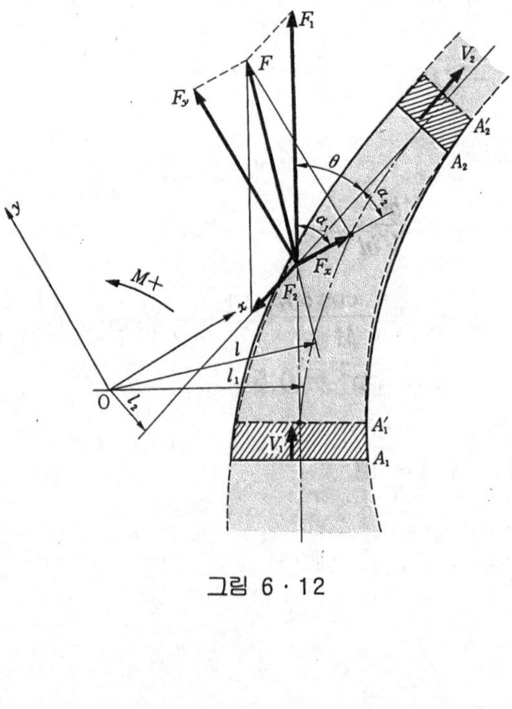

그림 6·12

게 된다. 단면 A_1과 A_2 사이와 A_1'과 A_2' 사이에서 공통된 부분 A_1'와 A_2 사이에서는 운동량의 변화가 없으므로 dt시간 동안 운동량의 변화는 단면 A_2, A_2' 사이의 운동량과, 단면 A_1, A_1' 사이의 운동량의 차이와 동일하다. 이는 dt시간 동안에 A_2에서 유출되는 유체의 운동량과 A_1에서 유입되는 유체의 운동량의 차이와 동일하므로, x방향의 운동량의 변화는 다음과 같다.

$$\begin{aligned}&\rho A_2 V_2\, dt V_2 \cos\alpha_2 - \rho A_1 V_1\, dt V_1 \cos\alpha_1\\ &\quad = (\rho A_2 V_2^2 \cos\alpha_2 - \rho A_1 V_1^2 \cos\alpha_1)\, dt\end{aligned}$$

여기에 연속 방정식을 적용하면, $Q = A_1 V_1 = A_2 V_2$이므로

$$\rho Q(V_2 \cos\alpha_2 - V_1 \cos\alpha_1)$$

유체가 곡관 내를 유동하는 동안에 단면 A_1, A_2 사이에서 x방향으로 발생하는 전 압력차는

$$A_1 p_1 \cos\alpha_1 - A_2 p_2 \cos\alpha_2$$

이며, 이 값은 x방향으로 작용하는 분력 p_x와 운동량 변화의 합과 동일하므로

$$p_x + \rho Q(V_2 \cos\alpha_2 - V_1 \cos\alpha_1) = A_1 p_1 \cos\alpha_1 - A_2 p_2 \cos\alpha_2$$

즉

$$p_x = \rho Q(V_1 \cos\alpha_1 - V_2 \cos\alpha_2) + A_1 p_1 \cos\alpha_1 - A_2 p_2 \cos\alpha_2 \quad (6 \cdot 34)$$

와 같이 된다. 같은 방법으로 y방향에 대해서도 다음과 같이 나타낼 수 있다.

$$p_y + \rho Q(V_2 \sin\alpha_2 - V_1 \sin\alpha_1) = A_1 p_1 \sin\alpha_1 - A_2 p_2 \sin\alpha_2$$

즉

$$p_y = \rho Q(V_1 \sin\alpha_1 - V_2 \sin\alpha_2) = A_1 p_1 \sin\alpha_1 - A_2 p_2 \sin\alpha_2 \quad (6 \cdot 35)$$

그림 6 · 12에서 x, y방향으로 작용하는 합력들은

$$F_x = F_1 \cos\alpha_1 - F_2 \cos\alpha_2 \quad (6 \cdot 36)$$

$$F_y = f_1 \sin\alpha_1 - F_2 \sin\alpha_2 \quad (6 \cdot 37)$$

로 계산되며, 여기서 $F_1 = \rho Q v_1 + A_1 p_1$, $F_2 = \rho Q V_2 + A_2 p_2$이고, F_x, F_y의 합력을 F, $\theta = \alpha_1 - \alpha_2$라 하면

$$F = \sqrt{F_x^2 + F_y^2} = \sqrt{F_1^2 + F_2^2 - 2F_1F_2\cos\theta} \quad (6 \cdot 38)$$

단면 A_1, A_2 사이에 발생하는 힘의 합력 F에 의한 전모멘트는, 원점으로부터 F까지의 수직거리를 l이라고 하면

$$M_t = Fl \quad (6 \cdot 39)$$

이므로, 원점에서 V_1, V_2방향에 대한 수직거리를 l_1, l_2라 할 때 식 (6 · 39)는

$$M_t = F_1l_1 - F_2l_2 \quad (6 \cdot 40)$$

와 같이 계산된다.

그림 6 · 13은 단면이 일정한 원형관이 90°로 균일한 곡률 R로 굽어져 있는 경우이다. 관 내 제반손실을 무시할 때 $V_1 = V_2 = V$, $A_1 = A_2 = A$, $\alpha_1 = 90°$, $\alpha_2 = 0°$이므로 식 (6 · 34), (6 · 35), (6 · 40)으로부터 다음과 같은 식을 간단하게 구할 수 있다.

$$p_x = -(\rho QV + Ap_2) \quad (6 \cdot 41)$$
$$p_y = \rho QV + Ap_1 \quad (6 \cdot 42)$$
$$M_t = AR(p_1 - p_2) \quad (6 \cdot 43)$$

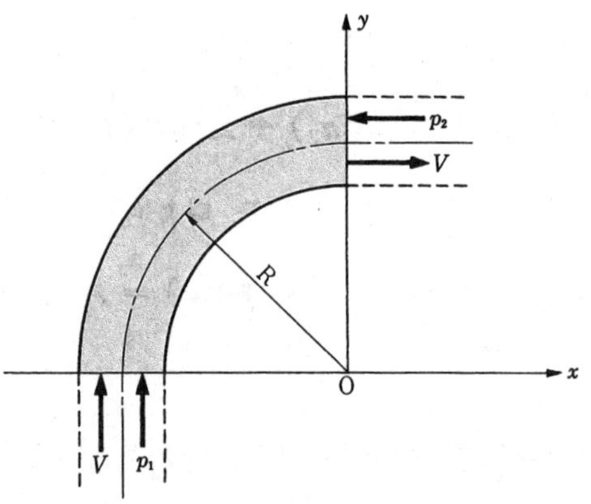

그림 6 · 13

예 제 6.8 입구와 출구의 지름이 10 cm인 90° 엘보(elbow)에 압력이 20 kgf/cm^{2}인 물이 흐르지 않고 있다. 이 엘보를 고정하는 데 필요한 힘을 구하라. 단, 물과 엘보의 무게는 무시한다.

풀이 엘보를 고정하는 데 필요한 x방향의 힘을 F_x, y방향의 힘을 F_y라 하자. 물

이 흐르지 않으므로 $V_1 = V_2$이다. 운동량 방정식에서

x방향 : $\sum F_x = 0$, $p_1 A_1 - F_x = 0$

즉

$$F_x = p_1 A_1 = 20 \times \frac{\pi(10)^2}{4} = 1570\,\text{kgf}$$

y방향 : $\sum F_y = 0$, $p_2 A_2 - F_y = 0$

즉

$$F_y = p_2 A_2 = 20 \times \frac{\pi(10)^2}{4} = 1570\,\text{kgf}$$

F_x와 F_y의 합력 R는

$$R = \sqrt{F_x^2 + F_y^2} = \sqrt{(1570)^2 + (1570)^2} = 2220.3\,\text{kgf}$$

예제 6.9 입구의 안지름이 600 mm, 출구의 안지름이 300 mm인 관이 45°로 원활하게 휘어져 있다. 입구에서의 압력이 140 kPa이고, 이 관을 흐르는 물의 양은 0.425 m^3/s이다. 마찰이 없다고 가정하고, 이 곡관에 작용하는 순수한 수평합력을 구하라.

풀이 입구와 출구에서 유속을 V_1, V_2라 하면

$$V_1 = \frac{0.425\,\text{m}^2/\text{s}}{\frac{\pi}{4}(0.6\,\text{m})^2} = 1.503\,\text{m/s}$$

$$V_2 = \frac{0.425\,\text{m}^2/\text{s}}{\frac{\pi}{4}(0.3\,\text{m})^2} = 6.01\,\text{m/s}$$

Bernoulli 방정식에 의하여

$$p_2 = p_1 + \frac{1}{2}\rho(V_1^2 - V_2^2) = 1.4 \times 10^5\,\text{Pa} + 500\,\text{kg/m}^3 \times (1.503^2 - 6.01^2)\,\text{m}^2/\text{s} = 1.231 \times 10^5\,\text{Pa}$$

물에 x방향으로 작용하는 힘은 x방향으로 작용하는 운동량의 증가와 같으므로

$$p_1 A_1 - p_2 A_2 \cos 45° + F_x = \rho Q(V_2 \cos 45° - V_1)$$

여기서 F_x는 관의 곡부에 의해 물에 미치는 x방향의 분력이다. 그러므로

$$1.4 \times 10^5\,\mathrm{Pa} \times \frac{\pi}{4}(0.6\,\mathrm{m})^2 - 1.231 \times 10^5\,\mathrm{Pa} \times \frac{\pi}{4}(0.3\,\mathrm{m})^2 \times \cos 45° + F_x$$
$$= 1000\,\mathrm{kg/m^3} \times 0.425\,\mathrm{m^3/s}(6.01\ \cos 45° - 1.503)\,\mathrm{m/s}$$
$$F_x = -32,247\ \mathrm{N}$$

y방향에 대해서도 같은 방법으로 정리하면

$$-p_2 A_2 \sin 45° + F_y = \rho Q(V_2 \sin 45° - 0)$$

즉

$$F_y = 1000 \times 0.425(6.01 \sin 45°) + 1.231 \times 10^5\,\mathrm{Pa} \times \frac{\pi}{4}(0.3)^2 \sin 45° = 7956\ \mathrm{N}$$

그러므로 물에 작용하는 순수한 합력은

$$R = \sqrt{32,247^2 + 7956^2} = 33,227\ \mathrm{N}$$

작용하는 방향은

$$\theta = \tan^{-1}\left(-\frac{7956}{32,227}\right) = -13°47'$$

즉 $-13°47'$의 x방향으로 합력이 작용한다.

예제 6.10 그림 6·14와 같이 90°로 굽어진 단면이 축소되는 엘보를 통하여 물이 유동되고 있다. 입구에서 절대압력이 2.5×10^5 Pa이고, 단면적이 $0.01\ \mathrm{m^2}$이며, 출구에서 단면적은 $0.0025\ \mathrm{m^2}$이고 유속은 20 m/s이다. 출구의 압력을 대기압으로 간주하고, 엘보가 움직이지 않도록 지지할 수 있는 힘을 구하라.

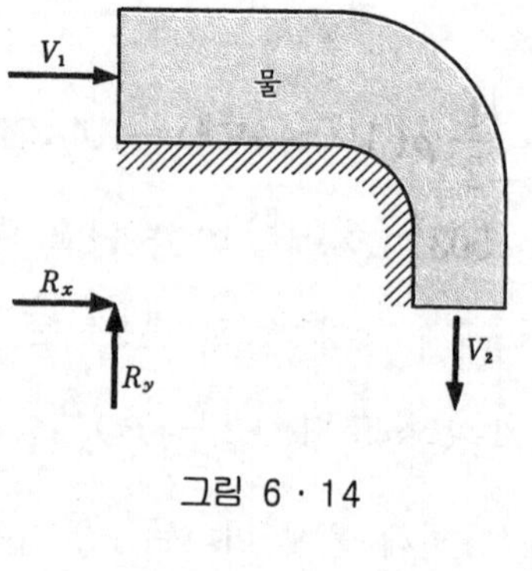

그림 6·14

풀이 $V_1 = V_2 \dfrac{A_2}{A_1} = 20\,\text{m/s} \times \dfrac{0.0025}{0.01} = 5\,\text{m/s}$

$$R_x = -p_1 A_1 - V_1 \rho V_1 A_1$$

p_1은 게이지 압력이므로 $1.50 \times 10^5\,\text{N/m}^2$이다. 그리하여 윗식에 대입하여 계산하면

$$\begin{aligned} R_x &= -1.5 \times 10^5\,\text{N/m}^2 \times 0.01\,\text{m}^2 \\ &\quad - (5\,\text{m/s})^2 \times 1000\,\text{kg/m}^3 \times 0.01\,\text{m}^2 \\ &= -1.75\,kN \end{aligned}$$

여기서 R_x는 엘보를 지지하기 위해 좌측으로 작용하는 힘이다. y방향으로 작용하는 질량력을 무시하고 그 방향에 대한 힘을 구하면

$$\begin{aligned} R_y &= -V_2 \rho V_2 A_2 \\ &= -(-20)\,\text{m/s} \times 1000\,\text{kg/m}^3 \times (-20)\,\text{m/s} \times 0.0025\,\text{m}^2 \\ &= -1000\,\text{N} \end{aligned}$$

예제 6.11 제트 엔진을 시험하기 위한 추력장치의 설계 개략도가 그림 6·15에 도시되어 있다. 시험조건으로 흡입공기의 속도 $V_1 = 200\,\text{m/s}$, 배출가스의 속도 $V_2 = 500\,\text{m/s}$, 흡입구의 단면 $A_1 = 1\,\text{m}^2$, 흡입구의 정압 $p_1 = -22.5\,\text{kPa} = 78.5\,\text{kPa(abs)}$, 흡입구의 온도 $T_1 = 268\,\text{K}$, 출구정압 $p_1 = 0 = 101\,\text{kPa(abs)}$ 등이 주어져 있다. 설계에 필요한 추력(thrust)을 구하라.

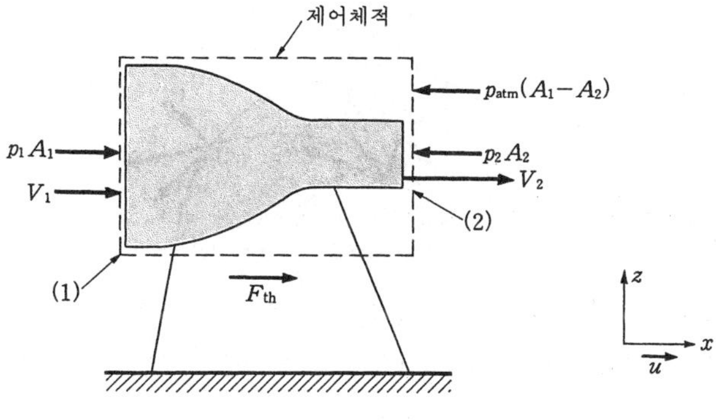

그림 6·15

풀이 운동량 이론을 적용하면

$$\dot{m}(V_2 - V_1) = p_1A_1 - p_2A_2 + F_{th}$$

와 같은 식으로 쓸 수 있으므로 추력은

$$F_{th} = -p_1A_1 + p_2A_2 + \dot{m}(V_2 - V_1)$$

이며, 여기서 질량 $\dot{m}$을 구해야 하므로

$$\rho_1 = \frac{p_1}{RT_1} = \frac{78,500\,P_a}{(287\ \mathrm{J/kg\cdot K})(268\ \mathrm{K})} = 1.02\ \mathrm{kg/m^3}$$

$$\dot{m} = \rho_1A_1V_1 = (1.02\ \mathrm{kg/m^3})(1\ \mathrm{m^2})(200\ \mathrm{m/s}) = 204\ \mathrm{kg/s}$$

따라서

$$F_{th} = -(1\,\mathrm{m^2})(-22,500\ \mathrm{Pa}) + (204\ \mathrm{kg/s})(500\ \mathrm{m/s} - 200\ \mathrm{m/s}) = 83,700\ \mathrm{N}$$

6.5.4 자유선회 운동(Free vortex motion)

유체가 자유 원운동을 하면서 원의 중심으로부터 주위에 균일하게 분출되는 회전유동을 자유선회 운동(free vortex motion)이라고 한다.

그림 6·16은 원의 중심 O에서 임의의 반지름방향 거리 R_1과 R_2 사이에 유체가 선회유동되는 경우를 나타낸 것이다. 반지름 R_1, R_2의 원주상의 임의의 점 P_1과 P_2에서 반지름 접선방향의 속도를 V_{r_1}, V_{r_2}, V_{t_1}, V_{t_2}라 하고, V_{r_1}과 V_{t_1}, V_{r_2}와 V_{t_2}

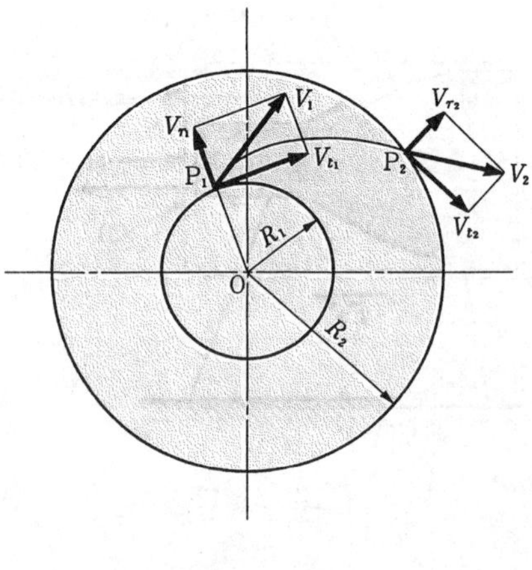

그림 6·16

에 의해서 형성되는 유체의 유동방향의 속도를 V_1, V_2라 하면, 단위두께를 통과하는 유량은 연속 방정식에 의하여 다음과 같다.

$$2\pi R_1 V_{r_1} = 2\pi R_2 V_{r_2}$$

즉

$$RV_r = C \tag{6·44}$$

유체가 R_1과 R_2 사이를 유동하는 동안 외력이 작용하지 않으므로 운동량의 증가나 감소가 없으며, 이 두 점에서의 원점에 대한 운동량 모멘트는 동일해야 한다.

$$\rho 2\pi R_1^2 V_{r_1} V_{t_1} = \rho 2\pi R_2^2 V_{r_2} V_{t_2}$$

연속이론과 함께 $R_1 V_{t_1} = R_2 V_{t_2}$이므로

$$RV_t = C \tag{6·45}$$

식 (6·44), (6·45)로부터

$$\frac{V_t}{V_r} = C \tag{6·46}$$

이상의 식들로부터 자유선회 운동에서는 유체입자가 대수(對數) 나선형의 유적선(流跡線)을 따라 유동하고 있음을 알 수 있다.

예제 6.12 그림 6·17에서 임의의 반지름 R인 점에서 접선방향의 속도를 V_t라 할 때 $RV_t = C$가 됨을 Bernoulli 정리를 이용하여 증명하라.

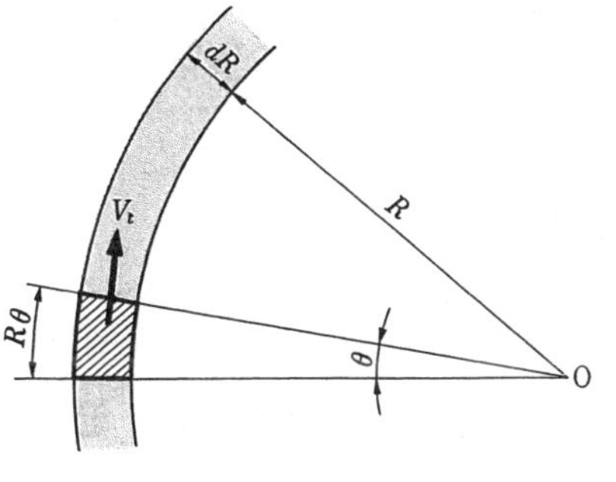

그림 6·17

풀이 Bernoulli 방정식은

$$\frac{V_t^2}{2g} + \frac{p}{\gamma} = C$$

반지름 R에 대하여 미분하면

$$\frac{V_t}{g}\frac{dV_t}{dR} + \frac{1}{\gamma}\frac{dp}{dR} = 0 \quad \cdots\cdots\cdots\cdots ①$$

그림 6 · 17에서 단위두께에 대한 미소 질량은 $\rho R\theta dR$이고, 이 질량에 작용하는 원심력은 $\rho R\theta dR(V_t^2/R)$가 된다. 또한 이 원심력은 미소 면적 $R\theta$의 내외에 작용하는 전압력차 $R\theta dp$와 같아야 되므로

$$\rho R\theta dR\left(\frac{V_t^2}{R}\right) = R\theta dp$$

즉

$$\frac{dp}{R} = \rho\frac{V_t^2}{R} \quad \cdots\cdots\cdots\cdots ②$$

식 ①, ②에서 dp/dR를 소거하여 정리하면

$$\frac{dR}{R} + \frac{dV_t}{V_t} = 0$$

적분하면

$$l_nR + l_nV_t = C$$

즉

$$RV_t = C$$

6.5.5 노즐분사(Nozzle jet)

노즐에 의하여 분사되는 분류에 의한 반력(reaction)과 힘이 어떻게 작용되는가를 알아보기 위하여 그림 6 · 18과 같이 단면 (1), (2)에 균일 직선유동이 되는 수평노즐을 생각해 보자.

단면 (1), (2) 사이에서 x방향으로 발생하는 힘은 다음과 같다.

$$p_1A_1 - p_2A_2 + F_x = \rho Q(V_2 - V_1) \qquad (6 \cdot 47)$$

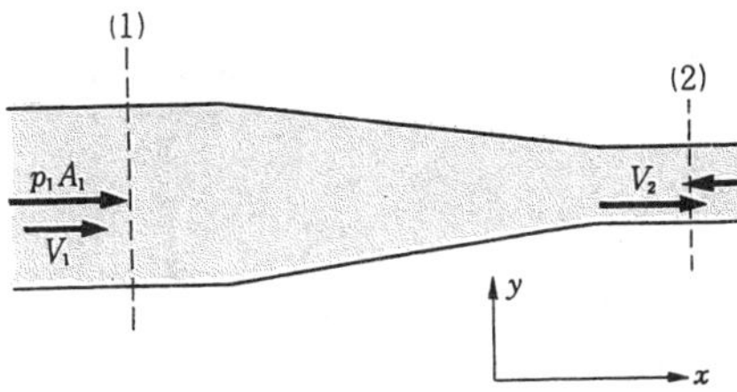

그림 6 · 18

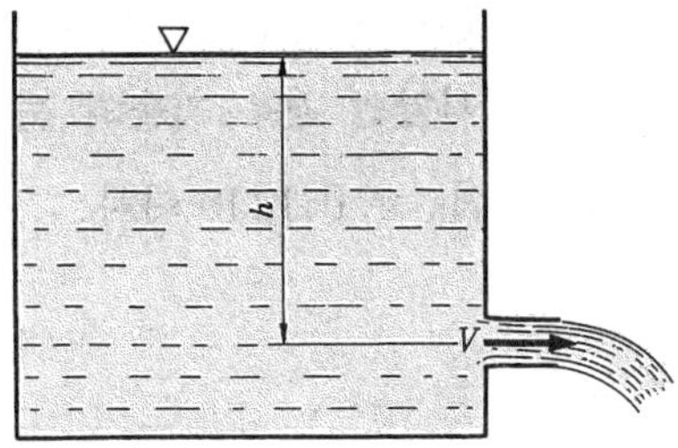

그림 6 · 19

따라서 이와 같은 노즐의 분사에 의하여 발생하는 모멘트 또는 반력을 알기 쉽게 설명하기 위하여, 그림 6 · 19와 같이 큰 수조의 하부에 뚫린 오리피스로부터 분출되는 분류를 생각해 보자.

분출되는 유속에 비하여 수조 내의 물의 하강속도는 매우 작아서 무시할 수 있을 때, 유체에 작용하는 힘은

$$F = \rho QV = \rho QC_v\sqrt{2gh} \qquad (6 \cdot 48)$$

가 되며, 이 힘이 결국 수조 내의 유체에 반력으로 작용하게 된다.

직선으로 정상운동을 하고 있는 기체(機體)에 작용하는 추진력(propelling force) 또한 동일한 방법으로 운동량 방정식으로부터 구할 수 있다.

기체의 전단에서의 유속이 V_1, 분사한 공연혼합(空燃混合) 가스의 분출속도가 V_2일 때에 추진력은

$$F = \int \rho V_2^2 dA_2 - \int \rho V_1^2 dA_1 = \rho Q(V_2 - V_1) \qquad (6 \cdot 50)$$

이며, 여기서 A_1, A_2는 기체의 입구와 출구의 단면적이다. 나아가서 기체에서 분사되는 가스는 주위의 대기 중에 분출되지만 이때 압력 p_2는 대기압 p_a보다 훨씬 크다. 따라서 p_2는 분출 즉시 대기압 p_a와 같은 값으로 떨어지지 않으므로, 이 두 압력차이에 의한 힘 $(p_2 - p_a)A_2$는 기체의 추진력에 부가되는 것이다. 그러므로 기체에 작용하는 전추진력은

$$F_t = (p_2 - p_a)A_2 + \rho Q(V_2 - V_1) \qquad (6 \cdot 50)$$

예 제 6.13 그림 6 · 20에서와 같이 내부 단면적이 $1.2\,\text{ft}^2$, 높이가 2.2 ft이고, 비어 있을 때의 무게가 6 lb인 금속재 컨테이너(container)가 있다. 이 컨테이너는 저울에 놓여 있으며, 상부로부터 물이 흘러들어와 양측의 동일한 노즐을 통하여 분

출되고 있다. 정상유동 상태에서 수면의 높이가 2.0 ft이고, 입구와 출구에서의 압력이 대기압인 경우 저울의 눈금은 얼마를 가리키는가? 단, $V_1 = 25$ ft/s, $A_1 = A_2 = A_3 = 0.12$ ft^{2}이다.

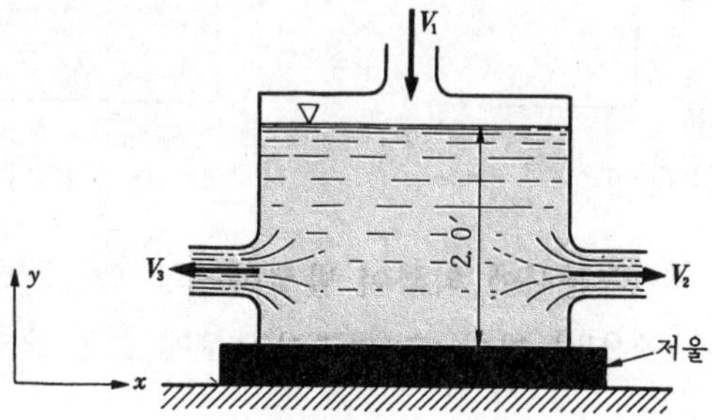

그림 6 · 20

풀이 y방향에 대한 운동량 방정식에서 표면력과 질량력을 각각 F_{Sy}, F_{By}라 할 때

$$F_{Sy} + F_{By} = \int_{CS} V\rho V\, dA$$

가 된다. 여기서

$$F_{Sy} = -p_{atm}A + R_y$$
$$F_{By} = -W_{tank} - \gamma h A$$

그러므로

$$-p_{atm}A + R_y - W_{tank} - \gamma h A = -V_1 \rho_1 V_1 A_1$$

즉

$$\begin{aligned} R_y &= p_{atm}A + W_{tank} + \gamma h A - V_1 \rho V_1 A_1 \\ &= p_{atm}A + 6\text{ lb} + 62.4\text{ lb/ft}^3 \times 1.2\text{ ft}^2 \times 2.0\text{ ft} \\ &\quad -(-25\text{ ft/s}) \times 1.94\text{ slug/ft}^3(-25\text{ ft/s}) \times 0.12\text{ ft}^2 \\ &= p_{atm}A + 10.26\text{ lb} \end{aligned}$$

여기서 p_{atm}은 게이지 압력으로 0이므로 저울의 눈금은 10.26 lb를 가리킨다.

예 제 6.14 용량이 0.05 m^{3}인 탱크에 15℃, 절대압력 800 kPa의 공기가 채워져 있다. $t = 0$에서 공기는 단면적이 65 mm^{2}의 노즐을 통하여 311 m/s의 속도로 분출되고 있으며, 이때의 밀도는 $\rho = 6.13\,\text{kg/m}^3$이었다. $t = 0$에서 탱크의 나머지 상태들은 일정하다고 가정하고 밀도의 순간 변화율을 구하라.

풀이 기본 방정식

$$\frac{\partial}{\partial t}\int_{CV}\rho d\mathcal{V} + \int_{CS}\rho V dA = 0$$

임의의 순간에 탱크 내 상태들이 일정하다고 가정하면

$$\frac{\partial}{\partial t}\left[\rho\int_{CV}d\mathcal{V}\right] + \int_{CS}\rho V dA = 0$$

$$\int_{CV}d\mathcal{V} = \mathcal{V},\quad \int_{CS}\rho V dA = \rho A V$$

$$\frac{\partial}{\partial t}(\rho\mathcal{V} + \rho A V) = 0$$

$$\frac{\partial\rho}{\partial t} = -\frac{\rho V A}{\mathcal{V}}$$

그러므로 $t = 0$에서

$$\frac{\partial\rho}{\partial t} = -6.13\,\text{kg/m}^3 \times 311\,\text{m/s} \times \frac{65}{10^6}\,\text{m}^2 \times \frac{1}{0.05\,\text{m}^3}$$

$$= -2.48\,\frac{\text{kg/m}^3}{\text{s}}$$

6.5.6 프로펠러(Propeller)

프로펠러는 축의 토크(torque)를 축방향의 추력(thrust)으로 바꾸는 데 사용되고 있다. 이로 인하여 그것이 잠겨 있는 유체에는 운동량의 증가를 가져오고, 이 유체에 작용하는 힘은 바로 프로펠러 자체에 반력이 되어 추진력 역할을 하게 되는 것이다.

단면 (1)에서의 압력을 p_1, 유속을 V_1, 단면 (2)에서의 그것들을 p_2, V_2라 하면, 프로펠러의 단면에서는 압력이 p_3로 증가한다. 따라서 프로펠러 후류(後流)의 속도는 점차적으로 증가한다.

프로펠러 전후에서의 속도 V_2, V_3는 연속이론에 의하여 거의 같음을 알 수 있다. 그러므로 실제 프로펠러에 작용하는 힘은

$$F = \rho Q(V_4 - V_1) \tag{6·51}$$

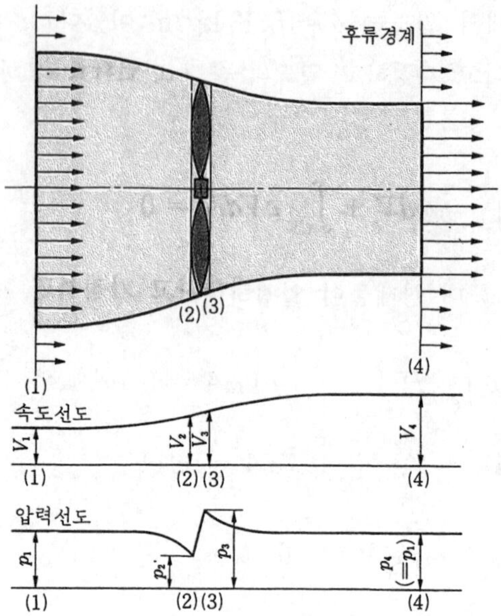

그림 6 · 21

따라서, 프로펠러 전후에서의 압력차는 $(p_3 - p_2)$이고, 프로펠러에 받는 힘은 $(p_3 - p_2)A$이므로, 이것은 식 (6 · 51)과 동일하여야 한다.

$$(p_3 - p_2)A = \rho V_2 A(V_4 - V_1)$$

즉

$$p_3 - p_2 = \rho V_2(V_4 - V_1) \tag{6 · 52}$$

단면 (2), (3)에서는 비정상 유동이므로 Bernoulli 방정식을 적용하기가 곤란하나, 단면 (1), (2)에서는 적용이 가능하므로

$$p_1 + \frac{1}{2}\rho V_1^2 = p_2 + \frac{1}{2}\rho V_2^2 \tag{6 · 53}$$

마찬가지로 단면 (3), (4)에서

$$p_3 + \frac{1}{2}\rho V_3^2 = p_4 + \frac{1}{2}\rho V_4^2 \tag{6 · 54}$$

따라서 $V_2 = V_3$, $p_1 = p_4$로 볼 수 있으므로, 식 (6 · 53), (6 · 54)를 합하여 정리하면 다음과 같다.

$$p_3 - p_2 = \frac{1}{2}\rho(V_4^2 - V_1^2) \tag{6·55}$$

식 (6·52)와 식 (6·55)로부터 $p_3 - p_2$를 소거하면

$$V_2 = \frac{V_1 + V_4}{2} \tag{6·56}$$

가 되므로, 프러펠러를 통과하는 유속은 상류속도와 후류속도의 산술평균값임을 알 수 있다. 이론은 William Froude(1810~1879)에 의하여 처음으로 정리되어 Froude 이론이라고 한다.

정지상태에 있는 유체에 프로펠러가 V_1의 속도로 접근할 때, 프로펠러가 한 유효일량은 출력과 같다.

$$\text{출력} = FV_1 = \rho Q(V_4 - V_1)V_1 \tag{6·57}$$

또 이 유효일량 외에 운동 에너지는 후류에 주어지며 소멸되어 버린다. 그리하여 입력은

$$\text{입력} = \rho Q(V_4 - V_1)V_1 + \frac{1}{2}\rho Q(V_4 - V_1)^2 \tag{6·58}$$

이 되므로 이론적인 효율 η_{th}는

$$\eta_{th} = \frac{\text{출력}}{\text{입력}} = \frac{V_1}{V_1 + \frac{1}{2}(V_4 - V_1)} \tag{6·59}$$

또는 식 (6·56)과 함께

$$\eta_{th} = \frac{V_1}{V_2} \tag{6·60}$$

이 되며, 이를 Froude 효율(Froude efficiency)이라고도 한다. 식 (6·59)에서 보는 바와 같이 프로펠러의 효율은 $(V_4 - V_1)$의 값에 의해 좌우된다. 이상유체의 경우라도 $(V_4 - V_1)$이 0이 되는 경우가 없으며, 대개의 경우에 실제효율은 0.85~0.9의 값이 된다. 그러나 유속이 650 km/h 정도만 되어도 공기 압축성의 영향으로 효율이 감소하게 된다.

선박의 프로펠러는 한정된 프로펠러 지름과 선체의 영향을 받아 약간 적은 효율을 나타내나, 식 (6·59)는 어느 경우에나 사용할 수 있는 식이다.

프로펠러의 무차원 추력계수(thrust coefficient)를 $F/\frac{1}{2}\rho V_1^2 A$로 나타내고, 식 (6 · 59) 대신 다음과 같은 식으로 효율을 계산하기도 한다.

$$\eta_{\text{th}} = \frac{2}{1+\sqrt{C_T}} \tag{6 · 61}$$

이륙직전에 있는 비행기에서와 마찬가지로 정지상태에 있는 프로펠러의 경우는 접근속도 V_1이 0이므로 효율이 0이 된다. 즉 $V_1 = 0$이 되면 식 (6 · 56), (6 · 51), (6 · 58)에서 각각

$$V_2 = \frac{V_4}{2} \tag{6 · 62}$$

$$F = \rho Q V_4 = 2\rho A V_2^2 \tag{6 · 63}$$

$$\frac{1}{2}\rho Q V_4^2 = \frac{1}{2} F V_4 = F V_2 = \sqrt{F^3/2\rho A} \tag{6 · 64}$$

가 된다.

풍차(windmill)는 프로펠러의 경우와 유사하나 에너지를 유체로부터 얻게 되는 것이 다르다. 풍차의 경우에도 $V_2 = \frac{(V_1+V_4)}{2}$의 관계와 공기에 의한 운동 에너지 손실은 $\frac{1}{2}\rho Q(V_1^2 - V_4^2)$으로 계산되며, 효율은 다음과 같이 계산한다.

$$\eta_{\text{th}} = \frac{\frac{1}{2}\rho Q(V_1^2 - V_4^2)}{\frac{1}{2}\rho(AV_1)V_1^2} = \frac{AV_2(V_1^2 - V_4^2)}{AV_1^3}$$

$$= \frac{(V_1+V_4)(V_1^2 - V_4^2)}{2V_1^3} \tag{6 · 65}$$

여기서 최대효율은 $\frac{V_4}{V_1} = \frac{1}{3}$인 경우이므로 $(\eta_{\text{th}})_{\max} = \frac{16}{27} = 59.3\%$가 됨을 알 수 있다.

예 제 6.15 프로펠러의 지름이 2.4 m인 비행기가 100 m/s로 $\rho = 0.04\ \text{kg/m}^3$인 잔잔한 공기 속을 비행하고 있다. 프로펠러를 지나는 평균유속이 125 m/s일 때 비행기의 추력과 효율을 구하라.

풀 이 식 (6 · 56)에서

$$V_4 = 2V_2 - V_1 = 2 \times 125 - 100 = 150 \text{ m/s}$$

유량 Q는

$$Q = AV = \frac{\pi \times (2.4)^2}{4} \times 125 = 565.2 \text{ m}^3$$

따라서 식 (6·57)에서 추력 F는

$$F = \rho Q(V_4 - V_1) = 0.04 \times 565.2 \times (150 - 100) = 1130.4 \text{ N}$$

식 (6·60)에서 효율은

$$\eta = \frac{V_1}{V_2} = \frac{100}{125} = 0.8 = 80\%$$

예 제 6.16 비행기가 600 km/h로 정지상태의 공기 중을 날고 있다. 지름이 2.4 m의 두 프로펠러를 통하여 $\gamma = 12 \text{ N/m}^3$인 공기를 $1700 \text{ m}^3/\text{s}$로 유동시키고 있을 때 (a) 이론적인 효율, (b) 추력, (c) 프로펠러 전후에서의 압력차, (d) 필요한 이론적인 동력을 구하라.

풀 이 (a) 이론적 효율은

$$V_1 = \frac{600,000}{3600} = 166.67 \text{ m/s}$$

$$V_2 = \frac{850}{(\pi/4)(2.4)^2} = 188 \text{ m/s}$$

$$\eta_{th} = \frac{166.67}{188} = 88.7\%$$

(b) 추력은, $V_2 = \dfrac{V_1 + V_4}{2}$에서

$$V_4 = 2V_2 - V_1 = 2 \times 188 - 166.67 = 209.33 \text{ N/m}^2$$

$$F = \rho Q(V_4 - V_1) = \frac{12}{9.8} \times 1700 \times (209.33 - 166.67)$$

$$= 88,802 \text{ N}$$

(c) 압력차는

$$p_3 - p_2 = \frac{12}{9.8} \times 188(209.33 - 166.67) = 9821 \text{ N/m}^2$$

(d) 이론적인 동력은

$$L_{th} = FV_1 = 88,802\ \text{N} \times 166.67\ \text{m/s} \times \left(\frac{1\ \text{kW}}{1000\ \text{N}\cdot\text{m/s}}\right)$$
$$= 14800.63\ \text{kW}$$

예 제 6.17 그림 6·22에 10 kg/s의 물이 축방향으로 펌프 임펠러(impeller)에 유입되고 있다. 입구에서의 유속은 축류(軸流)이고 균일유동이며, 임펠러의 지름은 4 m이다. 반지름방향의 깃(blade)에 대한 상대속도는 3 m/s로서 물이 3500 rpm으로 회전하고 있는 임펠러로부터 나오고 있다. 이때에 임펠러 출구의 폭, 임펠러에 가해진 토크 및 여기에 소모된 마력을 구하라.

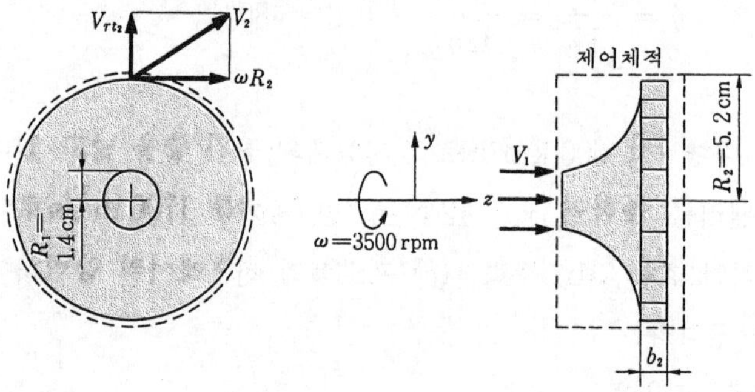

그림 6·22

풀 이 연속이론에 의하여

$$\rho Q = \rho V_{rb_2} 2\pi R_2 b_2$$

$$b_2 = \frac{Q}{2\pi R_2 V_{rb_2}} = \frac{10/1000}{2\pi \times 0.052 \times 3} = 1.02\ \text{cm}$$

축에 가해지는 토크는

$$T = \omega R_2^2 \rho Q = \frac{3500}{60} \times (0.052)^2 \times 1000 \times 0.01 = 1.58\ \text{kgf}$$

소모된 마력은

$$H = \frac{T\omega}{75} = \frac{1.58 \times 3500}{75 \times 60} = 1.23\ \text{hp}$$

6.5.7 제트추진(Jet propulsion)

프로펠러는 분류를 발생시키는 제트추진의 한 형태이며, 이로써 추진력(propelling force)인 추력을 얻게 되는 것이다.

제트 엔진에서는 엔진에 공기가 흡입되어 소량의 연료와 함께 연소되며, 이 연소된 가스는 프로펠러를 통하는 유속보다 훨씬 높은 속도로 분출된다. 기계적인 에너지를 살펴보면, 이론적인 효율은 입력에 대한 유효일의 비로 나타내거나 유효일을 분류에 머무는 단위시간당의 유효일과 운동 에너지의 합으로 나누어 계산하기도 한다. 연소된 연료의 질량을 무시한다면, 추진력은

$$F = \rho Q(V_2 - V_1) = \rho Q V_{abs} \tag{6·66}$$

여기서 V_{abs}는 절대속도이며, V_1을 물체의 속도라 하면 유효일은 FV_1이 된다. 또한, 단위시간당 분류에 방출되는 운동 에너지는 $\frac{1}{2}\rho Q(V_{abs})^2$이 되어 이론적인 기계효율은

$$\eta_{\text{th}} = \frac{\text{출력}}{\text{출력} + \text{손실}} = \frac{FV_1}{FV_1 + \rho Q(V_{abs})^2/2}$$

$$= \frac{\rho Q V_{abs} V_1}{\rho Q V_{abs} V_1 + \rho Q(V_{abs})^2/2} = \frac{1}{1 + V_{abs}/2V_1} \tag{6·67}$$

이는 프로펠러의 효율과 같은 식이 된다. 여기서 $\frac{V_{abs}}{V_1}$는 가능한 한 작아야 되고, 속도 V_1이 주어졌을 때 저항력 F는 물체와 유동하는 유체에 의하여 결정되며, 식 (6·67)에서 V_{abs}가 아주 작은 값이 되면 ρQ는 아주 큰 값이 되어야 한다.

비행기의 제트추진에서 연료의 무게를 고려하기 위하여 단위시간당 공기의 유동질량을 M_a, 공기에 대한 연소된 연료의 질량비를 α라 하면, 추진력은

$$F = M_a(V_2 - V_1) + \alpha M_a V_2 \tag{6·68}$$

우측 마지막 항은 단위시간당 연료의 질량에 유속의 변화를 곱한 것이다. 따라서 식 (6·68)은

$$F = M_a\{V_2(1 + \alpha) - V_1\} \tag{6·69}$$

과 같이 되며, 기계적 효율을 다시 정리하면

$$\eta_{\text{th}} = \frac{FV_1}{FV_1 + M_a(1 + \alpha)(V_2 - V_1)^2/2} \tag{6·70}$$

이것을 식 (6·69)와 함께 적용하면 다음과 같이 된다.

$$\eta_{th} = \frac{1}{1 + \dfrac{(1+\alpha)\{(V_2/V_1) - 1\}^2}{2\{(1+\alpha)(V_2/V_1) - 1\}}} \qquad (6 \cdot 71)$$

예 제 6.18 비행기의 속도가 1120 km/h인 터보 제트기에서 흡입되는 공기량은 80 kg/s이고, 연소되는 연료의 양은 1.35 kg/s이다. 이때 추진력이 4000 kgf일 때 배기가스의 분사속도는 얼마인가?

풀 이 비행기 속도 V_1은

$$V_1 = \frac{1120 \times 1000}{360} = 311.11 \text{ m/s}$$

흡입되는 질량유량은

$$\dot{m}_1 = \rho_1 Q_1 = 80 \text{ kg/s}$$

배출되는 질량유량은

$$\dot{m}_2 = 80 \times 1.35 = 81.35 \text{ kg/s}$$

추진력 $F = 4000$ kgf이므로, 운동량 방정식에서 $F = \rho_2 Q_2 V_2 - \rho_1 Q_1 V_1$이기 때문에

$$4000 = 81.35 \times V_2 - 80 \times 311.11$$

그러므로

$$V_2 = \frac{4000 + 80 \times 311.11}{81.35} = 355.11 \text{ m/s}$$

예 제 6.19 비행기가 공기와 연료의 비율을 20 : 1로 소모하면서 후미 분출구로 1800 m/s로 가스를 분출하고 있다. 비행속도가 300 m/s일 때 기계적인 효율을 계산하라.

풀 이 $\dfrac{V_2}{V_1} = \dfrac{1800}{300} = 6$, $\alpha = 0.05$이므로 식 (6·71)로부터

$$\eta_{th} = \frac{1}{1 + \dfrac{1.05 \times (6 - 1)^2}{2 \times 1.05 \times (6 - 1)}} = 0.286 = 28.6\%$$

6.5.8 로켓(Rocket)

로켓은 대개 연료와 혼합되어 연소시킬 수 있는 산화제를 가지고 있어, 로켓이 운동해 가는 영역의 매개유체와는 관계없이 추진력을 자체적으로 발생시킨다.

R를 공기의 저항력, M_R를 로켓 본체의 질량, V_R를 로켓에 대한 분출가스의 상대속도, V_1을 로켓의 실제속도, V를 기준 발사대에 대한 로켓의 상대속도라 하면, y 방향에 대한 선운동량의 기본식은 다음과 같다.

$$\Sigma F_y = \frac{\partial}{\partial t}\int_{CV}\rho V_y d\nabla + \int_{CS}\rho V_y \boldsymbol{V}\cdot d\mathbf{A} \tag{6·72}$$

이는

$$-R - (M_R + M_f)g = \frac{\partial}{\partial t}\{(M_R + M_f)V\} - mV_R \tag{6·73}$$

여기서 m은 일정한 연소질량이며, V는 시간 t만의 함수이므로 전미분식은

$$\frac{dV}{dt} = \frac{dV_1}{dt} = \frac{mV_R - g(M_f + M_R) - R}{M_R + M_f} \tag{6·74}$$

연료는 시간이 경과됨에 따라 감소되므로 일정한 비율로 연료가 소모된다면

$$M_f = M_{f_0} - mt \tag{6·75}$$

여기서 M_{f_0}는 연료와 산화제의 최초질량이다. 중량은 y의 함수이고, 공기저항은 Reynolds수(數)와 Mach수(數), 그리고 로켓의 형상과 크기에 따라 변하며, 로켓의 이

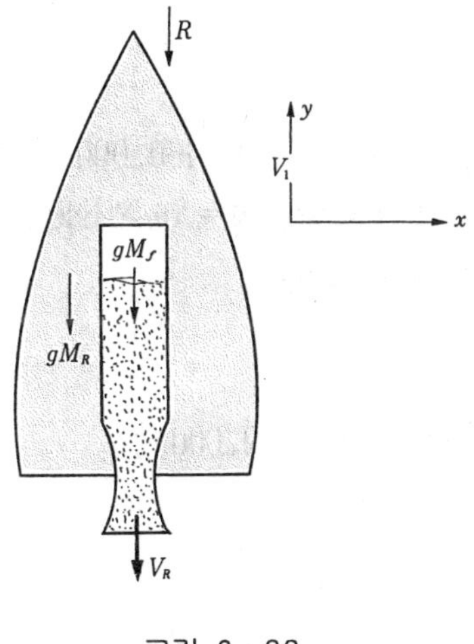

그림 6·23

론적 효율은 로켓의 속도에 따라 증가한다. E를 단위질량당 추진제의 가용(可用) 에너지라고 하면, 추진제가 연소되면 가용 에너지는 운동 에너지 $E = \dfrac{V_R^2}{2}$ 으로 전환된다.

이때 유효동력은 mV_RV_1 이 되고, 단위시간당 소모된 운동 에너지는 소모된 추진제의 손실 에너지 $\dfrac{mV_1^2}{2}$ 와 연소상태에 있는 mE와의 합과 동일하다. 따라서, 단위시간당 가용 에너지를 E_a로 하면

$$E_a = m\left(E + \frac{V_1^2}{2}\right) \qquad (6 \cdot 76)$$

이 되며, 기계효율은 다음 식과 같다.

$$\eta_{\text{th}} = \frac{mV_1\sqrt{2E}}{m(E + V_1^2/2)} = \frac{2V_1/V_R}{1 + (V_1/V_R)^2} \qquad (6 \cdot 77)$$

수직발사되는 로켓의 경우 추진력이 로켓의 전체 무게와 저항의 합보다 크면 가속이 되고, 로켓이 발사되기 위해서는 추진력 mV_R가 로켓의 전체 무게를 초과해야 한다.

예 제 6.20 최초무게가 460,000 kgf되는 로켓에서 무게의 70%가 발사연료라고 하면, (a) 연소시간은 얼마나 걸리겠는가? 단, 연료소모율은 일정하며 초기 추진력은 46,000 kgf이고, $V_R = 3400$ m/s이다. (b) 이때 공기의 저항을 무시하고 수직방향의 로켓속도를 구하라.

풀 이 일반적으로 W_0를 로켓의 초기 추진력이라 하면 추진력은, $mV_R = 1.1W_0$로 나타낼 수 있다.

따라서 추진력은

$$mV_R = 1.1W_0 = 1.1 \times 460,000 \times 9.8$$
$$= 4,958,800 \text{ N} = \text{m} \times 3400$$
$$m = 1458.5 \text{ kg/s}$$

연료량은

$$460,000 \times 0.7 = 322,000 \text{ kg}$$

(a) 연소시간은

$$t = \frac{322,000}{1458.5} = 220.8\text{ s}$$

(b) 로켓속도는

$$\frac{dV_1}{dt} = \frac{1458.5 \times 3400 - 9.8(322,000 - 1458.5t + 138,000)}{138,000 + 322,000 - 1458.5t}$$

$$= \frac{309.15 + 9.8t}{315.4 - t}$$

$$= -9.8 + \frac{3400.07}{315.4 - t}$$

적분하면

$$V_1 = -9.8t - 3400.07\ln(315.4 - t) + C$$

$t = 0$일 때 $V_1 = 0$이므로

$$V_1 = -9.8t - 3400.07\ln\left(1 - \frac{t}{315.4}\right)$$

따라서 로켓의 속도는 $t = 220.8$ s일 때

$$V_1 = 1930.5\text{ m/s}$$

예제 6.21 로켓의 추진력이 180 kN이고, 초기 및 발사 후 100 s일 때의 질량이 각각 8000 kg과 800 kg이었다. 로켓 내의 연료가 일정한 비율로 감소한다고 가정하고 항력을 무시할 경우, 발사 후 100 s가 되는 순간의 로켓의 속도를 구하라.

풀이 추진력을 T, 로켓의 질량을 M이라 할 때, 항력을 무시하면

$$T - Mg = M\frac{dV_R}{dt} \quad \cdots\cdots ①$$

$$\frac{T}{M} - g = \frac{dV_R}{dt}$$

질량은 시간의 증가에 따라 선형적 감소를 하므로

$$M = M_0 - mt \quad \cdots\cdots ②$$

시간 100 s 동안에 7200 kg의 연료가 소모되었으므로 $m = 72$ kg/s가 된다. 식 ②를 식 ①에 대입하여 적분하면

$$\int_0^t \frac{Tdt}{M_0 - mt} - \int_0^t gdt = V_R$$

즉

$$V_R = \frac{T}{m} \ln \frac{M_0}{M_f} - gt$$

$$= \frac{180,000}{72} \ln\left(\frac{8000}{800}\right) - 9.8 \times 100 = 4776.5 \text{ m/s}$$

…… 연 습 문 제 ……

1. 150°로 원활하게 굽어진 곡면상을 한쪽 지름이 50 mm인 분류(물)가 분사되어 지나갈 때, 출구에서의 유속은 마찰 등의 손실에 의하여 입구에서의 유속의 80%가 되었다. 이때 베인에 미친 힘의 합력이 200 kgf였다면 유량은 얼마인가?

2. 곡관에서 입구의 지름이 300 mm, 출구의 지름이 150 mm이고 이 관수직면에 대하여 120°로 휘어져 있다. 입구는 수평으로 되어 있고, 출구 단면의 중심은 입구 단면 중심보다 1.4 m 아래에 위치하고 있다. 관에 들어 있는 총유량은 0.085 m^3이다. 입구에서의 압력이 16 kgf/cm^2일 경우, 유량이 0.23 m^3/s로 흘러나갈 때 마찰이 없다고 가정한 상태에서 곡관에 미치는 힘과 작용방향을 구하라.

3. 1.5 m/s로 흐르고 있는 강물을 9 m/s로 거슬러 올라가는 모터보트가 있다. 이 보트는 제트 추진기가 장착되어 있으며, 이는 선수(船首)에서 선미(船尾)로 물을 분출하고 있다. 분출유속이 18 m/s, 유량이 0.15 m^3/s일 때 추진력을 구하라.

4. 기체의 절대속도를 풍속이 48 km/h인 대기 중에서 240 km/h로 거슬러가기 위해 10,300 N의 추진력이 필요하다. 이론적인 효율을 90%로 간주하여 공기의 밀도가 1.2 kg/m^3일 때 이상적인 프로펠러의 지름을 구하라.

5. 그림 6 · 24와 같이 고정된 베인에 유량 $Q\,m^3/s$인 분류가 V m/s의 속도로 유입할 때, 중심선의 방향으로 작용하는 분류의 힘을 구하라.

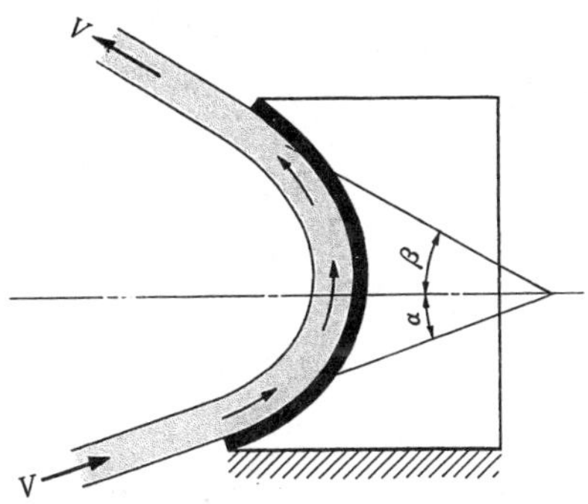

그림 6 · 24

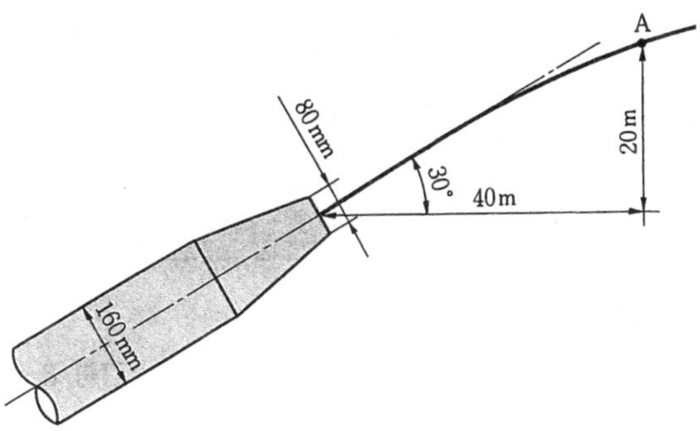

그림 6 · 25

6. 그림 6 · 25와 같은 분류가 30° 경사노즐로부터 점 A를 통과한다. 이때의 유량은

얼마인가?

7. 그림 6 · 26과 같이 수조의 밑면에 구멍이 뚫려 있는 노즐로부터 분사되어 아래 수조에 떠 있는 곡면접시 위에 떨어진다. 이때 접시의 물에 잠긴 부분의 부피가 $0.14\,m^3$였다. 이 접시 안에 들어 있는 물의 무게를 구하라. 단, 접시의 무게를 0.3 kgf라고 한다.

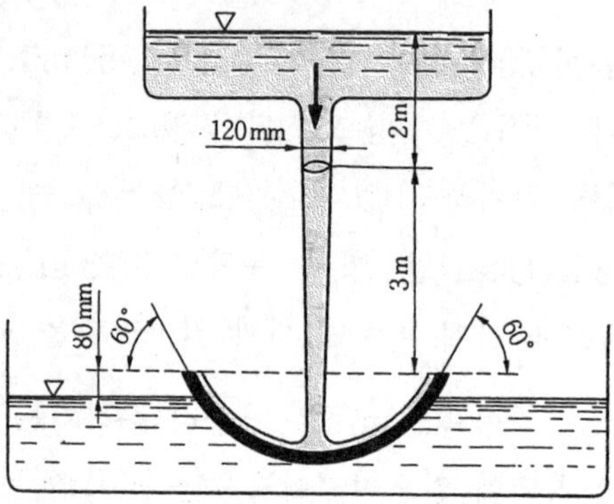

그림 6 · 26

8. 그림 6 · 27과 같이 수조 상하 두 구멍에서 분출되는 물이 임의의 거리 x에서 만난다. 이때 $H_1 l_1 = H_2 l_2$가 되는 것을 증명하라.

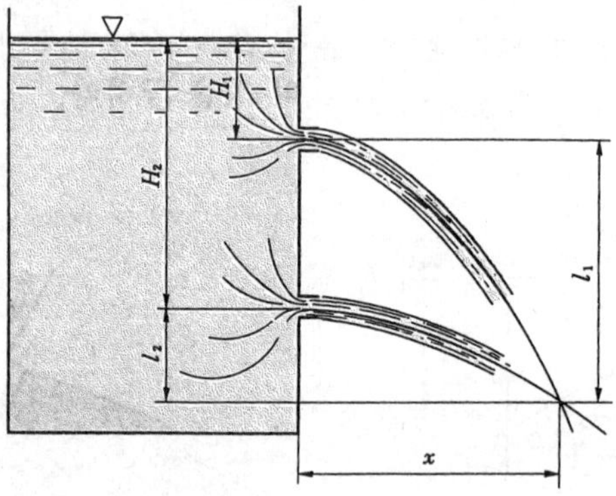

그림 6 · 27

9. 그림 6 · 28에서와 같이 곡각(曲角)이 60°인 베인이 $U = 10\,m/s$로 움직이면서 노즐로부터 $V = 30\,m/s$로 분출되는 물을 받고 있다. 노즐의 출구면적이 $0.003\,m^2$일 때 베인에 작용하는 힘을 구하라.

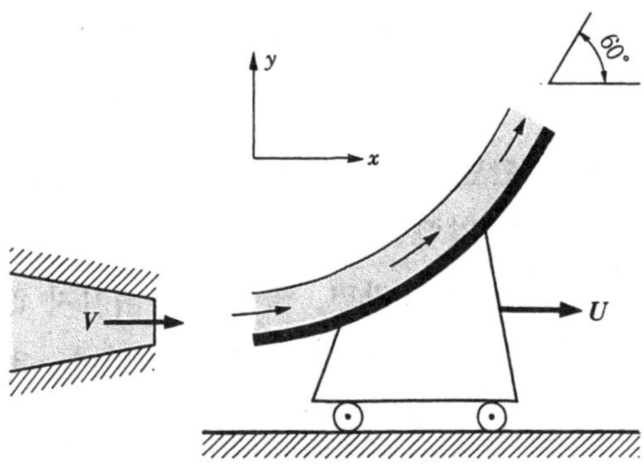

그림 6 · 28

10. 그림 6 · 29와 같이 30 rpm으로 회전하고 있는 노즐을 통하여 0.15 m^3/s의 물이 분출되고 있다. 노즐과 팔의 질량을 무시하고, 장치를 구동하는 데 필요한 토크와 플랜지(flange)에서 발생하는 반작용 토크를 구하라.

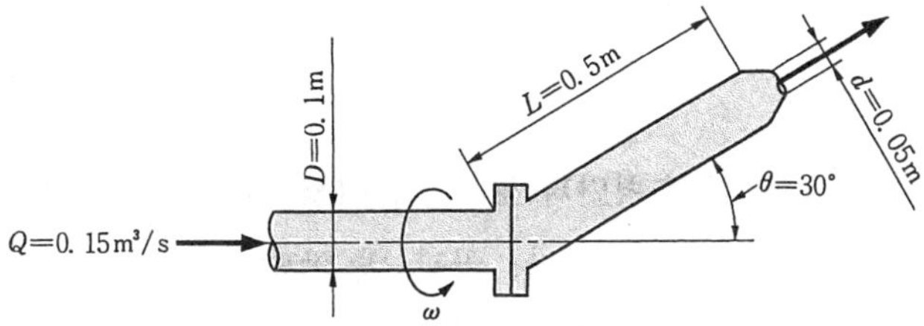

그림 6 · 29

11. 그림 6 · 30에서 보는 바와 같이 U의 속도로 x방향으로 움직이고 있는 이동베인

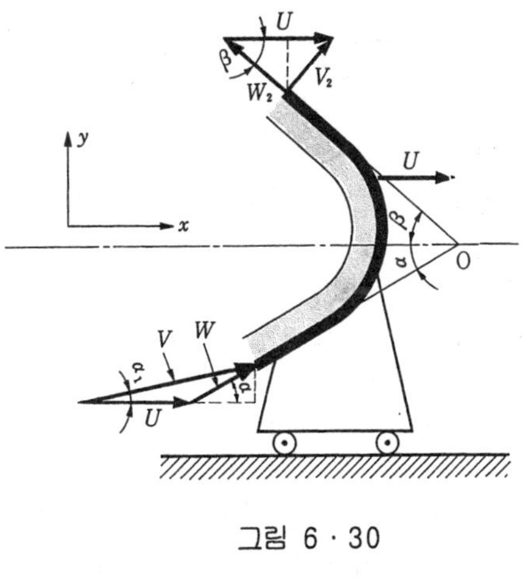

그림 6 · 30

에 분류가 V_1의 속도로 유입하여 V_2의 속도로 유출되고 있다. 베인에 작용하는 동력과 효율을 구하라. 단, 마찰과 베인 이외에서 받는 힘들은 무시한다.

12. 그림 6 · 31에서와 같이 단면이 점진적으로 감소하는 180° 곡관이 있다. 유량이 $0.3\,m^3/s$이고, 입구에서의 압력이 160 kPa이다. 곡관의 체적이 $0.12\,m^3$이고 Bernoulli 방정식이 적용되는 유동이라면, 곡관이 움직이지 않고 지탱할 수 있는 반력(反力)은 얼마인가? 단, 곡관 자체의 무게는 480 N이며, 유체는 물이다.

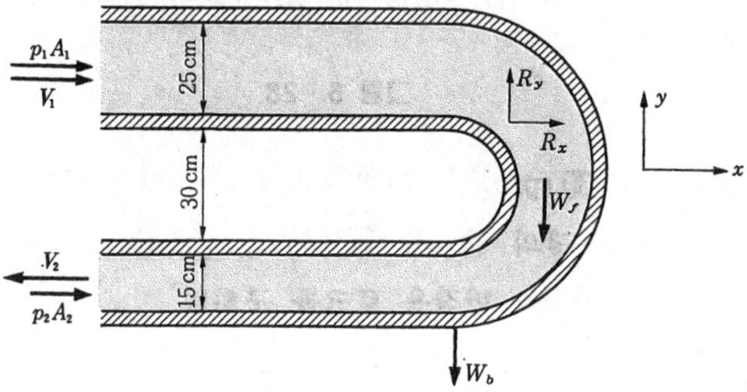

그림 6 · 31

13. 지름이 1.2 m인 곡관이 수평면과 30°로 굽어져 있다. 이 곡관을 비중이 $S=0.94$인 기름이 $3\,m^3/s$로 유동되고 있다. 곡관 내 압력이 80 kPa의 게이지 압력으로 균일하고, 곡관의 체적이 $1.2\,m^3$이며, 무게가 4.2 kN일 때 곡관을 지탱할 수 있는 힘을 구하라.

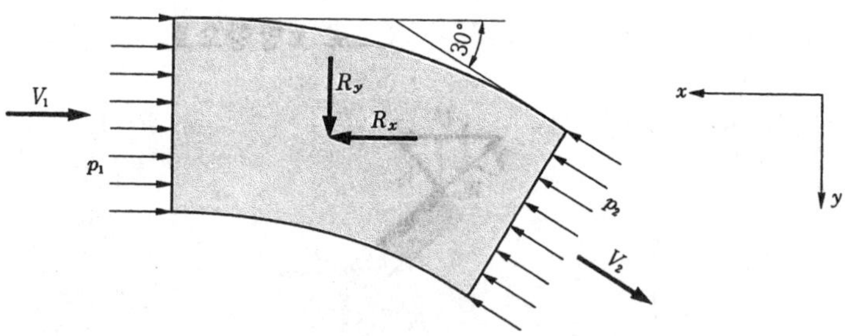

그림 6 · 32

14. 수평으로 물이 수직평판에 분사되고 있다. 유량이 $0.06\,m^3/s$이고, 평판을 지탱하기 위한 힘이 80 kgf라면 분류의 속도는 얼마가 되겠는가?

15. 그림 6 · 33에서와 같이 물이 일정한 양 $0.04\,m^3/s$로 위 수조에서 아래 수조로 분출되고 있다. 분류의 지름이 12 cm라고 하면, A와 B에 설치된 게이지의 눈금은

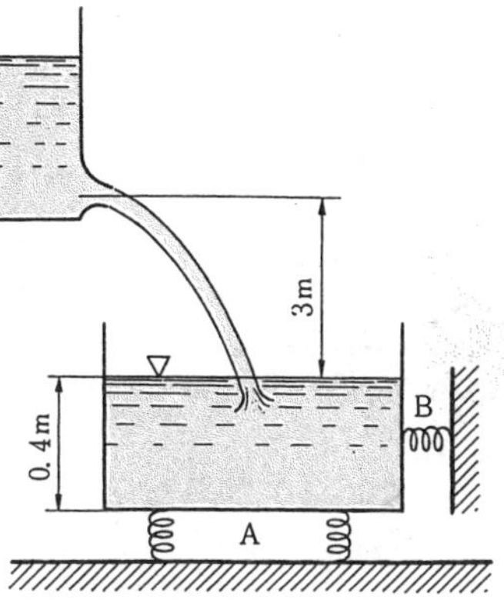

그림 6 · 33

얼마를 가리키겠는가? 단, 아래 수조만의 무게는 10 kgf, 단면적은 0.36 m^2이다.

16. 그림 6 · 34의 고정베인에서 x, y방향으로 작용하는 반력을 구하라. 단, 여기서 분류는 비중이 0.94인 기름이며 $V_1 = 25$ m/s, $V_2 = 20$ m/s, 유량은 0.06 m^3/s 이다.

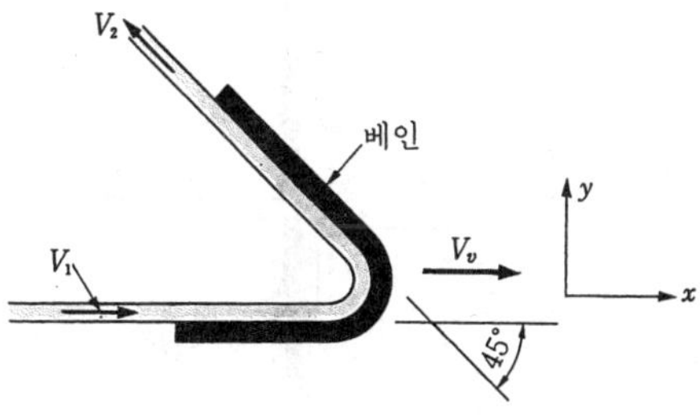

그림 6 · 34

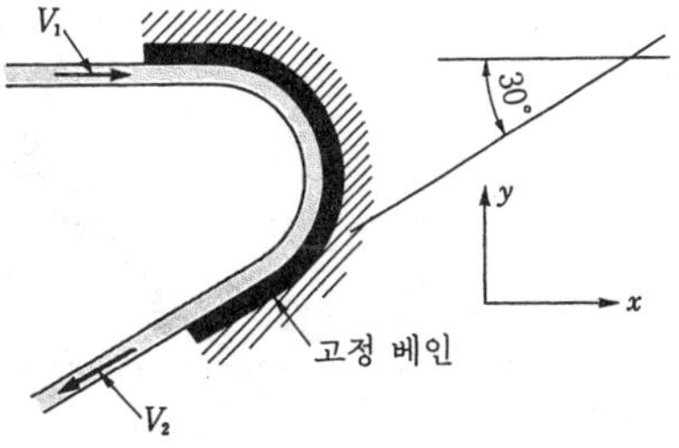

그림 6 · 35

17. 그림 6 · 35에서 물을 20 m/s로, 수평방향으로 8 m/s로 이동하고 있는 베인에 분사시키고 있다. 분사류의 지름이 8 cm이면 x, y방향으로 베인에 발생하는 힘의 성분들을 계산하라.

18. 그림 6 · 36과 같이 2차원 베인에 물이 분사되고 있으며, 이 베인은 20 m/s로 수평방향으로 이동하고 있다. 최초분류의 지름은 10 cm이고, 분류의 속도는 30 m/s이다. 베인에 발생하는 동력을 구하라.

19. 수직으로 설치된 벽에 그림 6 · 37과 같이 액체가 2차원 분사를 하고 있다. $V_1 = V_2$로 가정하고 벽면의 단위폭에 작용하는 힘을 구하라.

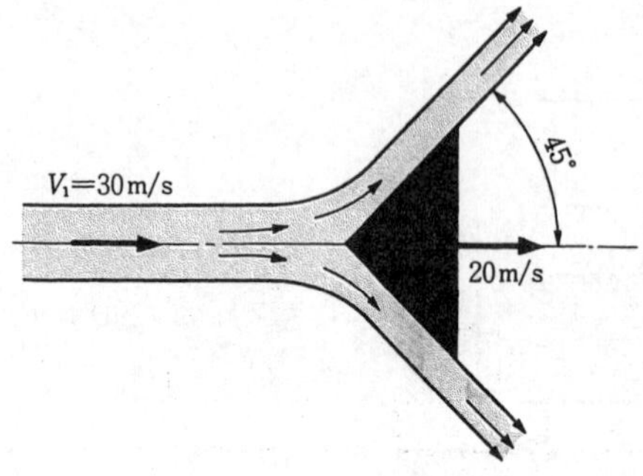

그림 6 · 36

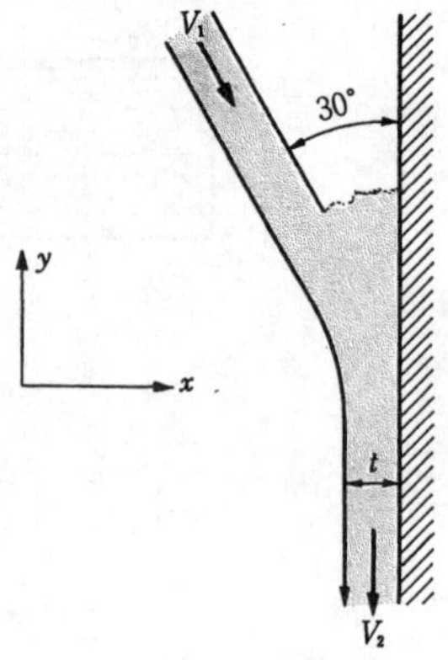

그림 6 · 37

20. 수평방향으로의 초기 운동속도가 90 m/s이고, 무게가 900 kgf인 썰매에 스쿠프 (scoop)가 그림 6 · 38과 같이 물 속에 설치되어 있다. 폭은 20 cm이며, 물 속에 잠긴 깊이는 10 cm이다. 이 스쿠프로 인한 썰매의 초기 감속도를 구하라.

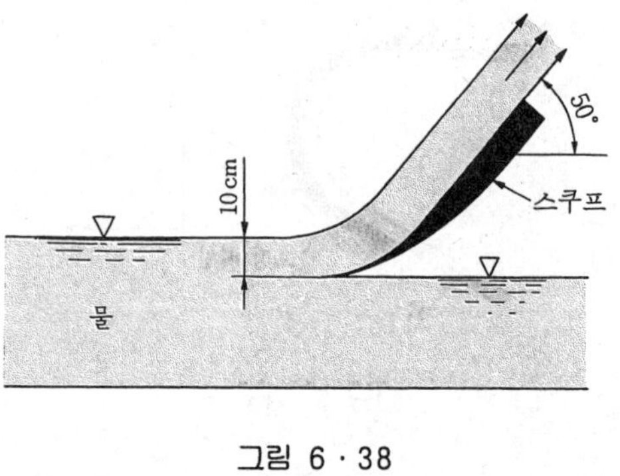

그림 6 · 38

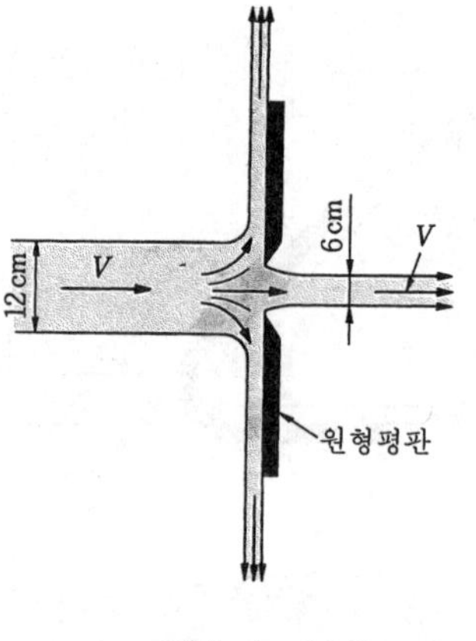

그림 6 · 39

21. 지름이 60 cm인 원형 평판의 중심에 지름이 6 cm인 칼날 오리피스가 설치되어 있다. 그림 6 · 39와 같이 지름이 12 cm인 분류를 평판에 수직하게 40 m/s로 분사시킬 때 평판을 지탱하기 위해 필요한 힘은 얼마인가? 단, 분사류는 물이다.

22. 그림 6 · 40과 같이 원추형 물체가 철사에 매달려 수직방향으로 자유롭게 움직일 수 있으며, 이 원추에 밑으로부터 물이 분사되고 있다. 원추의 무게는 5.2 kgf 이며, 분류의 속도는 18 m/s이고, 분류의 지름은 4 cm이다. 철사에 의한 모든 영향을 무시하고, 원추가 정지할 수 있는 높이를 구하라.

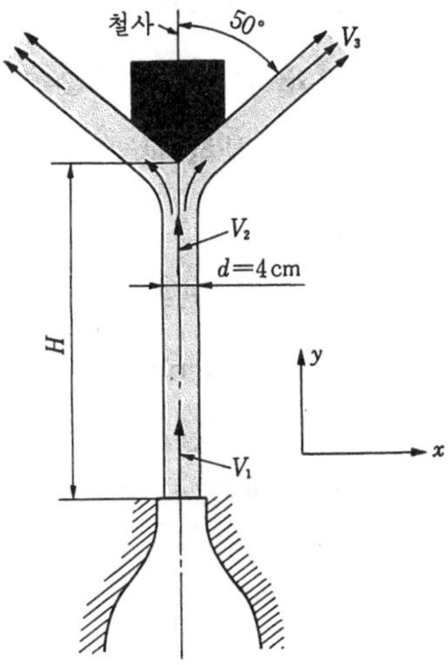

그림 6 · 40

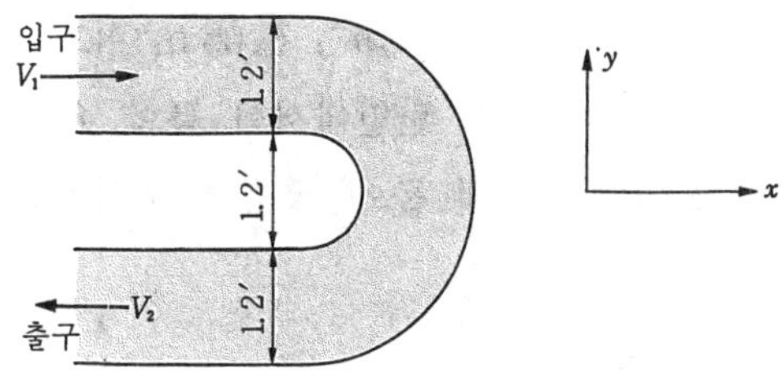

그림 6 · 41

23. 지름이 0.4 m인 관이 그림 6 · 41과 같이 180° 곡관으로 되어 있다. 입구 중심부에서의 압력은 16 psi이고, 유량이 18 ft^3/s이며, 곡관의 무게는 120 lbf이고, 체적은 4 ft^3이다. 압력손실을 무시하고, 유체가 물인 경우에 곡관을 지탱하기 위한 외력을 구하라.

24. 그림 6 · 42와 같이 60°로 굽어진 곡관을 통하여 물이 대기 중에 방출되고 있다. 곡관을 지탱할 수 있는 외력을 구하라. 단, 곡관은 수평면에 놓여 있고, 체적이 9 ft^3, 입구와 출구의 지름이 각각 4 ft, 2 ft이며, 출구에서의 유속은 16 ft/s이다.

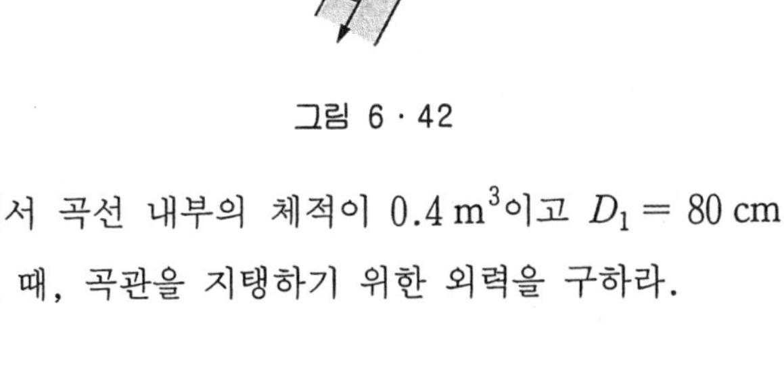

그림 6 · 42

25. 그림 6 · 42에서 곡선 내부의 체적이 0.4 m^3이고 $D_1 = 80$ cm, $D_2 = 40$ cm, $V_2 = 14$ m/s일 때, 곡관을 지탱하기 위한 외력을 구하라.

26. 수평으로 놓인 곡관의 입구지름이 20 cm, 출구지름이 10 cm이며, 90°로 굽어져 있다. 상류의 게이지 압력이 160 kPa이고, 유량은 $0.12\ m^3/s$이다. 질량력을 무시하고 비회전 유동인 경우, 곡관을 지탱할 수 있는 외력을 계산하라. 단, 유체는 물이다.

27. Y형 관로가 그림 6·43과 같이 수평면에 놓여 있다. 1, 2, 3의 각 유동 단면적은 $0.16\ m^2$, $0.16\ m^2$, $0.06\ m^2$이고, 게이지 압력은 $0.3\ kgf/cm^2$, $0.3\ kgf/cm^2$이다. 또한, 각 단면에서의 물의 유량은 $0.03\ m^3/s$, $0.02\ m^3/s$, $0.01\ m^3/s$이다. Y형 관과 관 내 물의 중량을 무시하고, 이 관이 정지상태에 있을 수 있는 외력을 계산하라.

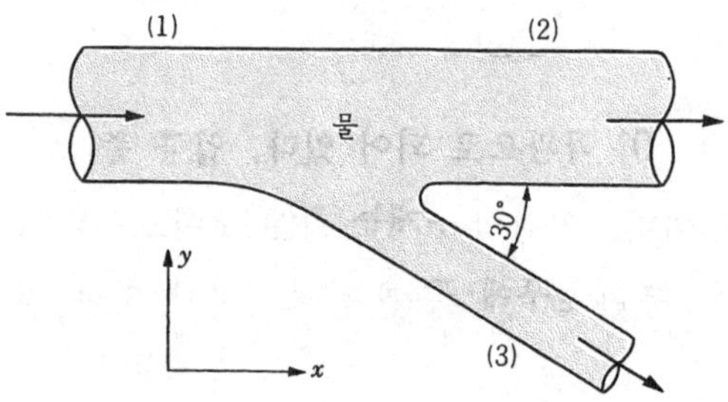

그림 6·43

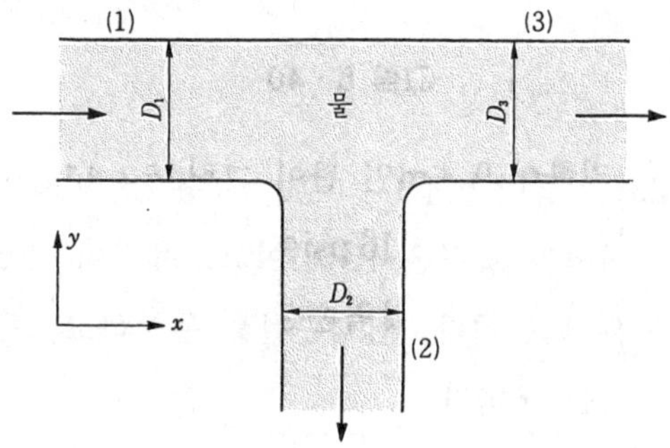

그림 6·44

28. 그림 6·44와 같이 T형 관로에 물($\rho = 1000\ kg/m^3$)이 유동되고 있다. 각 단면에서의 유량은 $Q_1 = 0.28\ m^3/s$, $Q_2 = 0.18\ m^3/s$, 압력은 $p_1 = 1200\ kPa$, $p_2 = 80\ kPa$, $p_3 = 90\ kPa$, 지름은 $D_1 = 18\ cm$, $D_2 = 12\ cm$, $D_3 = 18\ cm$이다. 이러한 조건하에서 관을 정지상태로 유지하기 위해 필요한 외력을 구하라.

29. 그림 6·45와 같이 물이 노즐을 통하여 $16\ ft^3/s$로서 흐르고 있으며, 출구는 대기에 접하고 있다. 지름 $D_1 = 16\ in$, $D_2 = 8\ in$이고, 비회전 유동이라고 가정하면 이 노즐을 지탱하는 데 필요한 힘을 계산하라.

30. 그림 6·46과 같이 이중 노즐이 평면상에 설치되어 물을 $20\ ft^3/s$로 대기 중에 방출하고 있다. 노즐의 지름은 $D_1 = 6\ in$, $D_2 = 6.4\ in$, $D_3 = 12\ in$이고, 두 노즐에서 분출되는 물의 속도는 동일하며, 비회전유동이다. x방향으로 발생하는 힘을 계산하라.

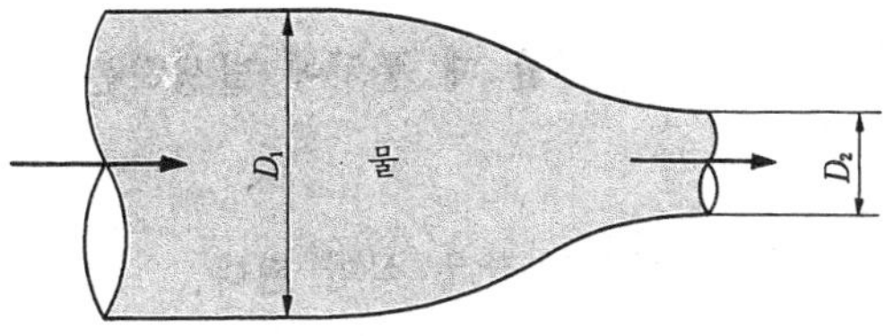

그림 6 · 45

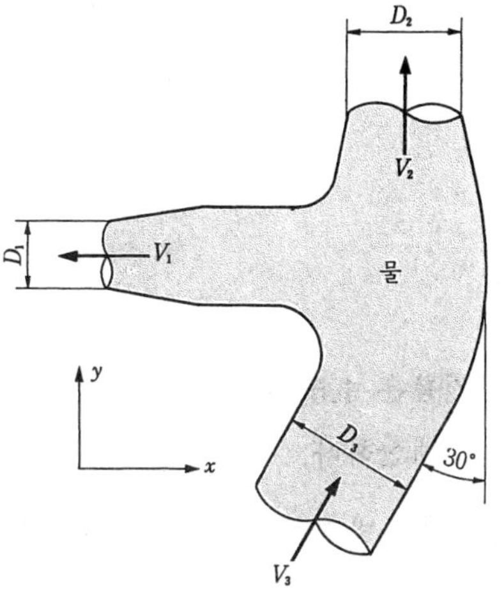

그림 6 · 46

31. 지름이 8 in인 파이프 끝에 지름이 4 in인 오리피스가 설치되어 4 ft^3/s의 물이 분사되고 있다. 분사류 수축부의 지름이 3.6 in이라고 하면 이때 발생하는 반력을 구하라.

32. 그림 6 · 47과 같이 분무기를 사용하여 0.4 m^3/s의 물을 분사시키고 있다. 양 노즐에서 분출속도가 30 m/s이고, 비회전 유동이며, 동력을 무시한 상태에서 분무기의 헤드를 지름 30 cm의 관에 부착하여 떨어지지 않도록 지탱하기 위한 힘은 얼마인가?

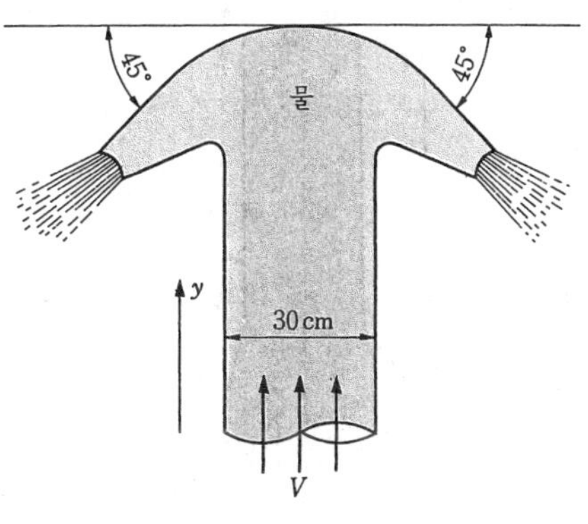

그림 6 · 47

33. 그림 6 · 48과 같이 밀도가 1.2 kg/m^3인 공기를 풍차에 의해 12 m/s로 유동시키고 있다. 프로펠러가 부착된 부분의 지름이 4 m이고, 입구의 지름은 3 m, 출구

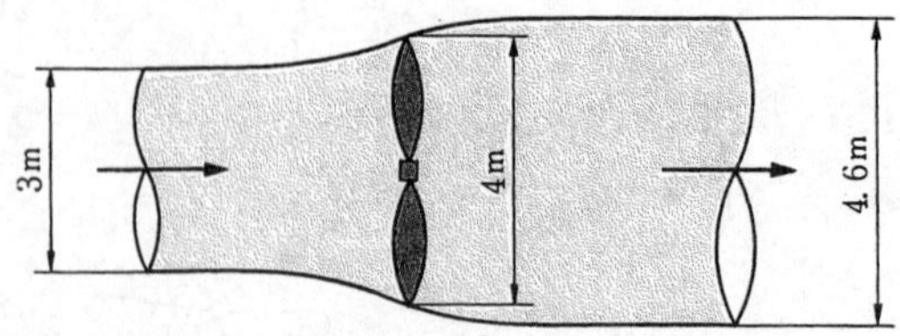

그림 6 · 48

의 지름은 4.6 m이다. 균일분포 비압축성 유동으로 간주할 때 풍차에 발생하는 추력을 계산하라.

34. 로켓의 발사속도는 질량력과 항력항을 무시하면 다음과 같은 식이 된다.

$$V = \frac{T}{\alpha} \ln \frac{M_0}{M_f}$$

질량유동에 대한 추진력의 비를 3200 N · s/kg, 최후 질량을 50 kg이라 하면, 지구궤도 내에서 로켓의 속도가 7400 m/s에 도달하기 위한 최초질량은 얼마인가?

35. 3개의 동일한 노즐이 부착된 로켓의 가스 분출속도는 2200 m/s이고, 각 노즐은 로켓의 중심선과 30°의 각도로 설치되어 있다. 노즐 출구 단면적은 1.2 m^{2}이고, 연소가스의 밀도는 0.32 kg/m^{3}이며, 분출압력은 55 kPa이다. 대기압이 10 kPa일 때 로켓의 추진력을 계산하라.

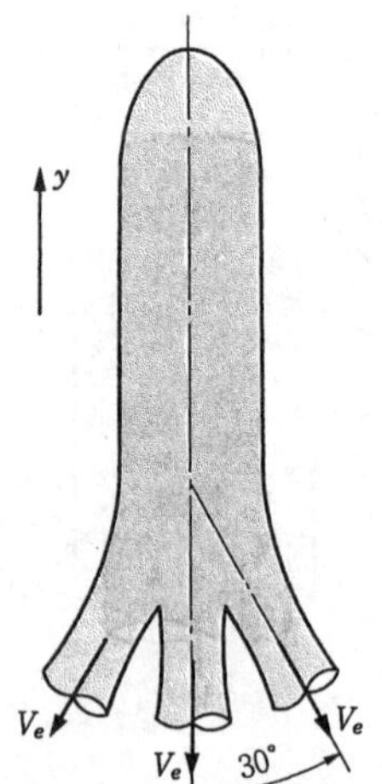

그림 6 · 49

36. 로켓의 노즐은 대개 원추형으로 절개하여 각 유동단면에서 균일분포 유동이 되도록 한다. 출구 압력이 동일하다고 가정할 때 노즐을 통과하는 유동질량을 M, 분출속도를 V, 노즐의 원추각을 2θ라고 하면 추진력이 다음과 같이 됨을 증명하라.

$$T = \frac{1}{2} MV(1 + \cos\theta)$$

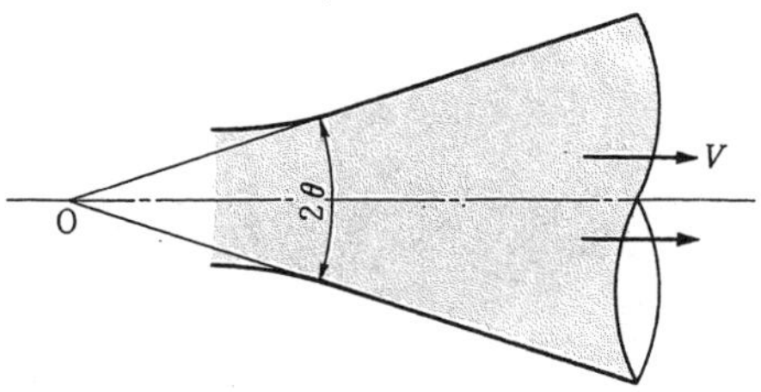

그림 6 · 50

제 7 장

층류유동
Laminar Flow

7.1 개 론

층류(laminar flow)에 대해서는 그 개념을 '5.2 Reynolds 실험'에서 간단히 설명하였다. 좀더 자세히 설명하면, 개개의 유체입자는 유적선(流跡線)을 그리며 운동할 때 서로 다른 유선(流線)을 가로지르지 않고 자기 유선을 따라 직선운동을 하는데, 이 유체입자들의 흐름을 층류라고 한다. 이와 같은 층류는 아주 낮은 유속에서만 볼 수 있으며, 점도가 유체유동에서 생기는 관성력(inertia force)을 충분히 이길 수 있는 상태에서 이루어진다.

이러한 운동 관계식은 앞에서 논한 뉴턴의 점성의 법칙에서 이미 밝혀진 것이다.

$$\tau = \mu \frac{\partial u}{\partial y}$$

이 식은 뉴턴이 1687년에 세운 식이다. 여기서 $\frac{\partial u}{\partial y}$는 유동방향에 수직한 y값의 증가에 대한 유속 u의 증가비율을 나타내며, 이를 편미분으로 표시한 것은 유속 u가 단순한 y방향의 함수만은 아니기 때문이다. 점도 μ는 앞에서 논한 점성계수로서 절대점도(absolute viscosity)라고 한다. 또, τ는 y방향에 수직한 표면 또는 접면에서 일어나는 전단응력이다.

이 장에서는 이러한 점성의 영향을 받는 몇 가지 층류의 경우를 논하기로 한다.

7.2 수평 원형관 내의 층류유동 : Hagen-Poiseuille 법칙

원형 단면 직관 내의 유체유동에 대한 연구는 1840년대에 두 사람에 의하여 행하여졌다. 맨 먼저 1839년에 독일의 공학기사인 G. H. L. Hagen(1879~1884)에 의하여 이루어졌다. 그는 아주 작은 황동관을 사용하여 물을 흘려보냈는데, 주어진 길이를 흐르는 동안의 압력손실(head loss)은 유량에 비례하고, 관지름의 4제곱에 역비례함을 검증하였다.

그즈음하여 프랑스의 J. L. M. Poiseuille(1799~1869)는 혈관 내에 흐르는 피(blood)의 유동에 대하여 연구하고자 아주 힘들고 정밀한 실험을 수행하고 있었다. 아주 작은 유리관을 사용하여 물을 유동시켜 측정한 결과 1840년에 Hagen과 동일한 결과를 얻었다.

층류유동에서는 유체입자들이 서로 다른 유동층을 가로질러 흐르지 않기 때문에 아주 얇은 막들의 유동과 마찬가지이다.

그림 7 · 1은 수평원형 관로에서 반지름이 R인 원통에 반지름이 r인 원통이 끼어 같은 방향으로 각기 서로 다른 속도 $u + du$, u로 운동하고 있는 것과 같은 유체의 층류유동을 묘사한 것이다.

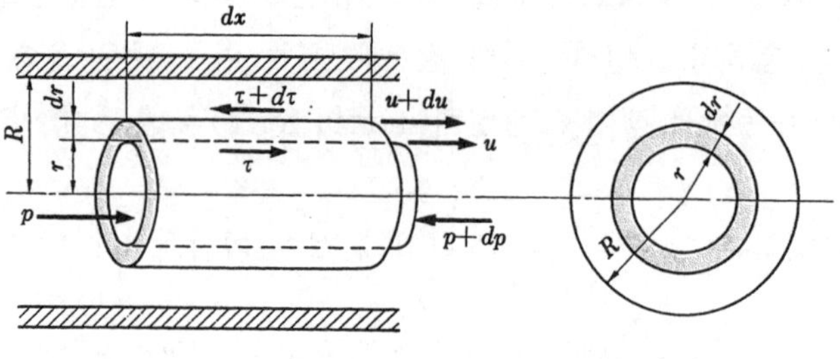

그림 7 · 1

이와 같이 서로 다른 속도로 운동하기 때문에 두 원통 사이에는 점성의 영향이 나타나게 된다. 그러므로 이 층 사이에는 상호운동에 반대되는 응력이 발생하게 되고, 정상유동의 경우 반지름 r인 곳에서의 전단응력 τ는

$$\tau 2\pi r dx = \pi r^2 dp$$

즉

$$\tau = \frac{r}{2}\frac{dp}{dx} \tag{7 · 1}$$

가 된다. 층류유동에서의 전단응력 τ는 점성의 작용에 기인하고, 윗식은 점성계수를 계산하는 데 사용되고 있다.

$$\tau = \mu \times (\text{응력이 작용하는 표면에 수직한 방향에 대한 전단비})$$
$$= \mu \frac{\partial u}{\partial r}$$

정상유동이고 완전히 발달된 유동에서 τ는 반지름에 의해서만 변화한다. 그러므로 $\frac{\partial u}{\partial r} = \frac{du}{dr}$로 나타낼 수 있으며, 식 (7 · 1)과 함께 다음과 같이 정리할 수 있다.

$$\mu \frac{du}{dr} = \frac{r}{2} \frac{dp}{dx}$$
$$\frac{du}{dr} = \frac{r}{2\mu} \frac{dp}{dx} \qquad (7 \cdot 2)$$

즉 μ는 일정하므로 r에 대하여 적분하면

$$u = \frac{r^2}{4\mu} \frac{dp}{dx} + A \qquad (7 \cdot 3)$$

적분상수 A를 구하기 위하여 경계조건을 살펴보면, $r = R$일 때 $u = 0$이므로

$$A = -\left(\frac{R^2}{4\mu}\right) \frac{dp}{dx}$$
$$u = -\frac{1}{4\mu}\left(\frac{dp}{dx}\right)(R^2 - r^2) \qquad (7 \cdot 4)$$

여기서 $\frac{dp}{dx}$의 값은 거리 x가 증가함에 따라 감소하므로 (−)값을 갖는다.

식 (7 · 4)에서 볼 수 있는 바와 같이 중심에서 최대속도를 갖는 바, 층류유동에서 식 (7 · 4)에 의하여 속도분포 선도를 그리면 그림 7 · 2와 같이 나타난다.

관에 흐르는 유량을 구하기 위해 미소 면적 $2\pi r\,dr$에 흐르는 미소 유량 dQ를 구하면

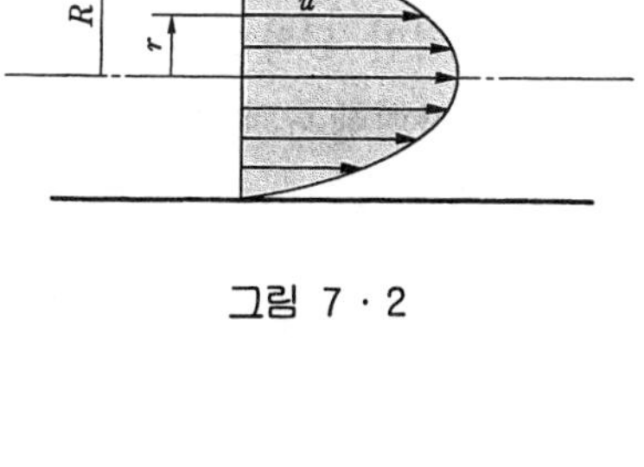

그림 7 · 2

$$dQ = -\frac{1}{4\mu}\left(\frac{dp}{dx}\right)(R^2 - r^2)2\pi r\,dr$$
$$= -\frac{\pi}{2\mu}\left(\frac{dp}{dx}\right)(R^2 r - r^3)dr \qquad (7 \cdot 5)$$

가 되므로, 전단면에 흐르는 유량 Q는 다음과 같이 유도된다.

$$Q = -\frac{\pi}{2\mu}\left(\frac{dp}{dx}\right)\int_0^R (R^2 r - r^3)dr$$
$$= -\frac{\pi R^4}{8\mu}\left(\frac{dp}{dx}\right) \qquad (7 \cdot 6)$$

이것을 Poiseuille 법칙 또는 Hagen-Poiseuille 법칙이라고 한다. 그러나 이 식은 Poiseuille나 Hagen이 유도한 것은 아니다. 이론적인 식의 정립은 G.H. Wieder-mann, 1826~1899)에 의해 1856년에 수립되었다.

길이가 l이고 양쪽의 압력이 p_1, p_2일 때, $-\left(\frac{dp}{dx}\right) = \frac{(p_1 - p_2)}{l}$이므로 식 (7 · 5)는 다음과 같이 나타낼 수 있다.

$$Q = \frac{\pi R^4}{8\mu l}(p_1 - p_2) \qquad (7 \cdot 7)$$

이 식을 지름 d의 항으로 고쳐 쓰면

$$Q = -\frac{\pi d^4}{128\mu}\frac{dp}{dx} = \frac{\pi d^4}{128\mu l}(p_1 - p_2) \qquad (7 \cdot 8)$$

와 같은 식이 된다.

식 (7 · 6)은 매우 작은 길이 dx만 고려하여 어떤 밀도의 항도 삽입되어 있지 않으므로 압축 및 비압축성 유체 모두에 적용할 수 있다.

식 (7 · 7)의 경우는 상당한 관의 길이 l을 고려한 식으로, l을 흐르는 동안 밀도가 변할 수 있으므로 밀도가 일정한 유동에서만 적용이 가능하나, 밀도의 변화를 무시할 수 있다면 어느 경우나 적용이 가능하다. 나아가서 이 방정식들의 적용한계는 그림 7 · 3에서 볼 수 있는 바와 같이 관의 입구에서 거리의 증가에 따라 유동이 발달되어 가기 때문에, 완전히 발달된 층류영역인 C와 같은 속도분포를 갖는 곳이어야 한다.

식 (7 · 6)으로부터 관 내의 어느 단면에서 유동의 평균속도(mean velocity)를 계산하면

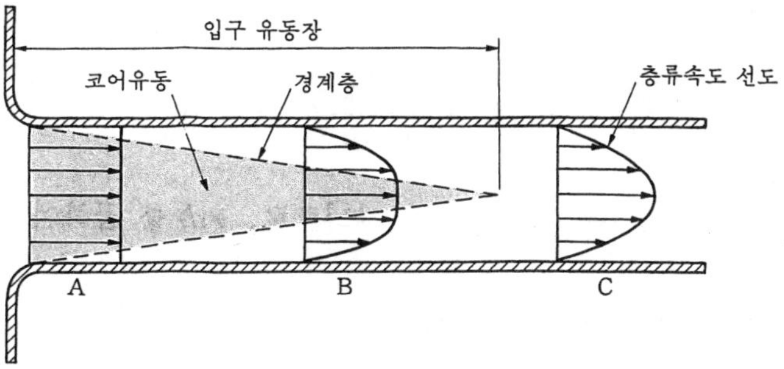

그림 7 · 3

$$\bar{u} = \frac{Q}{\text{면적}} = -\frac{\pi R^4}{8\mu}\frac{dp}{dx}\bigg/\pi R^2$$
$$= -\frac{R^2}{8\mu}\frac{dp}{dx} \qquad (7 \cdot 9)$$

또, 식 (7 · 4)에서 $r = 0$일 때 최대속도를 가지므로

$$u_{\max} = -\frac{R^2}{4\mu}\frac{dp}{dx} \qquad (7 \cdot 10)$$

가 되므로 $\bar{u}$는 $\frac{1}{2}u_{\max}$이 됨을 알 수 있다.

이상에서 살펴본 바와 같이 Hagen–Poiseuille 공식은 유체, 즉 연속체(continuum)들이 고체와 경계면에서 미끄러짐(slip)이 없이 유동한다는 가정하에 이론과 실험결과가 잘 일치하고 있다. 또한 액주압력(piezometric pressure)은 유속에 비례함을 알 수 있다.

7.3 경사진 원형관 내의 층류유동

임의의 각도 θ로 경사져 있는 원형관 내의 층류유동을 상정하기 위하여 그림 7 · 4에서 가속이 없는 미소 유체에 대한 평형 방정식은

$$2\pi r dr p - (p + dp)2\pi r dr + 2\pi r dl \tau$$
$$-(\tau + d\tau)2\pi(r + dr)dl + \gamma 2\pi r\, dl\, dr \sin\theta = 0 \quad (7 \cdot 11)$$

으로 나타낼 수 있다. 그리고 여기서 고차 미분항을 생략하고 $\sin\theta = -\frac{dh}{dl}$를 대입

하여 $2\pi r\,dr\,dl$로 나누면 다음 식이 된다.

$$\frac{d}{dl}(p+\gamma h)+\frac{1}{r}\frac{d}{dr}(\tau r)=0 \tag{7·12}$$

여기서 $\frac{d}{dl}(p+\gamma h)$는 r의 함수가 아니므로, rdr를 곱하여 r에 대해 적분하면

$$\frac{r^2}{2}\frac{d}{dl}(p+\gamma h)+\tau r=A \tag{7·13}$$

를 얻는다. 원형관에 대해서는 $\tau=-\mu\frac{du}{dr}$(u는 중심으로부터 r의 증가에 따라 감소하므로 $\frac{du}{dr}$는 $-$ 가 된다)이므로 이를 윗식에 대입하면

$$du=\frac{1}{2\mu}\frac{d}{dl}(p+\gamma h)rdr-\frac{A}{\mu}\frac{dr}{r} \tag{7·14}$$

가 되므로, 이를 적분하면

$$u=\frac{r^2}{4\mu}\frac{d}{dl}(p+\gamma h)-\frac{A}{\mu}\ln r+B \tag{7·15}$$

상수 A, B를 구하기 위하여 경계조건을 고려하면 $r=0$일 때, $u=u_{\max}$, $\frac{du}{dr}=0$이므로

$$A=0$$

또, $r=R$일 때 $u=0$이므로

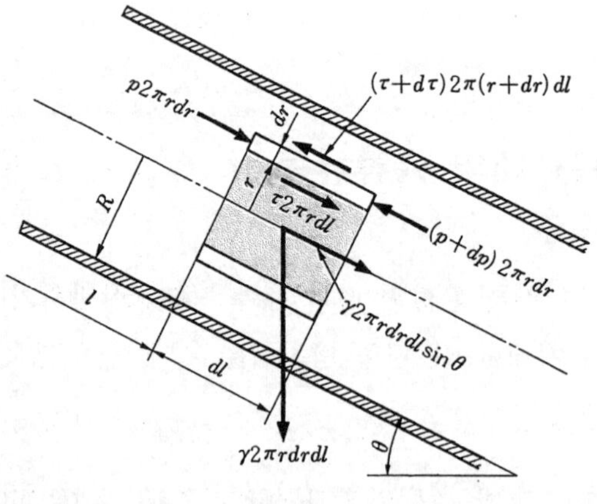

그림 7 · 4

$$0 = \frac{R^2}{4\mu}\frac{d}{dl}(p + \gamma h) - 0 + B,$$

$$B = -\frac{R^2}{4\mu}\frac{d}{dl}(p + \gamma h)$$

가 되므로 속도 분포식과 유량 계산식은 각각 다음과 같은 식으로 유도된다.

$$u = -\frac{1}{4\mu}\frac{d}{dl}(p + \gamma h)(R^2 - r^2) \qquad (7 \cdot 16)$$

$$Q = \int_0^R u 2\pi r\, dr = -\frac{1}{2\mu}\frac{d}{dl}(p + \gamma h)\int_0^R (R^2 - r^2) r\, dr$$

$$= -\frac{\pi R^4}{8\mu}\frac{d}{dl}(p + \gamma h) \qquad (7 \cdot 17)$$

예제 7.1 점성계수가 $\mu = 0.40\ \mathrm{N \cdot s/m^2}$이고 밀도가 $\rho = 960\ \mathrm{kg/m^3}$인 기름이, 지름이 $D = 0.02\ \mathrm{m}$이고 길이가 10 m인 관 내를 유동하고 있다.

(a) 이 관이 수평으로 놓여 있을 때 유량이 $Q = 2.0 \times 10^{-5}\ \mathrm{m^3/s}$가 되기 위해서는 관로 입구와 출구의 압력차이는 얼마가 되어야 하는가?

(b) 또 입구와 출구의 압력이 $p_1 = p_2$라고 하면 (a)에서와 동일한 유량을 유동시키기 위해서는 관로가 얼마의 경사각도로 설치되어야 하는가?

풀이 (a) Hagen–Poiseuille 식을 사용하여 $Q = \dfrac{\pi D^4(p_1 - p_2)}{128\mu l}$ 로부터

$$\Delta p = \frac{128\mu l Q}{\pi D^4}$$

$$= \frac{128(0.40\ \mathrm{N \cdot s/m^2})(10.0\ \mathrm{m})(2.0 \times 10^{-5}\ \mathrm{m^3/s})}{3.14(0.02\ \mathrm{m})^4}$$

$$= 20,382\ \mathrm{N/m^2} = 20.382\ \mathrm{kPa}$$

(b) 문제의 주어진 조건에서 압력 기울기는

$$-\frac{d}{dl}(p + \gamma h) = -\rho g\frac{dh}{dl} = -\rho g \sin\theta$$

로 쓸 수 있으므로 식 (7 · 14)를 변형하면

$$\sin\theta = -\frac{128\mu Q}{\pi\rho g D^4}$$

$$= -\frac{128(0.40\ \mathrm{N\cdot s/m^2})(2.0\times 10^{-5}\ \mathrm{m^3/s})}{3.14(900\ \mathrm{kg/m^3})(9.8\ \mathrm{m/s^2})(0.02\ \mathrm{m})^4}$$

즉

$$\theta = -13.36°$$

예 제 7.2 그림 7·5에서와 같은 조건으로 원형관 내에 비중량 $\gamma = 8000\ \mathrm{N/m^3}$, 점성계수 $\mu = 0.04\ \mathrm{kg/m\cdot s}$인 유체가 유동하고 있다. 유동방향, 유량, Reynolds 수를 구하라.

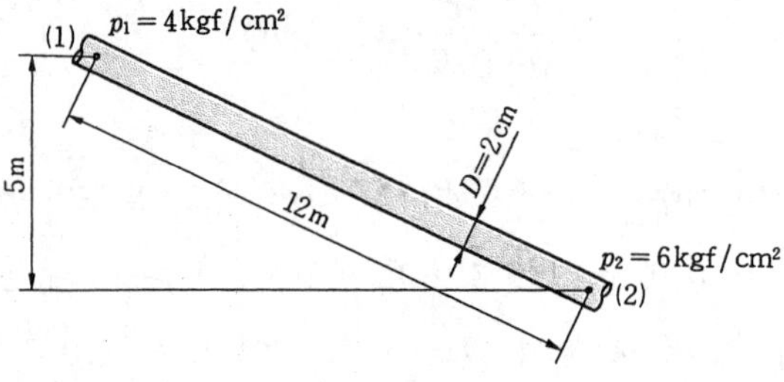

그림 7·5

풀 이 단면 (1)에서

$$p+\gamma h = (40,000\ \mathrm{kgf/m^2})(9.8\ \mathrm{N/kgf}) + (8000\ \mathrm{N/m^3})(5\ \mathrm{m}) = 432\ \mathrm{kN/m^2}$$

단면 (2)에서

$$p+\gamma h = (60,000\ \mathrm{kgf/m^2})(9.8\ \mathrm{N/kgf}) = 588\ \mathrm{kN/m^2}$$

압력은 단면 (2)가 단면 (1)보다 크므로 유체는 (2)에서 (1)로 유동한다.
압력 기울기는

$$-\frac{d}{dl}(p+\gamma h) = -\frac{432-588}{12} = 13\ \mathrm{kN/m^3}$$

따라서 유량은

$$Q = -\frac{\pi R^4}{8\mu}\frac{d}{dl}(p+\gamma h) = \frac{13,000\times\pi\times(0.01)^4}{8\times 0.04} = 0.00128\ \mathrm{m^3/s}$$

평균유속은

$$\bar{u} = \frac{Q}{A} = \frac{0.00128}{(\pi/4)(0.02)^2} = 4.08\,\text{m/s}$$

Reynolds수는

$$\text{Re} = \frac{\bar{u}D\rho}{\mu} = \frac{4.08 \times 0.02 \times 8000}{0.04 \times 9.8} = 1665$$

예 제 7.3 그림 7·6에서 경사진 원형관을 통해 $\rho = 900\,\text{kg/m}^3$, $\nu = 0.0002\,\text{m}^2/\text{s}$인 기름을 유동시키기 위하여 입구 (1)과 출구 (2)에 각각 $p_1 = 400\,\text{kPa}$, $p_2 = 340\,\text{kPa}$의 압력이 작용하고 있다. 정상층류 유동으로 가정하여 (a) 유동방향을 결정하고, (b) (1)과 (2) 사이에 발생하는 압력손실 수두(水頭), (c) 유량, (d) 유속, (e) Reynolds수를 구하라.

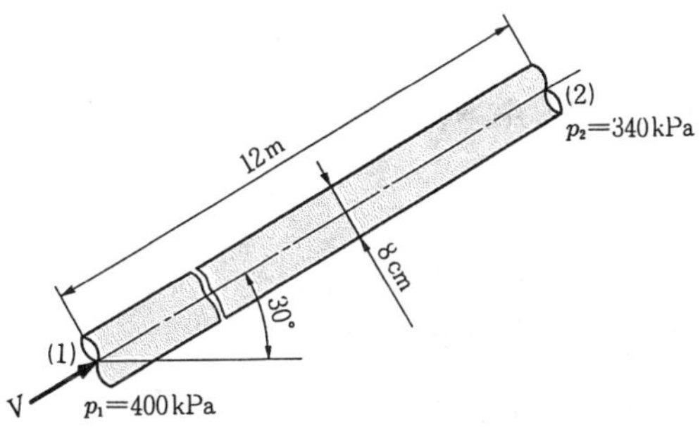

그림 7·6

풀 이 (a) $z_2 = 12\sin 30° = 6\,\text{m}$이므로 (1), (2)에서 전압력 헤드를 구하면

$$H_1 = z_1 + \frac{p_1}{\rho g} = 0 + \frac{400,000}{900 \times 9.8} = 45.35\,\text{m}$$

$$H_2 = z_2 + \frac{p_2}{\rho g} = 6 + \frac{340,000}{900 \times 9.8} = 44.55\,\text{m}$$

(1)에서의 전압력값이 (2)에서의 전압력값보다 크므로 유체는 (1)에서 (2)로 유동한다.

(b) (1), (2) 사이에 발생하는 전압력 손실수두는

$$H_L = H_1 - H_2 = 45.35 - 44.55 = 0.8\,\text{m}$$

(c) $\mu = \rho\nu = (900\ \text{kg/m}^3)(0.0002\ \text{m}^2/\text{s}) = 0.18\ \text{kg/m}\cdot\text{s}$이므로 유량은

$$Q = \frac{\pi d^4}{128\mu}\left(\frac{p_1 - p_2}{l}\right) = \frac{\pi(0.08)^4 \times 900 \times 9.8 \times 0.8}{128 \times 0.18 \times 12}$$
$$= 0.0033\ \text{m}^3/\text{s}$$

(d) $\bar{u} = \dfrac{Q}{A} = \dfrac{0.0033}{(\pi/4)(0.08)^2} = 0.66\ \text{m/s}$

(e) $\text{Re} = \dfrac{\bar{u}D}{\nu} = \dfrac{0.66 \times 0.08}{0.0002} = 264$

7.4 경사진 원형환관 내의 층류유동

원형환관이 그림 7·7과 같이 θ만큼 경사지게 설치되어 있을 때 유속분포와 유량을 구해 보자. 유동 분포식은 앞 절에서와 동일한 역학적인 평형 방정식으로부터 식 (7·15)와 같은 결과를 얻을 수 있으므로, 여기서 적분상수 A와 B를 구하기 위하여 경계조건을 고려하면

$$r = b\text{일 때},\ u = 0$$
$$r = a\text{일 때},\ u = 0$$

이 조건들을 식 (7·15)에 대입하면

$$A = \frac{1}{4\ln(a/b)}\frac{d}{dl}(p + \gamma h)(a^2 - b^2)$$

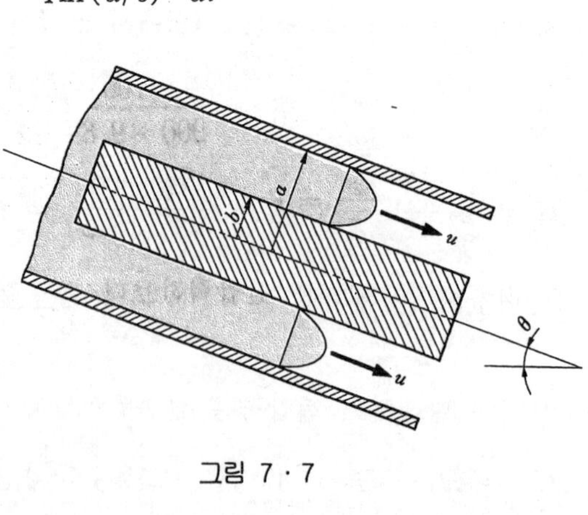

그림 7·7

$$B = \frac{1}{4\mu}\frac{d}{dl}(p + \gamma h)\left\{\frac{\ln a}{\ln(a/b)}(a^2 - b^2) - a^2\right\}$$

가 되므로 속도 분포식과 유량 계산식은 다음과 같이 유도된다.

$$u = -\frac{1}{4\mu}\frac{d}{dl}(p + \gamma h)\left\{a^2 - r^2 + \frac{a^2 - r^2}{\ln(b/a)}\ln\frac{a}{r}\right\} \quad (7 \cdot 18)$$

$$\begin{aligned}
Q &= \int_b^a 2\pi r u\, dr = -\frac{\pi}{2\mu}\frac{d}{dl}(p + \gamma h) \\
&\quad \times \int_b^a \left\{(a^2 r - r^3) + \frac{a^2 - b^2}{\ln(b/a)} r \ln\frac{a}{b}\right\} dr \\
&= -\frac{\pi}{2\mu}\frac{d}{dl}(p + \gamma h)\left[\int_b^a (a^2 r - r^3) dr + \frac{a^2 - b^2}{\ln(b/a)}\right. \\
&\quad \left. \times \left\{\int_b^a (\ln a) r\, dr - \int_b^a r \ln r\, dr\right\}\right] \\
&= -\frac{\pi}{2\mu}\frac{d}{dl}(p + \gamma h)\left[\left[\frac{a^2 r^2}{2} - \frac{r^4}{4}\right]_b^a + \frac{a^2 - b^2}{\ln(b/a)}\right. \\
&\quad \left. \times \left\{\ln a\left[\frac{r^2}{2}\right]_a^b - \left[\frac{r^2}{2}\ln r\right]_b^a + \int_b^a \frac{r^2}{2}\frac{1}{r}\, dr\right\}\right] \\
&= -\frac{\pi}{8\mu}\frac{d}{dl}(p + \gamma h)\left\{a^4 - b^4 + \frac{(a^2 - b^2)^2}{\ln(b/a)}\right\} \quad (7 \cdot 19)
\end{aligned}$$

7.5 원형관 내의 비뉴턴 유체의 층류유동

앞 절과 관련하여 완전히 발달된 관내유동에서 정상유동인 경우 전단비를 τ만의 함수라고 가정하면

$$\frac{du}{dr} = f(\tau) \quad (7 \cdot 20)$$

전유량 Q는

$$Q = \int_0^R u\, 2\pi r\, dr = -\pi\int_{u_{\max}}^0 r^2 du = \pi\int_0^{u_{\max}} r^2 du$$

$r = R$인 벽면에서는 미끄럼이 없으므로 $u = 0$, 또 식 (7 · 20)에서 $du = f(\tau) dr$이고, 반지름이 R인 벽면에서의 전단응력을 τ_0라 하면 식 (7 · 1)로부터 $\tau_0 = \dfrac{R}{2}\dfrac{dp}{dx}$

로 쓸 수 있다. 그러므로 식 (7 · 1)을 이 식으로 나누면 $r = \dfrac{R\tau}{\tau_0}$ 로 되어 유량 계산식은 다음과 같이 된다.

$$Q = -\pi \int_0^R r^2 f(\tau)\, dr = -\frac{\pi R^3}{\tau_0^3} \int_0^{\tau_0} \tau^2 f(\tau)\, d\tau \qquad (7 \cdot 21)$$

따라서 $\dfrac{Q}{\pi R^3}$ 는 τ_0 의 함수이고, $\tau_0 = \dfrac{R}{2}\dfrac{dp}{dx}$ 이므로 $\dfrac{Q}{\pi R^3}$ 와 τ_0 의 관계를 실험적으로 결정할 수가 있다.

의가소성(pseudo-plastic) 또는 팽창유체(dilatant-fluid)에서 전단응력의 크기와 전단비의 관계는 다음과 같은 근사식으로 나타낸다.

$$|\tau| = k\left(A\left|\frac{\partial u}{\partial y}\right|\right)^n \qquad (7 \cdot 22)$$

여기서 k, A, n은 상수이다.

의가소성 유체에서는 $n<1$, 팽창유체에서는 $n>1$이며, τ_0의 값은 $\dfrac{dp}{dx}$에 의한 값으로 음의 값을 나타낸다.

$$\left|\frac{du}{dy}\right| = f(\tau) = \frac{1}{A}\left(\frac{|\tau|}{k}\right)^{\frac{1}{n}} \qquad (7 \cdot 23)$$

이 결과를 식 (7 · 21)에 대입하면

$$\begin{aligned} Q &= \frac{\pi R^3}{|\tau_0|^3} \int_0^{\tau_0} \frac{|\tau|^{\frac{(2n+1)}{n}}}{Ak^{\frac{1}{n}}}\, d\tau \\ &= \frac{\pi R^3}{|\tau_0|^3 Ak^{\frac{1}{n}}}\left(\frac{n}{3n+1}\right)\left[|\tau|^{\frac{(3n+1)}{n}}\right]_0^{\tau_0} \\ &= \frac{n\pi R^3}{A(3n+1)}\left(\frac{|\tau_0|}{k}\right)^{\frac{1}{n}} \\ &= \frac{n\pi R^3}{A(3n+1)}\left(-\frac{R}{2k}\frac{dp}{dx}\right)^{\frac{1}{n}} \end{aligned} \qquad (7 \cdot 24)$$

뉴턴 유체의 경우는 $n=1$이므로, 식 (7 · 24)는 식 (7 · 6)이 된다. 또 Bingham 소성유체에서 전단응력과 전단비의 관계가 $|\tau| > |\tau_y|$일 때 다음과 같은 식으로 표기된다.

$$\tau = \tau_y + \mu_p \frac{\partial u}{\partial y} \qquad (7 \cdot 25)$$

여기서

$$\frac{\partial u}{\partial y} = f(\tau) = \frac{\tau - \tau_y}{\mu_p} \tag{7 · 26}$$

가 되며, $|\tau| < |\tau_y|$일 때 $\frac{\partial u}{\partial y} = 0$, 즉 $f(\tau) = 0$이 된다.

여기서 τ_y는 재질의 항복응력(yielding stress)을, μ_p는 $|\tau| > |\tau_y|$인 경우 전단비에 대한 응력의 기울기를 나타낸다.

관의 중심부로부터 전단응력이 항복값보다 작은, 관의 반지름 영역에서 유체입자들은 강체(plug)처럼 운동하게 된다.

그러므로 식 (7 · 21)은

$$\begin{aligned} Q &= -\left\{\frac{\pi R^3}{\tau_0^3}\int_{\tau}^{\tau_y}\tau^2 f(\tau)\,d\tau - \frac{\pi R^3}{\tau_0^3}\int_{\tau_y}^{\tau_0}\tau^2 f(\tau)\,d\tau\right\} \\ &= 0 - \frac{\pi R^3}{\mu_p\tau_0^3}\int_{\tau_y}^{\tau_0}\tau^2(\tau - \tau_y)\,d\tau \\ &= -\frac{\pi R^3}{\mu_p\tau_0^3}\left[\frac{\tau^4}{4} - \frac{\tau^3\tau_y}{3}\right]_{\tau_y}^{\tau_0} \\ &= -\frac{\pi R^3}{\mu_p\tau_0^3}\left[\frac{\tau_0^4}{4} - \frac{\tau_0^3\tau_y}{4} + \frac{\tau_y^4}{12}\right] \\ &= -\frac{\pi R^3\tau_0}{\mu_p}\left[\frac{1}{4} - \frac{1}{3}\left(\frac{\tau_y}{\tau_0}\right) + \frac{1}{12}\left(\frac{\tau_y}{\tau_0}\right)^4\right] \end{aligned} \tag{7 · 27}$$

이 식에서 $\tau_y = 0$인 경우에 $\tau_0 = \frac{R}{2}\frac{dp}{dx}$를 대입하면, 다시 뉴턴 유체의 방정식이 된다.

7.6 평행한 두 평판 사이의 층류유동

7.6.1 수평으로 평행하게 놓인 평판 사이의 유동

〔1〕 두 평판이 고정된 경우

그림 7 · 8에서 볼 수 있는 바와 같이 평행한 평판 사이에 유동하는 정상 층류유동에 대하여 살펴보기로 하자.

두 평판 사이의 유동을 층류라고 가정하였으므로 유동방향에 수직한 어떠한 운동도

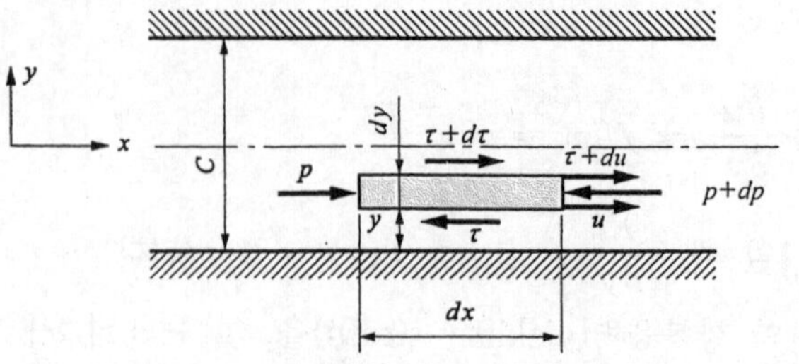

그림 7 · 8

존재하지 않는다. 따라서 압력 p는 유동방향에 따라서만 변화한다.

그림에서 밑판을 기준으로 하여 두 판 사이의 거리를 C로 하고 유동방향을 x, 이에 수직한 방향을 y로 정한다. 이 유동 중에 발생하는 점성의 영향은 임의로 선택한 유체의 미소 입방체의 상하면에 생기는 압력차로 나타나게 된다.

미소 입방체의 밑면까지의 거리를 y, 그곳에서의 속도를 u, 윗면에서의 그것들을 $y + dy$, $u + du$라 하고 du의 값을 $+$라고 하면, 윗면에서의 유속은 유동방향으로 증가되고 밑면에서의 유속은 윗면의 유속에 비하여 늦어짐을 알 수 있다.

속도가 u인 밑면에서의 전단응력을 τ라고 하면, 속도가 $u + du$인 밑면에서의 전단응력은 $\tau + d\tau$가 된다. 따라서 좌우 $dy\,dz$면의 압력은 p, $p + dp$로 나타낼 수 있다.

x-y면에 수직한 z방향에 대한 유동폭을 b로 하면, x방향으로 작용하는 전힘은

$$\{p - (p + dp)\}b\,dy + \{(\tau + d\tau) - \tau\}b\,dy$$

그런데 정상유동이고, 완전히 발달된 유동역에서는 가속도가 발생하지 않으므로 이 전힘은 0이 되어야 한다. 즉

$$-dp\,dy + d\tau\,dx = 0$$

따라서

$$\frac{dp}{dx} = \frac{d\tau}{dy} \tag{7 · 28}$$

층류에서는 $\tau = \mu \dfrac{du}{dy}$ 이므로

$$\frac{dp}{dx} = \frac{d}{dy}\left(\mu \frac{du}{dy}\right) \tag{7 · 29}$$

p의 변화는 y방향에는 관계가 없으므로 $\dfrac{dp}{dx}$는 y에 대하여 독립적임을 알 수 있

다. 그러므로 식 (7 · 29)를 적분하면

$$\frac{dp}{dx}y = \mu\frac{\partial u}{\partial y} + A \qquad (7 \cdot 30)$$

μ가 상수인 경우, 다시 적분하면 다음과 같은 식이 된다.

$$\frac{dp}{dx}\frac{y^2}{2} = \mu u + Ay + B \qquad (7 \cdot 31)$$

여기서 상수 A, B를 구하기 위하여 유동의 경계조건을 살펴보면

$$y = 0\text{일 때 } u = 0, \qquad B = 0$$
$$y = C\text{일 때 } u = 0, \qquad A = \frac{dp}{dx}\frac{C}{2}$$

그러므로 식 (7 · 31)에 대입하면 속도식은 다음과 같이 유도된다.

$$u = \left(\frac{dp}{dx}\right)\frac{y^2}{2\mu} - \left(\frac{dp}{dx}\right)\frac{Cy}{2\mu} = \frac{1}{2\mu}\left(\frac{dp}{dx}\right)(y^2 - Cy) \qquad (7 \cdot 32)$$

그림 7 · 9는 두 평행한 평판 사이에서 유동이 완전히 발달된 속도분포 선도를 나타낸 것으로서, 식 (7 · 32)에서 $y = \frac{C}{2}$를 대입하면, 최대속도 $u_{\max} = -\frac{C^2}{8\mu}\frac{dp}{dx}$를 얻을 수 있다.

유량을 구하기 위하여 y방향의 미소폭을 dy, y축에 수직한 방향의 폭을 b라 하면 $dQ = ub\,dy$이므로

$$Q = \int_0^C ub\,dy = b\int_0^C \frac{1}{2\mu}\left(\frac{dp}{dx}\right)(y^2 - Cy)dy$$
$$= -\frac{bC^3}{12\mu}\left(\frac{dp}{dx}\right) \qquad (7 \cdot 33)$$

가 되며, 유량 Q를 유동 단면적 bC로 나누면 평균속도 $\bar{u} = -\frac{C^2}{12\mu}\frac{dp}{dx}$를 구할

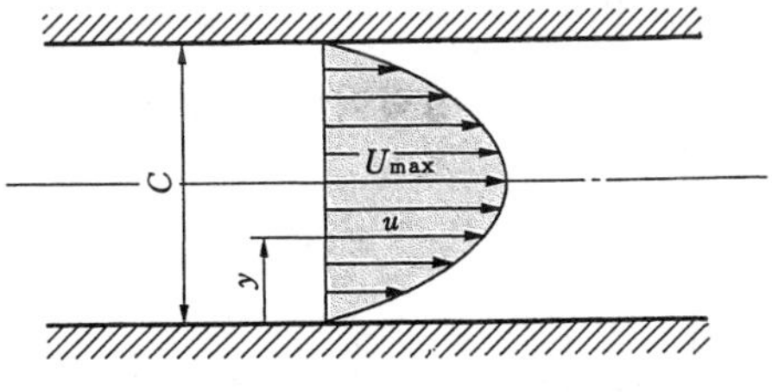

그림 7 · 9

수 있으며, 이것이 최대속도의 3분의 2가 됨을 알 수 있다.

폭이 b이고 밀도와 점성이 일정한 유체유동의 경우, 일정한 관의 길이 l에서 입구와 출구의 압력을 p_1, p_2라 하면, $-\dfrac{dp}{dx} = \dfrac{(p_1 - p_2)}{l}$이므로 식 (7·33)은

$$Q = \frac{(p_1 - p_2)bC^3}{12\mu l} \qquad (7\cdot 34)$$

과 같은 식으로 유도되어 평행평판 사이의 유량 계산식을 두 원형관 사이에 흐르는 유량계산에 직접 적용할 수 있다.

그림 7·10과 같이 내부·외부 관 사이의 간격 C가 내부 관의 지름 D에 비하여 훨씬 작은 경우에 적용이 가능하다. 만약 C가 D보다 큰 경우에는 곡률에 대한 영향을 고려해야 되므로 간단하게 적용할 수 없다.

식 (7·26)으로부터

$$Q = \frac{\pi DC^3}{12\mu l}(p_1 - p_2) \qquad (7\cdot 35)$$

가 된다.

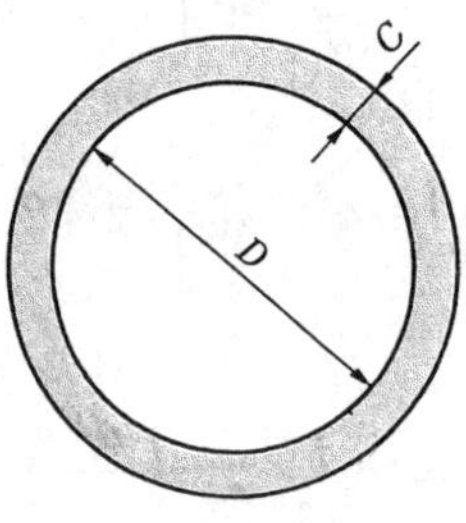

그림 7·10

예 제 7.4 유압기계가 55℃에서 게이지 압력 24 MPa로 작동되고 있다. 여기서 사용된 기름의 비중과 점도는 $S = 0.92$, $\mu = 0.018\,\text{kg/m}\cdot\text{s}$이고, 피스톤의 지름과 길이는 각각 30 mm, 15 mm이며, 피스톤과 실린더벽 간의 간격은 0.006 mm이다. 압력이 낮은 측의 게이지 압력이 1.2 MPa일 때 누설되는 기름의 양을 구하라.

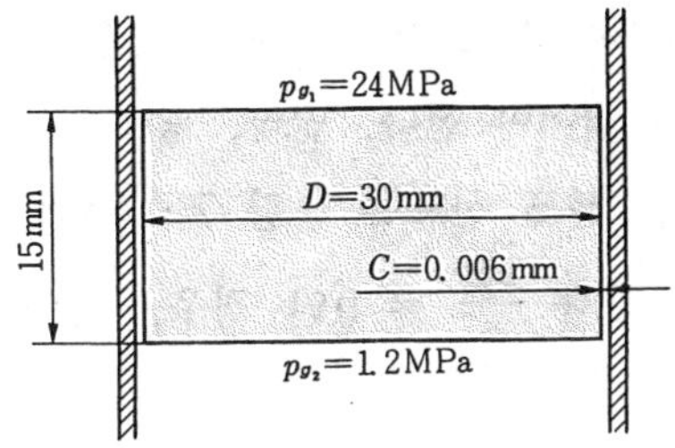

그림 7 · 11

풀이 이 예제는 피스톤과 실린더벽 사이의 유동이지만 층류유동이고, 비압축성 정상유동인 경우 고정된 평행평판 사이의 유동과 동일한 문제이다. 따라서 유량은

$$Q = \frac{\pi DC^3}{12\mu l}(p_1 - p_2)$$
$$= \frac{\pi \times 0.03 \times (0.006/1000)^3}{12 \times 0.018 \times 0.015}(24 - 1.2) \times 10^6$$
$$= 143.18\ \mathrm{mm^3/s}$$

〔2〕 두 평판 중 위 평판이 이동하는 경우

평행한 두 평판 중에 한 평판은 정지상태에 있고, 나머지 평판이 유체의 유동방향과 동일한 방향으로 V 속도로 이동하고 있는 경우에 속도 분포식과 유량을 계산해 보자.

식 (7 · 31)에서 유동조건을 고려하면

$$y = 0\text{일 때},\ u = 0,\ \text{즉}\ B = 0$$
$$y = C\text{일 때},\ u = V,\ \text{즉}\ A = \left(\frac{dp}{dx}\right)\frac{C}{2} - \frac{\mu V}{C}$$

그러므로 속도 u는 다음 식으로 유도된다.

$$u = \left(\frac{dp}{dx}\right)\frac{y^2}{2\mu} - \frac{y}{\mu}\left\{\left(\frac{dp}{dx}\right)\frac{C}{2} - \frac{\mu V}{C}\right\}$$
$$= \left(\frac{dp}{dx}\right)\frac{1}{2\mu}(y^2 - Cy) + \frac{Vy}{C} \qquad (7 \cdot 36)$$

미소 면적 bdy에 대한 유량은 $dQ = ub\,dy$이므로 전유량은 다음과 같다.

$$Q = \int_0^C ub\,dy = b\left[\left(\frac{dp}{dx}\right)\frac{1}{2\mu}\left(\frac{y^3}{3} - \frac{Cy^2}{2}\right) + \frac{Vy^2}{2C}\right]_0^C$$
$$= b\left[-\left(\frac{dp}{dx}\right)\frac{C^3}{12\mu} + \frac{VC}{2}\right] \qquad (7 \cdot 37)$$

여기서 주의해야 할 것은 평판의 속도 V는 유체의 유동과 동일한 방향이어야 하며, 상대적인 경우 V의 값은 $-$가 되어야 한다. 만약, 평판의 운동속도가 유체의 최대속도보다 큰 경우에는 유체의 속도분포 선도는 그림 7·12(b)와 같이 된다.

만약 압력변화가 없는 경우, 즉 $\dfrac{dp}{dx}=0$인 경우, 유량 Q는 식 (7·37)로부터 $Q=\dfrac{1}{2}bCV$가 된다.

이러한 유동에 대한 이론을 M. F. A. Couètte(1858~1943)가 처음으로 연구하여 발표함으로써 그의 이름을 따서 Couètte 유동(Couètte flow)이라고 한다.

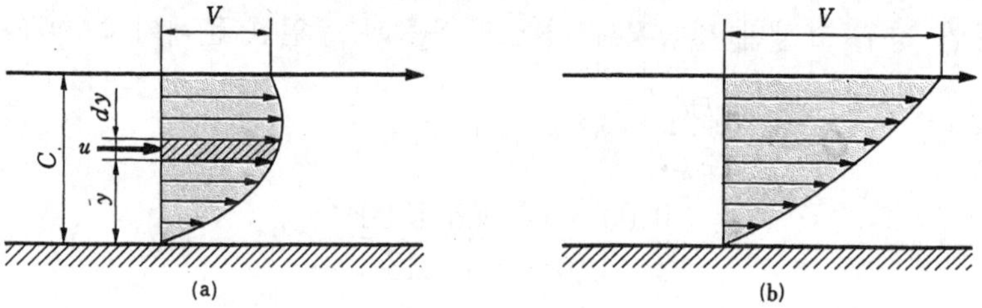

그림 7·12

7.6.2 경사진 두 평행평판 사이의 유동

〔1〕 두 평판이 고정된 경우

두 평판이 그림 7·13과 같이 경사지게 고정되어 있고, 평판 사이에 유체가 유동하

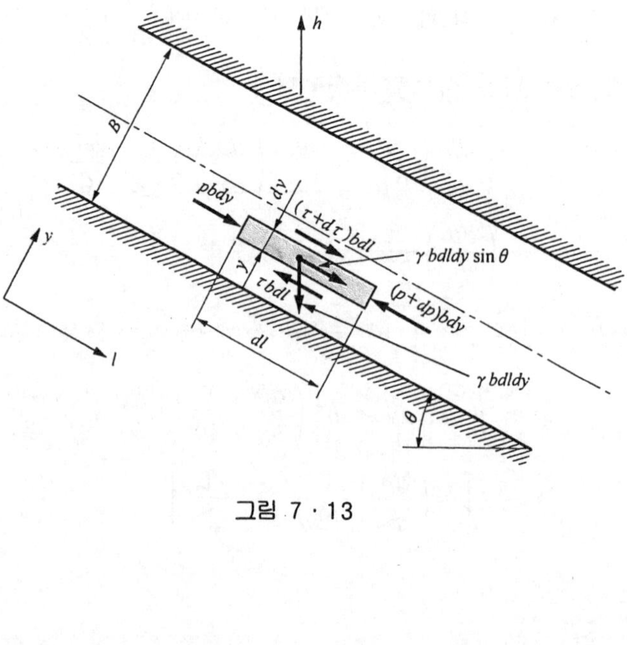

그림 7·13

고 있는 경우 유속과 유량의 식을 유도해 보자.

그림에서 폭이 b이고 두 평판 사이의 거리는 B이다. 여기에서 미소 입방체에 대한 평형 방정식은

$$p b\,dy - (p + dp) b\,dy + (\tau + d\tau) b\,dl - \tau b\,dl + \gamma b\,dy\,dl \sin\theta = 0 \qquad (7 \cdot 38)$$

이 되어 이를 정리하면

$$\frac{d\tau}{dy} = \frac{d}{dl}(p + \gamma h) \qquad (7 \cdot 39)$$

이 식을 y에 대하여 적분하면

$$\tau = \frac{d}{dl}(p + \gamma h) y + C_1 \qquad (7 \cdot 40)$$

이 되어 뉴턴의 점성의 식과 함께 정리하면

$$\frac{du}{dy} = \frac{1}{\mu}\frac{d}{dl}(p + \gamma h) y + \frac{C_1}{\mu} \qquad (7 \cdot 41)$$

이 되며, y에 대하여 다시 적분하면 다음과 같은 식이 된다.

$$u = \frac{1}{2\mu}\frac{d}{dl}(p + \gamma h) y^2 + \frac{C_1}{\mu} y + C_2 \qquad (7 \cdot 42)$$

적분상수 C_1과 C_2를 구하기 위하여 경계조건을 고려하면

$y = 0$일 때, $u = 0$
$y = B$일 때, $u = 0$

그러므로

$$C_1 = -\frac{B}{2}\frac{d}{dl}(p + \gamma h), \qquad C_2 = 0$$

결과적으로 속도 분포식은 다음과 같이 유도된다.

$$u = \frac{1}{2\mu}\frac{d}{dl}(p + \gamma h)(y^2 - By) \qquad (7 \cdot 43)$$

여기서 $(p + \gamma h)$는 유체 정역학의 식에서와 같이 상수가 되며, 속도분포는 포물선을 이룬다. 이때 유량 계산식은 다음과 같다.

$$Q = \int_0^B ub\,dy = b\left\{-\frac{1}{12\mu}\frac{d}{dl}(p + \gamma h)B^3\right\} \qquad (7 \cdot 44)$$

〔2〕 두 평판 중 위 평판이 이동하는 경우

위 평판이 일정한 속도 V로 운동하고 있는 경사진 두 평판 사이의 정상 층류유동의 경우를 생각해 보자.

그림 7·14는 위 평판이 유체유동의 방향과 동일하게 운동하고 있으며, l의 방향으로 압력이 변화하고 있는 경우이다.

이 경우에도 미소 입방체 $bdy\,dl$에 대한 평형 방정식으로부터 식 (7·39), (7·42)와 같은 결과를 얻게 된다.

$$\frac{d\tau}{dy} = \frac{d}{dl}(p + \gamma h) \qquad (7 \cdot 39)$$

$$u = \frac{1}{2\mu}\frac{d}{dl}(p + \gamma h)y^2 + \frac{C_1}{\mu}y + C_2 \qquad (7 \cdot 42)$$

여기서 두 평판이 모두 고정된 경우와 다른 점은 위 평판이 유체의 유동방향과 동일한 방향으로 이동하고 있는 것이다. 따라서 C_1, C_2를 구하기 위한 경계조건은

$y = 0$일 때, $u = 0$
$y = B$일 때, $u = V$

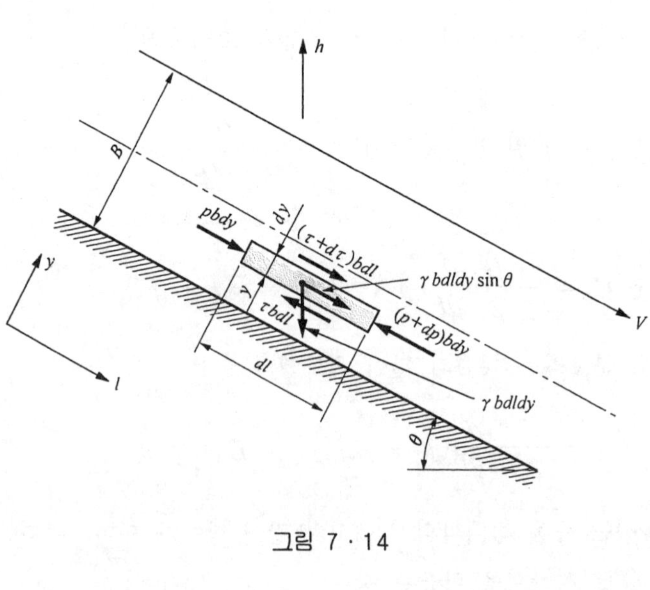

그림 7·14

그러므로

$$C_1 = \frac{\mu V}{B} - \frac{B}{2}\frac{d}{dl}(p + \gamma h), \qquad C_2 = 0$$

이 되어 속도 분포식과 유량 계산식은 다음과 같이 유도된다.

$$u = \frac{1}{2\mu}\frac{d}{dl}(p + \gamma h)(y^2 - By) + \frac{V}{B}y \tag{7·45}$$

$$Q = \int_0^B ub\,dy = b\left\{\frac{VB}{2} - \frac{1}{12\mu}\frac{d}{dl}(p + \gamma h)B^3\right\} \tag{7·46}$$

예 제 7.5 그림 7·15와 같은 컨베이어 벨트(conveyor belt) 장치를 바다 표면의 기름과 같은 오염물질을 끌어올리기 위하여 배에 설치하였다. 먼저, 본 장치를 작동하여 무한히 끌어올릴 수 있을 만큼 기름이 바다 표면에 두껍게 깔려 있다고 가정하고, 벨트는 정상속도 U로 운동하며, 균일한 기름의 두께를 유지하며 끌어올린다고 가정한다. 여기에서 θ와 U를 항으로 하는 벨트의 단위폭에 대한 기름의 운반량을 구하라. 단, 기름의 점성과 비중량은 각각 μ, γ라 한다.

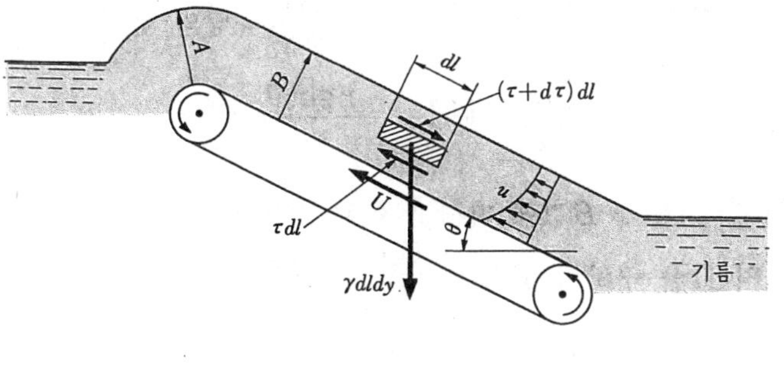

그림 7·15

풀 이 속도 u로 움직이고 있는 단위폭의 얇은 층이 그림 7·15에 도시되어 있다. 벨트상의 자유표면에서는 일정한 깊이로 정상유동을 하고 있으므로 층에 작용하는 압력(end-pressure)의 영향을 무시하기로 한다. 이때 평형 방정식은

$$-(\tau + d\tau)dl + \tau\,dl - \gamma\,dy\,dl\sin\theta = 0 \quad \cdots\cdots\cdots\cdots ①$$

으로 되며, 이를 정리하면 다음과 같이 된다.

$$\frac{d\tau}{dy} = -\gamma\sin\theta$$

이를 적분하면

$$\tau = -\gamma \sin\theta y + C \quad \cdots\cdots ②$$

$y = a$일 때, $\tau = 0$이므로

$$C = \gamma \sin\theta B$$

그러므로

$$\tau = \gamma \sin\theta (B - y) \quad \cdots\cdots ③$$

이 벨트장치에서 기름의 속도는 벨트 표면에서 멀어질수록 감소하므로 뉴턴의 점성의 법칙의 식은 $\tau = -\mu \dfrac{du}{dy}$로 되며, 이것을 윗식과 함께 정리하면

$$\int_U^u du = -\frac{\gamma \sin\theta}{\mu} \int_0^y (B - y) dy \quad \cdots\cdots ④$$

또는

$$u = U - \frac{\gamma \sin\theta}{\mu}\left(By - \frac{y^2}{2}\right) \quad \cdots\cdots ⑤$$

으로 된다. 그러므로 벨트 위에 공급되는 단위폭당의 유량을 구할 수 있다.

$$Q = \int_0^B u dy = UB - \frac{\gamma \sin\theta}{\mu} \frac{B^3}{3} \quad \cdots\cdots ⑥$$

윗식에서 유량 Q가 B값에 따라 변하고 있음을 알 수 있다. 따라서, 최대유량을 갖는 B의 값을 구하기 위하여 $\dfrac{dQ}{dB} = 0$으로 놓고 풀면

$$B = \left(\frac{U\mu}{\gamma \sin\theta}\right)^{\frac{1}{2}} \quad \cdots\cdots ⑦$$

을 얻을 수 있다. 그러므로 최대 공급유량 Q는 다음과 같다.

$$Q = U\left(\frac{U\mu}{\gamma \sin\theta}\right)^{\frac{1}{2}} - \frac{\gamma \sin\theta}{3\mu}\left(\frac{U\mu}{\gamma \sin\theta}\right)^{\frac{3}{2}} \quad \cdots\cdots ⑧$$

또는

$$Q = \frac{2}{3}\left(\frac{\mu}{\gamma \sin\theta}\right)^{\frac{1}{2}} U^{\frac{3}{2}} \quad \cdots\cdots ⑨$$

예 제 7.6 그림 7 · 16에서 보는 바와 같이 한쪽 평판이 운동을 하고 있다. 속도 분포식과 유량 및 위 판에 발생하는 전단응력을 구하라. 단, 유체의 점성계수는 $\mu = 0.8\,\text{Pa}\cdot\text{s}$, 밀도는 $\rho = 1.7\,\text{slugs/ft}^3$이다.

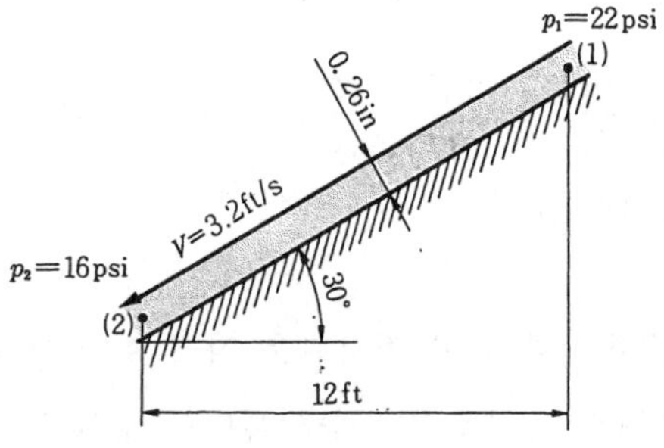

그림 7 · 16

풀 이 점 (1)에서

$$p + \gamma h = (22\ \text{in})(144\ \text{in}^2/\text{ft}^2) + (1.7\ \text{slugs/ft}^3) \times (32.2\ \text{ft/s}^2)(12\ \text{ft}\tan 30°) = 3547\ \text{lb/ft}^2$$

점 (2)에서

$$p + \gamma h = 16 \times 144 = 2304\ \text{lb/ft}^2$$

점 (1), (2) 사이에서 압력 기울기는

$$\frac{d}{dl}(p + \gamma h) = \frac{2304 - 3547}{12/\cos 30°} = -89.7\ \text{lb/ft}^3$$

$B = 0.26/12 = 0.022\,\text{ft}$, $V = 3.2\,\text{ft/s}$, $1\,\text{lb}\cdot\text{s/ft}^2 = 47.9\,\text{Pa}\cdot\text{s}$이므로

$$\begin{aligned} u &= \frac{V}{B}y - \frac{1}{2\mu}\frac{d}{dl}(p + \gamma h)(By - y^2) \\ &= \frac{3.2}{0.022}y + \frac{89.7 \times (0.022y - y^2)}{2 \times 0.8/47.9} \\ &= 204.5y - 2685.4y^2 \end{aligned}$$

$\dfrac{du}{dy} = 0$, 즉 $y = 0.0381\,\text{ft}$에서 속도는 최대가 되므로

$$u_{max} = 204.5 \times 0.0381 - 2685.4 \times (0.0381)^2 = 3.89\ \text{ft/s}$$

단위폭당 유량은

$$Q = \int_0^{0.022} u dy = \left[\frac{204.5}{2} y^2 - \frac{2685.4}{3} y^3 \right]_0^{0.022}$$
$$= 0.04 \text{ ft}^3/\text{s}$$

위 평판에 발생하는 전단응력은

$$\tau = \mu \frac{du}{dy} = \frac{0.8}{47.9} \frac{d}{dy} (204.5 y - 2685.4 y^2)_{y=0.022}$$
$$= 1.44 \text{ lb/ft}^2$$

예 제 7.7 그림 7 · 17에서와 같이 경사면을 따라 유체가 자유표면 상태로 유동하고 있다. 이 유체의 유동속도 분포식과 단위폭당의 유량을 C와 θ로 나타내라.

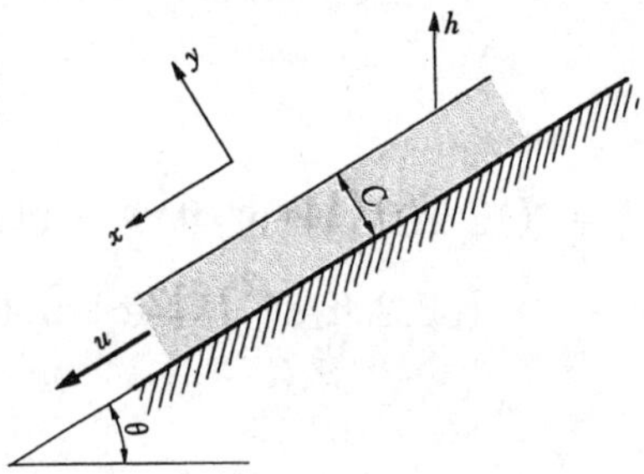

그림 7 · 17

풀이 정상유동이라고 간주하면, 간략화하여 나타낸 Navier-Stokes의 운동 방정식은

$$-\frac{d}{dx}(p + \gamma h) + \mu \frac{d^2 u}{dy^2} = 0$$

그런데 $\frac{dp}{dx} = 0$, $\sin\theta = -\frac{dh}{dx}$ 이므로 윗식은

$$\gamma \sin\theta + \mu \frac{d^2 u}{dy^2} = 0$$

즉

$$\frac{d^2 u}{dy^2} = -\frac{\gamma}{\mu} \sin\theta$$

적분하면

$$u = -\frac{\gamma}{2\mu} y^2 \sin\theta + Ay + B$$

유동조건은

$$y = 0\text{일 때}, \ u = 0$$
$$y = C\text{일 때}, \ \frac{du}{dy} = 0$$

이므로

$$B = 0, \qquad A = \frac{\gamma}{\mu} C \sin\theta$$

그러므로 속도 분포식은

$$u = -\frac{\gamma}{2\mu} \sin\theta(y^2 - 2Cy)$$

단위폭당의 유량 Q는

$$Q = \int_0^C u dy = \int_0^C \left\{ -\frac{\gamma}{2\mu} \sin\theta(y^2 - 2Cy) \right\} dy$$
$$= \frac{\gamma C^3}{3\mu} \sin\theta$$

예 제 7.8 비압축성 점성 뉴턴 유체가 정상 층류유동을 하고 있으며, 그림 7·18과 같이 수직벽면을 따라 균일한 두께 T로 흘러내리고 있다. 유체가 대기에 접해 있으며 압력 기울기가 없을 때 속도 분포식을 구하라.

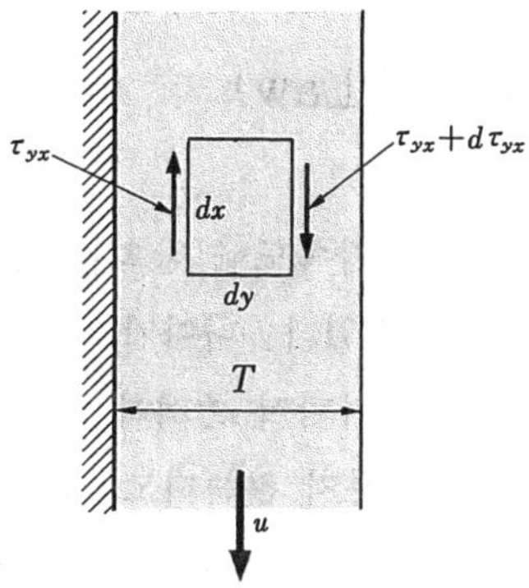

그림 7·18

풀 이 그림에서 평형 방정식을 구하면

$$-\tau_{yx}\,dx\,dz + (\tau_{yx} + d\tau_{yx})dx\,dz + \rho g\,dx\,dy\,dz = 0$$

즉

$$\frac{d\tau_{yx}}{dy} + \rho g = 0$$

$\tau_{yx} = \mu \dfrac{du}{dy}$ 와 함께

$$\frac{du}{dy} = -\frac{\rho g}{\mu} y + C_1$$

$$u = -\frac{\rho g}{\mu}\frac{y^2}{2} + C_1 y + C_2$$

경계조건을 고려하면

$$y = 0 \text{에서}, \ u = 0$$

$$y = T \text{에서}, \ \frac{du}{dy} = 0$$

그러므로

$$C_1 = \frac{\rho g}{\mu} T, \qquad C_2 = 0$$

속도 분포식은

$$u = \frac{\rho g}{\mu} T^2 \left\{ \left(\frac{y}{T}\right) - \frac{1}{2}\left(\frac{y}{T}\right)^2 \right\}$$

7.7 Stokes 법칙(Stokes Law)

유체입자에 작용하는 관성력(즉, 가속도나 감속도를 일으키는 데 필요한 힘)은 점성에 의한 전단력에 비하여 무시할 수 있다. 나아가서 어떠한 경계 표면도 구(球) 주위에 흐르는 유체에 영향을 미칠 정도로 가까이 존재하지 않으며, 구는 고체이고 유체와 고체 사이에는 어떠한 미끄럼도 일어나지 않는다고 가정한다.

이러한 가정을 이용하여 Stokes는 운동을 제지할 수 있는 힘을 다음과 같은 식으로 나타내었다.

$$Fr = 3\pi\mu u d \tag{7·47}$$

여기서 μ는 절대점성 계수, u는 정지유체에 대한 구의 속도, d는 구의 지름이다. 이 이론을 Stokes 법칙이라고 한다.

앞에서 세운 가정대로 관성력을 무시할 수 있는 조건은 Reynolds수가 아주 작아야 한다. 특히 식 (7 · 47)을 만족하고 이론과 실험자료가 일치하려면, $Re \leqq 0.1$이어야 한다. 이러한 한계로 인하여 물이나 공기와 같은 일반유체에서는 구가 극히 작아야 한다. 만약 Stokes 법칙이 큰 구의 경우에도 만족하려면, 유체의 점도가 아주 커야 하고 유속은 극히 작아야 한다. 이와 같은 유동을 포복운동(creeping motion)이라고 한다.

어떤 작은 고체입자가 자중(自重)으로 유체 중에 떨어지고 있을 때 순수하게 하방으로 작용하는 힘이 0이 될 때까지 입자에는 가속이 발생한다. 다시 말해서 입자의 무게는 부력이나 점성에 의한 저항력과 평형을 이룰 때까지 가속되며, 더 이상의 가속도가 생기지 않을 때 입자는 종속도(terminal velocity)에 도달하게 된다.

그리하여 구형 입자의 경우에 대해서 Stokes 법칙이 유효하기 위해서는 이에 상당하는 Reynolds수가 아주 작아야 한다.

유체의 밀도가 ρ, 구형 입자 재질의 밀도가 ρ_s이고 유속이 종속도에 이르렀을 때

하방력(구형입자의 무게) = 부력 + 저항력

$$\frac{\pi}{6} d^3 \rho_s g = \frac{\pi}{6} d^3 \rho g + 3\pi \mu u d$$

$$u = \frac{d^2(\rho_s - \rho) g}{18\mu} \tag{7 · 48}$$

이 식에서도 $Re < 0.1$이어야 한다.

예제 7.9 길이 $l_1 = 0.01$ m의 곤충이 $\nu_1 \times 10^6 = 15$ m^2/s인 공기 속을 $v_1 = 2.5$ m/s의 속도로 날 때, 공기와 곤충과의 상대운동에 대하여 길이 l_2가 l_1의 10배 되는 정지모형을 써서 $\nu_2 \times 10^6 = 100$ m^2/s가 되는 올리브유의 흐름 속에서 실험할 경우, 기름의 유속 v_2를 얼마로 하면 되는가?

풀이 곤충이 날 때의 Reynolds수는

$$Re = \frac{v_1 \times l_1}{\nu_1} = \frac{2.5 \times 0.01}{15 \times 10^{-6}} = 1670$$

이다. 따라서 모형실험의 흐름에 대한 Reynolds수 $Re = \dfrac{v_2 \times l_2}{\nu_2}$가 1670이면 되므로

$$v_2 = \frac{1670 \times \nu_2}{l_2}$$

그런데 $\nu_2 = 100 \times 10^{-6}\,\mathrm{m^2/s}$, $l_2 = 10 \times l_1 = 10 \times 0.01 = 0.1\,\mathrm{m}$이다. 이 들 값을 윗식에 대입하면

$$v_2 = 1670 \times (100 \times 10^{-6}) \times \frac{1}{0.1} = 1.67\,\mathrm{m/s}$$

즉 올리브유를 1.67 m/s의 속도로 모형을 향하여 흐르게 하면, 곤충이 공중을 날 때와 똑같은 흐름의 상태를 만들 수 있다.

…… 연 습 문 제 ……

1. 그림 7·14에서 위 평판이 +방향으로 운동하고 있을 때 $\frac{d(p+\gamma h)}{dl}$를 구하라. 또, 이 경우에 유량 Q는 얼마인가?

2. 그림 7·19에서 $U = 2\,\mathrm{ft/s}$일 때 피스톤에 의하여 압력실에 공급되는 기름의 양과 전단력, 그리고 전힘 F를 구하라.

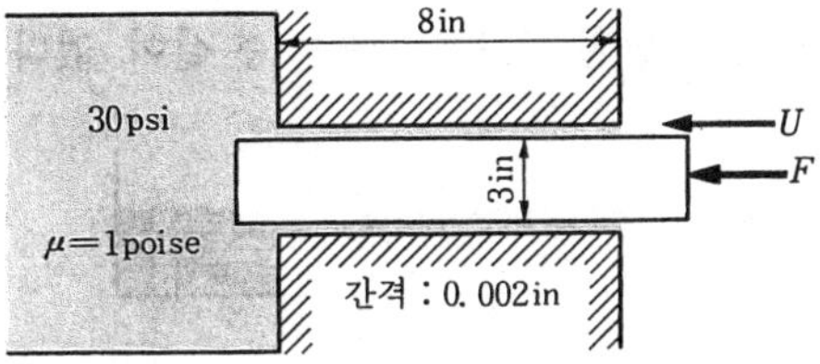

그림 7·19

3. 그림 7·19에서 $U = 0$일 때, 압력실의 압력에 의한 전단과 누설량에 의해 피스톤에 발생하는 힘을 구하라.

4. 그림 7·20에서 $p_1 = p_2 = 1\,\mathrm{kgf/cm^2}$, $U = 2\,\mathrm{m/s}$, $V = 1\,\mathrm{m/s}$, $a = 1.5\,\mathrm{mm}$, $\mu = 0.5\,\mathrm{Pa \cdot s}$일 때 각 판에 생기는 전단응력을 구하라.

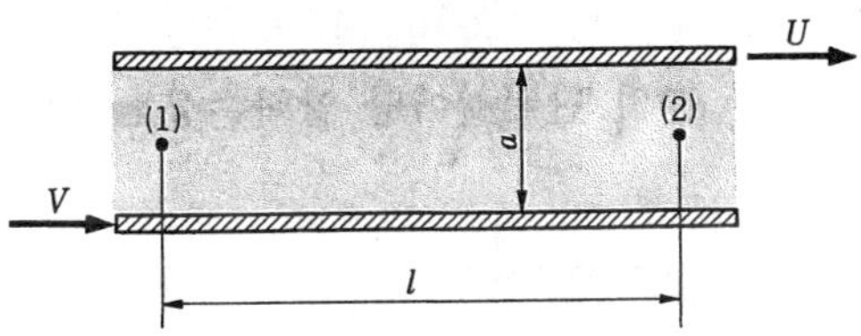

그림 7·20

5. 가는 모세관을 통하여 임의의 액체를 흘려보낼 때 다음과 같은 제원을 얻었다. 이 액체의 점도를 구하라. 단, 유량: $800\,\mathrm{mm^3/s}$, 관지름: $0.05\,\mathrm{mm}$, 관길이: $1\,\mathrm{m}$, 압력강하: $1.0\,\mathrm{MPa}$, $Q = \frac{\pi \Delta p D^4}{128 \mu L}$이다.

6. 그림 7·21에서처럼 $p_1 = 6\,\mathrm{psi}$, $p_2 = 8\,\mathrm{psi}$, $l = 4\,\mathrm{ft}$, $a = 0.006\,\mathrm{ft}$, $\theta = 30°$, $U = 3\,\mathrm{ft/s}$, $\gamma = 50\,\mathrm{lb/ft^3}$, $\mu = 0.8\,\mathrm{Pa \cdot s}$일 때 위 판에 작용하는 단위폭당의 접선력과 작용방향을 구하라.

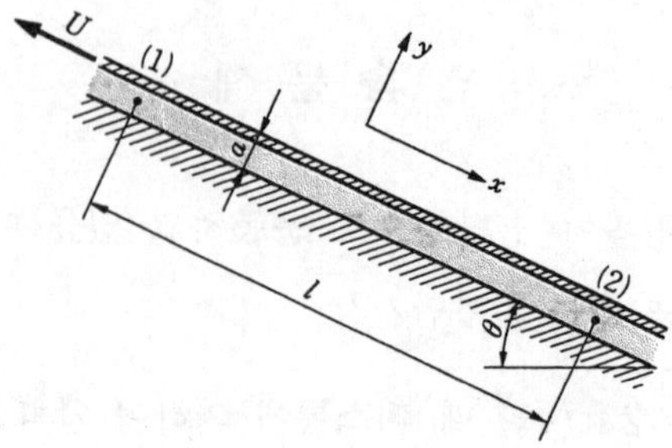

그림 7 · 21

7. 그림 7 · 22에서 관을 관마찰할 경우 외에는 손실이 없다고 할 때 유량을 구하라.

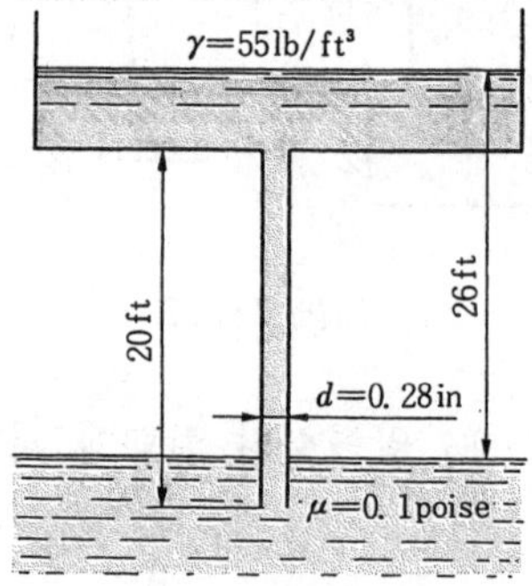

그림 7 · 22

8. 그림 7 · 23에서 $H = 12\,\mathrm{m}$, $L = 26\,\mathrm{m}$, $\theta = 30°$, $D = 1\,\mathrm{cm}$, $\gamma = 10\,\mathrm{kN/m^3}$, $\mu = 0.08\,\mathrm{kg/m \cdot s}$일 때, 관의 단위길이당 압력손실(head loss)과 유량을 구하라.

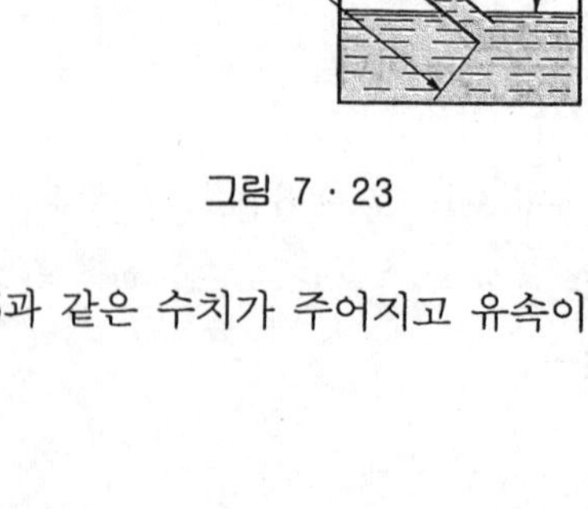

그림 7 · 23

9. 그림 7 · 23에서 문제 8과 같은 수치가 주어지고 유속이 $3\,\mathrm{m/s}$이면 H는 얼마인가?

10. 30℃의 물이 10 cm의 원형관을 속도 12 m/s로 흘러갈 때 Reynolds수는 얼마인가?

11. 그림 7·24와 같이 경사진 원관(圓管)에 점성유체가 흐를 때 유체의 유동방향과 유량 및 Reynolds수를 구하라. 단, $\gamma = 8000\ \text{N/m}^3$, $\mu = 0.04\ \text{kg/m}\cdot\text{s}$이다.

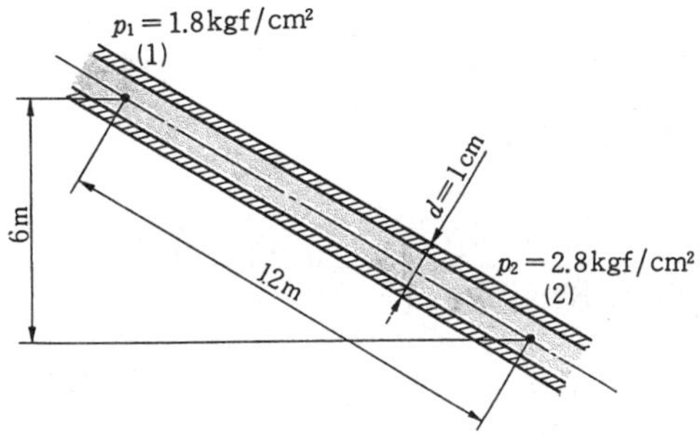

그림 7·24

12. 그림 7·25와 같이 모세관을 이용하여 유체의 점성계수를 측정하고자 한다. Bernoulli 방정식과 Hagen-Poiseuille의 법칙을 이용하여 점성 측정식을 유도하라.

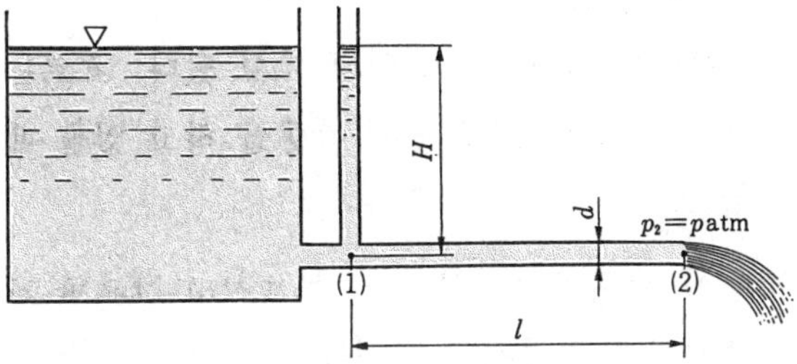

그림 7·25

13. 관 내의 층류유동에서 전단속도는 $u^* = \sqrt{\dfrac{8\nu V}{D}}$로 표시됨을 증명하여라. 단, V는 유속, D는 관의 지름, ν는 동점성 계수이다.

14. 점성계수가 $0.46\ \text{N}\cdot\text{s/m}^2$이고, 비중이 0.9인 기름이 평균속도 1.2 m/s로 지름 0.32 m인 관 내에서 유동을 하고 있다. 관의 중심선으로부터 70 mm 떨어진 곳에서의 전단응력과 속도를 구하라.

15. 두 평판 사이에 기름이 층류유동을 하고 있다. 완전히 발달된 유동역(流動域)에서 속도 선도식은

$$u = -\frac{h^2}{8\mu}\frac{\partial p}{\partial x}\left[1-\left(\frac{2y}{h}\right)^2\right]$$

이며, 판 사이의 간격 $h = 3\,\text{mm}$, y는 $h/2$점으로부터 잰 거리이다. 기름의 점성계수는 $\mu = 0.5\,\text{N}\cdot\text{s/m}^2$이고, 압력 기울기는 $-1200\,\text{N/m}^2$이다. 이때 위 평판상의 전단응력의 크기와 단위폭당의 유량을 구하라.

16. h만큼 떨어진 두 평판 사이의 유체의 정상유동 상태에서 완전히 발달된 층류유동 속도 분포식은 다음과 같다.

$$u = -\frac{h^2}{8\mu}\frac{\partial p}{\partial x}\left[1-\left(\frac{2y}{h}\right)^2\right]$$

(a) 전단응력에 대한 식을 y의 함수로 나타내고 이를 도시하라.

(b) $\mu = 2.4\times10^{-5}\,\text{lb}\cdot\text{s/ft}^2$, $\dfrac{\partial p}{\partial x} = -4.0\,\text{lb/ft}^2\text{/ft}$, $h = 0.05\,\text{in}$일 때 최대 전단응력을 구하라.

17. 물이 60℃에서 아주 큰 두 평판 사이를 유동하고 있다. 아래 평판은 $0.3\,\text{m/s}$로서 좌측으로 이동하고 있다. 판들의 간격은 $3\,\text{mm}$이고 층류유동을 하고 있다. 이때 유량이 가로단면으로 0이 되기 위한 압력 기울기를 구하라.

18. 15℃에서 30℃로 경사진 평판상을 물이 흐르고 있다. 흐르는 물의 두께가 $0.8\,\text{mm}$이고 속도 기울기가 0이며 완전히 발달된 유동을 하고 있을 때, 표면 전단응력과 단위폭당 유량을 구하라.

19. 완전히 발달된 관 내 층류유동에서 속도 분포식이 다음과 같이 주어질 때, 축으로부터 평균속도가 존재하는 점까지의 반지름 방향의 거리를 구하라.

$$u = -\frac{R^2}{4\mu}\frac{\partial p}{\partial z}\left[1-\left(\frac{r}{R}\right)^2\right]$$

제 8 장

난류유동
Turbulent Flow

8.1 난류의 발생

유체의 유동속도가 아주 낮거나 점도가 높은 유체로서 유동형태가 뉴턴의 점성의 법칙에 준하지 않는 경우를 제외하고는 유체유동의 대부분은 난류유동(亂流流動)에 속한다.

Reynolds는 실험을 통하여 관 내의 유체유동에서 $Re < 2300$이면 층류유동이고, $Re \geq 2300$이면 난류유동이라고 밝혔다. 그러나 유체의 유동은 조건에 따라 크게 달라지므로 모든 경우가 Reynolds의 실험결과와 일치하지는 않는다. 다만, 유체의 유동속도가 저속에서 고속으로 증가해 감에 따라 층류에서 난류로 변하는 것은 분명하다.

그림 8·1은 유동장 내의 한 위치에서 $u = f(t)$의 관계를 도시한 것이다. 이 도표

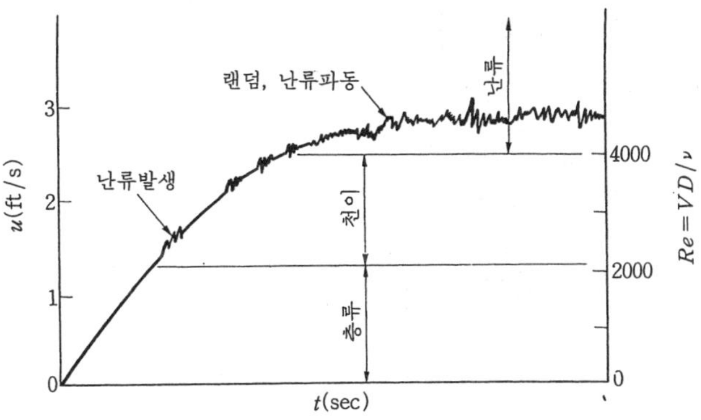

그림 8·1

에 제시한 결과도 관 내의 유동에서 발생하는 유동형태이다. $Re \approx 2100$ 영역까지는 파동이 전혀 발생하지 않는 층류이나, Reynolds수가 그 이상으로 증가해 감에 따라 간헐적으로 파동이 발생하다가 $Re \approx 4000$ 영역에 이르면 파동이 빈번하게 발생하기 시작한다. 여기에서 층류영역도 아니고 완전한 난류영역도 아닌 유동영역을 천이역(transition region)이라 한다. $Re > 4000$인 유동에서는 완전히 난류로 변하여 시간에 따른 순간속도들의 크기가 일정하지 않다. 따라서 이 영역은 완전히 발달된 난류유동영역(fully developed turbulent flow region)이 된다.

8.2 난류성분들의 정의

난류(turbulence)라 함은 혼잡하고 무질서한 유체입자들의 유동을 말한다. 다시 말해서 유체입자들은 3차원 유동의 어느 위치에서나 그 속도가 시간 t와 방향 x, y, z에 따라 변화하는 유동이다.

그리하여 x, y, z 방향에 대한 각각의 순간속도(instantaneous velocity)들을 u, v, w, 평균속도(mean velocity)를 $\bar{u}$, $\bar{v}$, $\bar{w}$, 또 파동속도(fluctuating velocity)를 u', v', w'라 하고, 순간 · 평균 · 파동 압력을 p, $\bar{p}$, p'라 하면, 이 세 가지 속도와 압력들은 다음과 같이 정의된다.

순간속도와 순간압력 :

$$\left.\begin{aligned} u &= \bar{u} + u' \\ v &= \bar{v} + v' \\ w &= \bar{w} + w' \\ p &= \bar{p} + p' \end{aligned}\right\} \qquad (8 \cdot 1)$$

평균속도와 평균압력 :

$$\left.\begin{aligned} \bar{u} &= \frac{1}{t}\int_0^t u\,dt \\ \bar{v} &= \frac{1}{t}\int_0^t v\,dt \\ \bar{w} &= \frac{1}{t}\int_0^t w\,dt \\ \bar{p} &= \frac{1}{t}\int_0^t p\,dt \end{aligned}\right\} \qquad (8 \cdot 2)$$

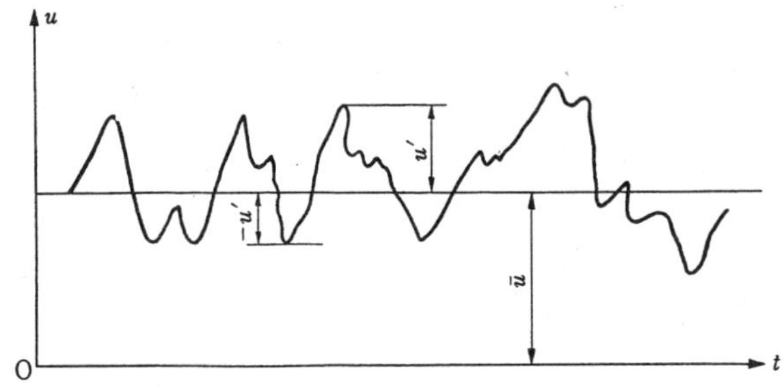

그림 8 · 2

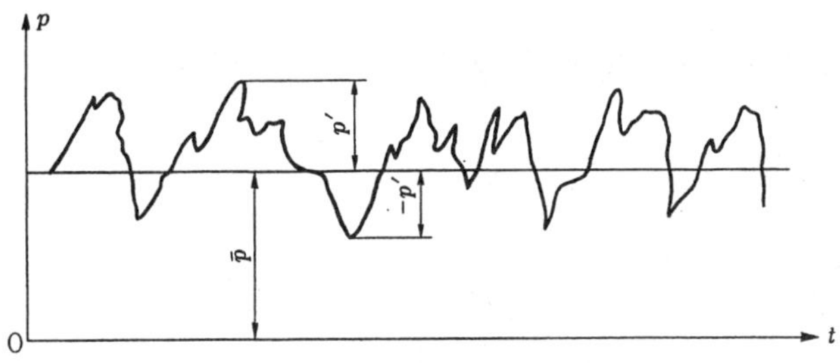

그림 8 · 3

따라서 순간 · 평균 · 파동 속도들의 관계는 시간 t의 변화와 함께 그림 8 · 2와 같으며, 그림 8 · 3은 압력에 대하여 도시한 것이다.

이 그림들은 x방향의 유속과 압력의 난류성분들의 유동현상을 도시한 것이며, 3차원 유동의 경우에 y, z방향에 대해서도 유사한 현상으로 나타난다.

그림에서 볼 수 있는 바와 같이 파동속도와 파동압력의 평균값들은 거의 0의 값을 갖게 된다.

$$\left.\begin{aligned} \overline{u'} &= \frac{1}{t}\int_0^t u'\,dt \approx 0 \\ \overline{v'} &= \frac{1}{t}\int_0^t v'\,dt \approx 0 \\ \overline{w'} &= \frac{1}{t}\int_0^t w'\,dt \approx 0 \\ \overline{p'} &= \frac{1}{t}\int_0^t p'\,dt \approx 0 \end{aligned}\right\} \tag{8 · 3}$$

그러나 실제로 파동속도의 값은 0이 아니므로 식 (8 · 3)을 다음과 같은 방법으로 응용하여 실제의 값을 계산한다.

$$\left.\begin{aligned}\overline{u'^2} &= \frac{1}{t}\int_0^t u'^2\,dt \\ \overline{v'^2} &= \frac{1}{t}\int_0^t v'^2\,dt \\ \overline{w'^2} &= \frac{1}{t}\int_0^t w'^2\,dt\end{aligned}\right\} \tag{8·4}$$

따라서, 원래 0이 아닌 $\overline{u'}$, $\overline{v'}$, $\overline{w'}$를 구하기 위하여 식 (8·4)의 근(root)을 취해 $\sqrt{\overline{u'^2}}$, $\sqrt{\overline{v'^2}}$, $\sqrt{\overline{w'^2}}$로 계산한다. 그리하여 이 값들을 RMS(Root-Mean-Square)라고 한다.

각 방향 파동속도 성분들의 적(積)의 평균값은 0이 아니다.

$$\left.\begin{aligned}\overline{u'v'} &= \frac{1}{t}\int_0^t u'v'\,dt \\ \overline{u'w'} &= \frac{1}{t}\int_0^t u'w'\,dt \\ \overline{v'w'} &= \frac{1}{t}\int_0^t v'w'\,dt\end{aligned}\right\} \tag{8·5}$$

8.3 Reynolds의 법칙

정상유동인 비압축성 유체의 유동에서 연속 방정식은

$$\frac{\partial u}{\partial x} + \frac{\partial v}{\partial y} + \frac{\partial w}{\partial z} = 0 \tag{4·23}$$

이다. 이때 각 방향의 속도값은 순간속도이므로, 이것을 평균속도와 파동속도 성분으로 나누어 쓰면 식 (8·1)과 같이 된다. 따라서 식 (8·1)을 위의 연속 방정식에 대입하면

$$\frac{\partial(\overline{u} + u')}{\partial x} + \frac{\partial(\overline{v} + v')}{\partial y} + \frac{\partial(\overline{w} + w')}{\partial z} = 0 \tag{8·6}$$

또는

$$\left(\frac{\partial \overline{u}}{\partial x} + \frac{\partial \overline{v}}{\partial y} + \frac{\partial \overline{w}}{\partial z}\right) + \left(\frac{\partial u'}{\partial x} + \frac{\partial v'}{\partial y} + \frac{\partial w'}{\partial z}\right) = 0 \tag{8·7}$$

이 식의 각 항을 평균값으로 취하면

$$\left(\frac{\partial \bar{u}}{\partial x}+\frac{\partial \bar{v}}{\partial y}+\frac{\partial \bar{w}}{\partial z}\right)+\left(\frac{\partial \overline{u'}}{\partial x}+\frac{\partial \overline{v'}}{\partial y}+\frac{\partial \overline{w'}}{\partial z}\right)=0 \qquad (8 \cdot 8)$$

여기서 두 번째 괄호 안에 있는 각 항은 파동속도의 평균값이므로 0이 된다. 따라서 식 (8 · 8)은

$$\frac{\partial \bar{u}}{\partial x}+\frac{\partial \bar{v}}{\partial y}+\frac{\partial \bar{w}}{\partial z}=0 \qquad (8 \cdot 9)$$

그러므로 식 (8 · 7)에서 식 (8 · 9)를 빼면

$$\frac{\partial u'}{\partial x}+\frac{\partial v'}{\partial y}+\frac{\partial w'}{\partial z}=0 \qquad (8 \cdot 10)$$

결과적으로, 평균속도와 파동속도를 함께 연속 방정식에 적용시켜도 연속 방정식을 만족한다. 이것을 Reynolds의 법칙(Reynolds' law)이라고 한다.

8.4 Reynolds 운동 방정식 : 난류운동 방정식

Reynolds는 Navier-Stokes의 운동 방정식으로부터 Reynolds의 법칙을 이용하여 비압축성 유체유동에서 난류운동 방정식을 유도하였다.

Navier-Stokes의 x방향에 대한 운동 방정식 (5 · 39)에서 오른쪽의 마지막 항은 연속 방정식에 의하여 0이 되므로 소실되고, 나머지 각 항들의 순간속도와 압력의 식 (8 · 1)을 대입하면

$$\begin{aligned}&\frac{\partial \bar{u}}{\partial t}+\frac{\partial u'}{\partial t}+\bar{u}\frac{\partial \bar{u}}{\partial x}+u\frac{\partial u'}{\partial x}+u'\frac{\partial \bar{u}}{\partial x}+u'\frac{\partial u'}{\partial x}\\&\quad+\bar{v}\frac{\partial \bar{u}}{\partial y}+\bar{v}\frac{\partial u'}{\partial y}+v'\frac{\partial \bar{u}}{\partial y}+v'\frac{\partial u'}{\partial y}+\bar{w}\frac{\partial \bar{u}}{\partial z}\\&\quad+\bar{w}\frac{\partial u'}{\partial z}+w'\frac{\partial \bar{u}}{\partial z}+w'\frac{\partial u'}{\partial z}\\&=f_x-\frac{1}{\rho}\left(\frac{\partial \bar{p}}{\partial x}+\frac{\partial p'}{\partial x}\right)+\nu\left\{\frac{\partial}{\partial x}\left(\frac{\partial \bar{u}}{\partial x}+\frac{\partial u'}{\partial x}\right)\right.\\&\quad\left.+\frac{\partial}{\partial y}\left(\frac{\partial \bar{u}}{\partial y}+\frac{\partial u'}{\partial y}\right)+\frac{\partial}{\partial z}\left(\frac{\partial \bar{u}}{\partial z}+\frac{\partial u'}{\partial z}\right)\right\}\end{aligned} \qquad (8 \cdot 11)$$

여기서 각 항 평균을 취하면, $\overline{p'} = 0$이므로 $p = \overline{p}$가 되며, 또

$$\overline{u'\frac{\partial u'}{\partial x}} + \overline{v'\frac{\partial u'}{\partial y}} + \overline{w'\frac{\partial u'}{\partial z}} = \frac{\partial \overline{u'^2}}{\partial x} + \frac{\partial \overline{u'v'}}{\partial y} + \frac{\partial \overline{u'w'}}{\partial z} - \overline{u'\left(\frac{\partial u'}{\partial x} + \frac{\partial v'}{\partial y} + \frac{\partial w'}{\partial z}\right)}$$

로 되므로, 식 (8 · 11)은 다음과 같이 쓸 수 있다.

$$\frac{\partial \overline{u}}{\partial t} + \overline{u}\frac{\partial \overline{u}}{\partial x} + \overline{v}\frac{\partial \overline{u}}{\partial y} + \overline{w}\frac{\partial \overline{u}}{\partial z} + \frac{\partial \overline{u'^2}}{\partial x} + \frac{\partial \overline{u'v'}}{\partial y} + \frac{\partial \overline{u'w'}}{\partial z} - \overline{u'\left(\frac{\partial u'}{\partial x} + \frac{\partial v'}{\partial y} + \frac{\partial w'}{\partial z}\right)}$$

$$= f_x - \frac{1}{\rho}\frac{\partial \overline{p}}{\partial x} + \nu\left(\frac{\partial^2 \overline{u}}{\partial x^2} + \frac{\partial^2 \overline{u}}{\partial y^2} + \frac{\partial^2 \overline{u}}{\partial z^2}\right) \qquad (8 \cdot 12)$$

여기서 ( ) 안의 파동속도 항들은 Reynolds 법칙에 의하여 0이 된다. 그리고 $\nabla^2 = \frac{\partial^2}{\partial x^2} + \frac{\partial^2}{\partial y^2} + \frac{\partial^2}{\partial z^2}$으로 표기하면, 식 (8 · 12)는

$$\frac{\partial \overline{u}}{\partial t} + u\frac{\partial \overline{u}}{\partial x} + \overline{v}\frac{\partial \overline{u}}{\partial y} + \overline{w}\frac{\partial \overline{u}}{\partial z} = f_x - \frac{1}{\rho}\frac{\partial \overline{p}}{\partial x} + \nu\nabla^2\overline{u} - \left(\frac{\partial \overline{u'^2}}{\partial x} + \frac{\partial \overline{u'v'}}{\partial y} + \frac{\partial \overline{u'w'}}{\partial z}\right) \qquad (8 \cdot 13)$$

같은 방법으로 y와 z방향에 대해서도

$$\frac{\partial \overline{v}}{\partial t} + \overline{u}\frac{\partial \overline{v}}{\partial x} + \overline{v}\frac{\partial \overline{v}}{\partial y} + w\frac{\partial \overline{v}}{\partial z} = f_y - \frac{1}{\rho}\frac{\partial \overline{p}}{\partial y} + \nu\nabla^2\overline{v} - \left(\frac{\partial \overline{v'u'}}{\partial x} + \frac{\partial \overline{v'^2}}{\partial y} + \frac{\partial \overline{v'w'}}{\partial z}\right) \qquad (8 \cdot 14)$$

$$\frac{\partial \overline{w}}{\partial t} + \overline{u}\frac{\partial \overline{w}}{\partial x} + \overline{v}\frac{\partial \overline{w}}{\partial y} + \overline{w}\frac{\partial \overline{w}}{\partial z} = f_x - \frac{1}{\rho}\frac{\partial \overline{p}}{\partial z} + \nu\nabla^2\overline{w} - \left(\frac{\partial \overline{w'u'}}{\partial x} + \frac{\partial \overline{w'v'}}{\partial y} + \frac{\partial \overline{w'^2}}{\partial z}\right) \qquad (8 \cdot 15)$$

이 세 방정식들을 Reynolds의 운동 방정식 또는 난류운동 방정식이라 한다.

8.5 Reynolds 응력

Reynolds의 운동 방정식 (8 · 13)~(8 · 15)에서 질량력을 무시하고 밀도 ρ를 곱하면

$$\rho\frac{D\overline{u}}{Dt} = -\frac{\partial\overline{p}}{\partial x} + \mu\nabla^2\overline{u} - \frac{\partial\rho\overline{u'^2}}{\partial x} - \frac{\partial\rho\overline{u'v'}}{\partial y} - \frac{\partial\rho\overline{u'w'}}{\partial z} \quad (8 \cdot 16)$$

$$\rho\frac{D\overline{v}}{Dt} = -\frac{\partial\overline{p}}{\partial y} + \mu\nabla^2\overline{v} - \frac{\partial\rho\overline{v'u'}}{\partial x} - \frac{\partial\rho\overline{v'^2}}{\partial y} - \frac{\partial\rho\overline{v'w'}}{\partial z} \quad (8 \cdot 17)$$

$$\rho\frac{D\overline{w}}{Dt} = -\frac{\partial\overline{p}}{\partial z} + \mu\nabla^2\overline{w} - \frac{\partial\rho\overline{w'u'}}{\partial x} - \frac{\partial\rho\overline{w'v'}}{\partial y} - \frac{\partial\rho\overline{w'^2}}{\partial z} \quad (8 \cdot 18)$$

여기서 평균속도와 점도에 의하여 유체 내부에 발생하는 응력들은

$$\mu\nabla^2\overline{u},\quad \mu\nabla^2\overline{v},\quad \mu\nabla^2\overline{w}$$

파동속도에 의해 유체의 내부에 발생하는 응력들은

$$\frac{\partial\rho\overline{u'^2}}{\partial x},\quad \frac{\partial\rho\overline{u'v'}}{\partial y},\quad \frac{\partial\rho\overline{u'w'}}{\partial z}$$

$$\frac{\partial\rho\overline{v'u'}}{\partial x},\quad \frac{\partial\rho\overline{v'^2}}{\partial y},\quad \frac{\partial\rho\overline{v'w'}}{\partial z}$$

$$\frac{\partial\rho\overline{w'u'}}{\partial x},\quad \frac{\partial\rho\overline{w'v'}}{\partial y},\quad \frac{\partial\rho\overline{w'^2}}{\partial z}$$

따라서

$$-\rho\overline{u'^2},\quad -\rho\overline{u'v'},\quad -\rho\overline{u'w'}$$

$$-\rho\overline{v'u'},\quad -\rho\overline{v'^2},\quad -\rho\overline{v'w'}$$

$$-\rho\overline{w'u'},\quad -\rho\overline{w'v'},\quad -\rho\overline{w'^2}$$

을 Reynolds 응력(Reynolds' stress) 또는 과응력(eddy stress)이라고 한다. 이 Reynolds 응력은 수직 및 전단응력으로 구분한다.

수직응력 : $-\rho\overline{u'^2},\ -\rho\overline{v'^2},\ -\rho\overline{w'^2}$

전단응력 : $-\rho\overline{u'v'},\ -\rho\overline{u'w'},\ -\rho\overline{v'w'}$

8.6 난류강도(Intensity of turbulence)

난류강도란 평균유속에 대한 파동속도의 비를 나타낸 것이다. 이미 설명한 바와 같이 $\overline{u'}$, $\overline{v'}$, $\overline{w'}$는 모두 0이 되나 RMS 값 $\sqrt{\overline{u'^2}}$, $\sqrt{\overline{v'^2}}$, $\sqrt{\overline{w'^2}}$은 0이 아니며, 파동속도 성분을 나타낸다. 그리하여 이 난류강도는 $\dfrac{\sqrt{\overline{u'^2}}}{\overline{u}}$, $\dfrac{\sqrt{\overline{v'^2}}}{\overline{v}}$, $\dfrac{\sqrt{\overline{w'^2}}}{\overline{w}}$, 또는 $100 \times \dfrac{\sqrt{\overline{u'^2}}}{\overline{u}}$, $100 \times \dfrac{\sqrt{\overline{v'^2}}}{\overline{v}}$, $100 \times \dfrac{\sqrt{\overline{w'^2}}}{\overline{w}}$과 같이 퍼센트(%)로 나타낸다.

8.7 관내 난류유동(Turbulent flow in pipe)

8.7.1 관마찰 손실(Pipe friction loss)

유동하고 있는 유체의 전에너지는 운동 에너지, 위치 에너지, 압력 에너지 등의 총합으로서, Bernoulli는 유동방향의 각 위치에서 계산한 전에너지는 일정하다고 정의하였다. Bernoulli가 유도한 에너지 방정식은 유동 중인 유체의 에너지 손실이 전혀 없는 것으로 가정하여 유도한 식으로서 실제에서는 적용하기가 어렵다. 그림 8 · 4에서 보는 바와 같이 관 내에 유동되는 유체의 압력(에너지)은 단면 (1)과 단면 (2) 사이를 유동하는 동안 $(p_1 - p_2)$만큼의 손실이 발생하나 Bernoulli의 정리에 의하면

$$\frac{v_1^2}{2g} + \frac{p_1}{\gamma} = \frac{v_2^2}{2g} + \frac{p_2}{\gamma}$$

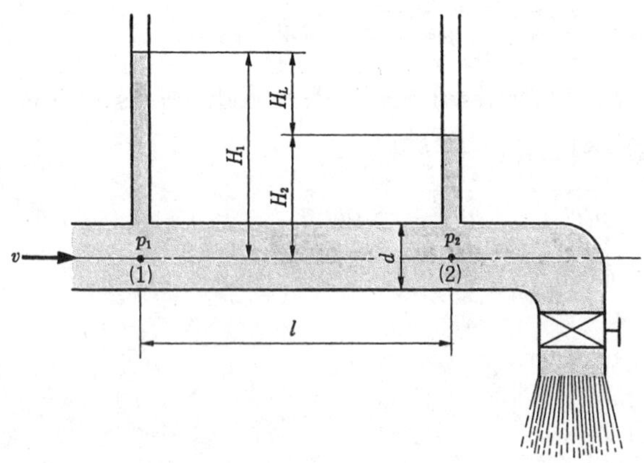

그림 8 · 4

즉

$$\frac{p_1 - p_2}{\gamma} = \frac{v_2^2 - v_1^2}{2g} \tag{8·19}$$

이 되고, 또 관의 지름이 일정하므로 연속이론에 의하여 $v_1 = v_2$가 되어

$$\frac{p_1 - p_2}{\gamma} = \frac{v_2^2 - v_1^2}{2g} = 0 \tag{8·20}$$

이 된다.

따라서 이 이론에 의하면 관 내에 유동되는 유체는 유동거리에 관계없이 압력손실이 전혀 발생하지 않는 결과가 된다. 그러나 유동하는 모든 유체는 특별한 경우를 제외하고 대부분이 난동에 의한 상호충돌과 점성에 의한 마찰의 영향으로 에너지 손실이 발생하게 된다. 이러한 제반 손실의 합을 H_L이라고 할 때 Bernoulli 방정식은

$$\frac{v^2}{2g} + \frac{p}{\gamma} + z = H + H_L \tag{8·21}$$

이 되어야 한다.

그러므로 실제 발생하고 있는 관 내의 마찰손실을 고려해 보자. 그림 8·4에서 단면 (1)과 단면 (2) 사이에 발생하는 전압력 손실은 유동의 역방향으로 작용하는 마찰저항 R와 같다고 할 수 있으므로

$$R = (p_1 - p_2)\frac{\pi d^2}{4} = \gamma hA \tag{8·22}$$

와 같이 쓸 수 있다. 한편, Froude는 평판상을 유동하는 유체의 마찰저항을 다음과 같이 가정하였다.

$$R = fSv^2 \tag{8·23}$$

여기서 f는 마찰계수, S는 평판의 면적을 나타내고, 원형관의 경우에는 유체와 접하고 있는 내벽의 넓이를 나타낸다.

따라서 S는 접수면적(接水面積)으로서 접수길이를 l_w, 유동거리를 l이라고 하면 $S = l_w l$이 되므로 윗식들로부터

$$\gamma hA = fl_w lv^2$$

즉

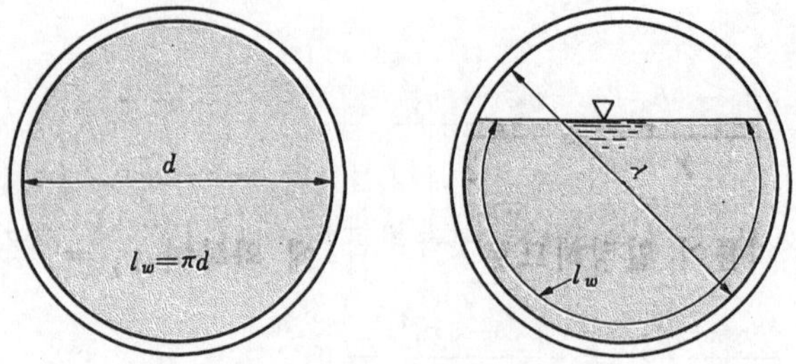

그림 8 · 5

$$h = \frac{f}{\gamma}\frac{l_w}{A}lv^2 \qquad (8 \cdot 24)$$

유체의 유동 단면적 A를 접수길이 l_w로 나눈 값을 수력 반지름(hydraulic radius) 또는 유체의 평균깊이(hydraulic mean depth)라고 한다. 그러므로 원형관 경우의 수력 반지름은

$$m = \frac{A}{l_w} = \frac{(\pi/4)d^2}{\pi d} = \frac{d}{4} \qquad (8 \cdot 25)$$

따라서 식 (8 · 24)는

$$h = \frac{4f}{\gamma}\frac{l}{d}v^2 \qquad (8 \cdot 26)$$

여기서 $\frac{4f}{\gamma}$는 상수이므로 $\frac{4f}{\gamma} = \frac{\lambda}{2g}$ (λ는 상수)로 등치시킬 수 있으므로, 윗식은

$$h = \lambda\frac{l}{d}\frac{v^2}{2g} \qquad (8 \cdot 27)$$

으로 나타낼 수 있다. 이는 관로유동에서 압력손실 수두(마찰손실 수두)를 계산하는 식으로서 Darcy-Weisbach의 식 또는 관마찰 손실식이라고 하며, 여기서 λ는 관마찰 계수가 된다.

또한 식 (8 · 27)에 의한 실험결과에서 다음과 같은 사실들이 증명되었다.

(1) 압력손실은 관의 길이에 비례한다.

(2) 압력손실은 거의 속도의 제곱에 비례한다.

(3) 압력손실은 거의 관의 지름에 역비례한다.

(4) 압력손실은 관 내부 표면조도에 크게 영향을 받는다.

(5) 압력손실은 유체의 특성, 즉 밀도와 점도의 영향을 받는다.

(6) 압력손실은 압력의 영향을 받지 않는다.

관마찰 계수 λ를 구하기 위하여 관 내 층류유동에서 Hagen–Poiseuille식을 변형해 보자.

$$v = \frac{\Delta p r_0^2}{8\mu l} \tag{8·28}$$

여기서 $\Delta p = \gamma h$이므로, 이를 대입하여 정리하면

$$h = \frac{8v\mu l}{\gamma r_0^2} = \frac{64\mu}{\rho v d}\frac{l}{d}\frac{v^2}{2g} = \frac{64}{Re}\frac{l}{d}\frac{v^2}{2g} \tag{8·29}$$

따라서 이 결과를 Darcy–Weisbach식과 등치시키면

$$h = \lambda\frac{l}{d}\frac{v^2}{2g} = \frac{64}{Re}\frac{l}{d}\frac{v^2}{2g}$$

즉

$$\lambda = \frac{64}{Re} \tag{8·30}$$

와 같이 되어, 유속과 지름이 주어졌을 때 관마찰 계수를 직접계산에 의하여 구할 수 있다.

관마찰에 대한 실험적 연구는 많은 학자들에 의해 이루어진 바, 실험에 의한 관마찰 계수 λ를 각각 다음과 같이 구하였다.

〔1〕 Dupuit의 가정

프랑스의 Dupuit는 1854년경에 관마찰에 의한 마찰손실을 계산할 때 λ를 다음과 같이 가정하는데, 이 λ값은 정확한 계산값을 요하지 않는 경우 지금도 많이 사용하고 있다.

$$\lambda = 0.03$$

〔2〕 Darcy의 실험식

프랑스의 Darcy는 λ를 관의 지름 d만의 함수라고 생각하여 신주철관(clean cast iron pipe)에 대한 식을 1857년경에 발표하였다.

$$\lambda = 0.02 + \frac{0.0005}{d}\ (\text{m 단위}) \qquad (8 \cdot 31)$$

또, 장시간 사용하여 물때가 낀 관(incrusted pipe)에 대한

$$\lambda = 0.04 + \frac{0.001}{d}\ (\text{m 단위}) \qquad (8 \cdot 32)$$

〔3〕 Mises 실험식

1941년경에 독일의 Mises는 λ를 관의 조도(roughness)에 큰 영향을 받고 있다고 생각하여 Re와 상대조도(relative roughness) $\frac{\varepsilon}{d}$의 함수로 보고 다음과 같은 식을 발표하였다.

$$\lambda = 0.0096 + \sqrt[4]{\frac{\varepsilon}{d}} + \frac{1.7}{\sqrt{Re}} \qquad (8 \cdot 33)$$

물은 20℃에서 $v = 1.0 \times 10^{-6}\ \text{m}^2/\text{s}$이므로, 식 (8 · 33)의 마지막 항은 $\frac{1.7}{\sqrt{Re}} = \frac{0.0017}{\sqrt{vd}}$이 된다. 따라서

$$\lambda = 0.0096 + \sqrt[4]{\frac{\varepsilon}{d}} + \frac{0.0017}{\sqrt{vd}} \qquad (8 \cdot 34)$$

여기서 v와 d의 단위는 m/s, m이다.

표 8 · 1

관의 종류	$\varepsilon \times 10^8$	관의 종류	$\varepsilon \times 10^8$
유리관	0.4~1.6	매끄러운 시멘트관	15~30
드로잉관(진유, 동납)	0.4~2.0	거친 시멘트관	40~80
보통 고무관	12~24	매끄러운 목관	50~100
조잡한 고무관	30~60	보통 목관	100~200
아연을 입힌 철관	60~120	벽돌로 쌓은 것	400~800
신주철관	200~400	다듬은 돌로 쌓은 것	400~800
고주철관	50~1000	보통 돌로 쌓은 것	600~1200
리벳관	400~1000	조잡한 돌로 쌓은 것	4000~8000

〔4〕 Blasius의 실험식

Blasius는 매끈한 관을 사용하여 $Re < 5 \times 10^4$의 범위에서 난류유동의 경우, λ의 값을 다음과 같이 구하였다.

$$\lambda = \frac{0.316}{\sqrt[4]{Re}} \tag{8 · 35}$$

〔5〕 Jakob과 Erk의 실험식

Blasius의 실험식은 $Re \geq 5 \times 10^4$에서는 실제와 많은 차이가 나므로, 보다 넓은 범위에서 적용이 가능한 식을 Jakob과 Erk가 발표하였다.

$$\lambda = 0.00714 + 0.6104 Re^{-0.35} \tag{8 · 36}$$

〔6〕 Nikuradse 실험

Nikuradse는 거친 관(sand-roughened pipe)에서 상대조도 $\frac{\varepsilon}{d}$가 마찰계수에 미치는 영향을 실험하여, 각 조도에 대한 마찰계수와 Reynolds수와의 관계를 도시하였다. 그는 크기가 다른 두 개의 관을 사용하여 같은 모래 알갱이를 관의 내벽에 발라서 실험하였다.

이 결과 그림 8 · 6에서 보는 바와 같이 $\frac{\varepsilon}{d}$의 값에 대하여 λ와 Re의 곡선들이 실제 관의 지름에 관계없이 원활하게 연결되고 있음을 알 수 있으며, 이로써 λ는 Re와 $\frac{\varepsilon}{d}$의 함수임을 더욱 명백히 밝혔다.

이와 같이 Nikuradse의 실험결과로 절대조도(ε)보다 오히려 상대조도 $\frac{\varepsilon}{d}$이 더 중요하다는 것이 밝혀졌다. 즉 동일한 $\frac{\varepsilon}{d}$값에 대하여 ε과 d를 바꿔가며 측정한 결과, 거의 모두 하나의 곡선상에 일치되었다. 어느 정도 조도가 바뀌어도 Reynolds수의 증가에 의해 어느 Reynolds수에서 매끈한 관의 마찰계수가 직선에서 분리될 때까지는 매끈한 관에서와 같은 결과를 얻게 된다. 이와 같은 유동역을 원활한 유동역(smooth zone of flow)이라고 한다.

곡선이 수평을 이루는, 즉 λ의 값이 Re에 무관한 영역을 조활한 영역(rough zone)이라 하고, 이 두 영역의 중간영역을 천이역(transition zone)이라고 한다. 이러한 영역들의 위치와 확장은 관의 상대조도에 달려 있다.

난류유동에서 관의 축방향에 수직한 운동이 발생한다 하여도 관벽에 가까워짐에 따라 곧바로 없어져 버린다. 그러므로 아무리 높은 난류유동이라 하여도 벽의 아주 가까운 곳에서는 극히 얇은 유동층이 존재하여, 여기에서는 난류가 아닌 층류유동이 된다. 그리하여 이 유동층을 층류아층(laminar sub-layer)이라고 한다. 이 아층은 Reynolds수가 증가함에 따라 더욱더 얇아져 간다.

원활한 유동역에서 이 층류아층은 아주 두껍게 나타난다. 한편, 조활한 유동역에서

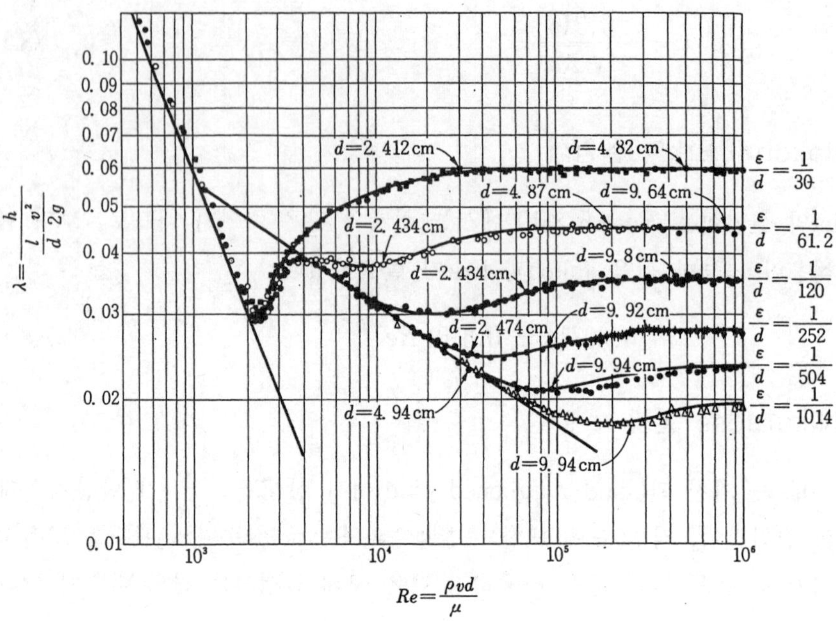

그림 8 · 6

층류막은 관 내부 표면의 조도에 비하여 무시하여도 된다. 이러한 거친 관 내의 난류 유동에서 마찰과 충돌에 의하여 저항력, 즉 항력(drag)이 발생하여 압력손실을 가져오게 되는 것이다.

Nikuradse의 실험결과는 아주 균일한 조도를 갖는 관을 사용하였기 때문에 실험관의 경우와는 차이가 난다. 그러므로 Nikuradse 선도(線圖)는 실용관에는 적용하기 어렵다.

〔7〕 Moody 선도

미국의 엔지니어 Lewis F. Moody(1880~1953)는 상업용 관을 구입하여 실험한 결과를 그림 8 · 7과 같이 도시하였다.

실험결과에서 표면의 조도는 유동에 큰 영향을 미치고 있는 것으로 나타났으며, 조활한 유동역에서는 조도의 간격 역시 마찰손실에 아주 중요한 요인으로 나타났다.

Nikuradse의 실험에서는 모래알을 아주 조밀하게 부착하였으므로 모래알 사이의 간격은 거의 모래알의 지름과 동일한 정도였다. 즉 이 실험은 마찰계수 λ가 결국 $\frac{s}{d}$에 관계됨을 보여 주기 위한 것이었다(여기서 s는 모래알 사이의 간격, d는 모래알의 지름).

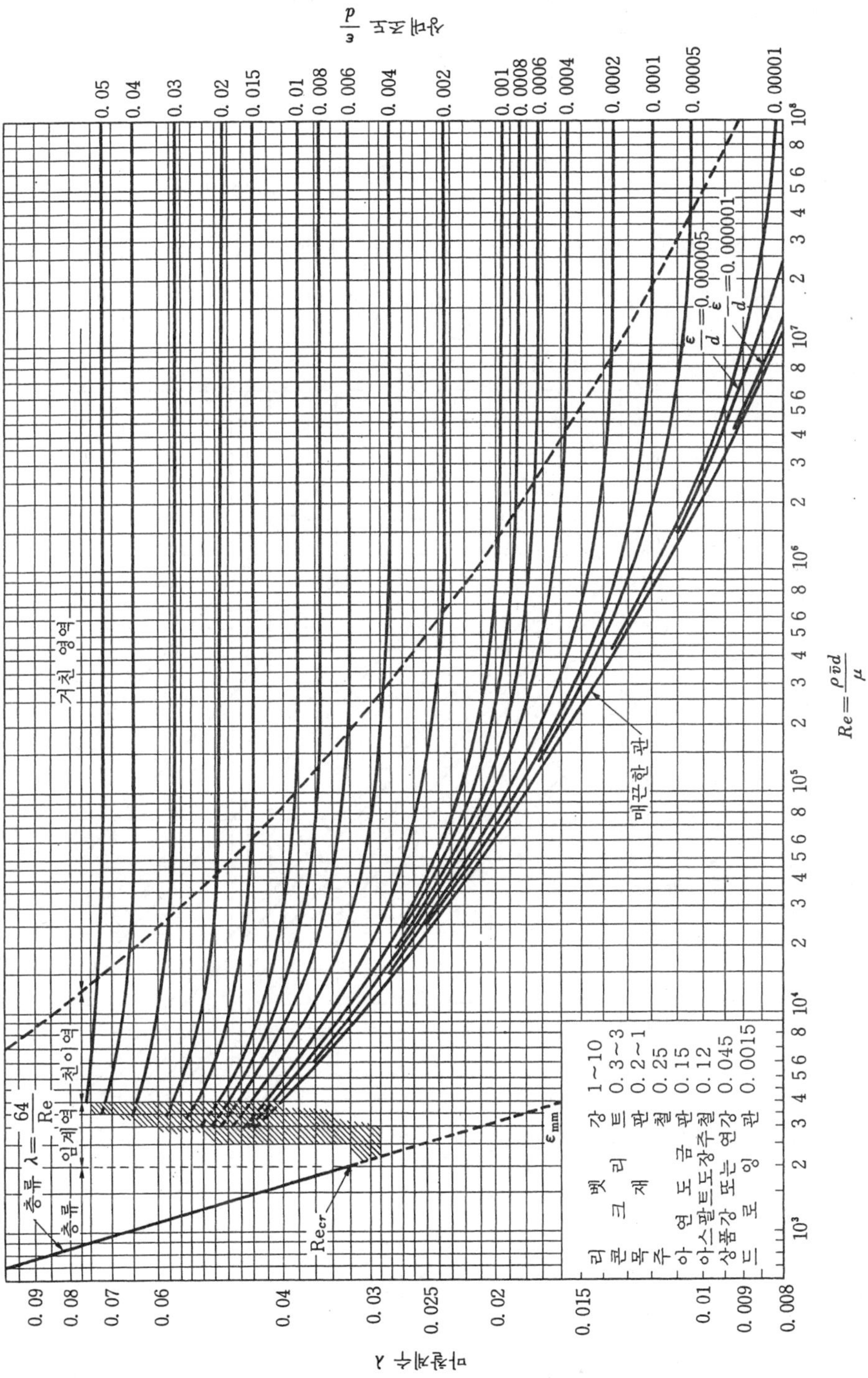

그림 8 · 7 Moody의 선도

큰 관의 경우 λ에 영향을 주는 것은 표면의 굴곡에 의한 것이다. 이러한 여러 가지 요인을 통합하여 볼 때, Moody의 선도가 가장 실용적임을 알 수 있는데, Moody는 다음과 같은 실험식을 제시하였다.

$$\lambda = 0.001375\left\{1 + \left(20,000\frac{\varepsilon}{d} + \frac{10^6}{Re}\right)^{\frac{1}{3}}\right\} \qquad (8 \cdot 37)$$

이 식은 실험도표와 비교하여 Reynolds수가 4000에서 10^7 사이에서 $\frac{\varepsilon}{d} \leq 0.01$인 경우에는 ±5%의 오차를 가져온다. 따라서 그림 8·8은 관의 지름과 조도와의 관

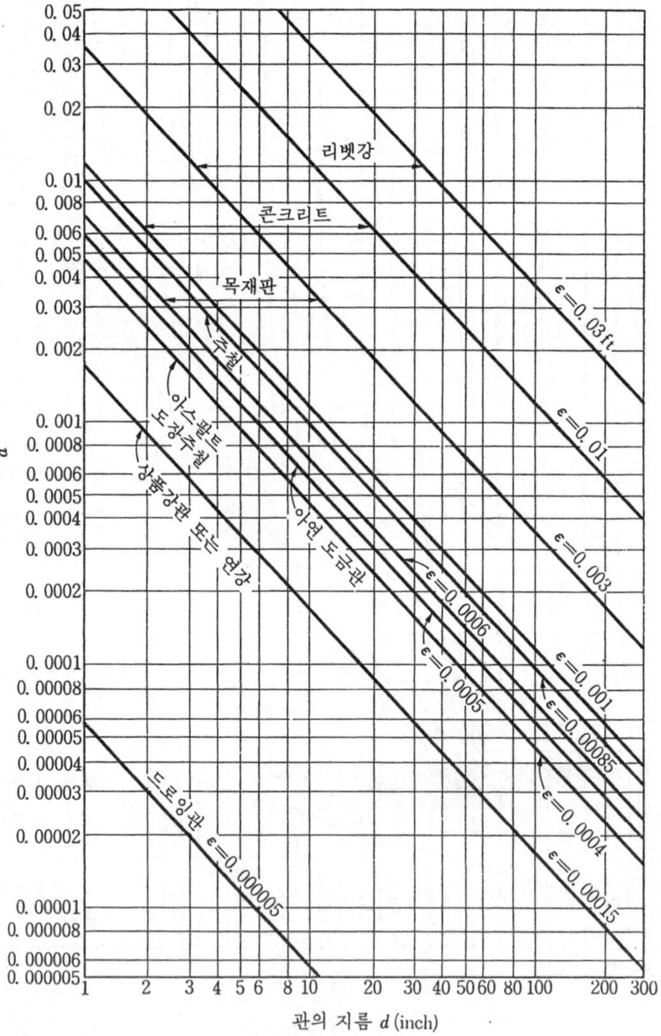

그림 8·8

계를 각종 재질의 관에 대하여 그림으로 나타낸 것이다.

(8) Swamee와 Jain의 식

Swamee와 Jain은 Moody 선도를 이용하여 상대조도 $\frac{\varepsilon}{d}$와 Re수의 범위가 각각 $10^{-5} < \frac{\varepsilon}{d} < 2 \times 10^{-2}$, $4 \times 10^3 < Re < 10^8$인 경우에 다음과 같은 마찰계수와 유량을 계산하는 실험식을 유도하였다.

$$\lambda = \frac{0.25}{\left[\log\left(\frac{\varepsilon}{3.7d} + \frac{5.74}{Re^{0.9}}\right)\right]^2} \qquad (8 \cdot 38)$$

$$Q = -2.22d^{5/2}\sqrt{g\lambda/L}\,\log\left(\frac{\varepsilon}{3.7d} + \frac{1.78\nu}{d^{5/2}\sqrt{g\lambda/L}}\right) \qquad (8 \cdot 39)$$

이 실험에 의해 계산한 값들은 Moody 선도에서 구한 값들과 3% 이내의 오차를 나타낸다.

예제 8.1 지름이 150 mm, 길이가 300 m인 아연 도금관을 통하여 50 l/s의 물을 흘러보낼 때 마찰손실을 구하라.

풀이 15℃에서 물의 동점성 계수는 $\nu = 1.14\ \text{mm}^2/\text{s}$

$$\text{속도}: v = \frac{50 \times 10^{-3}\ \text{m}^3/\text{s}}{(\pi/4)(0.15)^2\ \text{m}^2} = 2.830\ \text{m/s}$$

$$Re = \frac{vd}{\nu} = \frac{2.83\ \text{m/s} \times 0.15\ \text{m}}{1.14 \times 10^{-6}\ \text{m}^2/\text{s}} = 3.72 \times 10^5$$

아연 도금관의 경우 $\varepsilon = 0.15$ mm이면, $\frac{\varepsilon}{d} = 0.001$이다.

그림 8 · 7로부터 $\lambda = 0.020$

$$h = \frac{0.020 \times 300\ \text{m}}{0.15\ \text{m}} \cdot \frac{(2.83\ \text{m/s})^2}{19.62\ \text{m.s}^2} = 16.34\ \text{m}$$

예제 8.2 지름 100 mm, 길이 120 m인 주철관을 통해 동점성 계수 $\nu = 10^{-5}\text{m}^2/\text{s}$인 기름을 흘러보낼 때 정상유동 상태에서 유량을 구하라. 단, 압력손실 수두는 5 m였다.

풀이 속도가 주어져 있지 않으므로 Reynolds수를 계산할 수가 없다. 신주철관의 경우

$\varepsilon = 0.25\,\text{mm}$이므로 $\dfrac{\varepsilon}{d} = 0.0025$이다. 따라서 그림 8·7로부터 $\lambda = 0.0260$이다.

그러므로 $h = \lambda \dfrac{l}{d} \dfrac{v^2}{2g}$ 에서

$$5 = \frac{0.0260 \times 120\,\text{m}}{0.1\,\text{m}} \cdot \frac{v^2}{19.62\,\text{m/s}^2}$$

$$v = 1.773\,\text{m/s}$$

따라서

$$Re = \frac{1.773\,\text{m/s} \times 0.1\text{m}}{10^{-2}\,\text{m}^2/\text{s}} = 1.773 \times 10^4$$

보다 더 정확한 λ의 값을 얻기 위하여 계산한 Re와 $\dfrac{\varepsilon}{d}$에 의하여 그림 8·7에서 다시 구하면 $\lambda = 0.0316$을 얻을 수 있다.

다시 속도와 Re를 계산하면

$$v = 1.608\,\text{m/s}, \qquad Re = 1.608 \times 10^4$$

이 Re에 대한 λ의 값은 거의 차이가 없으므로 $v = 1.608\,\text{m/s}$를 이용하여

$$Q = 1.608\,\text{m/s} \times \frac{\pi}{4}(0.1)^2\,\text{m}^2 = 0.0126\,\text{m}^3/\text{s}$$

예 제 8.3 180 m의 거리에 유량 85 l/s로 물을 공급하려고 한다. 압력손실이 9 m라면 아연 도금관을 사용하는 경우, 지름은 얼마로 하면 되겠는가?

풀 이 $h = 9\,\text{m} = \lambda \dfrac{80}{d}\left(\dfrac{0.085\,\text{m}^3/\text{s}}{\pi d^2/4}\right)^2 \cdot \dfrac{1}{19.62\,\text{m/s}^2}$

$d^5 = 0.0053\lambda$

15℃에서 물의 동점성 계수 $\nu = 1.14\,\text{mm}^2/\text{s}$를 취하면

$$Re = \frac{vd}{\nu} = \frac{0.085\,\text{m}^3/\text{s}}{\pi d^2/4} \cdot \frac{d}{1.14 \times 10^{-6}\,\text{m}^2/\text{s}}$$

$$= \frac{9.49 \times 10^4\,\text{m}}{d}$$

$\lambda = 0.024$로 하면 $d = 0.1663\,\text{m}$, $Re = 5.71 \times 10^5$, $\dfrac{\varepsilon}{d} = 0.0009$가 되고,

그림 8·7에서 $\lambda = 0.0180$를 취할 때 $d = 0.1570\,\text{m}$, $Re = 5.09 \times 10^5$, $\dfrac{\varepsilon}{d} = 0.00080$이다. 그러므로 $d = 0.1570\,\text{m}$를 취하면 된다.

예 제 8.4 안지름이 D인 원형관과 한 변이 L인 정사각형 단면의 관에 각각 물이 흐르고 있다. 두 관의 길이를 l, 단면적을 A, 압력손실 수두를 h라 하고, 관벽의 조도 등의 특성이 동일하다고 가정할 때 두 관 내의 유량의 비를 구하라.

풀 이 원형관과 정사각형 관의 유량, 평균속도, 유체의 평균깊이를 각각 Q_1, Q_2, v_1, v_2, m_1, m_2라 하면 $Q_1 = Av_1$, $Q = Av_2$이다.

따라서 유량비는

$$\alpha = \frac{Q_2}{Q_1} = \frac{v_2}{v_1}$$

압력손실 수두는

$$h = \lambda_0 \frac{l}{m_1}\frac{v_1^2}{2g} = \lambda_0 \frac{l}{m_2}\frac{v_2^2}{2g}$$

여기서 v_1과 v_2를 구하여 윗식에 대입하면

$$\alpha = \sqrt{\frac{hm_2 2g}{\lambda_0 l}} \Bigg/ \sqrt{\frac{hm_1 2g}{\lambda_0 l}} = \sqrt{\frac{m_2}{m_1}}$$

또한 $m_1 = \dfrac{D}{4}$, $m_2 = \dfrac{L}{4}$이므로

$$\alpha = \sqrt{\frac{L}{D}}$$

또 $A = \dfrac{\pi}{4}D^2 = S^2$이므로, $S = \dfrac{\sqrt{\pi}}{2}D$가 되어

$$\alpha = \sqrt{\frac{\sqrt{\pi}D/2}{D}} = 0.94$$

예 제 8.5 안지름이 12 in인 신주철관을 통하여 20℃의 물이 8 ft/s의 속도로 유동하고 있을 때 관마찰 계수 λ를 Darcy와 Mises의 공식에 의하여 구하라.

풀 이 Darcy의 공식에서

$$d = 12 \times 2.54/100 = 0.3\,\text{m}$$

$$v = 8 \times 12 \times 2.54/100 = 2.44\ \mathrm{m/s}$$
$$\lambda = 0.02 + 0.0005 \times \frac{1}{0.3} \fallingdotseq 0.0217$$

또 Mises 공식에 의하여 표 8·1에서 $\varepsilon \times 10^8$의 값이 200~400이므로, 평균값 300을 취하면

$$\lambda = 0.0096 + \sqrt[4]{300 \times 10^{-8}/0.3} + \frac{0.0017}{\sqrt{2.44 \times 0.3}} \fallingdotseq 0.0678$$

결국 Darcy의 공식에 의한 값과 Mises의 공식에 의한 λ의 값은 큰 차이를 보이고 있다.

예 제 8.6 지름이 1 in인 매끈한 관을 통하여 20 $\mathrm{ft^3/m}$의 공기가 유동하고 있다. $T = 80°\mathrm{F}$이고, $p = 15$ psia이라면 관의 1 ft당 압력손실은 얼마인가?

풀 이 $\Delta p = p_1 - p_2 = \dfrac{1}{2}\lambda\rho\dfrac{l}{d}v^2$

$$v = \frac{Q}{A} = \frac{20}{(\pi/4)(1/12)^2 60} = 61.1\ \mathrm{ft/s}$$
$$\rho = \frac{p}{RT} = \frac{15 \times 144}{1716 \times 540} = 0.00233\ \mathrm{slugs/ft^3}$$
$$\mu = 3.85 \times 10^{-7}\ \mathrm{lb \cdot s/ft^3}$$
$$Re = \frac{vd\rho}{\mu} = \frac{61.1 \times (1/12) \times 0.0023}{3.85/10^{-7}} = 3.0 \times 10^4$$

그림 8·7에서 $\lambda = 0.024$를 택하면

$$\Delta p = \frac{0.024 \times 1 \times 12 \times 61.1^2 \times 0.00233}{2} = 1.25\ \mathrm{psf/ft^2}$$

8.7.2 관내 난류유동 분포

관내 난류유동의 경우는 층류유동과는 달리 관의 중심부에서 거의 동일한 속도영역이 존재하게 된다. 난류유동이라 하여도 관 내의 벽에서는 유속이 0이 되고, 벽에서 멀어짐에 따라 유속이 크게 증가하지만 어느 점에 이르면 그림 8·9와 같이 더 이상의 큰 증가를 가져오지 않는다. 난류유동에서도 벽 가까운 곳에 아주 얇은 층이 존재하는데, 이것이 후에 논하게 될 경계층(boundary layer)이다.

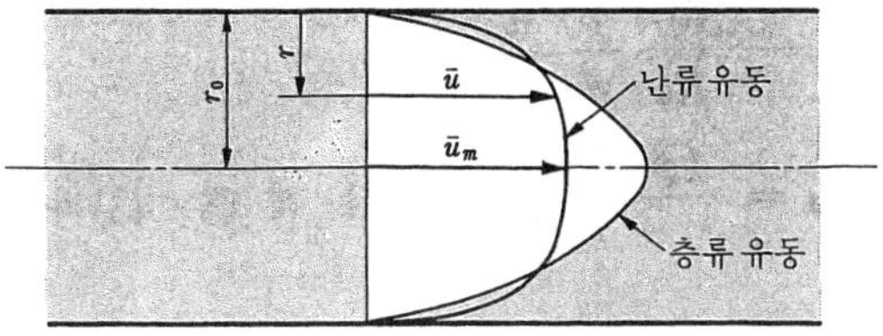

그림 8 · 9

독일의 Prandtl과 Kámán은 다음과 같은 가정을 통하여 관 내의 난류속도 분포식을 유도하였다.

(1) 관 벽에 가까운 곳의 유동분포는 관의 반지름과 관계없이 점성계수 μ와 밀도 ρ, 그리고 벽면에서의 전단응력 τ_0에 의하여 결정된다.

(2) 속도분포를 나타내는 곡선의 형상은 속도가 증가하더라도 변하지 않는다.

여기서 혼동을 피하기 위하여 평균속도 $\bar{v}$와 $\bar{u}$를 다음과 같이 정의한다.

$$\bar{u} = \frac{1}{t}\int_0^t u\,dt \tag{8·2}$$

$$\bar{v} = \frac{1}{n}\sum_{i=1}^{n} v_i \tag{8·40}$$

관 내에서의 유속은 반지름의 함수이므로

$$\bar{u} = f(r) \tag{8·41}$$

이를 무차원의 함수식으로 변형하면

$$\frac{\bar{u}}{\bar{u}_m} = f\left(\frac{r}{r_0}\right) \tag{8·42}$$

로 나타낼 수 있다. 관의 길이 l에 대한 압력저하를 $(p_1 - p_2)$, 관벽에서의 전단응력을 τ_0라 하면

$$(p_1 - p_2)\pi r_0^2 = 2\pi r_0 l \tau_0$$

즉

$$p_1 - p_2 = \frac{2l}{r_0}\tau_0 \tag{8·43}$$

가 된다. 또 Blasius의 실험식 (8 · 35)와 관마찰식 (8 · 27)로부터

$$h = \frac{0.316}{\sqrt[4]{Re}} \frac{l}{d} \frac{\overline{v}^2}{2g} \tag{8·44}$$

로 나타낼 수 있으며, $h = \dfrac{(p_1 - p_2)}{\gamma}$ 이므로 식 (8·43)과 함께 정리하면 다음과 같은 식이 된다.

$$\tau_0 = \frac{0.316}{8} \rho \sqrt[4]{\frac{1}{Re}} \overline{v}^2 \tag{8·45}$$

여기서 $Re = \dfrac{2r\overline{v}}{\nu}$ 를 대입하여 상수들의 적(積)을 K로 나타내면, 식 (8·45)는 다음과 같이 쓸 수 있다.

$$\tau_0 = Kr^{-\frac{1}{4}} \overline{v}^{\frac{7}{4}} \tag{8·46}$$

관 내의 난류속도 분포는 임의의 포물선을 이루고 있다. 따라서 식 (8·42)는 다음과 같은 임의의 지수 함수식으로 나타낼 수 있다.

$$\overline{u} = \overline{u}_m \left(\frac{r}{r_0}\right)^n \tag{8·47}$$

또한, $\overline{u}_m = C \times \overline{v}$ (C는 상수)로 쓸 수 있으므로, 이 식은

$$\overline{u} = C\overline{v} \left(\frac{r}{r_0}\right)^n$$

즉

$$\overline{v} = C'\overline{u} \left(\frac{r_0}{r}\right)^n \tag{8·48}$$

이 되며, 이 식을 식 (8·46)에 대입할 경우 다음 식과 같이 정리된다.

$$\tau_0 = K'\overline{u}^{\frac{7}{4}} r_0^{\left(\frac{7}{4}n - \frac{1}{4}\right)} r^{-\frac{7}{4}n} \tag{8·49}$$

여기서 K'는 상수이며, 전단응력 τ_0는 반지름 r_0와는 무관하므로 r_0의 지수는 0이 되어야 한다. 따라서

$$\frac{7}{4}n - \frac{1}{4} = 0, \text{ 즉 } n = \frac{1}{7}$$

그러므로 식 (8·47)은

$$\overline{u} = \overline{u}_m \left(\frac{r}{r_0}\right)^{\frac{1}{7}} \tag{8·50}$$

이 되며, 이를 Prandtl-Kármán의 $\frac{1}{7}$승의 법칙(power law of Prandtl and Kármán)이라고 한다. Blasius의 실험식 (8 · 35)는 $Re < 5 \times 10^4$의 범위에서 구한 식이므로 식 (8 · 50) 역시 $Re < 5 \times 10^4$ 범위에서 사용이 가능하며, $Re \geq 5 \times 10^4$의 범위에서는 잘 일치하지 않는다.

한편, 스웨덴의 Prasil 교수는 식 (8 · 50)을 넓은 속도의 범위에서 적용이 가능하도록 다음과 같이 정리하였다.

$$\bar{u} = \bar{u}_m \left\{1 - \left(\frac{r_0 - r}{r}\right)^2\right\}^{\frac{1}{n}} \tag{8 · 51}$$

여기서 n의 값은 5~12 사이에 있다. 또 Kármán도 다음과 같은 식을 제시하였다.

$$\bar{u} = \bar{u}_m \left\{1 - \left(\frac{r_0 - r}{r}\right)^n\right\}^{\frac{1}{7}} \tag{8 · 52}$$

여기서 $n = 1.25 \sim 2.0$이다. 일반적으로 관 내의 속도분포는 Re에 따라 변화하며, Re가 작을수록 중심부의 속도값은 크게 나타난다.

실험결과에 의하면, 장애물 또는 입구로부터 흘러들어감에 따라 차차 속도분포의 모양이 변화하여 안지름 d의 약 40~50배의 거리에 달하면, 그림 8 · 10과 같은 모양으로 되어 이보다 하류에서는 거의 변화하지 않는다. 다시 말하면 흐름의 속도분포가 안정되는 것이다. 이 거리를 입구장(entrance length)이라고 한다. 밸브나 곡관과 같은 장애물 바로 하류에서는 속도분포의 모양을 하나하나의 경우에 대하여 실측하지 않으면 안 된다. 그러나 장애물로부터 입구길이, 즉 $(40 \sim 50)d$ 정도 흘러들어간 하류단면에서는 속도분포가 대체로 앞에서 설명한 바와 같은 형태로 된다. 관의 유량을 측정하거나 흐름의 정확한 실험을 해야 하는 경우에는 입구길이만큼 직관(直管)을 흘러들어간 하류에서 해야 한다.

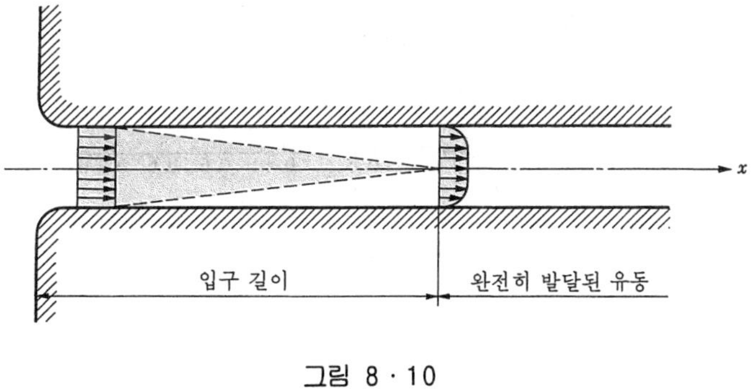

그림 8 · 10

또 엄밀한 의미에서 말하면 난류운동에서는 이와 같은 일정한 속도분포 등이 존재하지 않는다. 즉 유체 미립자는 매우 복잡한 운동을 하며, 속도의 방향과 크기는 끊임없이 변화한다.

따라서 속도분포의 모양은 앞에서 설명한 주류(main flow)의 속도분포만을 표시한 것으로 실제의 흐름은 그 위에 난류의 불규칙한 운동이 더 첨가되는 것이므로, 정확한 속도분포는 시시각각 변화하고 있는 것으로 생각하지 않으면 안 된다.

이와 같이 흐름의 속도분포가 입구 또는 장애물로부터의 거리에 의하여 변화한다고 하면, 일정한 수량이 흐르는 직관의 경우라 할지라도 각 단면에서의 속도의 제곱에 비례하는 속도수두 $\dfrac{v^2}{2g}$은 속도분포의 여하에 의하여 다소 증감한다.

그림 8·10에서와 같은 난류유동 현상을 Reynolds수로 크게 변화시켜 가면서 측정한 Nikuradse는, Prandtl의 $\dfrac{1}{7}$승 법칙에 의하여 그림 8·11과 같은 난류속도 선도를 도시하였다.

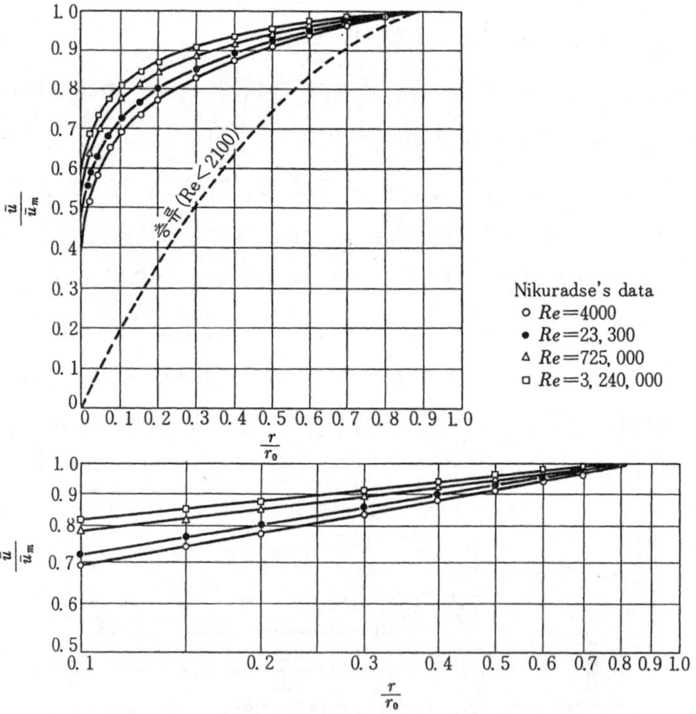

그림 8·11

8.7.3 관내 전단응력 분포

전단응력과 압력손실 및 반지름과의 관계를 살펴보기 위하여 밀도가 일정한 유체유동의 경우 원형단면의 관을 생각해 보자.

그림 8 · 12에서와 같이 유동이 평형을 이루어 압력 기울기가 일정한 값에 도달한다고 가정할 때, 전단력과 압력에 대한 평형 방정식은 다음과 같이 나타낼 수 있다.

$$\varDelta p\pi r^2 = 2\pi r l \tau \tag{8 · 53}$$

또

$$\varDelta p\pi r_0^2 = 2\pi r_0 l \tau_0 \tag{8 · 54}$$

따라서 전단응력 분포식은 다음과 같은 식이 된다.

$$\tau = \frac{\tau_0}{r_0} r \tag{8 · 55}$$

즉 전단응력은 반지름과 함께 직선적으로 변하고 있음을 알 수 있다.

또 $\varDelta p = \dfrac{2\tau_0 l}{r_0}$ 이므로 이 식을 변형해서 관마찰 손실식과 함께 정리하면

$$h\gamma = \gamma\lambda\frac{l}{d}\frac{v^2}{2g} = \frac{2\tau_0 l}{r_0}$$

$$\tau_0 = \gamma r_0 \lambda \frac{l}{d}\frac{v^2}{2g}\Big/ 2l = \gamma\frac{1}{4}\lambda\frac{v^2}{2g}$$

또는

$$\tau_0 = \frac{1}{4}\lambda\frac{1}{2}\rho v^2 \tag{8 · 56}$$

과 같은 식을 얻는다. 이 식은 층류 및 난류유동에서 모두 사용되고 있다.

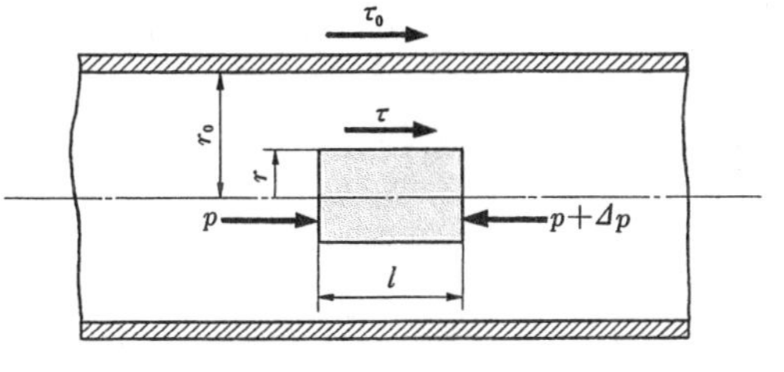

그림 8 · 12

예 제 8.7 지름이 12 in인 매끈한 관을 통하여 비중이 0.82인 기름이 8 ft/s로 유동하고 있다. 벽면에서의 전단응력을 구하라. 단, 마찰계수는 0.016으로 가정한다.

풀 이 $\tau_0 = \dfrac{1}{8}\lambda\rho v^2$, 물의 $\rho = 1.9\ \mathrm{slugs/ft^3}$이므로

$$\tau_0 = \frac{0.016 \times 0.82 \times 1.94 \times 8^2}{8} = 0.204\ \mathrm{lb/ft^2}$$

예 제 8.8 점성계수 $0.1\ \mathrm{kg \cdot s/m^2}$, 비중 0.9인 액체를 $160\ l/\mathrm{min}$ 비율로서, 지름 10 cm인 파이프로 20 km 떨어진 곳까지 수송하는 데 필요한 최소동력을 구하라.

풀 이

$$v = \frac{4Q}{\pi d^2} = \frac{4 \times 160 \times 10^{-3}}{\pi \times 0.1^2 \times 60} = 0.34\ \mathrm{m/s}$$

$$Re = \frac{\rho d v}{\mu} = \frac{0.9 \times 10^3 \times 0.1 \times 0.34}{0.1 \times 9.8} = 31.2$$

$$f = \frac{64}{R} = \frac{64}{31.2} = 2.05$$

$$\begin{aligned} \varDelta P &= f\frac{l}{d}\frac{\gamma v^2}{2g} = 2.05 \times \frac{20 \times 10^3}{0.1} \times \frac{0.9 \times 10^3 \times 0.34^2}{2 \times 9.8} \\ &= 2.18 \times 10^6\ \mathrm{kg/m^2} \end{aligned}$$

따라서 최소동력은

$$P = \frac{\varDelta PQ}{75} = \frac{2.18 \times 10^6 \times 160 \times 10^{-3}}{75 \times 60} = 77.5\ \mathrm{HP}$$

…… 연 습 문 제 ……

1. 비중 0.92, 점성계수 $0.016\ \mathrm{kgf \cdot s/m^2}$의 기름을 공업용 동관을 통해 매분 $15\ \mathrm{m^3}$로 유량을 수송한다. 관의 길이 100 m에 대하여 압력강하를 수주로 6 m를 넘지 않도록 하려면 관의 지름을 얼마로 해야 되는가? 단, $\lambda = 0.03$이다.

2. 안지름 250 mm, 길이 1000 m의 곧은 관로를 통하여 매분 6.0 ton의 물을 송수할 때, 관마찰에 의한 손실수두를 계산하라. 단, 관은 오래된 주철관이며, 마찰계수 λ는 Mises의 공식에 의한다.

3. 관로에서 관마찰에 의한 손실수두가 속도수도와 같게 될 때의 관로의 길이는 얼마인가? 만약 관의 안지름이 30 cm, 마찰계수 λ가 0.031이라면, 그때의 관의 길이는 얼마인가?

4. 온도 20℃의 물이 안지름 10 cm의 관 속을 유량 $0.05\ \mathrm{m^3/min}$으로 흐를 때, 이 흐름은 층류인가, 난류인가? 단, 임계 Reynolds수는 $Re = 2320$으로 한다.

5. 비중 0.9, 점성계수 $0.01\ \mathrm{kgf \cdot s/m^2}$의 기름이 안지름 20 mm의 관을 수평방향으로 흐르고, 압력강하가 관의 길이 1 m에 대하여 $0.05\ \mathrm{kgf/cm^2}$일 때 다음 사항들을 계산하라. 단, $\lambda = 0.03$이다.
   (a) 관 내의 유속
   (b) 관벽에서의 전단응력
   (c) 10 m 거리를 수송하는 데 필요한 일량

6. 단면이 원형 및 정삼각형으로 된 두 개의 관에 물이 흐를 때, 관의 길이 l, 단면적 A, 관의 양단에서의 압력 수두차가 h이고, 관의 조도가 두 관에서 같을 때, 두 관의 유량비를 계산하라.

7. 안지름이 200 mm인 관에서 액체가 난류유동을 하고 있다. 관면에 작용하는 전단응력을 측정한 결과 $10\ \mathrm{N/m^2}$이고, 액체의 점성계수는 $\mu = 1.005 \times 10^{-3}\ \mathrm{kg/m \cdot s}$, 밀도는 $\rho = 997\ \mathrm{kg/m^3}$이다. 속도와 유량, 중심선으로부터 20 mm되는 곳에서의 속도 기울기를 계산하라. 단, 절대조도 $\varepsilon = 0.7$ mm이고, 속도 기울기 계산시 Moody 선도를 이용하라.

8. 거친 수평관의 안지름이 200 mm이고, 물이 $56\ l/\mathrm{s}$의 유량으로 흐를 때 압력강하

는 100 m당 1.8 kgf/cm^{2}이다. 매끈한 관에 20℃의 물을 같은 유량으로 흘러보내 동일한 압력강하를 얻으려면 안지름을 얼마로 해야 되는가?

9. 지름이 10 mm인 관내유동에서 평균속도로 계산한 Reynolds수가 1500일 때 입구로부터 얼마인 곳에 완전히 발달된 유동이 이루어지겠는가?

10. 안지름이 25 mm이고 길이가 15 m인 신연철관(新鍊鐵管)이 15℃에서 물을 수송하기 위해 수평으로 놓여 있다. 관내 평균속도가 5 m/s일 때, 유량과 마찰계수를 구하라.

11. 안지름이 3 in인 매끈한 관이 150°F에서 수평으로 놓여 있으며, 물의 질량유량이 0.006 slugs/s이다. 100 ft당 압력강하가 0.065 lb/ft^{2}일 때 Moody 선도로부터 마찰계수 0.021 또는 0.042를 구할 수 있다. 어느 값이 보다 정확한 값인가?

12. 에어컨 장치에서 유량이 35 m^3/min의 공기를 표준상태에서 공급하고 있다. 관은 매끈하며 단면이 0.3 m^{2}의 정사각으로 되어 있을 때 30 m 수평관에서의 압력강하를 구하라. 단, $\lambda = 0.03$이다.

13. 매분 80 m^{3}의 공기를 표준상태에서 30 m당 3 mmHg의 압력강하로 공급하고 있다. 형상비(aspect ratio)가 2인 매끈한 사각관이라 할 때 최소의 관의 크기를 구하라. 단, $\lambda = 0.03$이다.

14. 단면이 정사각형과 직사각형으로 되어 있는 두 개의 관에 물이 흐르는 경우, 관의 길이 l, 유동 단면적 A, 관의 양단에서 압력 수두차 h 및 관의 특성이 동일할 때 유량비는 얼마인가? 단, 직사각형의 가로세로비는 2:1이다.

15. 안지름이 8 in인 신주철관을 통하여 20℃의 물이 6 ft/s의 속도로 유동하고 있을 때, 마찰관 계수 λ를 Darcy와 Mises의 공식을 사용하여 계산하라.

16. 지름이 2 in인 매끈한 관을 통해 20 ft^3/min의 공기가 유동되고 있다. $T = 100$°F이고, $p = 16$ psia라고 할 때 관의 1 ft당 압력손실을 구하라.

17. 지름이 20 cm인 원형관 내에 공기가 유동되고 있는데, 관의 중심부에서의 최대속도는 40 m/s이다. 이때 반지름 $r = 5$ cm인 점과 벽면으로부터 2 cm인 곳에서의 속도를 구하라.

18. 20℃에서 20 m/s로 원형관 내에 물이 유동되고 있다. 관마찰 계수가 0.028이라 하면 관벽에 발생하는 전단응력을 구하라.

19. 동점성 계수가 $1.0 \times 10^{-4}\,\mathrm{ft}^2/\mathrm{s}$인 기름이 2200 gal/min으로 지름이 10 in이고, 길이가 1000 ft인 주철관 내를 흐르고 있다. 이때의 압력손실 수두를 구하라. 단, 상대조도 $\dfrac{\varepsilon}{d} = 0.0013$으로 간주한다.

20. 밀도가 $\rho = 900\,\mathrm{kg/m^3}$, 동점성 계수가 $\nu = 1.0 \times 10^{-5}\,\mathrm{m^2/s}$인 기름이 길이 500 m, 지름이 220 mm인 주철관을 통하여 유량 $Q = 0.21\,\mathrm{m^3/s}$로 유동하고 있다. (a) 마찰손실 수두, (b) 관이 유동방향으로 8° 기울어져 있을 때 압력손실을 구하라. 단, 상대조도 $\dfrac{\varepsilon}{d} = 0.0013$이다.

제 9 장

경계층 이론

Boundary Layer Theory

9.1 경계층의 개념

경계층(boundary layer)의 기본개념은 1904년에 독일의 Ludwig Prandtl에 의해서 다루어지기 시작하였다. 비교적 작은 점성을 가지고 있는 유체들에 대해서 유체 내부 마찰의 영향은 유체경계를 둘러싸고 있는 아주 좁은 영역에서 크게 나타나고 있다. 이러한 가정으로부터 고체경계에 가까운 좁은 영역의 바깥쪽의 유동은 하나의 이상유동 또는 퍼텐셜 유동(potential flow)을 하고 있다고 볼 수 있다.

물론, Prandtl이 이러한 가정을 가지고 실험적으로 밝힐 수 있었던 실질적인 연구를 수행하기 이전에 이미 앞에서 다룬 이론적인 수학적 해로써 Euler의 운동 방정식과 점성의 영향을 고려하여 Euler의 운동 방정식을 확장해 유도한 Navier-Stokes의 운동 방정식이 있었다.

그러나 위에서 설명한 대로 점성의 영향은 아주 좁은 고체와의 경계에서만 나타나고, 이 영역을 벗어나면 점성의 영향을 무시할 수 있기 때문에 점성유체의 유동이라 하더라도 이상유체 유동으로 간주하여 유동역을 두 부분으로 나누어 다루어야 된다는 것이 Prandtl의 이론이다.

층류의 형성은 이미 점성의 법칙에서 논한 평판상에서의 유동이나 Couètte 유동에서 속도가 고체와의 경계면에서 0이 되었다가 거리가 멀어짐에 따라 점차 증가하여, 어느 거리 이상이 되면 최대속도가 되어 속도의 증감이 없게 된다. 이때 속도가 영에서 최대속도가 되기 직전까지 층을 경계층(boundary layer)이라고 한다. 이러한 경계

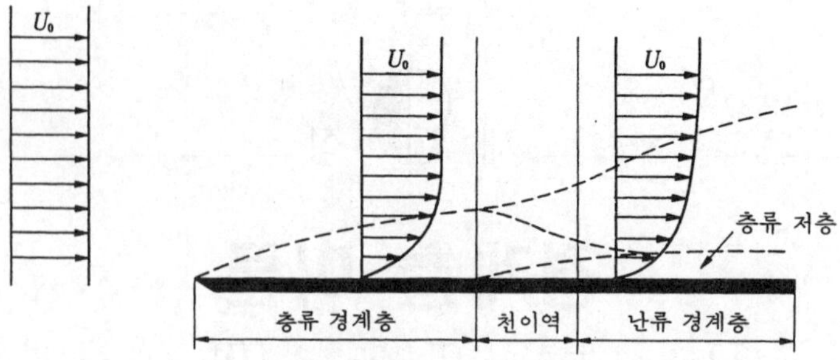

그림 9 · 1

층은 층류유동과 난류유동에서 그 크기나, 경계층 내에서의 속도분포가 다르다.

그림 9 · 1에서 볼 수 있는 바와 같이 층류 경계층에서 난류 경계층으로 바뀌어지는 유동역에서는 경계층의 천이역(transition region)이 존재하며, 난류 경계층에서는 경계층 내의 고체면에 가까운 저층에 또 다른 유동층이 존재하게 되어, 이 유동층을 층류저층(laminar sub-layer)이라고 한다.

대개 관(duct or pipe) 내의 유동은 층류나 난류이다. 경계층의 형성은 압력 기울기, 표면조도, 열전도, 질량력 등의 영향을 받으며, 이로 인하여 천이역의 형성은 큰 변화를 가져온다. 매끈한 평판 위를 흐르는 비압축성 유체유동에 있어서 천이역은 $3 \times 10^6 < Re_x < 4 \times 10^6$에서 형성되는 것으로 되어 있다. 여기서 Re_x는 평판 위에에서의 값이므로 국소 Reynolds수(local Reynolds number)이며, 이는 평판의 선단으로부터 x만큼 떨어진 위치에서 계산한 값이다. 만약에 $U_0 = 100$ m/s이면, x는 $0.43 < x\,(\text{m}) < 0.58$의 범위에서 천이현상이 일어나는 것으로 밝혀졌다.

9.2 경계층의 두께

경계층의 두께는 학자들에 따라 그 정의가 일정하지 않으나, 대개 고체면으로부터 $u = 0.99\,U_0$인 위치까지의 거리를 경계층의 두께로 정의하고 있다. 이와 관련하여 경계층 내의 두께들로는 배제두께(displacement thickness), 운동량 두께(momentum thickness), 소산 에너지 두께(dissipation energy thickness) 등이 있다.

9.2.1 배제두께(Displacement thickness) : δ_1

경계층은 유체의 점성에 의하여 고체면에 가까운 층에서 일어나므로, 유동은 표면으로부터의 거리가 멀어짐에 따라 자유유동과 동일한 상태로 돌아가게 되어 실제 경계층의 두께는 측정하기가 어렵다.

배제두께라 함은 유체가 고체와의 경계면에서 마찰과 점성 등의 영향으로 실제유동이 그림 9·2(a)와 같이 되나, 이를 마찰과 점성 등에 의한 유동손실이 없다고 가정한 속도선도〔그림 9·2(b)〕와 같이 가정하여, 이 두 그림에서 유동질량을 같게 놓았을 때의 고체면으로부터의 배제되는 거리, δ_1으로 정의된다. 따라서 각각의 경우 유동질량은 그림 9·2(a)에서

$$\dot{m}_a = \int_0^\infty \rho u b\, dy \tag{9·1}$$

가 되고, 그림 9·2(b)에서

$$\dot{m}_b = \int_{\delta_1}^\infty \rho U_0 b\, dy \tag{9·2}$$

가 되며, 여기서 b는 유동폭이다.

δ_1을 $\dot{m}_a = \dot{m}_b$로 정의하였으므로

$$\int_0^\infty \rho u b\, dy = \int_{\delta_1}^\infty \rho U_0 b\, dy$$

비압축성 유동에서

$$\int_0^\infty u\, dy = \int_{\delta_1}^\infty U_0\, dy$$

가 되어, 우측항을 변형해서 정리하면 다음과 같이 배제두께 δ_1이 유도된다.

$$\int_0^\infty U_0\, dy = \int_0^\infty U_0\, dy - \int_0^{\delta_1} U_0\, dy$$

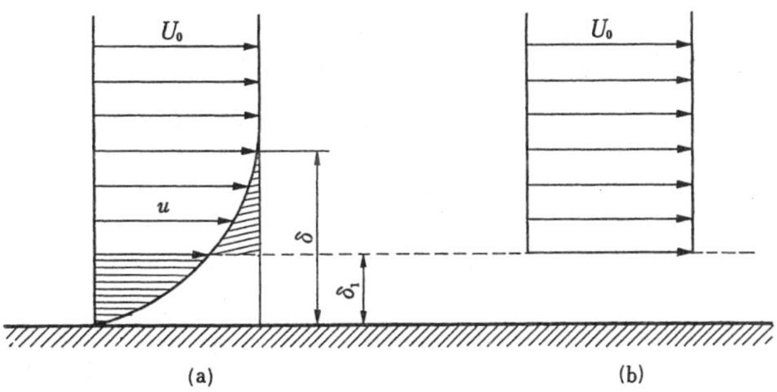

그림 9·2

따라서

$$\int_0^{\delta_1} U_0\, dy = \int_0^{\infty} (U_0 - u)\, dy$$

$$U_0 \delta_1 = \int_0^{\infty} (U_0 - u)\, dy$$

이를 정리하면

$$\delta_1 = \int_0^{\infty} \left(1 - \frac{u}{U_0}\right) dy$$

결과적으로

$$\delta_1 \simeq \int_0^{\delta} \left(1 - \frac{u}{U_0}\right) dy \qquad (9 \cdot 3)$$

예 제 9.1 표준상태에서 두 평행평판 사이에 공기가 흘러가고 있다. 입구에서 속도가 $U_0 = 25\,\mathrm{m/s}$이고 경계층 속도선도와 두께는 다음과 같이 표시된다.

$$\frac{u}{U_0} = \left(\frac{y}{\delta}\right)^{1/7}$$

$$\frac{\delta}{x} = 0.370 \left(\frac{\nu}{U_0 x}\right)^{1/5}$$

여기서 U_0는 중심부 속도이며 h의 함수로 되어 있다. 유동폭은 두 평판 사이의 간격 h에 비해 무한히 커서 판 양단의 유동에서 받는 영향을 무시할 수 있을 때, 입구로부터 5 m되는 점 사이의 압력강하를 구하라. 단, $\nu = 1.45 \times 10^{-5}\,\mathrm{m^2/s}$이다.

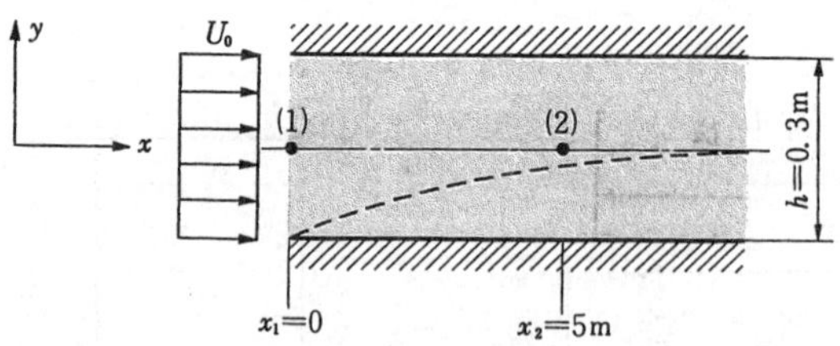

그림 9 · 3

풀 이 우선, 주어진 조건인 $x = 5\,\mathrm{m}$에서 경계층이 중심선에 도달하게 되는지 검토해 보자. $x = 5\,\mathrm{m}$인 점에서의 경계층의 두께를 δ라 하면

$$\delta = 0.370x\left(\frac{\nu}{U_0 x}\right)^{1/5}$$

$$= 0.370 \times 5\left(1.45 \times 10^{-5}\,\mathrm{m^2/s} \times \frac{1}{25\,\mathrm{m/s} \times 5\,\mathrm{m}}\right)^{1/5}$$

$$= 0.0759\,\mathrm{m}$$

$\delta < \dfrac{h}{2}$ 이기 때문에 유동은 완전히 발달되지 아니하였으므로, 단면 (1), (2)에서 Bernoulli 방정식을 적용하면

$$\frac{p_1}{\rho} + \frac{V_1^2}{2} = \frac{p_2}{\rho} + \frac{V_2^2}{2}$$

여기에 비압축성 정상유동이며, 경계층 밖에서는 어떤 마찰손실도 존재하지 않으며 관은 수평으로 놓여 있다고 가정하면, 윗식은

$$p_1 - p_2 = \frac{\rho}{2}(V_2^2 - V_1^2) = \frac{\rho V_1^2}{2}\left\{\left(\frac{V_2}{V_1}\right)^2 - 1\right\}$$

$$= \frac{\rho U_0^2}{2}\left\{\left(\frac{U_2}{U_0}\right)^2 - 1\right\}$$

연속이론에 의하여 $\rho U_0 A_0 = \rho U_2 A_2$, 폭이 b일 때

$$A_0 = bh, \quad A_2 = b(h - 2\delta_1)$$

$$\rho U_0 bh = \rho U_2 (h - 2\delta_1) b$$

여기서 δ_1은 배제두께이다.

그러므로

$$\frac{U_2}{U_0} = \frac{h}{h - 2\delta_1}$$

$$\delta_1 = \int_0^\delta \left(1 - \frac{u}{U_0}\right) dy$$

$\eta = \dfrac{y}{\delta}$ 로 놓으면, $dy = \delta d\eta$

$$\delta_1 = \delta \int_0^1 \left(1 - \frac{u}{U_0}\right) d\eta = \delta \int_0^1 \left(1 - \eta^{\frac{1}{7}}\right) d\eta = \frac{\delta}{8}$$

$$= \frac{0.0759\,\mathrm{m}}{8} = 0.00949\,\mathrm{m}$$

$$\frac{U_2}{U_0} = \frac{h}{h - 2\delta_1} = \frac{0.3\,\text{m}}{0.3\,\text{m} - 2(0.00949\,\text{m})} = 1.0675$$

$$\begin{aligned} p_1 - p_2 &= \frac{\rho U_0^2}{2}\left\{\left(\frac{U_2}{U_0}\right)^2 - 1\right\} = \frac{1}{2} \times 1.23\,\text{kg/m}^3 \\ &\quad \times 25^2\,\text{m}^2/\text{s}^2\{(1.0675)^2 - 1\}\,\text{N}\cdot\text{s}^2/\text{kg}\cdot\text{m} \\ &= 53.6\,\text{Pa} \end{aligned}$$

9.2.2 운동량 두께(Momentum thickness) : δ_2

운동량 두께는 경계층 내에서 유동의 감속으로 인하여 배제되는 운동량을 운반하는 데 필요한 자유유동에서의 두께로 정의한다. 유동질량은

$$\int_0^\delta \rho ub\, dy$$

이 유체의 자유유동 상태에서 갖는 운동량은

$$U_0 \int_0^\delta \rho ub\, dy$$

그러므로 배제되는 운동량은

$$U_0 \int_0^\delta \rho ub\, dy - \int_0^\delta \rho u^2 b\, dy = \int_0^\delta \rho u(U_0 - u)\, b\, dy \qquad (9 \cdot 4)$$

따라서

$$\rho U_0^2 b\delta_2 = \int_0^\delta \rho u(U_0 - u)\, b\, dy$$

$$\delta_2 = \frac{1}{\rho U_0^2}\int_0^\delta \rho u(U_0 - u)\, dy = \int_0^\delta \frac{u}{U_0}\left(1 - \frac{u}{U_0}\right) dy \qquad (9 \cdot 5)$$

여기서 δ_2를 운동량 두께라고 한다.

9.2.3 소산 에너지 두께(Dissipation energy thickness) : δ_3

경계층이 발생함으로써 단위질량당의 에너지 손실은 다음과 같이 쓸 수 있다.

$$h_L = \left(\frac{p_0}{\rho} + \frac{U_0^2}{2}\right) - \left(\frac{p}{\rho} + \frac{u_2}{2}\right)$$

따라서 폭 dy를 통과하는 유동질량 $\rho ub\,dy$에 대한 에너지 손실은

$$\rho ub\,dy\,h_L = \left\{(p_0 - p) + \frac{1}{2}\rho(U_0^2 - u^2)\right\}ub\,dy \qquad (9 \cdot 6)$$

가 되며, 여기서 압력차 $p_0 - p$는 0이 되므로, 경계층 전체의 에너지 손실은

$$\rho\int_0^{\delta} uh_L b\,dy = \frac{1}{2}\rho\int_0^{\delta}(U_0^2 - u^2)b\,dy \qquad (9 \cdot 7)$$

로 표기된다. 이와 같은 에너지 손실이 높이 δ_3까지의 유체 운동 에너지 $\frac{1}{2}\rho U_0^3 b\delta_3$와 동일하다고 할 수 있으므로 δ_3에 관해서 풀면 다음 식이 된다.

$$\delta_3 = \frac{1}{U_0^3}\int_0^{\delta} u(U_0^2 - u^2)\,dy = \int_0^{\delta}\frac{u}{U_0}\left(1 - \frac{u^2}{U_0^2}\right)dy \qquad (9 \cdot 8)$$

여기서 δ_3를 소산 에너지 두께라고 한다.

9.3 경계층의 운동 방정식

2차원 비압축성 정상유동에서 질량력을 무시한 Navier-Stokes의 운동 방정식은 x, y방향으로 연속 방정식과 함께 각각 다음과 같이 표기된다.

$$u\frac{\partial u}{\partial x} + v\frac{\partial u}{\partial y} = -\frac{1}{\rho}\frac{\partial p}{\partial x} + \nu\left(\frac{\partial^2 u}{\partial x^2} + \frac{\partial^2 u}{\partial y^2}\right) \qquad (9 \cdot 9)$$

$$u\frac{\partial v}{\partial x} + v\frac{\partial v}{\partial y} = -\frac{1}{\rho}\frac{\partial p}{\partial y} + \nu\left(\frac{\partial^2 v}{\partial x^2} + \frac{\partial^2 v}{\partial y^2}\right) \qquad (9 \cdot 10)$$

$$\frac{\partial u}{\partial x} + \frac{\partial v}{\partial y} = 0 \qquad (9 \cdot 11)$$

Δu, Δv를 경계층에서의 기준속도라고 하면, 크기의 정도(order of magnitude)를 다음과 같이 나타내기도 한다.

x방향에 대하여 : $u = \Delta u$, $x \sim L$

y방향에 대하여 : $v = \Delta v$, $y \sim \delta$

압력에 대하여 : $p = \Delta p$

이것을 식 (9 · 11)의 연속 방정식에 대입하면 다음과 같이 나타낼 수 있다.

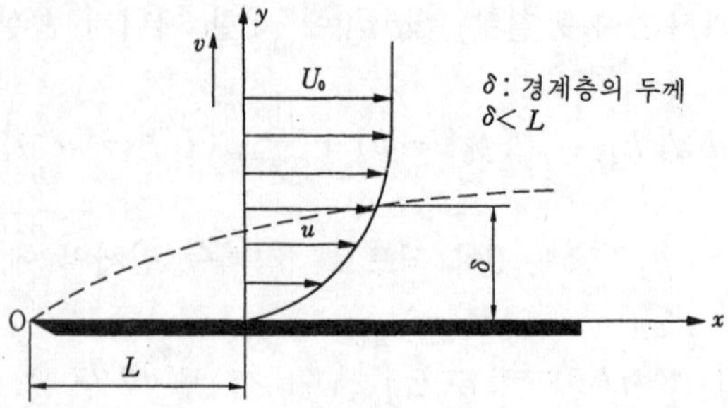

그림 9 · 4

$$\frac{\varDelta u}{L} \sim \frac{\varDelta v}{\delta} = 0 \quad \text{또는} \quad \varDelta v \approx \varDelta u \frac{\delta}{L} \tag{9 · 12}$$

따라서 식 (9 · 9)는

$$\frac{\varDelta u^2}{L},\ \varDelta u \frac{\delta}{L} \frac{\varDelta u}{\delta} = \frac{1}{\rho} \frac{\varDelta p}{L},\ \nu \frac{\varDelta u}{L^2},\ \nu \frac{\varDelta u}{\delta^2}$$

양변을 $\dfrac{\varDelta u^2}{L}$ 으로 나누면

$$\begin{aligned} 1, 1 &= \frac{\varDelta p}{\rho \varDelta u^2},\ \nu \frac{1}{L \varDelta u},\ \nu \frac{L}{\delta^2 \varDelta u}, \\ &= \frac{\varDelta p}{\rho \varDelta u^2},\ \frac{1}{Re},\ \left\{ \left(\frac{L}{\delta} \right)^2 \frac{\nu}{L \varDelta u} \right\} \end{aligned}$$

즉

$$1, 1 = \frac{\varDelta p}{\rho \varDelta u^2},\ \frac{1}{Re},\ \left(\frac{L}{\delta} \right)^2 \frac{1}{Re}$$

과 같은 무차원항으로 나타낼 수 있다. 그리하여 각각의 값을 비교해 보면, 동일한 크기를 갖는 항은 어느 것이든 무시할 수 없으므로 이를 보유하여야 하며, 압력항은 그 크기를 정확히 모르기 때문에 무시할 수 없다.

마지막 2항을 비교해 보면, $\dfrac{1}{Re}$ 과 $\left(\dfrac{L}{\delta} \right)^2 \dfrac{1}{Re}$ 에서 $\delta \ll L$ 이므로 후항이 전항에 비하여 훨씬 크다. 따라서 전항은 무시할 수 있다.

그러므로 경계층에서의 식 (9 · 9)는 다음과 같은 식으로 정리된다.

$$u \frac{\partial u}{\partial x} + v \frac{\partial u}{\partial y} = -\frac{1}{\rho} \frac{\partial p}{\partial x} + \nu \left(\frac{\partial^2 u}{\partial y^2} \right) \tag{9 · 13}$$

같은 방법으로 y방향의 운동 방정식 (9 · 10)에 대해서도 정리하면,

$$\frac{\delta}{L},\quad \frac{\Delta u^2}{L},\quad \frac{\delta}{L}\frac{\Delta u^2}{L} = \frac{1}{\rho}\frac{\Delta p}{\delta},\quad \nu\frac{\delta}{L}\frac{\Delta u}{L^2},\quad \nu\frac{\delta}{L}\frac{\Delta u}{\delta^2}$$

$$\frac{\delta}{L},\quad \frac{\delta}{L} = \frac{L}{\delta}\frac{\Delta p}{\rho\Delta u^2},\quad \frac{\delta}{L}\frac{\nu}{L\Delta u},\quad \frac{L}{\delta}\frac{\nu}{L\Delta u}$$

여기서 왼쪽 1, 2항은 x방향의 식 1, 2항의 값 1에 비하여 매우 작으므로 생략할 수 있으며, 마찬가지로 우변의 마지막 2항들 역시 x방향의 식 $\left(\frac{L}{\delta}\right)^2\frac{1}{Re}$의 값에 비하여 매우 작으므로 무시할 수 있다. 결과적으로 경계층 내에서의 y방향에 대한 운동 방정식은 압력항만이 남아 $\frac{\partial p}{\partial y} = 0$이 되어 운동 방정식이 존재하지 않게 된다. 그리하여 경계층 운동 방정식은 연속 방정식과 함께 다음 두 식으로 정리된다.

$$\frac{\partial u}{\partial x} + \frac{\partial v}{\partial y} = 0 \qquad (9 \cdot 14)$$

$$u\frac{\partial u}{\partial x} + v\frac{\partial u}{\partial y} = -\frac{1}{\rho}\frac{\partial p}{\partial x} + \nu\frac{\partial^2 u}{\partial y^2} \qquad (9 \cdot 15)$$

9.4 압력 기울기의 영향

9.4.1 박리와 곡면상의 유동

지금까지 경계층 밖의 압력이 일정한 유동에 대한 것만 다루어 왔다. 그러나 만약 압력이 유동방향에 따라 변화한다면, 유동의 거동은 큰 영향을 받게 될 것이다.

그림 9 · 5와 같이 곡면 위의 유동을 생각해 보자. 여기서 곡률 반지름은 어느 곳에서나 경계층의 두께에 비하여 충분히 큰 경우이다. 곡면에 흐르는 유체는 면에 충돌하여·비스듬히 흐르기 때문에 그림의 점 C의 왼쪽 단면에서는 가속이 발생한다. 그리하여 점 C의 경계층 바로 밖의 유속은 최소가 되며, 점 A에서 점 C까지의 압력 기울기 $\frac{\partial p}{\partial x}$는 음(陰)이 되고, 경계층에서 유체에 작용하는 순압력에 의한 힘은 유동방향으로 작용하게 된다. 이러한 압력 기울기는 상당한 크기로 나타나고 있다.

그리하여 이것은 어느 정도 경계층에 영향을 미쳐 경계층의 두께는 압력 기울기가 0인 평판상에서보다 적게 형성되는 것을 알 수 있다.

점 C를 지나면 압력이 증가하게 되며, 유체에 작용하는 순압력은 유동방향의 역방향으로 작용하게 된다. 그러나 실제적으로 압력 기울기 $\frac{\partial p}{\partial x}$는 경계층의 전단면을 통

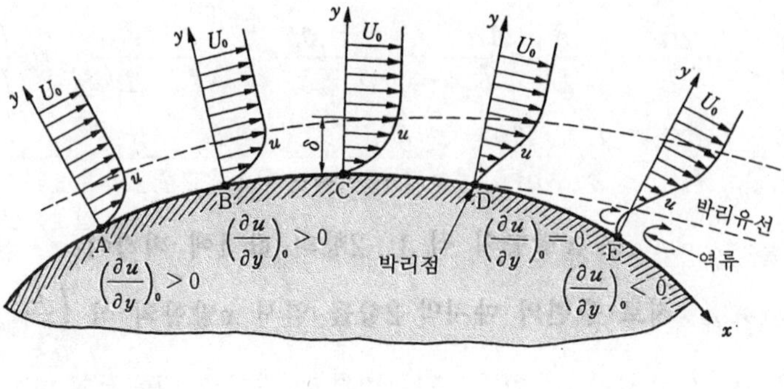

그림 9 · 5

하여 동일한 값을 가지게 된다.

그 대부분의 영향은 표면에 아주 가까운 곳에서 두드러지게 나타나고 있으며, 이는 그곳에서의 유체가 멀리 떨어져 있는 유체보다 적은 운동량을 가지고 있기 때문이다. 그러므로 운동량이 순압력에 의하여 계속해서 감소하게 되면, 표면의 유체는 곧 정지 상태에 이르게 된다. 그때 그림의 점 D에서와 같이 $\dfrac{\partial u}{\partial y}$의 값은 0이 된다. 이보다 먼 하류, 즉 점 E에서는 표면에 가까운 곳에서 유체는 실제적으로 역류하게 된다. 즉, 유체는 더 이상 표면을 따라 흐르지 않게 된다. 이와 같이 유동이 표면과 분리되는 것을 박리(separation)라 하고 $\left(\dfrac{\partial u}{\partial y}\right)_{y=0}$가 0이 되어 최초로 박리가 일어나는 점을 박리점(separation point)이라고 한다. 이 현상은 경계층에서 유속의 감소에 의한 압력 기울기의 증가에 의하여 발생하는 것이다. 그러므로 박리는 역압력 기울기가 생길 때 일어나는 것이다.

그림 9 · 5에서 아래의 점선은 속도가 0인 점들을 열거한 것이며, 여기서 x방향의 유동과 역류가 분리되는데, 이것을 박리유선(separation streamline)이라고 한다.

이곳에서 역류에 의하여 많은 와류(渦流)가 형성되며, 많은 에너지가 열로서 소산(消散)된다. 분리된 경계층은 역류에서 와류를 형성하는 경향으로 나타나며, 교란된 유체의 영역은 하류를 따라 어느 지점까지는 확장되어 나가게 된다. 왜냐하면 와류 에너지가 열로 소산되며 하류압력은 박리점에서와 마찬가지로 거의 동일한 값을 유지하기 때문이다.

박리는 층류나 난류 경계층에서 모두 발생하나, 층류의 경우에 난류에서 보다 더 많이 일어나는 것으로 알려져 있다. 이것은 층류층에서는 표면으로부터의 거리의 증가에 따라 속도의 증가가 난류층에 비하여 뒤지며, 이로 인하여 역류압력 기울기는 표면에 저속으로 흐르는 유체를 쉽게 정지시킬 수가 있기 때문이다. 한편, 난류층은 박리가 일어나기 전에는 역류압력 기울기를 어느 거리에서든 이겨낼 수 있다. 그러나 어느 경계층에서나 역류압력 기울기가 커지면 박리는 더 빨리 일어난다.

이와 같은 역류압력 기울기를 얻기 위하여 꼭 곡면일 필요는 없다. 그리 크지 않은 확산각(diffusion angle)을 가진 관에서도 가능하다. 경계층의 박리는 유동에 큰 영향을 미치며, 특히 압력 기울기가 일정하게 교란된 유체의 하류에서 후류(wake)의 형성은 근본적으로 유동에 변화를 준다. 그러므로 유효 유동층은 고체면이 아니라 박리역을 포함한 미지의 형상인 것이다.

9.4.2 압력항력(Pressure drag)

평판에 평행하게 유동하는 유체는 점성의 영향에 의하여 표면에 항력을 발생시킨다. 하류방향의 마찰합력은 표면마찰 항력으로 알려져 있다. 그러나 주류(主流)의 어느 곳에서나 평행하지 않은 유동이 평판상에 발생할 때는, 유동방향에 따라 표면의 압력차에 의하여 추가로 항력이 발생하게 된다. 이것은 압력항력(pressure drag), 또는 경계면의 형상에 따라 다르므로 형체항력(form drag)이라고 한다. 그러므로 표면마찰 항력은 표면의 접선력의 합이며, 압력항력은 표면에 수직한 힘의 합인 것이다. 표면마찰 항력과 압력항력의 합을 형상항력(profile drag)이라 한다.

고체 주위에 흐르는 대부분의 유동에서 경계층은 표면으로부터 분리되어 물체의 후(後)방향으로 유동된다. 박리점 하류에서의 유동은 아주 큰 와동에 의하여 크게 교란되며 이 와동역을 후류(wake)라고 한다. 후류에서 크게 일어나는 난동으로 소산된 에너지에 의하여 그곳에서의 압력은 감소하며, 물체에 작용하는 압력항력은 증가한다.

이 압력항력의 크기는 후류의 크기에 따라 변하며, 또 박리의 위치에 따라 달라진다. 물체의 형상이 박리가 뒤쪽에서 일어나도록 되어 있다면 후류는 아주 작게 일어나며, 압력항력이 작아 전항력은 표면마찰에 의해서만 발생하게 된다. 이와 같은 물체를 유선형 물체(streamlined body)라고 한다〔그림 9 · 6 (a)〕.

평판이 그림 9 · 6 (c)와 같이 놓여 있는 경우 유동은 표면에서 훨씬 멀리 분리되어 나가며, 후류는 크게 형성되고 압력항력은 표면마찰 항력보다 훨씬 크다. 여기서 무차원의 항력계수(drag coefficient) C_D는 다음과 같이 정의되어 있다.

$$C_D = \frac{F_D}{\frac{1}{2}\rho U_0^2 A} \qquad (9 \cdot 16)$$

여기서 A는 비행기의 날개를 제외하고는 유체유동 방향에 수직하게 투사한 표면적을 나타낸다. 또, 유동방향에 평행하게 놓인 얇은 판에 대해서 항력은 표면마찰에 의

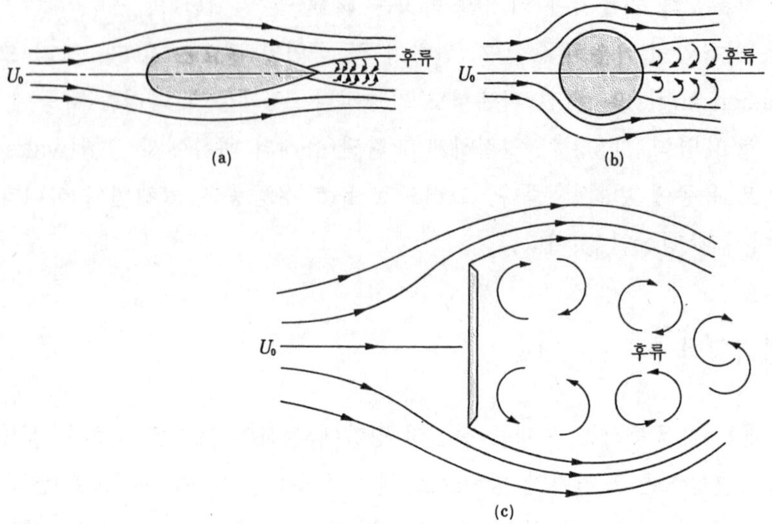

그림 9 · 6

하여 일어나므로, 이때에는 판의 양쪽 판면적을 A로 계산한다. 여기서의 계수는 표면마찰 계수로서 평판의 경우

$$C_F = \frac{F_D}{\frac{1}{2}\rho U_0^2(2A)} \qquad (9 \cdot 17)$$

비행기 날개의 경우, A는 익폭(翼幅)과 평균익현(平均翼弦)과의 적으로 계산한다. 결국 항력계수 C_D는 물체의 형상이나 크기의 함수가 아니라 Reynolds수의 함수이다. 또 유체 중에서 속도는 음속과 비교할 수 있으므로 Mach수의 함수이기도 하며, 두 유체 사이의 경계면에 대해서 생각하면, C_D는 역시 Froude수의 함수이기도 하다.

그림 9 · 6 (c)와 같은 경우 표면마찰은 하류방향으로 어떤 성분도 존재하지 않으므로 전항력은 압력항력으로 나타난다. 이 경우의 항력은 유동에 평행하게 놓인 평판에 발생하는 항력의 100배에 가까운 값을 가지고 있다.

다음에는 무한히 길고 지름이 d이며, 축의 유동에 수직한 원통에 대하여 생각해 보자. 여기서 Reynolds수가 $Re<0.5$로 극히 작은 경우 관성력을 무시할 수가 있으며, 유선들은 그림 9 · 7 (a)에서 보는 바와 같이 실린더 뒤에서 다시 합류하게 된다. 만약 Reynolds수가 20~30으로 증가하게 되면, 그림 9 · 7 (b)에서 보는 바와 같이 경계층은 점 S에서 대칭으로 분리되어 나가고, 두 개의 와동(渦動)이 형성되어 유동의 반대방향으로 회전하게 된다. 이 Reynolds수에서 와동은 위치가 변하지 않으며, 그

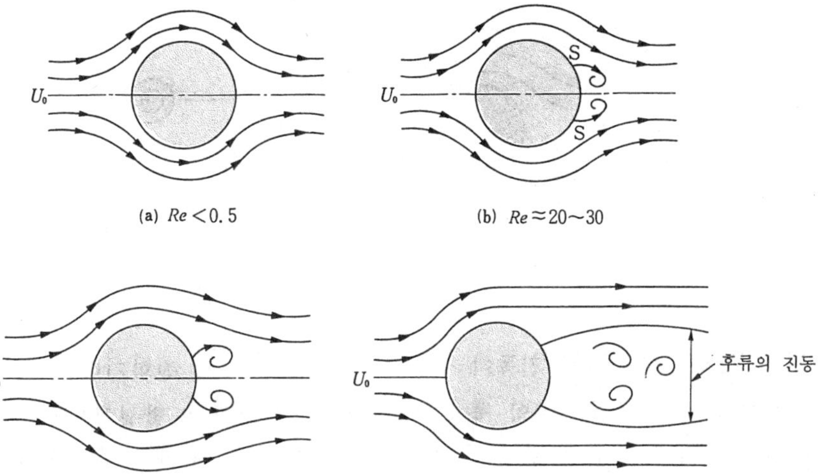

(a) $Re<0.5$ (b) $Re\approx20\sim30$

(c) $Re\approx40\sim70$ (d) $Re\approx90$

그림 9 · 7

에너지도 분리된 경계층의 유동에 의하여 그대로 보존된다. 그러나 와동의 후부에서 주류들이 합류하게 되며, 후류는 어느 길이로 한정되어 버린다. Reynolds수의 증가에 따라 그림 9 · 7 (c)에서와 같이 와동이 커지고 있으나 불안정하며, 원통의 경우 $Re = 40\sim70$이 되면, 주기적인 후류의 진동현상을 나타낸다.

자유유동에서 원통 실린더에 대하여 $Re\approx90$이 되면, 와동은 실린더 양쪽에서 교대로 없어져 하류와 합류되어 버린다. 위의 Reynolds수의 한계에서 와동은 실린더의 양측에서 교대로 발생하며, 결과적으로 두 개의 와열(渦列, row of vortex)을 형성한다. 이와 같은 것을 와로(渦路, vortex street 또는 vortex trail)라고 한다. 여기서 와류 에너지는 점성에 의하여 소멸되고, 어느 거리를 벗어나면 규칙적으로 일어나는 이 현상이 없어져 버린다.

Kármán은 와로를 이상유체 유동에서 서로 다른 와류의 연속으로 간주하여 아주 작은 교번유동에 대하여 그림 9 · 8과 같이 나타내었으며, 그 크기를 다음과 같이 한정하였다.

$$\frac{h}{l} = \frac{1}{\pi}\sin h^{-1}1 = 0.281$$

이 값은 후에 실험적으로 확인되었다.

와류가 생길 때마다 회전운동이 생겨 불균형의 측력(側力)이 실린더에 작용하게 된다. 이와 같이 실린더의 양쪽에서 교대로 발생하는 와류에 의하여 교번측력이 생기

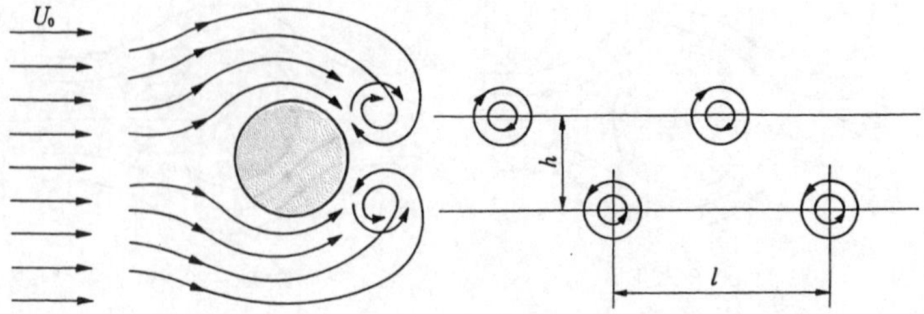

그림 9 · 8

며, 이로 인하여 실린더에 진동이 생기게 된다. 노래하는 전화기나 전선이 바람에 의하여 울리는 소리 등이 이의 좋은 예이며, 비행기에서 발생하는 조동현상(flutter phenomenon) 같은 것은 중요한 문제 중의 하나이다. 원통에서 발생하는 와동의 주파수를 f라 하면 실험식은 다음과 같다.

$$\frac{fd}{U_0} = 0.198\left(1 - \frac{19.7}{Re}\right) \qquad (9 \cdot 18)$$

이는 $250 < Re < 2 \times 10^5$의 범위에서 유효하며, $\dfrac{fd}{U_0}$는 1878년에 체코슬로바키아의 Vincenz Strouhal(1850~1922)에 의해 처음으로 음선을 사용해서 연구된 것으로, 그의 이름을 따서 Strouhal수라고 한다.

만약 실린더 자체가 진동을 하게 되면, 와동은 최대 배제점에서나 그 근처에서 일어나며 h는 두 배로 증가하게 된다. 따라서 후류의 폭과 압력항력이 증가하고, 측력이 증가하나 f는 감소하게 된다. 후류의 폭은 분명히 박리점의 위치에 따라 좌우된다. 앞에서 설명한 대로 난류 경계층은 층류 경계층보다 역압력 기울기에 대하여 훨씬 더 잘 이겨내므로, 난류 경계층에서는 박리가 실린더의 훨씬 뒷부분에서 일어나며, 후류는 아주 좁게 형성된다(그림 9 · 9 참조).

이 경우도 평판에서와 마찬가지로 일정 범위 이상의 Reynolds수에 이르면 경계층

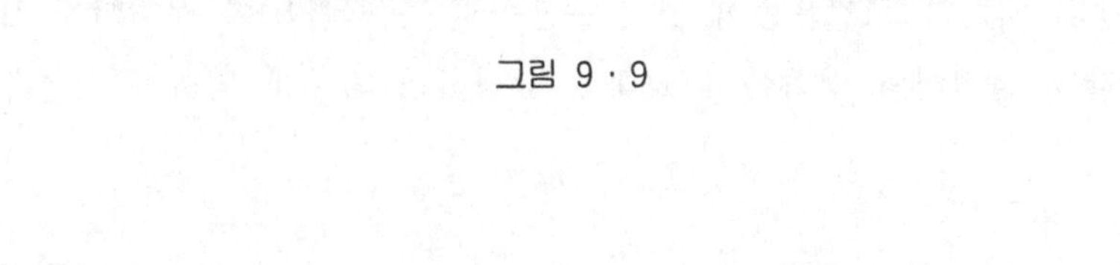

그림 9 · 9

은 난류가 된다. 여기서 $Re = \frac{U_0 s}{\nu}$ 이며, s는 실린더의 전면 정체점으로부터 측정한 거리이다. 여기서 천이현상은 $s = \frac{\nu Re_t}{U_0}$ 인 점에서 일어난다. U_0가 적으면 경계층은 박리가 일어나기 전까지는 완전히 층류유동을 하게 된다. U_0가 증가함에 따라 천이의 거리 s값은 감소하여, 이 값이 박리가 일어나는 거리보다도 작게 되면 경계층은 난류유동이 된다. 그러므로 박리가 일어나는 위치는 하류쪽으로 옮겨가게 되고 후류는 더 좁아지며, 항력계수는 감소하게 된다.

9.4.3 2차원 물체의 형상항력(Profile drag)

앞 절에서 논한 형상들의 영향을 검토해 보자. 표면마찰 항력과 압력항력은 함께 형상항력을 형성하는 바, 무차원의 형상항력 계수를 다음과 같이 정의하고 있다.

$$C_D = \frac{\text{형상항력}}{\frac{1}{2}\rho U_0^2 A} \tag{9 · 19}$$

여기서 A는 유동방향에 수직하게 투사한 면적이다. 윗식에서 볼 수 있는 바와 같이 형상항력, 즉 표면마찰 항력과 압력항력은 Reynolds수의 함수이므로 C_D는 Reynolds수의 함수이다.

그림 9 · 10은 매끈하고 무한히 긴 원형 실린더의 경우, 축이 유동방향에 수직하게 놓여 있을 때 C_D의 값이 Reynolds수에 따라 변화하는 것을 도시한 것이다. $Re < 0.5$인 경우에 관성력은 점성력에 비하여 무시할 수 있으며, 항력은 속도 U_0에 비례하고 있다. 즉 이는 C_D가 그림의 직선부분으로 나타나 있듯이 Reynolds수의 역수에 비례함을 알 수 있다. 표면마찰 항력은 여기에서 전항력의 대부분을 차지하고 있다. 즉 $Re \to 0$일 때는 표면마찰 항력은 전항력의 3분의 2가 된다.

경계층의 박리가 일어나면 압력항력은 균등하게 널리 작용하며, C_D의 기울기는 감소하게 된다. $Re = 200$ 범위까지는 Kármán의 와로가 아주 잘 형성되어 있으며, 압력항력은 전항력의 90%에 달한다.

$Re = 2000$ 부근에서 항력계수는 최소값 0.95에 달하며, $Re = 3 \times 10^4$으로 되면 약간 증가하여 1.2가 되는 것은 난류의 증가에 기인한다. 따라서 박리점도 상류쪽으로 점점 변위되어 간다. $Re = 2 \times 10^5$ 범위에서 경계층은 박리가 일어나기 전에 층류에서 난류로 바뀌어 가는 것을 알 수 있다. 그러므로 박리는 하류쪽으로 옮아가

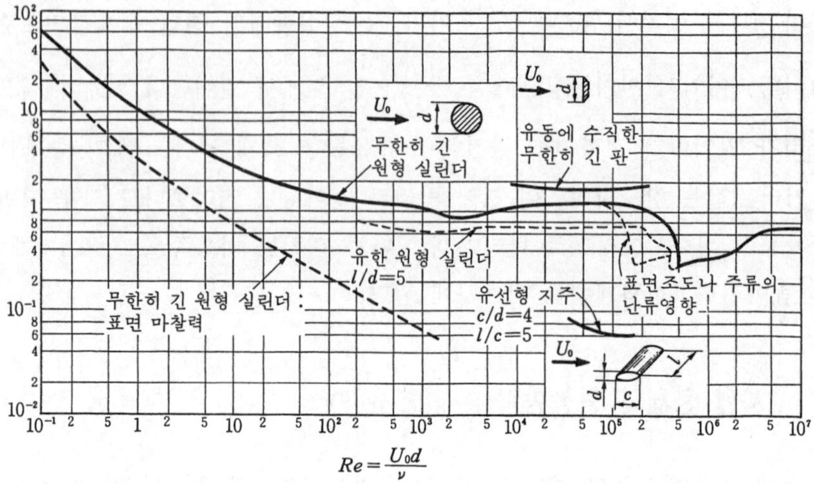

그림 9 · 10

고, 후류는 좁아지게 되어 결과적으로 항력은 현저하게 감소하게 된다. 이 현상은 $Re>5\times10^5$이 되어야 확실히 나타나지만 C_D는 0.3까지 감소하였다가 0.7 정도로 증가한다. 이때 Reynolds수의 대체적인 한계는 $5\times10^5<Re<3\times10^6$이 된다.

그림 9 · 10에서는 2차원 유동을 일으킬 수 있는 각종 물체들에 대한 C_D를 표시하였으며, 후방으로 옮겨진 박리의 위치에 따라 생긴 유선들의 영향이 나타나 있다. 또 물체 후부의 형상이 전부의 형상보다 박리의 위치에 더 큰 영향을 주는 것으로 알려져 있다.

얇은 평판이 유동방향에 수직하게 놓여 있는 경우 표면마찰 항력은 압력항력에 비하여 무시할 수 있으므로, 관성력의 영향은 아주 작은 Reynolds수에서 원형 실린더의 경우보다 더 크게 나타나고 있다. $Re<100$에서 박리는 항상 같은 위치에서 일어난다. 그러므로 전항력은 속도의 제곱에 비례하며 C_D는 Reynolds수와는 무관하다.

그림 9 · 11은 평판 폭과 두께의 비에 대한 C_D의 값을 그림으로 나타낸 것이다.

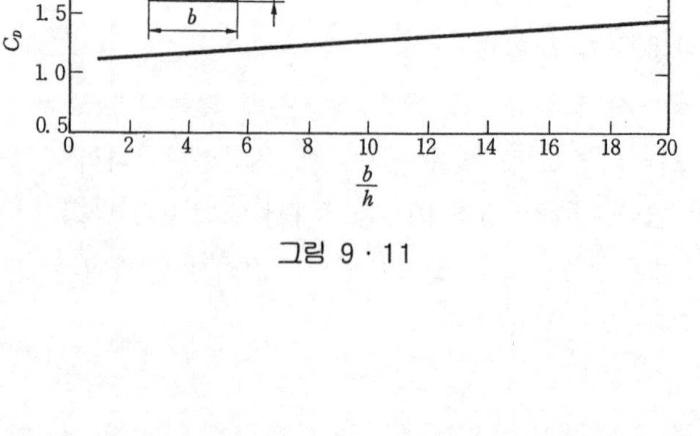

그림 9 · 11

표 9·1

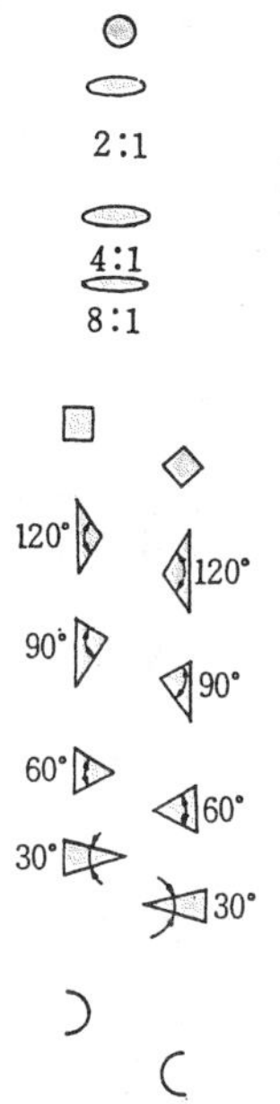

물체의 형상		C_D	Re수
원형 실린더	→	1.2	$10^4 \sim 1.5\times10^5$
타원형 실린더	→	0.6	4×10^4
		0.46	10^5
	→	0.32	$2.5\times10^4 \sim 10^5$
		0.29	2.5×10^4
	→	0.20	2×10^5
사각 실린더	→	2.0	3.5×10^4
	→	1.6	$10^4 \sim 10^5$
삼각 실린더	→	2.0	10^4
	→	1.72	10^4
	→	2.15	10^4
	→	1.60	10^4
	→	2.20	10^4
	→	1.39	10^4
	→	1.8	10^5
	→	1.0	10^5
반원관	→	2.3	4×10^4
	→	1.12	4×10^4

표 9·1은 물체에 대한 Reynolds수와 C_D와의 관계를 나타낸 것이다.

그림 9·12는 무한히 긴 원형 실린더를 유동방향에 수직하게 놓고, 실린더의 원주 방향으로 각도 θ를 변화시켜 가며 측정한 압력 p와 U_0가 존재하는 실린더 전방에서 압력 p_0와의 차를 $\frac{1}{2}\rho U_0^2$으로 나누어 압력계수 C_p와 θ와의 관계를 그림으로 나타낸 것이다.

여기서 C_p는

$$C_p = \frac{p - p_0}{\frac{1}{2}\rho U_0^2} \qquad (9 \cdot 20)$$

난류의 경우, C_p 곡선은 이론적인 곡선과 박리가 일어나는 위치 $\theta = 130°$까지 거의 일치하고 있으나, 그 이후에는 전혀 일치하지 않고 있다. 또 층류의 경우는 박리가 일어나는 전후에서 모든 이론적 곡선과는 $\theta \leq 30°$의 범위를 제외하고는 일치하지 않고 있음을 알 수 있다.

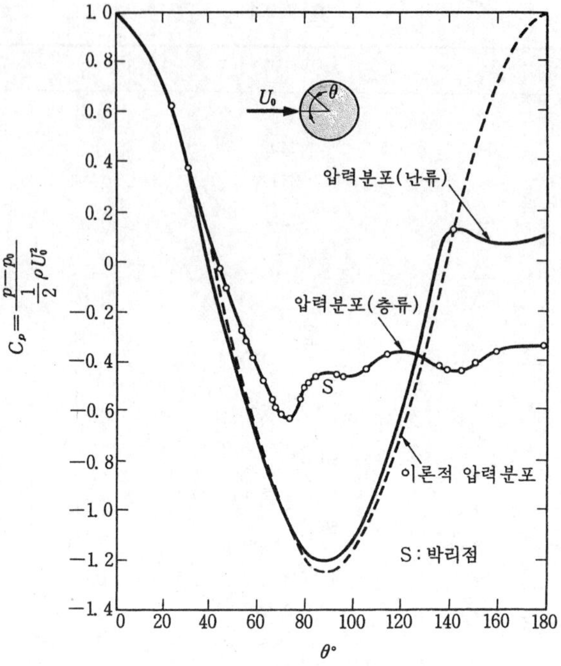

그림 9 · 12

예 제 9.2 지름 1 m, 높이 25 m인 원통형 굴뚝이 대기압하에서 50 km/h의 풍속을 받고 있다. 여타의 영향을 무시하고 풍력에 의하여 굴뚝 밑바닥에서 받는 굽힘 모멘트(bending moment)를 계산하라.

풀 이 항력계수는 $C_D = \dfrac{F_D}{\dfrac{1}{2}\rho U_0^2 A}$

$$F_D = \frac{1}{2}\rho U_0^2 A C_D$$

단위길이에 작용하는 힘은 전길이에 균일하므로 합력 F_D는 굴뚝의 중앙점에 작용하게 된다. 그러므로 굴뚝의 밑바닥에 작용하는 모멘트 M_0는 굴뚝의 길이를 L이라고 할 때

$$M_0 = F_D\frac{L}{2} = \frac{L}{4}\rho U_0^2 A C_D$$

$$U_0 = \frac{50 \times 10^2}{3600} = 13.9 \text{ m/s}$$

대기압하에서는

$$\rho = 1.23\,\text{kg/m}^3, \qquad \mu = 1.78 \times 10^{-5}\,\text{kg/m}\cdot\text{s}$$

$$Re = \frac{\rho U_0 D}{\mu} = \frac{1.23 \times 13.9 \times 1}{1.78 \times 10^{-5}} = 9.61 \times 10^5$$

그림 9 · 10에서 $Re = 9.61 \times 10^5$의 경우 $C_D \fallingdotseq 0.35$이다. 그러므로

$$M_0 = \frac{L}{4}\rho U_0^2 A C_D = \frac{1}{4}\rho U_0^2 L D C_D = \frac{L^2}{4}\rho U_0^2 D C_D$$

$$= \frac{1}{4} \times (25)^2 \times 1.23 \times (13.9)^2 \times 1 \times 0.35 = 1.30 \times 10^4\,\text{N}\cdot\text{m}$$

9.4.4 3차원 물체의 형상항력

항력계수는 3차원 물체에서도 2차원 물체에서와 비슷한 양상으로 변화하고 있다. 그러나 2차원 유동에서 본 와로현상이나 부교번력은 구(sphere)와 같은 3차원 물체에서는 발생하지 않는다. 그러나 구의 경우에 $Re = 10$에서 와환(vortex ring) 현상이 일어나며, Re가 증가함에 따라 물체로부터 멀어져 간다. $200 < Re < 2000$의 범위에서 와환은 불안정 상태를 나타내며 하류쪽으로 이동해 가고, 그 자리에는 다시 새로운 와한이 생긴다. 그러나 이 현상은 어떤 확실한 주기를 갖는 것이 아니며, 물체 역시 진동을 일으키지 않는다. 아주 작은 Reynolds수에서는 박리가 일어나지 않으며 교란된 후류도 형성되지 않는다. 완전히 층류유동을 하는 구표면의 유동에서 George G. Stokes(1819~1903)는 점성력에 비하여 관성력을 무시하고 수학적인 해(解)를 전개하였다. 이 결과에서 전항력을 $3\pi d\mu U_0$로 나타냈으며, 이 값의 $\frac{2}{3}$를 표면마찰 항력으로 계산하였다.

$$C_D = \frac{3\pi d\mu U_0}{\frac{1}{2}\rho U_0^2 \times \frac{\pi}{4} d^2} = \frac{24}{Re} \tag{9 · 21}$$

이 식은 $Re < 0.1$의 범위에서 실험값과 잘 일치하고 있다. 다시 스웨덴의 Carl Wilhelm Oseen(1879~1944)은 Stokes가 생략한 관성항을 고려하여 $Re < 1$에서 다음과 같은 식을 유도하였다.

$$C_D = \frac{24}{Re}\left(1 + \frac{3}{16} Re\right) \tag{9 · 22}$$

또, $Re = 100$까지는 실험식으로서

$$C_D = \frac{24}{Re}\left(1 + \frac{3}{16} Re\right)^{\frac{1}{2}}$$

Stokes의 해에서 상류 정체점에서의 압력은 주위 압력을 $\frac{3\mu U_0^2}{d}$로 증가시켰다. 즉 마찰이 없는 유동에서 얻은 $\frac{1}{2}\rho U_0^2$의 값보다 $\frac{6}{Re}$배만큼 증가한 값이다. 하류 정체점에서는 압력이 $\frac{3\mu U_0^2}{d}$이며, 이는 주위의 압력보다 작다. 이상유체에서는 두 정체점들의 압력이 동일하게 된다.

Stokes의 식이 유효한 Reynolds수에서는 점성의 영향이 구의 뒤쪽 훨씬 멀리까지 확대된다. 그러나 Reynolds수의 증가와 함께 점성의 영향을 받는 영역은 경계층이라는 말을 사용할 수 있을 정도로 충분히 얇아진다. 박리층은 하류 정체점에서 일어나며, Reynolds수의 증가와 함께 전방으로 옮아온다. 이때 $Re \approx 1000$이 되며, 안정한 박리위치가 전방 정체점으로부터 약 80° 정도 되는 곳에서 이루어진다.

그림 9 · 13에서 볼 수 있는 바와 같이, 압력항력은 점점 표면마찰 항력보다 먼저 일어나며, C_D는 Reynolds수에 독립적이다. 그러나 $Re = 3 \times 10^5$에서는 박리가 일어나기 전에 난류가 되어 박리위치는 멀리 하류로 옮겨가고, 후류는 더욱더 적어지며, C_D의 값은 0.5에서 0.2로 급격히 떨어진다. 아주 작은 구의 경우 대기압하에서 실험적으로 밝혀진 결과로는 임계 $Re = 3.9 \times 10^5$으로 되어 있다.

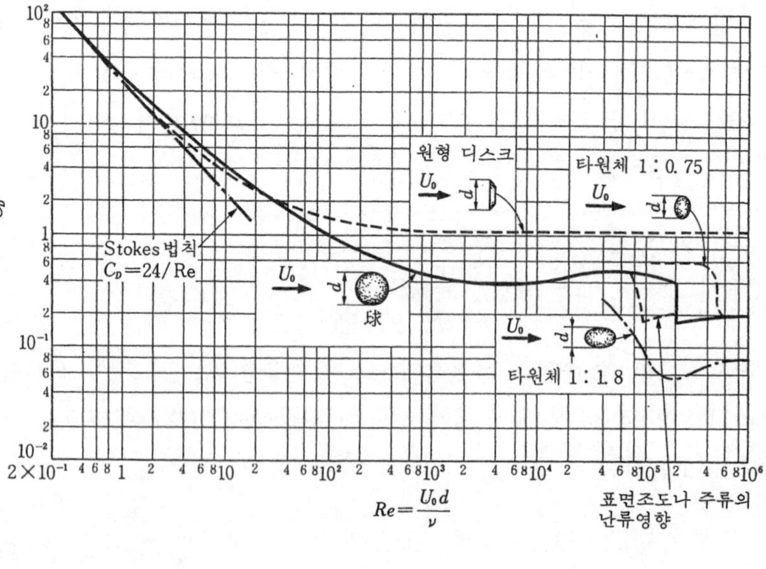

그림 9 · 13

9.4.5 익형에서의 박리

박리유동이 양력(揚力)이 발생하는 표면에서 일어나면, 항력이 감소하면서 양력이 역으로 영향을 받게 된다. 그러므로 여기서 비행체의 날개에 대해서 고려해 보자.

영각(迎角 : 유체의 유동방향과 익형의 현이 이루는 각)이 증가하면 익형 주위에 회전유동이 일어나므로 양력이 증가하게 된다. 그러나 익형 윗면의 후부를 따라 역압력 기울기는 경계층이 윗면에서 분리되기 전까지 어느 한 영각에서 심한 현상을 나타내며, 난동후류가 형성된다. 아주 작은 영각에 대해서는 박리위치는 익형의 후연(後緣)에서 일어나게 된다. 다시 영각이 증가해 가면 박리위치는 앞으로 옮겨가면서 현저한 항력의 증가를 가져온다. 그림 9 · 14는 이러한 현상과 익형 위의 실속유동(失速流動)을 보여 주고 있다.

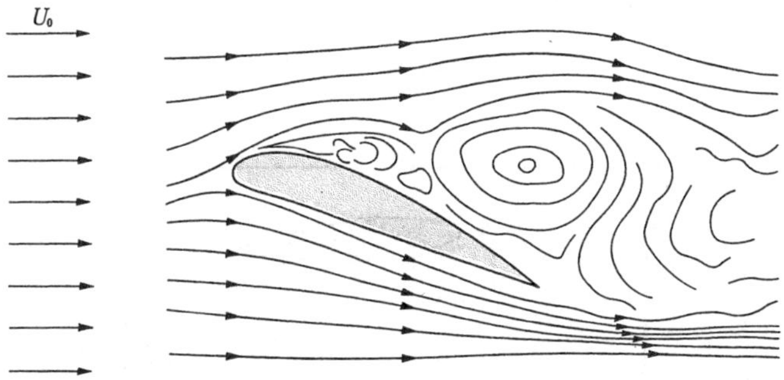

그림 9 · 14

그림 9 · 15는 익형의 표면에 분포되는 압력계수 C_p와 거리를 무차원으로 나타낸 $\dfrac{x}{c}$와의 관계를 표시한 것이다. 여기서 압력계수 C_p는 식 (9 · 20)에 의하여 구한다. 따라서 p_0는 U_0가 존재하는 전방의 압력이다. 또 그림 9 · 16은 영각을 0°에서 1.5°까지 변화시켜 가며 그 각각에 대한 위 표면에서의 압력계수 C_p와 무차원의 거리 $\dfrac{x}{c}$(그림 9 · 15 참조)에 대하여 그림으로 나타낸 것이다.

여기서 특이한 현상은 영각의 변화에 관계없이 $\dfrac{x}{c}=0.63$의 범위에서는 모두 C_p의 급격한 증가를 나타내며, 각 곡선들의 차이가 감소해 감을 보여 주고 있다. 익형의 경우 항력 D와 양력 L은

$$D = C_D \frac{1}{2}\rho U_0^2 A \qquad (9 \cdot 24)$$

$$L = C_L \frac{1}{2}\rho U_0^2 A \qquad (9 \cdot 25)$$

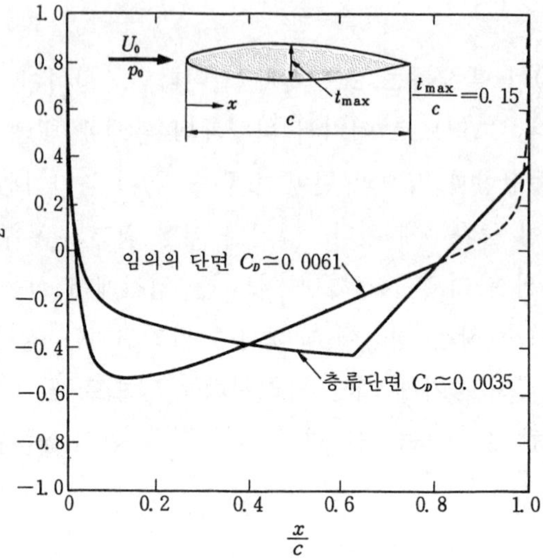

그림 9 · 15

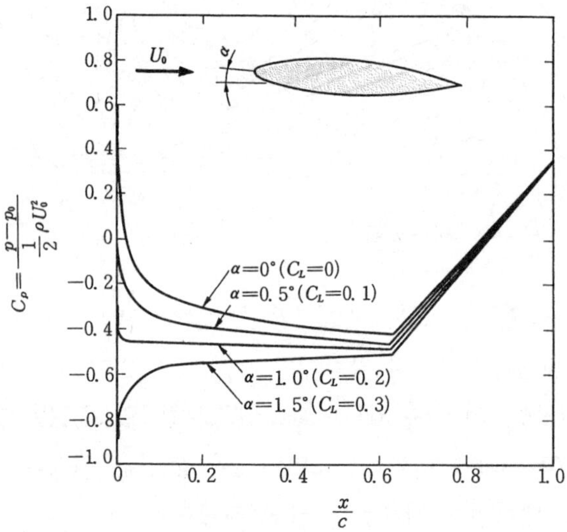

그림 9 · 16

여기서 A는 익형의 면에 수직된 투영 표면적으로서 익형의 전길이 l과 현 c의 적으로 계산하며, C_D는 항력계수, C_L은 양력계수를 나타낸다. 그림 9 · 17은 주어진 Reynolds수에서 영각 α에 따른 C_D 및 C_L의 변화를 그림으로 나타낸 것이다.

높은 Reynolds수에서 C_L이 최대값에 달할 때의 영각을 실속각(stalling angle)이라고 하고, 또 익형의 전윗면에서 실질적으로 흐름이 분리되어 유동하는 상태를 실속

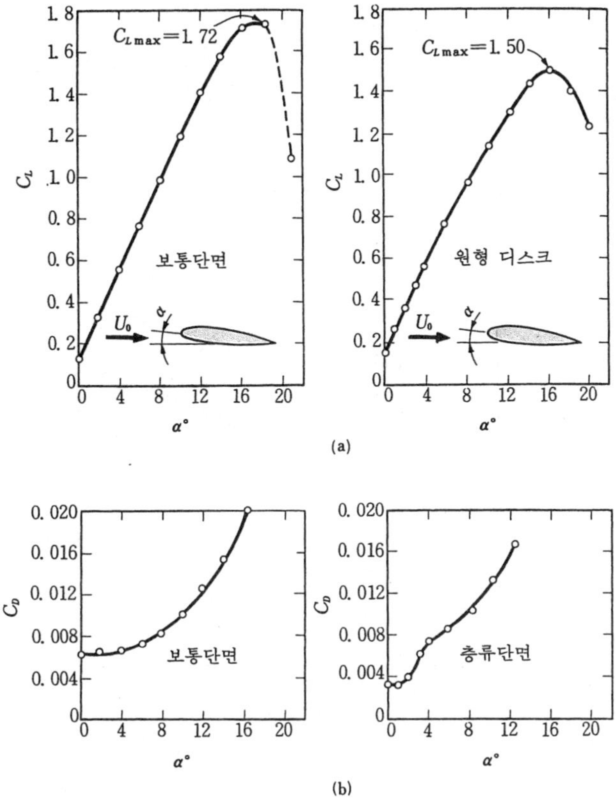

그림 9 · 17

(stall)이라고 한다. 그러므로 실속이 일어나기 전에 α와 C_L의 높은 값을 얻을 수가 있다.

익형표면에서 박리현상이 일어나지 않는다 해도 경계층 내에서는 양력이 이론값 이하로 떨어진다. 이것은 위의 표면에서 후방으로 작용하는 역압력 기울기가 아래의 표면까지 확장되어 나가기 때문이다. 결과적으로 후연쪽으로 경계층의 두께가 윗면에서 급속히 증가하고, 표면 위의 속도가 크다 하더라도 후연에서의 배제두께는 일반적으로 아랫면보다는 윗면에서 더 크게 나타난다. 그러므로 그림 9 · 18에서와 같이 익형의 후연을 교정하여, 원래 후연 T에서 유효후연 T'로 만들어 $\frac{1}{2}(\delta_u^* = \delta_l^*)$만큼 높여준다. 즉, 유효영각이 감소한 셈이다.

그림 9 · 19는 계수들의 변화를 C_L과 C_D에 대하여 도시한 극다이어그램(polar diagram)으로 나타낸 것이고, 그림 9 · 20은 익형의 각 단면에서 일어나는 표면마찰항력, 압력항력, 전항력을 도시한 것이다. 여기서 A_f는 익형을 유체유동 방향에 수직하게 투영한 전면의 넓이이다.

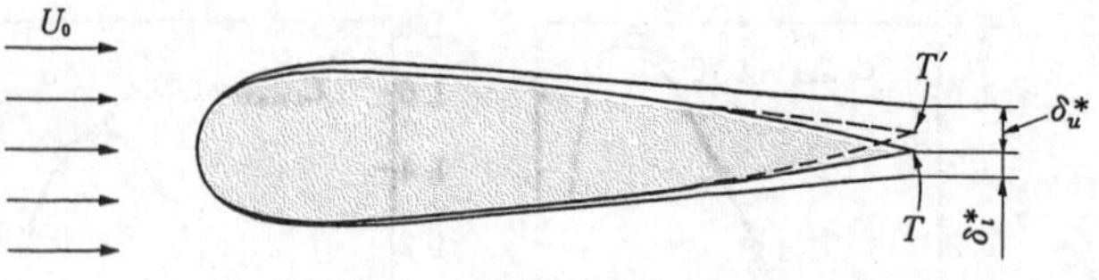

그림 9 · 18

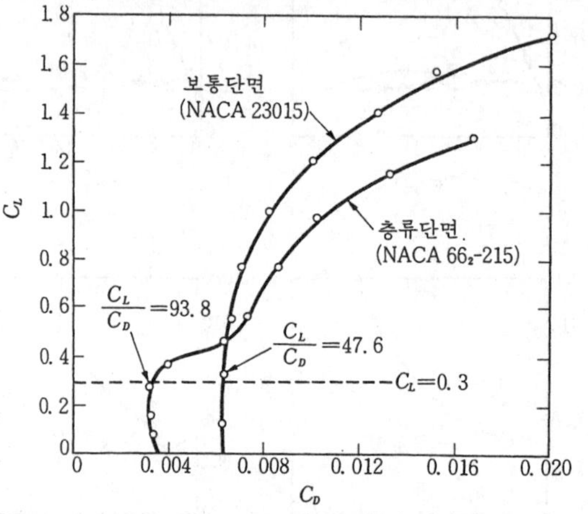

그림 9 · 19

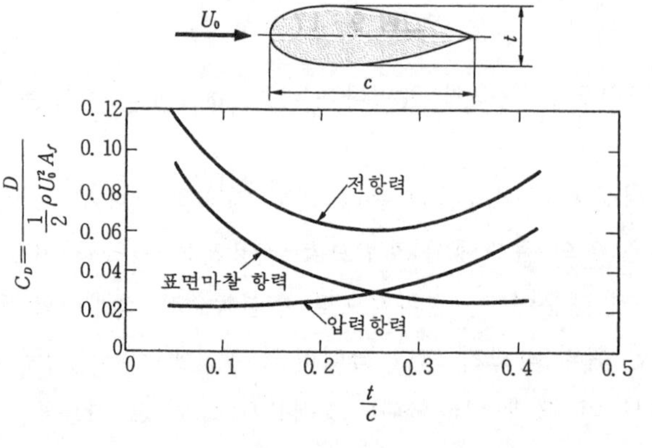

그림 9 · 20

예제 9.3 무게가 1600 lb인 가속 경기용 자동차가 0.25마일 후에 속도가 240 m/h가 되었다. 타이밍 라이트를 지나자마자 운전수가 항력 낙하산을 폈는데 낙하산의 넓이는 25 ft^2, 항력계수는 1.2였다. 이때 공기와 자동차의 롤링저항을 무시한다면, 자동차의 속도를 100 m/h로 줄이는 데 필요한 시간을 구하라. 단, 그곳에서의 밀도는 $\rho = 0.0024\ \mathrm{slug/ft^3}$였다.

풀이 뉴턴의 제2법칙에 의하여

$$-F_D = ma = m\frac{dU}{dt}$$

여기서 초속이 240 m/h이고, 종속(終速)이 100 m/h이다.

$$F_D = C_D\frac{1}{2}\rho U^2 A$$

이므로

$$-\frac{1}{2}C_D\rho U^2 A = m\frac{dU}{dt}$$

적분하면

$$-\frac{1}{2}C_D\rho\frac{A}{m}\int_0^t dt = \int_{U_0}^{U_f}\frac{dU}{U^2}$$

$$\frac{1}{2}C_D\rho\frac{A}{m}t = \left[-\frac{1}{U}\right]_{U_0}^{U_f} = -\frac{1}{U_f} + \frac{1}{U_0} = -\frac{(U_0 - U_f)}{U_0 U_f}$$

최종적으로

$$t = \frac{(U_0 - U_f)}{U_0 U_f}\times\frac{2m}{C_D\rho A} = \frac{(U_0 - U_f)}{U_0 U_f}\frac{2W}{C_D\rho A g}$$

$$= \frac{(240-100)}{240\times 100}\times\frac{2\times 1600\times 3600}{25\times 32.2\times 5280\times 1.2\times 0.0024} = 5.49\ \mathrm{s}$$

…… 연 습 문 제 ……

1. 항공기를 다음과 같이 제작하였다.

   무게 $W = 3000\ \text{lbf}$,

   익면적 $A = 300\ \text{ft}^2$

   이륙속도 $U = 100\ \text{ft/s}$

   모델시험에서 양력과 항력계수는 익형의 영각 α에 따라 다음과 같은 관계가 있음을 알았다.

$$C_L = 0.35(1 + 0.2\alpha), \qquad C_D = 0.008(1 + \alpha)$$

   여기서 α는 각이고, 대기의 밀도 $\rho = 0.00238\ \text{slug/ft}^3$이다. 이때 주어진 이륙속도로 이륙하는 데 필요한 영각 α와 동력을 구하라.

2. 두 평판 사이의 비압축성 유체의 유동에서 속도선도는 다음과 같이 주어졌다.

$$u = u_{\max}(Ay^2 + By + C)$$

   여기서, A, B, C는 상수이고 y는 평판 사이의 중간점으로부터 측정한 거리이며, 간격은 h이다. 이때 단위길이당 유량을 구하라.

3. 표준 대기압하에서 10 km 상공을 300노트의 속도로 여객기가 날아가고 있다. 날개 표면에 평판상에서와 동일한 형태의 경계층이 형성된다면, 익표면에서 층류는 어느 정도까지 확장되어 가겠는가?

4. 평판상의 경계층 유동에서 속도선도는 다음 식과 같이 표시될 때 경계층 조건을 이용하여 A, B, C를 구하라.

$$u = A\sin(By) + C$$

5. 경계면에서의 속도선도들은 다음과 같이 표시된다. 이 식들을 그림으로 나타내어 그 형태를 비교해 보라.

   선형식: $\dfrac{u}{U_0} = \dfrac{y}{\delta}$

   포물선식: $\dfrac{u}{U_0} = 2\left(\dfrac{y}{\delta}\right) - \left(\dfrac{y}{\delta}\right)^2$

$$3\text{차 곡선식}: \frac{u}{U_0} = \frac{3}{2}\left(\frac{y}{\delta}\right) - \frac{1}{2}\left(\frac{y}{\delta}\right)^2$$

$$\sin \text{ 곡선식}: \frac{u}{U_0} = \sin\frac{\pi}{2}\left(\frac{y}{\delta}\right)$$

6. 그림 9·21과 같이 4각 관에 공기가 속도 $U_0 = 30\,\text{m/s}$로 유입되고 있다. 관의 단면은 $80\,\text{mm} \times 80\,\text{mm}$이고, 입구로부터 0.3 m되는 곳에서의 배제두께는 각 벽에서 1 mm이다. 단면 (1), (2)에서 압력변화를 구하라.

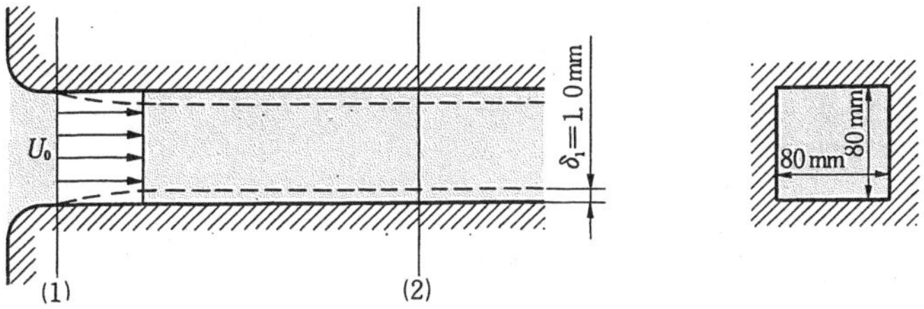

그림 9·21

7. 경계층에서 속도선도가 $\dfrac{u}{u_m} = \sin\left(\dfrac{\pi}{2}\eta\right)\left(\text{여기서 } \eta = \dfrac{y}{\delta}\right)$일 때 $\dfrac{\delta_1}{\delta}$, $\dfrac{\delta_2}{\delta}$를 구하라. 단, δ : 경계층 두께, δ_1 : 배제두께, δ_2 : 운동량 두께이다.

8. 길이가 2.4 m, 폭이 900 mm인 매끈한 평판이 6 m/s로 대기 중에 길이방향으로 움직이고 있다. 이때 대기는 $\rho = 1.21\,\text{kg/m}^3$, $\nu = 14.9\,\text{mm}^2/\text{s}$인 정지상태이다. 전층이 경계층이라고 가정하여 평판의 후연에서 경계층의 두께를 구하라. 또 평판을 움직이기 위한 동력과 전단응력을 구하라.

9. 20℃에서 절대압력이 100 kPa의 공기가 매끈한 평판상을 40 m/s로 유동하고 있다. 경계층 두께가 8 mm되는 점의 x는 얼마인가?

10. 물이 얇고 긴 평판 위를 평행하게 20 ft/s로 유동하고 있다. 평판의 입구로부터 얼마의 거리에 경계층의 두께가 1.2 in가 되겠는가? 단, 20℃에서 물의 동점성 계수는 $\nu = 1.006 \times 10^{-5}\,\text{ft}^2/\text{s}$이다.

11. 20℃에서 원유의 동점성 계수는 $\nu = 10^{-4}\,\text{ft}^2/\text{s}$, 비중은 $S = 0.86$이며, 이 원유가 폭이 5 ft, 길이가 8 ft인 얇은 평판 위를 12 ft/s의 속도로 유동하고 있다. 경계층의 두께와 전단응력을 나타내는 식을 구하라.

12. 길이가 6 ft이고, 폭이 4 ft인 얇은 평판이 7 ft/s로 유동되고 있는 물 속에 평행하게 잠겨 있다. $Re_x = 5 \times 10^5$이 되는 영역에서의 경계층의 두께를 계산하라. 또

평판의 선연(先緣)으로부터 이 위치까지의 거리와 그 곳에서의 전단응력을 구하라. 단, 물의 온도는 60°F이며 $\nu = 1.22 \times 10^{-5}\,\mathrm{ft^2/s}$, $\mu = 2.36 \times 10^{-5}\,\mathrm{lb \cdot s/ft^2}$이다.

13. 문제 12에서 평판의 한 면에 발생하는 층류 경계층 영역의 전단력을 계산하라.

제 10 장

차원해석과 상사율

Dimensional Analysis and Similarity

10.1 상사율

지금까지 우리는 이상유체나 점성유체에 대하여 이론적 해를 위주로 물리적 또는 수학적인 방법으로 방정식을 유도하였다. 그러나 이러한 방정식들은 어느 한계를 벗어나면 적용이 불가능한 때가 많다. 예를 들어 경계층의 경우, 층류나 난류는 그 주어진 조건하에서 각각의 속도분포, 전단응력, 마찰계수 계산식들이 성립하지만, 조건을 벗어나게 되면 성립하지 않는 경우가 많다.

원형 실린더 뒤에 형성되는 후류의 경우, 유속의 변화에 따라 동일한 조건하에서 일정한 현상을 볼 수가 없으며, 특히 난류의 경우는 더욱더 그 유동형태의 일관성을 찾아볼 수 없기 때문에, 이들의 해석은 가정한 방정식에 실험값을 대입하여 보다 정확한 해석에 근접해 가는 것이다. 그러나 이러한 실험값들의 정확성도 완전한 기준에 맞추기가 어려우며, 보다 더 정확한 값을 얻기 위해서는 수없이 반복된 실험을 거쳐야 한다. 또 여러 가지 실험조건과 인자수(factor number)에 따라 실험횟수는 늘어나게 된다.

예를 들어, 관 내의 유체유동 분포를 고찰하기 위해서는 먼저 관의 지름을 결정해야 하고 다음에 유속을 정해야 한다. 그렇지 않은 일반적인 경우에 관 내의 속도를 측정·도시할 때, 관의 지름을 N번 변화시키고, 유속을 M번 변화시켰을 경우 한 위치에서만 $N \times M$개의 속도선도를 측정해야 한다. 만약 S번 위치를 변화시켰을 때는 $N \times M \times S$번의 실험을 해야 한다.

이런 경우 그 많은 속도선도 중 어느 것을 선정하여 관 내의 유체유동의 속도분포선도라고 말하기가 어렵다. 그리하여 이와 비슷한 모든 경우의 각 인자들에 대한 기준값을 정하고, 각 측정값들을 동류 인자의 기준값으로 나누어 그 비로 나타냄으로써 무차원화하여 모든 조건에서 동일한 무차원의 값을 갖도록 하는 것을 상사율(similarity)이라고 한다.

위에서 예를 든 속도선도의 경우, 여기에 수반되는 물리적인 성질, 즉 점도에 의한 마찰력이나 항력, 전단력, 응력 등 역학적인 제반 문제가 상호 상사성을 가지고 있을 때 역학적 또는 물리적인 상사율(mechanical or physical similarity)이라고 한다. 또 기계제작이나 건축에 있어서 실물을 제작하거나 건축하기 전에 기하학적으로 실물과 완전히 상사되는 모형(model)을 만드는데, 각 해당 부분들의 비가 일정한 모형을 제작하였을 때, 이는 서로 기하학적 상사율(geometrical similarity)을 갖게 된다.

그러나 이러한 기하학적 상사관계에 있다 해도, 모형과 실물 사이에 역학적 문제나 기타 물리적인 관계가 서로 상사적인 관계가 성립될 때, 동력을 발생하는 기체는 모형과 실물 사이에 완전한 상사율의 관계가 있다고 볼 수 있다.

발전소의 터빈을 설계·제작하기 전에 모든 기하학적 상사조건을 갖춘 모형을 만들어 그 터빈의 성능실험을 하게 된다. 그리하여 모형실험에서 그 효율을 계산하여 기계의 결함을 보완하고 원하는 효율을 얻을 수가 있을 때, 비로소 그 모형과 기하학적으로 완전히 상사가 되는 실물을 만들게 된다. 따라서 이런 경우 효율을 측정하는 제반 문제들은 역학적인 상사문제이며, 크기를 확대하여 실물을 제작하는 것은 모형과 기하학적인 상사관계의 문제인 것이다. 그러므로 기하학적 상사의 경우, 모형과 실형에서 각각 첨자를 m, r라 하면 각 대응하는 변들의 길이 l은

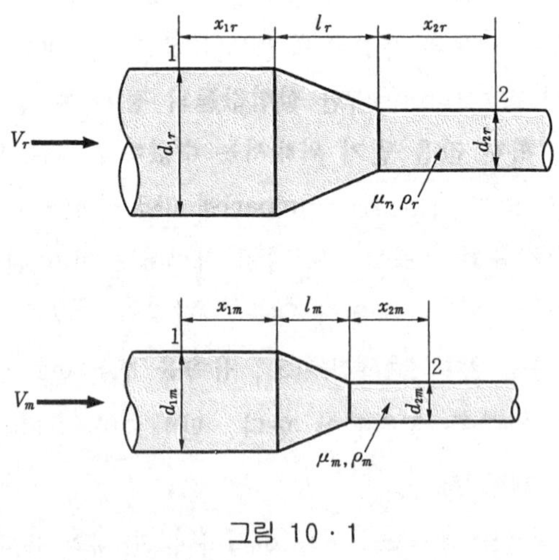

그림 10·1

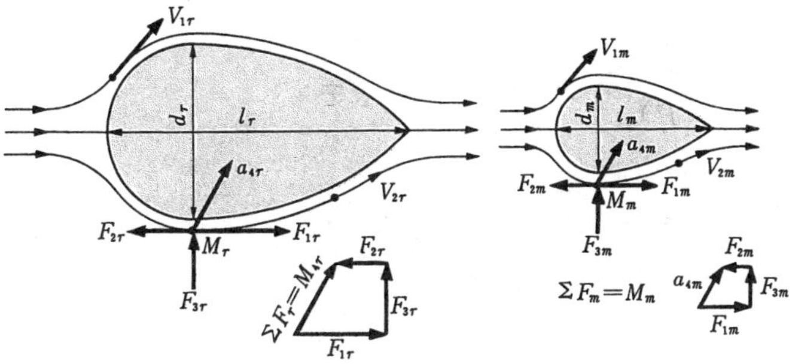

그림 10 · 2

$$\frac{(l_x)_m}{(l_x)_r} = \frac{(l_y)_m}{(l_y)_r} = \frac{(l_z)_m}{(l_z)_r} = \cdots\cdots = L = \text{상수} \qquad (10 \cdot 1)$$

또, 면적과 체적에 대해서도

$$\frac{A_m}{A_r} = \frac{(l_x l_y)_m}{(l_x l_y)_r} = \frac{(l_x l_z)_m}{(l_x l_z)_r} = \frac{(l_y l_z)_m}{(l_y l_z)_r}$$

$$= \cdots\cdots = L^2 = \text{상수} \qquad (10 \cdot 2)$$

$$\frac{V_m}{V_r} = \frac{(l_x l_y l_z)_m}{(l_x l_y l_z)_r} = \cdots\cdots = L^3 = \text{상수} \qquad (10 \cdot 3)$$

또 역학적으로 상사인 경우, 마찬가지로 모형과 실형이 첨자를 각각 m, r라 할 때, 각 방향으로 작용하는 속도, 가속도, 힘(force), 응력 등에 대하여 생각해 보면

$$\frac{(u)_m}{(u)_r} = \frac{(v)_m}{(v)_r} = \frac{(w)_m}{(w)_r} = V = \text{상수} \qquad (10 \cdot 4)$$

$$\frac{(\alpha_x)_m}{(\alpha_x)_r} = \frac{(\alpha_y)_m}{(\alpha_y)_r} = \frac{(\alpha_z)_m}{(\alpha_z)_r} = \alpha = \text{상수} \qquad (10 \cdot 5)$$

$$\frac{(F_x)_m}{(F_x)_r} = \frac{(F_y)_m}{(F_y)_r} = \frac{(F_z)_m}{(F_z)_r} = F = \text{상수} \qquad (10 \cdot 6)$$

$$\frac{(\sigma_x)_m}{(\sigma_x)_r} = \frac{(\sigma_y)_m}{(\sigma_y)_r} = \frac{(\sigma_z)_m}{(\sigma_z)_r} = \sigma = \text{상수} \qquad (10 \cdot 7)$$

또 점성력(F_v), 압축력(P), 인장력(T), 탄성력(R) 등의 상호관계를 살펴보면

$$\frac{(F_v)_m}{(F_v)_r} = \frac{(P)_m}{(P)_r} = \frac{(T)_m}{(T)_r} = \frac{(R)_m}{(R)_r} = \text{상수} \qquad (10 \cdot 8)$$

그러므로 식 (10 · 8)로부터

$$\frac{(F_v)_m}{(P)_m} = \frac{(F_v)_r}{(P)_r} = \text{상수}$$
$$\frac{(P)_m}{(T)_m} = \frac{(P)_r}{(T)_r} = \text{상수}$$
$$\vdots \qquad \vdots \tag{10 · 9}$$

10.2 차원해석

모든 물리량들은 질량(M), 길이(L), 시간(T)과 같은 기본인자들로써 나타내며, 물리적인 현상을 나타내는 방정식 양변의 차원은 동일하여야 한다. 이러한 물리적인 현상을 나타내는 방정식의 해를 차원에 의하여 분석하는 방법을 차원해석(dimensional analysis)이라고 한다.

물리적 현상을 차원에 의해 해석하는 방법은 결국 차원의 균일성(또는 동일성)(The principle of dimensional homogeneity)의 원리에 의한 것이다. 물리적으로 완전한 방정식에서 각 항들은 모두 동일한 차원을 갖게 된다. 그러므로 모든 인자들이 명확하게 나타나 있을 때 비로소 방정식은 완전하게 성립하게 된다.

여기서 차원적으로 완전히 성립하고, 실험적으로도 만족하는 n개의 물리량(q_1, q_2 ……, q_n)이 존재한다고 하면

$$(q_1,\ q_2 \cdots\cdots,\ q_n) = 0 \tag{10 · 10}$$

으로 나타낼 수 있으며, 이 식은 차원적으로 등식이 성립하므로 각 항을 무차원화하여 나타낼 수 있다.

예를 들면

$$F(x,\ y,\ z,\ l) = x^2 y^2 + \frac{x^2 y^4}{z^2} + z^4 \cos\frac{x}{l} = 0 \tag{10 · 11}$$

윗식의 차원은 L^4으로 볼 수 있으므로 일정한 값 l^4으로 나누어 무차원으로 표기하면

$$F\left(\frac{x}{l},\ \frac{y}{l},\ \frac{z}{l}\right) = \frac{x^2 y^2}{l^4} + \frac{x^2}{z^2}\left(\frac{y}{l}\right)^4 + \left(\frac{z}{l}\right)^4 \cos\frac{x}{l} = 0 \tag{10 · 12}$$

과 같이 네 개의 양(x, y, z, l)을 세 개의 무차원의 양 $\frac{x}{l}$, $\frac{y}{l}$, $\frac{z}{l}$로 나타낼 수 있다.

차원의 해석방법을 논하기 위하여, 실제 관련된 문제를 예를 들어 살펴보기로 하자.

힘(F)이 속도(v), 거리(l), 밀도(ρ)의 3인자에 의하여 정의되는 물리적인 함수관계에 있다면, 4변수들의 관계식은 다음과 같이 쓸 수 있다.

$$F \propto l^a v^b \rho^c \tag{10 · 13}$$

이 식을 MLT계에 의한 차원 방정식으로 나타내면

$$[MLT^{-2}] = [L]^a [LT^{-1}]^b [ML^{-3}]^c = [M^c L^{a+b-3c} T^b]$$

양변이 동일한 차원의 방정식이 되기 위하여는 동일한 인자들의 지수가 같아야 하므로 a, b, c의 값을 구하면

$$a = 2, \qquad b = 2, \qquad c = 1$$

따라서 식 (10 · 13)은

$$F \propto l^2 v^2 \rho \tag{10 · 14}$$

식 (10 · 14)는 상호인자들간에 비례관계를 나타내고 있으나 F가 l, v, ρ 이외의 다른 인자들과 달리 완전히 독립적이라면

$$F = l^2 v^2 \rho \tag{10 · 15}$$

와 같은 등식으로 나타낼 수 있다.

이 경우에는 독립변수가 세 개로서 간단하게 지수를 결정하여 관계식을 구할 수 있으나, 독립변수가 네 개 이상일 때에는 간단하게 관계식을 구할 수 없다.

예를 들어, 수평으로 놓인 원형관에서 압력손실(p/l)은 관의 지름(d), 평균속도($\bar{u}$), 밀도(ρ), 점성계수(μ)에 의해 정해지는 함수관계에 있다고 하면, 다음과 같은 단계적인 방법으로 차원적인 해를 구해야 한다.

먼저 점성계수 μ가 일정한 상수라면

$$\frac{p}{l} \propto d^a \bar{u}^b \rho^c \tag{10 · 16}$$

양변을 차원 방정식으로 나타내면

$$\frac{[MLT^{-2}]}{[L^2]} \frac{1}{[L]} = [L]^a [LT^{-1}]^b [ML^{-3}]^c$$

여기서 $a=-1$, $b=2$, $c=1$이다.

그러므로 다음과 같은 식이 성립한다.

$$\frac{p}{l} \propto \frac{\bar{u}^2\rho}{\rho} \tag{10·17}$$

다음에 압력손실 $\frac{p}{l}$를 일정한 상수로 간주하면

$$\mu \propto d^a \bar{u}^b \rho^c \tag{10·18}$$

양변의 차원의 식은

$$[ML^{-1}T^{-1}] = [L]^a[LT^{-1}]^b[ML^{-3}]^c$$

여기서 $a=1$, $b=1$, $c=1$이다.

마찬가지로 다음 식이 성립된다.

$$\mu \propto d\bar{u}\rho \tag{10·19}$$

식 (10·17), 식 (10·19)를 무차원의 식으로 변형하면

$$\frac{pd}{l\bar{u}^2\rho} \propto 1, \qquad \frac{\nu}{d\bar{u}} \propto 1$$

이 두 관계식은 하나의 함수식으로서 다음과 같이 쓸 수 있다.

$$\frac{pd}{l\bar{u}^2\rho} = f\left(\frac{\nu}{\bar{u}d}\right) \tag{10·20}$$

또는

$$G\left(\frac{pd}{\rho\bar{u}^2\rho}, \frac{\nu}{\bar{u}d}\right) = 0 \tag{10·21}$$

식 (10·20)을 변형하면

$$\frac{p}{l} = \frac{\bar{u}^2\rho}{d} f\left(\frac{\nu}{\bar{u}d}\right) = K\frac{\mu\bar{u}}{d^2} \tag{10·22}$$

여기서 K는 상수이며, 층류유동에서 $\frac{p}{l}$는 $\bar{u}$에 비례한다. Hagen–Poiseuille식에서 평균속도는

$$\bar{u} = -\frac{R^2}{8\mu}\frac{dp}{dx} = \frac{R^2}{8\mu}\frac{\Delta p}{l}$$

이므로, 이를 변형하면

$$h = \frac{8\mu\bar{u}l}{\gamma R^2} = \frac{32\mu\bar{u}l}{\gamma d^2} \tag{10 · 23}$$

또, 식 (10 · 22)를 변형하면

$$h = \frac{K\mu\bar{u}l}{\gamma d^2} \tag{10 · 24}$$

이 되므로, 식 (10 · 23)과 식 (10 · 24)에서 $K = 32$가 됨을 알 수 있다.

난류의 경우에는 다음과 같은 관계식이 성립한다.

$$\frac{p}{l} \propto \bar{u}^n \tag{10 · 25}$$

여기서 $n = 1.72 \sim 2.0$이고, 식 (10 · 22)가 식 (10 · 25)를 만족하기 위해서는 식 (10 · 22)의 $f\left(\frac{\nu}{\bar{u}d}\right)$는 $\bar{u}^{n-2}$의 함수로 되어야 한다.

즉

$$f\left(\frac{\nu}{\bar{u}d}\right) = \bar{u}^{n-2} \tag{10 · 26}$$

이는 다시 상수 C_1을 도입하여

$$f\left(\frac{\nu}{ud}\right) = C_1\left(\frac{\nu}{\bar{u}d}\right)^{2-n} \tag{10 · 27}$$

으로 나타낼 수 있으므로, 식 (10 · 22)는

$$\frac{p}{l} = C_1\frac{\bar{u}^2\rho}{d}\left(\frac{\nu}{\bar{u}d}\right)^{2-n} = C_1\frac{\rho\bar{u}^n\nu^{2-n}}{d^{3-n}} \tag{10 · 28}$$

$\frac{p}{l}$를 손실수두 h로 나타내면, 윗식은

$$h = C_2\frac{\bar{u}^n\nu^{2-n}l}{d^{3-n}} \tag{10 · 29}$$

여기서 식 (10 · 28)~(10 · 29)에서 C_1과 C_2는 상수이며, 이 식은 난류유동에서 사용되고 있는 Reynolds의 식이다.

10.3 Buckingham의 Π(PI) 정리

차원해석에서 주어진 물리적인 변수들의 관계를 나타내는 방정식에서 독립변수가 세 개 이하인 경우에는 간단하게 해석할 수가 있으나, 네 개 이상인 경우에는 변수들을 몇 개의 군(group)으로 나누어 해석하여야 한다.

주어진 임의의 물리량 변수(parameter)가 n개이고, 이는 $n-1$개의 독립변수(independent parameter)의 함수로 되어 있다면 다음과 같은 관계식으로 나타낼 수 있다.

$$q_1 = f(q_2,\ q_3 \cdots\cdots,\ q_n) \tag{10·30}$$

여기서 q_1은 종속변수(dependent parameter)이며 q_2, $q_3 \cdots\cdots$, q_n은 독립변수이다. 그러므로 수학적으로 f와 다른 미지의 함수 g로 표시할 수 있으므로

$$g(q_1,\ q_2 \cdots\cdots,\ q_n) = 0 \tag{10·31}$$

예를 들어 항력 F_D는

$$F_D = f(D,\ v,\ \rho,\ \mu) \tag{10·32}$$

이므로, 다시 윗식을

$$g(F_D,\ D,\ v,\ \rho,\ \mu) = 0 \tag{10·33}$$

으로 나타낼 수 있다.

식 (10·31)과 같이 n개의 변수로 되어 있는 함수는 $n-m$개의 독립 무차원군(independent dimensionless group)으로 모을 수 있다. 그리하여 이 군이 Π변수로 되어 있을 때

$$G(\Pi_1,\ \Pi_2 \cdots\cdots,\ \Pi_{n-m}) = 0$$

또는

$$\Pi_1 = G_1(\Pi_2,\ \Pi_3 \cdots\cdots\ \Pi_{n-m}) \tag{10·34}$$

여기서 개수 m은 일반적으로 모든 변수 q_1, $q_2 \cdots\cdots$, q_n을 나타내는 독립변수의 최소개수를 나타낸다.

Π가 다른 변수들의 곱 또는 몫으로 되어 있을 경우 Π는 독립변수가 아니다. 예를 들어

$$\Pi_5 = \frac{2\Pi_1}{\Pi_2 \Pi_3}$$

또는

$$\Pi_6 = \frac{\sqrt[4]{\Pi_1^3}}{\Pi_3^2}$$

인 경우에 Π_5 및 Π_6는 다른 무차원 변수들의 독립변수라고 할 수 없다. 어떤 문제의 차원해석을 할 때는 다음과 같은 세 단계로 해석해 나가야 한다.

(1) 적절한 변수들을 선정해야 하고,

(2) Π 정리에 의하여 무차원의 Π 변수를 구해야 하며,

(3) Π 변수들의 함수관계를 실험적으로 결정해야 한다.

10.4 Buckingham Π(PI) 정리의 응용

Buckingham의 Π 정리를 응용하여 유체의 물리적인 현상을 함수 관계식으로 유도하기 위하여, 유체유동에 영향을 미치는 모든 매개변수들을 찾아낼 수 있는 사전지식이 필요하다. 만약 매개변수들이 정확하게 선정이 되었다면, 이들의 관계식에 의한 실험결과는 만족할 만한 좋은 결과를 얻게 될 것이다. Buckingham의 Π 정리를 응용하기 위해서는 대부분이 자신이 가지고 있는 지식이나 경험에 의하여 모든 매개변수들을 망라하여 이들을 검토해 나가는 것이 무엇보다 중요하다.

무차원의 Π군을 결정하는 데는 다음과 같은 6단계의 절차가 필요하다.

(1) 관련된 모든 변수(매개변수)를 나열한다. 여기서 변수의 수를 n이라 한다. 만약 선정되어야 할 변수가 제외되었을 경우에도 관계식은 유도될 수 있으나 완전한 식이 되지 못한다. 또 물리적인 현상에 실질적으로 무관한 변수가 포함되어 있다면, 차원해석 방법으로 구한 관계식이 성립되지 않거나, 실험적으로 무관한 변수로 판명되는 한 개 또는 그 이상의 무차원군을 얻게 될 것이다.

(2) MLT 또는 FLT의 기본차원의 하나를 선정한다.

(3) MLT 또는 FLT 기본차원으로서 모든 변수를 차원으로 나열한다. 여기서 기본차원의 수를 m이라고 한다.

(4) 차원으로 표기된 변수들로부터 기본차원의 수(m)와 동일한 반복변수(repeating

parameter)의 수를 결정한다. 선정된 반복변수는 무차원군에서 구한 모든 것에 포함되어 있어야 한다. 나아가서 종속변수는 이 넷째 단계에서 선정된 반복변수에 포함시켜서는 안 된다.

(5) 넷째 단계에서 선정된 반복변수들과 나머지 다른 변수들과 교대로 조합하여 무차원군을 형성하기 위한 차원 방정식을 세운다. 여기서 $(n - m)$개의 방정식이 만들어지며, $(n - m)$개의 무차원군을 구하기 위하여 차원 방정식을 푼다.

(6) 차원 방정식을 통해 구한 각 군의 무차원 여부를 점검한다. 예를 들어 MLT계로 해석하였다면 FLT계로 점검하는 것이 좋다. 양계에서 LT는 동일하고 M, F만 상이하므로 처음에 질량 M으로 해석하였다면 점검할 때에는 힘 F로 바꾸어 해석하여 무차원군의 성립여부를 점검하여야 한다.

예 제 10.1 항력 F_D는 구의 표면의 상대속도 v, 구의 지름 D, 밀도 ρ, 점성계수 μ에 따라 결정된다고 한다. 실험값과 관련시켜 사용할 수 있는 하나의 무차원군의 식을 유도하라.

풀 이 $F_D = f(\rho,\ v,\ D,\ \mu)$

$G(F_D,\ v,\ \rho,\ D,\ \mu) = 0$이므로

변수는 $n = 5$, 기본차원을 MLT로 선정하면

$$\begin{matrix} F_D & v & D & \rho & \mu \\ \dfrac{ML}{T^2} & \dfrac{L}{T} & L & \dfrac{M}{L^3} & \dfrac{M}{LT} \end{matrix}$$

이 되어 ρ, v, D를 세 개의 반복변수로 정하면, $m = 3$이 되어 $n - m = 2$로 두 개의 무차원군을 형성하게 된다. 따라서 무차원의 방정식은

$$\Pi_1 = \rho^a v^b D^c F_D = \left(\frac{M}{L^3}\right)^a \left(\frac{L}{T}\right)^b (L)^c \left(\frac{ML}{T^2}\right) = M^0 L^0 T^0$$

양변의 차원들은 동일해야 하므로

$$a + 1 = 0$$
$$-3a + b + c + 1 = 0$$
$$-b - 2 = 0$$

이 식들을 풀면 $a = -1$, $c = -2$, $b = -2$가 되므로

$$\Pi_1 = \frac{F_D}{\rho v^2 D^2}$$

마찬가지로

$$\Pi_2 = \rho^d v^e D^f \mu = \left(\frac{M}{L^3}\right)^d \left(\frac{L}{T}\right)^e (L)^f \left(\frac{M}{LT}\right) = M^0 L^0 T^0$$

$$d + 1 = 0$$
$$-3d + e + f - 1 = 0$$
$$-e - 1 = 0$$

즉 $d = -1$, $f = -1$, $e = -1$이 되어

$$\Pi_2 = \frac{\mu}{\rho v D}$$

FLT계에 의하여 점검해 보면

$$\Pi_1 = \frac{F_D}{\rho v^2 D^2} : F\frac{L^4}{LT^2}\left(\frac{T}{L}\right)^2 \frac{1}{L^2} = [1]$$

여기서 1의 의미는 크기를 가지고 있음을 나타내고 있다.

$$\Pi_2 = \frac{\mu}{\rho v D} : \frac{FT}{L^2} \frac{L^4}{FT^2} \frac{T}{L} \frac{1}{L} = [1]$$

함수관계는 $\Pi_1 = f(\Pi_2)$이므로

$$\frac{F_D}{\rho v^2 D^2} = f\left(\frac{\mu}{\rho v D}\right)$$

가 되어, 함수 f의 값은 실험적으로 결정해야 한다.

예 제 10.2 정상유동, 비압축성 점성유체의 관내유동에서 압력강하 Δp는 관의 길이 l, 평균속도 $\overline{V}$, 점성계수 μ, 관의 지름 D, 밀도 ρ, 평균조도 e의 함수로 되어 있다. 실험값과 연관하여 사용할 수 있는 무차원군을 결정하라.

풀 이 $\Delta p = f(\rho, \overline{V}, D, l, \mu, e)$이므로

① $n = 7$

② MLT : 기본차원

③ Δp ρ μ $\overline{V}$ l D e

$$\frac{M}{LT^2} \quad \frac{M}{L^3} \quad \frac{M}{LT} \quad \frac{L}{T} \quad L \quad L \quad L \quad r=3$$

④ ρ, $\overline{V}$, D, $m = r = 3$

⑤ $n - m = 4$, 즉 네 개의 무차원군으로 된다.

차원 방정식을 세우면

$$\Pi_1 = \rho^a \overline{V}^b D^c \Delta p = \left(\frac{M}{L^3}\right)^a \left(\frac{L}{T}\right)(L)^c \left(\frac{M}{LT^2}\right) = M^0 L^0 T^0$$

$$a + 1 = 0$$
$$-3a + b + c - 1 = 0$$
$$-b - 2 = 0$$

$a = -1$, $b = -2$, $c = 0$이다. 그러므로

$$\Pi_1 = \rho^{-1} \overline{V}^{-2} D^0 \Delta p = \frac{\Delta p}{\rho V^2}$$

$$\Pi_2 = p^d \overline{V}^e D^f \mu = \left(\frac{M}{L^3}\right)^d \left(\frac{L}{T}\right)^e (L)^f \left(\frac{M}{LT}\right) = M^0 L^0 T^0$$

$$d + 1 = 0$$
$$-3d + e + f - 1 = 0$$
$$-e - 1 = 0$$

즉 $d = -1$, $e = -1$, $f = -1$이다. 그러므로

$$\Pi_2 = \frac{\mu}{\rho \overline{V} D}$$

$$\Pi_3 = \rho^q \overline{V}^h D^i l = \left(\frac{M}{L^3}\right)^g \left(\frac{L}{T}\right)^h (L)^i L = M^0 L^0 T^0$$

$q = 0$, $h = 0$, $i = -1$, 그러므로

$$\Pi_3 = \frac{l}{D}$$

$$\Pi_4 = \rho^j \overline{V}^k D^l e = \left(\frac{M}{L^3}\right)^j \left(\frac{L}{T}\right)^k (L)^l L = M^0 L^0 T^0$$

$j = 0$, $k = 0$, $l = -1$이다. 그러므로

$$\Pi_4 = \frac{e}{D}$$

⑥ FLT계에 의하여 검토해 보면

$$\Pi_1 = \frac{\Delta p}{\rho \overline{V}^2} : \frac{F}{L^2} \frac{L^4}{FT^2} \frac{T^2}{L^2} = [1]$$

$$\Pi_2 = \frac{\mu}{\rho \overline{V} D} : \frac{FT}{L^2} \frac{L^4}{FT^2} \frac{T}{L} \frac{1}{L} = [1]$$

$$\Pi_3 = \frac{1}{D} : \frac{L}{L} = [1]$$

$$\Pi_4 = \frac{e}{D} : \frac{L}{L} = [1]$$

결과적으로 함수 관계식은

$$\Pi_1 = f(\Pi_2,\ \Pi_3,\ \Pi_4)$$

또는

$$\frac{\Delta p}{\rho \overline{V}^2} = f\left(\frac{\mu}{\rho \overline{V} D},\ \frac{l}{D},\ \frac{e}{D}\right)$$

예 제 10.3 V형 노치를 가진 위어가 유동방향의 수직 단면에 설치되어 있다. 수로는 개수로이며 V노치를 통해 흘러가는 유량 Q는 V노치의 정점으로 수직높이 H, 중력 가속도 g, 물의 V노치 평판에 접근속도 V, 그리고 노치의 각도 ϕ의 함수로 되어 있다. 유량 계산식을 유도하라.

풀 이 문제의 변수들은

$$F(Q,\ H,\ g,\ V,\ \phi) = 0$$

여기서 ϕ는 무차원 변수이므로 결국 고려해야 할 변수는 네 개가 된다.

$$\begin{matrix} Q, & H, & g, & V \\ \left[\frac{L^3}{T}\right] & [L] & \left[\frac{L}{T^2}\right] & \left[\frac{L}{T}\right] \end{matrix}$$

여기서 Q, H, g, V의 차원은 질량 M이나 힘 F가 포함되어 있지 않으므로 L, T만의 차원으로 고려하면 된다.

이 문제에서 유량 Q는 H와 g에 의하여, 또 속도 V도 H와 g에 의하여 결정된다고 볼 수 있으므로 반복변수는 H와 g 두 개가 된다. 따라서

$$\Pi_1 = H^a g^b Q$$

$$[L]^a [LT^{-2}]^b [L^3 T^{-1}] = M^0 L^0 T^0$$

여기서

$$a = -\frac{5}{2}, \qquad b = -\frac{1}{2}$$

그러므로

$$\Pi_1 = \frac{Q}{\sqrt{g}H^{5/2}}$$

또

$$\Pi_2 = H^x g^y V$$

$$[L]^x [LT^{-2}]^y [LT^{-1}] = M^0 L^0 T^0$$

여기서

$$x = -\frac{1}{2}, \qquad y = -\frac{1}{2}$$

즉

$$\Pi_2 = \frac{V}{\sqrt{gH}}$$

ϕ는 무차원의 변수이므로

$$\Pi_3 = \phi$$

따라서

$$F\left(\frac{Q}{\sqrt{g}\,H^{5/2}}, \frac{V}{\sqrt{gH}}, \phi\right) = 0$$

또는

$$\frac{Q}{\sqrt{g}\,H^{5/2}} = f\left(\frac{V}{\sqrt{gH}}, \phi\right)$$

그러므로 유량은

$$Q = \sqrt{g}\,H^{5/2} f\left(\frac{V}{\sqrt{gH}},\ \phi\right)$$

예 제 10.4 안지름이 x이고, 길이가 l인 단면적이 균일한 원형관이 있다. 이 관 내의 유동은 정상유동이며, 밀도 ρ, 점성계수는 μ이고, 관 내벽의 절대조도는 ε, 평균속도는 $\bar{u}$이다. Buckingham의 Π 정리를 이용하여 관계식을 유도하라.

풀 이 이 관 내의 유동에서 고려해야 할 변수들은 D, l, $\bar{u}$, g, ε, ρ, μ 등 7개이다. FLT계로 이 변수들의 차원을 살펴보면

D	l	$\bar{u}$	g	ε	ρ	μ
$[L]$	$[L]$	$[LT^{-1}]$	$[LT^{-2}]$	$[L]$	$[FL^{-2}T]$	$[FL^{-4}T^2]$

여기서 $m = 3$이므로 $n - m = 4$로서 네 개의 무차원군을 생각할 수 있다. 즉

$$\Pi_1 = \bar{u}^{a_1} D^{b_1} \mu^{c_1} \rho \quad \cdots\cdots ①$$

$$\Pi_2 = \bar{u}^{a_2} D^{b_2} \mu^{c_2} g \quad \cdots\cdots ②$$

$$\Pi_3 = \bar{u}^{a_3} D^{b_3} \mu^{c_3} \varepsilon \quad \cdots\cdots ③$$

$$\Pi_4 = \bar{u}^{a_4} D^{b_4} \mu^{c_4} l \quad \cdots\cdots ④$$

식 ①에서

$$\Pi_1 = [LT^{-1}]^{a_1}[L]^{b_1}[FL^{-2}T]^{c_1}[FL^{-4}T^2] = F^0L^0T^0$$

$$a_1 = 1,\ b_1 = 1,\ c_1 = -1$$

그러므로

$$\Pi_1 = \frac{\rho\bar{u}D}{\mu}$$

식 ②~④에서도 동일한 방법으로 지수를 구하여 관계식을 구하면

$$\Pi_2 = \frac{Dg}{\bar{u}^2}$$

$$\Pi_3 = \frac{\varepsilon}{D}$$

$$\Pi_4 = \frac{l}{D}$$

따라서 이상의 결과식들을 함께 표기하면

$$F\left(\frac{\rho \bar{u} D}{\mu}, \frac{Dg}{\bar{u}^2}, \frac{\varepsilon}{D}, \frac{l}{D}\right) = 0$$

여기서 무차원의 마찰계수는

$$\lambda = f\left(\frac{\rho \bar{u} D}{\mu}, \frac{\varepsilon}{D}\right)$$

의 함수관계가 있으므로, 윗식은

$$F\left(\lambda, \frac{\bar{u}^2}{Dg}, \frac{l}{D}\right) = 0$$

과 같이 간단히 쓸 수 있으며, 이는 관로유동에서 Darcy–Weisbach의 관마찰식을 의미한다.

$$h = \lambda \frac{l}{D} \frac{\bar{u}^2}{2g}$$

10.5 무차원의 수

10.5.1 Reynolds수

1880년경 Osborne Reynolds는 관내유동에서 층류와 난류 사이의 천이현상에 대하여 연구하였다. 그리하여 다음과 같은 변수를 사용하여

$$Re = \frac{\rho VD}{\mu} = \frac{VD}{\nu} \tag{10・35}$$

로 표기하였으며, 이를 기준으로 하여 유동상태를 결정하는 척도로 삼았다. 후에 밝혀진 실험결과에 의하여 Reynolds수는 다른 유동에서도 마찬가지로 중요한 매개변수가 되었다. 그러므로 일반적인 경우에

$$Re = \frac{\rho VL}{\mu} = \frac{VL}{\nu} \tag{10・36}$$

여기서 L은 유동장의 특정거리이다. Reynolds수의 물리적인 중요성은 이미 주지한 바 있지만, 다시 검토해 보면

$$Re = \frac{\rho VL}{\mu} = \frac{\rho VL}{\mu}\frac{V}{V}\frac{L}{L}\frac{1}{L/L} = \frac{\rho V^2 L^2}{(\mu V/L)L^2}$$

여기서 마지막 항에 대하여 설명하면

$\rho V^2 L^2$: 동압(動壓) × 면적 → 관성력

$\dfrac{\mu V}{L} L^2$: 점성응력 × 면적 → 점성력

그러므로

$$Re = \frac{\text{관성력}}{\text{점성력}}$$

이와 같이 Reynolds수는 점성력에 대한 관성력의 비로 표시됨을 알 수 있다.

10.5.2 Mach수

1870년대에 오스트리아의 물리학자인 Ernst Mach는 유속 V와 음속 a를 매개변수로 사용하는 실험을 하였다. 실험결과 Mach수는 유체유동에서 압축률을 나타내는 중요한 변수로서 다음과 같은 식으로 나타낼 수 있다.

$$M = \frac{V}{a} = \sqrt{\frac{\rho V^2}{\rho a^2}} \tag{10 · 37}$$

이는 압축력에 대한 관성력의 비로 설명할 수 있다.

10.5.3 Froude수

William Froude는 그의 아들(Robert Edmund Froude)과 함께 다음과 같은 변수를 찾아냈다.

$$Fr = \frac{V}{\sqrt{gL}} \tag{10 · 38}$$

이는 다시

$$Fr^2 = \frac{V^2}{gL} = \frac{\rho V^2 L^2}{\rho g L^3}$$

으로서 중력에 대한 관성력의 비로 되어 있다.

10.5.4 Euler수 : 압력계수

공기역학에서나 어떤 모형실험에서 압력을 다음과 같은 무차원의 식으로 나타내면 아주 편리하다.

$$Eu(=C_p)=\frac{\Delta p}{\frac{1}{2}\rho V^2} \tag{10·39}$$

여기서 Δp는 압력강하이다.

10.5.5 기타 무차원의 수들

Weber수 :

$$We.\ \text{No.}=\frac{\rho L V^2}{\sigma}=\frac{\rho V^2 L^2}{\sigma L}=\frac{\text{관성력}}{\text{표면장력}} \tag{10·40}$$

Cauchy수 :

$$Ch.\ \text{No.}=\frac{V^2}{K/\rho}=\frac{\rho V^2 L^2}{K L^2}=\frac{\text{관성력}}{\text{탄성력}} \tag{10·41}$$

일반적으로 관내유동에서 발생하는 항력계수는 Reynolds수, 상대조도$\left(\frac{\varepsilon}{D}\right)$, 상대유동길이$\left(\frac{L}{D}\right)$에 크게 좌우된다.

$$C_D=f\left(Re,\ \frac{\varepsilon}{D},\ \frac{L}{D}\right) \tag{10·42}$$

식 (10·42)와 관련하여 각 경우에 대한 관계식을 나타내면

$$\text{원통}:\ C_D=\frac{F_D}{\frac{1}{2}\rho V^2 LD} \tag{10·43}$$

$$\text{구}:\ C_D=\frac{F_D}{\frac{1}{2}\rho V^2\frac{\pi}{4}D^2} \tag{10·44}$$

유동방향과 경사진 물체의 경우 유선(流線)에 수직하게 투사한 면적을 A라 하면

$$C_D = \frac{F_D}{\frac{1}{2}\rho V^2 A} \tag{10 · 45}$$

그림 10 · 3, 10 · 4는 원통 상대길이 $\frac{L}{D}$의 변화에 따라 Re와 C_D의 관계를 실험적으로 계측하여 도시한 것이다.

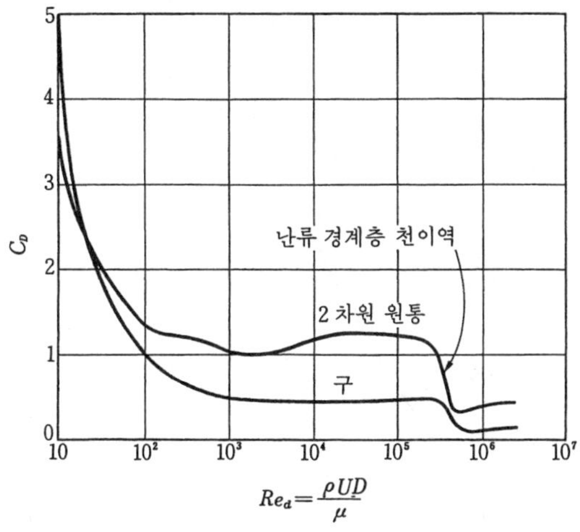

원통 길이 ($10^4 < Re < 10^5$)

L/D	C_D
∞	1.20
40	0.98
20	0.91
10	0.82
5	0.74
3	0.72
2	0.68
1	0.64

그림 10 · 3

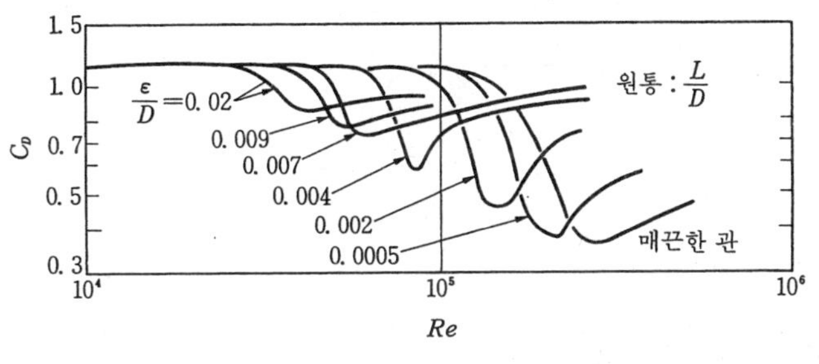

그림 10 · 4

이상에서 논한 이론적인 무차원 해석과 실제 실험적으로 구한 관계식들은 경우에 따라 편리한 식으로 변형하여 사용해야 한다. 또, 통념적으로 무차원 해석에서는 Re수, Fr수, 항력계수 등을 많이 이용하고 있으나, 이 변수들이 주어진 문제를 해결하는 데 반드시 적합하다고는 볼 수 없다. 그렇기 때문에 경우에 따라서는 실험결과와 함께 무차원 변수들을 재조합하여 문제의 정확한 해답을 구할 수 있도록 경험식을 유

도하는 것이 중요하다.

따라서 그림 10 · 5는 C_D와 Re의 관계를 구의 경우에 재조합하여 도시한 것이며, 이의 관계식은 다음과 같다.

$$C_{F'} = \frac{F_D \rho}{\mu^2} = \frac{F_D}{\mu \nu} = \frac{\pi}{8} C_D Re^2 \qquad (10 \cdot 46)$$

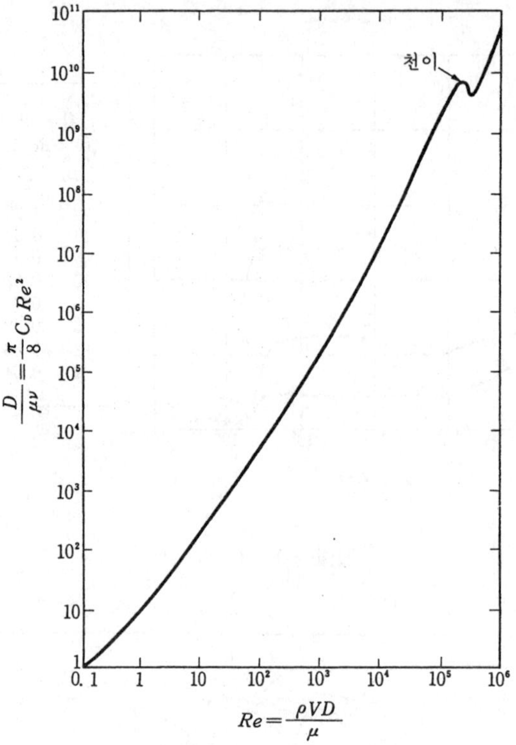

그림 10 · 5

예제 10.5 밀도 $\rho_s = 15.2\,\text{slugs/ft}^3$이고, 지름이 0.12 ft의 강구(鋼球)가 밀도 $\rho = 1.94\,\text{slugs/ft}^3$, 점성계수 $\mu = 0.000021\,\text{slugs/ft} \cdot \text{s}$인 물에 떨어져 하강속도가 종속도(終速度)에 이르렀다. 종속도를 계산하라.

풀이 종속도에서 강구의 무게는 항력과 동일하다. 그러므로

$$W = F_D = (\rho_s - \rho) g \frac{\pi}{6} d^3 = (15.2 - 1.94)(32.2)\frac{\pi}{6}(0.1)^3$$
$$= 0.224\,\text{lb}$$

식 (10 · 46)으로부터

표 10·1 유체역학에서의 무차원군

변 수	정 의	질량비	비 고
Reynolds수	$Re = \dfrac{\rho VL}{\mu}$	$\dfrac{\text{관성력}}{\text{점성력}}$	모든 경우
Mach수	$Ma = \dfrac{V}{a}$	$\dfrac{\text{유속}}{\text{음속}}$	압축성 유동
Froude수	$Fr = \dfrac{V^2}{gL}$	$\dfrac{\text{관성력}}{\text{중력}}$	자유표면 유동
Weber수	$We = \dfrac{\rho V^2 L}{\sigma}$	$\dfrac{\text{관성력}}{\text{표면장력}}$	자유표면 유동
Cavitation수 (Euler수)	$Ca = \dfrac{p - p_0}{\rho V^2}$	$\dfrac{\text{압력}}{\text{관성력}}$	공동현상(空洞現象)
Prandtl수	$Pr = \dfrac{\mu C_p}{k}$	$\dfrac{\text{소산}}{\text{전도}}$	열대류
Eckert수	$Ec = \dfrac{V^2}{C_p T_0}$	$\dfrac{\text{운동 에너지}}{\text{엔탈피}}$	소산
Strouhal수	$St = \dfrac{\omega L}{V} = \dfrac{f_D}{V}$	$\dfrac{\text{파동(진동)}}{\text{평균속도}}$	파동(진동)유동
Grashof수	$Gr = \dfrac{\beta \Delta T g L^3 \rho^2}{\mu^2}$	$\dfrac{\text{부력}}{\text{점성력}}$	자연대류
Cauchy수	$Ch = \dfrac{V^2}{K/\rho}$	$\dfrac{\text{관성력}}{\text{탄성력}}$	공기역학
온도비	$\dfrac{T_w}{T_0}$	$\dfrac{\text{벽온도}}{\text{유체온도}}$	열전도
압력계수	$C_p = \dfrac{p - p_0}{\frac{1}{2}\rho V^2}$	$\dfrac{\text{정압}}{\text{동압}}$	공기역학, 수역학
양력계수	$C_L = \dfrac{F_L}{\frac{1}{2}\rho V^2 A}$	$\dfrac{\text{양력}}{\text{전동압}}$	공기역학, 수역학
항력계수	$C_D = \dfrac{F_D}{\frac{1}{2}\rho V^2 A}$	$\dfrac{\text{항력}}{\text{전동압}}$	공기역학, 수역학
비열비	$k = \dfrac{C_p}{C_v}$	$\dfrac{\text{엔탈피}}{\text{내부 에너지}}$	압축성 유동
상대조도	$\dfrac{\varepsilon}{L}$ $\dfrac{\varepsilon}{D}$	$\dfrac{\text{벽조도}}{\text{물체길이}}$ $\dfrac{\text{벽조도}}{\text{관지름}}$	난류유동(거친 벽)

$$C_{F'} = \frac{F_D \rho}{\mu^2} = \frac{(0.224)(1.94)}{(2.1 \times 10^{-5})^2} = 9.9 \times 10^8$$

그림 10·5에서 $Re = 7 \times 10^4$을 취하면, 원하는 속도는

$$V = \frac{\mu Re}{\rho D} = \frac{(2.1 \times 10^{-5})(7 \times 10^4)}{1.94 \times 0.12} = 6.3 \text{ ft/s}$$

예 제 10.6 지름이 5 m, 길이가 50 m인 비행기를 풍동(風洞) 내에서 항력실험을 하고자 한다. 만약 정지상태의 대기 중에서 비행기의 속도가 10 m/s이고, 10:1의 모형을 만들어 실험하는 경우 풍동 내에서 역학적으로 상사를 이루는 데 필요한 공기의 속도를 구하라. 단, 대기 중에서나 풍동 내에서의 공기의 압력, 온도는 동일하다고 가정한다.

풀이 역학적으로 상사를 이루기 위해서는 모형실험에서와 실형에서의 Re수가 같아야 한다.

$$(Re)_m = (Re)_r$$

즉

$$\frac{V_m L_m}{\nu_m} = \frac{V_r L_r}{\nu_r}$$

그러므로

$$V_m = V_r \frac{L_r}{L_m} \frac{\nu_m}{\nu_r} = 10 \times 10 \times 1 = 100 \text{ m/s}$$

예 제 10.7 관 내에 밸브를 설치하여 유량을 조절하고 있다. 원형밸브의 크기는 지름이 0.5 m이고, 유량이 2 m^3/s라면 모형실험에서 필요한 유량을 구하라. 단, 유동조건은 동일하며 모형밸브의 지름은 0.1 m이다.

풀이 모형 및 원형밸브의 유체유동에서 Re수가 동일하여야 하므로

$$(Re)_m = (Re)_r, \quad \frac{V_m L_m}{\nu_m} = \frac{V_r L_r}{\nu_r}, \quad \frac{V_m}{V_r} = \frac{L_r}{L_m} \frac{\nu_m}{\nu_r}$$

유량을 구하기 위하여

$$\frac{Q_m}{Q_r} = \frac{V_m A_m}{V_r A_r} = \frac{L_r}{L_m} \frac{\nu_m}{\nu_r} \frac{A_m}{A_r}$$

$$\frac{A_m}{A_r} = L^2 = \left(\frac{L_m}{L_r}\right)^2, \quad \frac{\nu_m}{\nu_r} = 1 \text{이므로}$$

$$\frac{Q_m}{Q_r} = \frac{L_m^2}{L_r^2}\frac{L_r}{L_m}\frac{\nu_m}{\nu_r} = \frac{L_m}{L_r}$$

즉

$$Q_m = \frac{1}{5}Q_r = \frac{1}{5} \times 2 = 0.4\,\mathrm{m^3/s}$$

예 제 10.8 예제 10·6에서와 같은 동일한 조건에서 모형 비행기의 두 점 사이의 압력차가 16.4 kPa라고 하면 실형에서는 얼마의 압력차가 발생하겠는가?

풀 이 실형과 모형에서는 압력계수가 동일하여야 하므로

$$\frac{\Delta p_r}{\frac{1}{2}\rho_r V_r^2} = \frac{\Delta p_m}{\frac{1}{2}\rho_m V_m^2}, \qquad \Delta p_r = \Delta p_m \frac{\rho_r}{\rho_m \frac{V_r^2}{V_m^2}}$$

여기서 $\rho_r = \rho_m$, $V_r/V_m = L_m/L_r$이므로

$$\Delta p_r = \Delta p_m \left(\frac{1}{2}\right)^2 = 164\,\mathrm{Pa}$$

예 제 10.9 실제 댐에서 흘러넘치는 물의 유량이 15,000 m³/s라 할 때, 50:1의 모형댐을 설치하여 실험하는 데 필요한 유량은 얼마인가? 만약, 모형댐의 어느 한 점에서 측정한 유속이 1.6 m/s라고 하면, 상응하는 위치에서의 실제 댐의 유속은 얼마인가?

풀 이 모형과 실제 댐에서 Fr수가 동일해야 하므로

$$\frac{V_m}{\sqrt{gL_m}} = \frac{V_r}{\sqrt{gL_r}}, \qquad \frac{V_m}{L_r} = \sqrt{\frac{L_m}{L_r}}$$

유량의 비를 구하기 위하여 양변에 단면적 A_m/A_r을 곱하면

$$\frac{V_m}{V_r}\frac{A_m}{A_r} = \frac{A_m}{A_r}\sqrt{\frac{L_m}{L_r}}$$

우측의 $A_m/A_r = L_m^2/L_r^2$이므로

$$\frac{Q_m}{Q_r} = \left(\frac{L_m}{L_r}\right)^{5/2}$$

$$Q_m = Q_r\left(\frac{1}{50}\right)^{\frac{5}{2}} = 15,000\left(\frac{1}{50}\right)^{\frac{5}{2}} = 0.85\ \mathrm{m^3/s}$$

$$V_r V_m\sqrt{\frac{L_r}{L_m}} = 1.6 \times 7.07 = 11.312\ \mathrm{m/s}$$

예 제 10.10 익면적이 $0.2\ \mathrm{m^2}$인 모형날개를 풍동 속에서 풍속 40 m/s, 영각 5°일 때 양력을 측정한 결과 31 N이었다. 풍동 내의 공기밀도와 대기의 공기밀도는 둘 다 $1.2\ \mathrm{kg/m^3}$이다. 익면적 $12\ \mathrm{m^2}$인 실형날개가 대기 속을 영각 5°를 유지하면서 50 m/s로 날 때 양력은 얼마인가?

풀 이 상사가 성립하려면 양력계수가 같아야 한다.

$$(C_L)_m = (C_L)_r$$

모형날개에서 양력계수는

$$(C_L)_m = \frac{F_L}{(\rho V_m^2/2)A} = \frac{31}{[(1.2)(4.0)^2/2](0.2)} = 0.161$$

실형날개가 받는 양력계수도 0.161이므로

$$(F_L)_r = (C_L)_r A_r \frac{\rho V_r^2}{2} = 0.161 \times 12 \times \frac{1.2 \times 50^2}{2} = 2898\ \mathrm{N}$$

예 제 10.11 해양 방파제를 설계하기 위하여 모형실험을 하려고 한다. 해양파는 평균 12초의 주기를 가지나 실험실 주파기는 2초 주기의 파만을 만들 수 있다. 모형비는 얼마로 해야 하는가?

풀 이 해양 방파제의 상사를 Froude의 관계식으로부터 구할 수 있다.

$$\left(\frac{V}{\sqrt{gl}}\right)_m = \left(\frac{V}{\sqrt{gl}}\right)_r, \qquad \left(\frac{l/t}{\sqrt{gl}}\right)_m = \left(\frac{1/t}{\sqrt{gl}}\right)_r$$

$$\frac{l_m}{l_r} = \left(\frac{t_m}{t_r}\right)^2 = \left(\frac{2}{12}\right)^2 = 0.0278$$

예 제 10.12 비압축성 점성유체에서 각 물리량들은 다음과 같은 관계로 되어 있다.

$$F(V,\ \rho,\ \Delta p,\ g,\ \mu,\ \sigma,\ K,\ D,\ l,\ e) = 0$$

여기서 V(속도), ρ(밀도), Δp(압력손실), g(중력 가속도), μ(점성계수), K(체적 탄성계수), D(지름), l(관의 지름), e(표면조도), σ(표면장력)일 때 압력손실을 계산할 수 있는 식을 유도하라.

풀이 기본차원 $r = 3$, 반복계수로서 V, ρ, D를 선정한다. D, l, e는 같은 차원이므로

$$\Pi_1 = \frac{l}{D}, \qquad \Pi_2 = \frac{e}{D}$$

또 Δp와 K도 동일차원이므로

$$\Pi_3 = \frac{K}{\Delta p}$$

따라서 나머지 무차수들은

$$\Pi_4 = V^{a_1}\rho^{b_1}D^{c_1}\Delta p = \left[\frac{L}{T}\right]^{a_1}\left[\frac{M}{L^3}\right]^{b_1}[L]^{c_1}\left[\frac{M}{LT^2}\right]$$
$$= M^0L^0T^0$$
$$a_1 = -2, \qquad b_1 = -1, \qquad c_1 = 0$$
$$\Pi_5 = V^{a_2}\rho^{b_2}D^{c_2}g = \left[\frac{L}{T}\right]^{a_2}\left[\frac{M}{L^3}\right]^{b_2}[L]^{c_2}\left[\frac{L}{T^2}\right] = M^0L^0T^0$$
$$a_2 = -2, \qquad b_2 = 0, \qquad c_2 = 1$$
$$\Pi_6 = V^{a_3}\rho^{b_3}D^{c_3}\mu = \left[\frac{L}{T}\right]^{a_3}\left[\frac{M}{L^3}\right]^{b_3}[L]^{c_3}\left[\frac{M}{LT}\right] = M^0L^0T^0$$
$$a_3 = -1, \qquad b_3 = -1, \qquad c_3 = -1$$
$$\Pi_7 = V^{a_4}\rho^{b_4}D^{c_4}\sigma = \left[\frac{L}{T}\right]^{a_4}\left[\frac{M}{L^3}\right]^{b_4}[L]^{c_4}\left[\frac{M}{T^2}\right] = M^0L^0T^0$$
$$a_4 = -2, \qquad b_4 = -1, \qquad c_4 = -1$$

이상의 관계를 Π_1 …… Π_2까지 각 변수들과 함께 나타나면

$$\Pi_1 = \frac{l}{D}, \qquad \Pi_2 = \frac{e}{D}, \qquad \Pi_3 = \frac{K}{\Delta p}, \qquad \Pi_4 = \frac{\Delta p}{\rho V^2}$$
$$\Pi_5 = \frac{gD}{V^2}, \qquad \Pi_6 = \frac{\mu}{\rho VD}, \qquad \Pi_7 = \frac{\sigma}{\rho V^2 D}$$

Π_3에 Π_4를 곱하여 나타내면

$$\Pi_3 = \frac{K}{\Delta p} \times \frac{\Delta p}{\rho V^2} = \frac{K}{\rho V^2} \quad \cdots\cdots\cdots\cdots\cdots \text{Mach수}$$

$$\Pi_5 = \frac{V}{\sqrt{gD}} \quad \cdots\cdots\cdots\cdots\cdots \text{Fr수}$$

$$\Pi_6 = \frac{\rho VD}{\mu} \quad \cdots\cdots\cdots\cdots\cdots \text{Re수}$$

$$\Pi_7 = \frac{\rho V^2 D}{\sigma} \quad \cdots\cdots\cdots\cdots\cdots \text{We수}$$

그러므로 주어진 식은

$$G\left(\frac{\Delta p}{\rho V^2},\ \frac{V}{\sqrt{gD}},\ \frac{\rho VL}{\mu},\ \frac{V}{\sqrt{k/\rho}},\ \frac{\rho V^2 D}{\sigma},\ \frac{l}{D},\ \frac{e}{D}\right) = 0$$

이것을 Δp에 관해 풀면

$$\Delta p = f_1\left(Eu,\ Fr,\ Re,\ We,\ M,\ \frac{l}{D},\ \frac{e}{D}\right)\rho V^2$$

여기서 f_1 함수는 실험과 해석적인 방법으로 얻는다. 원형관 내의 유동에서는 Δp는 주로 점성에 기인하므로 중력, 표면장력, 탄성력은 무시해도 된다. 그러므로 윗식은

$$\Delta p = f_1\left(Re,\ \frac{l}{D},\ \frac{e}{D}\right)\rho V^2$$

Darcy의 공식과 같은 형으로 나타내면

$$\Delta p = f_2\left(Re,\ \frac{e}{D}\right)\frac{l}{D}\rho V^2 = 2f_2\left(Re,\ \frac{e}{D}\right)\frac{l}{D}\frac{\rho V^2}{2}$$

결국

$$\Delta p = f\left(Re,\ \frac{e}{D}\right)\frac{l}{D}\frac{\rho V^2}{2}$$

예 제 10.13 동점성 계수 $\nu = 0.00018\,\text{ft}^2/\text{s}$인 기름이 20 in 관을 평균유속 10 ft/s로 유동하고 있다. 10 in 관에 물을 흘러보낼 때 두 흐름의 역학적인 상사가 되려면 물의 유속은 얼마가 되어야 하는가? 단, 이때 물의 동점성 계수 $\nu = 9.6 \times 10^{-5}\,\text{ft}^2/\text{s}$이다.

풀이 유동의 두 가지 다른 조건에서 상사율이 존재한다는 것은 Re수가 같다는 것을 의미한다.

기름과 물의 첨자를 각각 0, w라 하면

$$\frac{V_0 D_0}{\nu_0} = \frac{V_w D_w}{\nu_w}$$

그러므로

$$\frac{10(20/12)}{0.00018} = \frac{V_w(10/12)}{9.8 \times 10^{-5}}$$

$$V_w = 10.89 \text{ ft/s}$$

예제 10.14 유사한 두 강이 별도로 흐르고 있다. 이 강들의 상사비는 대충 6:1이었다. 작은 강의 자유표면에서의 유속을 재어본 결과 마노미터에 의한 헤드차가 수주 $H = 16$ mm였다. 이 두 강이 역학적으로 상사를 이루기 위해서는 큰 강의 자유표면 유속이 얼마가 되어야 하는가?

풀이 우선, 작은 강의 자유표면 유속을 $V = C_v\sqrt{2gH}$에 의하여 $C_v = 0.95$로 가정하면

$$V_1 = 0.95\sqrt{2 \times 9.8 \times 0.016} = 0.532 \text{ m/s}$$

자유표면을 갖는 유동들의 역학적인 상사는 유동들 사이에서 Fr수가 동일하여야 하므로 $\frac{V_1}{\sqrt{gL_1}} = \frac{V_2}{\sqrt{gL_2}}$에서

$$\frac{V_1}{V_2} = \left(\frac{L_2}{L_1}\right)^{\frac{1}{2}} = \sqrt{6}$$

그러므로

$$V_2 = V_1\sqrt{6} = 0.532\sqrt{6} = 1.303 \text{ m/s}$$

10.6 무차원의 미분 방정식

기본 방정식으로부터 매개변수들을 유도해내기 위하여, 비압축성 유체유동에서 연속 방정식과 x방향으로의 동력항을 포함한 Navier–Stokes의 운동 방정식에서 질량력

을 무시하면

$$\frac{\partial u}{\partial x}+\frac{\partial v}{\partial y}+\frac{\partial w}{\partial z}=0 \qquad (10 \cdot 47)$$

$$\frac{\partial u}{\partial t}+u\frac{\partial u}{\partial x}+v\frac{\partial u}{\partial y}+w\frac{\partial u}{\partial z}$$
$$=-\frac{1}{\rho}\frac{\partial p}{\partial x}+\nu\left(\frac{\partial^2 u}{\partial x^2}+\frac{\partial^2 u}{\partial y^2}+\frac{\partial^2 u}{\partial z^2}\right)+g \qquad (10 \cdot 48)$$

이 미분 방정식을 해석하기 위하여 다음과 같은 두 가지의 경계조건을 고려하여야 한다.

① 모든 고체 표면에 유체가 유동하고 있으며(Venturi-meter, 실린더에서의 유동),

② 해석하기 위한 속도들은 일부 경계면에서만 고려하며, 나머지 표면들은 압력이 작용하는 자유표면으로 간주된다(개수로 등의 유동).

어느 경계면에서 x, y, z 방향의 속도를 u_b, v_b, w_b라 하면

$$f(x_b,\ y_b,\ z_b)=0\text{에서}\quad \left.\begin{aligned} u&=u_b\\ v&=v_b\\ w&=w_b \end{aligned}\right\} \qquad (10 \cdot 49)$$

여기서 $f(x_b,\ y_b,\ z_b)=0$은 경계면의 위치를 표시한다.

같은 개념으로 자유표면에 대해서도 $F(x_f,\ y_f,\ z_f)=0$으로 정의하여 나타낼 수 있다.

식 (10·47)과 식 (10·48)을 무차원화하여 매개변수를 유도해 내기 위해서 각 변수에 대하여 기본량을 다음과 같이 정하기도 한다.

속도 : u_0, 길이 : l_0

압력 : p_0, 시간 : l_0/u_0

또, 이들 각 변수에 대하여 임의의 무차원의 상수를 각각

속도 : u^*, v^*, w^* 길이 : x^*, y^*, z^*

압력 : p^* 시간 : t^*

로 정하여 기준량과 함께 실제의 각 성분들을 나타내면

속도 : $u=u_0u^*$, $v=u_0v^*$, $w=u_0w^*$

길이 : $x=l_0x^*$, $y=l_0y^*$, $z=l_0z^*$

압력 : $p = p_0 p^*$

시간 : $t = \dfrac{l_0}{u_0} t^*$

그러므로 이들 값을 식 (10 · 47), 식 (10 · 48)에 대입하여 정리하면

$$\frac{\partial u^*}{\partial x^*} + \frac{\partial v^*}{\partial y^*} + \frac{\partial w^*}{\partial z^*} = 0 \tag{10 · 50}$$

$$\begin{aligned}\frac{\partial u^*}{\partial t^*} + u^* \frac{\partial u^*}{\partial x^*} + v^* \frac{\partial u^*}{\partial y^*} + w^* \frac{\partial u^*}{\partial z^*} \\ = -\frac{p_0}{\rho u_0^2} \frac{\partial p^*}{\partial x^*} + \frac{\nu}{u_0 l_0} \left(\frac{\partial^2 u^*}{\partial x^{*2}} \right. \\ \left. + \frac{\partial^2 u^*}{\partial y^{*2}} + \frac{\partial^2 u^*}{\partial z^{*2}} \right) + \frac{g l_0}{u_0^2}\end{aligned} \tag{10 · 51}$$

여기서 *가 붙은 성분들은 앞에서 정한 대로 무차원의 값들이다. 연속 방정식을 변형시킨 식 (10 · 50)은 모든 항들이 무차원으로만 되어 있어 방정식 전체는 무차원의 식이다. 따라서 식 (10 · 51)에서 보면 $\dfrac{p_0}{\rho u_0^2}$, $\dfrac{\nu}{u_0 l_0}$, $\dfrac{g l_0}{u_0^2}$을 제외한 모든 항의 성분들이 무차원이므로, 이 세 항들의 차원을 검토해 보면

$$\frac{p_0}{\rho u_0^2} = \frac{1}{2} \left(\frac{p_0}{\frac{1}{2} \rho u_0^2} \right) = \frac{1}{2} (Eu\text{수})$$

$$\frac{\nu}{l_0 u_0} = \left(\frac{l_0 u_0}{\nu} \right)^{-1} = \frac{1}{Re}$$

$$\frac{g l_0}{u_0^2} = \left(\frac{\sqrt{g l_0}}{u_0} \right)^2 = \left(\frac{u_0}{\sqrt{g l_0}} \right)^{-2} = (Fr\text{수})^{-2}$$

또한 위의 세 값들을 FLT계에 의한 차원으로 계산해 보면

$$\frac{p_0}{\rho u_0^2} = \frac{[FL^{-2}]}{[FT^2 L^{-4}][LT^{-1}]^2} = [1]$$

$$\frac{\nu}{l_0 u_0} = \frac{[L^2 T^{-1}]}{[L][LT^{-1}]} = [1]$$

$$\frac{g l_0}{u_0^2} = \frac{[LT^{-2}][L]}{[LT^{-1}]^2} = [1]$$

이상에서 검토한 바와 같이 위의 세 값들은 무차원의 값이 되어 방정식 (10 · 51)은

전체가 하나의 무차원 식으로 된다. 그러므로 연속 방정식에서 유도된 식 (10 · 50)과 Navier-Stokes 방정식으로부터 유도된 식 (10 · 51)과 같이 어느 기준성분들에 대한 무차원의 방정식을 유도할 수 있으며, 이 방정식들은 원래의 방정식과 동일한 형태이고 기하학적으로 상사한 두 물체나 운동 사이에서 이들 방정식의 성립은 역학적인 상사를 의미하는 것이다.

10.7 터보기계의 상사율

이 절에서는 이제까지 논한 기하학적 또는 역학적인 상사율에 크게 관련을 가지고 있는 유체기계 중 터보기계들, 즉 펌프 · 터빈 · 프로펠러 등에 대하여 논하기로 한다.

터보기계에 의하여 공급되는 유량 Q는 기계의 효율 η, 에너지 E, 동력 L_t, 회전속도 N, 회전차의 지름 D, 토크 T, 추력 S, 또 유체의 밀도 ρ, 점성계수 μ, 체적탄성계수 K 등의 함수이다. 그러므로

$$Q = f(\eta, E, L_t, N, D, T, S, \rho, \mu, K) \tag{10 · 52}$$

이는 다시

$$G(Q, \eta, E, L_t, N, D, T, S, \rho, \mu, K) = 0 \tag{10 · 53}$$

여기서 Buckingham의 정리에 의하여 $n = 11$, $m = 3$이므로 $n - m = 8$개의 무차원군을 만들 수 있다.

$$\Pi_1 = \frac{Q}{ND^3} \text{ : 유량계수}(C_d)$$

$$\Pi_2 = \frac{E}{N^2D^2} \text{ : 에너지 계수}(C_E)$$

$$\Pi_3 = \frac{L_t}{\rho N^3 D^5} \text{ : 동력계수}(C_{Lt})$$

$$\Pi_4 = \frac{\rho ND^2}{\mu} = \frac{ND^2}{\nu} \text{ : 레이놀즈}(Re)$$

$$\Pi_5 = \frac{ND}{\sqrt{K/\rho}} = \frac{ND}{a} \text{ : 마하수}(M)$$

$$\Pi_6 = \frac{T}{\rho N^2 D^5} \text{ : 토크계수}(C_T)$$

$$\Pi_7 = \frac{S}{\rho N^2 D^4} : \text{추력계수}(C_S)$$

$$\Pi_8 = \eta : \text{효율}$$

그러므로 $\Pi_1 = h(\Pi_2, \Pi_3 \cdots\cdots, \Pi_8)$, 즉

$$C_d = h(C_E, C_{Lt}, Re, M, C_T, C_S, \eta) \tag{10·54}$$

$\Pi_2 = \dfrac{E}{N^2D^2}$ 에서 단위질량에 대한 위치 에너지를 생각하면, $E = Hg$로 표기할 수 있으므로 $\Pi_2 = \dfrac{E}{N^2D^2} = \dfrac{Hg}{N^2D^2}$가 된다. 여기서 H는 수두(水頭)이며, $\sqrt{\Pi_1}$과 $\sqrt[4]{\Pi_2{}^3}$의 비를 N_S라 하면

$$N_S = \frac{\sqrt{\Pi_1}}{\sqrt[4]{\Pi_2{}^3}} = \frac{\sqrt{Q/ND^3}}{\sqrt[4]{(E/N^2D^2)^3}} = \frac{N\sqrt{Q}}{E^{3/4}}$$

$$= \frac{N\sqrt{Q}}{g^3 H^{3/4}} \tag{10·55}$$

여기서 N_S는 펌프의 비교 회전도(specific speed of pump)라고 하는데, 이는 펌프의 설계에서 아주 중요한 값이다. 실제 펌프 설계시에는 일정한 값 $g^{3/4}$은 무시하고 비교 회전도식을 다음과 같이 간단한 식으로 사용하고 있다.

$$N_S = \frac{N\sqrt{Q}}{H^{3/4}} \tag{10·56}$$

그런데 여기서 비교 회전도 N_S는 무차원의 수가 아니다. 그러므로 식 (10·56)의 각 변수들의 단위를 붙여서 사용하고 있다. 대개 비교 회전도 N_S의 범위에 따라 펌프의 종류가 달라진다. 원심펌프는 150~850(m^3/min, m, rpm), 사류(斜流)펌프는 650~1300(m^3/min, m, rpm), 축류펌프는 1000~2000(m^3/min, m, rpm)의 N_S 값을 가지고 있다.

$\dfrac{\sqrt{\Pi_3}}{\sqrt[4]{\Pi_2{}^5}}$ 을 터빈의 비교 회전도(specific speed of turbine)라고 한다.

$$N_{st} = \frac{\sqrt{\Pi_3}}{\sqrt[4]{\Pi_2{}^5}} = \frac{\sqrt{N_t/\rho N^3 D^5}}{\sqrt[4]{(E/N^2D^2)^5}}$$

$$= \frac{N\sqrt{L_t}}{\sqrt{\rho}\sqrt[4]{E^5}} = = \frac{N\sqrt{L_t}}{\sqrt{\rho}\sqrt[4]{(Hg)^5}} \tag{10·57}$$

앞의 펌프에서와 마찬가지로 설계할 때는 일정한 값 $\sqrt{\rho}$, $\sqrt[4]{g^5}$은 고려하지 않고, 다음과 같은 식을 터빈의 비교 회전도식으로 사용하고 있다.

$$N_{st} = \frac{N\sqrt{L_t}}{\sqrt[4]{H^5}} \tag{10·58}$$

이 N_{st}의 범위는 터빈에 따라 다르며, Pelton 터빈은 $N_{st} = 8 \sim 30$(rpm, kW, m), Francis 터빈은 $N_{st} = 30 \sim 400$(rpm, kW, m), Kaplan 터빈은 $N_{st} = 400 \sim 700$ (rpm, kW, m)의 범위에 있다.

예 제 10.15 1800 rpm으로 회전하고 있는 원심펌프가 있다. 이 펌프가 유량 $Q = 3.8\,\text{m}^3/\text{min}$을 양정(揚程) $H = 50\,\text{m}$로 품어올리는 효율로써 회전수를 $N = 1500\,\text{rpm}$으로 줄인다면, 이때의 유량과 양정을 구하라. 또 각각의 경우에 발생하는 동력 L_t는 얼마인가? 단, 펌프의 효율은 $\eta = 0.65$로 가정한다.

풀 이 유량계수 C_d의 식을 사용하면

$$\Pi_1 = \frac{Q_1}{N_1 D_1^3} = \frac{Q_2}{N_2 D_2^3} \text{에서 } \frac{Q_1}{N_1} = \frac{Q_2}{N_2}\ (D_1 = D_2)$$

그러므로

$$Q_2 = Q_1 \frac{N_2}{N_1} = (3.8)\left(\frac{1500}{1800}\right) = 3.17\,\text{m}^3/\text{min}$$

수두 H에 대한 상사율은

$$\Pi_2 = \frac{E_1}{N_1^2 D_1^2} = \frac{E_2}{N_2^2 D_2^2} = \frac{gH_1}{N_1^2 D_1^2} = \frac{gH_2}{N_2^2 D_2^2}$$

즉

$$\frac{H_1}{N_1^2} = \frac{H_2}{N_2^2}$$

$$H_2 = H_1 \frac{N_2^2}{N_1^2} = (50)\left(\frac{1500}{1800}\right)^2 = 34.72\,\text{m}$$

비교 회전도가 같아야 하므로, 식 (10·57)로부터

$$\frac{N_1\sqrt{Q_1}}{H_1^{3/4}} = \frac{N_2\sqrt{Q_2}}{H_2^{3/4}}$$

$$H_2 = H_1\left(\frac{N_2}{N_1}\sqrt{\frac{Q_2}{Q_1}}\right)^{4/3} = (50)\left(\frac{1500}{1800}\sqrt{\frac{3.17}{3.80}}\right)^{4/3} = 34.75\ \text{m}$$

펌프의 효율은 $\eta = 0.65$이므로

$$L_{t_1} = \frac{\gamma Q_1 H_1}{75\,\eta} = \frac{1000(3.8/60)50}{75 \times 0.65} = 65.0\ \text{HP}$$

L_t에 대한 무차원 식에서

$$\Pi_3 = \frac{L_{t_1}}{\rho_1 N_1^3 D_1^5} = \frac{L_{t_2}}{\rho_2 N_2^3 D_2^5} \text{에서} \quad \frac{L_{t_1}}{N_1^3} = \frac{L_{t_2}}{N_2^3}$$

그러므로

$$L_{t_2} = L_{t_1}\frac{N_2^3}{N_1^3} = (65.0)\left(\frac{1500}{1800}\right)^3 = 37.62\ \text{HP}$$

…… 연 습 문 제 ……

1. 동점성 계수 $\nu = 0.00018\ \mathrm{ft^2/s}$인 기름이 18 in 관을 16 m/s로 흐르고 있다. 흐름이 서로 상사되게 하려면 10 m/s로 흐르는 물의 경우, 관의 지름을 얼마로 하면 되겠는가? 단, 물의 동점성 계수는 $\nu = 9.6 \times 10^{-6}\ \mathrm{ft^2/s}$이다.

2. 기하학적인 비가 60:1인 모형 잠수함을 바다와 동일한 조건의 저수탱크에서 실험을 하고 있다. 실형 잠수함의 속도를 3 m/s라고 하면, 모형 잠수함은 얼마의 속도로 실험하여야 하는가?

3. 길이가 100 m인 여객선이 6 m/s로 항해하고 있다. 2 m/s로 모형실험을 하려면 기하학적 상사비는 얼마로 하면 되는가?

4. 원형 및 정삼각형의 단면을 가진 두 개의 관에 물이 흐를 때 길이는 l, 단면적은 A, 압력 수두차는 h이다. 두 관의 조도가 동일할 때, 두 관의 유량비는 어떻게 되는가?

5. 모세관의 유량은 단위길이에 대한 압력강하, 지름, 점성계수에 의하여 정해진다고 할 때 유량식을 구하라.

6. 3각 위어(V-notch weir)로 개수로의 유량을 측정하고자 한다. 위어의 각을 ϕ, 유량을 Q, 물표면(상류표면)에서 정점까지의 깊이를 H, 상류유속을 V_0라 할 때 유량식을 결정하라.

7. 매끈한 관로의 난류유동에서 단위길이당 손실 $\dfrac{\Delta h}{l}$는 유속 V, 지름 D, 중력가속도 g, 밀도 ρ, 점성계수 μ의 함수이다. 무차원 해석에 의하여 방정식의 일반형을 구하라.

8. 기하학적으로 유사한 비행기의 프로펠러 어느 하나에 의한 추력은 풍동(wind tunnel)에서 모형실험에 의하여 결정되어야 한다. 추력 F_t를 회전속도 ω, 전진속도 V_0, 지름 D, 공기의 점성계수 μ, 밀도 ρ, 음속 a의 함수라 할 때 무차원 해석에 의하여 방정식의 일반형을 구하라.

9. 지름이 60 cm인 밸브의 계수는 $K = \dfrac{\Delta p}{(1/2)\,\rho V^2}$로 나타낼 수 있으며, 이는 80°F에서 공기를 이용하여 기하학적으로 상사지름이 30 cm인 밸브실험을 통해 결정하고

자 한다. 물의 유동실험 범위는 70°F에서 유속이 1~2.5 m/s였다. 공기의 유동범위를 정하라.

10. 다음 각 군(group)을 무차원 함수로 나타내라.
(a) Δp, ρ, V, (b) ρ, g, V, F, (c) μ, F, Δp, t

11. MLT 항으로써 라디안(radian), 각속도, 동력, 일, 토크, 운동량 모멘트의 차원을 결정하라.

12. 문제 11에서 FLT 계의 차원을 나타내라.

13. 매끈한 관에서 변수 Q, D, Δh, l, ρ, μ, g를 사용하여 Q, ρ, μ를 반복변수로 하는 무차원의 변수들로 나타내라.

14. 아주 낮은 속도에서 구에 발생하는 항력 F_D는 속도 V, 구의 지름 d, 유체의 점성계수 μ의 함수로 되어 있다. 이 변수들을 포함하는 무차원의 관계식을 유도하라.

15. 경계층에서의 유속 u는 자유속도 U_0, 유체의 밀도 ρ, 유체의 점도 μ, 전단응력 τ_0, 평판으로부터의 수직거리 y, 선연(先緣)으로부터 유동방향으로의 거리 x의 함수로되어 있다. 무차원의 관계식을 구하라. 단, u와 U_0는 $\frac{u}{U_0}$로, x와 y는 $\frac{y}{x}$로 나타내라.

16. 프로펠러의 추력 T는 프로펠러의 지름 D, 회전속도 N, 유체의 밀도 ρ, 유체의 점도 μ, 중력 가속도 g, 유체 내에서의 프로펠러의 속도 V에 기인한다. 무차원의 함수 관계식을 구하라.

17. 단면적이 A인 원형 및 정사각관이 있다. 원형관의 지름은 D, 정사각관 한 변의 길이는 L이고, 관의 유동방향의 길이는 l이며, 양단의 압력차의 높이는 h이다. 조도 등 기타 관의 특성이 동일하다면 두 관의 유량비는 얼마인가?

18. 모형댐의 방수로상의 한 점에서의 유속이 1 m/s였다. 기하학적인 선형비가 10:1일 때 상사율이 성립한다고 하면, 대응하는 점에서의 유속은 얼마인가?

19. 선형비가 5:1인 벤투리 미터(Venturi meter)가 있다. 실형과 모형에서 사용하는 물의 온도는 각각 20℃, 95℃였다. 실형의 목부분의 지름이 60 cm, 그곳에서의 유속이 6 m/s일 때 상사율이 성립한다고 하면, 모형에서의 유량을 구하라.

20. 50 m/s의 속도로 공기 중을 운동하는 1 m 길이의 물체를 수로에서 5:1의 모형을 만들어 실험하고자 한다. 역학적인 상사율이 성립한다면, 수로에서의 유속은 얼마

로 해야 되는가? 또, 실형과 모형에 작용하는 항력비를 구하라.

21. 2 in의 수평관에 20℃의 원유가 0.2 m/s로 흐를 때, 4 m의 두 점 사이에서 0.3 kg/cm^2의 압력강하가 발생했다. 22℃의 가솔린을 1 in 관에 유동시킬 때 역학적인 상사가 성립하려면, 대응하는 길이에 생기는 압력강하는 얼마인가? 단, 기름의 비중은 0.86, 가솔린의 비중은 0.68이다.

22. 1.5 m × 0.3 m의 평판을 20℃의 잔잔한 물 속에서 3 m/s로 끌 때 항력은 14 N이었다. 기하학적으로 상사한 평판을 101.4 kPa로 15℃의 공기 중에서 18 m/s로 끌 때, 역학적으로 상사가 성립하기 위한 실형평판의 크기와 항력을 계산하라.

23. 동점성 계수가 $\nu = 1.4 \times 10^{-5}\ m^2/s$인 기름이, 안지름이 80 cm인 관을 통하여 3 m/s로 유동하고 있다. 20℃ 물이 8 cm의 안지름 관 내를 유동할 경우 역학적으로 상사가 될 물의 속도를 구하라.

24. 강 모형이 80:1로 축소되어 축조되어 있다. 여기에서 유속이 20 cm/s라면 실제 강에서의 유속은 얼마인가?

25. 표준대기(15℃)에서 마하 3으로 나는 미사일을 모형 10:1로 축소하여 −40℃의 상태에서 풍동실험을 하였다. 풍동 내의 유속은 얼마이며, 원형 미사일은 얼마의 속도로 날겠는가?

26. 원형상선의 항속 6 m/s에 대한 16:1 축소 모형선의 실험에서 항력이 1.2 N으로 계측되었다. 원형상선의 항력을 구하라. 단, 모형실험은 민물에서 실시하였고, 상선은 바다($S = 1.025$)에서 항해하는 경우로 계산한다.

27. 비행기가 대기 중($p = 100$ kPa, $T = 10$℃)을 120 m/s로 비행하고 있다. 6:1로 축조된 모형을 풍동에 넣고 25℃ 상태에서 실험할 때, Re수와 Ma수가 기준값을 만족하기 위한 풍동 내 공기의 밀도는 얼마인가?

28. 안지름이 6 in인 매끈한 관에 8.0 ft/s의 속도로 60°F인 물이 유동하고 있다. 안지름이 3 in인 매끈한 관에 80°F인 공기가 유동한다면 두 유동이 역학적으로 상사를 이루기 위한 공기의 속도를 구하라.

29. 길이가 50 cm인 관로에선 기름($\nu = 10^{-5}\ m^2/s$, $\rho = 860\ kg/m^3$)의 유량을 측정하는 유량계를 5:1로 축소된 모형을 통해 물($T = 22$℃, 표준 대기압)로써 교정실험을 하고자 한다. 모형에서의 유속이 1.2 m/s이고 계수가 결정되었다면, 원형

(原形)에서는 얼마의 속도로 가동시켜야 모형에서와 동일한 계수를 얻을 수 있겠는가? 또, 주어진 조건하의 모형실험에서 압력차가 3.2 kPa이었다면 유관에서의 압력차는 얼마인가?

30. 안지름이 12 cm인 거친 관을 통하여 10℃인 물을 유동시키는데, 우선 동일한 관을 사용하여 20℃의 공기유동을 시도하려고 한다. 물의 속도가 2.0 m/s라면 역학적으로 상사를 이루기 위한 공기의 속도는 얼마인가? 공기의 절대압력이 150 kPa, 관내 공기 유동시의 압력차가 800 Pa이었다면 물이 유동하는 경우에 발생하는 압력차는 얼마인가?

31. 매우 큰 벤투리 미터를 10:1로 축소한 모형실험에서 원형에서와 동일한 액체로 교정실험을 하려고 한다. 역학적인 상사가 될 유량비 Q_m/Q_r를 구하라. 또 모형실험에서 목부분의 압력차가 200 kPa라고 하면 원형에서의 압력차는 얼마가 되겠는가?

32. 모형 하이드로포일(hydrofoil)을 수로에서 시험하고 있다. 주어진 영각에서 단위길이당 양력은 유속이 22 m/s인 경우에 측정되었다. 하이드로포일 원형의 크기가 모형의 두 배가 될 때 역학적인 상사를 이루게 될 경우 단위길이당 발생하는 양력은 얼마가 되겠는가? 단, 수온은 20℃이다.

33. 대기압 20℃에서 분무노즐을 통해 16 m/s로 물을 분사시키고 있다. 지름에 의한 물방울의 *We*. 수가 6.0일 때 분사되는 물방울의 크기를 결정하라. 단, 표면장력은 $\sigma = 0.073$ N/m, 밀도는 $\rho = 1.20$ kg/m^{3}이다.

34. 36:1로 축소해 축조된 방수로를 시험하고자 한다. 모형에서의 유량이 0.12 m^3/s라고 하면 원형 방수로에서의 이에 상응하는 유량은 얼마인가? 모형에서 유체입자가 한 점에서 다른 점으로 이동해 가는 데 1분이 걸린다면, 원형 방수로에서 모형에서와 상응하는 거리를 유체입자가 유동해 가는 데 필요한 시간을 구하라.

35. 강 하구를 300:1로 축소하여 모형을 만들었다. 실제 하구에서 최대 물의 속도를 4 m/s, 간만의 차를 약 10.5시간이라고 할 때, 이에 상응하는 모형 강 하구에서의 물의 속도와 간만의 차를 얼마로 하면 되겠는가?

제 11 장

관로유동

Flow in Conduits

11.1 곧은 관로유동

유체의 수송에는 길게 연결된 관로(pipe line 또는 conduit)를 사용하게 된다. 물을 높은 곳으로 양수하거나, 고압가스 · 유독가스의 수송 및 증기나 압축공기 등의 수송에서는 관로를 이용하는 수밖에 없다.

유체의 관로유동은 대부분이 난류유동을 하게 되며, 유체의 유동거리에 따라 압력손실이 발생하고 있음은 Darcy-Weisbach의 식에서 잘 알 수 있다. 이러한 손실은 관의 성질에 따라 크게 달라지며, 특히 관 내벽의 조도와 유속은 압력손실에 가장 큰 영향을 미치는데, 이러한 제반 관로유동의 손실을 마찰손실(friction loss)이라고 한다.

Bernoulli는 관 내에 유동하는 유체의 전에너지는 유체가 유동하는 관로의 길이나 단면적에 관계없이 일정한 것으로 가정하여 에너지 방정식을 유도하였으나, 이는 실제와는 큰 차이가 있다. 따라서 유체가 유동하는 두 위치간에 발생하는 제반 에너지 손실을 Σh_L이라 하면 Bernoulli식은 다음과 같이 된다.

$$\frac{v^2}{2g} + \frac{p}{\gamma} + z + \Sigma h_L = H(\text{일정}) \qquad (11 \cdot 1)$$

그림 11 · 1에서 보는 바와 같이, 지름이 일정한 수평관로를 통하여 유체가 수송되는 경우에 Bernoulli의 에너지 방정식을 고려하여 보면, v와 z가 일정하므로

$$\frac{p}{\gamma} + \Sigma h_L = H(\text{일정}) \qquad (11 \cdot 2)$$

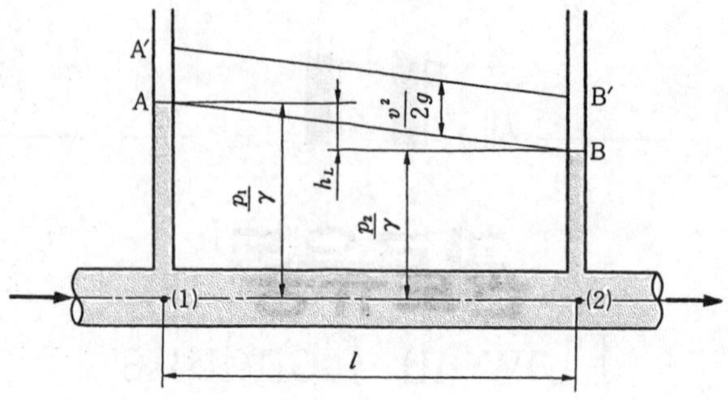

그림 11 · 1

여기서 압력수두 $\frac{p}{\gamma}$는 유체의 유동거리에 의해서 감소하며, 두 점간의 손실수두는 $h_L = \frac{(p_1 - p_2)}{\gamma}$로 표시된다. 두 점 (1), (2) 사이를 유동하는 동안 발생하는 관 내의 각 위치의 압력수두를 연결한 AB를 압력선(pressure line) 또는 수력 기울기선(hydraulic gradient line)이라고 한다. 또한 지름이 일정하므로 유속수두 $\frac{v^2}{2g}$은 어느 위치에서나 일정한 값을 유지하며 A′B′를 연결한 선을 에너지선(energy line)이라고 한다.

관로에서 $v = Q/\left(\frac{\pi}{4}d^2\right)$이므로, 손실수두는

$$h = \lambda \frac{lQ^2}{2g}\left(\frac{\pi}{4}\right)^{-2}\frac{1}{d^5} \qquad (11 \cdot 3)$$

이 되어 $h \propto d^{-5}$가 됨을 알 수 있다.

일반적으로 사용하고 있는 관로에서는 유속이 낮으므로 보통 $v = 1.5 \sim 3\ \text{m/s}$ 범위에서 관의 크기를 결정하게 된다.

예 제 11.1 수평으로 설치된 곧은 관로유동에서 안지름이 8 cm이고, 마찰손실 수두 h가 속도수두 $\frac{v^2}{2g}$과 동일하다면 관로의 길이 l은 얼마인가? 단, 관마찰 계수 $\lambda = 0.028$이다.

풀이 $h = \lambda \frac{l}{d}\frac{v^2}{2g}$에 $h = \frac{v^2}{2g}$을 대입하여 풀면

$$l = \frac{d}{\lambda} = \frac{0.08}{0.028} = 2.86\ \text{m}$$

예 제 11.2 저수지에 담겨 있는 물을 안지름이 10 cm인 균일한 곧은 관로를 통하여 수평방향으로 유량을 $0.6\ \mathrm{m^3/min}$로 대기 중에 방출한다고 한다. 관로의 출구와 저수지의 수면과의 높이차는 16 m이고, 관마찰 계수는 $\lambda = 0.03$이라고 할 때 송수 가능한 관의 길이를 구하라. 단, 관마찰 이외의 손실은 무시한다.

풀 이 $h = \lambda \dfrac{l}{d}\dfrac{v^2}{2g} = 16$이 되므로

$$l = \frac{16 \times 2g \times d}{\lambda v^2} = \frac{16 \times 2g \times d^5 \times 60^2}{\lambda Q^2/(\pi/4)^2}$$

$$= \frac{16 \times 19.6 \times (0.1)^5 \times 60^2}{0.03 \times (0.6)^2/(\pi/4)^2} = 644.16\ \mathrm{m}$$

11.2 상당 기울기

유체를 수송하는 관로가 그림 11·2에서 보는 바와 같이 각 θ만큼 경사지게 설치되어 있을 때, 단면 A와 B 사이에서 발생하는 압력손실 수두는 h이다. 따라서 선 A′B′가 수력 기울기선(압력선)이 되며, 이 선이 수평면과 이루는 각 ϕ는 유효 기울기각을 나타낸다. 그러므로

$$\tan\phi = \sin\phi = \frac{h}{l} = i$$

가 되며, 또

$$i = \frac{h}{l} = \frac{\lambda}{d}\frac{v^2}{2g} \tag{11 · 4}$$

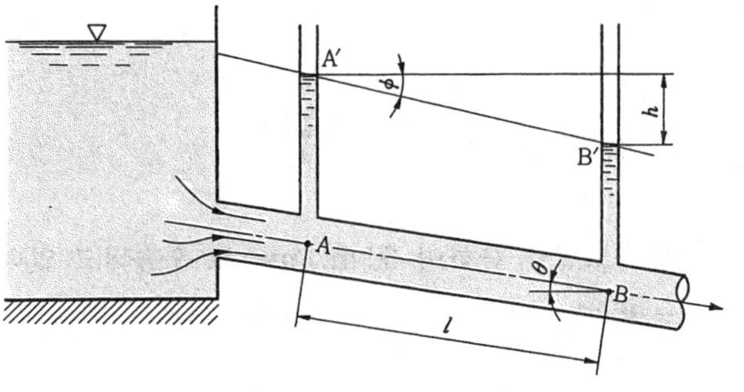

그림 11·2

이 된다. 여기서 i를 상당 기울기(relative gradient)라고 한다. 관로가 그림 11 · 2와 같이 아래로 경사지게 설치되었거나 또는 위로 경사지게 설치되었을 때 발생하는 기울기 i는 유효 기울기(effective gradient) 또는 실질적 기울기(substantial gradient)라고 한다.

식 (11 · 4)로부터

$$v = \sqrt{\frac{2g}{\lambda} di} \tag{11 · 5}$$

이 되며, 이 식을 관로유동에서의 Chézy의 식이라고 한다. 또한 유량은 연속의 식을 적용하여 다음과 같이 나타낼 수 있다.

$$Q = \frac{\pi}{4}\sqrt{\frac{2g}{\lambda}}\sqrt{d^5 i} \tag{11 · 6}$$

일반적으로 물을 관로를 통하여 유동시킬 때, 관마찰 계수 λ는 Dupuit의 가정에서 주어진 $\lambda = 0.03$을 많이 사용하고 있다.

예제 11.3 길이가 800 m이고 안지름이 20 cm인 곧은 관로를 통하여 30 l/s의 물이 유동하고 있을 때, 손실수두와 상당 기울기 i를 계산하라. 단, 마찰계수는 0.03으로 가정한다.

풀이 $v = \dfrac{Q}{A} = \dfrac{0.03}{3.14 \times (0.1)^2} = 0.955\ \mathrm{m/s}$

손실수두는

$$h = \lambda\frac{l}{d}\frac{v^2}{2g} = 0.03 \times \frac{800}{0.2} \times \frac{(0.955)^2}{2 \times 9.8} = 5.584\ \mathrm{m}$$

상당 기울기는

$$i = \frac{h}{l} = \frac{6.173}{800} = 0.007$$

예제 11.4 물이 수도관을 통하여 60 $\mathrm{m^3/min}$로 수송되고 있다. 이 관의 상당 기울기가 $i = \dfrac{1}{800}$일 때, 관의 안지름은 얼마가 되겠는가? 단, 관마찰 계수는 0.03이다.

풀이 $v = \dfrac{Q}{A} = \dfrac{60 \times 4}{60 \times 3.14 \times d^2} = \dfrac{1.274}{d^2}$

상당 기울기는

$$i = \frac{h}{l} = \lambda \frac{1}{d} \frac{v^2}{2g}$$

$$\frac{1}{800} = 0.03 \times \frac{1}{d} \times \frac{(1.274)^2}{2 \times 9.8 \times d^4} = \frac{0.0025}{d^5}$$

즉

$$d = 1.149 \text{ m}$$

예제 11.5 안지름이 30 cm이고 상당 기울기가 $\dfrac{3}{1000}$인 곧은 주철관을 통하여 물이 유동되고 있다. 유량을 계산하라. 단, 마찰계수는 Darcy의 실험식에 의한다.

풀이 마찰계수는 Darcy의 실험식에 의하여

$$\lambda = 0.02 + 0.0005 \frac{1}{d} = 0.02 + 0.0005 \frac{1}{0.3} = 0.0217$$

유속은 Chézy의 식에 의하여

$$v = \sqrt{\frac{2g}{\lambda} di} = \sqrt{\frac{2 \times 9.8 \times 0.003 \times 0.3}{0.0217}} = 0.9 \text{ m/s}$$

그러므로 유량은

$$Q = \frac{\pi}{4} d^2 v = \frac{\pi}{4} (0.3)^2 \times 0.9 = 0.0636 \text{ m}^3\text{/s}$$

11.3 관로의 병렬과 분기

높이차가 있는 두 저수지 사이에 그림 11·3과 같이 두 개의 관로를 연결하였다고 하자. 이 관들의 길이와 지름을 l_1, l_2, d_1, d_2라 하고, 두 관로의 마찰손실 계수를 동일하다고 하면 마찰손실 수두는 다음 식으로 나타낼 수 있다.

$$h = \lambda \frac{l_1}{d_1} \frac{{v_1}^2}{2g} + \lambda \frac{l_2}{d_2} \frac{{v_2}^2}{2g} \tag{11·7}$$

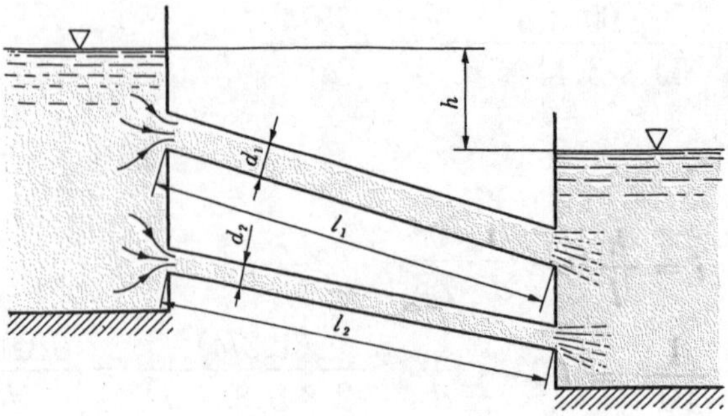

그림 11 · 3

유량에 대하여 고려해 보면

$$Q = Q_1 + Q_2 = \frac{\pi}{4}\sqrt{\frac{2g}{\lambda}}(\sqrt{d_1^{\,5} i_1} + \sqrt{d_2^{\,5} i_2}) \tag{11 · 8}$$

여기서 $i_1 = \dfrac{h}{l}$, $i_2 = \dfrac{h}{l_2}$ 이고, 두 관로의 길이가 동일한 경우 유량은

$$Q = \frac{\pi}{4}\sqrt{\frac{2g}{\lambda}\frac{h}{l}}(\sqrt{d_1^{\,5}} + \sqrt{d_2^{\,5}}) \tag{11 · 9}$$

또, 두 관의 지름과 길이가 동일한 경우에는

$$Q = \frac{\pi}{4}\sqrt{\frac{2g}{\lambda}\frac{h}{l}}(2\sqrt{d^5}) \tag{11 · 10}$$

지름이 d이고, 길이가 l인 두 개의 관로에 의한 유량과 지름이 D이고, 길이가 l인 한 개의 관로에 의한 유량이 동일한 경우 지름의 비를 구해 보면

$$Q = \frac{\pi}{4}\sqrt{\frac{2g}{\lambda}}\sqrt{D^5 i} = \frac{\pi}{4}\sqrt{\frac{2g}{\lambda}}(2\sqrt{d^5 i})$$
$$\sqrt{D^5} = 2\sqrt{d^5}$$

즉

$$D = 1.32\,d \tag{11 · 11}$$

다음으로 지름이 d인 두 개의 관로 단면적과 지름이 D_0 인 관로 한 개의 단면적이 동일하고, 상당 기울기와 관마찰 계수 등 유동조건이 동일하다면 유량비는 어떻게 되는지 살펴보자.

$$\frac{\pi}{4}D_0^{\,2} = 2 \times \frac{\pi}{4}d^2$$

즉

$$D_0 = 1.414\,d$$

따라서 유량은

$$Q = \frac{\pi}{4}\sqrt{\frac{2g}{\lambda}}\sqrt{(1.414\,d)^5 i} = 2.378 \times \frac{\pi}{4}\sqrt{\frac{2g}{\lambda}}\sqrt{d^5 i} \quad (11 \cdot 12)$$

그러므로 식 (11 · 12)에서 알 수 있는 바와 같이 단면적이 동일한 한 개의 관로로 물을 수송하는 것보다 0.378배의 유량이 더 수송된다.

두 개 이상의 관로가 분기로 연결되어 있는 그림 11 · 4의 경우 물이 A와 B에서 C로 유동하고, 각 관로의 마찰계수가 동일하며 이외의 손실이 없는 것으로 가정하면, 관로 AD, BD 및 DC에서 마찰손실 수두가 h_1, h_2, h_3일 때 다음과 같은 관계식으로 나타낼 수 있다.

$$h_1 = H_1 - (z + H) = \lambda\frac{l_1}{d_1}\frac{{v_1}^2}{2g} \quad (11 \cdot 13)$$

$$h_2 = H_2 - (z + H) = \lambda\frac{l_2}{d_2}\frac{{v_2}^2}{2g} \quad (11 \cdot 14)$$

$$h_3 = (z + H) - H_3 = \lambda\frac{l_3}{d_3}\frac{{v_3}^2}{2g} \quad (11 \cdot 15)$$

식 (11 · 13)과 식 (11 · 15)로부터

$$H_1 - H_3 = \lambda\left(\frac{l_1}{d_1}\frac{{v_1}^2}{2g} + \frac{l_3}{d_3}\frac{{v_3}^2}{2g}\right) \quad (11 \cdot 16)$$

식 (11 · 14)와 식 (11 · 15)로부터

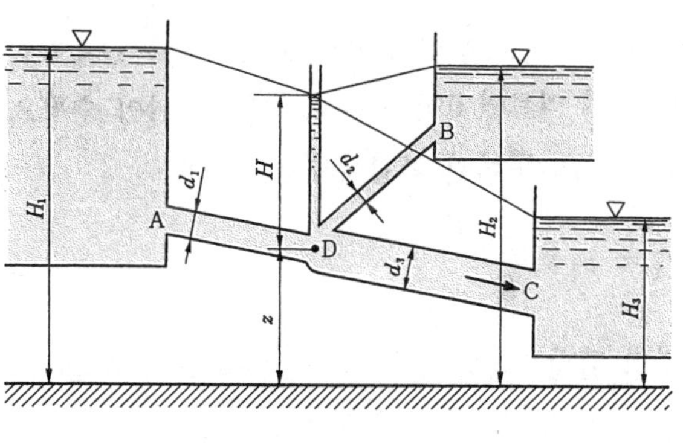

그림 11 · 4

$$H_2 - H_3 = \lambda\left(\frac{l_2}{d_2}\frac{{v_2}^2}{2g} + \frac{l_3}{d_3}\frac{{v_3}^2}{2g}\right) \qquad (11 \cdot 17)$$

또 유량은 $Q_3 = Q_1 + Q_2$ 이므로

$$d_3^{\,2}v_3 = d_1^{\,2}v_1 + d_2^{\,2}v_2 \qquad (11 \cdot 18)$$

따라서 식 (11 · 16)~(11 · 18)로부터 유속 v_1, v_2, v_3를 구할 수 있으며, 각 관로의 유량을 계산할 수 있다.

예 제 11.6 시내에 공급되는 수돗물이 40 m의 고지에 축조되어 있는 저수지로부터 안지름이 50 cm이고, 송수거리가 6 km인 원형관을 통해 급수되고 있다. 수도관은 저수지에서 3 km 지점부터 수평으로 되어 있으며, 급수량은 1가구당 1일 평균 800 l로서 10,000 가구에 균등하게 공급된다고 한다. 3 km 지점에서 압력을 계산하라. 단, 마찰계수는 0.03이며, 이외의 손실은 없다고 가정한다.

풀 이 총급수량은

$$Q = \frac{0.8 \times 10{,}000}{24 \times 60 \times 60} = 0.0926\ \mathrm{m^3/s}$$

3 km 지점에서의 유속은

$$v_1 = \frac{4Q}{\pi d^2} = \frac{4 \times 0.0926}{3.14 \times (0.5)^2} = 0.472\ \mathrm{m/s}$$

이 점에서의 마찰손실은

$$h_1 = \lambda\frac{l_1}{d}\frac{{v_1}^2}{2g} = 0.03 \times \frac{3000}{0.5} \times \frac{(0.472)^2}{2 \times 9.8} = 2.046\ \mathrm{m}$$

나머지 3 km의 관로에서는 물이 균등하게 공급되고 있으므로 유속은 점차적으로 감소하여 관의 끝에 이르면 0이 된다. 그러므로 관이 수평으로 설치된 지점으로부터 임의의 거리 x m 떨어진 지점에서의 유속은

$$V_x = v_1 \times \frac{x}{l_2}$$

따라서 이 지점의 단면에서의 미소 길이 dx에 대한 마찰손실 수두 dh_2는

$$dh_2 = \lambda\frac{dx}{d}\frac{{v_1}^2x^2}{2g{l_2}^2}$$

그러므로 l_2에 해당하는 3 km에 대한 전마찰 손실수두는

$$h_2 = \int_0^{l_2} dh_2 = \frac{\lambda {v_1}^2}{2g{l_2}^2 d}\int_0^{l_2} x^2 dx = \frac{\lambda {v_1}^2 l_2}{6gd}$$
$$= \frac{0.03 \times (0.472)^2 \times 3000}{6 \times 9.8 \times 0.5} = 0.682 \text{ m}$$

따라서 전수송 거리에 대한 전마찰 손실수두는

$$h = h_1 + h_2 = 2.046 + 0.682 = 2.728 \text{ m}$$

관 끝에서의 압력수두는

$$H = 40 - 2.728 = 37.272 \text{ m}$$

그러므로 압력은

$$p = \gamma H = 1000 \times 37.272 = 3.7272 \text{ kg/cm}^2$$

예 제 11.7 그림 11·5에서 보는 바와 같이 관로가 두 갈래로 분기되어 있으며, $d_1 = 40$ cm, $d_2 = 25$ cm이고, 관의 길이는 800 m로 동일하다. 총유량이 200 l/s 일 때 각 관로의 유량과 AB 사이에서 발생하는 손실수두를 계산하라. 단, 마찰계수는 0.028이며, 이외의 손실은 없는 것으로 가정한다.

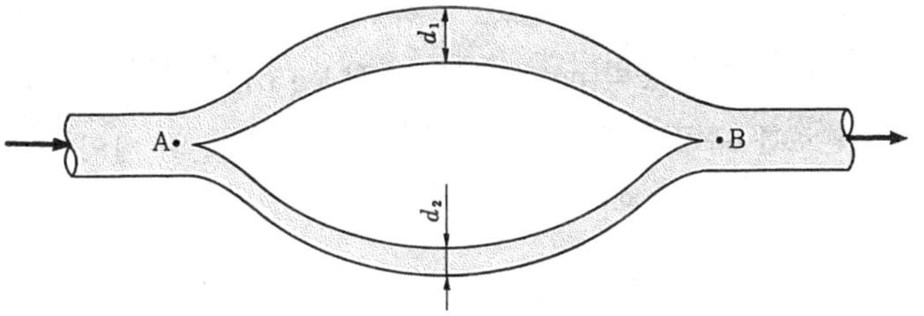

그림 11·5

풀 이 각 관로의 손실수두는

$$h_1 = \lambda \frac{l_1 {Q_1}^2}{(\pi/4)^2 2g{d_1}^5}$$
$$h_2 = \lambda \frac{l_2 {Q_2}^2}{(\pi/4)^2 2g{d_2}^5}$$

여기서 $h_1 = h_2$로 놓을 수 있으므로

$$Q_1 d_1^{-\frac{5}{2}} = Q_2 d_2^{-\frac{5}{2}}$$

즉

$$\frac{Q_2}{Q_1} = \left(\frac{d_2}{d_1}\right)^{\frac{5}{2}} = \left(\frac{25}{40}\right)^{\frac{5}{2}} = 0.3088$$

그리고 $Q_1 + Q_2 = 200\ l/\mathrm{s}$이므로

$$Q_1 + 0.3088\,Q_1 = 200, \qquad Q_1 = 152.812\ l/\mathrm{s}$$
$$Q_2 = 47.188\ l/\mathrm{s}$$

따라서 손실수두는

$$h = \lambda \frac{l Q_1^{\ 2}}{(\pi/4)^2 2 g d_1^{\ 5}} = \frac{0.028 \times 800 \times (0.153)^2 \times 4^2}{(3.14)^2 \times 2 \times 9.8 \times (0.4)^5}$$
$$= 4.24\ \mathrm{m}$$

11.4 관로에 의한 동력수송

수송되는 유체의 유량이 $Q\,\mathrm{m^3/s}$이고, 압력수두가 $H\,\mathrm{m}$이며, 비중량이 $\gamma\ \mathrm{kg/m^3}$인 유체가 발생시킬 수 있는 동력(power)은 $\gamma QH\ \mathrm{kg \cdot m/s}$이다. 그러나 압력수두가 $H\,\mathrm{m}$인 유체가 관로를 유동하는 동안 발생되는 압력손실을 제외한 유효압력 수두를 H_e라고 하면, 이론적인 동력은 다음과 같이 된다.

$$L_t = \frac{\gamma Q H_e}{75}\ \mathrm{HP} \tag{11 · 19}$$

또는

$$L_t = \frac{\gamma Q H_e}{102}\ \mathrm{kW} \tag{11 · 19 a}$$

수차(水車)나 펌프를 운전할 때에는 에너지 손실이 생기므로 이 손실(L_t)을 고려한 수차와 펌프의 효율은

$$\eta_t = \frac{L_t - L_l}{L_t} \tag{11 · 20}$$

$$\eta_p = \frac{L_t}{L_t + L_l} \tag{11·21}$$

그리하여 수차의 실제 동력은

$$L_e = \frac{\gamma Q H_e \eta_t}{75} \text{ HP} \tag{11·22}$$

또는

$$L_e = \frac{\gamma Q H_e \eta_t}{102} \text{ kW} \tag{11·22a}$$

펌프에 필요한 동력은

$$L_p = \frac{\gamma Q H_e}{75\eta_p} \text{ HP} \tag{11·23}$$

또는

$$L_p = \frac{\gamma Q H_e}{102\eta_p} \text{ kW} \tag{11·23a}$$

관로유동에서 전에너지 수두를 H라 하고 마찰손실 수두를 h라 하면, 이때의 유효수두 H_e는

$$H_e = H - h = H - \lambda\frac{l}{d}\frac{v^2}{2g}$$

따라서 식 (11 · 19)는

$$L_t = \gamma\frac{\pi}{4}d^2\left(Hv - \lambda\frac{l}{d}\frac{v^3}{2g}\right)\Big/75$$

가 되므로, 속도 v에 대하여 미분하면

$$\frac{dL_t}{dv} = \frac{\gamma}{75}\frac{\pi d^2}{4}(H - 3h) = 0$$

즉

$$H = 3h \tag{11·24}$$

손실수두 h가 전에너지 수두 H의 $\frac{1}{3}$일 때 동력 L_t는 최대값을 갖게 된다. 따라

서 관로의 효율은

$$\eta = \frac{H - h}{H} = \frac{H - H/3}{H} \fallingdotseq 0.67$$

이 된다.

예제 11.8 주철관을 사용한 관로유동에서 관마찰 계수가 0.038이고 효율이 80%이며, 안지름이 24 cm이다. 이 관의 입구에 압력 80 kg/cm²를 작용시켜 물을 평균 2 m/s로 수송한다면 물을 수송할 수 있는 관로의 길이는 얼마인가?

풀이 관로의 효율이 80%이므로 손실수두는

$$h = H \times 0.2 = \frac{p}{\gamma} \times 0.2 = \frac{800,000}{1000} \times 0.2 = 160\text{ m}$$

따라서

$$160 = 0.038 \times \frac{l}{0.24} \times \frac{2^2}{2 \times 9.8}$$

$$l = 4951.58\text{ m}$$

예제 11.9 안지름이 30 cm이고, 길이가 800 m인 관로를 통하여 300 l/s의 물을 50 m 높이까지 양수하는 데 있어 펌프에 필요한 동력은 몇 kW인가? 단, 마찰계수는 $\lambda = 0.03$이고, 펌프의 효율은 85%이다.

풀이 관 내의 평균유속은

$$v = \frac{Q}{A} = \frac{0.3}{0.785 \times (0.3)^2} = 4.25\text{ m/s}$$

손실수두는

$$h = 0.03 \times \frac{800}{0.3} \times \frac{(4.25)^2}{2 \times 9.8} = 73.72\text{ m}$$

따라서 50 m의 높이까지 양수하는 데 있어 필요한 압력수두는

$$H_e = 50 + 73.72 = 123.72\text{ m}$$

즉 동력은

$$L_t = \frac{\gamma Q H_e}{102\,\eta_p} = \frac{1000 \times 0.3 \times 123.72}{102 \times 0.85} = 428.10\text{ kW}$$

예 제 11.10 반지름이 25 cm의 원형관으로 수평거리 1500 m의 위치로 24시간에 10,000 m^3의 물을 보내려고 한다. 얼마의 압력을 가해야 하는가? 단, 마찰계수는 0.035이다.

풀 이 관 내의 평균유속은

$$v = \frac{Q}{A} = \frac{10^4}{24 \times 60^2} \bigg/ \frac{\pi \times 0.25^2}{4} = 2.36 \text{ m/s}$$

$$h = \lambda \frac{l}{d} \frac{v^2}{2g}, \quad h = \frac{\Delta p}{\gamma} \text{ 에서}$$

$$\Delta p = \lambda \frac{l}{d} \frac{rv^2}{2g} = 0.035 \times \frac{1500 \times 1000 \times 2.36^2}{0.25 \times 2 \times 9.8}$$
$$= 6.0 \text{ kg/cm}^2$$

11.5 유동단면의 변화에 따른 손실

일반적으로 관로유동에서의 손실은 유동 단면적이 일정한 경우에 발생하는 마찰손실을 뜻하나 유동방향, 유동 단면적 등의 변화에 따라 손실이 크게 발생하기도 한다. 이와 같은 경우에는 대개 유체입자들의 충돌에 의한 손실을 충돌손실(shock loss)이라고 한다.

관로에 밸브가 장치되어 유동 단면적이 변화하는 경우나 수차, 펌프 등과 같은 수력기계에서 유동 중 발생하는 손실은 마찰손실과 충돌손실을 함께 고려해 주어야 한다.

그리하여 충돌손실이 수반되는 관로유동에서는 손실이 유속에 크게 좌우되므로, 일반적으로 다음과 같은 식으로써 충돌손실 수두를 계산하고 있다.

$$h_s = \zeta \frac{v^2}{2g} \qquad (11 \cdot 25)$$

여기서 ζ는 충돌손실 계수(coefficient of shock loss)이다.

11.5.1 유동단면이 점차로 증가하는 관로

그림 11 · 6은 Venturi 미터와 같이 유동 단면적이 점차적으로 축소되다가 증가해 나가는 경우이다. 그림에 $\frac{p}{\gamma}$는 관로의 중심선을 따라 유동방향으로 측정한 압

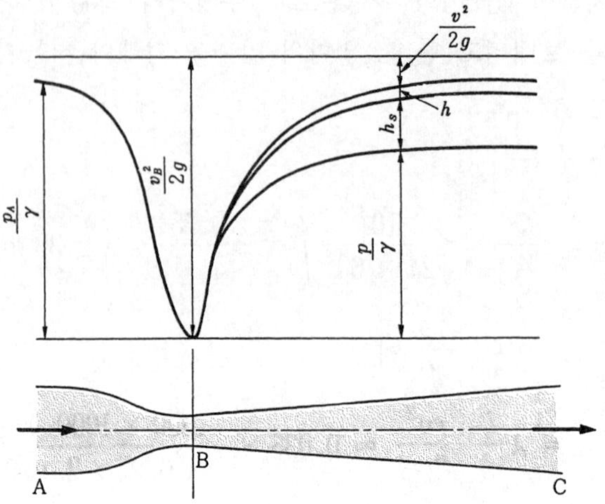

그림 11 · 6

력수두를 나타내며, h_s는 단면의 변화에 다른 충돌손실 수두를 나타낸다.

그림 AB부분에서 단면적이 점진적으로 축소되어 갈 경우 충돌손실은 무시해도 된다. 그러나 BC와 같은 확대관에서는 단면적의 확대율이 크면 클수록 충돌손실이 크게 발생하게 된다. 그러므로 Venturi 미터와 같은 관에 있어 입구의 원추부 AB는 짧게 하고 출구 확대부분 BC는 길게 설계하여 사용하고 있다. 이러한 원리에 의하여 실용되고 있는 수력기계의 펌프 중에서 유체가 외곽에서 중심부로 유입되는 Francis 터빈의 회전차(runner)는 그림 11 · 7 (a)에서 보는 바와 같이 짧게 되어 있고, 원심펌프(centrifugal pump)와 같이 유체가 중심부에서 외곽부로 회전하며 방출되는 경우 그림 11 · 7 (b)와 같이 임펠러(impeller)의 길이를 길게 해줌으로써 충돌손실을 최소화하고 있다.

Gibson은 1910년에 관의 지름이 d_1에서 d_2로 점진적 증가를 하는 경우에 대하여 그림 11 · 8과 같이 원추관의 길이를 변경시키면서 실험하였다. 이 실험의 결과 원추

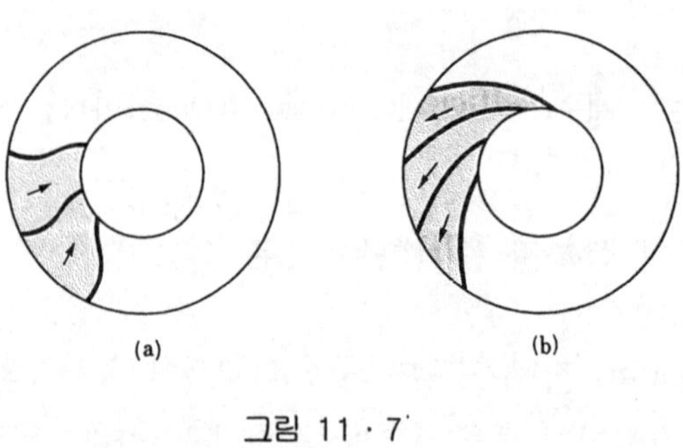

그림 11 · 7

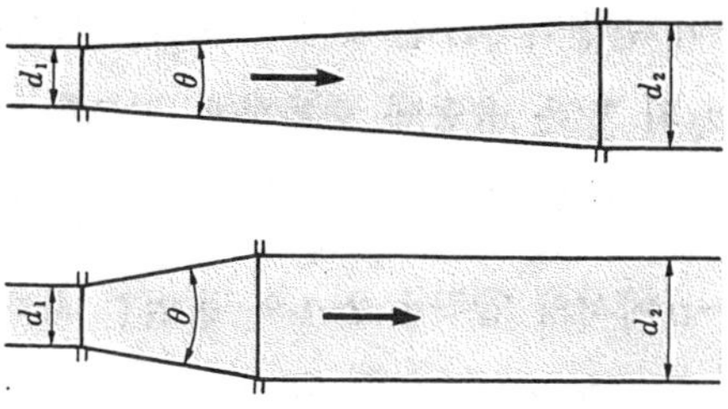

그림 11 · 8

관이 짧고 확대각 θ가 클 때는 유체가 관벽으로부터 이탈하여 와류가 발생하고 충돌손실 h_s가 증가하는 반면, θ가 작으면 확대부가 길어져 마찰손실 h가 증가하는 것으로 나타났다. 그리하여 Gibson은 총손실 수두 $h + h_s = \dfrac{K(v_1 - v_2)^2}{2g}$가 최소로 되는 환산각이 $\theta = 5°30'$임을 밝혔다.

그림 11 · 9는 충돌손실 저항계수 K와 확산각 θ와의 관계를 도시한 것인데, $\theta = 5°30'$에서는 $K = 13.5\%$로 최소값을 나타내고, $\theta = 65°$ 부근에서는 K가 최대값이 되며, $\theta = 180°$에서는 $K = 100\%$가 됨을 보여 주고 있다.

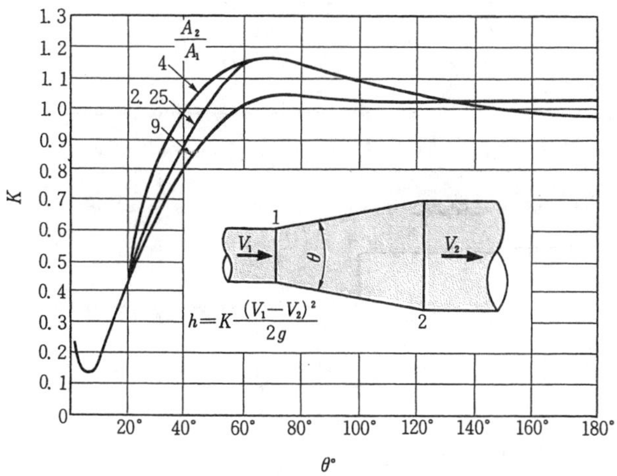

그림 11 · 9

11.5.2 유동단면이 급확대되는 관로

유동단면이 급확대(abrupt expansion 또는 sudden espansion)되는 경우는 Gibson의 실험결과 $\theta = 180°$에 해당하는 경우이다.

그림 11·10에서와 같이 단면이 A_1인 곳에서 A_2인 곳으로 급확대되는 경우, 유속은 높은 속도 v_1에서 v_2의 낮은 유동에 충돌하게 되므로 충돌손실이 발생하게 된다. A_1과 A_2에서 운동량은 $\frac{\gamma A_1 {v_1}^2}{g}$, $\frac{\gamma A_2 {v_2}^2}{g}$이며, 단면 a-a와 b-b에서의 전압력을 고려하면, 단면 a-a에서의 압력은 b-b와 동일한 확대된 단면이나 A_1의 출구 직후에서의 압력이므로 p_1으로 간주할 수 있다.

따라서 단면 a-a와 b-b에서 전압력차는 $(p_2 A_2 - p_1 A_2)$가 되며, 이 힘은 단위시간당 운동량의 변화와 동일하므로

$$\frac{\gamma}{g} A_1 v_1 (v_1 - v_2) = p_2 A_2 - p_1 A_2 \tag{11·26}$$

가 되고 $A_1 v_1 = A_2 v_2$이므로

$$\frac{v_2(v_1 - v_2)}{g} = \frac{p_2 - p_1}{\gamma} \tag{11·27}$$

$\frac{p_1}{\gamma}$에 대하여 정리하면

$$\frac{p_1}{\gamma} = \frac{p_2}{\gamma} - \frac{v_1 v_2}{g} + \frac{{v_2}^2}{g} \tag{11·28}$$

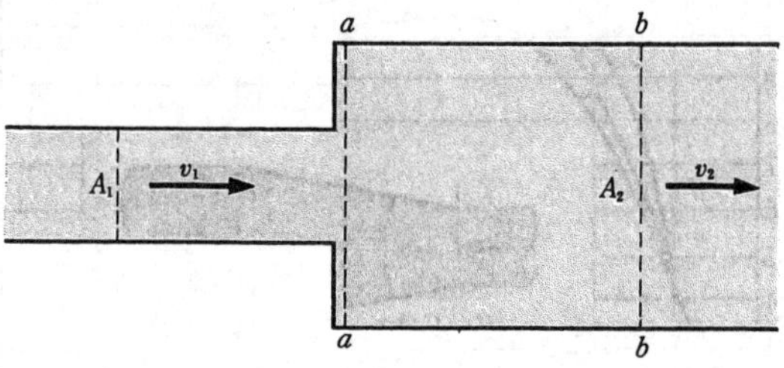

그림 11·10

양변에 $\frac{{v_1}^2}{2g}$를 더하여 다시 정리하면

$$\begin{aligned} \frac{{v_1}^2}{2g} + \frac{p_1}{\gamma} &= \frac{{v_2}^2}{2g} + \frac{p_2}{\gamma} + \left(\frac{{v_1}^2}{2g} - \frac{2 v_1 v_2}{2g} + \frac{{v_2}^2}{2g} \right) \\ &= \frac{{v_2}^2}{2g} + \frac{p_2}{\gamma} + \frac{(v_1 - v_2)^2}{2g} \end{aligned} \tag{11·29}$$

이 식에서 양변을 살펴보면 Bernoulli의 이론이 성립하기 위해서는 $\frac{(v_1 - v_2)^2}{2g}$항

이 0이 되어야 하나, 본 급확대 유동에서는 이 항의 값이 충돌손실 수두 h_s가 되는 것을 알 수 있다. 따라서

$$h_s = \frac{(v_1 - v_2)^2}{2g} \tag{11 · 30}$$

여기에 $v_1 = \dfrac{A_2 v_2}{A_1}$, $v_2 = \dfrac{A_1 v_1}{A_2}$을 대입하면

$$h_s = \left(\frac{A_2}{A_1} - 1\right)^2 \frac{{v_2}^2}{2g} = \left(1 - \frac{A_1}{A_2}\right)^2 \frac{{v_1}^2}{2g} \tag{11 · 31}$$

따라서 식 (11 · 25)와 식 (11 · 27)을 비교하여 볼 때 단면이 급확대 유동되는 경우, 충돌과 마찰에 의한 손실계수는

$$K = \left(1 - \frac{A_1}{A_2}\right)^2 \tag{11 · 32}$$

이 됨을 알 수 있다.

그림 11 · 11은 급확대 관로에서 지름비 $\dfrac{d}{D}$와 손실계수 K와의 관계를 도시한 것이다.

급확대되는 단면의 비 $\dfrac{A_1}{A_2}$이 극히 작을 때는 $K = \left(1 - \dfrac{A_1}{A_2}\right)^2$에서 $K \approx 1$이 되고, 식 (11 · 31)에서 h_s는 최대가 되어 손실이 크게 일어나는 것을 알 수 있다. 이 원

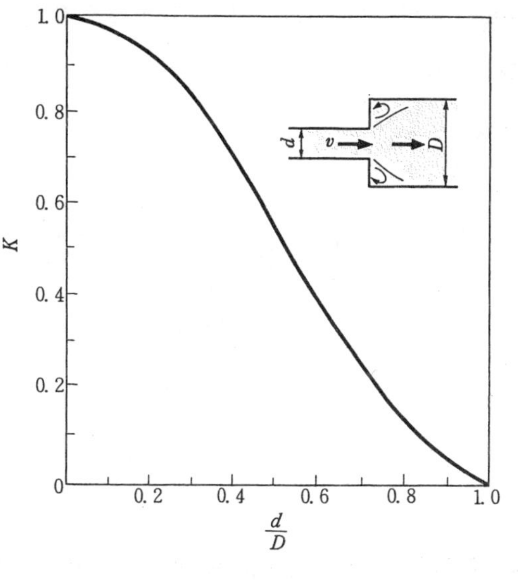

그림 11 · 11

리는 그림 11 · 12에서 보는 바와 같이 매우 좁은 미로와 급확대 부분을 반복설치해 줌으로써 입구에서의 압력 p_1이 출구에서의 압력 p_2가 되는 사이에 충돌손실이 반복되어 거의 소실되고, 출구에서의 압력에 의한 힘이 0에 가까워진다.

그러므로 누설(leakage)을 방지해야 되는 수력기계나 압력펌프 등에 적용되며, 실린더 내의 압력누설을 막기 위해 피스톤 링을 설치해야 하는 기관에 적용되고 있다. 또는 급확대, 급수축부를 반복하여 좁은 간격의 벽면에 골(groove)을 파서 누설을 방지하는데, 이것을 미궁충전(迷宮充塡, labyrinth packing)이라고 한다.

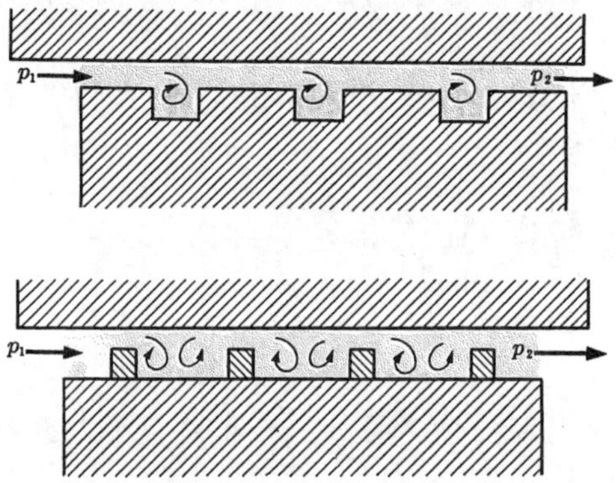

그림 11 · 12

예 제 11.11 안지름이 각각 300 mm, 450 mm인 원관이 직접 연결되어 있다. 300 mm 관에서 450 mm 관의 방향으로 매초 230 l의 물이 흐르고 있다. 돌연확대 부분에서의 손실은 얼마인가?

풀 이 $h_s = K\dfrac{{v_1}^2}{2g}$ 에서

$$K = \left[1 - \frac{A_1}{A_2}\right]^2 = \left[1 - \left(\frac{d_1}{d_2}\right)^2\right]^2 = \left[1 - \left(\frac{300}{450}\right)^2\right]^2 = 0.3086$$

$$v_1 = \frac{0.230}{\dfrac{\pi \times 0.3^2}{4}} = 3.255 \text{ m/s}$$

$$h_s = 0.3086 \times \frac{3.255^2}{2 \times 9.8} = 0.617 \text{ m}$$

예 제 11.12 수평으로 놓인 지름 300 mm의 관이 20°로 확대되어 지름 600 mm로 되었다. 수량이 0.3 m^3/s로 유동될 때 지름이 작은 쪽의 압력이 140 kPa이었다면

지름이 큰 쪽의 압력은 얼마이겠는가? 관마찰 손실은 없는 것으로 간주한다.

풀이 $v_1 = \dfrac{0.3}{(\pi/4)(0.3)^2} = 4.25\ \text{m/s}, \qquad v_2 = \dfrac{4.25}{4} = 1.06\ \text{m/s}$

그림 11 · 9에서 20°인 경우에 $K \fallingdotseq 0.43$이므로

$$\frac{140\times10^3}{9.8\times10^3} + \frac{(4.25)^2}{2g} = \frac{p_2}{\gamma} + \frac{(1.06)^2}{2g} + 0.43\frac{(4.25-1.06)^2}{2g}$$

$p_2 = 14.9\ \text{kPa}$

11.5.3 유동단면이 급축소되는 관로

유동단면이 돌연 축소되는 경우 유동방향에 따른 충돌손실이 크게 발생하게 된다. 그림 11 · 13에서 보는 바와 같이 축소단면에서의 충돌손실은

$$h_s = K\frac{{v_2}^2}{2g} \tag{11 · 33}$$

으로 된다. 수축단면의 비에 따라 계수 K가 결정되는데, 독일의 Weisbach는 실험을 통하여 표 11 · 1과 같은 결과를 발표했다.

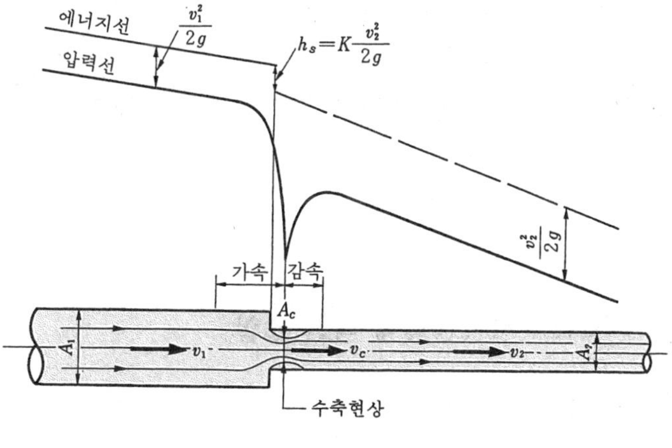

그림 11 · 13

표 11 · 1

A_2/A_1	0	0.1	0.2	0.3	0.4	0.5	0.6	0.7	0.8	0.9	1.0
C_C	0.617	0.624	0.632	0.643	0.659	0.681	0.712	0.755	0.813	0.892	1.00
K	0.50	0.46	0.41	0.36	0.30	0.24	0.18	0.12	0.06	0.02	0

돌연 축소되는 관로에서는 그림 11·14에서와 같이 축소된 관의 입구 접합형태에 따라 K의 값이 크게 변화한다.

또, 그림 11·15는 수축비의 변화와 K값의 관계를 도시한 것이다.

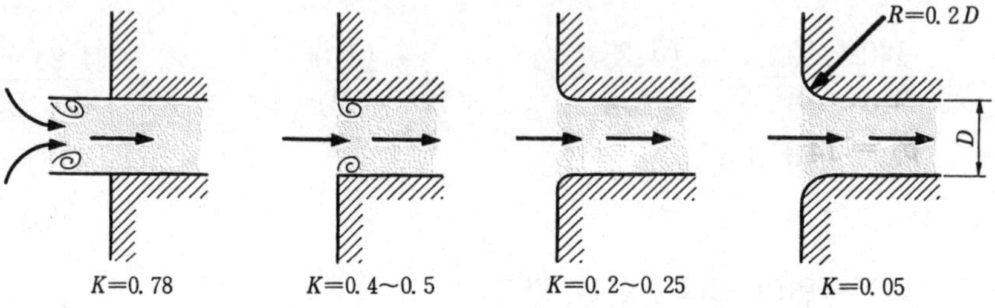

그림 11·14

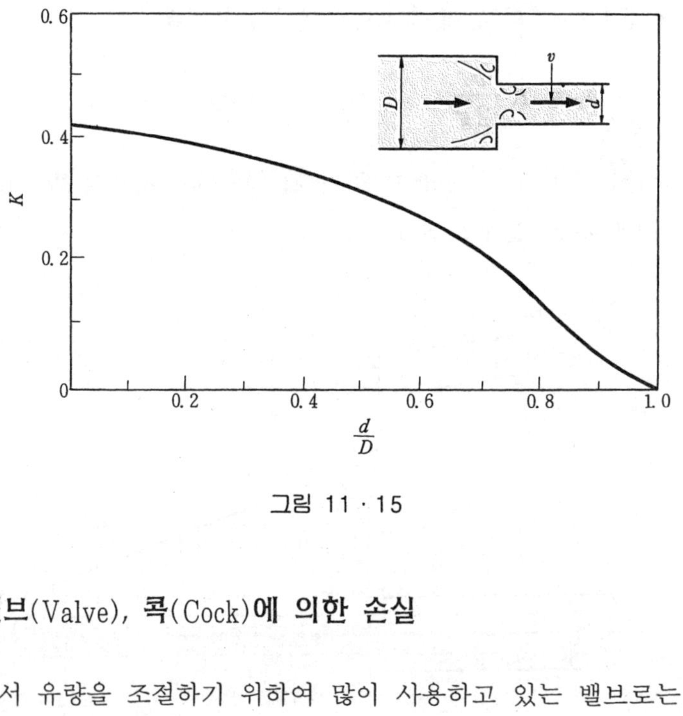

그림 11·15

11.5.4 밸브(Valve), 콕(Cock)에 의한 손실

관로유동에서 유량을 조절하기 위하여 많이 사용하고 있는 밸브로는 슬루스 밸브(sluice valve)와 나비밸브(butterfly valve) 등이 있는데, 유동 단면이 확대·축소됨으로써 발생하는 충돌손실은 밸브의 개도(opening)에 따라 크게 달라진다.

그림 11·16은 원형 슬루스 밸브를 도시한 것이며, 개도 $\dfrac{x}{d}$의 변화에 따라 K값의 변화를 실험적으로 측정하여 표 11·2에 제시하였다.

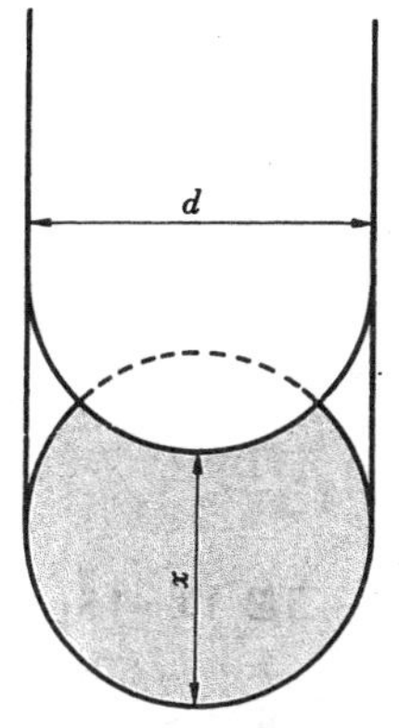

그림 11 · 16

표 11 · 2

$\frac{x}{d}$	1	7/8	6/8	5/8	4/8	3/8	2/8	1/8
K	0.05	0.08	0.8	1.5	3.0	8.6	20	100

또, 그림 11 · 17은 나비밸브를 관로에 설치한 것이며, 표 11 · 3은 나비밸브의 개도를 나타내는 회전각 α의 변화에 따른 K의 값을 나타낸다.

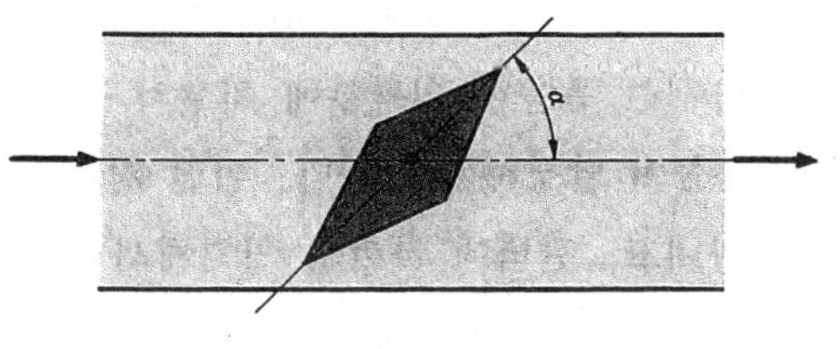

그림 11 · 17

표 11 · 3

α	10°	20°	30°	40°	50°	60°	70°
K	0.5	1.5	4.0	11	33	120	750

유량조절을 위해 콕은 그림 11 · 18과 같이 관로에 설치되어 콕의 회전각 β에 따라 통로개도가 조절되도록 되어 있다. 이 콕의 회전각 β와 K와의 관계가 표 11 · 4에 주어져 있다.

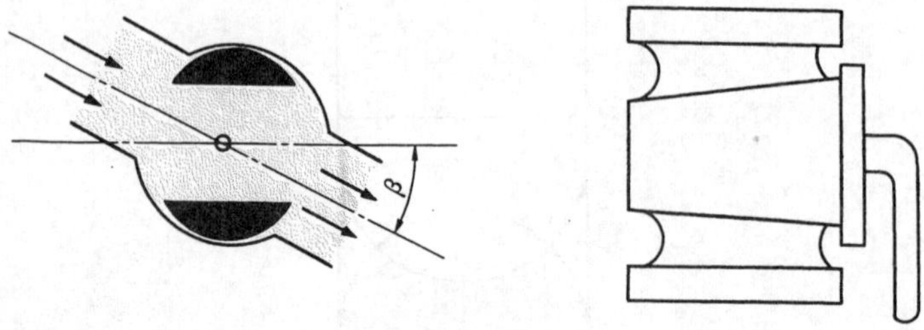

그림 11 · 18

표 11 · 4

β	10°	20°	30°	40°	50°	60°	65°
K	0.3	1.5	5.2	17	50	200	500

11.5.5 곡관에 의한 손실

관로유동은 직관에서는 층류나 난류의 유동분포를 나타내어 포물선을 이루며, 특별한 경우를 제외하면 속도 분포도는 중심선을 기준으로 하여 대칭을 이룬다. 그러나 그림 11 · 19에서 보는 바와 같이 유동은 곡관부 이전에서는 대칭 포물선을 이루다가 곡부에 도달하면 유체의 유동 관성력에 의하여 균일분포를 유지하지 못한다. 또 빠른 속도로 곡관을 통과하는 유체는 유동이 외곽부에 치우쳐 불균일 분포유동이 되며, 경우에 따라 나선형의 회전유동이 발생하기도 한다. 이런 경우의 속도분포는 중심부에서 오히려 낮은 속도값을 나타내고, 관벽에 가까운 영역에서 높은 속도값이 존재하게 된다. 이러한 영향들은 곡부의 곡률 반지름, 곡각, 지름 등에 크게 좌우된다.

그림 11 · 20은 몇 개의 곡각의 곡률 반지름과 지름의 비에 대한 충돌손실의 변화

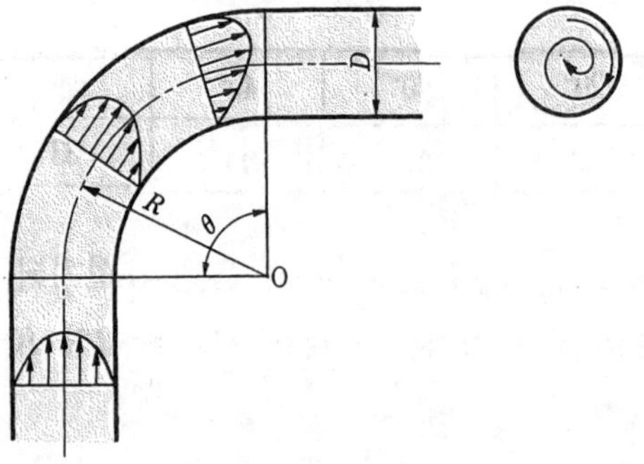

그림 11 · 19

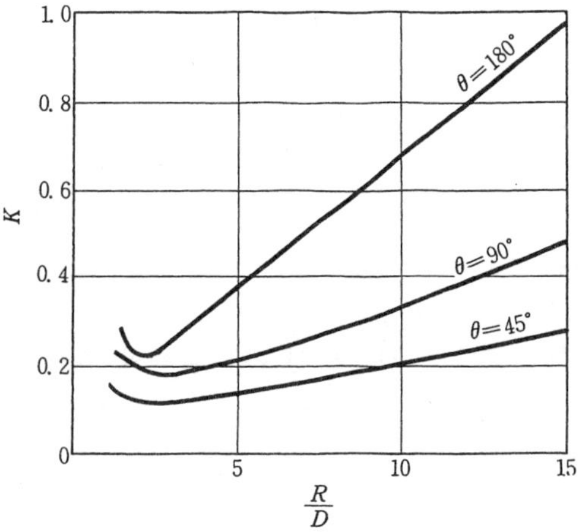

그림 11·20

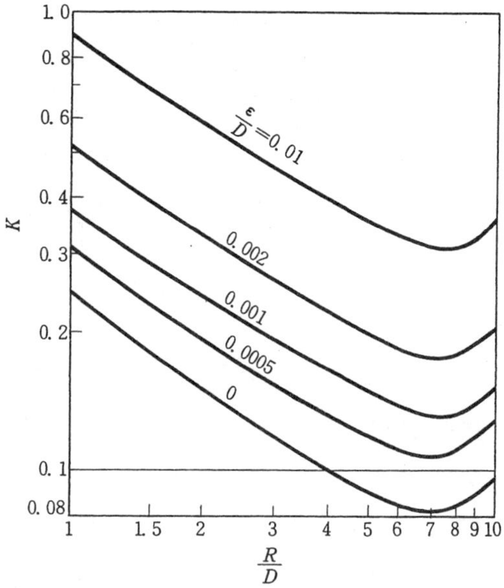

그림 11·21

를 도시한 것이며, 그림 11·21은 관 내벽의 상대조도에 따른 $\frac{R}{D}$ 와 K의 관계를 도시한 것이다.

독일의 Hofmann은 곡관에서 입구의 영향을 고려하여, 입구에서 충분히 떨어진 곳에 안지름 42 mm, $\theta = 90°$인 관을 설치해서 손실실험을 하였다. 그가 이 실험에서 얻은 결과를 1929년에 발표한 것이 표 11·5이다.

표 11·5

R/D	0	1	2	4	6	10
K	1.3	0.52	0.29	0.23	0.18	0.20

곡관에서 곡률 반지름과 지름의 비가 비교적 작은 곡관을 엘보(elbow)라고 하며, $\frac{R}{D}$가 작아짐으로써 K의 값은 크게 증가하는 현상을 볼 수 있다.

유체의 곡관 내의 유동에서 $\frac{R}{D}$ 가 작아질수록 유체는 그림 11·22(a)에서 보는 바와 같이 A 영역에서는 박리현상이 발생하고 유동은 불균일 분포를 나타내게 된다. 뿐만 아니라 회전유동도 발생하므로, 이를 방지하기 위하여 곡부에 유동 안내깃(guide vane)을 그림 11·22(b)와 같이 설치한다.

$\frac{R}{D}$ 가 어느 한도 이상 증가하게 되면 K의 값이 증가하고, Hofmann의 실험결과에서는 $\frac{R}{D}$ 의 값이 약 7이 될 때 K의 값이 가장 작게 나타나는 것으로 되어 있다.

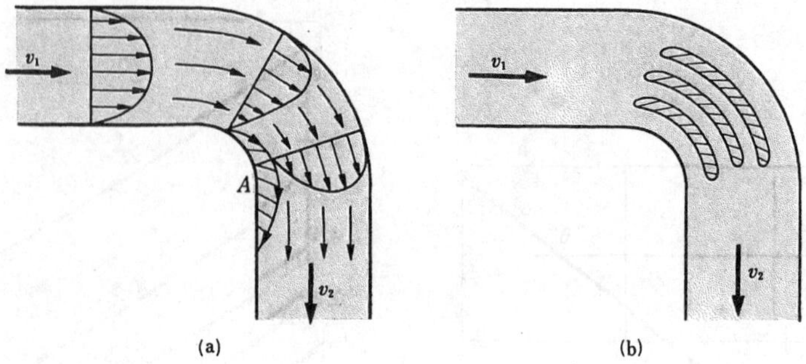

그림 11 · 22

또한 그림 11 · 23은 동일한 곡률과 $\frac{R}{D}$의 값을 갖는 곡관의 연속인 일종의 코일 모양의 곡관유동을 생각할 수 있다. 일반적으로 나타나 있는 실험결과로서는, 곧은 관로에서의 손실에 비하여 약 두 배의 손실이 발생하는 것으로 밝혀져 있다.

표 11 · 6은 유동단면의 수축, 확대 및 곡관의 각 경우에 대하여 종합적으로 나타낸 충돌손실 계수이다.

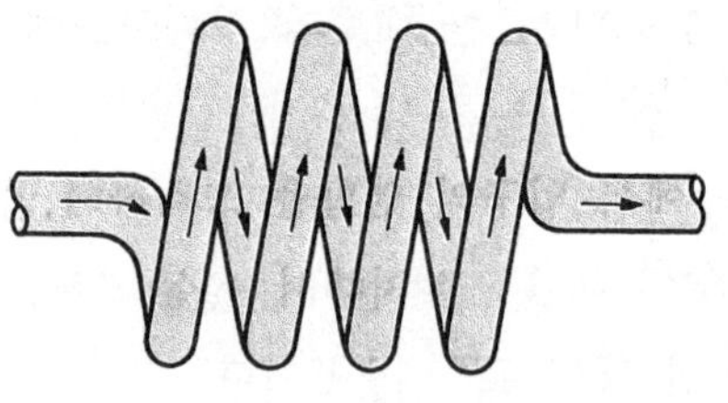

그림 11 · 23

표 11 · 6

구 분	도 표	상 수
• 관 입구 $h_L = K_e \frac{v_2^2}{2g}$	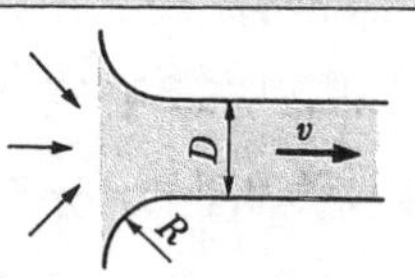	R/D K_e 0.0 0.50 0.1 0.12 >0.2 0.03
• 수축관 $h_L = K_C \frac{v_2^2}{2g}$	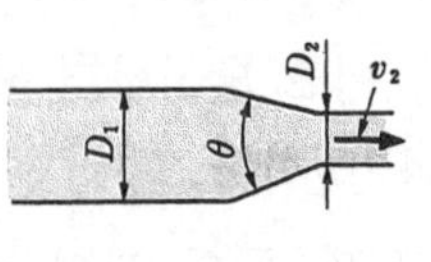	D_2/D_1 K_C $\theta = 60°$ K_C $\theta = 180°$ 0.0 0.08 0.50 0.20 0.08 0.49 0.40 0.07 0.42 0.60 0.06 0.32 0.80 0.05 0.18 0.90 0.04 0.10

표 11·6 (계속)

구 분	도 표	상 수
• 확대관 $h_L = K_E \dfrac{v_1^2}{2g}$	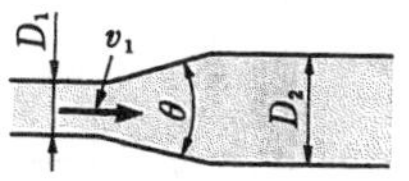	D_1/D_2 / K_E $\theta = 10°$ / K_E $\theta = 180°$ 0.0 / — / 1.00 0.2 / 0.13 / 0.92 0.40 / 0.11 / 0.72 0.60 / 0.06 / 0.42 0.80 / 0.03 / 0.16
• 90° 사접 곡관	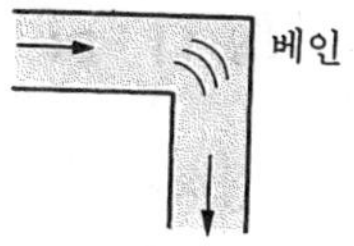	베인이 없을 때 $K_b = 1.1$ 베인이 있을 때 $K_b = 0.2$
• 90° 원활한 곡관	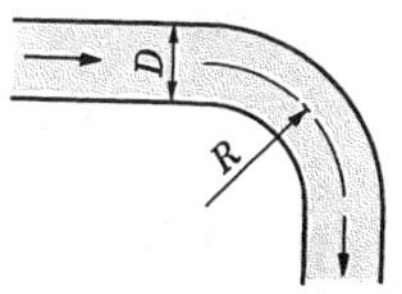	R/D / K_b 1 / 0.35 2 / 0.19 4 / 0.16 6 / 0.21 8 / 0.28 10 / 0.32
• 나사관 이음 글로브 밸브(크게 열림) 각밸브(크게 열림) 게이트 밸브(크게 열림) 게이트 밸브(반 열림) 귀환밴드		 $K_v = 10.0$ $K_v = 5.0$ $K_v = 0.2$ $K_v = 5.6$ $K_v = 2.2$
• T 이음 직통 유동 측면 유동		 $K_t = 0.4$ $K_t = 1.8$
• 엘보 90° 엘보 45° 엘보		 $K_b = 0.9$ $K_b = 0.4$

예 제 11.13 비중이 $S = 0.9$, 동점성 계수가 $\nu = 4 \times 10^{-5}\ \mathrm{m^2/s}$인 기름이 그림 11·24에서 보는 바와 같이 탱크 (1)에서 탱크 (2)로 유량 $0.03\ \mathrm{m^3/s}$로 유동하고 있다. 이 관의 안지름은 16 cm인 매끈한 관이며, 관마찰 계수는 $\lambda = 0.032$이다. 탱크 (1)에서의 기름 표면의 높이를 구하라.

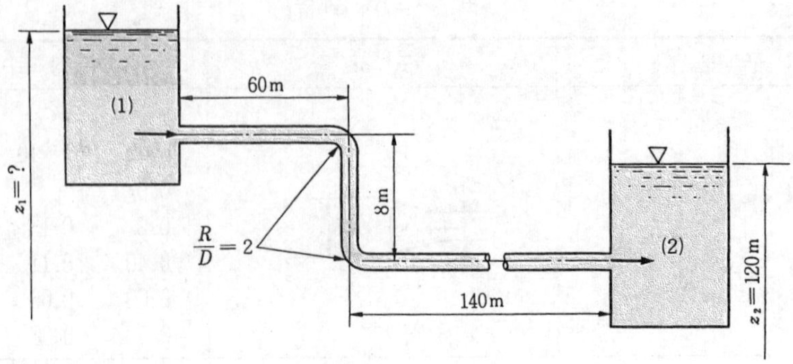

그림 11 · 24

풀이 탱크 (1), (2) 사이의 에너지 방정식은

$$\frac{p_1}{\gamma} + \frac{{v_1}^2}{2g} + z_1 = \frac{p_2}{\gamma} + \frac{{v_2}^2}{2g} + z_2 + \sum h_L$$

$$0 + 0 + z_1$$

$$= 0 + 0 + 120 + \lambda \frac{l}{d}\frac{v^2}{2g} + 2K_b\frac{v^2}{2g} + K_e\frac{v^2}{2g} + K_0\frac{v^2}{2g}$$

여기서 K_b, K_e, K_0는 관로의 입구, 곡부 및 출구에서의 충돌손실 계수이다. 따라서 관 내벽의 상대조도를 $\frac{\varepsilon}{D} = 0.0005$로 가정하면, 그림 11 · 21에서 $\frac{R}{D} = 2$인 경우에 $K_b = 0.19$를 구할 수 있으며, 그림 11 · 14에서 $K_e = 0.5$, 출구에서의 충돌손실 계수는 $d \ll D$, 즉 $\frac{d}{D} \approx 0$이 되므로, 그림 11 · 11에서 $K_0 \fallingdotseq 1.0$을 취할 수 있다.

또 평균유속은

$$v = \frac{Q}{A} = \frac{0.03 \times 4}{3.14 \times (0.16)^2} = 1.493\ \mathrm{m/s}$$

그러므로

$$z_1 = 140 + \frac{(1.493)^2}{2 \times 9.8}\left(\frac{0.032 \times 208}{0.16} + 2 \times 0.19 + 0.5 + 1\right)$$

$$= 144.945\ \mathrm{m}$$

예제 11.14 그림 11 · 25에서와 같이 저(低)수조에서 고(高)수조로 펌프에 의하여 물을 뿜어올리고 있다. 물의 온도는 $T = 20$℃이며, 철관의 안지름은 22 cm이고, 유량은 $0.36\,m^3/s$이다. 펌프에 필요한 동력을 구하라. 단, 관마찰 계수는 $\lambda = 0.018$이다.

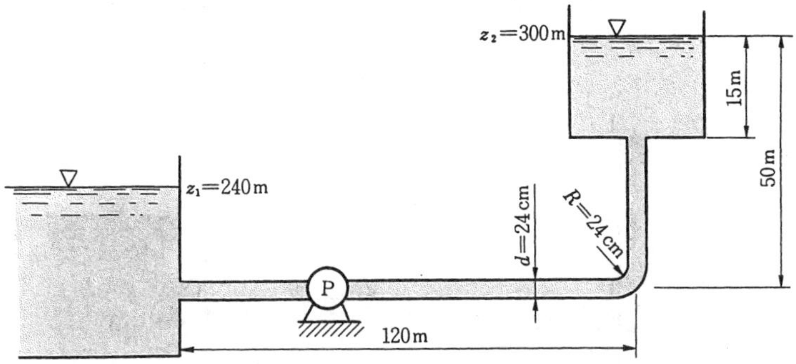

그림 11 · 25

풀이 저수조와 고수조에서의 에너지 방정식은

$$\frac{p_1}{\gamma} + \frac{v_1^2}{2g} + z_1 + h_p = \frac{p_2}{\gamma} + \frac{v_2^2}{2g} + z_2 + \sum h_L$$

여기서 h_p는 펌프에 필요로 하는 압력수두이며, 수조와 관의 연결에서 발생하는 급수축 및 급확대 그리고 곡관에 의한 충돌손실 계수를 각각 K_e, K_E, K_b라 하면 윗식은

$$\begin{aligned} &0 + 0 + 240 + h_p \\ &\quad = 0 + 0 + 300 + \frac{v^2}{2g}\left(K_e + K_b + K_E + \lambda\frac{l}{d}\right) \end{aligned}$$

표 11 · 6에서 $K_e = 0.5$, $K_b = 0.35$, $K_E = 1.0$이고,

$$v = \frac{Q}{A} = \frac{0.36 \times 4}{3.14 \times (0.24)^2} = 7.96\,\text{m/s}$$

이므로, 펌프에 필요한 압력수두는

$$\begin{aligned} h_p &= 300 - 240 + \frac{(7.96)^2}{2 \times 9.8}\left(0.5 + 0.35 + 1.0 + 0.018 \times \frac{155}{0.24}\right) \\ &= 103.56\,\text{m} \end{aligned}$$

그러므로 펌프에 필요한 동력은

$$L_p = \frac{\gamma Q h_p}{102} = \frac{1000 \times 0.36 \times 103.56}{102} = 365.51\,\text{kW}$$

예 제 11.15 그림 11 · 26과 같이 두 물탱크 사이는 지름이 다른 두 개의 원형관으로 연결되어 있다. A 탱크에서 B 탱크로 물이 유동되고 있을 때 유량 $0.16\,m^3/s$인 양 수조 수면의 높이차를 구하라. 단, 두 관의 관마찰 계수는 $\lambda = 0.018$로서 동일하다.

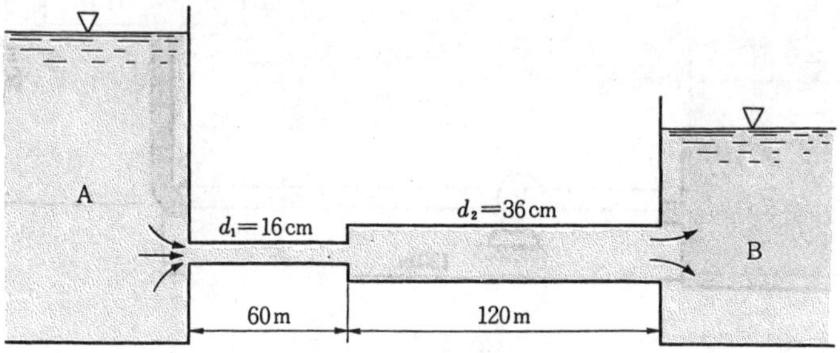

그림 11 · 26

풀 이 각 관로에서 유속은

$$v_1 = \frac{Q}{A_1} = \frac{0.16 \times 4}{3.14 \times (0.16)^2} = 7.96\ \mathrm{m/s}$$

$$v_2 = \frac{Q}{A_2} = \frac{0.16 \times 4}{3.14 \times (0.36)^2} = 1.57\ \mathrm{m/s}$$

두 물탱크 사이의 에너지 방정식은

$$\frac{p_1}{\gamma} + \frac{{v_1}^2}{2g} + z_1 = \frac{p_2}{\gamma} + \frac{{v_2}^2}{2g} + z_2 + \sum h_L$$

여기서

$$\sum h_L = \frac{{v_1}^2}{2g}\left(K_e + \lambda_1 \frac{l_1}{d_1}\right) + \frac{{v_2}^2}{2g}\left(K_E + \lambda_2 \frac{l_2}{d_2}\right) + \frac{(v_1 - v_2)^2}{2g}$$

이고, 표 11 · 6에서 $Ke = 0.5$, $K_E = 1.0$이므로 수면의 높이차는

$$H = z_1 - z_2 = \frac{(7.96)^2}{2 \times 9.8}\left(0.5 + 0.018 \times \frac{60}{0.16}\right) + \frac{(1.57)^2}{2 \times 9.8}\left(1.0 + 0.018 \times \frac{120}{0.36}\right) + \frac{(7.96 - 1.57)^2}{2 \times 9.8}$$
$$= 26.40\ \mathrm{m}$$

······ 연 습 문 제 ······

1. 관마찰 계수가 $\lambda = 0.028$인 주철관을 통하여 유량 $0.32\,m^3/s$를 송수할 때, 상당 기울기가 $\dfrac{3}{500}$이 되기 위해서는 반지름을 얼마로 하면 되겠는가?

2. 수도관을 통하여 $600\,m^3/h$로 급수하고 있다. 관의 안지름이 36 cm이고, 급수거리는 2.2 km이다. 마찰손실 압력은 얼마인가? 단, $\lambda = 0.03$이다.

3. 그림 11·27과 같이 $H = 10\,m$일 때 유량을 구하라. 또 $Q = 60\,l/s$일 때 H는 얼마인가? 단, 관마찰 계수는 0.025, 엘보 및 밸브의 손실계수는 각각 0.75와 7.5이고, 4각 단면 입구의 손실계수는 0.5이다.

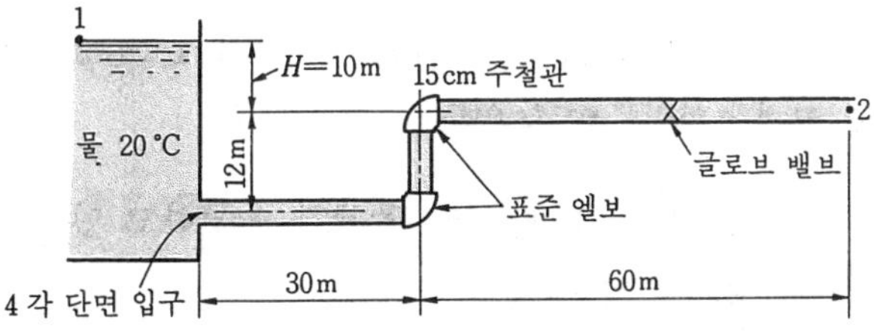

그림 11·27

4. 그림 11·28과 같이 $H = 10\,m$, $L = 20\,m$, $\theta = 30°$, $D = 8\,mm$, $\gamma = 10\,kN/m^3$, $\mu = 0.8\,kg/m\cdot s$인 경우, 관의 단위길이당 손실수두와 유량을 구하라. 단, λ는 0.03으로 가정한다.

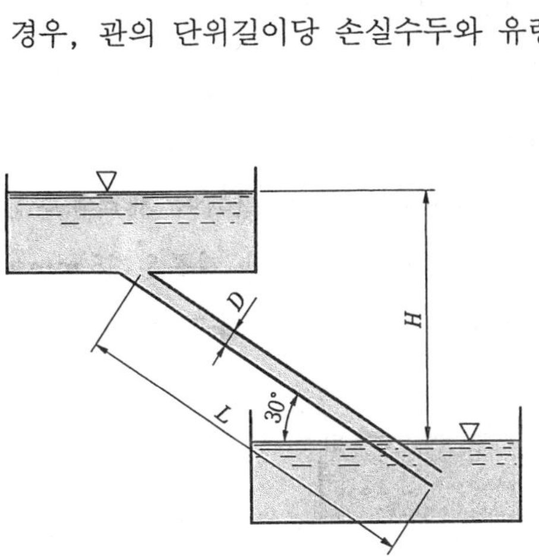

그림 11·28

5. 관로유동에서 $D = 10\,cm$, 관의 단위길이당 압력강하가 $0.5\,kgf/m^2$, 동점성 계수

가 $\nu = 0.9 \times 10^{-6}\,m^2/s$일 경우, 유량 Q와 평균속도 $\overline{V}$를 구하라. 또 이 관의 마찰계수가 0.03이라 하면 관 내의 전단응력 분포는 어떻게 되는지 그림으로 나타내라.

6. 공기의 관로유동에서 지름 5 cm, 길이 10 m인 수평관에서 입구와 출구 사이의 압력손실 수두는 10 cm이다. 이때 관 내의 공기유량 Q와 최대속도 u_{max}을 구하라. 단, $\lambda = 0.005$, 공기의 비중 0.001, 공기의 동점성 계수 $\nu = 1.02 \times 10^{-6}\,m^2/s$이다. U자관 내의 액체는 물이다.

7. 문제 6에서 반지름의 2분의 1 되는 곳에서의 전단응력은 얼마인가?

8. 지름이 30 cm이고 길이가 120 m인 관에 물을 흘려보내면서 양끝의 압력차를 측정한 결과 수은주가 33 cm였다. 유량이 $0.23\,m^3/s$일 때 마찰계수는 얼마인가?

9. 유속을 4 m/s로 유지하기 위해서는 지름 1 cm인 관의 1 km당 압력손실은 얼마이어야 하는가? 단, $\nu = 4 \times 10^{-5}\,m^2/s$이다.

10. 지름이 0.5 in인 관에서 $Re = 1800$으로 유체가 유동하고 있다. 손실수두는 100 ft 길이당 $h = 30$ ft라면 유량은 얼마인가?

11. 두 개의 유조가 5 m 높이로 떨어진 곳에 300 m의 상업용 강관으로 연결되어 있다. 기름을 50 l/s로 공급하기 위해서는 관의 크기는 얼마로 하면 되는가? 단, $\mu = 0.05\,kg/m \cdot s$, $\gamma = 8\,kN/m^3$이다.

12. 지름이 150 mm인 수평관을 통하여 20℃의 물이 체적유량 $0.1\,m^3/s$로 유동되고 있다. 10 m 구간 사이의 압력손실을 구하라. 단, $\lambda = 0.0149$이다.

13. 그림 11·29와 같이 수조에 관이 연결되어 체적유량 $0.03\,m^3/s$로 유출될 때, 수면까지의 높이 h는 얼마인가? 단, 관의 지름은 75 mm이고, 길이가 100 m이며, 입구의 손실계수 $K = 0.5$로서 물은 대기에 방출되고 있다. $\lambda = 0.0131$이다.

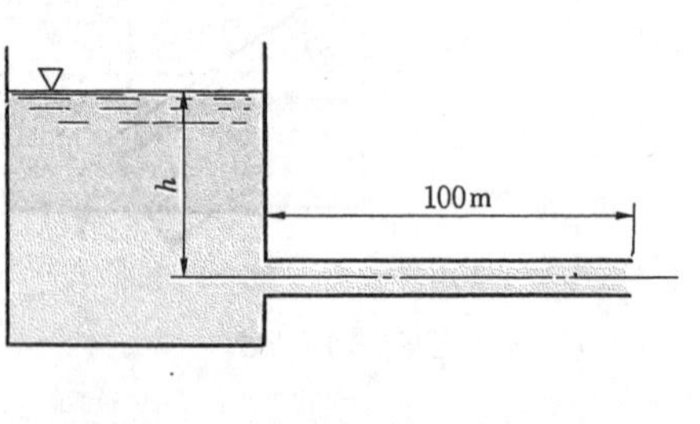

그림 11·29

14. 게이지 압력으로 650 kPa이 드릴(drill) 끝부분에서 작용하는 압축공기 드릴에 0.25 kg/s의 공기가 필요하다. 콤프레서로부터 드릴까지 연결된 호스의 안지름이 40 mm이고, 최대 콤프레서 유동 게이지 압력은 690 kPa이다. 밀도의 변화와 호스가 굽어진 데 대한 영향을 무시하면, 공기가 콤프레서로부터 40℃로 방출된다고 할 때 사용할 수 있는 최대 호스길이를 구하라. 단, $\lambda = 0.0134$이다.

15. 4 in의 관이 그림 11·30과 같이 80 ft 수직높이의 수조에 연결되어 600 ft 길이로 물을 공급하고 있다. 이 관은 20년간 사용한 주철관이며, 출구에는 게이트 밸브(gate valve)가 설치되어 있다. 유출량을 gal/min로 나타내라. 단, $\lambda = 0.031$이고 입구손실에 고려되는 입구 상당길이는 $\dfrac{L_e}{D} = 13$으로 간주한다.

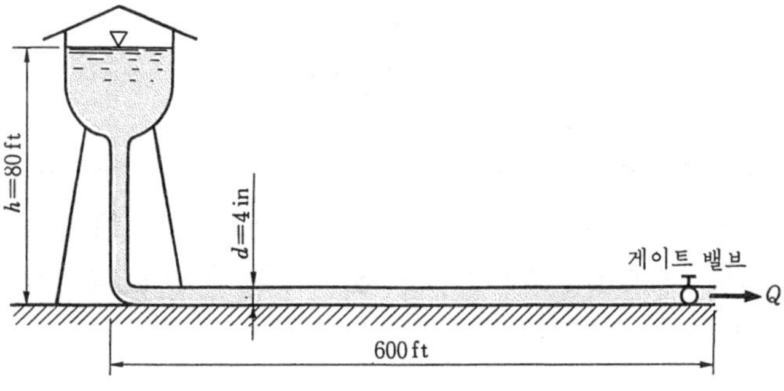

그림 11·30

16. 수평으로 설치된 지름이 16 cm이고, 길이가 1000 m인 주철관을 통하여 10℃의 물이 0.04 m^3/s로 펌프에 의해 뿜어져 수송되고 있다. 압력손실 수두와 필요한 동력을 계산하라. 단, 관마찰 계수는 $\lambda = 0.024$이다.

17. 20℃ 상온에서 물이 지름이 10 cm인 신주철관을 통해 수직으로 뿜어올려지고 있으며, 물이 방출되는 쪽의 압력이 1.6 MPa이다. 유량이 0.02 m^3/s라면 펌프로부터 60 m 떨어진 높이에서의 압력은 얼마가 되겠는가? 단, 관 내벽의 상대조도는 $\dfrac{\varepsilon}{D} = 0.0005$이며, 관마찰 계수는 $\lambda = 0.0185$이다.

18. 그림 11·31과 같이 물이 A 수조에서 B 수조로 지름이 일정한 곧은 관로를 통하여 유동되고 있다. 관의 길이는 400 m이고, 유량은 2 m^2/s이며, 관의 입구와 출구 그리고 열린 상태에서 슬루스 밸브의 충돌손실 계수는 각각 $K_e = 0.5$, $K_0 = 1.0$, $k_v = 0.2$이다. 또, 관마찰 계수는 $\lambda = 0.028$이며, 양 수조 수면의 높이차는 5 m, 전관로에서 평균유속은 2 m/s이다. 관의 안지름은 얼마인가?

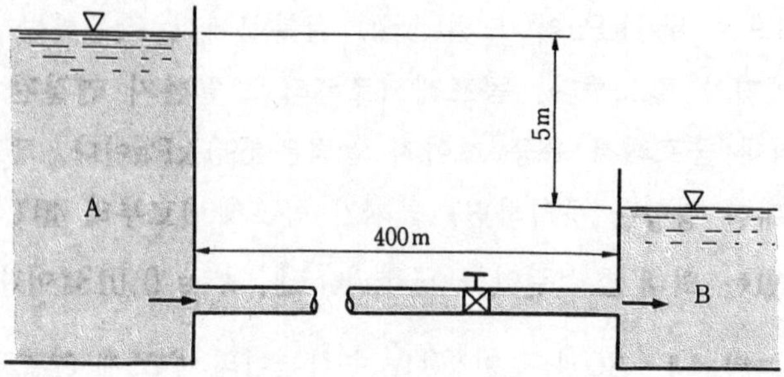

그림 11 · 31

19. 안지름이 20 cm인 신주철관을 통하여 1 km 떨어진 A, B의 두 점간을 비중이 $S = 0.8$인 원유를 $0.03\ m^3/s$로 유동시키고 있다. 점 B는 점 A보다 20 m 더 높게 설치되어 있으며, 관마찰 손실계수는 $\lambda = 0.028$이다. 점 B의 압력이 360 kPa이 된다면 점 A에서 필요한 압력은 얼마인가?

20. $T = 50°F$인 물이 안지름이 24 in인 신주철관을 통하여 송수되고 있다. 관의 A, B 두 점 사이의 거리는 3마일이며, 점 A는 점 B보다 30 ft 높게 설치되어 있다. 점 B의 압력이 점 A보다 20 psi 높으며 관마찰 계수는 $\lambda = 0.017$이다. 물의 유동방향과 유량을 계산하라.

21. 안지름이 10 cm이고 마찰계수가 $\lambda = 0.028$인 관이 그림 11 · 32와 같이 설치되어 있다. $\rho = 900\ kg/m^3$인 유체가 유동될 때 유량을 계산하라.

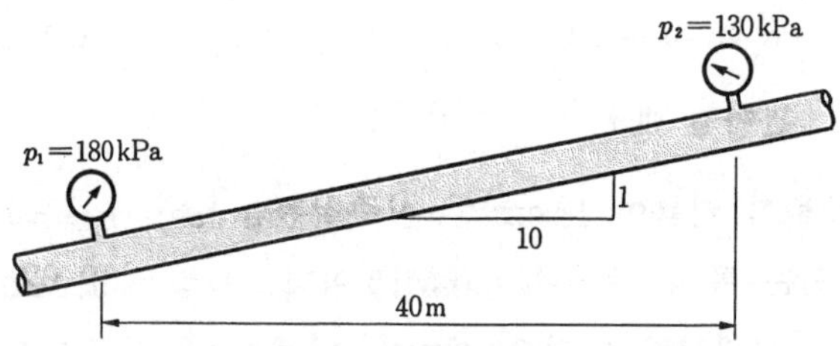

그림 11 · 32

22. 그림 11 · 33에서와 같은 기름수송장치에서 펌프에 필요한 동력을 구하라. 단, A, B 탱크의 높이는 $z_A = 100\ m$, $z_B = 120\ m$이고, 유량은 $Q = 0.24\ m^3/s$이며 관마찰 계수는 $\lambda = 0.021$이다.

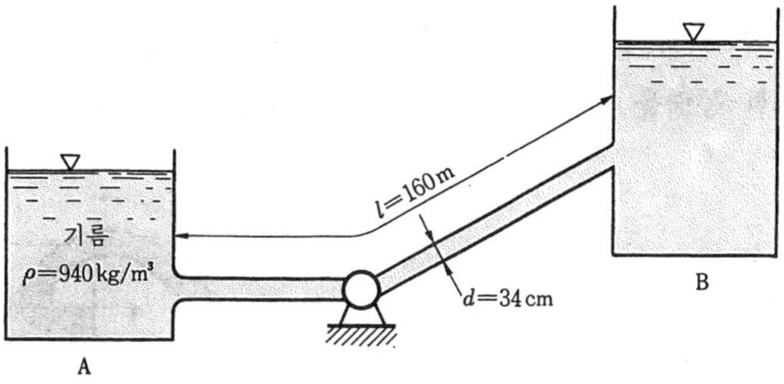

그림 11 · 33

23. 급수 원관의 게이지 압력이 320 kPa이다. 원관으로부터 160 m 떨어진 공장에 0.026 m^3/s로 급수하기 위한 관의 크기를 구하라. 단, 관마찰 계수는 $\lambda = 0.024$이고, 공장에서 필요한 게이지 압력은 60 kPa이며, 원관으로부터 12 m 높은 위치에 설치되어 있다.

24. 두 수조는 수면의 높이차가 14 ft이다. 이 수조 사이에는 지름이 1 ft이고, 길이가 45 ft인 관과 지름이 6 in이고 길이가 30 ft인 관으로 연결되어 있는데, 1 ft 관에는 $\dfrac{R}{D} = 1$인 밴드가 네 개 설치되어 있고, 6 in 관에는 $\dfrac{R}{D} = 4$인 밴드가 두 개 설치되어 있다. 두 관의 연결부가 급수축부로 되어 있다면, $T = 60°F$인 경우의 유량을 계산하라. 단, 관마찰 계수는 두 관의 경우 동일하며 $\lambda = 0.026$이다.

25. 관로가 그림 11 · 34와 같이 설치되어 있다. 글로브 밸브 출구지름이 0.5 in일 경우 24 gal의 물을 채우는 데 소요되는 시간을 계산하라. 단, d_1, d_2관의 관마찰 계수는 $\lambda_1 = 0.024$, $\lambda_2 = 0.026$이다.

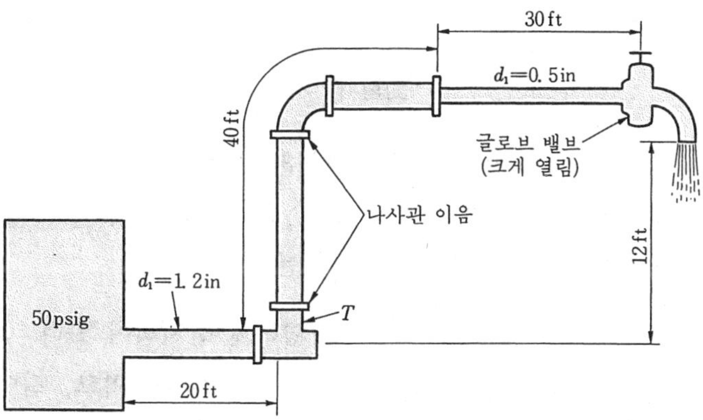

그림 11 · 34

26. 물을 16 m^3/s로서 펌프에 의해 뿜어올리고 있다. 그림 11 · 35와 같은 장치에서 펌프에 필요한 동력을 계산하라. 단, 관마찰 계수는 $\lambda = 0.016$이다.

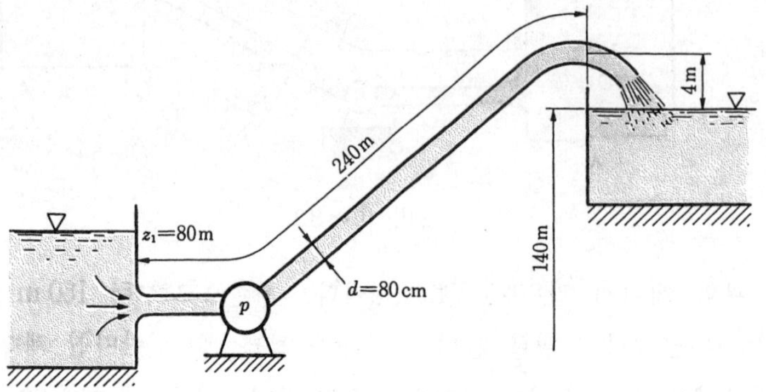

그림 11 · 35

27. 그림 11 · 36에서 비중이 $S = 0.86$인 기름의 송출량을 계산하라. 단, 관마찰 계수는 $\lambda = 0.020$이다.

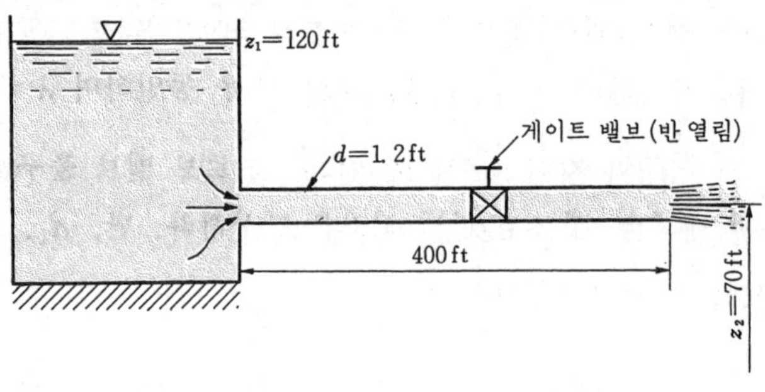

그림 11 · 36

28. 그림 11 · 37과 같은 급수장치에서 유량은 0.036 m^3/s이다. d_1관과 d_2관의 관마찰 계수가 $\lambda_1 = 0.026$, $\lambda_2 = 0.028$이고, B 수조의 수면의 높이가 120 m라고 하면 A 수조의 수면의 높이는 얼마가 되겠는가?

29. 두 개의 관로가 그림 11 · 38과 같이 평행하게 설치되어 있다. A 관로의 지름은 50 cm이고, 길이는 1200 m이며, B 관로의 지름은 40 cm이고, 길이는 1800 m이다. 점 (1)과 점 (2) 사이에는 15℃의 물이 1.2 m^3/s로 유동되고 있다. A, B 각 관로의 유량을 계산하라. 단, A, B 두 관로의 관마찰 계수는 동일하다.

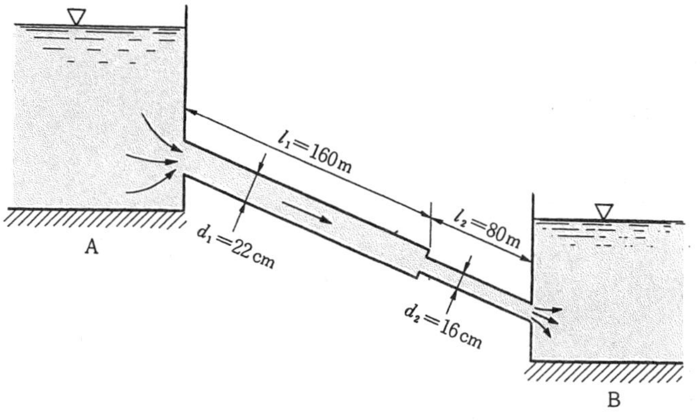

그림 11 · 37

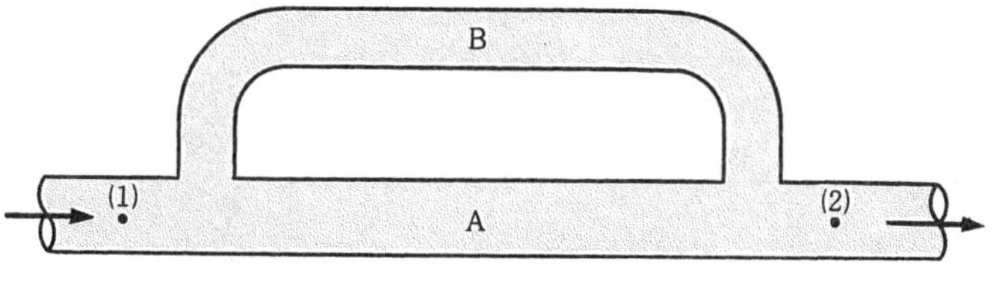

그림 11 · 38

30. 두 개의 관로가 평행하게 설치되어 있는데, 한쪽 관로는 다른 한 개의 관로에 비하여 지름이 두 배, 길이가 세 배 더 크다. 큰 관로와 작은 관로의 관마찰 계수가 각각 0.012, 0.014일 때 두 관로의 유량비를 계산하라.

제 12 장

수로유동
Channel Flow

12.1 개 론

수로(水路)에는 개수로(開水路, open channel)와 폐도관(閉導管, closed conduit)이 있다. 전자는 하천 등과 같이 상부가 열려 있는 상태이고, 후자는 상부가 덮여 있는 상태이다. 그러나 수력 발전소의 압력도관과 같이 물이 가득차게 흐르고 있어 자유표면을 갖고 있지 않는 경우는 관로(管路)로 취급한다. 또한 수로에 의한 유체유동은 액체의 경우에만 생각할 수 있다.

수로의 경우에는 관로의 경우와는 달리 유동단면이 그림 12·1과 같이 다양하여 문제해석이 복잡하다. 그러나 수로의 설계와 제반계산에서는 관로의 이론과 방정식들을 응용하고 있다.

개수로 유동은 층류이거나 난류유동이고, 정상유동이거나 비정상유동이며, 또 균일유동이거나 불균일 유동으로서 비정상 개수유동 문제는 유체역학의 기초과정에서 다루기에는 어렵다. 그러므로 실제문제에서 많이 다루게 되는 정상 난류유동에 대하여 논하기로 한다.

그림 12·2에서 보는 바와 같이 이상유체와 실제유체(real fluid)가 일정한 높이의 저장탱크에서 경사진 수로를 따라 유동하고 있을 때, 이상유체의 경우에는 저항이 존재하지 않으므로 유속은 중력 가속도의 영향을 받아 계속해서 가속이 이루어지게 된다. 그리하여 유동위치가 멀어질수록 평균속도가 증가하게 되어 연속의 이론에 의하여 유동단면이 감소하게 되고, 이로 인하여 유동의 깊이는 각 유동단면에 따라 변화

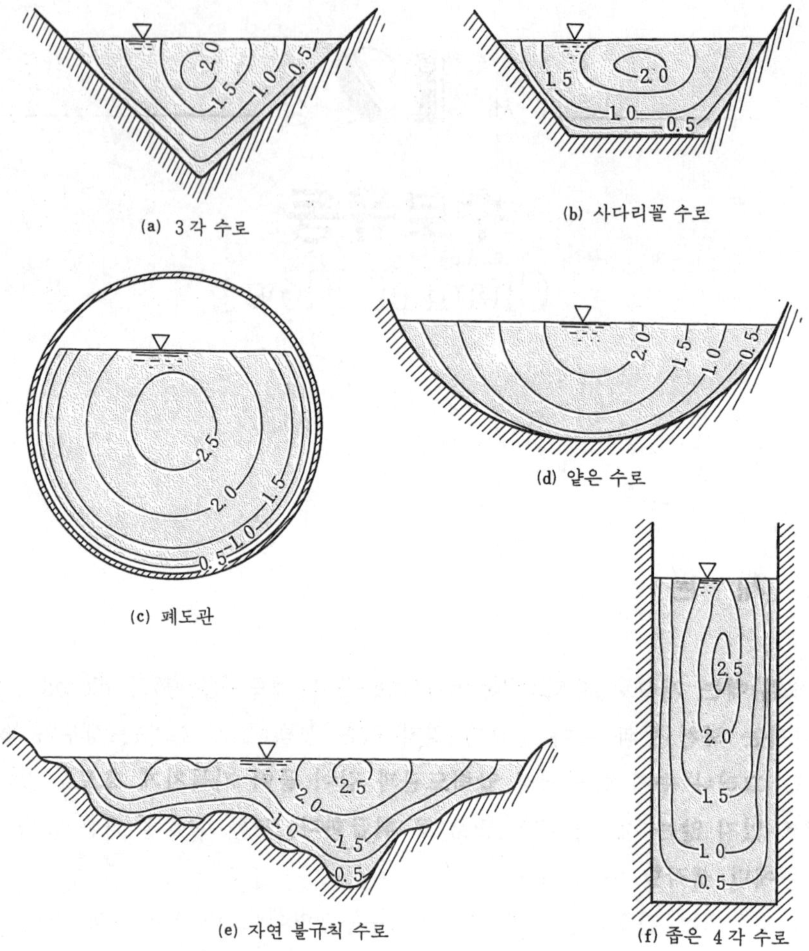

(a) 3각 수로

(b) 사다리꼴 수로

(c) 폐도관

(d) 얕은 수로

(e) 자연 불규칙 수로

(f) 좁은 4각 수로

그림 12 · 1

하게 된다.

동일한 수로에서 실제 유체유동의 경우를 살펴보면, 유체의 점성과 수로의 조도에 의한 영향으로 저항력이 발생하게 된다. 유속이 느린 수로의 상단에서 저항력은 작으나 유동방향에 대한 중력에 의한 힘의 분력은 이상유체의 경우와 동일하다고 볼 수 있다. 그러므로 유동방향에 대한 힘의 불균형이 생겨 그림 12 · 2 (b)와 같이 수로의 상부 (1) 부근에서는 점진적으로 유속이 변화하며, (2) 영역에서는 급진적으로 변화하다가, (3) 영역에서는 다시 점진적인 유속의 증가를 나타낸다. 그리고 (4) 영역에서는 균일유동이 형성되며, (5)와 (7) 영역에서는 다시 점진적인 증가를 하며, (6) 영역에서는 급진적인 유속의 증가를 나타낸다.

저항력은 유속의 증가와 함께 중력의 작용으로 힘의 균형이 이루어질 때까지 증가하

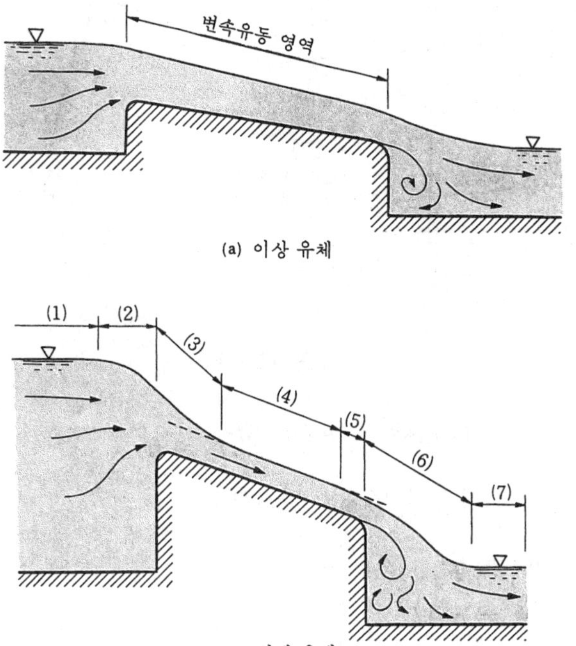

(a) 이상 유체

(b) 실제 유체

그림 12·2

게 된다. 힘의 균형이 이루어지면 유동단면의 변화와 유동 깊이의 변화가 없는 균일유동이 형성된다.

수로의 하부에 가까이 가면 압력과 중력이 저항력보다 크게 되어 변속유동이 다시 발생하게 된다. 그러므로 실제적으로는 균일유동보다는 변속유동이 훨씬 더 많이 일어나며, 짧은 수로유동에서는 균일유동을 얻을 수 없다.

12.2 Chézy 식

개수로에서 균일유동의 경우에 대한 기본 유동 방정식은 운동량의 변화가 없으므로 관로유동에서의 기본개념을 적용하여 쉽게 유도할 수 있다. 그림 12·3에서 단면 (1), (2) 사이에 균일유동의 경우를 고려해 보자. 제어체적 $ABCD$에 작용하는 힘들은 단면 (1), (2)에 작용하는 정압에 의해 발생하는 전힘 F_1, F_2와 무게 W의 유동방향 성분 $W\sin\theta$, 그리고 수로의 바닥과 양 측면에서 발생하는 저항력 $R = Sl\tau_0$ 등이다.

이 힘들의 평형식은

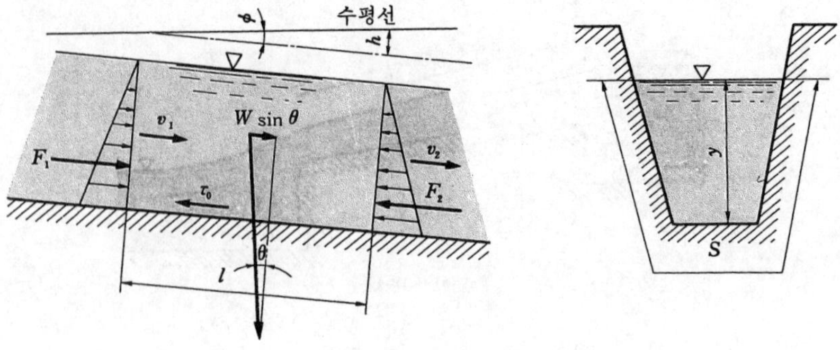

그림 12 · 3

$$F_1 + W\sin\theta - F_2 - Sl\tau_0 = 0 \qquad (12 \cdot 1)$$

유동단면 (1), (2)에서 유량의 변화는 없으므로

$$F_1 = F_2$$
$$W = \gamma A l$$

이 되고, 작은 경사각의 수로에서는 $\tan\phi = \sin\phi$가 되므로 경사 i는

$$\tan\phi = \sin\phi = \frac{h}{l} = i$$

가 된다. 또 $\dfrac{A}{S}$는 수력 반지름 m이 되므로 식 (12 · 1)에 대입하면

$$\tau_0 = \gamma m i \qquad (12 \cdot 2)$$

관로유동에서 $\tau_0 = \dfrac{1}{8}\lambda\rho v^2$이므로 식 (12 · 2)와 함께

$$v = \sqrt{\frac{8g}{\lambda} m i} \qquad (12 \cdot 3)$$

여기서 $C = \sqrt{\dfrac{8g}{\lambda}}$로 놓으면,

$$v = C\sqrt{mi} \qquad (12 \cdot 4)$$

가 되며, 이는 프랑스의 수학자이며 수력학자인 Antoine De Chézy(1718~1789)가 1775년에 발표한 식으로서 Chézy 식이라 한다.

따라서 유량 Q는 다음과 같다.

$$Q = CA\sqrt{mi} \qquad (12 \cdot 5)$$

12.3 Chézy의 계수

12.3.1 Chézy-Manning의 공식

식 (12 · 4)에서 정의한 C를 Chézy의 계수라 하고, 실제실험과 설계에서 사용하기 위하여 C에 대한 값을 반실험적으로 구하였다.

Manning은 그의 실험식에서

$$C = \frac{\sqrt[6]{m}}{n} \quad \text{(SI 단위)} \tag{12 · 6}$$

로 사용하였다.

그러므로 식 (12 · 5)에 대입하면,

$$Q = \left(\frac{1}{n}\right) A m^{\frac{2}{3}} i^{\frac{1}{2}} \quad \text{(SI 단위)} \tag{12 · 7}$$

이 되어 이를 Chézy-Manning의 공식이라 한다.

여기서 단위는 미터(m) 단위로 계산하였으며, n은 수로의 조도에 따라 정해지는 상수이다.

12.3.2 Ganguillet와 Kutter의 공식

1869년에 스위스의 Ganguillet와 Kutter는 Chézy의 계수 C가 유체의 평균깊이 m, 기울기 i, 벽면의 성질, 즉 조도에 관계되는 것으로 생각하여 다음과 같은 실험식을 발표하였다.

$$C = \frac{23 + \dfrac{0.00155}{i} + \dfrac{1}{n}}{1 + \left(23 + \dfrac{0.00155}{i}\right)\dfrac{n}{\sqrt{m}}} \tag{12 · 8}$$

여기서 n은 수로 벽면의 특성에 따라 정해지는 상수로서 표 12 · 1과 같다.

표 12 · 1

벽면의 성질	n
(1) 매끈한 판자, 시멘트의 면	0.010~0.013
(2) 거친 판자면, 다듬은 콘크리트 면	0.012~0.018
(3) 벽돌을 쌓아올린 면	0.013~0.017
(4) 거친 콘크리트 면	0.015~0.020
(5) 거친 돌벽의 면(rubble masonry)	0.017~0.030
(6) 평평한 모래바닥의 면	0.025~0.035
(7) 돌, 풀이 있는 하천의 면	0.030~0.050

12.3.3 Bazin의 공식

프랑스의 Bazin은 1897년에 경사 i를 무시하고 다음과 같이 상수 β와 유체의 평균깊이 m에 관한 식을 발표하였다.

$$C = \frac{87}{1 + \dfrac{\beta}{\sqrt{m}}} \tag{12 · 9}$$

여기서 β는 벽면의 조도에 의해 결정되는 상수로서 표 12 · 2와 같다.

표 12 · 2

벽면의 성질	β
(1) 매끈한 면	0.06
(2) 벽돌을 쌓아올린 면	0.16
(3) 거친 돌벽의 면	0.46
(4) 규칙적인 모래의 면	0.85
(5) 보통의 토사지면(土砂地面)	1.30
(6) 작은 돌과 풀이 있는 하천면	1.75
(7) 굵은 자갈이 있는 하천면	2.00

12.3.4 지수공식

Chézy의 식 (12 · 4)는 지수의 식으로 쓸 수 있으며, 임의의 미정(未定)의 지수 α와 β로 나타내면,

$$v = Cm^{\alpha} i^{\beta}$$

여기서 α와 β를 조건에 맞게 선정함으로써 계수 C를 구할 수 있으므로 Manning은 1889년에 다음과 같은 식을 제시하였다.

$$v = Cm^{\frac{2}{3}} i^{\frac{1}{2}} \tag{12 · 10}$$

여기서 $C = \dfrac{1}{n}$을 나타내며, 표 12 · 1에 의하여 n의 값을 정한다.

12.3.5 Forchheimer의 공식

오스트리아의 Forchheimer는 지수공식에서 $\alpha = 0.7$로 하는, Manning의 식과 유유사한 다음과 같은 식을 제시하였다.

$$v = Cm^{0.7} i^{\frac{1}{2}} \tag{12 · 11}$$

12.3.6 Williams-Hazen의 공식

미국인인 Williams와 Hazen은 관로유동에서 지수공식의 α와 β값을 $\alpha = 0.63$, $\beta = 0.54$로 하여 다음과 같은 식을 사용하였다.

$$v = Cm^{0.63} i^{0.54} \tag{12 · 12}$$

12.3.7 Manning의 조도 방정식

기본적으로 균일 수로유동에서 마찰손실은 완전히 발달된 관로유동에서와 별다른 차이가 없다. 수로의 벽면이 거친 경우 마찰계수는 Moody 선도와 관련하여 반실험적으로 유도된 다음과 같은 식을 사용하고 있다.

$$\lambda^{-\frac{1}{2}} = -2.0 \log\left(\frac{\varepsilon/D_h}{3.7} + \frac{2.51}{Re_{Dh}\sqrt{\lambda}}\right) \tag{12 · 13}$$

여기서 관마찰 계수는 $\lambda = \dfrac{8\tau_w}{\rho v^2}$이며, D_h는 수력 반지름으로서 $m = \dfrac{D_h}{4} = \dfrac{A}{l_w}$의 관계를 나타낸다. 수로에서는 $Re = 10^6$이 넘는 경우 조도와 유동에 의한 영향을 받게 되나, 대개의 경우 수로유동은 $Re < 10^6$이므로 Re수를 생략하는 경우가 많다.

그리하여 식 (12 · 13)에서 Re를 무시하고 반실험적으로 유도된 마찰계수의 근사식은 다음과 같다.

$$\lambda^{-\frac{1}{2}} = 2.0 \log \frac{3.7D_h}{\varepsilon} \qquad (12 \cdot 14)$$

여기서 ε은 조도이며, 이 식을 다시 직선이 되는 지수 방정식으로 근치시키면

$$\lambda \approx 0.18\left(\frac{\varepsilon}{D_h}\right)^{\frac{1}{3}} = 0.113\left(\frac{\varepsilon}{D_h}\right)^{\frac{1}{3}} \qquad (12 \cdot 15)$$

이 식은 $0.001 < \frac{\varepsilon}{D_h} < 0.05$ 범위에서 아주 잘 일치하는 것으로 밝혀졌다. 또한 식 (12 · 15)와 관련하여 구한 간단한 Chézy의 계수식은 다음과 같이 된다.

$$C \approx \left(8.4g^{\frac{1}{2}}\varepsilon^{-\frac{1}{6}}\right)m^{\frac{1}{6}} \qquad (12 \cdot 16)$$

이 식은 Manning이 1889년에 발표한 수로유동에 대한 실험식과 형태가 유사하다. 즉, Manning이 제안한 식은

$$\left.\begin{aligned} C &= \frac{1.49}{n}m^{\frac{1}{6}}\ (\text{BG 단위}) \\ C &= \frac{1.0}{n}m^{\frac{1}{6}}\ (\text{SI 단위}) \end{aligned}\right\} \qquad (12 \cdot 17)$$

으로, 여기서 n을 Manning의 조도계수라고 하는데, 이는 무차원의 식이다. 또 여기에 나타나 있는 수치 1.49와 1.0은 단위계에 따라 크기를 환산한 값으로서 1.0 m(SI)로부터 $1.49(\text{BG}) = (3.2808\ \text{ft/m})^{\frac{1}{3}}$로 계산된 것이다. 식 (12 · 16)과 식 (12 · 17)에서 살펴보면, Manning의 계수 n은 조도높이의 $\frac{1}{6}$ 제곱과 동일함을 알 수 있다.

$$\left.\begin{aligned} n &\approx 0.03\varepsilon^{\frac{1}{6}}\ (\text{BG 단위}) \\ n &\approx 0.0382\varepsilon^{\frac{1}{6}}\ (\text{BG 단위}) \end{aligned}\right\} \qquad (12 \cdot 18)$$

따라서 정상유동에서 Manning의 속도식은

$$\left.\begin{aligned} v &= \frac{1.49}{n}m^{\frac{2}{3}}i^{\frac{1}{2}}\ (\text{BG 단위 : ft/s}) \\ v &= \frac{1.0}{n}m^{\frac{2}{3}}i^{\frac{1}{2}}\ (\text{SI 단위 : m/s}) \end{aligned}\right\} \qquad (12 \cdot 19)$$

와 같으며, 여기서 n은 실험적으로 구해야 되고, 표 12 · 3은 Manning이 제시한 조도계수의 실험값이다.

표 12 · 3 Manning의 n계수

	n	평균조도 높이	
		ft	mm
인공수로:			
유리	0.010±0.002	0.0011	0.3
황동	0.011±0.002	0.0019	0.6
매끈한 강	0.012±0.002	0.0032	1.0
페인트칠한 강	0.014±0.003	0.0080	2.4
리벳한 강	0.015±0.002	0.012	3.7
주철	0.013±0.003	0.0051	1.6
끝손질한 시멘트	0.012±0.002	0.0032	1.0
끝손질하지 않은 시멘트	0.014±0.002	0.0080	2.4
평목판	0.012±0.002	0.0032	1.0
진흙 타일	0.014±0.003	0.0080	2.4
벽돌	0.015±0.002	0.012	3.7
아스팔트	0.016±0.003	0.018	5.4
주름진 금속	0.022±0.005	0.12	37
자갈 석조	0.025±0.005	0.26	80
파서 만든 수로:			
깨끗한 수로	0.022±0.004	0.12	37
자갈이 있는 수로	0.025±0.005	0.26	80
잡초가 있는 수로	0.030±0.005	0.8	240
돌 · 조약돌이 있는 수로	0.035±0.010	1.5	500
자연수로:			
깨끗하고 곧은 자연수로	0.030±0.005	0.8	240
완만한 깊은 풀(pools)	0.040±0.010	3	900
큰 강	0.035±0.010	1.5	500
물에 덮인 평지:			
목초 · 농지	0.035±0.010	1.5	500
얕은 숲	0.05±0.02	6	2000
큰 숲	0.075±0.025	15	5000
나무 숲	0.15±0.05	?	?

12.4 균일층류 수로유동

그림 12 · 4에서와 같이 수로유동의 밑바닥에서는 층류유동이 형성된다. 유동폭을 b라 하면 수력 반지름은 $m = \dfrac{A}{l_w} = \dfrac{by_0}{b} = y_0$가 되어 식 (12 · 2)는

$$\tau_0 = \gamma y_0 i \tag{12 · 20}$$

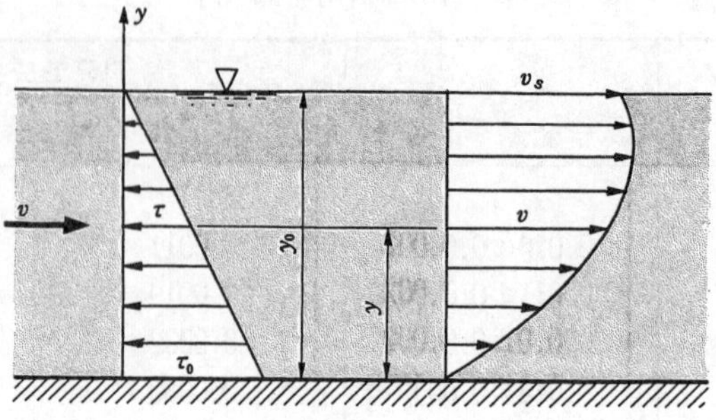

그림 12 · 4

가 된다. 층류유동에서는 $\tau_0 = \dfrac{\partial u}{\partial y}$가 되므로, 속도 기울기 $\dfrac{\partial v}{\partial y}$의 값은 포물선을 형성하는 속도선도에서는 표면유속 기울기 값의 약 두 배로 간주하여 $\dfrac{\partial v}{\partial y} = \dfrac{2v_s}{y_0}$가 되고, 또 평균속도는 $v = \dfrac{2}{3}v_s$로 간주하여 사용하고 있다.

그러므로 이 관계를 식 (12 · 20)에 대입하여 정리하면

$$v = \frac{g{y_0}^2 i}{3\nu} \tag{12 · 21}$$

가 되어 층류유동에서 평균속도, 기울기, 유동깊이의 관계를 나타낸 식이 된다.

Reynolds수는 $Re = \dfrac{vy_0}{\nu}$로 놓을 수 있으므로 식 (12 · 21)을 대입하면

$$Re = \frac{g{y_0}^3 i}{3\nu^2} \tag{12 · 22}$$

또 식 (12 · 21)을 Chézy의 식과 같이 변형하면

$$v = \frac{g\sqrt{{y_0}^3}\, i}{3\nu}\sqrt{y_0 i} \tag{12 · 23}$$

이 식을 변형하여 정리하면 Chézy의 계수 C는 다음과 같이 된다.

$$C = \sqrt{\frac{gRe}{3}} \tag{12 · 24}$$

12.5 수력 반지름과 수로의 단면

12.5.1 직사각형 개수로

개수로 유동에서 수력 반지름과 깊이는 유동 특성에 중요한 역할을 하고 있다. 그림 12·5(a)의 사각 개수로에서 폭이 B이고, 깊이 y가 변하는 경우, 수력 반지름은 $m = \dfrac{By}{(B+2y)}$이므로 $y=0$에서 $m=0$, $y=\infty$이면 $m=\dfrac{B}{2}$가 된다. 그러므로 m과 y의 함수관계를 도시하면 (a)의 오른쪽과 같이 된다. 또 그림 12·5(b)는 깊이가 y이고 폭 B가 변하는 경우를 나타내고 있다.

개수로에서 유체가 유동할 때 마찰손실을 최소로 하기 위한 접수면을 고려해 보면, 접수길이는

$$l_w = B + 2y = \frac{A}{y} + 2y \tag{12·25}$$

여기서 $A = By$이다.

이 식을 미분하여 정리하면

$$\frac{dl_w}{dy} = 2 - \frac{A}{y^2} = 2 - \frac{By}{y^2} = 0$$

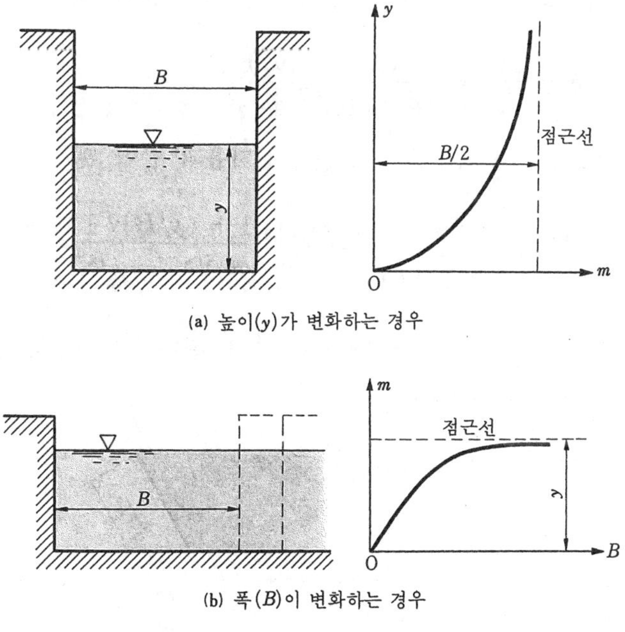

그림 12·5

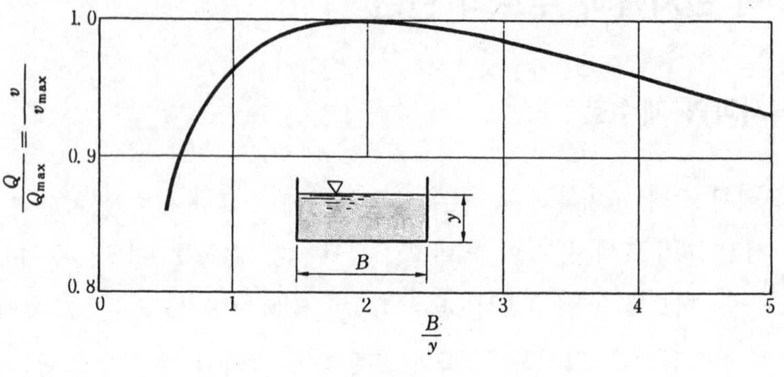

그림 12·6

$$B = 2y \qquad (12 \cdot 26)$$

가 되어 정사각형의 $\frac{1}{2}$ 단면이 가장 유리하다. 그림 12·6은 정사각형 수로에서 유량 또는 유속과 수로의 유동단면의 변화관계를 도시한 것이다.

12.5.2 사다리꼴 개수로

일반적으로 가장 간단하고 실용적인 개수로는 사다리꼴 개수로이다. 그림 12·7에서 수력 반지름과 유동깊이와의 관계를 살펴보자. 수력 반지름은

$$m = \frac{A}{l_w} = \frac{(By + ay^2)}{B + 2y\sqrt{1 + a^2}} \qquad (12 \cdot 27)$$

으로 계산되며, 이 식을 y에 대하여 미분하면 다음과 같이 된다.

$$\frac{dm}{dy} = \frac{1 + 2a(y/B)\{1 + (y/B)\sqrt{1 + a^2}\}}{1 + 4\sqrt{1 + a^2}(y/B)\{1 + y/B\sqrt{1 + a^2}\}} \qquad (12 \cdot 28)$$

$0 \le \beta < 90°$에서 $0 \le a < \infty$와 $2a < 4\sqrt{1 + a^2}$이 된다. 그러므로 모든 y의 값에

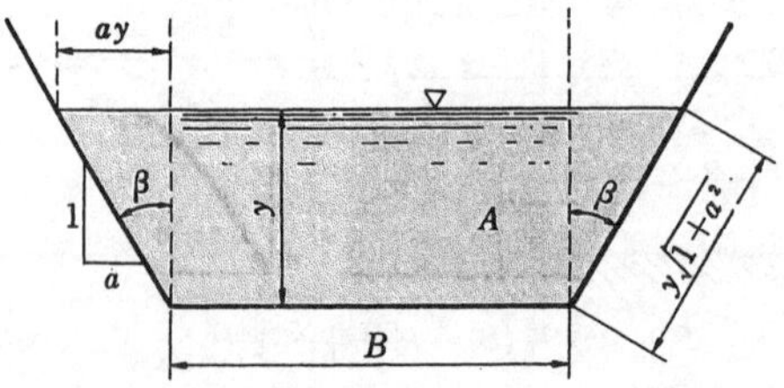

그림 12·7

대하여 식 (12·28)에서 분모값은 분자값보다 크다. 즉 $\frac{dm}{dy} < 1$이 되며, y의 증가와 함께 $\frac{dm}{dy}$값은 감소하게 된다.

수력 반지름 m이 최대가 되는 경우를 살펴보면 $A = By + ay^2$, $l_w = B + 2y\sqrt{1+a^2}$ 이므로 식 (12·27)은 다음과 같이 정리된다.

$$m = \frac{A}{A/y - ay + 2y\sqrt{1+a^2}} \qquad (12 \cdot 29)$$

이 식을 미분하여 $\frac{dm}{dy} = 0$의 값을 구하면

$$A = y^2(2\sqrt{1+a^2} - a) \qquad (12 \cdot 30)$$

가 되므로 최대수력 반지름 값은 다음과 같다.

$$m_{\max} = \frac{y}{2} \qquad (12 \cdot 31)$$

따라서 가장 경제적인 사다리꼴 개수로 유동은 유체 평균깊이가 유동깊이의 반이 될 때임을 알 수 있다.

그림 12·8에서 $\frac{dm}{dy}$의 변화곡선은 그림 12·5(a)의 변화곡선과는 달리 어느 일정한 점근선에 접근되어 가지 않는 바 이것은 y의 증가와 함께 폭이 넓어지는 사다리꼴 개수로에서 볼 수 있는 특징이다.

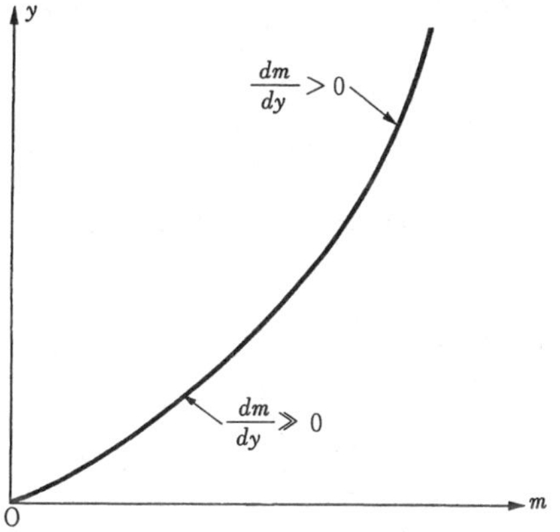

그림 12·8

이와 같이 밑면으로부터 상부로 높이 y가 증가함에 따라 폭이 증가하는 확대 사다리꼴 개수로의 경우, 경제적인 수로의 단면을 계산하기 위하여 그림 12·9와 같은 고려해 보자. 그림에서 접수길이와 단면적은 각각

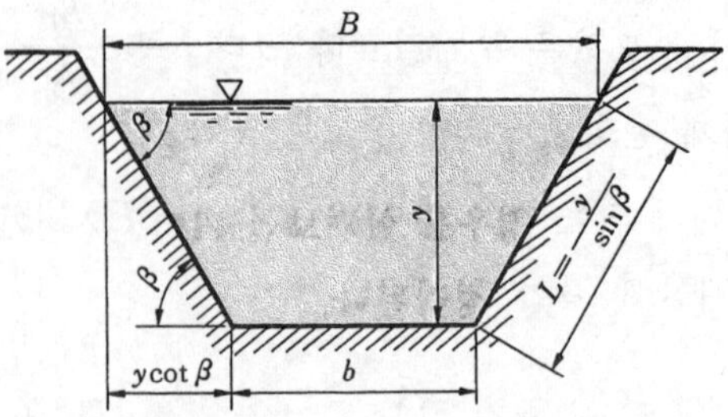

그림 12·9

$$l_w = b + 2L = b + \frac{2y}{\sin\beta} \tag{12·32}$$

$$A = (b + L\cos\beta)y = by + \frac{y^2}{\tan\beta} \tag{12·33}$$

이 되며, 식 (12·32)에서 b의 값을 구하여 식 (12·33)에 대입하면

$$A = yl_w - \frac{2y^2}{\sin\beta} + \frac{y^2}{\tan\beta} \tag{12·34}$$

따라서

$$l_w = \frac{A}{y} + \frac{2y}{\sin\beta} - \frac{y}{\tan\beta} \tag{12·35}$$

이 식을 y에 대하여 미분하면

$$\frac{dl_w}{dy} = -\frac{A}{y^2} + \frac{2}{\sin\beta} - \frac{1}{\tan\beta} \tag{12·36}$$

이 된다. 여기에서 $\frac{dl_w}{dy} = 0$을 취하면 다음 식을 얻는다.

$$y = \sqrt{\frac{A\sin\beta}{2-\cos\beta}} \tag{12·37}$$

또 그림에서 $B = b + 2L\cos\beta$이므로, 이 식에 $L = \frac{y}{\sin\beta}$와 식 (12·33)에서 구한 b의 값을 대입하면

$$\begin{aligned} B &= \left(\frac{A}{y} - \frac{y}{\tan\beta}\right) + \frac{2y}{\sin\beta}\cos\beta \\ &= \frac{A}{y} + \frac{y}{\tan\beta} \end{aligned} \tag{12·38}$$

가 된다. 다시 식 (12·37)에서 A의 값을 구하여 대입하면

$$B = \frac{y^2(2 - \cos\beta)}{y\sin\beta} + \frac{y}{\tan\beta} = \frac{2y}{\sin\beta} \qquad (12 \cdot 39)$$

그런데 $\dfrac{y}{\sin\beta} = L$이므로

$$B = 2L \qquad (12 \cdot 40)$$

이 된다.

식 (12·40)에서 이론적인 경제적 단면은 $B = 2L$이므로

$$y = L\sin\beta \qquad (12 \cdot 41)$$

가 된다.

그림 12·10에서 $\dfrac{dl_w}{d\beta} = 0$이 되는 β값을 정하기 위하여 식 (12·35)를 미분하면

$$\frac{dl_w}{d\beta} = 0 + \frac{2y(-\cos\beta)}{\sin^2\beta} - \frac{y(-\sec^2\beta)}{\tan^2\beta}$$

$$= \frac{y}{\sin^2\beta}(1 - 2\cos\beta) \qquad (12 \cdot 42)$$

가 되며, $\dfrac{dl_w}{d\beta} = 0$을 취하면 $\cos\beta = \dfrac{1}{2}$, 즉 $\beta = 60°$가 되어 식 (12·40)과 함께 정리하면

$$2L = B = b + 2L\cos\beta = b + L \qquad (12 \cdot 43)$$

따라서 수로의 단면은 정육각형의 $\dfrac{1}{2}$단면이어야 함을 알 수 있다.

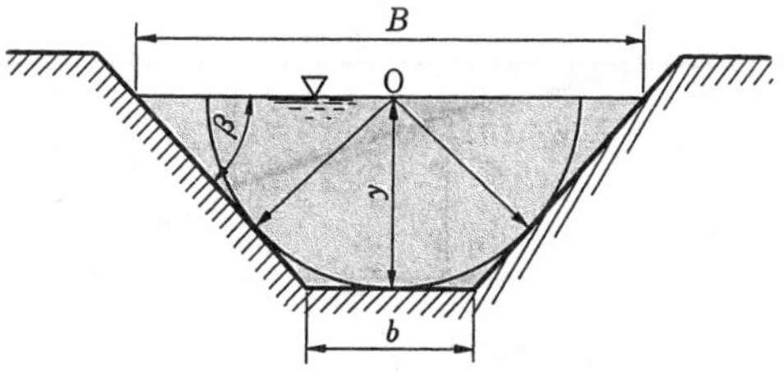

그림 12·10

가장 경제적인 사다리꼴형 수로의 설계를 위한 각 부분의 크기는 그림 12·11에서와 같이 실용되고 있으며, 밑변 b가 점차적으로 축소되어 0이 되는 경우는 삼각형 수로가 된다. 그러므로 가장 경제적인 삼각형 수로의 단면은 그림 12·12와 같다.

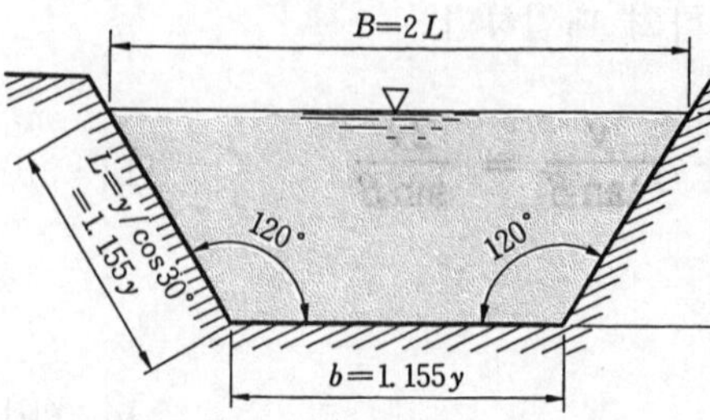

그림 12 · 11

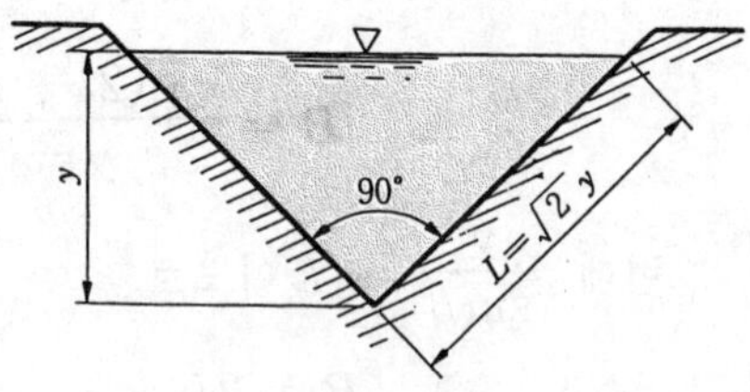

그림 12 · 12

그림 12 · 13은 유동폭이 깊이 y의 증가와 함께 감소하여 수축되어 가는 사다리꼴 개수로에서 $\frac{dm}{dy} \leq 0$인 경우를 나타내는 도표이다.

또 그림 12 · 14는 반육각형으로 만들어진 사다리꼴형 수로에서 유량(유속)과 유동단면 각 변과의 함수관계를 나타낸 도표이다.

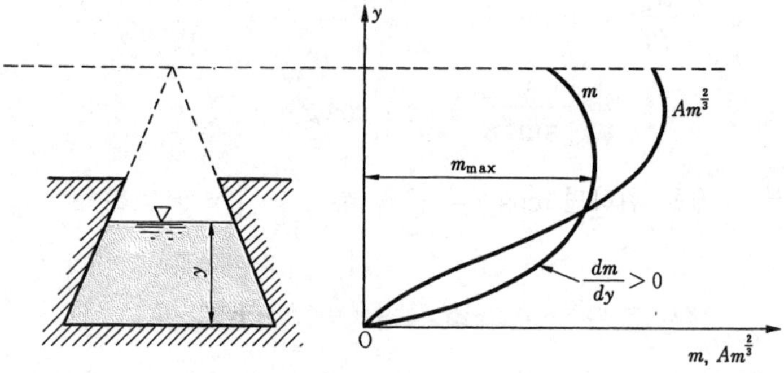

그림 12 · 13

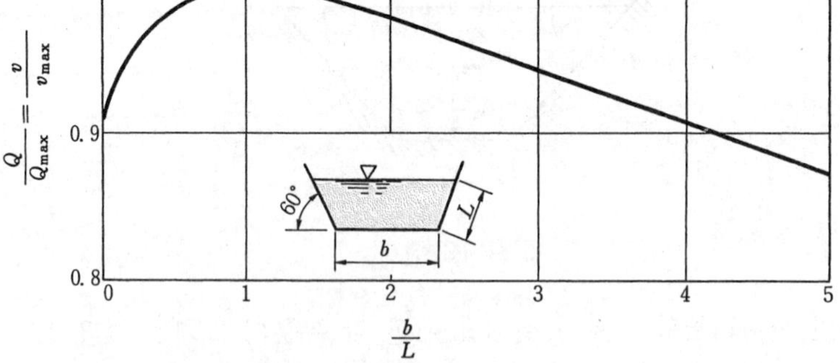

그림 12 · 14

12.5.3 원형도관

원형도관은 하수도 등에 많이 사용된다.

그림 12・15에서 안지름을 D라 하고 l_w가 중심에서 이루는 각을 θ라 할 때, 유동단면적, 접수길이, 수력 반지름은 각각 다음과 같다.

$$A = \frac{D^2}{8}(\theta - \sin\theta) \tag{12・44}$$

$$l_w = \frac{D}{2}\theta \tag{12・45}$$

$$m = \frac{A}{l_w} = \frac{D}{4}\left(1 - \frac{\sin\theta}{\theta}\right) \tag{12・46}$$

수력 반지름 m이 최대가 되기 위한 θ의 값을 구하기 위해 $\frac{dm}{d\theta} = 0$을 취하면

$$\frac{dm}{d\theta} = \frac{D}{4}\left(-\frac{\theta\cos\theta - \sin\theta}{\theta^2}\right) = 0 \tag{12・47}$$

여기서 $\theta = \tan\theta$가 되어 이 식을 만족하는 θ의 값은

$$\theta = 257.5°$$

연속의 식과 Chézy의 식으로부터

$$Q = Av = AC\sqrt{mi} = C\sqrt{\frac{A^3}{l_w}i} \tag{12・48}$$

이므로, C와 i가 일정하다면 Q는 최대값을 얻기 위하여 $d\left(\frac{A^3}{l_w}\right)\Big/d\theta = 0$을 만족하도록 θ를 정하면 된다.

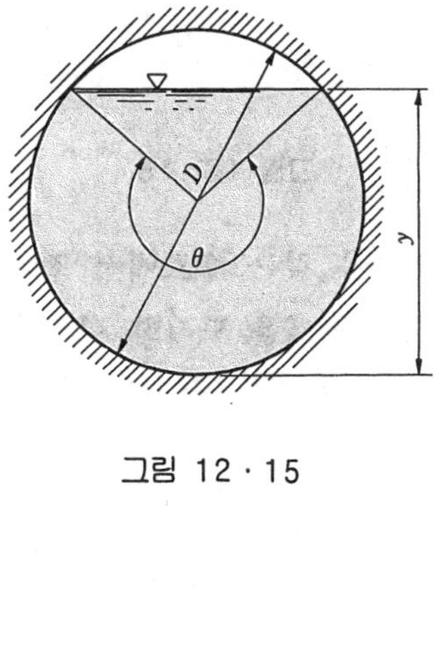

그림 12・15

즉

$$\frac{d\left(\dfrac{A^3}{l_w}\right)}{d\theta} = \frac{3A^2}{l_w}\frac{dA}{d\theta} - \frac{A^3}{{l_w}^2}\frac{dl_w}{d\theta} = 0 \qquad (12 \cdot 49)$$

그러므로

$$3\,l_w\frac{dA}{d\theta} - A\frac{dl_w}{d\theta} = 0 \qquad (12 \cdot 50)$$

여기에 A와 l_w의 값을 대입하여 정리하면

$$3\theta(1 - \cos\theta) - (\theta - \sin\theta) = 0$$

$$2\theta - 3\theta\cos\theta + \sin\theta = 0 \qquad (12 \cdot 51)$$

이 식을 만족하는 θ의 값을 구하면

$$\theta = 308°$$

가 된다.

그림 12 · 16은 원형 폐도관에서 유동깊이 y와 수력 반지름 m과의 함수관계를 도시한 것이다.

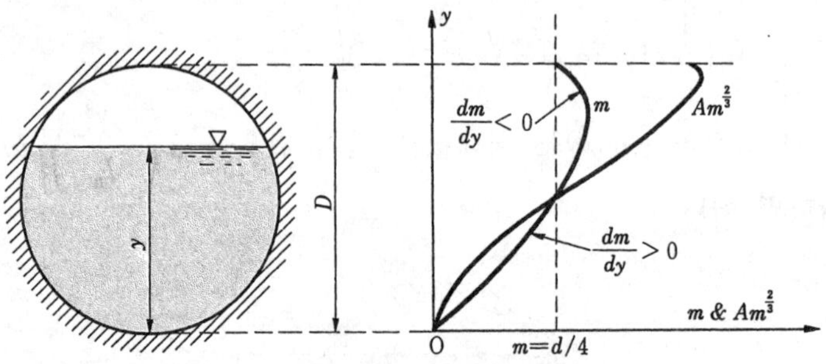

그림 12 · 16

그림 12 · 17은 원형 유동단면을 갖는 수로에서 접수길이, 유동단면, 유량, 수력 반지름, 유속과 유동깊이와의 함수관계를 도시한 것이다.

도표의 축에는, 흐르는 유체가 도관의 각 크기에 대해 차지하는 각각의 크기를 백분율(%)로 나타내었다.

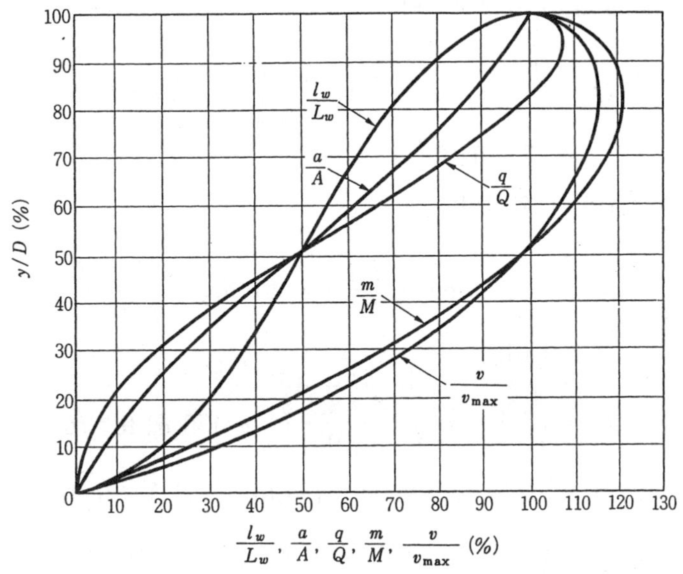

그림 12 · 17

예 제 12.1 폭이 3.6 m, 깊이가 1.5 m인 사각형 수로의 수력 반지름은 얼마인가?

풀 이 $m = \frac{A}{l_w}$ 이므로

$$m = \frac{3.6 \times 1.5}{3.6 + (2 \times 1.5)} = 0.818 \text{ m}$$

예 제 12.2 폭이 10 ft이고, 경사가 0.8°인 매끈하게 손질된 콘크리트 수로가 물이 5 ft의 깊이로 차서 유동되고 있다면 유량은 몇 ft^3/s가 되겠는가?

(a) Manning의 공식에 의하여 계산하라.

(b) 마찰계수식에 의하여 계산하라.

풀 이 (a) 표 12 · 3에서 매끈하게 손질된 시멘트 수로의 경우 $n = 0.012$, $\varepsilon = 0.0032$ ft이며, $i = \tan 0.8° = 0.014$, $y = 5$ ft이므로

$$A = by = 10 \times 5 = 50 \text{ ft}^2$$

$$l_w = b + 2y = 10 + 2 \times 5 = 20 \text{ ft}$$

$$m = \frac{A}{l_w} = \frac{50}{20} = 2.5 \text{ ft}$$

$$D_h = 4m = 10 \text{ ft}$$

따라서 Manning의 식으로부터

$$Q = \frac{1.49}{n} Am^{\frac{2}{3}} i^{\frac{1}{2}} = \frac{1.49}{0.012} \times 50 \times (2.5)^{\frac{2}{3}} \times (0.014)^{\frac{1}{2}}$$

$$= 1353.11 \text{ ft}^3/\text{s}$$

(b) 마찰 계수식에 의하면

$$\lambda^{-\frac{1}{2}} = 2.0 \log \frac{3.7D_h}{\varepsilon} = 2.0 \log \frac{3.7 \times 10}{0.0032}$$

$$\lambda = 0.0151$$

$$C = \sqrt{\frac{8g}{\lambda}} = \sqrt{\frac{8 \times 32.2}{0.0151}} = 130.61 \text{ ft}^{\frac{1}{2}}/\text{s}$$

$$Q = AC\sqrt{mi} = 50 \times 130.61 \times \sqrt{2.5 \times 0.014} = 1221.74 \text{ ft}^3/\text{s}$$

(a), (b) 두 경우의 유량이 동일하지 않은 것은, 수로에서 유체의 평균깊이 y의 계산에 있어 유동단면의 형태에 따라 오차가 있기 때문이며, 또 상당경사 i는 y의 함수이므로 i의 값 역시 상당한 오차를 내포하게 된다.

예제 12.3 벽돌로 만든 사각형 수로의 유동깊이가 1.7 m이고, 폭이 6 m이며, 경사는 0.0001이다. Manning의 계수가 $n = 0.016$일 때, 이 수로에서의 유량은 얼마인가?

풀이 $Q = \frac{1}{n} Am^{\frac{2}{3}} \lambda^{\frac{1}{2}}$이고

$$m = \frac{A}{l_w} = \frac{6 \times 1.7}{6 + (2 \times 1.7)} = 1.085 \text{ m}$$이므로

$$Q = \frac{1.0}{0.016}(6 \times 1.7) \times (1.085)^{\frac{2}{3}} \times (0.0001)^{\frac{1}{2}} = 6.71 \text{ m}^3/\text{s}$$

예제 12.4 폭이 60 cm이고, 물의 깊이가 30 cm인 4각 수로가 상당경사 $i = \frac{1}{160}$로 설치되어 있으며, 유량은 200 l/s이다. Chézy의 계수 C를 구하라.

풀이 수로의 유동단면과 접수(接水)길이는

$$A = By = 0.6 \times 0.3 = 0.18 \text{ m}^2$$

$$l_w = B + 2y = 0.6 + 2 \times 0.3 = 1.2 \text{ m}$$

유체의 평균깊이와 평균유속은

$$m = \frac{A}{l_w} = \frac{0.18}{1.2} = 0.15\,\text{m}$$

$$v = \frac{Q}{A} = \frac{0.20}{0.18} = 1.11\,\text{m/s}$$

Chézy의 계수는

$$C = \frac{v}{\sqrt{mi}} = \frac{1.11}{\sqrt{0.15 \times (1/160)}} = 36.25\,\text{m}^{\frac{1}{2}}/\text{s}$$

예 제 12.5 단면적의 폭이 4 m이고, 수심이 2 m인 직사각형 개수로의 경사도는 0.0004일 때 유량은 14.56 m^3/s이다. 이때 수로 표면의 Manning의 계수 n은 얼마인가?

풀 이 $m = \dfrac{A}{l_w} = \dfrac{4 \times 2}{4 + (2 \times 2)} = 1\,\text{m}$

$Q = \dfrac{1}{n} A m^{\frac{2}{3}} \lambda^{\frac{1}{2}}$ 에서

$$14.56 = \frac{1}{n}(4 \times 2)(1)^{\frac{2}{3}}(0.0004)^{\frac{1}{2}}$$

$$n = 0.011$$

예 제 12.6 지름이 1.8 m인 원형도관을 통하여 물이 중심점까지 차서 흐르고 있다. 이때 유량을 계산하라. 단, $i = \dfrac{1}{1000}$ 이다.

풀 이 유체의 평균깊이는

$$m = \frac{A}{l_w} = \frac{1}{2}\left(\frac{\pi}{4}d^2\right)\Big/\frac{1}{2}\pi d = \frac{d}{4} = 0.45\,\text{m}$$

Chézy의 계수를 Ganguillet와 Kutter의 식에 의하여 계산하기 위해 표 12·1에서 $n = 0.012$를 취하면

$$C = \left(23 + \frac{1}{n} + \frac{0.00155}{i}\right)\Big/\left\{1 + \left(23 + \frac{0.00155}{i}\right)\frac{n}{\sqrt{m}}\right\}$$

$$= \left(23 + \frac{1}{0.012} + \frac{0.00155}{0.001}\right)\Big/\left\{1 + \left(23 + \frac{0.00155}{0.001}\right)\frac{0.012}{\sqrt{0.45}}\right\}$$

$$= 74.96\,\text{m}^{\frac{1}{2}}/\text{s}$$

따라서 Chézy의 식에 의한 유속과 유량은

$$v = 74.96 \times \sqrt{0.45 \times 0.001} = 1.59\ \mathrm{m/s}$$

$$Q = Av = \frac{1}{2}\left(\frac{\pi}{4} d^2\right) \times 1.59 = 2.022\ \mathrm{m^3/s}$$

다시 Bazin의 식에 의하여 유속과 유량을 구해 보자. 표 12·2에서 $\beta = 0.16$을 취하면, Chézy의 계수는

$$C = \frac{87}{1 + \beta/\sqrt{m}} = \frac{87}{1 + 0.16/\sqrt{0.45}} = 70.25\ \mathrm{m^{\frac{1}{2}}/s}$$

그러므로

$$v = 70.25\sqrt{0.45 \times 0.001} = 1.49\ \mathrm{m/s}$$

$$Q = Av = \frac{1}{2}\left(\frac{\pi}{4} d^2\right) \times 1.49 = 1.90\ \mathrm{m^3/s}$$

위의 결과에서 알 수 있는 바와 같이, 유량에서는 약간의 값차이가 있으나, 이는 계수의 계산에서 주어진 상수들의 차이에서 기인되는 결과이다.

예 제 12.7 그림 12·18에서와 같은 주철원형 도관이 경사가 $i = \frac{1}{500}$로 설치되어 있다. 유량을 계산하라.

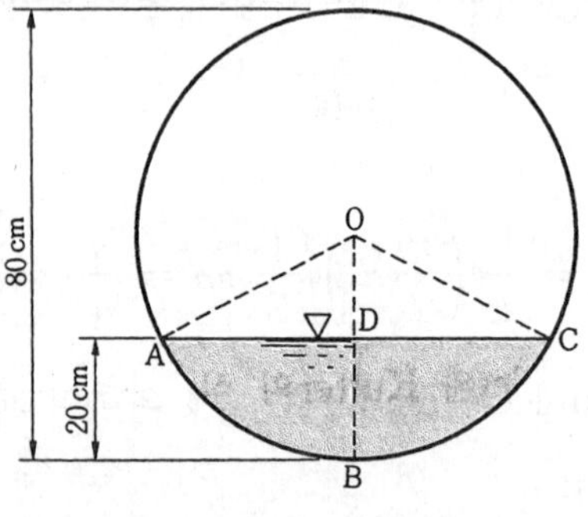

그림 12·18

풀이 표 12·3에서 $n = 0.013$을 취하고, 그림 12·18에서 접수길이와 유동단면적을 계산하면

$$\overline{\mathrm{AD}} = \sqrt{(0.4)^2 - (0.4 - 0.2)^2} = 0.346\ \mathrm{m}$$

$$\angle \text{AOD} = \cos^{-1}\left(\frac{0.2}{0.4}\right) = 60°$$

면적 AOCBA는

$$S_1 = \frac{\pi}{4}D^2 \times \frac{120}{360} = \frac{\pi}{4} \times (0.8)^2 \times \frac{1}{3} = 0.167\,\text{m}^2$$

면적 AOCA는

$$S_2 = 0.346 \times 0.2 = 0.069\,\text{m}^2$$

유체의 유동단면적은

$$A = S_1 - S_2 = 0.167 - 0.069 = 0.098\,\text{m}^2$$

접수(接水)길이는

$$l_w = \pi D \times \frac{120}{360} = 0.837\,\text{m}$$

수력 반지름은

$$m = \frac{A}{l_w} = \frac{0.098}{0.837} = 0.117\,\text{m}$$

따라서 유속과 유량을 계산하면

$$v = \frac{1.0}{n} m^{\frac{2}{3}} i^{\frac{1}{2}} = \frac{1.0}{0.013} \times (0.117)^{\frac{2}{3}} \times (0.002)^{\frac{1}{2}}$$
$$= 0.823\,\text{m/s}$$
$$Q = Av = 0.098 \times 0.823 = 0.081\,\text{m}^3/\text{s}$$

예 제 12.8 그림 12 · 19에서와 같이 3각 유동단면을 갖는 수로가 있다. 경사가

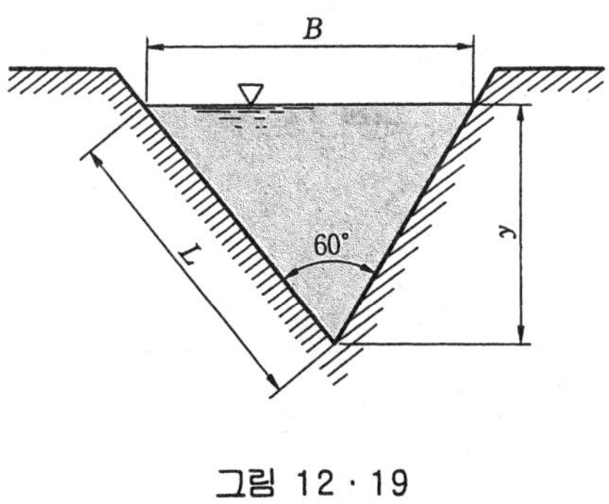

그림 12 · 19

$i = 0.0025$이고, 유동깊이는 $y = 1.4\,\text{m}$이다. Bazin의 공식에 의하여 유량을 구하라. 단, 수로의 면은 토사지면으로 되어 있다.

풀이 유동단면적과 접수길이는

$$A = y \times y \tan 30° = 1.4^2 \times \tan 30° = 1.13\,\text{m}^2$$

$$l_w = 2 \times \frac{y}{\cos 30°} = 2 \times \frac{1.4}{\cos 30°} = 3.23\,\text{m}$$

유체의 평균깊이는

$$m = \frac{A}{l_w} = \frac{1.13}{3.23} = 0.35\,\text{m}$$

표 12 · 2에서 $\beta = 1.30$을 취하면

$$C = \frac{87}{1 + 1.3/\sqrt{0.35}} = 27.21\,\text{m}^{\frac{1}{2}}/\text{s}$$

$$v = 27.21 \times \sqrt{0.35 \times 0.0025} = 0.8\,\text{m/s}$$

$$Q = Av = 1.13 \times 0.08 = 0.904\,\text{m}^3/\text{s}$$

예제 12.9 그림 12 · 20과 같이 사다리꼴 유동단면을 갖는 수로가 경사 $i = \frac{1}{4000}$로 설치되어 있다. 지수공식에 의하여 유량을 계산하라. 단, 수로 벽면은 잘 손질된 콘크리트 면이다.

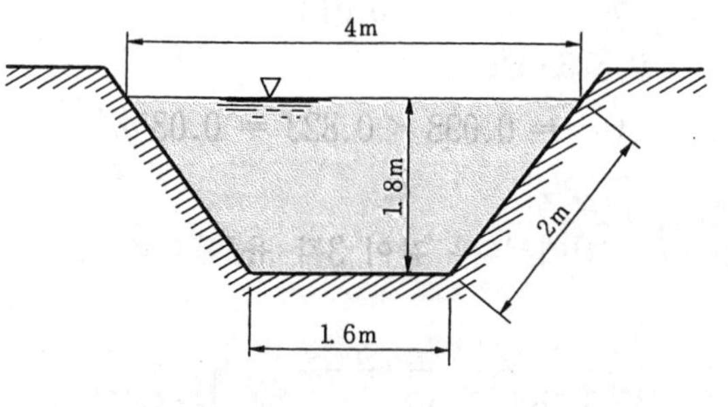

그림 12 · 20

풀이 수로의 유동면적과 접수길이는

$$A = \frac{1}{2}(4 + 1.6) \times 1.8 = 5.04\,\text{m}^2$$

$$l_w = 1.6 + 2 \times 2 = 5.6\,\text{m}$$

유체의 평균깊이는

$$m = \frac{A}{l_w} = \frac{5.04}{5.6} = 0.9\,\mathrm{m}$$

표 12·3에 의하여 $n = 0.012$를 취해 지수공식에 대입하여 C를 계산하면

$$C = \frac{1}{n} = \frac{1}{0.012} = 83.33\,\mathrm{m}^{\frac{1}{2}}/\mathrm{s}$$

$$v = Cm^{\frac{2}{3}} i^{\frac{1}{2}} = 83.33 \times (0.9)^{\frac{2}{3}} \times (0.00025)^{\frac{1}{2}}$$
$$= 1.23\,\mathrm{m/s}$$

$$Q = Av = 5.04 \times 0.56 = 2.822\,\mathrm{m^3/s}$$

예 제 12.10 유량이 $5.4\,\mathrm{m^3/s}$인 벽돌로 된 4각 수로가 경사 $i = 0.0012$로 설치되어 있다. 이 4각 수로의 크기를 결정하라.

풀 이 SI 단위계에서 Manning의 공식은

$$Q = \frac{1.0}{n} Am^{\frac{2}{3}} i^{\frac{1}{2}}$$

표 12·3에서 $n = 0.015$를 취하여 계산하면

$$5.4 = \frac{1.0}{0.015}(2y^2)\left(\frac{1}{2}y\right)^{\frac{2}{3}}(0.001)^{\frac{1}{2}}, \qquad y = 1.305\,\mathrm{m}$$

그러므로 가장 경제적인 유동단면적과 폭은

$$A = 2y^2 = 3.406\,\mathrm{m^2}$$

$$b = \frac{A}{y} = \frac{3.406}{1.305} = 2.61\,\mathrm{m}$$

예 제 12.11 수로유동에서 경사가 $i = 0.0068$이고, 유량이 $1.2\,\mathrm{m^3/s}$인 수로를 설계하려고 한다. Manning의 계수가 $n = 0.012$인 재질로 축조한다면 가장 효율적이고 경제적인 유동단면을 (a) 반원인 경우, (b) 사각형인 경우, (c) 삼각형인 경우, (d) 사다리꼴인 경우에 대하여 결정하라.

풀 이 Manning의 속도식은 SI 단위에서

$$v = \frac{1.0}{n} m^{\frac{2}{3}} i^{\frac{1}{2}}$$

여기서 $m = \dfrac{A}{l_w}$, $v = \dfrac{Q}{A}$ 이므로

$$\frac{Q}{A} = \frac{1.0}{n}\left(\frac{A}{l_w}\right)^{\frac{2}{3}} i^{\frac{1}{2}}$$

즉

$$\frac{A^{\frac{5}{3}}}{l_w^{\frac{3}{2}}} = \frac{Qn}{i^{\frac{1}{2}}} = \frac{1.0 \times 0.012}{(0.0068)^{\frac{1}{2}}} = 0.1455\ \mathrm{m^3/s}$$

(a) 반원의 수로인 경우

유동깊이는

$$y = \frac{D}{2} = 0.4875\ \mathrm{m}$$

지름은

$$\frac{(\pi D^2/8)^{\frac{5}{3}}}{(\pi D/2)^{\frac{2}{3}}} = 0.1455, \qquad D = 0.975\ \mathrm{m}$$

(b) 사각형 수로인 경우

$$A = 2y^2, \qquad l_w = y + 2y + y = 4y$$

$\dfrac{A^{\frac{5}{3}}}{l_w^{\frac{2}{3}}} = 0.1455$에 대입하면 유동깊이 y는

$$\frac{(2y^2)^{\frac{5}{3}}}{(4y)^{\frac{2}{3}}} = 0.1455, \qquad y = 0.445\ \mathrm{m}$$

수면폭은

$$B = 2y = 0.89\ \mathrm{m}$$

(c) 삼각형 수로인 경우

$$A = \frac{1}{2}(\sqrt{2}y)(\sqrt{2}y) = y^2$$

$$l_w = 2(\sqrt{2}y) = 2.828y$$

유동깊이는

$$\frac{(y^2)^{\frac{5}{3}}}{(2.828y)^{\frac{1}{2}}} = 0.1455, \qquad y = 0.6084\,\text{m}$$

즉

$$\text{사변}: L = \sqrt{2}y = 0.86\,\text{m}$$
$$\text{수면폭}: B = 2y = 1.2168\,\text{m}$$

(d) 사다리꼴 수로의 경우

$$A = 1.155y \times y = 2\left(\frac{y \times y\tan 30°}{2}\right) = 1.732y^2$$
$$l_w = 3 \times 1.155y = 3.465y$$

유동깊이는

$$\frac{(1.732y^2)^{\frac{5}{3}}}{(3.465y)^{\frac{2}{3}}} = 0.1455, \qquad y = 0.4698\,\text{m}$$

따라서 사변 및 밑바닥 폭은

$$L = b = 1.155y = 0.5426\,\text{m}$$

수면의 폭은

$$B = 2L = 1.0852\,\text{m}$$

12.6 불균일 수로유동

앞에서 논한 수로유동들은 유동구간에서 균일유동을 하고 있는 경우들이었으나, 이 절에서는 유동거리에 따라 유동깊이가 다른 불균일 유동에 대하여 살펴보기로 한다. 만약, 수로유동에서 유속과 유동단면이 점진적으로 변화한다면 불균일 유동에 대한 해석을 에너지 측면에서 고려할 수 있다.

그림 12·21은 유동 각 위치에 따라 불균일 유동이 발달되는 경우로서, 단면 (1)과 단면 (2)에서 다음과 같은 에너지 방정식을 생각할 수 있다.

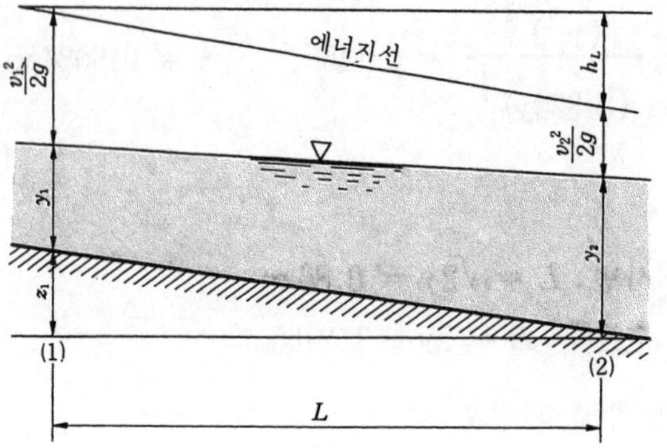

그림 12 · 21

$$\frac{v_1^2}{2g} + y_1 + z_1 = \frac{v_2^2}{2g} + y_2 + h_L \qquad (12 \cdot 52)$$

여기서 높이 z_1은 원래 수로 밑바닥의 경사가 i_0 라면 $z_1 = i_0 L$이 된다. 따라서

$$\frac{v_1^2}{2g} + y_1 + i_0 L = \frac{v_2^2}{2g} + y_2 + iL \qquad (12 \cdot 53)$$

즉

$$L = \frac{(v_2^2/2g + y_2) - (v_1^2/2g + y_1)}{i_0 - i} \qquad (12 \cdot 54)$$

식 (12 · 54)를 살펴보면, 유량이 주어졌을 때 우측의 항들 중 i를 제외한 나머지 모든 항들을 알 수 있다. 균일유동에서는 수로의 밑바닥 경사 i_0와 i가 동일하나 불균일 유동에서는 그 값이 다르므로 Manning의 계수식으로부터 개략적인 방법으로 계산할 수 있다. 따라서

$$\left.\begin{aligned} i &= \left(\frac{nv_m}{1.49\, m_m^{\frac{2}{3}}}\right)^2 \text{(BG 단위)} \\ i &= \left(\frac{nv_m}{1.0\, m_m^{\frac{2}{3}}}\right)^2 \text{(SI 단위)} \end{aligned}\right\} \qquad (12 \cdot 55)$$

여기서 $v_m = \dfrac{v_1 + v_2}{2}$, $m_m = \dfrac{m_1 + m_2}{2}$이다.

불균일 유동의 일반적인 경우, 식 (12 · 53)이 많이 사용되고, 유동거리 L을 계산할 때는 식 (12 · 54)를 사용하고 있다.

예 제 12.12 4각 콘크리트 수로가 그림 12·22와 같이 설치되어 있다. 이 수로의 폭은 18 ft이며, Manning의 계수가 $n = 0.012$이고, 수로의 밑바닥 경사가 $i_0 = 0.0014$라면 이론적인 유량은 얼마가 되겠는가?

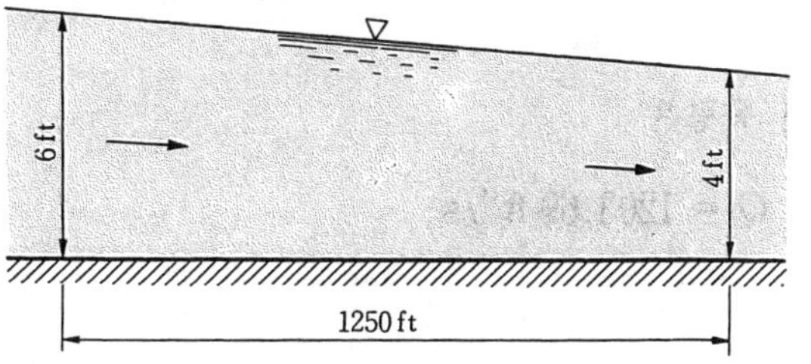

그림 12·22

풀 이 점 (1)과 점 (2)에서의 에너지 방정식과 유속은

$$\frac{v_1^2}{2g} + y_1 + i_0 L = \frac{v_2^2}{2g} + y_2 + iL$$

$$v_1 = \frac{Q}{A_1} = \frac{Q}{18 \times 6} = \frac{Q}{108} \text{ ft/s}$$

$$v_2 = \frac{Q}{A_2} = \frac{Q}{18 \times 4} = \frac{Q}{72} \text{ ft/s}$$

평균유속과 평균수력 반지름은

$$v_m = \frac{(Q/108) + (Q/72)}{2} = 0.0116Q \text{ ft/s}$$

$$m_1 = \frac{18 \times 6}{18 + 2 \times 6} = 3.60 \text{ ft},$$

$$m_2 = \frac{18 \times 4}{18 + 2 \times 4} = 2.769 \text{ ft}$$

$$m_m = \frac{3.60 + 2.769}{2} = 6.369 \text{ ft}$$

따라서

$$i = \left(\frac{nv_m}{1.49 m_m^{\frac{2}{3}}}\right)^2 = \left[\frac{0.012 \times 0.0116Q}{1.49 \times (6.369)^{\frac{2}{3}}}\right]^2$$

$$= 7.393 \times 10^{-10} Q^2/\text{ft}^{\frac{16}{3}}$$

에너지 방정식에 각 값을 대입하면

$$\frac{(Q/108)^2}{2\times 32.2}+6+0.0014\times 1250$$
$$=\frac{(Q/72)^2}{2\times 32.2}+4+7.393\times 10^{-10}Q^2\times 1250$$

즉 이론적인 유량은

$$Q=1203.69\ \mathrm{ft^3/s}$$

12.7 넓은 직사각형 수로에서의 비(比)에너지, 임계깊이, 임계경사, 비(比)추력

개수로의 문제를 해결하는 데 있어 수로의 밑면을 기준면으로 하여 에너지 이론을 사용하는 경우가 많이 있다. 이 방법은 일찍이 1912년에 Bakhmeteff에 의하여 처음으로 응용되어 널리 사용하게 되었다.

비에너지(specific energy)라 함은 수로의 밑면과 에너지선 사이의 수직거리로 정의된다. 그러므로 그림 12 · 23에서 비에너지는

$$E_s=y+\frac{v^2}{2g}\qquad(12\cdot 56)$$

으로 표시되며, 정상유동의 경우 $v=\dfrac{Q}{A}$가 되므로

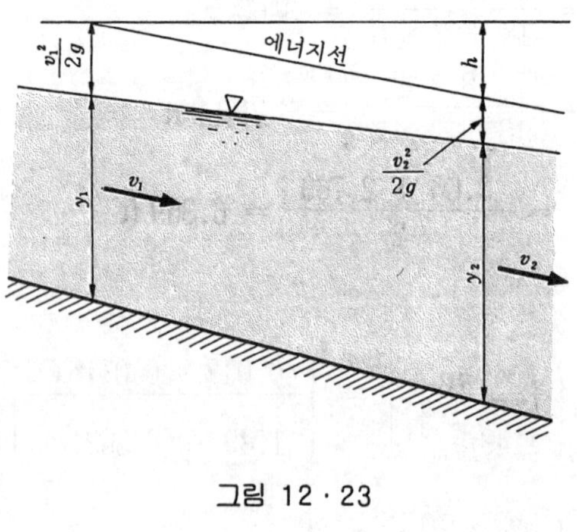

그림 12 · 23

$$E_s = y + \frac{1}{2g}\left(\frac{Q}{A}\right)^2 \tag{12 · 57}$$

이 된다. 아주 넓은 직사각형 수로를 가정하면, 2차원의 개략적인 근사값과 2차원 유량 q를 사용하여 $v = \frac{q}{y}$로 놓을 때, 식 (12 · 57)은 다음과 같이 된다.

$$E_s = y + \frac{1}{2g}\left(\frac{q}{y}\right)^2 \tag{12 · 58}$$

즉

$$q = \sqrt{2g(y^2E_s - y^3)} \tag{12 · 59}$$

이 방정식은 비에너지, 유량 및 깊이와의 상호관계를 나타내고 있는 식이다. 이 관계를 선도로 나타내면, 그림 12 · 24에서와 같은 비에너지 선도(specific energy diagram) (a)와 q곡선(q-curve) (b)가 된다.

그림에서 E_s의 최소값에 해당하는 y의 값 또는 q의 최대값에 해당하는 y의 값은 동일한 값이고, 여기에 해당하는 깊이를 임계깊이(critical depth)라 한다. 이 임계깊이에 해당하는 위치는 개수로 유동에서 유동이 물리적으로 그 성격이 바뀌는 곳으로서, 임계깊이보다 큰 깊이에서의 유동을 아임계 유동(subcritical flow), 임계깊이보다 작은 깊이에서의 유동을 초임계 유동(supercritical flow)이라고 한다.

$$q = \sqrt{gy_c^3} \quad \text{또는} \quad y_c = \sqrt[3]{\frac{q^2}{g}} \tag{12 · 60}$$

식 (12 · 59)로부터

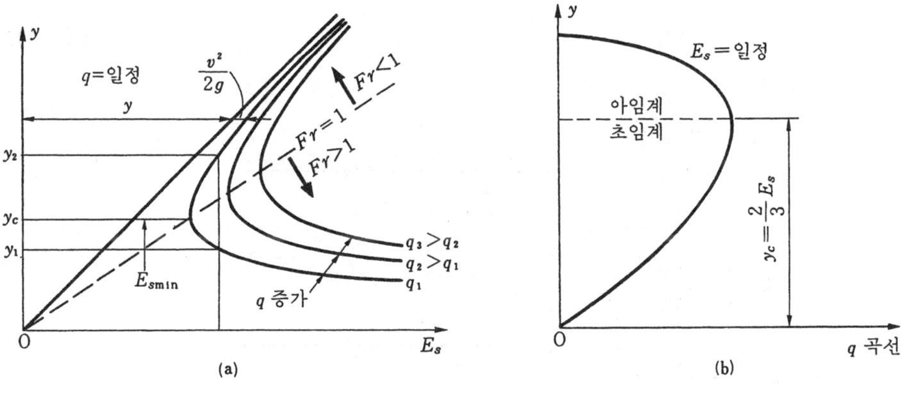

그림 12 · 24

$$y_c = \frac{2E_{smin}}{3} \quad \text{또는} \quad E_{smin} = \frac{3}{2}y_c \tag{12 · 61}$$

임계속도(critical velocity), 즉 임계깊이에서의 속도는 $q = v_c y_c$와 $q = \sqrt{gy_c^3}$의 관계에서

$$v_c = \sqrt{gy_c} \tag{12 · 62}$$

를 얻는다. 그러므로 윗식으로부터 임의의 위치에서의 유속은

$$v = \sqrt{gy} \tag{12 · 63}$$

로 나타낼 수 있다.

따라서 아임계 유동과 초임계 유동은 $\sqrt{gy}$의 값보다 크거나 작을 때 일어나므로, 아임계 유동에서 표면의 유동은 상류방향이 되고, 초임계 유동에서는 이와 같은 유동이 그림 12 · 25에서 보는 바와 같이 하류로, 유동방향과 임의의 각도 β로 유동하고 있다고 볼 수 있다. 만일 이와 같은 유동이 정지하게 되려면 유속이 같고 방향이 반대이어야 한다.

그러므로 $\sin\beta = \dfrac{\sqrt{gy}}{v}$의 관계가 된다.

임계깊이를 고려하기 위하여 Froude수를 $Fr = \dfrac{v}{\sqrt{gy}}$로 나타내면, 결국 $Fr < 1$이면 아임계 유동이고, $Fr = 1$이면 임계유동, $Fr > 1$이면 초임계 유동이 되며, $\sin\beta = \dfrac{1}{Fr}$이 된다.

균일 임계유동(uniform critical flow)은 임계경사(critical slope) i_c에서 일어나고 있다고 볼 수 있으므로 식 (12 · 60)과 Chézy의 유량공식으로부터

$$q = \sqrt{gy_c^3} = Cy_c\sqrt{y_c i_c} \tag{12 · 64}$$

가 되므로

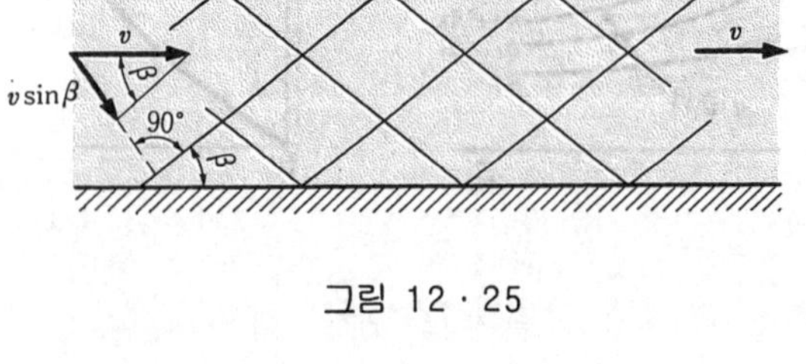

그림 12 · 25

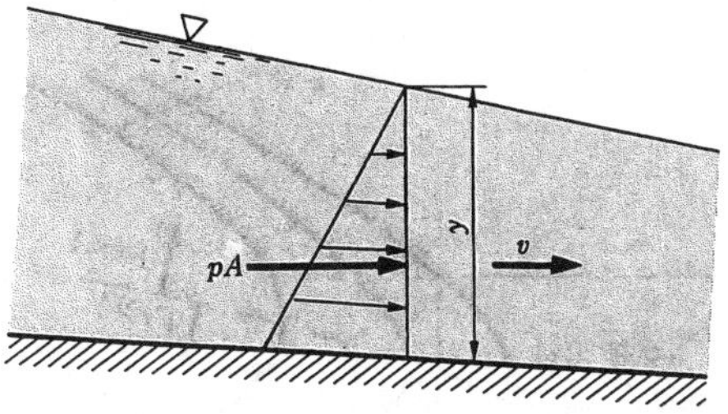

그림 12 · 26

$$i_c = \frac{g}{C^2} = \frac{\lambda}{8} \approx \frac{gn^2}{\xi y_c^{\frac{1}{3}}} \tag{12 · 65}$$

을 얻는다. 여기서 SI 단위계에서는 $\xi = 1.0$, BG 단위계에서는 $\xi = 2.208$이다.

다음에는 수로유동 중에 발생하는 추력에 대하여 고려해 보자. 그림 12 · 26에서 보는 바와 같이 유동 중에 발생하는 추력은

$$T = pA + \rho A v^2 \tag{12 · 66}$$

이 되고, 직사각형의 단위폭당 작용하는 전압력은 $pA = \dfrac{\gamma y^2}{2}$이며, 운동량은 $\rho v^2 A = \dfrac{\gamma}{g} \times \dfrac{q^2}{y}$이므로, 식 (12 · 66)은 다음과 같이 된다.

$$T = \frac{\gamma y^2}{2} + \frac{\gamma}{g}\frac{q^2}{y} \tag{12 · 67}$$

유체의 단위무게에 대한 추력함수를 비추력 함수(specific thrust function) 또는 비추력(specific thrust)이라고 한다. 즉 추력함수는

$$T_s = \frac{y^2}{2} + \frac{q^2}{gy} \tag{12 · 68}$$

식 (12 · 68)에서 알 수 있는 바와 같이, 유량 q가 일정하다면 비추력은 오직 유동깊이만의 함수이다. 유동깊이와 비추력과의 관계를 도시한 도표를 비추력 선도(specific thrust diagram)라고 하며, 그림 12 · 27은 이 선도를 나타낸다.

비추력의 최소가 되는 유체의 평균깊이를 $\dfrac{dT_s}{dy} = 0$으로부터 구하면

$$y_{T_{s\min}} = \sqrt[3]{q^2/g} \tag{12 · 69}$$

로서 최소 비에너지와 동일한 조건이 되며, 최소 비추력은 결국 임계유동이 됨을 알 수 있다. 또한 그림 12 · 27에서 일정한 유량 q에 대하여 비추력의 값이 동일한 두

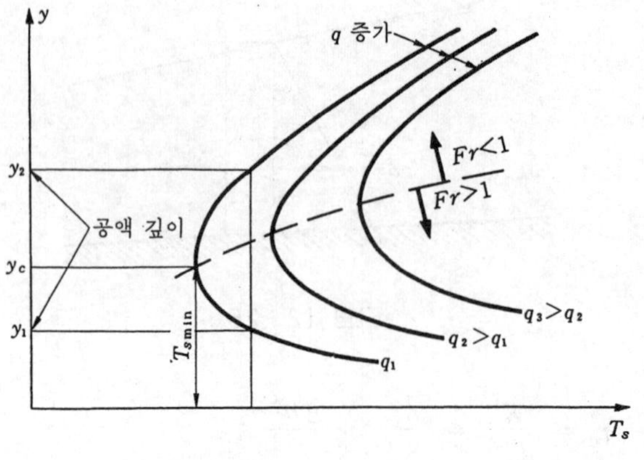

그림 12 · 27

개의 유동깊이 y_1, y_2가 존재함을 알 수 있는데, 이 두 깊이를 공액(共軛)깊이(conjugate depths)라고 한다.

그림 12 · 28은 비에너지와 비추력 함수곡선이며 (a)는 유속과 깊이가 일정한 균일유동을 나타내고, (b)는 다음에 논하게 될 도수현상(跳水現象)이 발생하는 유동이므로

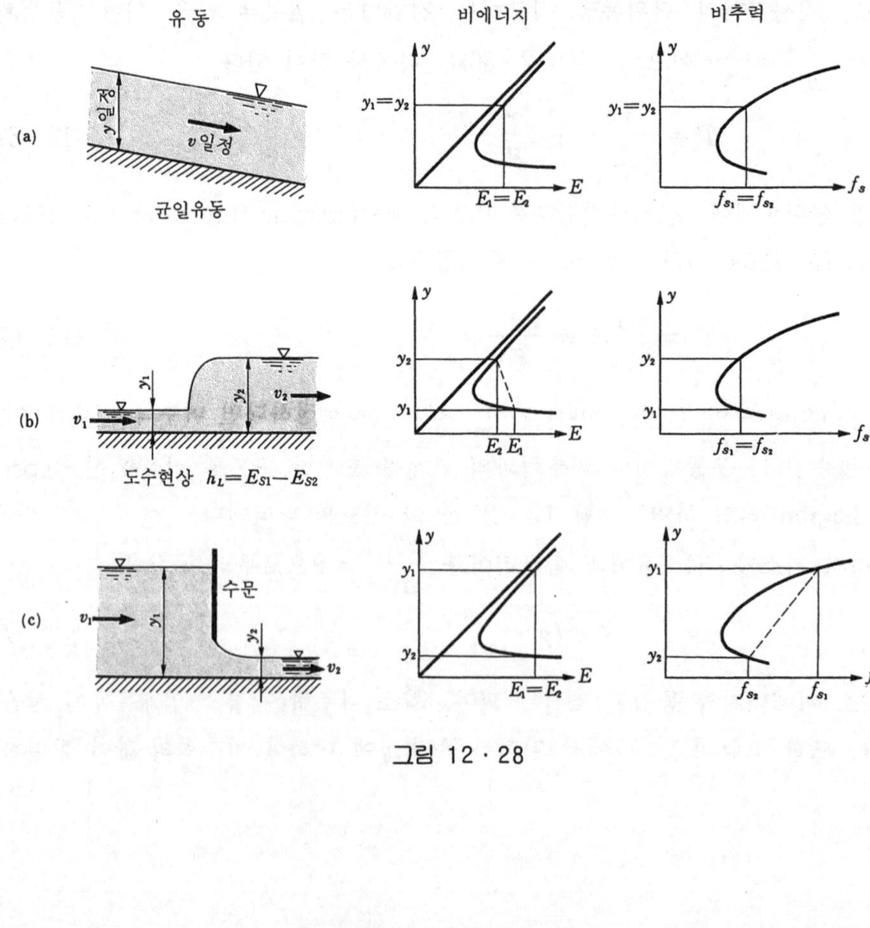

그림 12 · 28

비추력이 일정한 경우이며, (c)는 수문을 통하여 유동되는 수로유동으로서 비에너지가 일정하고 깊이가 변화하는 경우이다.

예 제 12.13 폭이 넓은 직사각형 수로가 흙으로 매끈하게 축조되어 2차원 유량이 $q = 54\,\text{ft}^3/\text{s}$이다.

(a) 임계깊이를 계산하라.

(b) $y = 3.2\,\text{ft}$에서의 유동형태를 결정하라.

(c) 임계경사를 계산하라.

풀 이 (a) 표 12 · 3에서 $\varepsilon = 0.12\,\text{ft}$인 경우 $n = 0.022$를 취하면

$$y_c = \left(\frac{q^2}{g}\right)^{\frac{1}{3}} = \left(\frac{54^2}{32.2}\right)^{\frac{1}{3}} = 4.48\,\text{ft}$$

(b) $y < y_c$이므로 초임계 유동이다.

(c) $$i_c = \frac{gm^2}{\xi y_c^{\frac{1}{3}}} = \frac{32.2 \times (0.022)^2}{2.208\,(4.48)^{\frac{1}{3}}} = 0.00428$$

즉

$$\theta = 0.245°$$

예 제 12.14 폭이 3 m이고 유동깊이가 3 m인 4각 수로에서 유속이 3 m/s이다. 수로가 점진적으로 수축되어 폭이 2.6 m가 된다면 유동깊이와 수면의 높이는 어떻게 변화하겠는가? 이와 같은 상류의 조건하에서 최대 수축부의 폭을 구하라.

풀 이 유동현상은

$$Fr_1 = \frac{v_1}{\sqrt{gy_1}} = \frac{3}{\sqrt{9.8 \times 3}} = 0.55$$

$Fr_1 < 1$이므로 아임계 유동이 된다.

$$E_{s_1} = E_{s_2} = y_1 + \frac{v_1^2}{2g} = 3 + \frac{3^2}{2 \times 9.8} = 3.46\,\text{m}$$

수축된 점에서 2차원 유량과 비에너지는

$$q^2 = \frac{Q}{B_2} = \frac{3 \times 3 \times 3}{2.6} = 10.4\,\text{m}^2/\text{s}$$

$$E_{s_2} = y_2 + \frac{q^2}{2gy_2^{\ 2}} = y^2 + \frac{(10.4)^2}{2 \times 9.8 \times y_2^{\ 2}} = 3.46\ \mathrm{m}$$

즉

$$y_2 + \frac{5.5}{y_2^{\ 2}} = 3.46, \qquad y_2 \approx 2.71\ \mathrm{m}$$

수면의 높이 변화는 $\Delta y = y_1 - y_2 = 3 - 2.71 = 0.29$ m이고, 최대 수축은 최대 비에너지가 발생하는 영역에서 일어나므로 $y_2 = y_c$이다.

$$E_{s_2} = 1.5y_c = 3.46, \qquad y_c = 2.31\ \mathrm{m}$$

또

$$\frac{v_c^{\ 2}}{2g} = \frac{y_c}{2}, \qquad v_c = 4.76\ \mathrm{m/s}$$

$Q_1 = Q_2 = 27 = B_2 y_c v_c$이므로 수축부의 최소폭은

$$B_2 = \frac{27}{2.31 \times 4.76} = 2.46\ \mathrm{m}$$

12.8 비(非)직사각형 수로에서의 비(比)에너지, 임계깊이, 임계경사

앞의 절에서 논한 이론들을 비직사각형의 경우에 대하여 논하면, 응용되는 식들이 수학적으로 상당히 복잡하게 된다. 식 (12 · 58)에서 단면적 A는 y의 임의함수로 되어 있다고 볼 수 있으므로 다음과 같이 표기할 수 있다.

$$E_s = y + \frac{1}{2g}\left(\frac{Q}{f(y)}\right)^2 \qquad (12 \cdot 70)$$

이 식은 식 (12 · 58)과 유사하나 실제 임계깊이를 계산해 보면 상이하다는 것을 알 수 있다.

윗식을 y에 대하여 미분하여 $\dfrac{dE_s}{dy} = 0$으로 놓으면

$$\frac{dE_s}{dy} = 1 + \frac{Q^2}{2g}\left(-\frac{2}{A^3}\frac{dA}{dy}\right) = 0$$

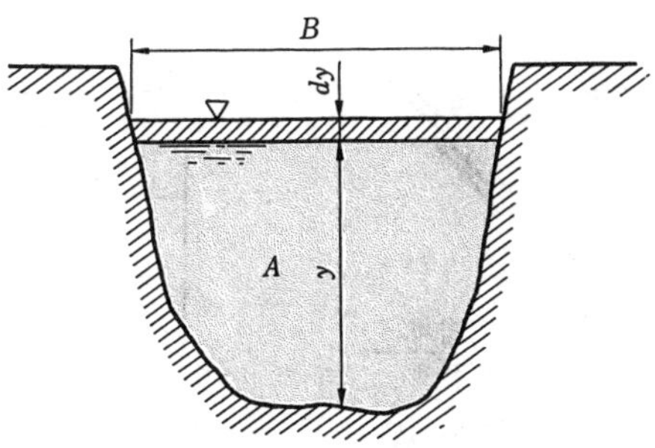

그림 12 · 29

여기서 그림 12 · 29로부터 $dA = Bdy$이고, B는 액체 표면에서의 수로의 폭이다. 그러므로 $\frac{dA}{dy} = B$를 대입하면 비직사각형 수로에서의 임계깊이를 계산할 수 있는 다음과 같은 식을 얻을 수 있다.

$$\frac{Q^2}{g} = \frac{A^3}{B} \quad \text{또는} \quad \frac{Q^2 B}{gA^3} = 1 \tag{12 · 71}$$

$v = \frac{Q}{A}$의 관계를 윗식에 대입하고 Froude수를

$$Fr = \sqrt{\frac{Q^2 B}{gA^3}} = \frac{v}{\sqrt{g(A/B)}} \tag{12 · 72}$$

로 나타내면, 넓은 직사각형 수로에서와 같이 $Fr < 1$이면 아임계 유동 $Fr = 1$이면 임계유동, $Fr > 1$이면 초임계 유동이 된다.

따라서 임계유동은 Fr일 때의 속도이므로 식 (12 · 72)로부터

$$v_c = \sqrt{gd_m} \tag{12 · 73}$$

이 되며, 여기서 $d_m = \frac{A}{B}$로서 평균지름을 의미한다.

그림 12 · 30은 유량 Q가 일정한 경우와 비에너지 E_s가 일정한 경우에 대하여 식 (12 · 70)의 함수관계를 도시한 것이다.

임계경사에 대하여 살펴보면, 직사각형 수로에서와 같이 $Q = Av_c$이므로

$$Q = \sqrt{\frac{gA^3}{B}} = \left(\frac{1.49}{n}\right) Am^{\frac{2}{3}} i_c^{\frac{1}{2}} \text{ (BG 단위계)}$$

즉

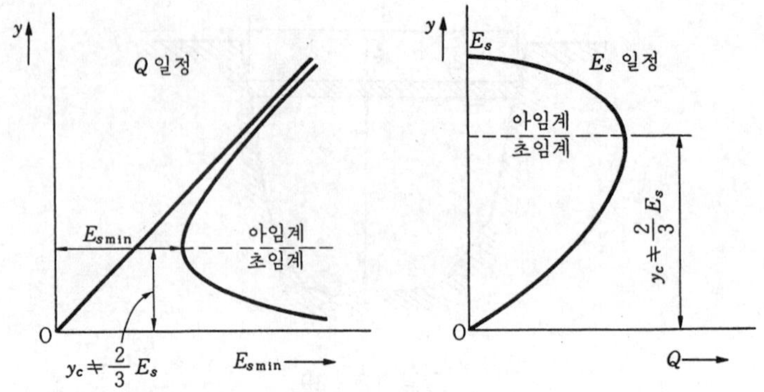

그림 12 · 30

$$i_c = \frac{gn^2}{2.2}\left(\frac{A}{Bm^{\frac{4}{3}}}\right) \approx \frac{gn^2}{\xi m^{\frac{1}{3}}}\frac{l_w}{B} \qquad (12 \cdot 74)$$

가 된다.

여기서 ξ는 식 (12 · 65)에서와 마찬가지로 SI 단위계에서는 $\xi = 1.0$, BG 단위계에서는 $\xi = 2.208$이다.

예 제 12.15 그림 12 · 31에서와 같은 3각 수로에서 유량이 $Q = 18\ \mathrm{m^3/s}$이다. 여기에서 (a) 임계깊이 y_c, (b) 임계유속 v_c, (c) 임계경사 i_c를 계산하라. 단, $n = 0.018$이다.

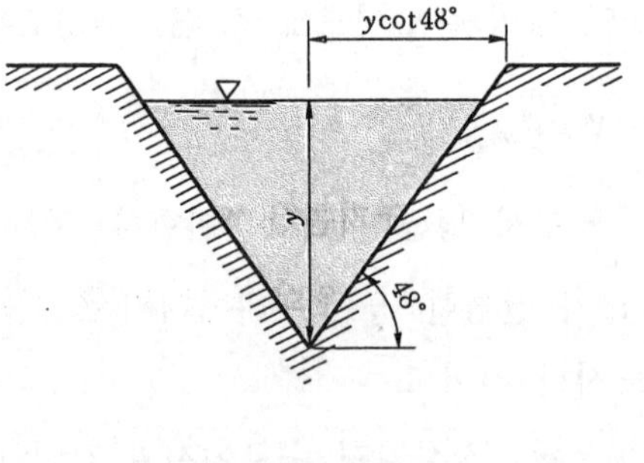

그림 12 · 31

풀 이 (a) 접수길이, 유동단면, 유체의 평균깊이, 유동폭을 각각 계산하면

$$l_w = 2y\,\mathrm{cosec}\,48°, \qquad A = y^2 \cot 48°$$

$$m = \frac{y}{2}\cos 48°, \qquad b = 2y \cot 48°$$

임계유동 조건은

$$gA_c^3 = BQ^2$$

즉

$$g(y_c^2 \cot 48°)^3 = (2y \cot 48°)Q^2$$

$$y_c = \left(\frac{2Q^2}{g \cot^2 48°}\right)^{\frac{1}{5}} = \left(\frac{2 \times 18^2}{9.8 \times 0.811}\right)^{\frac{1}{5}} = 2.41 \text{ m}$$

(b) $v_c = \dfrac{Q}{A_c} = \dfrac{18}{y_c^2 \cot 48°} = 3.72 \text{ m/s}$

(c) $i_c = \dfrac{gn^2 l_w}{\xi m^{\frac{1}{3}} B}$

$$= \frac{9.8 \times (0.018)^2 \times 2 \times 2.41 \times \operatorname{cosec} 48°}{1.0 \times \left(\frac{1}{2} \times 2.41 \times \cos 48°\right)^{\frac{1}{3}} \times 2 \times 2.41 \times \cot 48°}$$

$= 0.0051$

12.9 도수현상

개수로 유동에서 액체가 높은 속도에서 낮은 속도의 영역으로 유동할 때는 액체표면에서 오히려 급격한 상승현상이 발생하면서 심한 난류와 와류 또는 공기의 유입을 동반하게 되어 기복이 발행하는데, 이것을 도수현상(跳水現象, hydraulic jump)이라고 한다.

그림 12·32에서와 같이 유선(流線)이 직선적인 평행한 단면 (1), (2)에서 유량이 q인 평면유동을 생각해 보자.

$$\Sigma F_x = F_1 - F_2 = \frac{\gamma y_1^2}{2} - \frac{\gamma y_2^2}{2}$$

$$= (v_1 - v_2)\frac{\gamma}{g} q \tag{12·75}$$

연속의 관계식 $v_2 = \dfrac{q}{y_2}$와 $v_1 = \dfrac{q}{y_1}$를 대입하여 정리하면

$$\frac{q^2}{gy_1} + \frac{y_1^2}{2} = \frac{q^2}{gy_2} + \frac{y_2^2}{2} \tag{12·76}$$

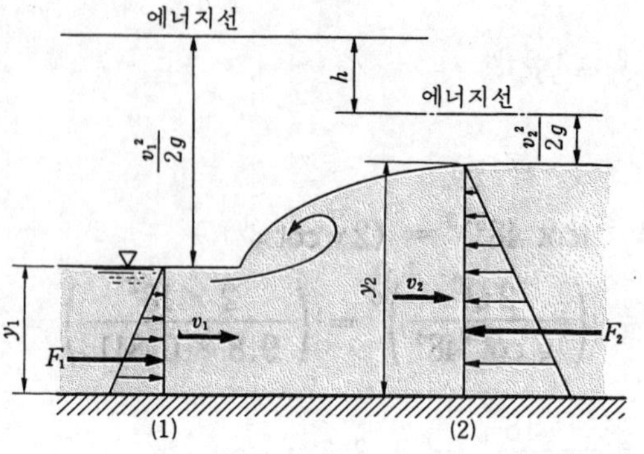

그림 12 · 32

이 식은 대략 다음과 같이 표기된다.

$$y_2^2 = y_1 y_2 - \frac{2q^2}{gy_1} = 0$$

다시 $\frac{y_2}{y_1}$에 대하여 정리하면

$$\frac{y_2}{y_1} = \frac{1}{2}\left(\sqrt{1 + \frac{8q^2}{gy_1^3}} - 1\right) = \frac{1}{2}\left(\sqrt{1 + \frac{8v_1^2}{gy_1}} - 1\right) \quad (12 \cdot 77)$$

이 식으로부터 다음 세 경우를 생각할 수 있다.

(1) $\frac{v_1^2}{gy_1} = 1$이면 $\frac{y_2}{y_1} = 1$

(2) $\frac{v_1^2}{gy_1} > 1$이면 $\frac{y_2}{y_1} > 1$

(3) $\frac{v_1^2}{gy_1} < 1$이면 $\frac{y_2}{y_1} < 1$

여기서 (3)의 경우는 충격 모멘트와 연속의 식은 만족하나, 액체 표면이 낮아지는 경우로서 도수현상이 일어나는 동안 에너지선의 상승을 가져온다. 그러므로 이 현상은 물리적으로 불가능하다. 이 도수현상을 임계유속에 견주어 설명할 수 있다. 즉 개수로에서의 초임계 유동에서 아임계 유동으로 바뀌어질 때 도수현상이 일어난다.

식 (12 · 76)을 다시 간단하게 정리하면

$$y_1^2 + y_1 y_2 - \frac{2q^2}{gy_2} = 0$$

과 같이 되며, $\frac{y_1}{y_2}$에 대하여 정리하면 다음과 같은 해를 얻는다.

$$\frac{y_1}{y_2} = \frac{1}{2}\left(\sqrt{1+\frac{8q^2}{gy_2^3}}-1\right) = \frac{1}{2}\left(\sqrt{1+\frac{8v_2^2}{gy_2}}-1\right) \qquad (12 \cdot 78)$$

식 (12 · 77)~(12 · 78)에서 $\frac{v_1^2}{gy_1}$, $\frac{v_2^2}{gy_2}$은 각각 Fr_1^2, Fr_2^2이 되므로 $Fr_1 > 1$인 경우와 $Fr_2 < 1$인 경우만이 $\frac{y_2}{y_1} > 1$이 되어 도수현상이 일어남을 알 수 있다. 또 $m = \frac{q^2}{gy} + \frac{y^2}{2}$로 정의하면, 그림 12 · 33에서 m은 일정한 유량에 대해 y의 함수이므로, 여기서 방정식의 해 $m_1 = m_2$인 경우에만 가능하다. 그림의 곡선에서 m의 최소값은 임계깊이에서 얻어지고, 보기에 곡선의 형상은 비에너지 선도와 같이 나타나 있다. 다음은 도수현상이 일어나는 수로유동에서 에너지 손실에 대하여 살펴보자. 그림 12 · 32에서 점 (1)과 점 (2) 사이에 발생하는 에너지 손실은

$$\begin{aligned} h_L = E_1 - E_2 &= \frac{q^2}{2gy_1^2} - \frac{q^2}{2gy_2^2} + (y_1 - y_2) \\ &= \frac{q^2}{2g}\left(\frac{1}{y_1^2} - \frac{1}{y_2^2}\right) + (y_1 - y_2) \end{aligned} \qquad (12 \cdot 79)$$

또

$$\frac{q^2}{g} = \frac{y_1 y_2 (y_1 + y_2)}{2} \qquad (12 \cdot 80)$$

가 되므로, 식 (12 · 80)을 식 (12 · 79)에 대입히면 디음과 같은 에너지 손실식을 유도할 수 있다.

$$h_L = \frac{(y_2 - y_1)^3}{4 y_1 y_2} \qquad (12 \cdot 81)$$

이 식은 도수현상이 발생하는 $y_2 > y_1$인 경우에만 에너지 손실이 양의 값을 갖게 된

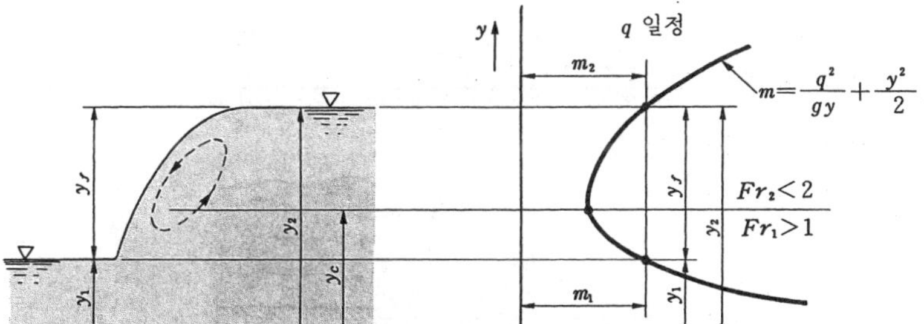

그림 12 · 33

다. 즉 상류는 초임계 유동이 되어야 하며, 하류는 아임계 유동이 되어야 한다. 결국 $v_1 > v_2$가 되는 유동에서만 도수현상이 발생하게 된다.

또, 식 (12·80)으로부터 2차원 유량식은

$$q = \left[\frac{gy_1y_2}{2}(y_1 + y_2) \right]^{\frac{1}{2}} \tag{12·82}$$

이 된다.

그림 12·34는 Fr수에 따라 도수현상이 변화하는 양상을 나타낸 도표로서, Fr수의 증가에 따라 도수현상이 강하게 발생함을 알 수 있다. 즉 그림에서

(a) $Fr=1.0\sim1.7$: 파상도수(波狀跳水)

(b) $Fr=1.7\sim2.5$: 약한 도수

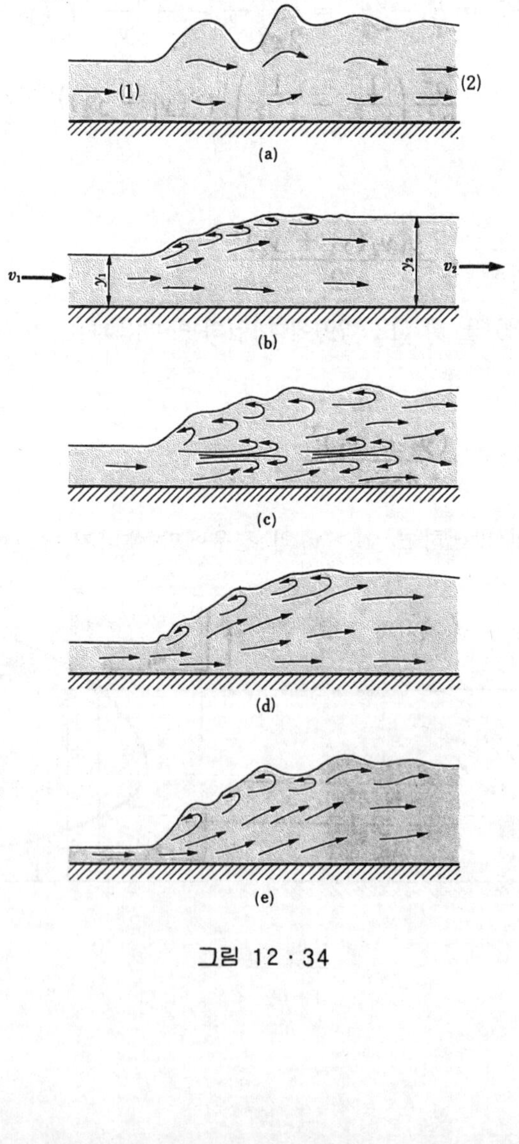

그림 12·34

(c) $Fr = 2.5 \sim 4.5$: 요동도수(搖動跳水)

(d) $Fr = 4.5 \sim 9.0$: 정상도수(定常跳水)

(e) $Fr > 9.0$: 강한 도수

와 같이 발생된다.

일반적으로 직사각형의 수로에서 유동깊이가 변화하는 경우, 도수현상을 방정식을 도입하여 해석하기에는 아주 복잡한 문제들이 많다. 1차원 유동에서 도수현상을 수반하는 경우의 운동량 방정식은

$$\rho g h_1 A_1 - \rho g h_2 A_2 = \rho Q(v_2 - v_1) = \rho Q\left(\frac{Q}{A_2} - \frac{Q}{A_1}\right)$$

가 되며, 이를 정리하면

$$\frac{Q^2}{g h_1 {A_1}^2} = \frac{(h_2/h_1)(A_2/A_1) - 1}{1 - (A_1/A_2)} \qquad (12 \cdot 83)$$

여기서 h_1, h_2는 수면으로부터 유동단면의 중심(重心, gravity center)까지의 깊이이며, A_1, A_2는 유동단면적이다. 그림 12 · 35는 Thiruvengadam이 원형 개수로에서 실험한 결과를 도시한 것이다.

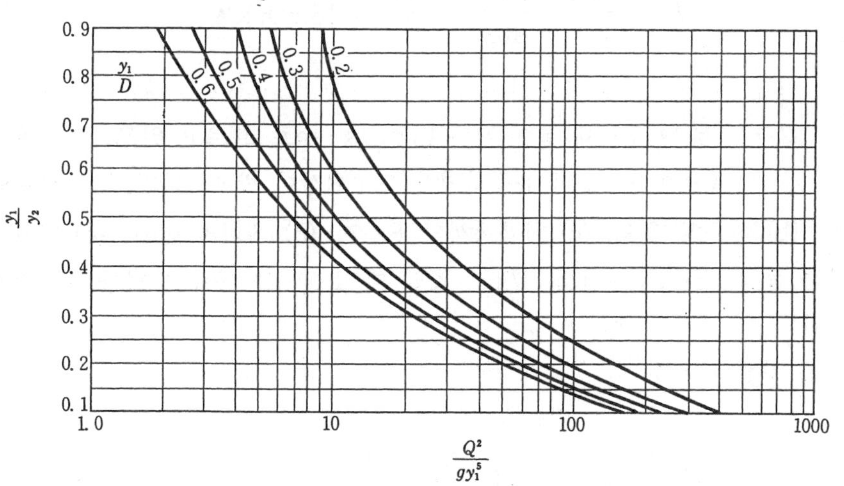

그림 12 · 35

예 제 12.16 물이 수평으로 놓인 개수로에서 6 m 깊이로 흐르고 있다. 2차원 유량이 $q = 3.7\ \mathrm{m^2/s}$라고 하면 도수현상이 일어나고 있다고 가정할 때 도수 바로

직후 후류의 깊이와 거기에서 단위폭당 소산되는 동력을 계산하라.

풀이 연속이론, 에너지 방정식, 동력의 식은 각각

$$q = y_1 v_1 = y_2 v_2$$

$$\frac{p_1}{\gamma} + \frac{v_1^2}{2g} + y_1 = \frac{p_2}{\gamma} + \frac{v_2^2}{2g} + y_2 + \Delta h_L$$

$$p = q\gamma E_{\text{loss}}$$

이므로

$$v_1 = \frac{3.7}{0.6} = 6.17\,\text{m/s}, \qquad \frac{v_1^2}{gy_1} = \frac{38.05}{9.81 \times 0.6} = 6.48$$

즉 $\frac{v_1^2}{gy_1} > 1$이므로 가능하다.

$$y_2 = \frac{0.6}{2}(-1 + \sqrt{1 + 8 \times 6.46}) = 1.88\,\text{m}$$

$$v_2 = \frac{3.7}{1.88} = 1.97\,\text{m/s}$$

$$\Delta h_L = 0.6 + \frac{(6.17)^2}{2 \times 9.8} - 1.88 - \frac{(1.97)^2}{2 \times 9.8} = 0.46\,\text{m}$$

$$L = \frac{3.7 \times 1000 \times 0.46}{102} = 16.686\,\text{kW}$$

예제 12.17 넓은 수로에 물이 $q = 12\,\text{m}^3/\text{s} \cdot \text{m}$로 흐르고 있고, 상류의 수직깊이는 $y_1 = 1.4\,\text{m}$이다. 물이 유동하면서 도수현상이 발생한다면, (a) 하류의 수직깊이, (b) 하류의 유속, (c) 하류에서의 Fr수, (d) 에너지 손실, (e) 단위폭당 소실되는 동력, (f) $C_p = 4200\,\text{J/kg} \cdot \text{K}$일 때 소실되는 동력에 의한 온도증가를 계산하라.

풀이 (a) 상류의 유속

$$v_1 = \frac{q}{y_1} = \frac{12}{1.4} = 8.57\,\text{m/s}$$

하류의 Fr수

$$Fr_1 = \frac{v_1}{\sqrt{gy_1}} = \frac{8.57}{\sqrt{9.8 \times 1.4}} = 2.314$$

하류의 수직깊이

$$y_2 = \frac{y_1}{2}(\sqrt{1 + 8Fr_1^2} - 1) = \frac{1.4}{2}(\sqrt{1 + 8 \times (2.314)^2} - 1)$$

$$= 3.93\ \mathrm{m}$$

(b) $v_2 = \dfrac{v_1 y_1}{y_1} = \dfrac{8.57 \times 1.4}{3.93} = 3.05\ \mathrm{m/s}$

(c) $Fr_2 = \dfrac{v_1}{\sqrt{g y_2}} = \dfrac{3.05}{\sqrt{9.8 \times 3.93}} = 0.491$

(d) $h_L = \dfrac{(y_2 - y_1)^3}{4 y_1 y_2} = \dfrac{(3.93 - 1.4)^3}{4 \times 1.4 \times 3.93} = 0.74\ \mathrm{m}$

(e) $L = \dfrac{\gamma q h_L}{102} = \dfrac{1000 \times 12 \times 0.74}{102} = 87.2\ \mathrm{kW/m}$

(f) $L = \dot{m} C_p \Delta T = \rho q C_p \Delta T = \dfrac{\gamma}{g} q C_p \Delta T$이므로

$$87,100\ \mathrm{W/m} = \frac{1000}{9.8} \times 1.2 \times 4200 \times \Delta T$$

$$\Delta T = 0.0169\ \mathrm{K}$$

…… 연 습 문 제 ……

1. Chézy 계수가 127인 6 ft × 2 ft인 4각 단면의 수로가 있다. 경사가 $i = 0.0016$일 때 유량은 얼마인가?

2. 폭이 20 ft인 야석축조로 받친 사각형 수로가 $i = 0.0001$로 되어 있다. 유량 400 ft^3/s일 때 유동깊이를 구하라.

3. 4각 콘크리트 수로가 폭이 50 ft이고, 경사가 $i = 0.00025$로 설치되어 있다. 유량이 800 ft^3/s일 때 유동의 깊이 y를 계산하라.

4. 사각형 수로가 폭이 12 m이고, 유연한 경사로 설치되어 유동 임계깊이가 1.6 m이다. 유량을 구하라.

5. 사각형 수로에서 폭이 8 m이고, 유량이 20 m^3/s인 경우 유동깊이가 1.2 m라고 하면, 유동은 아임계 유동인지 또는 초임계 유동인지 결정하라.

6. 직사각형 수로가 들판에 있는 돌로 축조되어 있는데, 경사가 $i = 0.0001$이며 유량은 400 ft^3/s이다. 최적 직사각형 수로의 크기를 결정하라.

7. 밑면폭이 10 ft이고, 측면의 경사비가 수직 : 수평 = 1 : 2이며, $n = 0.017$인 사다리꼴 수로에서 유량이 1000 ft^3/s일 때 임계깊이와 임계경사를 계산하라.

8. 폭 40 ft인 직사각형 수로에서의 500 ft^3/s의 유량이 유동될 때 물의 깊이가 4 ft이다. 이 유동은 아임계인가, 초임계인가? 만약 $n = 0.017$이면 이 유량에 대한 임계경사는 얼마인가? 또, 4 ft 깊이의 유동이 형성되기 위한 수로경사를 구하라.

9. 폭이 $B = 1.8$ m, 경사는 $i = 0.0016$인 사각형 수로에서 유동깊이 $y = 0.82$ m로 물이 흐를 때 유량은 얼마인가? 단, Kutter의 식에 의하여 $n = 0.012$로 가정하여 계산하라.

10. 평균유속이 2.4 m/s, 유량이 16 m^3/s인 사각형 수로가 있다. 가장 경제적인 유동단면과 경사를 구하라. 단, $C = 74$이다.

11. 폭이 4 m이고, 유동깊이가 0.6 m인 사각형 수로에서 유량이 12 m^3/s일 때 유동의 형태를 결정하고 임계깊이를 구하라.

12. 그림 12 · 36과 같은 단면을 갖는 개수로에서 경사가 $i = 0.0009$라고 하면 유량은 얼마인가? 단, 도관은 목재로 제작되었다.

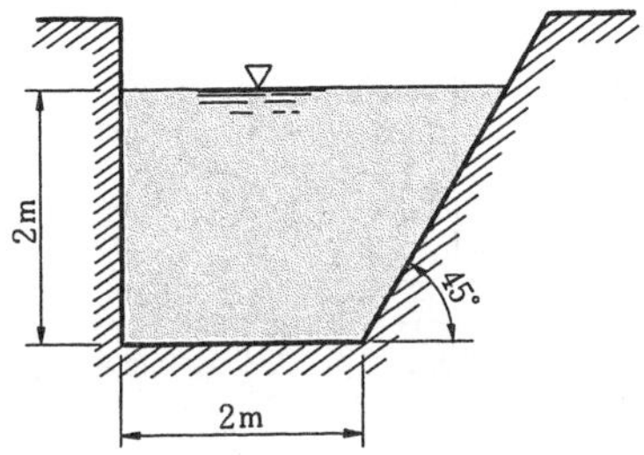

그림 12 · 36

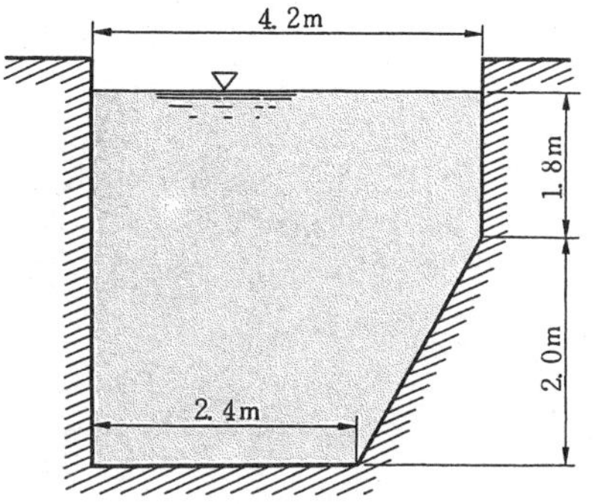

그림 12 · 37

13. 콘크리트 수로가 그림 12 · 37과 같이 설치되어 있으며, 유량이 $36\ m^3/s$이다. 100 m당 경사 i를 계산하라.

14. 물이 임계깊이에서 2.4 m/s로 유동하고 있다. 임계깊이를 구하라.

15. 밑바닥 폭이 8 ft이고 측면의 경사가 $\tan\theta = \dfrac{1}{2}$인 사다리꼴 운하가 있다. 여기에서 유량이 $280\ ft^3/s$가 되도록 하고, 유속은 2.8 ft/s로 하려면 운하의 경사는 얼마로 하면 되겠는가? 단, $n = 0.015$로 가정한다.

16. 사다리꼴 단면의 수로에서 유량이 $Q = 18\ m^3/s$, 경사각이 $\alpha = 45°$, 유체의 평균깊이 $m = 1.2\ m$, 그리고 수심이 $y = 1.6\ m$일 때 수로 밑바닥의 경사 i를 계산하라. 단, Chézy–Manning의 식으로 계산하고, $n = 0.012$로 가정하라.

17. 그림 12 · 38과 같은 사다리꼴 수로가 아스팔트로 경사 $i = \dfrac{1}{1000}$로 축조되어 있다. 물의 유량과 유속을 계산하라.

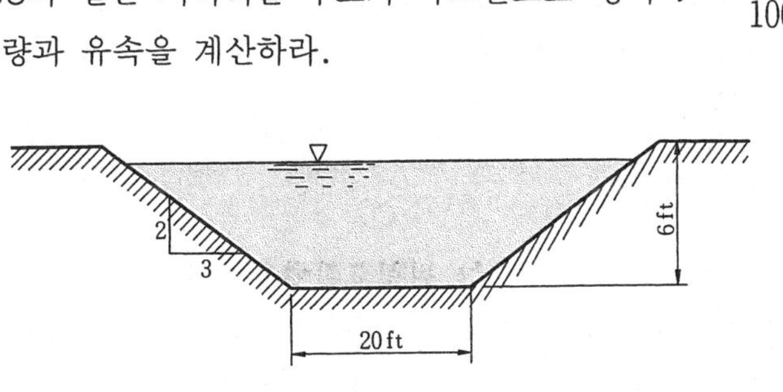

그림 12 · 38

18. 그림 12 · 39와 같은 3각 단면의 개수로에서 수평으로 놓여 있다면, 유량과 y와의 관계식을 유도하라.

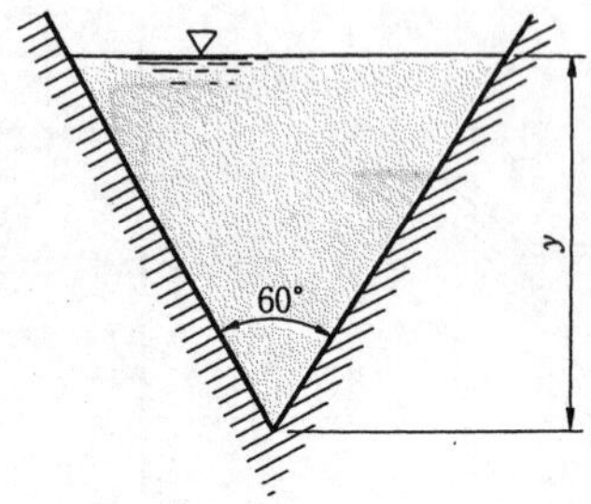

그림 12 · 39

19. 삼각형 수로가 그림 12 · 40과 같은 유동단면으로 되어 있으며, 유량은 $12\ m^3/s$이다. Manning의 계수가 $n = 0.013$이라 하면, 임계깊이 y_c, 임계유속 v_c, 임계경사 i_c를 구하라.

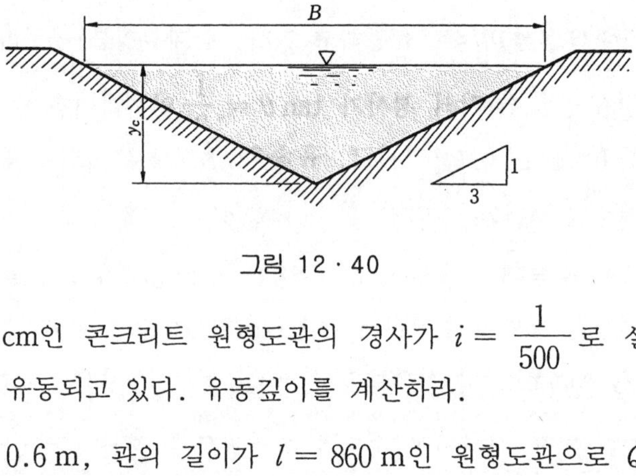

그림 12 · 40

20. 안지름이 50 cm인 콘크리트 원형도관의 경사가 $i = \dfrac{1}{500}$로 설치되어 유량이 $0.040\ m^3/s$로 유동되고 있다. 유동깊이를 계산하라.

21. 지름이 $d = 0.6\ m$, 관의 길이가 $l = 860\ m$인 원형도관으로 $Q = 0.6\ m^3/s$의 물을 수송하고 있다. 이 송수관에 의해 수송되는 동력은 얼마인가? 단, 상수면과 수차의 중심까지의 수직거리는 $H = 220\ m$이고 관마찰계수는 $\lambda = 0.032$이다.

22. 그림 12 · 41과 같은 단면을 갖는 원형도관에서 경사가 $i = 0.0001$이고, 물이 1 m 깊이로 균일유동을 한다. 접수벽에 작용하는 전단응력이 $\tau_0 = \gamma m i$로 표시된다면 τ_0는 얼마인가?

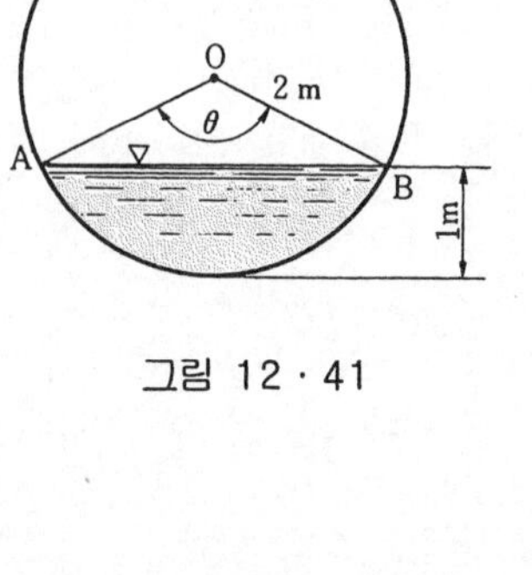

그림 12 · 41

23. 반원형 수로가 그림 12·42와 같이 설치되어 있는데, Manning의 계수가 $n = 0.012$이라 하면, 임계유동 상태에서 유속, 경사, 유량을 계산하라.

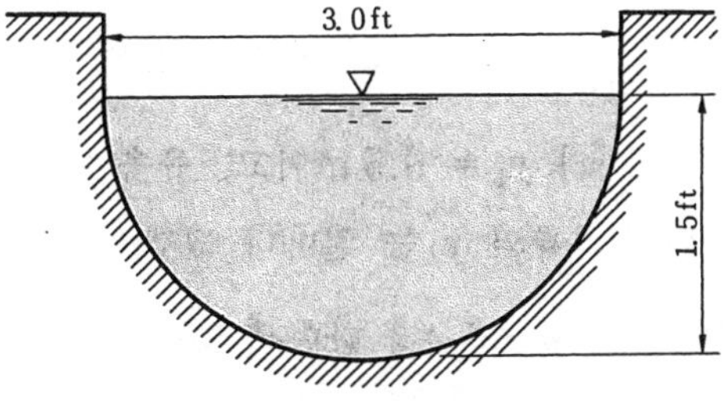

그림 12·42

24. 그림 12·43에서 상류와 하류의 깊이가 각각 $y_1 = 1.60\ \mathrm{m}$, $y_2 = 3.21\ \mathrm{m}$이고, 유동폭이 8.6 m라고 하면 유량은 얼마나 되겠는가?

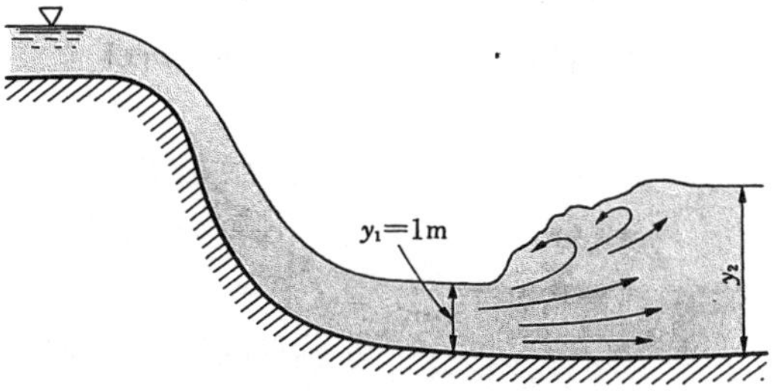

그림 12·43

25. 그림 12·44와 같이 폭이 8 ft인 수문을 통하여 물이 방출되는데 도수현상이 발생하고 있다. 수문을 통하여 물이 방출되는 동안 에너지 손실을 무시하고 순수한 도

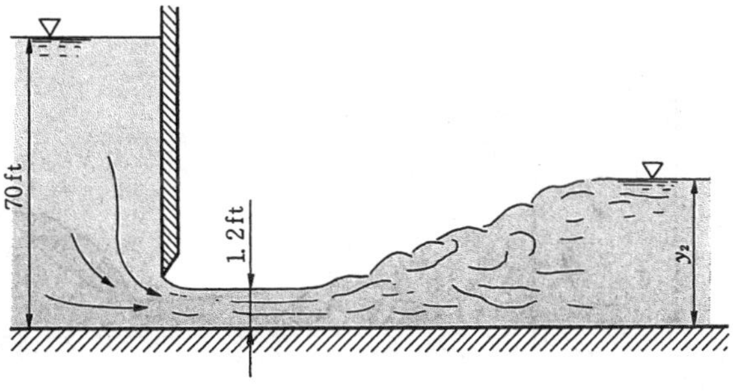

그림 12·44

수현상에 의해서만 발생하는 손실동력을 계산하라.

26. 그림 12·44에서 저수지 수면의 높이는 24 m이고, 4각 수로의 폭이 4 m이며, 수문에서 방출되는 물의 깊이는 0.4 m이다. 그림에서와 같이 도수현상이 발생하였다면 손실동력은 얼마인가? 단, 수문에서의 제반 손실은 무시한다.

27. 수로유동에서 상류의 깊이가 $y_1 = 0.5$ m이고, 유속이 4 m/s이다. 장애물이 있어서 도수현상이 발생한다면 하류의 y_2는 얼마나 되겠는가?

28. 그림 12·43과 같이 폭이 4 m의 4각 단면을 갖는 수로유동에서 도수현상이 발생하고 있다. 수로는 급경사에서 완만한 경사로 축조되어 있으며, 상류의 유동깊이가 1 m이고, 유량이 16 m^3/s일 때, (a) 하류의 깊이, (b) 도수현상에 의한 에너지 손실수두, (c) 상류와 하류의 유속을 계산하라.

29. 그림 12·45와 같이 폭이 12 m이고, 유동깊이가 0.4 m인 균일유동 콘크리트 수로가 있다. 도수현상에 의한 유동깊이 y_1을 계산하라. 단, Manning의 계수는 $n = 0.012$이고, 수로 밑바닥의 경사는 $i_0 = 0.038$이다.

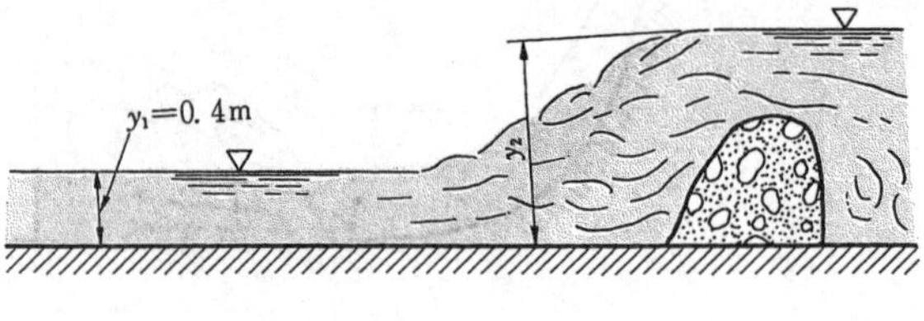

그림 12·45

30. 그림 12·46과 같은 방수로에서 물이 $q = 2.0$ m^2/s로 유동되고 있다. 도수현상이 발생하는 하류의 깊이 y_2를 계산하라. 단, 방수로에서 발생하는 에너지 손실은 무시한다.

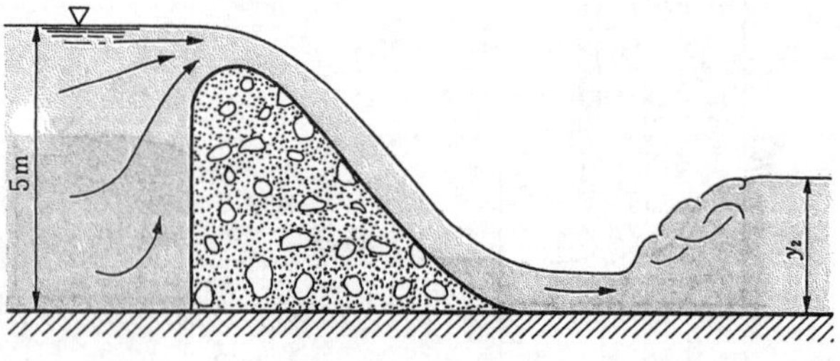

그림 12·46

31. 그림 12·47과 같은 2차원 수로가 있다. 2차원 유량이 $q = 18\,\mathrm{ft}^2/\mathrm{s}$라고 하면 경사진 곳에서 손실수두, 손실동력, 수평분력을 계산하라.

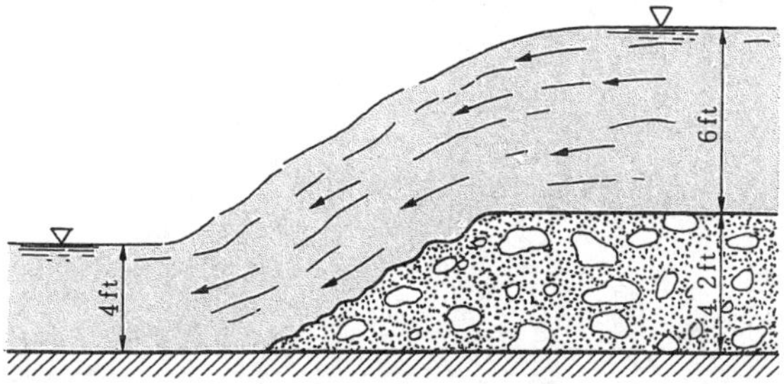

그림 12·47

제 13 장

압축성 유체
Compressible Flow

13.1 개 론

지금까지 취급한 비압축성 유체유동에서는 주로 밀도가 일정하고 변수가 압력과 속도에 관한 것이었다. 그러나 압축성 유체의 경우에는 이 밖에 중요하게 다루어지고 있는 것이 전유동장에 대한 밀도의 변화이다. 또한 압축성 유체에서 압축성은 유체의 고속유동에서 아주 중요하다.

광범위한 속도의 변화는 광범위한 압력변화를 의미한다. 즉 기체유동에서 이 압력변화들은 밀도와 온도의 현저한 변화를 수반하게 되는 것이다. 압축성 유체에서 추가되는 두 변수들(밀도, 온도)을 다루기 위해서는 두 개의 방정식이 더 필요하다. 즉 에너지 방정식과 상태 방정식이 압축성 유체의 문제들을 풀어나가는 데 꼭 필요하다.

이 장에서는 압축성 유체의 유동을 연구하는 데에 기본적으로 필요한 이상기체의 2차원 정상유동에 대하여 다루기로 한다. 많은 실제 유체의 유동은 매우 복잡하나, 위와 같은 제한을 둠으로써 기초적인 유동과정을 효과적으로 해석할 수 있다. 그러므로 압축성 유동의 연구에 필요한 상태 방정식을 효과적으로 적용해 나갈 수 있다. 이에 압축성 유동의 연구에 필요한 상태 방정식을 포함한 기본 열역학 이론을 복습하고, 'Tds 방정식'들에 대해서도 검토해 보기로 한다.

13.2 열역학의 기본 방정식

한 물질의 압력, 밀도, 온도의 관계는 상태식으로 나타낼 수 있다. 많은 물질의 경우 거동이 아주 복잡하기는 하나 공학적으로 대부분의 기체는 일정 압력과 온도하에서 다음과 같은 이상기체의 상태식을 만족하고 있다.

$$p = \rho RT \tag{13·1}$$

여기서 R는 실제적으로 기체상수 R_u($R_u = 8314\ \text{N}\cdot\text{m/kg}\cdot\text{mole}\cdot\text{K}$, 또는 $1544\ \text{ft}\cdot\text{lb/lb}\cdot\text{mole}\cdot{}^\circ\text{R}$)와 기체의 분자질량 M_m과의 비로서 $R = R_u/M_m$을 나타낸다.

식 (13·1)은 공기의 경우 실내온도에서 압력 30 atm까지는 1% 이하의 오차를 나타내며, 1 atm에서 공기는 온도 140 K까지 1% 이하의 오차를 나타낸다.

이상기체는 간단하고 유용한 다른 특성을 가지고 있다. 일반적으로 내부 에너지 방정식은 $u = u(v, T)$로 표시되고 있다.

$$du = \left(\frac{\partial u}{\partial T}\right)_v dT + \left(\frac{\partial u}{\partial v}\right)_T dv \tag{13·2}$$

여기서 $v \equiv \dfrac{1}{\rho}$로서 비체적이다. 일정한 체적에서 비열은 $C_v = \left(\dfrac{\partial u}{\partial T}\right)_v$로서 정의된다.

$$du = C_v\, dT + \left(\frac{\partial u}{\partial v}\right)_T dv \tag{13·3}$$

상태식 $p = \rho RT$, $\left(\dfrac{\partial u}{\partial v}\right)_T = 0$, 그러므로 $u = u(T)$

결과적으로

$$du = C_v\, dT \tag{13·4}$$

이상기체의 내부 에너지와 온도변화는 C_v를 알면 쉽게 알 수 있으며, $u = u(T)$이므로 $C_v = C_v(T)$가 된다.

엔탈피(enthalpy)는 $h \equiv u + \dfrac{p}{\rho}$로 정의된다. 이상기체에서는 $p = \rho RT$이므로 $h = u + RT$이며, 또 $u = u(T)$이므로 h가 온도만의 함수임을 알 수 있다.

h와 T의 관계를 보이기 위하여, h를 일반형으로 표기하면

$$h = h(p, T) \tag{13·5}$$

미분하면

$$dh = \left(\frac{\partial h}{\partial T}\right)_p dT + \left(\frac{\partial h}{\partial p}\right)_T dp \tag{13·6}$$

그러므로

$$dh = C_p dT + \left(\frac{\partial h}{\partial p}\right)_T dp \tag{13·7}$$

여기서 $C_p \equiv \left(\frac{\partial h}{\partial T}\right)_p$ 이다. 이상기체에서 h는 T만의 함수이므로

$$\left(\frac{\partial h}{\partial T}\right)_T = 0$$

결과적으로

$$dh = C_p dT \quad \text{또는} \quad h = C_p T \tag{13·8}$$

식 (13·8) 역시 h는 T만의 함수이므로 이상기체에 대해서는 C_p도 T만의 함수가 되어야 한다. 이상기체의 비열은 온도만의 함수임을 알았으며, 나아가서 그것의 차이도 역시 일정하다는 것을 알 수 있다.

즉

$$h = u + RT \tag{13·9}$$

에서

$$dh = du + RdT \tag{13·10}$$

이므로, 식 (13·4) 및 식 (13·8)과 함께

$$dh = C_p dT = du + RdT = C_v dT + RdT$$

즉

$$C_p - C_v = R \tag{13·11}$$

비열비는 다음과 같이 정의되어 있다.

$$k \equiv \frac{C_p}{C_v} \tag{13·12}$$

식 (13·11)~(13·12)의 두 식으로부터

$$C_p = \frac{kR}{k-1} \tag{13·13}$$

또한

$$C_v = \frac{R}{k-1} \tag{13 · 13 a}$$

이상기체의 비열은 온도의 함수이다. 크지 않은 온도의 범위에서 이상기체의 비열은 공학적인 계산에서 일정한 값으로 취급하여도 무방하다. 이러한 조건하에서

$$u_2 - u_1 = \int_{u_1}^{u_2} du = \int_{T_1}^{T_2} C_v\, dT = C_v(T_2 - T_1) \tag{13 · 14}$$

$$h_2 - h_1 = \int_{h_1}^{h_2} dh = \int_{T_1}^{T_2} C_p\, dT = C_p(T_2 - T_1) \tag{13 · 15}$$

일반기체의 M_m, C_p, C_v, R 및 k값은 부록 표 I-6에 주어져 있다. 상태선도, 특히 온도-엔트로피 선도(Ts disgram)는 문제를 해석해 나가는 데 유용하게 사용되고 있다. 압축성 유체문제를 다루는 데에는 Ts 선도가 많이 이용되므로, 엔트로피(entropy)와 관련된 간단한 식들을 살펴보기로 한다. 엔트로피는 정의에 의하여

$$\Delta s \equiv \int_{\text{rev}} \frac{dQ}{T} \quad \text{또는} \quad ds = \left(\frac{dQ}{T}\right)_{\text{rev}} \tag{13 · 16}$$

이는 다시 제2법칙에서 유도된 Clausius의 부등식에 의하여

$$\oint \frac{dQ}{T} \leq 0$$

제2법칙에 의해 이 결과는

$$ds \geq \frac{dQ}{T} \quad \text{또는} \quad T\,ds \geq dQ \tag{13 · 17}$$

가역과정(reversible processes)에서는

$$T\,ds = \frac{dQ}{dm} \tag{13 · 18}$$

비가역과정(irreversible processes)에서는

$$T\,ds > \frac{dQ}{dm} \tag{13 · 19}$$

단열과정(adiabatic process)에서는 $\dfrac{dQ}{dm} \equiv 0$이므로

$ds = 0$: 가역 단열과정(reversible adiabatic process)

$ds > 0$: 비가역 단열과정(irreversible adiabatic process)

열역학의 제1법칙, 제2법칙으로부터 성질 p, v, T, s, u 간의 유용한 관계식을 유도할 수 있다.

$$Tds = du + pdv \tag{13·20}$$

이는 각 성질들간의 관계식으로서 모든 평형상태에 유효한 식이다. 식 (13·20)은 다시

$$du = d(h - pv) = dh - pdv - vdp$$

즉

$$Tds = dh - vdp \tag{13·21}$$

이상기체의 엔트로피 변화는 Tds에 관한 식으로부터 계산할 수 있다.

$$ds = \frac{du}{T} + \frac{p}{T}dv = C_v\frac{dT}{T} + R\frac{dv}{v} \tag{13·22}$$

$$ds = \frac{dh}{T} + \frac{v}{T}dp = C_p\frac{dT}{T} + R\frac{dp}{p} \tag{13·23}$$

일정한 비열에 대해서 적분하면

$$s_2 - s_1 = C_v\ln\frac{T_2}{T_1} + R\ln\frac{v_2}{v_1} \tag{13·24}$$

$$s_2 - s_1 = C_p\ln\frac{T_2}{T_1} + R\ln\frac{p_2}{p_1} \tag{13·25}$$

등엔트로피 과정(isentropic process)의 특별한 경우 $ds = 0$이므로, Tds식은

$$0 = du + pdv$$
$$0 = dh - vdp$$

이상기체에서는

$$0 = C_v dT + pdv$$
$$0 = C_p dT - vdp$$

dT에 대해서 풀면

$$dT = \frac{vdp}{C_p} = -\frac{pdv}{C_v} \tag{13·26}$$

또는

$$\frac{dp}{p} + \frac{C_p}{C_v} \cdot \frac{dv}{v} = \frac{dp}{p} + k\frac{dv}{v} = 0 \qquad (13 \cdot 27)$$

$k =$ 일정하므로, 적분하면

$$\ln p + k \ln v = \ln C \qquad (13 \cdot 28)$$

또는

$$\ln p + \ln v^k = \ln C \qquad (13 \cdot 28\,a)$$

다시 정리하면

$$pv^k = \text{일정} \qquad (13 \cdot 29)$$

또는

$$\frac{p}{\rho^k} = \text{일정} \qquad (13 \cdot 29\,a)$$

예 제 13.1 단면적이 일정한 긴 관 내를 0.15 kg/s로 공기가 유동하고 있다. 관의 짧은 구간을 관 주위에 둘러싸인 액체질소로써 냉각시키고 있다. 공기로부터 열손실량은 15.0 kJ/s이다. 입구에서의 절대압력, 온도, 속도는 188 kPa, 440 K, 210 m/s이다. 출구에서 절대압력이 213 kPa, 온도가 351 K였다면 단면적, 엔탈피 변화, 내부 에너지 및 엔트로피를 구하라.

풀 이 연속 방정식 $\dot{m} = \rho_1 A_1 V_1 = \rho_2 A_2 V_2$로부터 $A = A_1 = A_2$이고, 이상기체에서 $p = \rho RT$이므로

$$\rho_1 = \frac{p_1}{RT_1} = 1.88 \times 10^5\,\text{N/m}^2 \times \frac{1}{287}\,\frac{\text{kg}\cdot\text{K}}{\text{N}\cdot\text{m}} \times \frac{1}{440\,\text{K}}$$
$$= 1.49\,\text{kg/m}^3$$

$$A = \frac{\dot{m}}{\rho_1 V_1} = 0.15\,\text{kg/s} \times \frac{1}{1.49}\,\text{m}^3/\text{kg} \times \frac{1}{210}\,\text{s/m}$$
$$= 4.69 \times 10^{-4}\,\text{m}^2$$

$dh = C_p\,dT$이므로

$$\Delta h = h_2 - h_1 = \int_{T_1}^{T_2} C_p\,dT = C_p(T_2 - T_1)$$

$$\Delta h = 1.00\,\mathrm{kJ/kg\cdot K} \times (351 - 440)\mathrm{K} = -89.0\,\mathrm{kJ/kg}$$

또 $du = C_v dT$이므로

$$\Delta u = u_2 - u_1 = \int_{T_1}^{T_2} C_v dT = C_v(T_2 - T_1)$$

$$\Delta u = 0.716\,\mathrm{kJ/kg\cdot K} \times (351 - 440)\mathrm{K} = -63.7\,\mathrm{kJ/kg}$$

엔트로피 변화는 Tds 방정식으로부터

$$Tds = dh - vdp$$

$$ds = \frac{dh}{T} - \frac{vdp}{T} = C_p\frac{dT}{T} - R\frac{dp}{p}$$

$$\Delta s = s_2 - s_1 = \int_{T_1}^{T_2} C_p\frac{dT}{T} - \int_{p_1}^{p_2} R\frac{dp}{p}$$

$$= C_p \ln\frac{T_2}{T_1} - R\ln\frac{p_2}{p_1}$$

$$= 1.00\ln\left(\frac{351}{440}\right) - 0.287\ln\left(\frac{2.13\times10^5}{1.88\times10^5}\right)$$

$$= -0.262\,\mathrm{kJ/kg\cdot K}$$

예제 13.2 이상기체에 대하여 Ts평면에서 정적선(定積線)과 정압선(定壓線)의 기울기를 구하라.

풀이 Tds 방정식을 응용하면

$$Tds = du + pdv$$

$$Tds = dh - vdp$$

이상기체의 경우, $du = C_v dT$와 $dh = C_p dT$를 대입하면

$$Tds = C_v dT + pdv$$

$$Tds = C_p dT - vdp$$

정적과정에서 $dv = 0$이므로 정적 기울기는

$$\frac{dT}{ds} = \frac{\partial T}{\partial s} = \frac{T}{C_v}$$

정압과정에서는 $dp = 0$이므로 정압 기울기는

$$\frac{dT}{ds} = \frac{\partial T}{\partial s} = \frac{T}{C_p}$$

그림 13·1과 같이 각 선의 기울기는 어느 점에서나 절대온도에 비례한다. 또, 정적선은 정압선보다 $\dfrac{C_p}{C_v} = k$배만큼 더 큰 값을 가지고 있다.

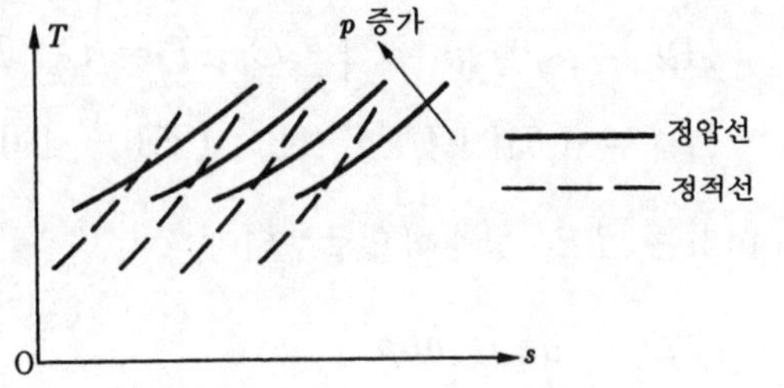

그림 13·1

13.3 음속

음속은 압축성 유체유동에서는 매우 중요한 변수 중의 하나이다. 우리가 이미 알고 있는 Mach수 $M = \dfrac{V}{a}$는 국소유속 V와 음속 a의 비로서 압축성 유체의 특성을 나타내는 중요한 무차원 변수이다.

그림 13·2 (a)와 같이 무한히 작은 강도의 음파가 정지상태에 있는 매체로 전파되는 경우를 생각해 보자. 정지상태의 매체의 압력과 밀도를 p, ρ라 할 때, 음파가 이

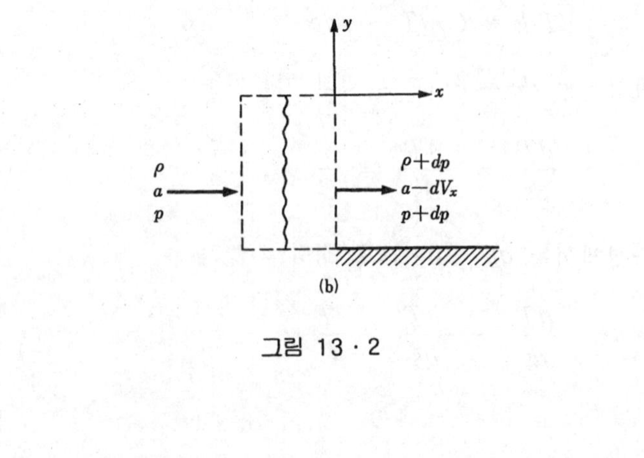

그림 13·2

매체를 통과하게 되면 압력과 밀도는 무한히 작은 변화를 일으켜 각각 $p + dp$, $\rho + d\rho$가 될 것이다. 음파는 정지유체에 전파되므로 음파가 전파되기 전의 속도 V_x는 0이다. 또 음파가 전달된 후 속도의 크기 $V_x + dV_x$는 간단히 dV_x가 된다. 즉 그림 13·2(b)에서 음파가 전달된 후의 운동방향을 좌향으로 간주할 수 있다.

그림 13·2(a)에서는 지상의 어느 고정점으로부터 음파의 운동을 관찰하고 있는 정지한 상태의 관측자에게는 유동이 비정상 유동으로 나타나 있다. 그러나 그림 13·2(b)에서와 같이 유동하는 제어체적을 음파의 한 부분의 주위에서 생각하면, 이 관성 제어체적에 위치하고 있는 관측자에게는 정상유동으로 간주될 수 있다. 그러므로 제어체적에 접근하는 음속은 a이고, 나가는 속도는 $a - dV_x$가 된다.

그림 13·2(b)에서와 같이 미소 제어체적에 대하여 기본 방정식들을 적용하면 다음과 같다.

〔1〕 연속 방정식

정상 균일유동이라고 가정하면

$$-\rho aA + \{(\rho + d\rho)(a - dV_x)A\} = 0 \qquad (13 \cdot 30)$$

고차 미분항 $d\rho dV_x$를 생략하면

$$-\rho A dV_x + aA\,d\rho = 0$$

즉

$$dV_x = \frac{a}{\rho}\,d\rho \qquad (13 \cdot 31)$$

〔2〕 운동량 방정식

무한히 작은 제어체적에 작용하는 표면력은

$$Fs_x = dR_x + pA - (p + dp)A \qquad (13 \cdot 32)$$

여기서 dR_x는 그림 13·2(b)에서 제어표면의 수평부분에 작용하는 전힘을 나타낸다. 그러나 여기에서는 이동하는 음파의 한 부분만을 생각하므로 $dR_x = 0$이다. 왜냐하면 음파를 따라 발생하는 상대운동이 없기 때문이다. 그러므로 윗식은

$$Fs_x = -A\,dp \qquad (13 \cdot 33)$$

기본 방정식에 대입하면

$$-Adp = a(-\rho aA) + (a - dV_x)\{(\rho + d\rho)(a - dV_x)A\} \tag{13·34}$$

이를 정리하면

$$-Adp = -\rho aAdV_x$$

$$dV_x = \frac{1}{\rho a}dp \tag{13·35}$$

식 (13 · 31)과 식 (13 · 35)로부터

$$dV_x = \frac{a}{\rho}d\rho = \frac{1}{\rho a}dp \tag{13·36}$$

즉

$$dp = a^2 d\rho \quad \text{또는} \quad a^2 = \frac{dp}{d\rho} \tag{13·36 a}$$

이는 다시

$$a = \sqrt{\frac{dp}{d\rho}} = \left(\sqrt{\frac{\partial p}{\partial \rho}}\right)_s = \text{일정}$$

이상기체에서의 식 (13 · 29 a)를 다시 쓰면

$$\ln p - k\ln\rho = \ln C \tag{13·37}$$

미분하면

$$\frac{dp}{p} - k\frac{d\rho}{\rho} = 0 \tag{13·38}$$

그런데 $\frac{p}{\rho} = RT$이므로

$$a = \sqrt{kRT} \tag{13·39}$$

예 제 13.3 표준대기 상태의 바다 표면에서 음속을 구하고, 고도 40,000 ft까지 음파의 변화를 그림으로 나타내라.

풀 이 표준대기 상태에서 바다표면 온도는 59°F이므로

$$a = \sqrt{kRT} = \{1.4 \times 53.3 \times (460 + 59) \times 32.2\}^{\frac{1}{2}} = 1120 \text{ ft/s}$$

고도에 따른 온도변화는 그림 3 · 7에서 구할 수 있으므로, 개략적인 음속을

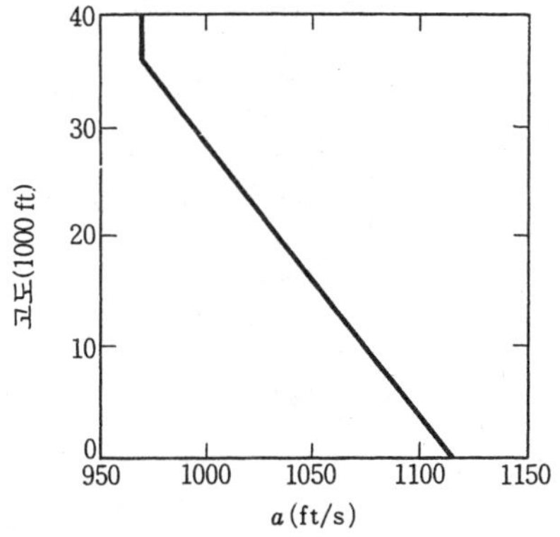

그림 13 · 3

도시하면 그림 13 · 3과 같다.

13.4 유동의 형태 : Mach 원추

유동에서 $M<1$인 경우를 아음속이라 하고 $M>1$인 경우를 초음속이라고 한다. 또 $0.9<M<1.1$의 영역을 천이역(transition region) 또는 천음속(transonic)역이라고 한다. 그러나 우리가 다루고 있는 대부분의 유동이 아음속이며, 이따금 유동장에서 $M \geq 1$인 경우가 발생하기도 한다.

무한히 작은 순간적인 진동을 일으키는 한 점을 생각해 보자. 이 진동은 모든 방향으로 음속 a로서 퍼져나갈 것이다. 시간 t_0에서 발생해 나온 음파의 시간 t에서 위치는 중심이 시간 t_0일 때의 위치와 일치하면서 반지름이 $a(t-t_0)$인 구로 나타나게 된다. 여기서 그림 13 · 4에 나타낸 네 가지 Mach 원추의 경우에 대하여 생각해보자.

(1) $V=0$

이 경우는 음이 모든 방향으로 균일하게 전파되어 나간다. Δt만큼 시간이 지난 후에 음파는 음의 원천으로부터 반지름이 $a\Delta t$되는 곳에 위치하게 된다. $2\Delta t$ 후에는 역시 반지름이 $a(2\Delta t)$인 곳에 존재하게 된다. 주어진 파두(wave front)는 모양이 구형이며, 모든 파두들은 동심구를 이룬다.

(2) $0<V<a$

이 경우에는 동심구의 유동이 없어져 버린다. 하나하나의 파두는 구를 이루나 연속음들은 각각 다른 위치에서 발생해 나오며, 전음의 발생점으로부터 $V\Delta t$만큼 떨어진

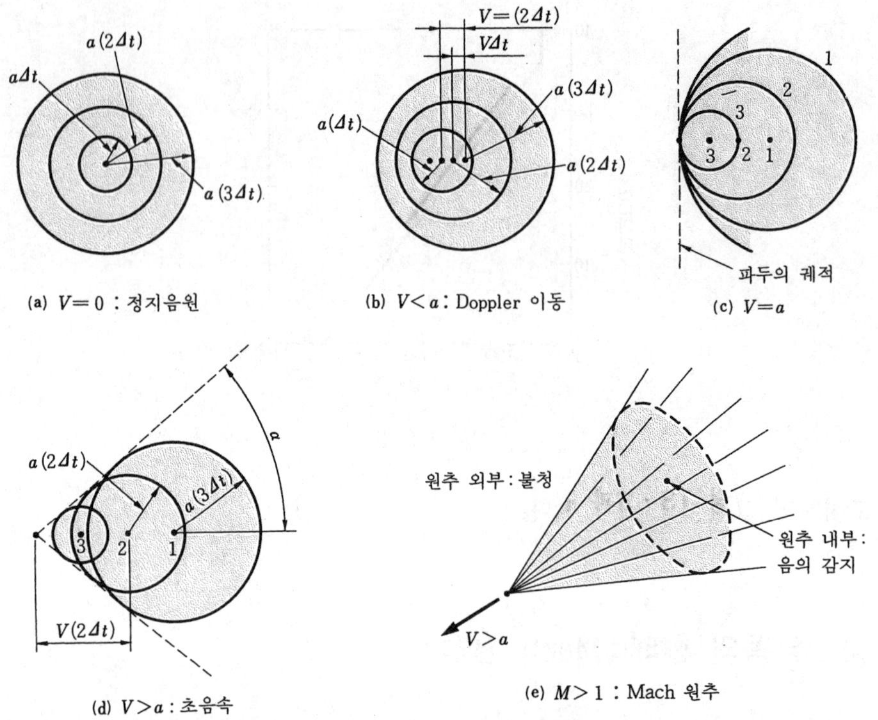

(a) $V=0$: 정지음원 (b) $V<a$: Doppler 이동 (c) $V=a$

(d) $V>a$: 초음속 (e) $M>1$: Mach 원추

그림 13 · 4

점에서 새로운 음이 발생하게 된다. 음원이 등속도 V로서 운동하고 있다면 그림 13 · 4 (b)와 같은 음의 유형(流形)을 그릴 수 있다. 그러므로 정지해 있는 사람은 음원이 가까이 다가올 때에 스쳐간 후보다 더 많은 고음을 듣게 된다. 이것을 Doppler효과 (Doppler effect)라고 하며, 기차가 경적을 울리며 지나가는 경우가 그 예이다.

(3) $V=a$

이 경우에는 모든 음파의 전면(前面)의 궤적은 음원에 평면을 이루고, 음의 유적선에는 수직을 이룬다. 음파는 음원보다 선행하지 않는다. 결과적으로 음원 앞에서의 관측자들은 음원이 가까이 다가오는 것을 느끼지 못한다.

(4) $V>a$

이 경우에는 음파의 전면의 궤적은 하나의 원추를 형성하게 된다. 다시 말해서 이 원추 앞에서는 아무런 소리도 들리지 않는다.

음원이 움직이고 있는 곳에서의 원추각을 Mach수와 관련시키면, 그림 13 · 4 (d)로부터

$$\sin\alpha = \frac{a}{V} = \frac{1}{M}$$

또는

$$\alpha = \sin^{-1}\left(\frac{1}{M}\right) \qquad (13 \cdot 40)$$

여기서 원추각 α를 Mach각(Mach angle)이라고 하며, 그림 13 · 4 (e)와 같은 형태를 Mach 원추(Mach cone)라 한다. 또 Mach 원추 내부를 성역(zone of action), 외부를 무성역(zone of silence)이라고 한다.

이 식에서 보는 바와 같이 음속은 압축성 유체에서 온도만의 함수임을 알 수 있다. 표 13 · 1은 1 atm, 60°F(15.5℃)에 각 물질의 전파음속을 나타낸 것이다.

표 13 · 1

물 질	a ft/s	a m/s
수소	4246	1294
헬륨	3281	1000
공기	1117	340
아르곤	1040	317
이산화탄소	873	266
메탄	607	185
우라늄	297	91
글리세린	6100	1860
물	4890	1490
수은	4760	1450
메틸알코올	3940	1200
알루미늄	16,900	5150
철강	16,600	5060
얼음	10,500	3200

13.5 국소 등엔트로피 정체성

유동장에서 유체의 성질을 기술하기 위해서는 두 개의 독립적인 열역학적 성질, 즉 압력과 온도 그리고 유속에 대하여 논해야 한다. 압축성 유체를 다루는 데는 정체성을 표준상태로 다루는 것이 편리하고, 정체상태에 있다 함은 그곳에서의 유속이 0이라는 것을 의미한다.

여기서 온도가 T이고, 압력이 p, 속도가 V인 유동장의 한 점을 생각해 보자. 그러므로 이 유동이 정체상태에서 정체온도, 정체압력은 각각 T_0, p_0가 되고 속도는 0이 된다. 비압축성 유체유동에서 Bernoulli 방정식은

$$\frac{p}{\rho} + \frac{V^2}{2} + gz = \text{일정} \tag{13·41}$$

그러므로 비압축성 유동의 경우, 마찰 없이 감속이 되는 과정에서는 정체상태에서 속도가 0이므로, 정체압력 p_0는 다음과 같이 쓸 수 있다.

$$p_0 = p + \frac{1}{2}\rho V^2 \tag{13·42}$$

우리는 압축성 유체에서도 다시 마찰이 없는 감속과정을 생각할 수 있으며, 나아가서 감속과정은 단열과정이라고 할 수 있고, 또 등엔트로피 감속과정이라고도 할 수 있다. 따라서 국소 등엔트로피 정체성의 정의를 내릴 수 있다.

즉 국소 등엔트로피 정체성(local isentropic stagnation properties)이란 유동장의 한 점에서 마찰 없이 단열, 즉 등엔트로피 과정으로 국소적인 조건에 의하여 속도가 감속되어 0이 되는 상태를 뜻한다.

등엔트로피 정체성이란 유체유동의 어느 점에서나 볼 수 있는 표준상태를 뜻하는데, 유동장에서는 점에서 점으로 유동상태의 변화에 의해 점들 사이의 유동과정에 대한 정보를 얻는 것이다. 그러므로 우선 이상기체 유동에 대한 국소 등엔트로피 정체성의 계산식을 알아보기로 한다.

13.5.1 이상기체의 유동에 대한 국소 등엔트로피 정체성

어느 한 점에서 정체 특성이라 함은 유체가 어느 점에서 등엔트로피 과정으로 감속하여 속도가 0이 되는 상태를 말한다. 이를 계산하기 위해서는 감속과정을 고찰하여야 한다. 유동초기 과정에서의 조건들은 실제 유동상태가 되고(속도 V, 압력 p, 온도 T 등 ……), 마지막 과정에서는 속도가 0이 되고 조건들은 정체상태가 된다(정체압력 p_0, 정체온도 T_0 등 ……).

감속과정이 그림 13·5에 도식적으로 나타나 있다. 감속과정에서 유체의 상태들의 관계를 알아보기 위하여 그림의 유관 내에서 연속 방정식과 운동량 방정식을 적용하여 보자.

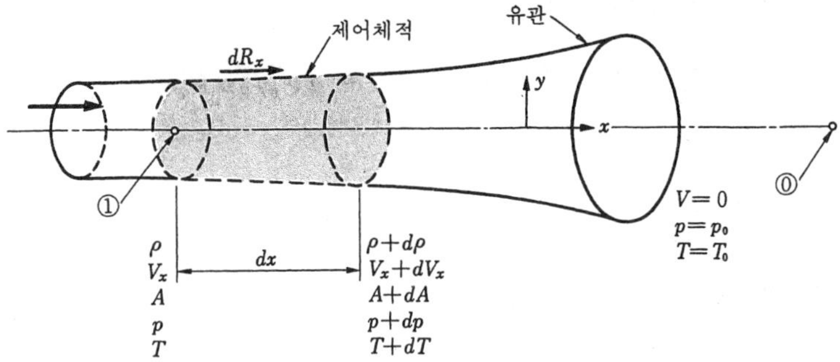

그림 13 · 5

〔1〕 연속 방정식

각 단면에서의 유동을 정상균일 유동이라고 가정하면

$$-\rho V_x A + (\rho + d\rho)(V_x + dV_x)(A + dA) = 0$$

즉

$$\rho V_x A = (\rho + d\rho)(V_x + dV_x)(A + dA) \qquad (13 \cdot 43)$$

〔2〕 운동량 방정식

미소의 제어체적에 작용하는 표면력에 마찰이 없다고 가정하면

$$Fs_x = dR_x + pA - (p + dp)(A + dA) \qquad (13 \cdot 44)$$

여기서 dR_x는 그림 13 · 5에서 볼 수 있는 바와 같이 유관의 경계에 작용하는 힘이며, 평균압력은 $p + \frac{dp}{2}$이고 x방향으로의 면적은 dA이다. 마찰이 없으므로

$$Fs_x = \left(p + \frac{dp}{2}\right)dA + pA - (p + dp)(A + dA) \quad (13 \cdot 45)$$

고차 미분항을 생략하면, 윗식은

$$Fs_x = -dpA \qquad (13 \cdot 46)$$

이 식을 운동량 방정식에 대입하면

$$\begin{aligned} -dpA = {} & V_x(-\rho V_x A) + (V_x + dV_x)(\rho + d\rho) \\ & \times (V_x + dV_x)(A + dA) \end{aligned} \qquad (13 \cdot 47)$$

식 (13 · 17)과 함께 간략히 하면

$$-dpA = (-V_x + V_x + dV_x)(\rho V_x A) \tag{13 · 48}$$

결과적으로

$$dp = -\rho V_x dV_x = -\rho d\left(\frac{V_x^2}{2}\right) \tag{13 · 49}$$

또는

$$\frac{dp}{\rho} + d\left(\frac{V_x^2}{2}\right) = 0 \tag{13 · 49 a}$$

이 식이 감속과정에서의 관계식이다. 정체 초기와 최종상태에서의 관계를 적분하기 전에 먼저 압력 p와 밀도 ρ와의 관계를 규정하여야 한다. 감속과정이 등엔트로피과정(즉 마찰이 없는 단열과정)이므로

$$\frac{p}{\rho^k} = \text{일정} \tag{13 · 49 b}$$

그림 13 · 5에서 유속은 V_x만 존재하므로 이를 V로 놓고, 또 식 (13 · 49 b)에서 $p = C\rho^k$로 놓으면

$$\rho = p^{1/k} C^{-1/k} \tag{13 · 50}$$

이 되어, 식 (13 · 49 a)는

$$-d\left(\frac{V^2}{2}\right) = \frac{dp}{\rho} = p^{-1/k} C^{1/k} dp \tag{13 · 51}$$

그러므로 속도에 대하여 초기상태에서 정체상태까지 적분하면

$$-\int_v^0 d\left(\frac{V^2}{2}\right) = C^{1/k} \int_p^{p_0} p^{-1/k} dp \tag{13 · 52}$$

$$\frac{V^2}{2} = C^{1/k} \frac{k}{k-1} [p^{(k-1)/k}]_p^{p_0}$$

$$= C^{1/k} \frac{k}{k-1} \{\rho_0^{(k-1)/k} - p^{(k-1)/k}\} \tag{13 · 53}$$

정리하면

$$\frac{V^2}{2} = C^{1/k} \frac{k}{k-1} p^{(k-1)/k} \left\{\left(\frac{p_0}{p}\right)^{(k-1)/k} - 1\right\} \tag{13 · 54}$$

$C^{1/k} = \dfrac{p^{1/k}}{\rho}$ 이므로

$$\frac{V^2}{2} = \frac{k}{k-1}\frac{p^{1/k}}{\rho}p^{(k-1)/k}\left\{\left(\frac{p_0}{p}\right)^{(k-1)/k} - 1\right\}$$

$$= \frac{k}{k-1}\frac{p}{\rho}\left\{\left(\frac{p_0}{p}\right)^{(k-1)/k} - 1\right\} \qquad (13 \cdot 55)$$

구하고자 하는 것은 정체압이므로

$$\left(\frac{p_0}{p}\right)^{(k-1)/k} = 1 + \frac{k-1}{k}\frac{\rho}{p}\frac{V^2}{2} \qquad (13 \cdot 56)$$

그러므로

$$\frac{p_0}{p} = \left(1 + \frac{k-1}{k}\frac{\rho V^2}{2p}\right)^{k/(k-1)} \qquad (13 \cdot 57)$$

이상기체에서는 $p = \rho RT$ 이므로

$$\frac{p_0}{p} = \left(1 + \frac{k-1}{2}\frac{V^2}{kRT}\right)^{k/(k-1)} \qquad (13 \cdot 58)$$

또, 이상기체에서 음속은 $a = \sqrt{kRT}$ 이므로

$$\frac{p_0}{p} = \left(1 + \frac{k-1}{2}\frac{V^2}{a^2}\right)^{k/(k-1)} \qquad (13 \cdot 59)$$

즉

$$\frac{p_0}{p} = \left(1 + \frac{k-1}{2}M^2\right)^{k/(k-1)} \qquad (13 \cdot 59\,\mathrm{a})$$

식 (13 · 59 a)로부터 정체압과 Mach수만 알면 이상기체 유동장의 임의의 점에서 등엔트로피 정체압력을 계산할 수 있다.

다시 $\dfrac{p}{\rho^k}$ = 일정한 관계로부터

$$\frac{p_0}{p} = \left(\frac{\rho_0}{\rho}\right)^k \quad \text{또는} \quad \frac{\rho_0}{\rho} = \left(\frac{p_0}{p}\right)^{1/k}$$

이상기체의 상태식 $p = \rho RT$ 와 함께

$$\frac{T_0}{T} = \frac{p_0}{p}, \qquad \frac{\rho}{\rho_0} = \frac{p_0}{p}\left(\frac{p_0}{p}\right)^{-1/k} = \left(\frac{p_0}{p}\right)^{(k-1)/k}$$

그러므로 식 (13 · 59 a)를 이용하여 이상기체에서의 등엔트로피 정체상태를 결정하

는 식들은 다음과 같이 정리할 수 있다.

$$\frac{T_0}{T} = 1 + \frac{k-1}{2} M^2 \tag{13·60}$$

$$\frac{\rho_0}{\rho} = \left(1 + \frac{k-1}{2} M^2\right)^{1/(k-1)} \tag{13·61}$$

식 (13 · 59 a)~(13 · 61)의 계산값들은 부록 표 II－1에 수록되어 있다.

이상에서 논한 음속 a, 밀도 ρ, 그리고 온도 T와 Mach수 M과의 변화관계를 도표로 나타낸 것이 그림 13 · 6이다.

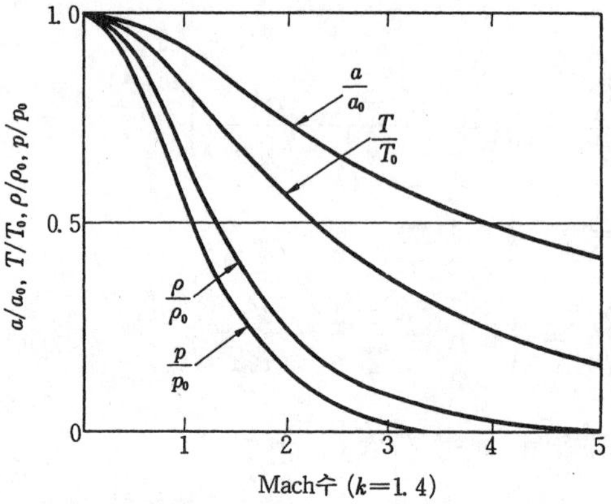

그림 13 · 6

예 제 13.4 공기의 정상유동의 초기상태는 절대압력 280 kPa, 온도 60℃, 속도 210 m/s에서 Mach수 1.3인 출구로부터 국소 등엔트로피 정체 조건하에 320 kPa (절대압력), 절대온도 350 K가 되었다. 입구에서의 등엔트로피 정체압, 정체온도 출구에서의 정압과 온도를 구하고 그림 13 · 7의 ①과 ② 상태 사이에서의 엔트로

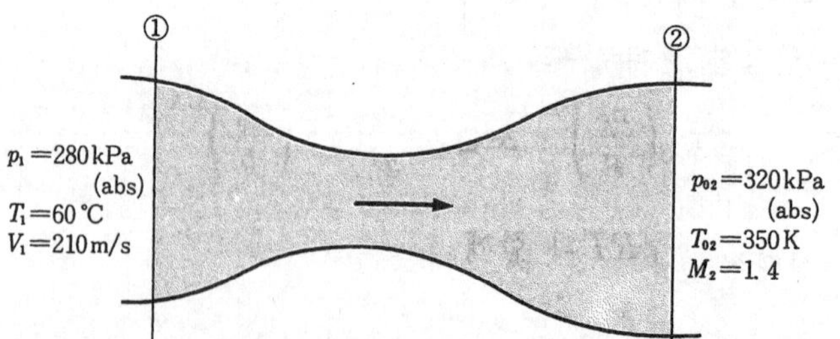

그림 13 · 7

변화를 구하라.

풀이 그림 13 · 7에서와 같이 정상유동에서 단면 ①의 국소 등엔트로피 정체조건들을 계산하기 위하여 먼저 Mach수를 구해야 되므로, 이상기체에 대하여

$$a = \sqrt{kRT}$$
$$a_1 = \sqrt{kRT_1}$$
$$= \{1.4 \times 287\ \mathrm{N \cdot m/kg \cdot K} \times (273 + 69)\mathrm{K \cdot kg \cdot m/N \cdot s^2}\}^{\frac{1}{2}}$$
$$= 366\ \mathrm{m/s}$$
$$M_1 = \frac{V_1}{a_1} = \frac{210}{366} = 0.57$$

식 (13 · 59 a)와 식 (13 · 60)을 이용하여

$$\frac{p_{0_1}}{p_1} = \left(1 + \frac{k-1}{2} M_1^2\right)^{k/(k-1)} = \{1 - 0.2(0.57)^2\}^{3.5} = 1.247$$
$$p_{0_1} = 1.247\, p_1 = (1.247)(280\ \mathrm{kPa}) = 349\ \mathrm{kPa(abs)}$$
$$\frac{T_{0_1}}{T_1} = 1 + \frac{k-1}{2} M_1^2 = 1.06$$
$$T_{0_1} = 1.06\, T_1 = (1.06)(333\ \mathrm{K}) = 353\ \mathrm{K}$$

단면 ②에서

$$\frac{p_{0_2}}{p_2} = \left(1 + \frac{k-1}{2} M_2^2\right)^{k/k-1} = \{1 + 0.2(1.4)^2\}^{3.5} = 3.18$$
$$p_2 = \frac{p_{0_2}}{3.18} = \frac{320\ \mathrm{kPa}}{3.18} = 101\ \mathrm{kPa(abs)}$$
$$\frac{T_{0_2}}{T_2} = 1 + \frac{k-1}{2} M_2^2 = 1.392$$
$$T_2 = \frac{T_{0_2}}{1.392} = \frac{350\ \mathrm{K}}{1.392} = 230\ \mathrm{K}$$

단면 ①상태에 의해 단면 ②상태로 되기 위한 엔트로피 변화는

$$T ds = dh - v dp$$
$$ds = \frac{dp}{T} \frac{v dp}{T} = C_p \frac{dT}{T} - R \frac{dp}{p}$$

적분하면

$$s_2 - s_1 = \int_{T_1}^{T_2} C_p \frac{dT}{T} - \int_{p_1}^{p_2} R \frac{dp}{p} = C_p \ln \frac{T_2}{T_1} - R \ln \frac{p_2}{p_1}$$

$$= 1.00\,\text{kJ/kg}\cdot\text{K} \times \ln\left(\frac{230}{333}\right) - 0.287\,\text{kJ/kg}\cdot\text{K} \times \ln\left(\frac{1.01}{2.80}\right)$$

$$= -0.0774\,\text{kJ/kg}\cdot\text{K}$$

예제 13.5 앞에서 압축성 또는 비압축성에 대하여 $\frac{p_0}{p}$의 비를 나타내는 식들을 각각 유도하였다. 두 식을 Mach수로 나타내어 비교하고, 5% 이내에서 두 식이 성립하는 Mach수를 구하라.

풀이 비압축성 및 압축성 유체에서 각각

$$p_0 = p + \frac{1}{2}\rho V^2$$

$$\frac{p_0}{p} = \left(1 - \frac{k-1}{2} M^2\right)^{k/(k-1)}$$

이상기체에서 음속의 식 $a^2 = kRT$를 이용하여 식 (13·42)를 Mach수 항으로 나타내면

$$\frac{p_0}{p} = 1 + \frac{\rho V^2}{2p} = 1 + \frac{V^2}{2RT} = 1 + \frac{kV^2}{2kRT} = 1 + \frac{kV^2}{2a^2}$$

그러므로

$$\frac{p_0}{p} = 1 + \frac{k}{2} M^2 \quad \cdots\cdots ①$$

식 (13·59 a)를 2항 정리에 의하여 전개하면

$$(1+x)^n = 1 + nx + \frac{n(n-1)}{2!}x^2 + \cdots\cdots + |x| < 1$$

여기서 $x = \frac{(k-1)}{2}M^2$, $n = \frac{k}{(k-1)}$이므로, $\frac{(k-1)}{2}M^2 < 1$에 대해서는 어느 값에 수렴하게 된다.

$$\frac{p_0}{p} = 1 + \left(\frac{k}{k-1}\right)\left(\frac{k-1}{2}M^2\right) + \left(\frac{k}{k-1}\right)\left(\frac{k}{k-1} - 1\right)$$

$$\times \frac{1}{2!}\left(\frac{k-1}{2}M^2\right)^2 + \left(\frac{k}{k-1}\right)\left(\frac{k}{k-1} - 1\right)\left(\frac{k}{k-1} - 2\right)$$

$$\times \frac{1}{3!}\left(\frac{k-1}{2}M^2\right)^3 + \cdots\cdots$$

$$\frac{p_0}{p} = 1 + \frac{k}{2}M^2 + \frac{k}{8}M^4 + \frac{k(2-k)}{48}M^6 + \cdots\cdots$$

$$\frac{p_0}{p} = 1 + \frac{k}{2}M^2\left(1 + \frac{1}{4}M^2 + \frac{2-k}{24}M^4 + \cdots\cdots\right) \cdots\cdots\cdots\cdots ②$$

$M \to 0$이 되어감에 따라 괄호 안의 값은 1.0에 가까운 값을 갖는다. 그러므로 낮은 Mach수에서의 유동은 비압축성 유동이나 압축성 유동에서 동일한 값을 갖는다. M에 대한 $\frac{p_0}{p}$ 변화를 도시하면 그림 13·8과 같다.

방정식 ①과 ②를 양적으로 간단히 비교하여 나타내면

$$\frac{p_0}{p} - 1 = \frac{k}{2}M^2 \text{ (비압축성)}$$

$$\frac{p_0}{p} - 1 = \frac{k}{2}M^2\left(1 + \frac{1}{4}M^2 + \frac{2-k}{24}M^4 + \cdots\cdots\right) \text{ (압축성)}$$

괄호 안의 값은 대략 $M = 0.3$이면 1.02, $M = 0.4$면 1.04이다. 그러므로 공학적인 계산에서는 유동이 $M < 0.3$이면 비압축성 유동이 된다. 이 두 식들은 $M < 0.45$의 5% 이내에서 잘 일치한다.

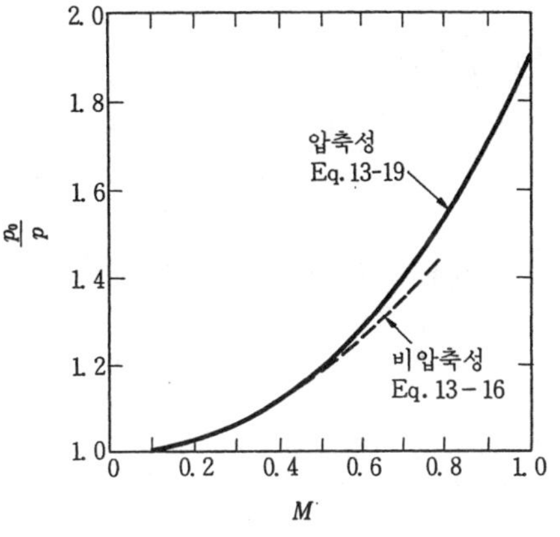

그림 13·8

13.5.2 임계조건

정체조건은 열역학적 성질을 다루는 데 있어 기준조건으로서 매우 유용하다. 중요한 기준속도가 되는 것이 임계속도(critical speed), 즉 Mach수 $M = 1.0$이다. 주어진 유동장 내에서 $M = 1.0$인 점이 없다고 하더라도 가정조건이 하나의 기준조건으로 중요한 것이다. 여기서 $M = 1.0$인 조건하에서의 값들을 *를 붙여 나타내면, 정의에 의하여

$$V^* = a^* \tag{13·62}$$

그러므로 $k = 1.4$에 대하여 정체상태하에서의 임계조건들은 식 (13·59 a)~(13·61)로부터

$$\frac{p_0^*}{p^*} = \left(1 + \frac{k-1}{2}\right)^{k/(k-1)} = 1.893$$

$$\frac{T_0^*}{T^*} = 1 + \frac{k-1}{2} = 1.200$$

$$\frac{\rho_0^*}{\rho^*} = \left(1 + \frac{k-1}{2}\right)^{1/(k-1)} = 1.577$$

임계속도는 임계온도 T^* 또는 임계정체 온도 T_0^*로써 나타낼 수 있다.

$$a^* = \sqrt{kRT^*} \tag{13·63}$$

그러므로

$$V^* = \sqrt{kRT^*} \tag{13·64}$$

식 (13·60)으로부터

$$T^* = \frac{T_0^*}{1-(k-1)/2} = \frac{2}{k+1} T_0^* \tag{13·65}$$

그러므로

$$V^* = a^* = \sqrt{\frac{2k}{k+1} RT_0^*} \tag{13·66}$$

13.6 1차원 정상유동

압축성 유체의 유동은 면적의 변화, 마찰, 열전달에 의하여 크게 영향을 받는다. 그러므로 이 절에서는 이러한 영향들을 각각 분리해서 정상, 1차원, 압축성 유동에 대하

여 생각해 보기로 한다.

먼저, 일반유체에서 마찰과 열전달을 무시하여 면적을 독립변수로 하는 등엔트로피 유동에 대하여 기술하고, 다음에 이상기체의 등엔트로피 유동과 이들을 노즐에 적용하는 것을 상세히 알아보자. 나아가서 열전달이 있는 일정한 단면적에서 마찰이 있는 경우와 없는 경우로 나누어 등엔트로피 유동과 단열유동에 대해서 논하고, 마지막으로 수직충격(normal shock)에 대하여 약술하기로 한다.

13.6.1 등엔트로피 유동의 기본 방정식

그림 13·9에서 보는 바와 같이 임의의 단면에서 압축성 유체의 정상, 1차원, 등엔트로피 유동에 대하여 생각해 보자.

단면 ①과 ②에서 유체의 제어체적 CV에 대한 지배 방정식을 세워 풀어나가면

〔1〕 연속 방정식

$$\rho_1 A_1 V_1 = \rho_2 A_2 V_2 = \dot{m} = \text{일정} \qquad (13 \cdot 67)$$

〔2〕 운동량 방정식

단면 ①, ②에 작용하는 표면력과 분포된 압력 R_x에 의하여

$$R_x + p_1 A_1 - p_2 A_2 = V_1(-\rho_1 A_1 V_1) + V_2 \rho_2 A_2 V_2$$

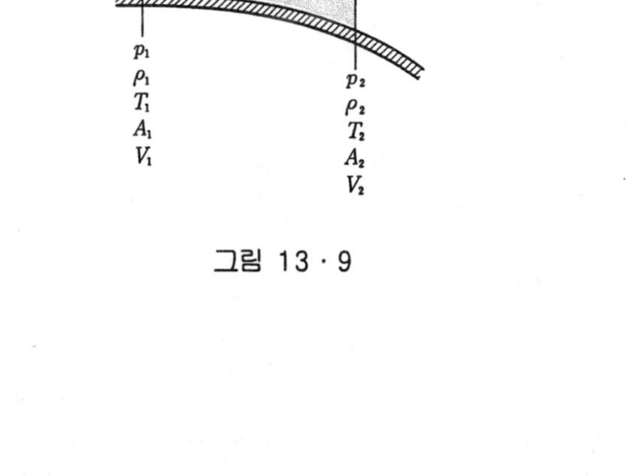

그림 13·9

즉

$$R_x + p_1 A_1 - p_2 A_2 = \dot{m} V_2 - \dot{m} V_1 \qquad (13 \cdot 68)$$

〔3〕 열역학의 제1법칙

이 경우는 마찰이 없는 등엔트로피 유동으로 열전달이 없고, 중력을 무시하여 단면 ①, ② 사이에 행한 일이 없다고 가정하면, 열역학의 제1법칙에 의하여 다음과 같이 쓸 수 있다.

$$-\left(u_1 + p_1 v_1 + \frac{V_1^2}{2}\right)\rho_1 A_1 V_1 + \left(u_2 + p_2 v_2 + \frac{V_2^2}{2}\right)\rho_2 A_2 V_2 = 0$$

연속 방정식 (13 · 67)과 $h \equiv u + pv$를 대입하면

$$h_1 + \frac{V_1^2}{2} = h_2 + \frac{V_2^2}{2} = h + \frac{V^2}{2} = \text{일정} \qquad (13 \cdot 69)$$

정체 엔탈피 h_0를 편의상 다음과 같이 정의한다.

$$h_0 \equiv h + \frac{V^2}{2} \qquad (13 \cdot 70)$$

물리적으로 정체 엔탈피라고 하는 것은 유체가 단열적인 감소를 일으켜 속도가 0이 되는 엔탈피를 뜻한다. 그러므로 정체 엔탈피는 단열 유동장에서 일정한 값을 유지한다.

〔4〕 열역학의 제2법칙

가역단열(可逆斷熱) 과정에서

$$-s_1 \rho_1 A_1 V_1 + s_2 \rho_2 A_2 V_2 = 0$$

연속 방정식과 함께

$$s_1 = s_2 = s = \text{일정} \qquad (13 \cdot 71)$$

〔5〕 상태 방정식

상태 방정식은 열역학적 성질 사이의 관계를 나타내는 식이다. 그러므로 상태식은

$$h = h(s,\ p) \qquad (13 \cdot 72)$$

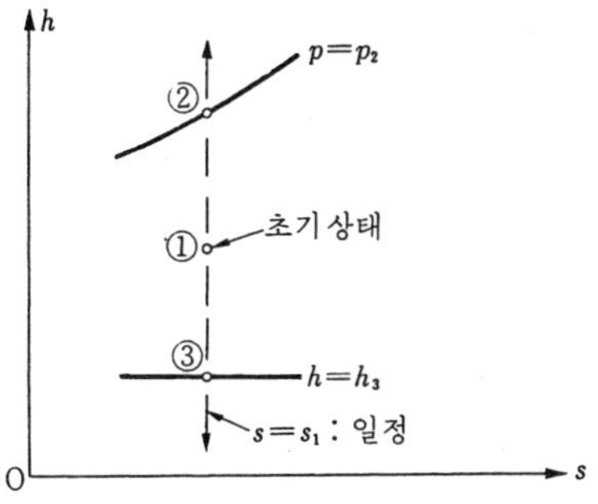

그림 13 · 10

또

$$\rho = \rho(s, p) \tag{13 · 73}$$

로 쓸 수 있다.

압축성 유체의 정상, 1차원, 등엔트로피 유동의 간략한 기본 방정식을 다루기 전에 hs선도에서 등엔트로피 유동의 현상에 대하여 알아보자.

그림 13 · 10에서 보는 바와 같이, 등엔트로피 유동장의 임의점에서(①의 상태) 유동의 성질을 h_1, s_1, p_1, V_1 등으로 나타내면, 유동은 ②의 상태(h_2, $s_2 = s_1$, p_2, V_2 등) 또는 ③의 상태(h_3, $s_3 = s_1$, p_3, V_3 등)로 되어간다.

①, ②, ③의 상태의 관계를 알아보기 위하여 열역학의 제2법칙에서 얻은 식 (13 · 69)와 정체 엔탈피의 정의를 함께 생각해 보자.

$$h_1 + \frac{{V_1}^2}{2} = h_2 + \frac{{V_2}^2}{2} = h + \frac{V^2}{2} = h_0 = C \text{ (일정)}$$

이 식에서 보는 바와 같이 등엔트로피 유동의 모든 상태는 동일한 정체 엔탈피를 갖는다. 나아가서 정의에 의하여 등엔트로피 유동(정체상태 포함)은 동일한 엔트로피를 갖는다. 그러므로 등엔트로피 유동에서의 정체상태는 동일한 정체 엔탈피와 정체 엔트로피를 가지며, 속도가 0이므로 등엔트로피 유동에서 제1법칙은

$$h + \frac{V^2}{2} = h_0 = C \text{ (일정)} \tag{13 · 74}$$

여기서 정체 엔탈피 h_0는 유동하고 있는 유체의 단위질량의 전에너지를 나타낸다. 또 단위질량당 운동 에너지는 엔탈피의 차($h_0 - h$)로써 나타낼 수 있다(그림 13 · 11 참조).

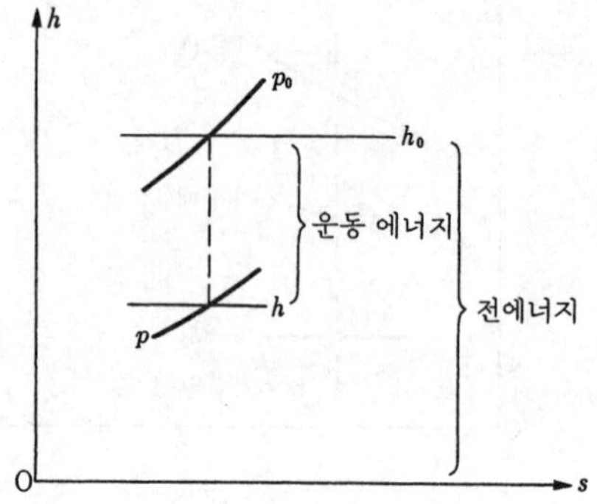

그림 13 · 11

13.6.2 등엔트로피 유동에서 면적의 변화가 유동에 미치는 영향

등엔트로피 유동에서 면적의 변화가 유동에 미치는 영향을 고려하기 위하여 먼저 속도와 압력에 대해서 생각해 보자.

면적을 A, 속도를 V, 압력을 p라 하고, 면적 A의 변화를 dA, 속도와 압력의 변화를 dV, dp라고 한다. 등엔트로피 유동에서 미분 운동량 방정식을 $V_x = V$로 놓으면

$$\frac{dp}{\rho} + d\left(\frac{V^2}{2}\right) = 0 \qquad (13 \cdot 75)$$

또는

$$dp = -\rho V dV \qquad (13 \cdot 75\,\mathrm{a})$$

ρV^2으로 나누면

$$\frac{dp}{\rho V^2} = -\frac{dV}{V} \qquad (13 \cdot 76)$$

또 연속 방정식은 $\rho A V =$ 일정하므로 양변을 자연대수(自然對數)로 취하면

$$\ln \rho + \ln A + \ln V = \ln C$$

미분하면

$$\frac{d\rho}{\rho} + \frac{dA}{A} + \frac{dV}{V} = 0 \qquad (13 \cdot 77)$$

이는 다시

$$\frac{dA}{A} = -\frac{dV}{V} - \frac{d\rho}{\rho} \tag{13 · 78}$$

여기에 식 (13 · 31)을 대입하면

$$\frac{dA}{A} = \frac{dp}{\rho V^2} - \frac{d\rho}{\rho} \tag{13 · 79}$$

또는

$$\frac{dA}{A} = \frac{dp}{\rho V^2}\left(1 - \frac{V^2}{dp/d\rho}\right) \tag{13 · 79 a}$$

등엔트로피 과정에서 $dp/d\rho = \partial p/\partial\rho = a^2$이므로

$$\frac{dA}{A} = \frac{dp}{\rho V^2}\left(1 - \frac{V^2}{a^2}\right) = \frac{dp}{\rho V^2}(1 - M^2) \tag{13 · 80}$$

$M<1$에서 면적의 변화는 동일한 부호(+, −)의 압력변화를, $M>1$에서 면적과 압력의 변화는 서로 다른 부호로 변화한다.

식 (13 · 76)을 식 (13 · 80)에 대입하면

$$\frac{dA}{A} = -\frac{dV}{V}(1 - M^2) \tag{13 · 81}$$

여기서 $M<1$인 경우에 면적의 변화는 속도와는 상반된 부호로, $M>1$인 경우는 동일한 부호로 변화한다. 이 결과를 그림으로 설명하면 그림 13 · 12와 같다. 아음속

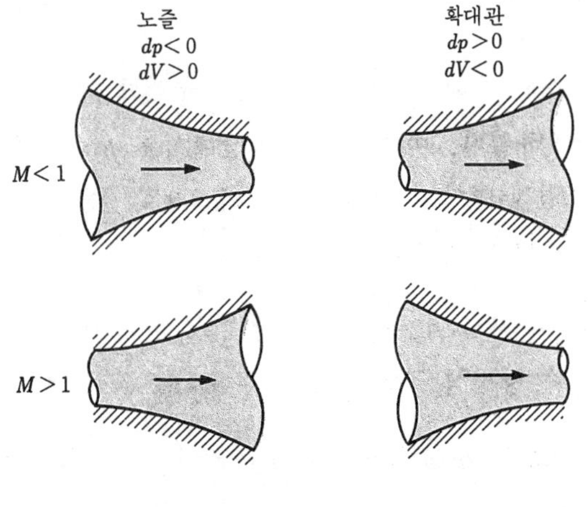

그림 13 · 12

유동($M<1$)에서 노즐의 가속은 단면적을 감소시킨다. 즉 면적의 감소는 속도의 증가를 일으키기 때문이다. 따라서 확대관에서는 노즐의 경우와는 반대의 현상이 나타나며, 이런 결과들은 실험결과와 잘 일치하고 있다.

초음속 유동($M>1$)에서는 면적변화의 영향이 다르다. 그러므로 식 (13·81)에 의하여 초음속 노즐은 유동방향으로 면적이 증가하도록 제작되어야 하며, 초음속 풍동에는 수축부를 두어야 한다. 초음속 유동은 $M=1$인 경우 $dA/dV=0$이 되어 목부분에서나 최소면적에서 일어난다.

정지상태의 유체를 초음속으로 가속시키기 위해서는 먼저 아음속 또는 수축노즐이 있어야 한다. 알맞는 조건하에서 유동은 목부분, 즉 최소면적에서 $M=1$이 된다. 여기서 더 가속하여 초음속을 얻고자 할 때에는 목부분에 초음속 노즐을 부착하여야 한다.

반대로 초음속에서 아음속으로 감속하기 위해서는 먼저 초음속 확대부가 필요하다. 이론적으로 유속은 등엔트로피 과정에 의하여 단면적이 최소가 되는 목부분에서 $M=1$로 감소하고, 계속해서 등엔트로피 감소가 아음속 확대부에서 일어난다. 그러나 실제적으로 초음속을 목부분에서 $M=1$로 감소시키기는 매우 어렵다. 왜냐하면 목부분에서의 음속유동은 역압력 기울기에 의하여 유동이 불안정한 상태이기 때문이다. 그러므로 실제 초음속 확대부의 목단면적은 $M=1$로 감소시킬 수 있는 넓이보다 약간 크게 설계하여야 한다.

13.6.3 이상기체의 등엔트로피 유동

〔1〕 기본 방정식

13·6·1절에서 압축성 유체의 정상, 1차원, 등엔트로피 유동에서 유한 제어체적에 기본 방정식을 적용하였다. 이상기체에서 상태식은 $p=\rho RT$이고, 등엔트로피 유동에서는 $p/\rho^k=C$(일정)였다. 그러므로 이상기체의 등엔트로피 유동에 대하여 다음과 같이 기본 방정식들로 나타낼 수가 있다.

$$\text{연속 방정식}: \rho_1 A_1 V_1 = \rho_2 A_2 V_2 = \rho A V = \dot{m} \qquad (13\cdot67)$$

$$\text{운동량 방정식}: R_x + p_1 A_1 - p_2 A_2 - \dot{m}V_2 - \dot{m}V_1 \qquad (13\cdot68)$$

$$\text{제 1 법칙}: h_1 + \frac{V_1^2}{2} = h_2 + \frac{V_2^2}{2} = h + \frac{V^2}{2} \qquad (13\cdot69)$$

$$\text{제 2 법칙}: s_1 = s_2 = s \tag{13·71}$$

$$\text{상태식}: p = \rho RT \tag{13·1}$$

$$\text{과정 방정식(등엔트로피)}: \frac{p}{\rho^k} = C\text{(일정)} \tag{13·29 a}$$

이 식들이 이상기체의 정상, 1차원, 등엔트로피 유동의 지배 방정식들이다. 또, h와 T의 관계를 살펴보면

$$\Delta h = h_2 - h_1 = C_p \Delta T = C_p(T_2 - T_1) \tag{13·15}$$

〔2〕 이상기체의 등엔트로피 유동에 대한 기본조건들

이상기체에 의한 등엔트로피 정체상태에 대한 식들은

$$\text{정체압력}: \frac{p_0}{p} = \left(1 + \frac{k-1}{2}M^2\right)^{k/(k-1)} \tag{13·59 a}$$

$$\text{정체온도}: \frac{T_0}{T} = 1 + \frac{k-1}{2}M^2 \tag{13·60}$$

$$\text{정체밀도}: \frac{\rho_0}{\rho} = \left(1 + \frac{k-1}{2}M^2\right)^{1/(k-1)} \tag{13·61}$$

또 임계조건하에서 $M = 1$, $k = 1.4$를 대입하여 계산하면

$$\frac{p_0}{p^*} = \left(1 + \frac{k-1}{2}\right)^{k/(k-1)} = 1.893$$

$$\frac{T_0}{T^*} = 1 + \frac{k-1}{2} = 1.200$$

$$\frac{\rho_0}{\rho^*} = \left(1 + \frac{k-1}{2}\right)^{1/(k-1)} = 1.577$$

나아가서 식 (13·66)으로부터

$$V^* = a^* = \sqrt{\frac{2k}{k+1}RT_0}$$

또 $M = 1$인 곳의 면적을 A^*라고 하면, 유체가 유동하는 면적들의 윤곽은 A/A^*의 항으로써 나타낼 수 있다.

정상적인 1차원 유동에서 연속 방정식은

$$\rho AV = \rho^* A^* V^* = \text{일정}$$

그러므로

$$\frac{A}{A^*} = \frac{\rho^* V^*}{\rho V} = \frac{\rho^*}{\rho}\frac{a^*}{Ma} = \frac{1}{M}\frac{\rho^*}{\rho}\frac{\sqrt{kT^*}}{\sqrt{kT}}$$

$$= \frac{1}{M}\frac{\rho^*}{\rho}\sqrt{\frac{T^*}{T}} = \frac{1}{M}\frac{\rho^*}{\rho_0}\frac{\rho_0}{\rho}\sqrt{\frac{T^*/T_0}{T/T_0}}$$

$$= \frac{1}{M}\frac{\left(1+\frac{k-1}{2}M^2\right)^{k/(k-1)}}{\left(1+\frac{k-1}{2}\right)^{k/(k-1)}}\left(\frac{1+\frac{k-1}{2}M^2}{1+\frac{k-1}{2}}\right)^{\frac{1}{2}}$$

$$= \frac{1}{M}\left(\frac{1+\frac{k-1}{2}M^2}{1+\frac{k-1}{2}}\right)^{(k+1)/2(k-1)} \qquad (13 \cdot 82)$$

그림 13 · 13은 $k = 1.4$인 경우에 등엔트로피 유동에서 A/A^*와 M의 관계를 도시한 것이다.

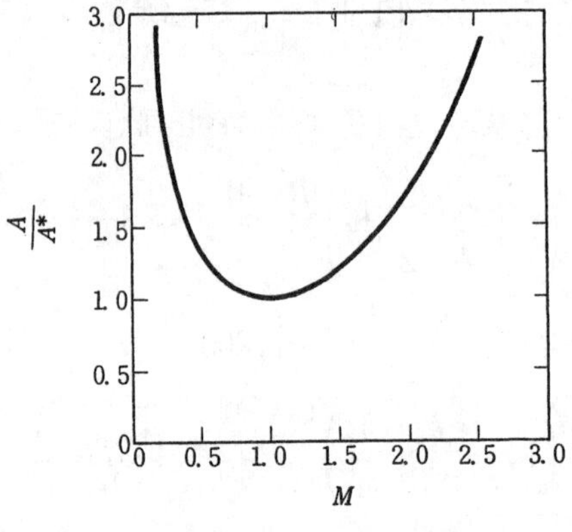

그림 13 · 13

예 제 13.6 관로에 공기가 등엔트로피 유동을 하고 있다. 단면 ①에서 $M_1 = 0.3$, $A_1 = 0.01\,\text{m}^2$, $p_1 = 650\,\text{kPa(abs)}$, $t = 62℃$이다. 단면 ②에서 $M_2 = 0.8$일 때, 단면 ②에서의 유동상태의 값을 계산하라.

풀이 아음속을 가속하기 위해서는 수축노즐(converging nozzle)이 필요하며, 정체조건들은 등엔트로피 유동으로 고정하였으므로 정체온도는 단면 ②에서

$$T_{0_2} = T_{0_1} = T_1\left(1 + \frac{k-1}{2} M_1^2\right)$$
$$= (62 + 273)\,\mathrm{K}\left\{1 + \frac{1.4-1}{2}(0.3)^2\right\} = 341\,\mathrm{K}$$
$$T_2 = \frac{T_{0_2}}{\left(1 + \frac{k-1}{2} M_2^2\right)} = \frac{341\,\mathrm{K}}{\{1 + 0.2(0.8)^2\}} = 302\,\mathrm{K}$$

또는 29℃

이상기체에 대해서는

$$a_2 = \sqrt{kRT_2} = (1.4 \times 287\,\mathrm{N \cdot m/kg \cdot K} \times 302\,\mathrm{K \cdot kg \cdot m/N \cdot s^2})^{\frac{1}{2}}$$
$$= 348\,\mathrm{m/s}$$
$$V_2 = M_2 a_2 = (0.8)348 = 278\,\mathrm{m/s}$$

$p/\rho^k =$ 일정으로부터

$$\frac{p_2}{p_1} = \left(\frac{T_2}{T_1}\right)^{k/(k-1)} = \left(\frac{302}{335}\right)^{3.5} = 0.696$$
$$p_2 = 0.696, \qquad p_1 = (0.696)\,650\,\mathrm{kPa(abs)} = 452\,\mathrm{kPa(abs)}$$
$$\rho_2 = \frac{p_2}{RT_2} = 4.52 \times 10^5\,\mathrm{N/m^2} \times \frac{\mathrm{kg \cdot K}}{287\,\mathrm{N \cdot m}} \times \frac{1}{302\,\mathrm{K}}$$
$$= 5.21\,\mathrm{kg/m^3}$$
$$\dot{m} = \rho_1 A_1 V_1 = \rho_2 A_2 V_2 = C \text{ (일정)}$$

그러므로

$$A_2 = A_1 \frac{\rho_1}{\rho_2}\frac{V_1}{V_2} = A_1\left(\frac{T_1}{T_2}\right)^{1/(k-1)} \frac{M_1 a_1}{M_2 a_2}$$
$$= A_1\left(\frac{T_1}{T_2}\right)^{1/(k-1)} \frac{M_1}{M_2}\sqrt{\frac{kRT_1}{kRT_2}} = A_1 \frac{M_1}{M_2}\left(\frac{T_1}{T_2}\right)^{(k+1)/2(k-1)}$$
$$= 0.001\,\mathrm{m^2} \times \frac{0.3}{0.8}\left(\frac{335}{302}\right)^3 = 5.12 \times 10^{-4}\,\mathrm{m^2}$$

그러므로 $A_2 < A_1$이고, 결과적으로

$$p_{0_2} = p_2\left(1 + \frac{k-1}{2} M_2^2\right)^{k/(k-1)} = 452\,\mathrm{kPa}\{1 + 0.2(0.8)^2\}^{3.5}$$
$$= 689\,\mathrm{kPa(abs)}$$

정체압력은 등엔트로피 유동에서 일정하므로

$$p_{0_1} = p_1\left(1 + \frac{k-1}{2}M_1{}^2\right)^{k/(k-1)} = 650\,\text{kPa}\{1 + 0.2(0.3)^2\}^{3.5}$$
$$= 692\,\text{kPa(abs)}$$

〔3〕 수축노즐에서의 등엔트로피 유동

그림 13 · 14 (a)에서와 같이 정체압력이 p_0인 탱크에서 압력이 p_0보다 낮은 p_b방향으로 유동되고 있다. 여기에서 유동의 변화는 그림 13 · 14 (b)에서와 같은 $A \sim E$ 과정이 일어나고 있다.

그림 13 · 14 (b)에서 A와 B 상태가 되도록 p_b에서 압력강하가 일어나기 위해서는 목부분에서의 압력이 목부분에서 음속이 되는 임계압력 p^*보다 큰 값을 가져야 한다. 노즐 내의 유속은 아음속이고, 출구에서의 압력 p_e는 배압(背壓) p_b와 동일하다.

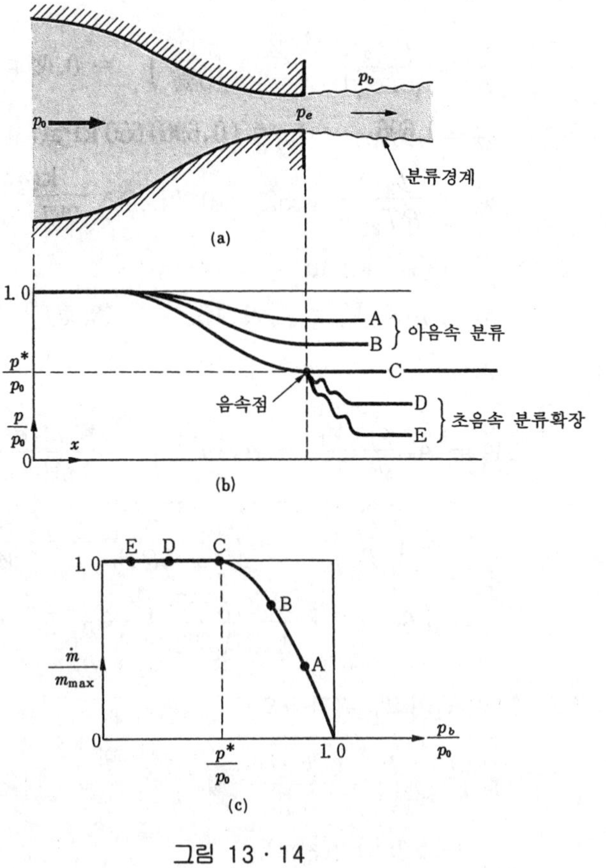

그림 13 · 14

또한 질량유량은 그림 13 · 14 (c)에서와 같이 m_{max} 보다 낮으며 아음속, 등엔트로피 이론의 적용이 가능하다.

조건 C는 배압이 목부분의 임계압력 p^*와 정확히 일치하는 경우이다. 목부분은 음속이 되며 따라서 출구에서 음속, 즉 $p_e = p_b$가 된다. 만약 p_b가 p^* 이하인 D나 E로 낮아지면 노즐은 목부분의 최대유량에서 질식현상이 발생하여 어떠한 상태반응을 나타내지 못한다.

따라서 p_b가 p^*와 같거나 그 이하로 되었을 때 질식조건(choke condition)이라고 한다. 출구분류는 초음속적으로 확장되어서 분류압력은 p^*에서 p_b까지 감소된다.

만약 정체 배압실(stagnation plenum chamber)의 압력이 커서 컴프레서에 의해 작동되거나 또 배출실(discharge chamber)의 압력이 커서 진공펌프에 의해 흡출되면 수축노즐에서의 유동은 정상유동 상태가 된다.

이와는 달리 p_0가 감소하고 p_b가 증가하면 노즐에서의 유동은 역류현상이 일어나 E 상태에서 A 상태로 역현상이 발생한다.

예 제 13.7 목단면적이 0.001 m^{2}인 수축노즐을 통하여 공기가 유동할 때 배압이 591 kPa(abs) 발생하였다. 유동은 절대 정체압력이 1.0 MPa이고, 온도가 60℃이다. 출구에서의 Mach수와 유량을 등엔트로피 유동관계와 부록 표 II-1을 이용하여 결정하라.

풀 이 먼저 질식상태(choking) 여부를 알아보면

$$\frac{p_b}{p_0} = \frac{5.91 \times 10^5}{1.0 \times 10^6} = 5.91 > 0.528$$

그러므로 유량은 질식상태가 발생하지 않으므로 $p_b = p_e$가 되고, 유동은 등엔트로피 유동이다.

(a) 등엔트로피 유동관계

p_0 = 일정하므로 Mach수는 압력비의 식으로부터

$$\frac{p_0}{p_e} = \left(1 + \frac{k-1}{2} M_e^2\right)^{k/(k-1)}$$

$p_e = p_b$이므로 M_e에 대해서 풀면

$$1 + \frac{k-1}{2} M_e^2 = \left(\frac{p_0}{p_b}\right)^{(k-1)/k}$$

$$M_e = \left[\left\{\left(\frac{p_0}{p_b}\right)^{(k-1)/k} - 1\right\}\frac{2}{k-1}\right]^{\frac{1}{2}}$$
$$= \left[\left\{\left(\frac{1.0 \times 10^6}{5.91 \times 10^5}\right)^{0.286} - 1\right\}\frac{2}{1.4-1}\right]^{\frac{1}{2}} = 0.9$$

질량유량은

$$\dot{m} = \rho_e V_e A_e = \rho_e M_e a_e A_e$$

여기서 ρ_e와 a_e를 구하기 위하여 T_e가 필요하다. T_0 = 일정하므로

$$\frac{T_0}{T_e} = 1 + \frac{k-1}{2}M_e^2$$

또는

$$T_e = \frac{T_0}{1 + \frac{k-1}{2}M_e^2} = \frac{(273 + 60)\,\text{K}}{1 + 0.2(0.9)^2} = 287\,\text{K}$$
$$a_e = \sqrt{kRT_e}$$
$$= (1.4 \times 287\,\text{N}\cdot\text{m/kg}\cdot\text{K} \times 287\,\text{K}\cdot\text{kg}\cdot\text{m/N}\cdot\text{s}^2)^{\frac{1}{2}}$$
$$= 340\,\text{m/s}$$
$$\rho_e = \frac{p_e}{RT_e} = 5.91 \times 10^5\,\text{N/m}^2 \times \frac{1}{287}\,\text{kg}\cdot\text{K/N}\cdot\text{m} \times \frac{1}{287\,\text{K}}$$
$$= 7.18\,\text{kg/m}^3$$

결과적으로

$$\dot{m} = \rho_e M_e a_e A_e = 7.18\,\text{kg/m}^3 \times 0.9 \times 340\,\text{m/s} \times 0.001\,\text{m}^2$$
$$= 2.20\,\text{kg/s}$$

(b) 등엔트로피 유동의 표에서

$$\text{압력비}: \frac{p_b}{p_0} = \frac{5.91 \times 10^5}{1.0 \times 10^6} = 0.591 > 0.528$$

그러므로 초킹이 일어나지 않으며, $p_e = p_b$가 되고 부록 표 II-1에 의하여 $p/p_0 = 0.5913$은 $M = 0.90$이다.

$$M_e = 0.90$$

표에 의해서 구하기 위해 상태비항들을 고치면

$$\dot{m} = \rho_e V_e A_e = \rho_e M_e a_e A_e = \rho_e M_e \sqrt{kRT_e} A_e$$

$$\dot{m} = \rho_0 \frac{\rho_e}{\rho_0} M_e \sqrt{kRT_0} \sqrt{\frac{T_e}{T_0}} A_e$$

$$= \frac{p_0}{RT_0} \frac{\rho_e}{\rho_0} M_e \sqrt{kRT_0} \sqrt{\frac{T_e}{T_0}} A_e$$

결과적으로

$$\dot{m} = \frac{\rho_e}{\rho_0} \sqrt{\frac{T_e}{T_0}} p_0 M_e \sqrt{\frac{k}{RT_0}} A_e$$

$M_e = 0.9$를 대입하면

$$\dot{m} = (0.687)(0.8606)^{\frac{1}{2}}(1.0 \times 10^6\,\mathrm{N/m^2})(0.9)$$
$$\times \left(1.4 \times \frac{1}{287}\,\mathrm{kg \cdot K/N \cdot m} \times \frac{1}{333\,\mathrm{K}}\,\mathrm{kg \cdot m/N \cdot s^2}\right)^{\frac{1}{2}} (0.001\,\mathrm{m^2})$$
$$= 2.20\,\mathrm{kg/s}$$

〔4〕 수축-확대노즐(converging-diverging nozzle)에서 등엔트로피 유동

수축-확대노즐은 발명자(de Laval : 1845~1943)의 이름을 따서 Laval 노즐이라고도 한다. 이 Laval 노즐에서 발생되는 유동형태를 살펴보자. 그림 13 · 15 (a)에서와 같이 배압 p_b가 충분히 낮으면 확대부분에서의 유동은 초음속이 되고, 그림 13 · 15 (b)에서와 같이 여러 충격파가 발생하게 된다. 그림 13 · 15 (b)의 곡선 A, B에서 배압이 목부분에서 음속유동이 될 정도로 낮지 않으며, 노즐 내의 유동이 아음속인 경우 압력분포는 아음속 등엔트로피 면적변화 관계식(부록 표 II-1)으로부터 계산할 수 있다.

그리고 출구압력이 $p_e = p_b$이면 분류는 아음속이다. 곡선 C에서 면적비 A_e/A_t는 정확히 부록 표 II-1에서 아음속인 경우에 임계 면적비 A_e/A^*와 동일하다. 곡선 C는 목부분의 유동이 음속이고 질량유량이 최대값에 달하는 경우로, 노즐 내의 나머지 유동은 $p_e = p_b$가 되어 아음속 유동이다. 곡선 H의 경우는 p_b가 부록 표 II-1에서 초음속일 때 p_b/p_0가 정확하게 임계 면적비 A_e/A^*와 일치하는 경우이다. 따라서 확대유동은 $p_e = p_b$이고 완전히 초음속 유동이며, 이것을 노즐의 설계 압력비(design pressure ratio of nozzle)라고 한다. 또한 이것은 초음속 풍동을 작동하거나 효율적인 로켓의 가스분출에 알맞는 배압이다. 압력 p_b가 곡선 C와 H 사이에 있다면

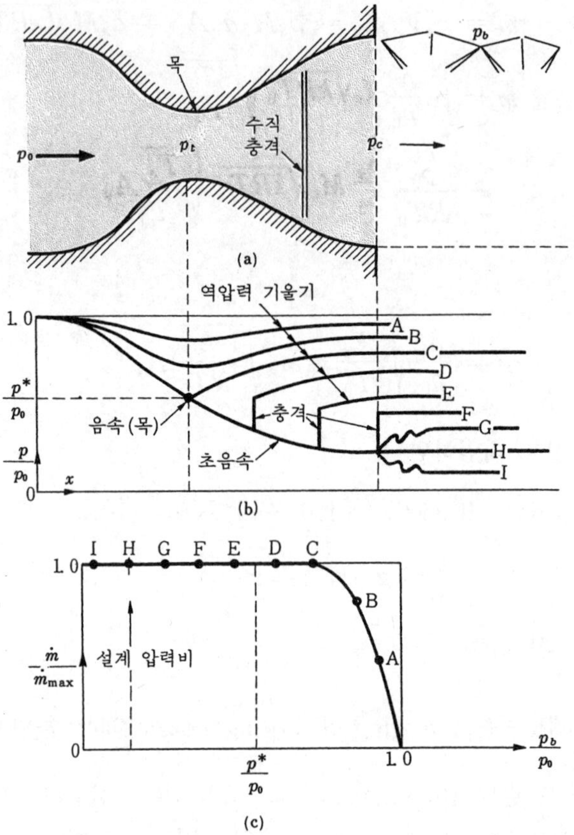

그림 13 · 15

등엔트로피 유동에 의한 계산이 불가하며, 배압은 D에서 F 상태로 된다. 음속에서 목부분에는 질식상태가 유지되고, 이때 확대부의 아음속 유동에서 배압이 발생하도록 확대부에서 정위치에 수직충격을 발생시키면 $p_e = p_b$로 놓을 수 있다. 따라서 그림 13 · 15 (c)에서와 같이 질량유량은 최대가 되며, 배압 F에서 필요한 수직충격이 덕트 출구에서 유지된다. 또 배압 G에서 수직충격은 전혀 발생하지 않아 유동은 압력이 p_b가 될 때까지 연속적으로 복잡한 경사충격이 발생하면서 출구 밖에서 압축된다.

마지막으로 배압 I에서 압력 p_b는 설계 압력값인 H보다 낮으나 노즐은 질식상태가 되어 아무런 반응을 나타내지 않는다. 출구의 유동은 복잡한 초음속 유동이 배압이 형성될 때까지 확산되어 나간다. 압력 p_b가 배압 C보다 작은 경우에는 노즐 내의 유동은 초음속 유동이고, 목부분에서는 노즐출구 유동의 거동신호를 감지하지 못하게 된다.

수축-확대노즐 유동에서 배압 p_b가 H보다 작은 경우, 노즐 내의 유동은 노즐 외부에서 추가팽창이 이루어지므로 과소팽창(under expanded)이라 하고, 또 유동조건이 C > p_b > H인 경우의 유동을 과대팽창(over expanded)이라고 한다.

수축-확대노즐에서 질량유량에 대하여 살펴보면 다음과 같이 정리할 수 있다.

$$\dot{m} = \rho^* A^* V^* = \rho^* A^* \sqrt{kRT^*} \tag{13·83}$$

또, 온도와 밀도에 관한 식은

$$\frac{T^*}{T_0} = \frac{2}{k+1} \tag{13·84}$$

$$\frac{\rho^*}{\rho_0} = \left(\frac{2}{k+1}\right)^{\frac{1}{k-1}} \tag{13·85}$$

식 (13 · 84)~(13 · 85)를 식 (13 · 83)에 대입하면

$$\dot{m} = \rho_0 \sqrt{kRT_0}\, A^* \left(\frac{2}{k+1}\right)^{(k+1)/2(k-1)} \tag{13·86}$$

이상기체의 상태식을 대입하여 ρ_0를 소거하면

$$\dot{m} = \frac{p_0 A^*}{\sqrt{RT_0}}\, k^{\frac{1}{2}} \left(\frac{2}{k+1}\right)^{(k+1)/2(k-1)} \tag{13·87}$$

기체에서 비열비 $k = 1.4$를 대입하면,

$$\dot{m} = 0.685 \frac{p_0 A^*}{\sqrt{RT_0}} \tag{13·88}$$

또 $k = 1.67$인 가스에서는

$$\dot{m} = 0.727 \frac{p_0 A^*}{\sqrt{RT_0}} \tag{13·89}$$

예 제 13.8 초음속 풍동의 4각 시험부가 18 cm × 18 cm이고, 공기의 유속이 $M = 3.0$이다. 시험부 내의 정압과 온도가 각각 48 kPa, 22℃일 때 질량유량을 계산하라.

풀 이 부록 표 II-1에서 $M = 3.0$일 때 면적비는 $A/A^* = 4.235$이다. 그러므로 목 부분의 면적은 $A^* = 324/4.235 = 76.5\ \text{cm}^2 = 0.00765\ \text{m}^2$이다. 압력과 온도는

$$p_0 = p\left(1 + \frac{k-1}{2} M^2\right)^{\frac{k}{k-1}} = 48(1 + 0.2 \times 3^2)^{3.5}$$

$$= 1763\,\text{kPa} = 1.763\,\text{kPa}$$

$$T_0 = T\left(1 - \frac{k-1}{2} M^2\right) = 251(1 + 0.2 \times 3^2) = 702.8\,\text{K}$$

그러므로 질량유량은

$$\dot{m} = \frac{0.685 \times 1.763 \times 10^6 \times 0.00765}{\sqrt{287 \times 702.8}} = 20.57\,\text{kg/s}$$

예 제 13.9 출구면적이 $0.001\,\text{m}^2$인 수축-확대노즐에서 공기가 등엔트로피 유동을 하고 있다. 배실의 정체온도와 절대 정체압력이 350 K, 1.0 MPa이다. 출구의 압력이 954 kPa(abs), 목부분에서 $M = 0.68$일 때, 목부분에서의 유동상태와 Mach 수를 결정하라.

풀 이 (a) 등엔트로피 유동이며, 정체온도는 정체압력이 일정하므로

$$\frac{T_0}{T} = 1 + \frac{k-1}{2} M^2$$

$$T_t = \frac{T_0}{1 + \dfrac{k-1}{2} M_t^2} = \frac{350\,\text{K}}{1 + 0.2(0.68)^2} = 320\,\text{K}$$

$$p_t = p_0 \left(\frac{T_t}{T_0}\right)^{k/(k-1)} = p_0 \left(\frac{1}{1 + \dfrac{k-1}{2} M_t^2}\right)^{k/(k-1)}$$

$$= 1.0 \times 10^5\,\text{Pa} \left\{\frac{1}{1 + 0.2(0.68)^2}\right\}^{3.5} = 734\,\text{kPa(abs)}$$

$$\rho_t = \frac{p_t}{RT_t} = 7.34 \times 10^5\,\text{N/m}^2 \times \frac{1}{287}\,\text{kg} \cdot \text{K/N} \cdot \text{m} \times \frac{1}{320\,\text{K}}$$

$$= 7.99\,\text{kg/m}^3$$

$$V_t = M_t a_t = M_t \sqrt{kRT_t}$$

$$= 0.68(1.4 \times 287\,\text{N} \cdot \text{m/kg} \cdot \text{K} \times 320\,\text{kg} \cdot \text{m/K} \cdot \text{s}^2)^{\frac{1}{2}}$$

$$= 244\,\text{m/s}$$

$M_t < 1$이므로 출구에서의 유동은 아음속이며, $p_e = p_b$이다. 따라서 정체성은 일정하므로

$$\frac{p_0}{p_e} = \left(1 + \frac{k-1}{2} M_e^2\right)^{k/(k-1)}$$

그러므로

$$M_e = \left[\left\{\left(\frac{p_0}{p_e}\right)^{(k-1)/k} - 1\right\}\frac{2}{k-1}\right]^{\frac{1}{2}}$$
$$= \left[\left\{\left(\frac{1.0\times10^6}{9.54\times10^5}\right)^{0.286} - 1\right\}\times 5\right]^{\frac{1}{2}} = 0.26$$

(b) 등엔트로피 유동에서의 정체성은 일정하므로, 부록 표 II-1에 의하여 $M = 0.68$에서

$$\frac{T}{T_0} = 0.9154 \;:\; T_t = 0.9154,$$
$$T_0 = (0.9154)(350\,\text{K}) = 320\ \text{K}$$
$$\frac{p}{p_0} = 0.7338 \;:\; p_t = 0.7338,$$
$$p_0 = (0.7338)(1.0\times10^6\ \text{Pa}) = 734\ \text{kPa(abs)}$$
$$\frac{\rho}{\rho_0} = 0.8016 \;:\; \rho_t = 0.8016\rho_0 = 0.8016\frac{p_0}{RT_0}$$
$$= 0.8016\times1.0\times10^6\ \text{N/m}^2\times\frac{1}{287}\ \text{kg}\cdot\text{K/N}\cdot\text{m}\times\frac{1}{350\ \text{K}}$$
$$= 7.98\ \text{kg/m}^3$$
$$\frac{A}{A^*} = 1.110 \;:\; A_t = 1.110A^*$$

출구에서 $p_e = 954\ \text{kPa(abs)}$이므로 $p_e/p_0 = 0.954$이고, 부록 표 II-1에서는 $M_e = 0.26$이다.

부록 표에서 $M = 0.26$일 때 $A/A^* = 2.317$이다. 그러므로

$$A^* = \frac{A}{2.317} = \frac{0.001\ \text{m}^2}{2.317} = 4.32\times10^{-4}\ \text{m}^2$$
$$A_t = 1.110A^* = (1.110)(4.32\times10^{-4}\ \text{m}^2) = 4.80\times10^{-4}\ \text{m}^2$$

13.6.4 절두(截頭)노즐(Truncated nozzle)

절두노즐은 Laval 노즐의 목부분을 잘라낸 형태의 노즐로서 실제 압축성 유체에 유량을 계측하는 데 많이 사용하고 있다.

그림 13 · 16과 같은 절도노즐에서 질량유량을 계산하기 위하여 먼저 노즐출구에서

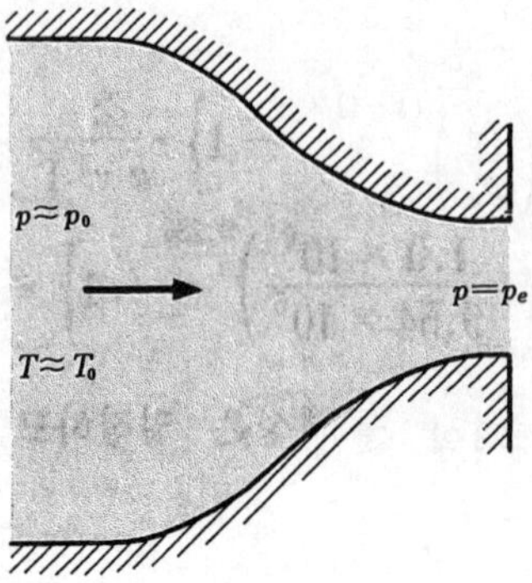

그림 13 · 16

의 유동이 아음속인지 초음속인지 검토하여야 한다. 물론 이 경우 노즐출구에서는 수축부가 아니므로 초음속이 발생하지는 않는다. 여기에서 임계 압력비를 계산해 보면

$$\frac{p^*}{p_0} = \left(\frac{2}{k+1}\right)^{k/(k-1)} \tag{13 · 90}$$

가 되어 공기의 경우는 0.528이 된다.

식 (13 · 59 a)를 변형하면

$$M = \left[\frac{2}{k-1}\left\{\left(\frac{p_0}{p}\right)^{k-1/k} - 1\right\}\right]^{\frac{1}{2}} \tag{13 · 91}$$

이 되므로, 이것을 출구의 Mach수 계산식으로 바꾸면

$$M_e = \left[\frac{2}{k-1}\left\{\left(\frac{p_0}{p}\right)^{k-1/k} - 1\right\}\right]^{\frac{1}{2}} \tag{13 · 92}$$

로 쓸 수 있다. 따라서 출구에서 온도, 음속 그리고 밀도의 식을 구하면

$$T_e = \frac{T_0}{\left(1 + \dfrac{k-1}{2} M_e^2\right)} \tag{13 · 93}$$

$$a_e = \sqrt{kRT_e} \tag{13 · 94}$$

$$\rho_e = \frac{p_b}{RT_e} \tag{13 · 95}$$

따라서 유량 계산식은 다음과 같이 된다.

$$\dot{m} = \rho_e A_e M_e a_e \tag{13 · 96}$$

예 제 13.10 출구의 지름이 4 cm인 절두노즐을 통하여 압력이 180 kPa이고, 온도가 80℃인 압력탱크로부터 공기가 분출되고 있다. 만약 배압이 $p_b = 102$ kPa라고 하면 질량유량은 얼마가 되겠는가?

풀 이 먼저, 노즐출구에서의 유동 특성을 알아보기 위하여 압력비를 계산해 보면 $p_b/p_0 = 102/180 = 0.567$이다. 이 값은 공기의 경우 임계 압력비 0.528보다 크므로 노즐출구에서의 유속은 아음속이 된다. 따라서 출구에서의 Mach수, 온도 밀도, 음속을 각각 구하면

$$M_e = \left[\frac{2}{k-1}\left\{\left(\frac{p_0}{p_b}\right)^{k-1/k} - 1\right\}\right]^{\frac{1}{2}}, \qquad M_e = 0.94$$

$$T_e = \frac{T_0}{\left(1 + \dfrac{k-1}{2}M_e^2\right)} = \frac{353}{1 + 0.2 \times (0.94)^2} = 300\ \mathrm{K}$$

$$\rho_e = \frac{p_b}{RT_e} = \frac{102 \times 10^3\ \mathrm{N/m^2}}{(287\ \mathrm{J/kg \cdot K}) \times (300\ \mathrm{K})} = 1.185\ \mathrm{kg/m^3}$$

$$a_e = \sqrt{kRT_e} = \sqrt{1.4 \times 287 \times 300} = 347.2\ \mathrm{m/s}$$

질량유량은

$$\begin{aligned}\dot{m} &= \rho_e A_e M_e a_e = 1.185 \times \frac{\pi}{4}(0.04)^2 \times 0.94 \times 347.2 \\ &= 0.486\ \mathrm{kg/s}\end{aligned}$$

13.6.5 마찰이 있는 단면적이 일정한 관 내의 단열유동

관 내의 마찰 단열유동의 문제를 검토하기 위하여 그림 13·17과 같이 관 내의 유한한 제어체적에서 비열이 일정한 이상기체의 정상균일 유동에 관한 기본 방정식을 적

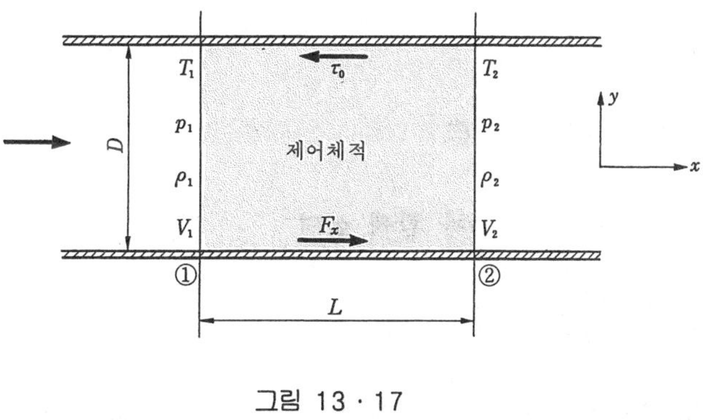

그림 13·17

용해 보자.

〔1〕 기본 방정식

(1) 연속 방정식

$$-\rho_1 A_1 V_1 + \rho_2 A_2 V_2 = 0$$
$$\rho_1 V_1 = \rho_2 V_2 \equiv G \tag{13·97}$$

(2) 운동량 방정식

$$F_x = p_1 A - p_2 A = V_1(-\rho_1 A V_1) + V_2(\rho_2 A V_2) \tag{13·98}$$

즉

$$F_x = p_1 A - p_2 A \equiv \dot{m} V_2 - \dot{m} V_1 \tag{13·98 a}$$

(3) 열역학의 제1법칙

$$\left(u_1 + \frac{V_1^2}{2} + p_1 v_1\right)(-\rho_1 V_1 A) + \left(u_2 + \frac{V_2^2}{2} + p_2 v_2\right)(\rho_2 V_2 A) = 0 \tag{13·99}$$

연속 방정식을 대입하면

$$u_1 + \frac{V_1^2}{2} + p_1 v_1 = u_2 + \frac{V_2^2}{2} + p_2 v_2 \tag{13·100}$$

또는

$$h_1 + \frac{V_1^2}{2} = h_2 + \frac{V_2^2}{2} \tag{13·100 a}$$

즉 에너지 보존의 식은

$$h + \frac{V^2}{2} = C \tag{13·74}$$

이 식을 식 (13·8), 식 (13·13)과 함께 쓰면

$$\frac{kRdT}{k-1} + VdV = 0 \tag{13·101}$$

운동량 보존의 방정식은 그림 13·17에서

$$A(p_1 - p_2) - \tau_0 SL = \rho VA(-V_1 + V_2)$$

여기서 S는 원둘레이며, 여기에 $\tau_0 = \lambda\rho\dfrac{V^2}{8}$을 대입하여 간단하게 정리한 미분형 운동량 방정식은 다음과 같다.

$$\rho VdV + dp + \frac{\lambda\rho V^2}{2D}L = 0 \tag{13·102}$$

역시 정체 엔탈피도

$$h_{0_1} = h_{0_2}$$

(4) 열역학의 제2법칙

마찰이 있는 비가역(非可逆) 유동이므로

$$\dot{m}(s_2 - s_1) = s_1(-\rho_1 V_1 A) + s_2(\rho_2 V_2 A) > 0 \tag{13·103}$$

엔트로피 변화를 계산하기 위하여 Tds방정식을 이용하면

$$Tds = dh - vdp \tag{13·104}$$

이상기체에 대해서는

$$ds = C_p\frac{dT}{T} - R\frac{dp}{p} \tag{13·105}$$

일정한 비열에 대하여 적분하면

$$s_2 - s_1 = C_p \ln\frac{T_2}{T_1} - R\ln\frac{p_2}{p_1} \tag{13·106}$$

(5) 상태식

이상기체에 대해서는

$$p = \rho RT \tag{13·1}$$

이상 (1)~(5)까지에 나온 모든 방정식들은 단면이 일정한 관 내의 이상기체의 정상, 1차원, 단열, 마찰유동의 지배 방정식들이다. 또 h와 T의 관계 $dh = C_p dT$를 살펴보면

$$\Delta h = h_2 - h_1 = C_p\Delta T = C_p(T_2 - T_1) \tag{13·107}$$

그림 13·18은 이상기체의 주어진 상태 ①에 의해서 일어날 수 있는 상태 ②를 Ts선도에 도시한 것이다.

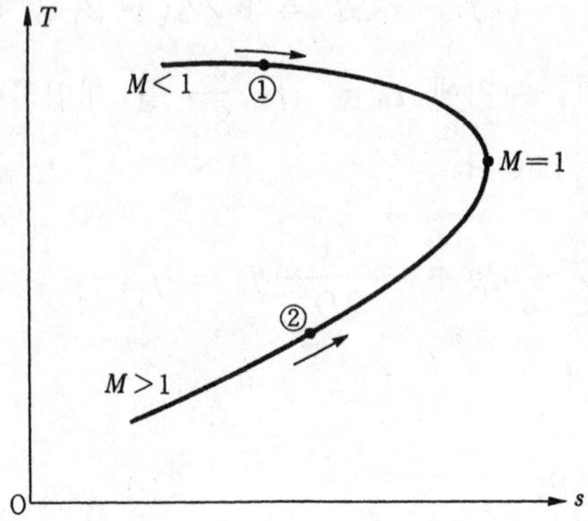

그림 13 · 18

〔2〕 Fanno 선

앞의 절에서 나온 모든 식들의 계산결과가 그림 13 · 18에 도시되었다. 하류의 모든 값들의 궤적을 Fanno선(Fanno line)이라고 한다. 이 값들을 계산할 때에 Fanno선의 최대 엔트로피점에서 Mach수가 1임을 알 수 있다. 또, 이 선상에서 볼 때에 곡선의 윗부분에서는 $M<1$이 되며, 오른쪽으로 감에 따라 M의 값이 증가함을 알 수 있다. 곡선의 아랫부분의 모든 점에서 $M>1$이 되고 오른쪽으로 감에 따라 감소해 간다.

Fanno선의 어떤 초기상태에서 Fanno선의 어느 점의 값을 계산하면 하류상태의 값이 나타난다.

그림 13 · 18에서 보는 바와 같이 Fanno선에서의 변화는 왼쪽 초기상태에서 오른쪽으로 변화현상을 관찰하도록 되어 있으며, 변화는 주로 마찰의 영향에 기인하고 있다. 즉 초기에 아음속 유동이던 것이(①의 곡선) 마찰의 영향으로 $M=1$로 증가를 나타내고, 초기에 초음속이던 것이(②의 곡선) 마찰의 영향으로 $M=1$로 감소하고 있다.

Fanno선 유동에서 정체 엔탈피는 일정함을 알 수 있다. 따라서 일정한 비열의 이상기체 유동에서 정체온도도 일정하다. 그러나 마찰에 의하여 정체압력은 그림 13 · 19에서 보는 바와 같이 감소해 가고 있다. 제2법칙에서 $s_2 - s_1 > 0$이므로 엔트로피는 증가해야 하고, 유동과정은 그림 13 · 19의 Ts선도에서 우향으로 변화양상을 나타내고 있다. ①에서 ②로의 변화는 곡선의 아음속 부분을 나타내며, 국소 정체압력 p_{0_1}, p_{0_2}에 그 값을 비교하면 $p_{0_1} > p_{0_2}$가 된다. ①′에서 ②′로 변화하는 곡선에서도 동일한 양상의 초음속 유동의 변화를 나타내며 $p_{0_1}{}' > p_{0_2}{}'$가 된다. 그러므로 p_0는 어

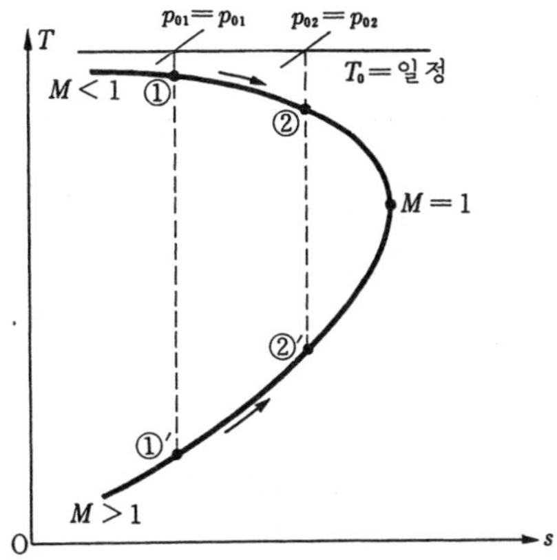

그림 13 · 19

표 13 · 2 Fanno선 유동에서 마찰이 상태에 미치는 영향

상 태	$M<1$	$M>1$	근 거
정체온도 T_0	일정	일정	에너지식
엔트로피 s	증가	증가	제 2 법칙
정체압력 p_0	감소	감소	T_0 = 일정
온도 T	감소	감소	Fanno선
속도 V	증가	감소	에너지식과 T의 경향
Mach수 M	증가	감소	V, T의 경향과 M의 정의
밀도 ρ	감소	증가	연속 방정식과 V에 미치는 영향
압력 p	감소	증가	상태식과 ρ, T에 미치는 영향

는 Fanno 곡선에서도 감소함을 알 수 있다.

이상의 Fanno 유선에서 나타난 결과를 간략히 정리하면 표 13 · 2와 같다.

관의 길이를 계산하기 위해서는 마찰을 고려하여 유동을 자세히 분석해야 한다. 먼저 미소 제어체적으로부터 시작하여 Mach수의 항으로 모든 식을 나타내고, $M=1$인 단면에까지 관을 따라 적분해야 한다. 이에 대한 예로서 예제 13 · 11을 살펴보자.

예 제 13.11 지름이 8 mm인 절연관 내부에 진공펌프에 의해서 절대압력 110 kPa, 온도가 25℃인 공간으로부터 수축노즐을 통하여 공기가 유동하고 있다. 그림 13 · 20 (a)에서와 같이 단면 ①에서 단면적은 동일한 관과 연결되었으며, 여기서 절대정압은 105 kPa이다. 동일한 단면으로부터 하류방향으로 어느 정도 떨어진 단면 ②에서 공기의 온도가 18℃일 때 단면 ②에서의 질량유량과 국소 등엔트로피 정체압력을 구하고, 단면 ①, ② 사이의 관벽에 발생하는 마찰력을 구하라.

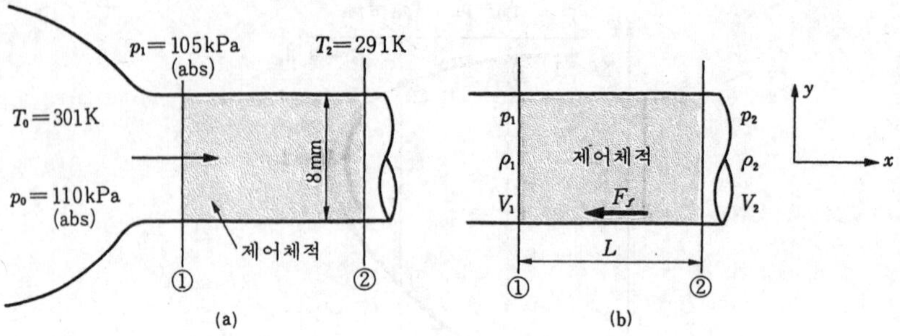

그림 13 · 20

풀이 수축노즐의 등엔트로피 유동에서는 국소 등엔트로피 정체상태들은 일정하므로 단면 ①의 상태로부터 질량유량을 계산할 수 있다.

$$\frac{p_0}{p_1} = \left(1 + \frac{k-1}{2} M_1^2\right)^{k/(k-1)}$$

그러므로

$$M_1 = \left[\frac{2}{k-1}\left\{\left(\frac{p_{0_1}}{p_1}\right)^{(k-1)/k} - 1\right\}\right]^{\frac{1}{2}}$$
$$= \left[\frac{2}{0.4}\left\{\left(\frac{1.10 \times 10^5}{10.5 \times 10^4}\right)^{0.286} - 1\right\}\right]^{\frac{1}{2}} = 0.259$$

$$T_1 = \frac{T_{0_1}}{1 + \dfrac{k-1}{2} M_1^2} = \frac{301\text{ K}}{1 + 0.2(0.259)^2} = 297\text{ K}$$

이상기체에 대해서는

$$\rho_1 = \frac{p_1}{RT_1} = 10.5 \times 10^4\text{ N/m}^2 \times \frac{1}{291}\text{ kg} \cdot \text{K/N} \cdot \text{m} \times \frac{1}{297\text{ K}}$$
$$= 1.21\text{ kg/m}^3$$
$$V_1 = M_1 a_1 = M_1\sqrt{kRT_1}$$
$$= (0.259)\,(1.4 \times 2.91\text{ N} \cdot \text{m/kg} \cdot \text{K} \times 297\text{ K} \cdot \text{kg} \cdot \text{m/N} \cdot \text{s}^2)^{\frac{1}{2}}$$
$$= 90.1\text{ m/s}$$
$$A_1 = A = \frac{\pi D^2}{4} = \frac{\pi}{4}(7.16 \times 10^{-3})^2\text{ m}^2 = 5.024 \times 10^{-5}\text{ m}^2$$

연속 방정식에 의하여

$$\dot{m} = \rho_1 V_1 A_1 = 1.21\,\text{kg/m}^3 \times 90.1\,\text{m/s} \times 5.024 \times 10^{-5}\,\text{m}^2$$
$$= 54.8 \times 10^{-3}\,\text{kg/s}$$

단열, 마찰유동이므로 T_0는 일정하다.

$$T_{0_2} = T_{0_1} = 298\,\text{K}$$

따라서

$$\frac{T_{0_2}}{T_2} = 1 + \frac{k-1}{2} M_2^2$$

그러므로

$$M_2 = \left\{\frac{2}{k-1}\left(\frac{T_{0_2}}{T_2} - 1\right)\right\}^{\frac{1}{2}} = \left\{\frac{2}{0.4}\left(\frac{298}{291} - 1\right)\right\}^{\frac{1}{2}} = 0.346$$

$$V_2 = M_2 a_2 = M_2\sqrt{kRT_2}$$
$$= (0.346)\,(1.4 \times 291\,\text{N}\cdot\text{m/kg}\cdot\text{K}$$
$$\times 291\,\text{K}\cdot\text{kg}\cdot\text{m/N}\cdot\text{s}^2)^{\frac{1}{2}}$$
$$= 119.13\,\text{m/s}$$

연속 방정식 $\rho_1 V_1 = \rho_2 V_2$에서

$$\rho_2 = \rho_1 \frac{V_1}{V_2} = 1.21\,\text{kg/m}^3 \times \frac{90.1}{119.13} = 0.915\,\text{kg/m}^3$$
$$p_2 = \rho_2 R T_2 = 0.915\,\text{kg/m}^2 \times 291\,\text{N}\cdot\text{m/kg}\cdot\text{K} \times 291\,\text{K}$$
$$= 77.48\,\text{kPa(abs)}$$

국소 등엔트로피 정체압력은

$$p_{0_2} = p_2\left(1 + \frac{k-1}{2} M_2^2\right)^{k/(k-1)}$$
$$= 7.748 \times 10^4\,\text{Pa}\{1 + 0.2(0.346)^2\}^{3.5} = 84.2\,\text{kPa(abs)}$$

마찰력은 그림 13·20(b)와 같이 제어체적에 대한 운동량 방정식을 적용함으로써 구할 수 있다.

$$-F_f + p_1 A - p_2 A = V_1(-\rho_1 V_1 A) + V_2(\rho_2 V_2 A)$$
$$= \dot{m}(V_2 - V_1)$$

그러므로

$$-F_f = (p_2 - p_1)A + \dot{m}(V_2 - V_1) = (7.748 - 10.5) \times 10^4\,\mathrm{N/m^2}$$
$$\times 5.024 \times 10^{-5}\,\mathrm{m^2} + 5.48 \times 10^{-3}\,\mathrm{kg/s}$$
$$\times (119.13 - 90.1)\,\mathrm{m/s} \times \mathrm{N \cdot s^2/kg \cdot m} = -1.22\,\mathrm{N}$$

이것이 관벽에 의하여 제어체적에 작용하는 힘이다. 그러므로 유체가 관에 작용하는 힘은

$$K_x = F_f = 1.22\,\mathrm{N}$$

〔3〕 이상기체의 Fanno선 유동 계산식

Fanno선 유동에서 마찰력 F_f는 독립변수이며, 두 점 사이의 전마찰력을 알면 상류의 상태가 주어졌을 때 하류의 상태들을 결정할 수 있다. 전마찰력은 관 내부 벽면에 작용하는 전단응력을 적분하여 구할 수 있다. 벽 전단응력은 관을 따라 변하므로 미분 방정식을 세워 적분해서 상태변화를 계산할 수 있다.

미분 방정식을 세우기 위하여 그림 13·21과 같이 미소 제어체적에 대하여 생각해 보자.

(1) 연속 방정식

$$-\rho VA + (\rho + d\rho)(V + dV)A = 0$$

또는

$$\rho VA = (\rho + d\rho)(V + dV)A$$

간단히 정리하면

$$\rho dV + Vd\rho = 0 \tag{13·108}$$

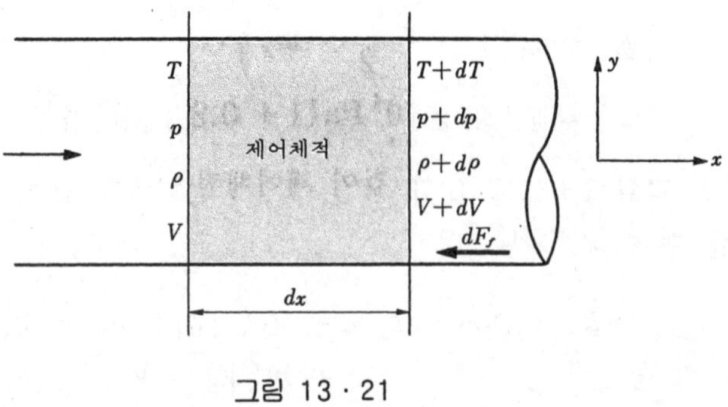

그림 13·21

(2) 운동량 방정식

$$
\begin{aligned}
&-dF_f + pA - (p + dp)A \\
&\quad = V(-\rho VA) + (V + dV)(\rho + d\rho)(V + dV)A
\end{aligned}
$$

연속 방정식을 이용하여 간단히 하면

$$
-\frac{dF_f}{A} - dp = \rho VdV \tag{13·109}
$$

(3) 열역학의 제1법칙

단열유동이며, 중력의 영향을 무시하면

$$
\begin{aligned}
&\left(u + \frac{V^2}{2} + pv\right)(-\rho VA) + \left\{u + du + \frac{V^2}{2}\right. \\
&\quad \left. + d\left(\frac{V^2}{2}\right) + pv + d(pv)\right\} \times (\rho + d\rho)(V + dV)A = 0
\end{aligned}
$$

연속이론에 의하여 유량항은 동일한 값을 가지므로 $h = u + pv$를 대입하면

$$
dh + d\left(\frac{V^2}{2}\right) = 0 \tag{13·110}
$$

또 마찰력은

$$
dF_f = \tau_w dA_w = \tau_w l_w dx \tag{13·111}
$$

여기서 l_w는 관 내부의 둘레길이이다. 수력 반지름(hydraulic radius)은 $D_h = \dfrac{4A}{l_w}$로 나타낼 수 있으므로

$$
\tau_w = -\frac{D_h}{4}\frac{dp}{dx} \tag{13·112}
$$

압력 기울기는 $h = \dfrac{\Delta p}{\gamma} = \dfrac{(p_1 - p_2)}{\gamma}$이므로, $h = \lambda \dfrac{l}{d}\dfrac{V^2}{2g}$과 함께

$$
\frac{dp}{dx} = -\frac{\Delta p}{l} = \frac{-\lambda}{D_h}\frac{\rho V^2}{2} \tag{13·113}
$$

식 (13·112)과 식 (13·113)으로부터

$$
-\tau_w = \lambda \frac{\rho V^2}{8} \tag{13·114}
$$

그러므로

$$dF_f = \tau_w l_w dx = \lambda \frac{\rho V^2}{8} \frac{4A}{D_h} dx \tag{13·115}$$

또는

$$dF_f = \lambda \frac{A}{D_h} \frac{\rho V^2}{2} dx \tag{13·115 a}$$

이 결과를 식 (13 · 109)에 대입하면

$$-\lambda \frac{\rho V^2}{2D_h} dx - dp = \rho V dV \tag{13·116}$$

이를 다시 p로 나누어 정리하면

$$\frac{dp}{p} = -\frac{\lambda}{D_h} \frac{\rho V^2}{2p} dx - \frac{\rho V dV}{p} \tag{13·117}$$

$\dfrac{dp}{\rho} = RT = \dfrac{a^2}{k}$, $VdV = d\left(\dfrac{V^2}{2}\right)$이므로

$$\frac{dp}{p} = -\frac{\lambda}{D_h} \frac{kM^2}{2p} dx - \frac{k}{a^2} d\left(\frac{V^2}{2}\right) \tag{13·118}$$

결과적으로

$$\frac{dp}{p} = -\frac{\lambda}{D_h} \frac{kM^2}{2p} dx - \frac{kM^2}{2} \frac{d(V^2)}{V^2} \tag{13·119}$$

M과 x의 관계식으로 나타내기 위하여 식 (13 · 119)에서 dp/p와 $d(V^2)/V^2$을 제거해야 한다. $M = \dfrac{V}{a}$, $V^2 = M^2 a^2 = M^2 kRT$이다. 그러므로

$$\frac{d(V^2)}{V^2} = \frac{dT}{T} + \frac{d(M^2)}{M^2} \tag{13·120}$$

연속 방정식으로부터 $\dfrac{d\rho}{\rho} = -\dfrac{dV}{V}$이므로

$$\frac{d\rho}{\rho} = -\frac{1}{2} \frac{d(V^2)}{V^2}$$

$p = \rho RT$이므로

$$\frac{dp}{p} = \frac{d\rho}{\rho} + \frac{dT}{T}$$

그러므로

$$\frac{dp}{p} = \frac{1}{2}\frac{dT}{T} - \frac{1}{2}\frac{d(M^2)}{M^2} \tag{13 · 121}$$

식 (13 · 120)~(13 · 121)을 식 (13 · 119)에 대입하면

$$\frac{1}{2}\frac{dT}{T} - \frac{1}{2}\frac{d(M^2)}{M^2} = -\frac{\lambda}{D_h}\frac{kM^2}{2}dx - k\frac{M^2}{2}\frac{dT}{T} - \frac{kM^2}{2}\frac{d(M^2)}{M^2}$$

간단히 정리하면

$$\left(\frac{1+kM^2}{2}\right)\frac{dT}{T} = -\frac{\lambda}{D_h}\frac{kM^2}{2}dx + \left(\frac{1-kM^2}{2}\right)\frac{d(M^2)}{M^2} \tag{13 · 122}$$

다시 M과 x와의 관계를 얻기 위하여 $\frac{dT}{T}$를 M의 항으로 나타내어야 한다. 그러므로 식 (13 · 60)으로부터 정체온도는 Fanno선 유동에서 일정하므로

$$T = \left(1 + \frac{k-1}{2}M^2\right) (=\text{일정})$$

$$\frac{dT}{T} + \frac{M^2\left(\frac{k-1}{2}\right)}{\left(1+\frac{k-1}{2}M^2\right)}\frac{d(M^2)}{M^2} = 0$$

이 결과를 식 (13 · 122)에 대입하면

$$\frac{M^2\left(\frac{k-1}{2}\right)\left(\frac{1+kM^2}{2}\right)}{\left(1+\frac{k-1}{2}M^2\right)}\frac{d(M^2)}{M^2} = \frac{\lambda}{D_h}\frac{kM^2}{2}dx - \left(\frac{1-kM^2}{2}\right)\frac{d(M^2)}{M^2} \tag{13 · 123}$$

정리하면

$$\frac{(1+M^2)}{\left(1+\frac{k-1}{2}M^2\right)}\frac{d(M^2)}{kM^4} = \frac{\lambda}{D_h}dx \tag{13 · 123 a}$$

이상과 같이 M과 x와의 관계식을 얻을 수 있으므로, 적분하여 M을 x의 함수로 나타내면 된다.

식 (13 · 123 a)를 상태 ①, ② 사이에서 적분하면, M_1과 M_2의 아주 복잡한 함수로 나타낼 수 있다. 그러므로 이러한 수치적인 계산은 주어진 조건과 정의, $M=1$의 상태하에서 식을 간소화하여 계산할 수 있다. 모든 Fanno선 유동은 $M=1$이므로 Mach수가 M인 곳과 임계조건, 즉 음속이 일어나는 곳 사이에서 적분해야 한다.

그림 13 · 22와 같이 Mach수는 관의 길이를 유동조건하에서 최대로 하였을 때 $M=1$을 얻을 수 있다. 그러므로 식 (13 · 123 a)를 적분하면

$$\int_M^1 \frac{(1-M^2)}{kM^4\left(1+\dfrac{k-1}{2}M^2\right)}d(M^2)$$

$$=\int_0^{L_{\max}}\frac{\lambda}{D_h}dx \tag{13 · 124}$$

왼쪽 항들은 부분적분이 가능하며, 오른쪽의 마찰계수 λ는 Re수가 관의 x에 따라 변화하므로 x의 함수이다.

그러나 관내유동에서 ρV의 값은 일정하므로 Re는 유체의 점성계수에 따라 변화한다. 전관(全管) 내에서 평균 마찰계수를 $\bar{\lambda}$로 놓으면

$$\bar{\lambda}=\frac{1}{L_{\max}}\int_0^{L_{\max}}\lambda\,dx \tag{13 · 125}$$

여기서 $L_{\max}$은 초기 Mach수 M_1에서 음속이 일어나는 $M=1$인 위치까지의 거리이다.

그러므로 식 (13 · 124)는

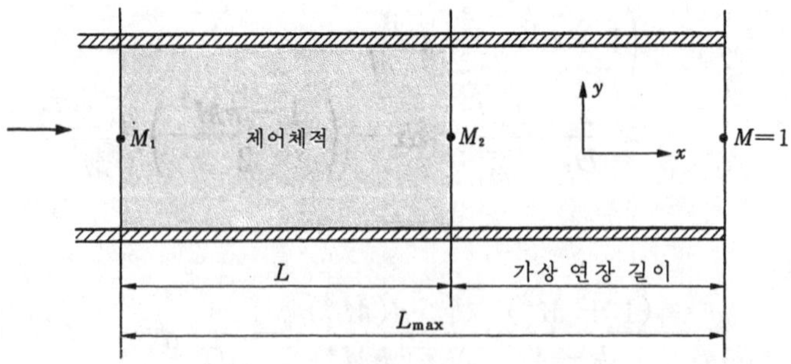

그림 13 · 22

$$\frac{(1-M^2)}{kM^2}+\frac{k+1}{2k}\ln\left\{\frac{(1+k)M^2}{2\left(1+\frac{k-1}{2}M^2\right)}\right\}$$

$$=\bar{\lambda}\frac{L_{max}}{D_h} \qquad (13 \cdot 126)$$

이 식은 임의의 M값에 의하여 $\bar{\lambda}L/D_h$의 최대값을 결정할 수 있는 식이 된다. 그리하여 $\bar{\lambda}_{max}/D_h$의 계산결과를 부록 표 II-2에서 보면, $\bar{\lambda}L_{max}/D_h$는 M만의 함수이므로 Mach수를 M_1에서 M_2로 바꾸기 위한 L의 계산은

$$\frac{\bar{\lambda}L_{max}}{D_h}=\left(\frac{\bar{\lambda}L_{max}}{D_h}\right)_{M_1}-\left(\frac{\bar{\lambda}L_{max}}{D_h}\right)_{M_2} \qquad (13 \cdot 127)$$

그림 13 · 23은 Mach수와 $\bar{\lambda}L_{max}/D_h$와의 관계를 도시한 것이다.

임계조건을 기준으로 하여 유동에 대한 상태값을 계산하기 위해 Mach수의 항으로 나타내면, T_0 = 일정하므로

$$\frac{T}{T^*}=\frac{T/T_0}{T^*/T_0}=\frac{1}{1+\frac{k-1}{2}M^2}\Bigg/\frac{1}{1+\frac{k-1}{2}}$$

$$=\left(\frac{k+1}{2}\right)\Bigg/\left(1+\frac{k-1}{2}M^2\right) \qquad (13 \cdot 128)$$

마찬가지로

$$\frac{V}{V^*}=\frac{M\sqrt{kRT}}{\sqrt{kRT^*}}=M\sqrt{\frac{T}{T^*}}=\left\{\frac{\left(\frac{k+1}{2}\right)M^2}{1+\frac{k-1}{2}M^2}\right\}^{\frac{1}{2}} \qquad (13 \cdot 129)$$

연속 방정식으로부터

$$\frac{\rho}{\rho^*}=\frac{V^*}{V}=\left\{\frac{1+\frac{k-1}{2}M^2}{\left(\frac{k+1}{2}\right)M^2}\right\}^{\frac{1}{2}} \qquad (13 \cdot 130)$$

이상기체의 상태식으로부터

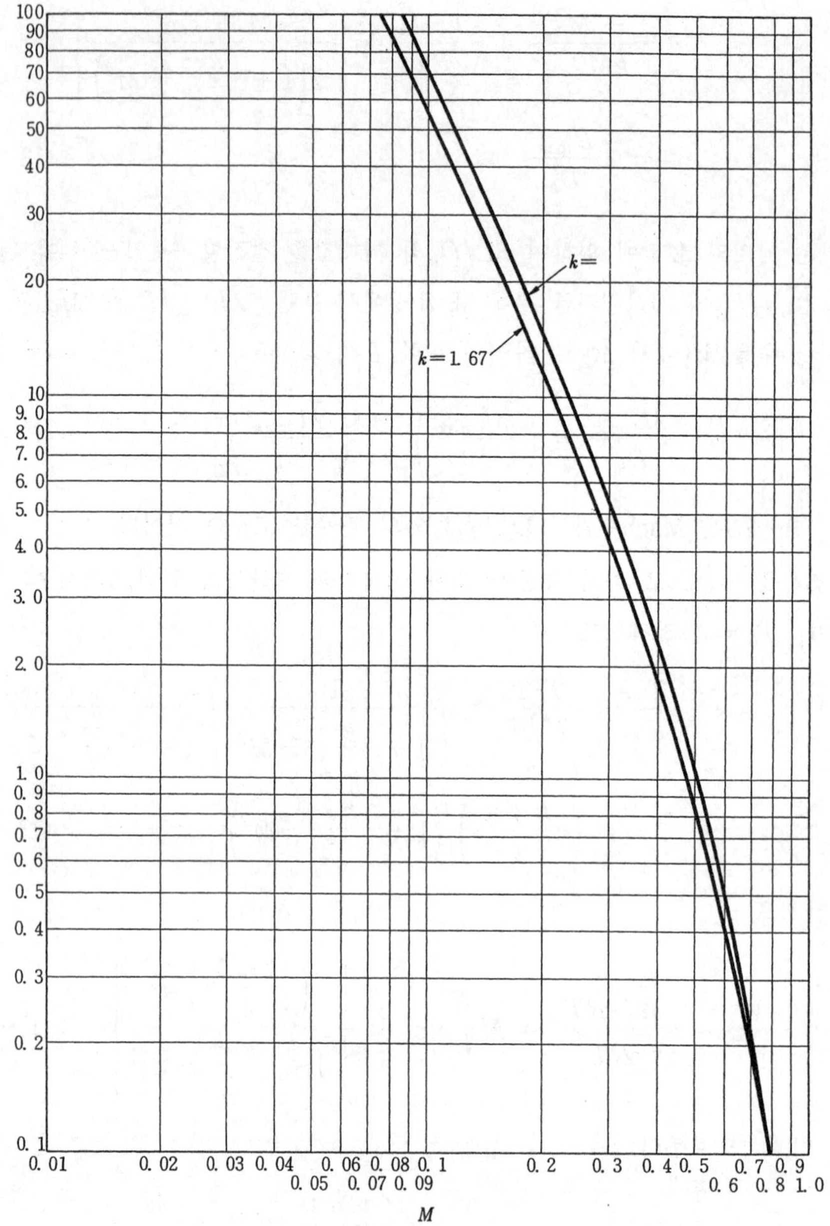

그림 13 · 23

$$\frac{p}{p^*} = \frac{\rho}{\rho^*}\frac{T}{T^*} = \frac{1}{M}\left\{\frac{\left(\frac{k+1}{2}\right)}{1+\frac{k-1}{2}M^2}\right\}^{\frac{1}{2}} \qquad (13 \cdot 131)$$

기준 정체압력에 대한 국소 정체압력의 비는

$$\frac{p_0}{p_0{}^*}=\frac{p_0}{p}\frac{p}{p^*}\frac{p^*}{p_0{}^*}=\left(1+\frac{k-1}{2}M^2\right)^{k/(k-1)}$$

$$\times\frac{1}{M}\left\{\frac{\left(\frac{k+1}{2}\right)}{1+\frac{k-1}{2}M^2}\right\}^{\frac{1}{2}}\frac{1}{\left(1+\frac{k-1}{2}\right)^{k/(k-1)}}$$

즉

$$\frac{p_0}{p_0{}^*}=\frac{1}{M}\left\{\left(\frac{2}{k+1}\right)\left(1+\frac{k-1}{2}M^2\right)\right\}^{(k-1)/2(k-1)} \qquad (13 \cdot 132)$$

식 (13 · 128)~(13 · 129), 식 (13 · 131)~(13 · 132)의 M의 변화에 대한 결과가 부록 표 II-2에 수록되어 있다.

다음에는 관내유동 중 임의의 점에서 압력 p_M, 그 점에서의 Mach수를 M이라고 하면, 이 압력 p_M과 Mach수 M과의 역학적인 관계를 살펴보기로 하자. 상태식의 미분형은

$$\frac{dp}{p}=\frac{d\rho}{\rho}+\frac{dT}{T}$$

이고, 연속 방정식의 미분형은 $d\rho/\rho=-dV/V$이므로

$$\frac{dp}{p}=-\frac{dV}{V}+\frac{dT}{T} \qquad (13 \cdot 133)$$

또 에너지 방정식은 $h+\dfrac{V^2}{2}=C$이므로, $h=C_pT$ 및 $C_p=\dfrac{kR}{k-1}$와 함께 미분형으로 변형하면

$$\frac{kRdT}{k-1}+VdV=0$$

즉

$$\frac{dT}{T}=-\frac{(k-1)VdV}{kRT}=-(k-1)M^2\frac{dV}{V} \qquad (13 \cdot 134)$$

따라서 식 (13 · 133)은

$$\frac{dp}{p} = -\frac{dV}{V}\{1+(k-1)M^2\} \tag{13·135}$$

또 Mach수의 식 $M = \dfrac{V}{\sqrt{kRT}}$의 미분형은

$$\frac{dM}{M} = \frac{dV}{V} - \frac{1}{2}\frac{dT}{T} \tag{13·136}$$

이 식은 식 (13·134)와 함께 T를 소거하면

$$\frac{dM}{M} = \frac{dV}{V}\left\{1+\frac{(k-1)M^2}{2}\right\} \tag{13·137}$$

따라서 식 (13·135)와 식 (13·137)로부터 압력을 Mach수의 함수만으로 나타내면, 다음과 같은 식을 얻을 수 있다.

$$\frac{dp}{p} = -\frac{dM}{M}\left\{\frac{1+(k-1)M^2}{1+(k-1)M^2/2}\right\} \tag{13·138}$$

이 식으로부터 $\dfrac{dp}{dM}<0$이 됨을 알 수 있으며, 이는 압력이 Mach수의 증가와 함께 감소하고, 또 Mach수의 감소와 함께 증가하고 있음을 의미한다. 다시 식 (13·138)을 변형하면

$$\frac{dp}{p} = \left\{-\frac{1}{M} - \frac{(k-1)M/2}{1+(k-1)M^2/2}\right\}dM \tag{13·139}$$

각 항을 적분하면

$$\ln p = -\ln M - \frac{1}{2}\ln\left(1+\frac{k-1}{2}M^2\right) + C$$

여기서 상수 C를 구하기 위하여 $M=1$에서 $p=p^*$를 대입하면

$$\ln p^* = -\frac{1}{2}\ln\left(\frac{k+1}{2}\right) + C$$

결과적으로 임의의 관로위치에서 Mach수인 M과 그 위치에서의 압력 p_M과의 관계식은 다음과 같이 되며, 그림 13·24는 이의 관계를 나타낸다.

$$\frac{p_M}{p^*} = \frac{1}{M}\left\{\frac{k+1}{2+(k-1)M^2}\right\}^{\frac{1}{2}} \tag{13·140}$$

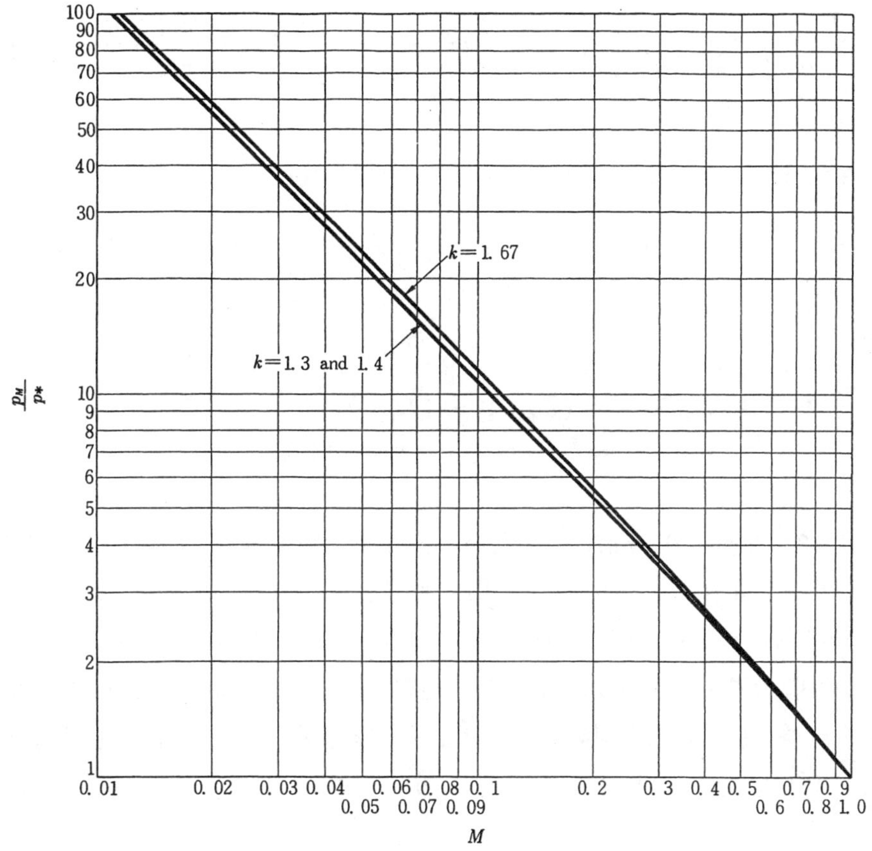

그림 13 · 24

예 제 13.12 관로유동의 경우, 점 (1)에서 $M_1 = 0.2$이고, 평균 관마찰 계수가 $\overline{\lambda} = 0.015$이다. 또 점 (2)에서 $M_2 = 0.8$이고, 음속유동이 발생한다면 점 (1)에서 점 (2)까지의 최대거리를 계산하라. 단, 길이의 단위는 m이고 유속은 m/s이다.

풀 이 식 (12 · 126)으로부터 $M_1 = 0.2$까지의 $\dfrac{L_{\max}}{D_h}$을 구하면

$$\left(\frac{L_{\max}}{D_h}\right)_1 = \frac{1}{\overline{\lambda}}\left[\frac{(1-M^2)}{kM^2} + \frac{k+1}{2k}\ln\left\{\frac{(1+k)M^2}{2+(k-1)M^2}\right\}\right]$$

$$= \frac{1}{0.015}\left\{\frac{(1-0.2^2)}{1.4\times 0.2^2} + \frac{2.4}{2\times 1.4}\ln\left(\frac{2.4\times 0.2^2}{2+0.4\times 0.2^2}\right)\right\}$$

$$= 968.88$$

$M_2 = 0.8$인 위치까지는

$$\left(\frac{L_{\max}}{D_h}\right)_2 = \frac{1}{0.015}\left\{\frac{(1-0.8)^2}{1.4\times 0.8^2} + \frac{2.4}{2\times 1.4}\ln\left(\frac{2.4\times 0.8^2}{2+0.4\times 0.8^2}\right)\right\}$$
$$= 4.82$$

따라서 M_1과 $M_2(M=1$인 점) 사이의 최대거리는

$$\left(\frac{L_{\max}}{D_h}\right)_{1-2} = \left(\frac{L_{\max}}{D_h}\right)_2 - \left(\frac{L_{\max}}{D_h}\right)_1$$

즉

$$(L_{\max})_{1-2} = (L_{\max})_2 - (L_{\max})_1$$
$$= 968.88 - 4.82 = 964.06 \text{ m}$$

예 제 13.13 지름이 0.7 cm인 절연관을 통하여 진공펌프로 공기를 유동시키고 있다. 공기는 절대압력이 1 atm이고 온도가 23℃인 공간으로부터 수축노즐을 통하여 유동되고 있다. 노즐출구 ①은 단면적이 일정한 관으로 연결되어 있고 그곳에서의 정압 게이지 압력은 −18.6 mmHg이며, 단면 ②에서는 −430 mmHg이다. 평균 마찰계수 $\bar{\lambda}$를 단면 ①에서 취하고, 단면 ①에서 초킹이 일어나기 위한 관의 길이를 구하라. 또 단면 ②에서의 M과 단면 ①, ② 사이의 관의 길이 L_{1-2}를 구하라.

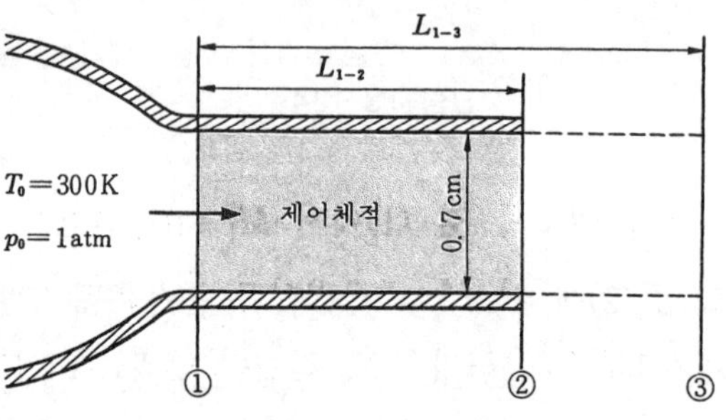

그림 13 · 25

풀 이 단면적이 일정한 관내유동은 마찰이 있는 단열유동, 즉 Fanno선 유동이다. 마찰계수를 계산하기 위해서 단면 ①에서의 유동상태를 알아야 한다.

노즐 내에서의 유동은 등엔트로피 유동이므로, 노즐출구에서의 국소 상태값들은 등엔트로피 관계식들로부터 계산할 수 있다.

$$\frac{p_{0_1}}{p_1} = \left(1 + \frac{k-1}{2}M_1^2\right)^{k/(k-1)}$$

M_1에 대하여 풀면

$$M_1 = \left[\frac{2}{k-1}\left\{\left(\frac{p_{0_1}}{p_1}\right)^{(k-1)/k} - 1\right\}\right]^{\frac{1}{2}}$$
$$= \left[\frac{2}{0.4}\left\{\left(\frac{760}{760-20}\right)^{0.286} - 1\right\}\right]^{\frac{1}{2}}$$
$$= 0.196$$

$$T_1 = \frac{T_{0_1}}{1 + \frac{k-1}{2}M_1^2} = \frac{296\text{ K}}{1 + 0.2(0.196)^2} = 294\text{ K}$$

$$V_1 = M_1 a_1 = M_1\sqrt{kRT_1}$$
$$= 0.196(1.4 \times 287\,\text{N}\cdot\text{m/kg}\cdot\text{K} \times 294\,\text{K}\cdot\text{kg}\cdot\text{m/N}\cdot\text{s}^2)^{\frac{1}{2}}$$
$$= 67.4\text{ m/s}$$

$$p_1 = g\rho h_1 = gSG\rho h_1 = 9.81\,\text{m/s}^2 \times 13.6 \times 999\,\text{kg/m}^3$$
$$\times (760 - 20) \times 10^{-3}\,\text{mN}\cdot\text{s}^2/\text{kg}\cdot\text{m}$$
$$= 98.6\text{ kPa(abs)}$$

$$\rho_1 = \frac{p_1}{RT_1} = 9.86 \times 10^4\,\text{N/m}^2 \times \frac{1}{287}\,\text{kg}\cdot\text{K/N}\cdot\text{m} \times \frac{1}{294\text{ K}}$$
$$= 1.17\text{ kg/m}^3$$

$T = 294\text{ K}(21℃)$에서 $\mu = 1.9 \times 10^{-5}\,\text{kg/m}\cdot\text{s}$이다. 그러므로

$$Re_1 = \frac{\rho_1 V_1 D_1}{\mu_1} = 1.17\,\text{kg/m}^3 \times 67.4\,\text{m/s} \times 0.007\,\text{m}$$
$$\times \frac{1}{1.9 \times 10^{-5}}\,\text{m}\cdot\text{s/kg} = 2.91 \times 10^4$$

매끈한 관에 대한 마찰계수 λ는 Moody 선도로부터 $\lambda = 0.0235$, 부록 표 II-2의 $M_1 = 0.19$에서 $p/p^* = 5.745$, $\frac{\bar{\lambda} L_{max}}{D_h} = 16.38$이므로 $\bar{\lambda} = \lambda_1$으로 가정하여

$$L_{1-3} = (L_{max})_1 = \left(\frac{\bar{\lambda} L_{max}}{D_h}\right)_1 \frac{D_h}{\lambda_1}$$
$$= 16.38 \times 0.00716\,\text{m} \times \frac{1}{0.0235}$$
$$= 4.88\text{ m}$$

Fanno선 유동에서 p^*는 일정하므로 단면 ②의 상태를 결정할 수 있다.

$$\left(\frac{p}{p^*}\right)_2 = \frac{p_2}{p^*} = \frac{p_2}{p_1}\frac{p_1}{p^*} = \frac{p_2}{p_1}\left(\frac{p_1}{p^*}\right)_1$$

$$= \left(\frac{760 - 430}{760 - 20}\right)5.745 = 2.562$$

부록 표 II-2에서 $\left(\frac{p}{p^*}\right)_2 = 2.698$일 때, $M_2 \simeq 0.40$, $\frac{\bar{\lambda}L_{\max}}{D_h} = 2.309$이다.

$$L_{2-3} = (L_{\max})_2 = \left(\frac{\bar{\lambda}L_{\max}}{D_h}\right)_2 \frac{D_h}{\lambda}$$

$$= 2.309 \times 0.007\ \text{m} \times \frac{1}{0.0235} = 0.688\ \text{m}$$

결과적으로

$$L_{1-2} = L_{1-3} - L_{2-3} = (4.88 - 0.688)\ \text{m} = 4.192\ \text{m}$$

13.6.6 전열(傳熱)이 있는 단면이 일정한 관 내의 무마찰 유동

압축성 유체유동에 미치는 전열의 영향을 알아보기 위하여, 그림 13·26과 같이 유한한 제어체적에서 일정한 비열을 갖는 이상기체의 정상, 2차원, 무마찰 유동에 관한 기본 방정식을 적용시켜 보자.

〔1〕 기본 방정식

(1) 연속 방정식

$$-\rho_1 V_1 A_1 + \rho_2 V_2 A_2 = 0$$

단면적이 일정하므로

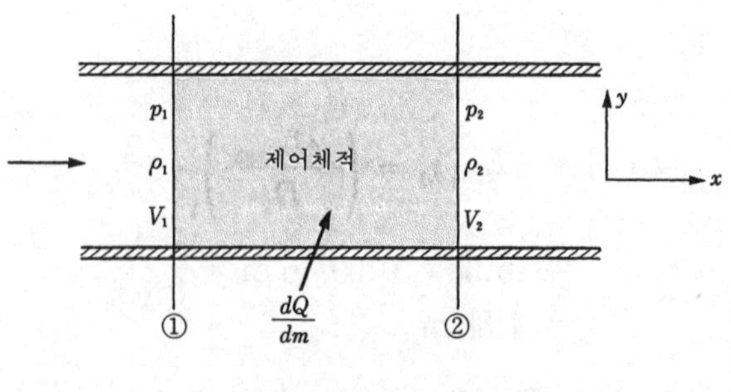

그림 13·26

$$\rho_1 V_1 = \rho_2 V_2 = G \tag{13·141}$$

(2) 운동량 방정식

유동과 벽면 사이에는 마찰이 없고, $A_1 = A_2 = A$이므로

$$p_1 A - p_2 A = V_1(-\rho_1 V_1 A) + V_2(\rho_2 V_2 A)$$

즉

$$p_1 A - p_2 A = \dot{m} V_1 - \dot{m} V_2 \tag{13·142}$$

또는

$$p_1 + \rho_1 V_1^2 = p_2 + \rho_2 V_2^2 \tag{13·142 a}$$

(3) 열역학의 제1법칙

중력 가속도의 영향을 무시하면

$$\dot{Q} = \left(u_1 + \frac{V_1^2}{2} + p_1 v_1\right)(-\rho_1 V_1 A) + \left(u_2 + \frac{V_2^2}{2} + p_2 v_2\right)(\rho_2 V_2 A) \tag{13·143}$$

또는

$$Q = \dot{m}\left(h_2 + \frac{V_2^2}{2} - h_1 - \frac{V_1^2}{2}\right) \tag{13·143 a}$$

그런데

$$\frac{dQ}{dm} = \frac{1}{\dot{m}} \dot{Q}$$

이므로

$$\frac{dQ}{dm} + h_1 + \frac{V_1^2}{2} = h_2 + \frac{V_2^2}{2} \tag{13·144}$$

또는

$$\frac{dQ}{dm} = h_{0_2} - h_{0_1} \tag{13·144 a}$$

여기서 전열에 의하여 정체압력과 온도가 변화하는 것을 알 수 있다.

(4) 열역학의 제2법칙

기본 방정식

$$\int_{cs} \frac{1}{T} \frac{\dot{Q}}{A} dA \leq \dot{m}(s_2 - s_1) \tag{13·145}$$

이 식은 마찰이 없는 유동에서 임의의 온도차에 대한 전열량을 나타낸다. 이러한 상태하에서의 유동은 가역과정으로 표시된다. 제어표면(control surface)에서 온도가 균일하게 전달되고 있다고 하여도 위의 기본 방정식을 적분하기 위해서는 전면적 위의 온도분포를 알아야 한다.

전열비 $\dot{Q}$는 열이 가해질 경우 양을, 빠져나갈 때는 음을 나타내므로 열전달을 동반하는 무마찰 유동에서 등엔트로피 변화는 양이거나 음이 된다. 등엔트로피를 계산하기 위하여

$$Tds = dh - vdp$$

이상기체에 대해서는

$$ds = C_p \frac{dT}{T} - R\frac{dp}{p}$$

비열이 일정한 경우에 적분하면

$$s_2 - s_1 = C_p \ln\frac{T_2}{T_1} - R\ln\frac{p_2}{p_1} \tag{13·106}$$

(5) 상태식

$$p = \rho RT \tag{13·1}$$

이상 (1)~(5)까지의 식은 열전달을 수반하는 단면적이 일정한 관 내의 이상기체의 정상, 1차원, 무마찰 유동의 지배 방정식들이다. 단면 ①에서의 상태값들을 알면, 7개의 미지수$\left(\rho_2,\ V_2,\ p_2,\ h_2,\ s_2,\ T_2,\ \frac{dQ}{dm}\right)$들은 h와 T의 관계식들로부터 계산해 낸 수 있으며, 이상기체에 대해서는 $dh = C_p dT$이다. 비열이 일정한 이상기체에 대해서는

$$\Delta h = h_2 - h_1 = C_p \Delta T = C_p(T_2 - T_1) \tag{13·107}$$

〔2〕 Rayleigh선

유동에서 단면 ①의 상태가 주어졌을 때 단면 ②에서 일어날 수 있는 상태는 무한하

다. 그러므로 이 변화곡선을 도시하기 위하여는 T_2의 값을 가정해 놓고 T_2와 관련된 모든 상태값들과 dQ/dm의 값을 계산해 낼 수 있다. 이 계산결과가 그림 13 · 27에 도시되어 있으며 이 곡선을 Rayleigh선이라고 한다.

이 곡선의 최대 온도점에서 이상기체의 M은 $M = \dfrac{1}{\sqrt{k}}$로 되고, 최대 엔트로피점에서는 $M = 1$이 된다. 이 곡선에서 상부는 항상 $M < 1$을, 하부는 $M > 1$을 나타낸다. 따라서 그림 13 · 27은 전열이 있는 단면이 일정한 관 내의 무마찰 유동에 대한 Ts선도를 나타낸다.

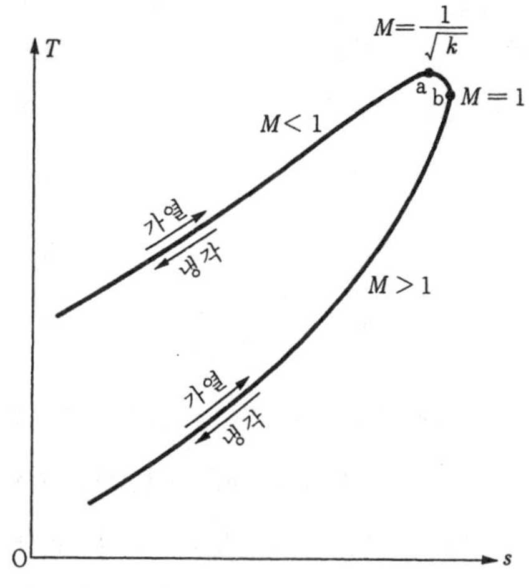

그림 13 · 27

이상기체에서 압축유체의 정상, 무마찰 유동 상태값에 미치는 전열의 영향은 앞의 절에서 본 (1)~(5)까지의 식들과 그림 13 · 27에 의해서 계산할 수 있다. 이 결과를 정리하면 표 13 · 3과 같다.

엔트로피의 변화방향은 전열에 의하여 결정되며, 가열에 의하여 증가하고 냉각에 의하여 감소된다. 방정식 (13 · 144)는 정체 엔탈피가 가열에 의하여 증가하고 냉각에 의하여 감소함을 나타낸다. $\Delta h_0 = C_p \Delta T_0$이므로 정체온도에 대해서도 동일한 결과로 나타난다. 이 현상은 그림 13 · 27에 나타나 있으며 $M < \dfrac{1}{\sqrt{k}}$(공기의 경우 $\dfrac{1}{\sqrt{k}} = 0.85$) 또는 $M > 1$의 경우에 가열하면 T가 증가하고 냉각하면 T가 감소한다. 그러나 $\dfrac{1}{\sqrt{k}} < M < 1$의 경우에 열을 가하면 유선온도는 감소하고 열을 발산시키면 증가한다.

아음속에서 Mach수는 가열할 때 일반적으로 증가하여 $M = 1$에 달한다. 그러므로 $M = 1$인 점은 초킹(choking)이 일어나지 않는 한도에서 최대의 가열량을 나타낸다.

표 13·3

특 성	가 열		냉 각		근 거
	$M<1$	$M>1$	$M<1$	$M>1$	
엔트로피 s	증가	증가	감소	감소	제2법칙
정체온도 T_0	증가	증가	감소	감소	제1법칙
온도 T	$\left(M<\frac{1}{\sqrt{k}}\right)$		$\left(M<\frac{1}{\sqrt{k}}\right)$		$\Delta h = C_p \Delta T_0$
	증가	증가	감소	감소	Rayleigh선
	$\left(\frac{1}{\sqrt{k}}<M<1\right)$		$\left(\frac{1}{\sqrt{k}}<M<1\right)$		
Mach수 M	증가	감소	감소	증가	Rayleigh선의 영향
압력 p	감소	증가	증가	감소	Rayleigh선의 영향
속도 V	증가	감소	감소	증가	운동량 방정식과 p에 미치는 영향
밀도 ρ	감소	증가	증가	감소	연속 방정식과 V에 미치는 영향
정체압력 p_0	감소	감소	증가	증가	그림 12·30

만약 초기상태가 초음속인 경우에는 가열하면 M이 감소한다. 그리하여 초킹이 일어나지 않는 범위에서 최대가열에 도달하면 $M=1.0$이 된다. 정압에 미치는 전열의 영향은 Rayleigh선과 Ts 평면의 정압선으로부터 구할 수가 있다(그림 13·28). 정압면에서 $M<1$인 경우는 압력을 가할 때 감소하고, $M>1$인 경우는 압력을 가할 때

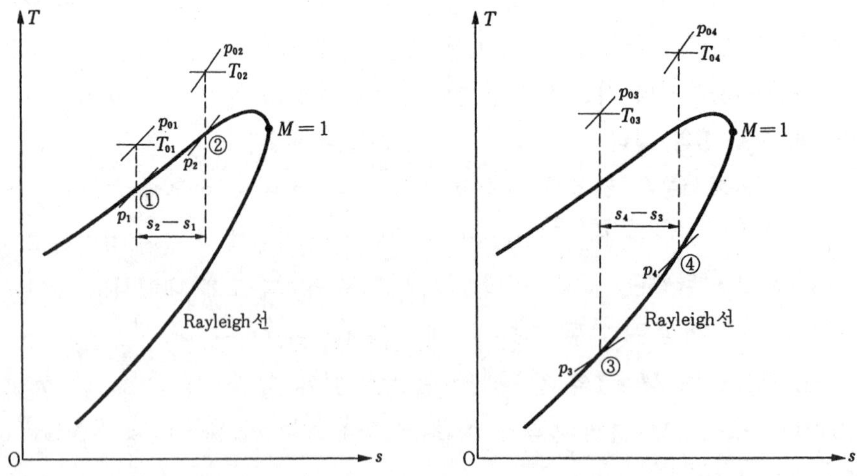

(a) 아음속 유동 (b) 초음속 유동

그림 13·28

증가한다. 압력변화는 이미 유도하였으므로, 속도에 미치는 영향을 운동량 방정식으로부터 유도하면

$$p_1A - p_2A = \dot{m}V_2 - \dot{m}V_1 \tag{13·146}$$

또는

$$p + \left(\frac{\dot{m}}{A}\right) = C\ (\text{일정})$$

〔3〕 이상기체의 Rayleigh선 유동에 대한 계산식

지금까지 유동의 임의의 상태 ①, ② 사이에 Rayleigh선 유동에 대한 기본 방정식들을 알아보았다. Fanno선 유동에서와 마찬가지로 계산의 편의를 위하여 Rayleigh선 유동에 대한 식들을 M의 무차원항으로 정리해 보자.

$M = 1$인 임계상태를 기준으로 하여 (*)를 붙여 표시하기로 하자.

$$pA - p^*A = \dot{m}A^* - \dot{m}V$$

또는

$$p + \rho V^2 = p^* + \rho^* V^{*2}$$

$\rho = p/RT$를 대입하여 압력을 묶어내면

$$p\left(1 + \frac{V^2}{RT}\right) = p^*\left(1 + \frac{V^{*2}}{RT^*}\right)$$

이 되고, 또 $\dfrac{V^2}{RT} = k\dfrac{V^2}{kRT} = kM^2$이므로

$$p(1 + kM^2) = p^*(1 + k)$$

결과적으로

$$\frac{p}{p^*} = \frac{1 + k}{1 + kM^2} \tag{13·147}$$

이상기체의 상태식으로부터

$$\frac{T}{T^*} = \frac{p}{p^*}\frac{\rho^*}{\rho}$$

연속 방정식으로부터

$$\frac{\rho^*}{\rho} = \frac{V}{V^*} = M\frac{a}{a^*} = M\sqrt{\frac{T}{T^*}}$$

윗식에 대입하면

$$\frac{T}{T^*} = \frac{p}{p^*} M\sqrt{\frac{T}{T^*}}$$

그러므로

$$\frac{T}{T^*} = \left(\frac{p}{p^*} M\right)^2 = \left\{M\left(\frac{1+k}{1+kM^2}\right)\right\}^2 \qquad (13 \cdot 148)$$

$$\frac{\rho^*}{\rho} = \frac{V}{V^*} = \frac{M^2(1+k)}{1+kM^2} \qquad (13 \cdot 149)$$

무차원 정체온도 $\frac{T_0}{T_0^*}$는

$$\frac{T_0}{T_0^*} = \frac{T_0}{T}\frac{T}{T^*}\frac{T^*}{T_0^*}$$

$$= \left(1+\frac{k-1}{2}M^2\right)\left\{M\left(\frac{1+k}{1+kM^2}\right)\right\}^2 \frac{1}{\left(1+\frac{k-1}{2}\right)}$$

그러므로

$$\frac{T_0}{T_0^*} = \frac{2(k+1)M^2\left(1+\frac{k-1}{2}M^2\right)}{(1+kM^2)} \qquad (13 \cdot 150)$$

마찬가지로

$$\frac{p_0}{p_0^*} = \frac{p_0}{p}\frac{p}{p^*}\frac{p^*}{p_0}$$

$$= \left(1+\frac{k-1}{2}M^2\right)^{k/(k-1)} \times \left(\frac{1+k}{1+kM^2}\right)\frac{1}{\left(1+\frac{k-1}{2}\right)^{k/(k-1)}}$$

그러므로

$$\frac{p_0}{p_0^*} = \frac{1+k}{1+kM^2}\left\{\left(\frac{2}{k+1}\right)\left(1+\frac{k-1}{2}M^2\right)\right\}^{k/(k-1)} \qquad (13 \cdot 151)$$

예 제 13.14 단면적이 일정한 관로의 마찰을 무시한 공기의 유동에서 $T_1 = 60℃$, $p_1 = 135\ \text{kPa(abs)}$, $V_1 = 732\ \text{m/s}$이다. $M = 1.2$인 ①, ② 구간의 유동에서 가열하였을 때, 단면 ②에서 단위질량의 전열량과 엔트로피 변화를 구하고 Ts 선도를 구하라.

풀 이 먼저 M을 구하면

$$a_1 = \sqrt{kRT_1}$$
$$= (1.4 \times 287\ \text{N}\cdot\text{m/kg}\cdot\text{K} \times 333\ \text{K}\cdot\text{kg}\cdot\text{m/N}\cdot\text{s}^2)^{\frac{1}{2}}$$
$$= 366\ \text{m/s}$$

$$M_1 = \frac{V_1}{a_1} = \frac{732}{366} = 2.00$$

부록 표 III-3에 의하여

표 13・4

M	T_0/T_0^*	p_0/p_0^*	T/T^*	p/p^*	V/V^*
2.00	0.7934	1.503	0.5289	0.3636	1.455
1.20	0.9787	1.019	0.9119	0.7958	1.146

이 수(數)값들과 임계 상태값이 일정함을 이용하여

$$\frac{T_2}{T_1} = \frac{T_2/T^*}{T_1/T^*} = \frac{0.9119}{0.5289} = 1.72$$

즉

$$T_2 = 1.72\,T_1 = (1.72)333\ \text{K} = 573\ \text{K}$$

$$\frac{p_2}{p_1} = \frac{p_2/p^*}{p_1/p^*} = \frac{0.7958}{0.3636} = 2.19$$

즉

$$p_2 = 2.19\,p_1 = (2.19)135\ \text{kPa} = 296\ \text{kPa(abs)}$$

$$\frac{V_2}{V_1} = \frac{V_2/V^*}{V_1/V^*} = \frac{1.146}{1.455} = 0.788$$

즉

$$V_2 = 0.788\,V_1 = (0.788)732\ \text{m/s} = 577\ \text{m/s}$$

$$\rho_2 = \frac{p_2}{RT_2} = 2.96 \times 10^5\ \mathrm{N/m^2} \times \frac{1}{287}\ \mathrm{kg \cdot K/N \cdot m} \times \frac{1}{573\ \mathrm{K}}$$
$$= 1.80\ \mathrm{kg/m^3}$$

에너지 방정식으로부터 전열량을 구하면

$$\frac{dQ}{dm} = h_{0_2} - h_{0_1} = C_p(p_{0_2} - T_{0_1})$$

부록 표 II-1로부터 $M = 2.0$에서

$$\frac{T}{T_0} = \frac{T_1}{T_{0_1}} = 0.5556,$$
$$T_{0_1} = \frac{T_1}{0.5556} = \frac{333\ \mathrm{K}}{0.5556} = 599\ \mathrm{K}$$

$M = 1.2$에서

$$\frac{T}{T_0} = \frac{T_2}{T_{0_2}} = 0.7764,$$
$$T_{0_2} = \frac{T_2}{0.7764} = \frac{573\ \mathrm{K}}{0.7764} = 738\ \mathrm{K}$$

그러므로

$$\frac{dQ}{dm} = C_p(T_{0_2} - T_{0_1}) = 1.00\ \mathrm{kJ/kg \cdot K}(738 - 599)\mathrm{K}$$
$$= 139\ \mathrm{kJ/kg}$$

엔트로피 변화는 $Tds = dh - vdp$로부터 비열이 일정한 이상기체에 대하여

$$s_2 - s_1 = C_p \ln \frac{T_2}{T_1} - R \ln \frac{p_2}{p_1}$$
$$= 1.00\ \mathrm{kJ/kg \cdot K}\ \ln\left(\frac{573}{333}\right) - 287\ \mathrm{N \cdot m/kg \cdot K}$$
$$\times \ln\left(\frac{2.96 \times 10^5}{1.35 \times 10^5}\right)\frac{\mathrm{KJ}}{1000\ \mathrm{N \cdot m}} = 0.317\ \mathrm{kJ/kg \cdot K}$$

p_0의 값을 검토해 보면, 부록 표 II-1로부터 $M = 2.0$에서

$$\frac{p}{p_0} = \frac{p_1}{p_{0_1}} = 0.1278, \qquad p_{0_1} = \frac{p_1}{0.1278} = \frac{135\ \mathrm{kPa}}{0.1278}$$
$$= 1.06\ \mathrm{MPa(abs)}$$

$M = 1.2$에서

$$\frac{p}{p_0} = \frac{p_2}{p_{0_2}} = 0.4124, \qquad p_{0_2} = \frac{p_2}{0.4124} = \frac{196\,\text{kPa}}{0.4124}$$
$$= 718\,\text{kPa(abs)}$$

결과적으로 $p_{0_2} < p_{0_1}$로서 예측한 대로이다. 이 변화과정은 그림 13·29에 Rayleigh선의 초음속 유동의 일부를 나타낸다.

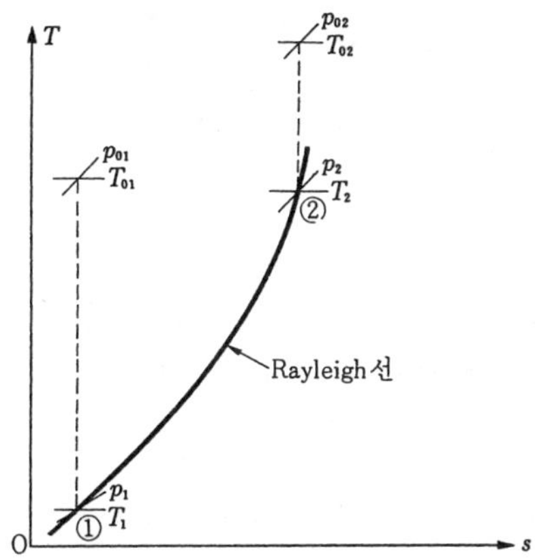

그림 13·29

13.6.7 수직충격(Normal shocks)

관내유동이나 외부유동에서 초음속 유동의 경우에는 비가역 불연속 유동이 일어난다. 충격이 일어나는 곳의 상태변화나 충격의 거동을 알면 초음속 확대부를 설계하는 데 유용하다. 그러므로 이 절에서는 이러한 충격에 대하여 논하기로 한다.

기본 방정식을 충격유동에 적용하기 전에 충격 자체의 물리적 양상을 미리 알아보는 것은 아주 중요하다. 물리적으로는 불연속 유동이 불가능하지만 실제로 충격은 거의 불연속에 가까운 것이다. 이러한 충격의 두께는 약 0.2 μm(10^{-5} in)의 크기를 가지고 있거나, 기체분자 자유유동 평균궤적의 4배쯤 된다. 이와 같이 극히 작은 거리에서도 큰 압력변화, 온도 및 상태의 변화들이 일어난다. 국소유체의 가속은 수천만 배로 증가하므로 이러한 수직충격이 갑작스러운 불연속을 일으키는 것이다.

〔1〕 기본 방정식

여기서 먼저 그림 13·30에서 보는 바와 같은 얇은 제어체적에 기본 방정식을 적

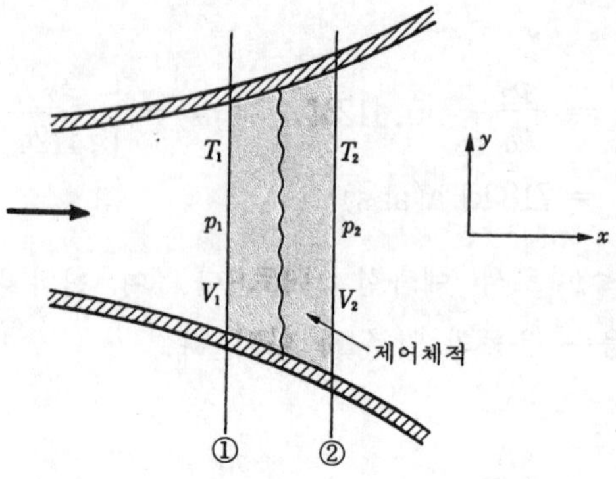

그림 13 · 30

용시켜 보자.

(1) 연속 방정식

충격은 매우 작은 두께에서 일어나므로 $A_1 = A_2 = A$, 유동도 각 단면에서 정상 균일 유동이라고 가정한다.

$$-\rho_1 V_1 A + \rho_2 V_2 A = 0$$

$$\rho_1 V_1 = \rho_2 V_2 = G \qquad (13 \cdot 141)$$

(2) 운동량 방정식

관 내의 마찰손실을 무시하면

$$Fs_x = p_1 A - p_2 A = V_1(-\rho_1 V_1 A) + V_2(\rho_2 V_2 A)$$

$$p_1 A - p_2 A = \dot{m} V_1 - \dot{m} V_2 \qquad (13 \cdot 142)$$

또는

$$p_1 + \rho_1 {V_1}^2 = p_2 + \rho_2 {V_2}^2$$

(3) 열역학의 제1법칙

단열유동이며 중력의 영향을 무시하면

$$\left(u_1 + p_1 v_1 \frac{{V_1}^2}{2}\right)(-\rho_1 V_1 A) + \left(u_2 + p_2 v_2 \frac{{V_2}^2}{2}\right)(\rho_2 V_2 A) = 0$$

연속 방정식과 $h \equiv u + pv$를 대입하여 정리하면

$$h_1 + \frac{{V_1}^2}{2} = h_2 + \frac{{V_2}^2}{2} \qquad (13 \cdot 100\,\mathrm{a})$$

또는, 정체 엔탈피 항으로 나타내면

$$h_{0_1} = h_{0_2}$$

(4) 열역학의 제2법칙

$$s_1(-\rho_1 V_1 A) + s_2(\rho_2 V_2 A) \geq 0$$

충격이 일어나는 면에서는 거의 불연속 상태변화가 일어나므로 수직충격 구간의 유동은 비가역 유동이다. 그리하여 위와 같은 부등식이 되고 제어체적에서는 $s_2 - s_1 > 0$이 됨을 알 수 있다.

엔트로피 변화를 계산하기 위하여 Tds식을 이용하면

$$Tds = dh - vdp$$

이상기체에 대해서는

$$ds = C_p \frac{dT}{T} - R\frac{dp}{p}$$

일정한 비열에 대하여 적분하면

$$s_2 - s_1 = C_p \ln\frac{T_2}{T_1} - R\ln\frac{p_2}{p_1} \tag{13·106}$$

(5) 상태식

이상기체에서

$$p = \rho RT \tag{13·1}$$

이상에서 다룬 (1)~(5)까지의 식들은 수직충격 구간의 이상기체 유동에 대한 지배방정식들이다.

여기서도 앞에서와 마찬가지로 T와 s의 관계식들과 이상유체에서의 식 $dh = C_p dT$에 의하여 각각의 상태값들을 구할 수 있다.

$$\Delta h = h_2 - h_1 = C_p \Delta T = C_p(T_2 - T_1) \tag{13·107}$$

Fanno 및 Rayleigh선 유동에서 논한 방정식들을 이용하여 수직충격에 대해서도 물리적인 유동현상들을 알아볼 수가 있다. (1)~(5)까지의 방정식들은 수직충격 구간에서 모두 성립한다. 상태 ①에서의 모든 조건을 알고 있으므로 상태 ①을 Ts선도로 나타낼 수 있다. Fanno 곡선을 상태 ①에서 도시하면 수학적으로 (1)~(5)까지의 식을 만족한다〔이 경우에 식 (13·142)는 성립하지 않는다〕. 또 Rayleigh 곡선을 도시하면

이것 역시 (1)~(5)까지의 식을 수학적으로 만족한다[이 경우에 식 (13 · 100 a)는 성립하지 않는다]. 이 결과가 그림 13 · 31의 곡선들로 나타나 있다.

그림에서 보는 바와 같이 주어진 상태 ①에서 끝나는 상태 ②는 Rayleigh 및 Fanno 곡선이 만나는 점이 된다. 수직충격 구간의 유동은 초음속에서 아음속으로 변화하는 점을 포함하고 있으며, 수직충격은 초기유동이 초음속인 경우에만 일어난다.

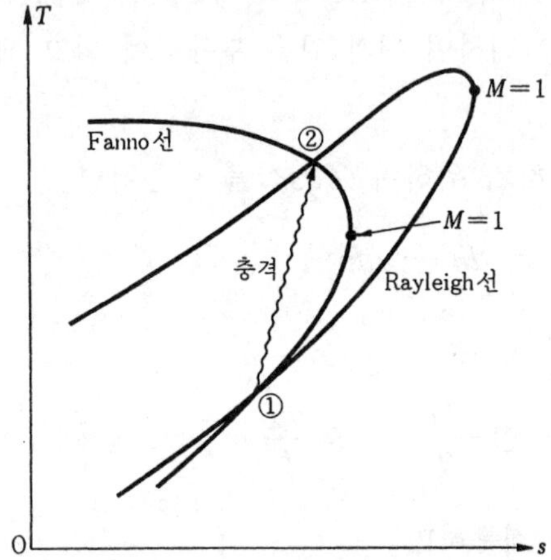

그림 13 · 31

유동에 미치는 영향을 그림 13 · 32의 Ts 평면에 간략하게 나타냈다. 또 지배 방정식들과 그림을 참조하여 그 결과를 표 13 · 5에 요약하였다.

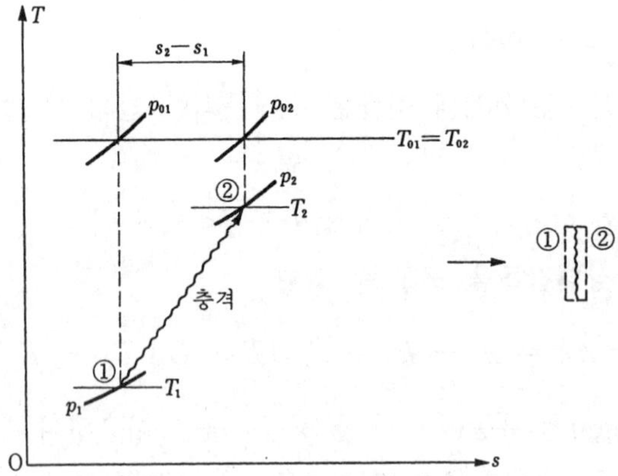

그림 13 · 32

표 13 · 5

특 성	영 향	근 거
정체온도 T_0	일정	에너지 방정식
엔트로피 s	증가	제 2 법칙
정체압력 p_0	감소	Ts선도
온도 T	증가	Ts선도
속도 V	감소	에너지 방정식과 T에 미치는 영향
밀도 ρ	증가	연속 방정식과 V에 미치는 영향
압력 p	증가	운동량 방정식과 V에 미치는 영향
Mach수 M	감소	$M = \frac{V}{a}$, V와 T에 미치는 영향

〔2〕 이상기체에서 수직충격의 계산식

수직충격 구간에서 성립하는 식들을 계산의 편의를 위하여 Mach수의 항으로 나타내어 보자.

이 식들을 정리하는 데 먼저 특성비(property ratio) $\left(\frac{T_2}{T_1}, \frac{p_2}{p_1} \cdots\cdots \text{등}\right)$를 M_1과 M_2의 항으로 나타내고, 다음 M_1과 M_2의 관계식을 유도하며, 마지막으로 유도된 식들을 이용하여 특성비를 상류의 Mach수 M_1으로 나타내 보기로 한다.

온도비 : $\frac{T_2}{T_1} = \frac{T_2}{T_{0_2}} \frac{T_{0_2}}{T_{0_1}} \frac{T_{0_1}}{T_1}$

정체온도는 일정하므로

$$\frac{T_2}{T_1} = \frac{1 + \frac{k-1}{2} M_1^2}{1 + \frac{k-1}{2} M_2^2} \tag{13 · 152}$$

속도비 : $$\frac{V_2}{V_1} = \frac{M_2}{M_1} \frac{a_2}{a_1} = \frac{M_2}{M_1} \frac{\sqrt{kRT_2}}{\sqrt{kRT_1}} = \frac{M_2}{M_1} \sqrt{\frac{T_2}{T_1}} \tag{13 · 153}$$

또는

$$\frac{V_2}{V_1} = \frac{M_2}{M_1} \left(\frac{1 + \frac{k-1}{2} M_1^2}{1 + \frac{k-1}{2} M_2^2} \right)^{\frac{1}{2}} \tag{13 · 153 a}$$

밀도비 : $\rho_1 V_1 = \rho_2 V_2$로부터

$$\frac{\rho_2}{\rho_1} = \frac{V_1}{V_2} = \frac{M_1}{M_2}\left(\frac{1+\dfrac{k-1}{2}M_2^2}{1+\dfrac{k-1}{2}M_1^2}\right)^{\frac{1}{2}} \tag{13·154}$$

운동량 방정식 $p_1A - p_2A = \dot{m}V_2 - \dot{m}V_1$ 또는 $p_1 + \rho_1 V_1^2 = p_2 + \rho_2 V_2^2$으로부터 압력비를 구할 수 있으므로, $\rho = p/RT$ 식과 함께

$$p_1\left(1+\frac{V_1^2}{RT_1}\right) = p_2\left(1+\frac{V_2^2}{RT_2}\right)$$

$\dfrac{V^2}{RT} = k\dfrac{V_2}{kRT} = kM^2$ 이므로

$$p_1(1+kM_1^2) = p_2(1+kM_2^2)^2$$

결과적으로

$$\frac{p_2}{p_1} = \frac{1+kM_1^2}{1+kM_2^2} \tag{13·155}$$

M_2를 M_1으로 나타내기 위하여 이상기체에서 상태식을 변형하면

$$\frac{T_2}{T_1} = \frac{p_2/\rho_2 R}{p_1/\rho_1 R} = \frac{p_2\rho_1}{p_1\rho_2}$$

식 (13 · 154)와 식 (13 · 155)를 대입하면

$$\frac{T_2}{T_1} = \left(\frac{1+kM_1^2}{1+kM_2^2}\right)\frac{M_2}{M_1}\left(\frac{1+\dfrac{k-1}{2}M_1^2}{1+\dfrac{k-1}{2}M_2^2}\right)^{\frac{1}{2}} \tag{13·156}$$

식 (13 · 152)와 식 (13 · 156)은 동일하므로 M_2를 M_1의 항으로 나타내기 위하여 등치시키면

$$\left(\frac{1+\dfrac{k-1}{2}M_1^2}{1+\dfrac{k-1}{2}M_2^2}\right)^{\frac{1}{2}} = \frac{M_2}{M_1}\left(\frac{1+kM_1^2}{1+kM_2^2}\right) \tag{13·157}$$

이는 다시

$$\frac{1+\dfrac{k-1}{2}M_1^2}{1+\dfrac{k-1}{2}M_2^2}=\frac{M_2^2}{M_1^2}\left(\frac{1+2kM_1^2+k^2M_1^4}{1+2kM_2^2+k^2M_2^4}\right) \quad (13\cdot 158)$$

이를 풀면

$$M_2^2=M_2^2 \quad (13\cdot 159)$$

그러므로

$$M_2^2=\frac{M_1^2+\dfrac{2}{k-1}}{\dfrac{2k}{k-1}M_1^2-1} \quad (13\cdot 160)$$

이상 유도한 관계식들의 계산결과는 부록 표 II-4에 수록되어 있다. 또 정체온도는 일정하므로 충격구간의 정체 온도비는 1.0이 된다. 정체 압력비를 계산하면

$$\frac{p_{0_2}}{p_{0_1}}=\frac{p_{0_2}}{p_2}\frac{p_2}{p_1}\frac{p_1}{p_{0_1}}=\frac{p_2}{p_1}\left(\frac{1+\dfrac{k-1}{2}M_2^2}{1+\dfrac{k-1}{2}M_1^2}\right)^{k/(k-1)} \quad (13\cdot 161)$$

식 (13 · 155)와 식 (13 · 160)으로부터

$$\frac{p_2}{p_1}=\frac{1+kM_1^2}{1+kM_2^2}=\frac{2k}{k+1}M_1^2-\frac{k-1}{k+1} \quad (13\cdot 162)$$

또 식 (13 · 160)과 식 (13 · 162)를 이용하여 식 (13 · 161)을 풀면

$$\frac{p_{0_2}}{p_{0_1}}=\frac{\left(\dfrac{\dfrac{k+1}{2}M_1^2}{1+\dfrac{k-1}{2}M_1^2}\right)^{k/(k-1)}}{\left(\dfrac{2k}{k+1}M_1^2-\dfrac{k-1}{k+1}\right)^{1/(k-1)}} \quad (13\cdot 163)$$

식 (13 · 163)의 계산값이 부록 표 II-4에 수록되어 있다.

예제 13.15 수직충격이 관 내에서 발생하였다. 여기서 유체는 이상기체로 간주할 수 있는 공기이다. 충격상류의 특성값들은 $T_1=5$℃, $p_1=65.0\,\text{kPa(abs)}$,

$V_1 = 668\ \mathrm{m/s}$이다. 하류의 상태값들과 $s_2 - s_1$을 결정하라.

풀이 표를 사용하기 위하여 M_1의 값을 구하면

$$a_1 = \sqrt{kRT_1}$$
$$= (1.4 \times 287\ \mathrm{N \cdot m/kg \cdot K} \times 278\ \mathrm{K \cdot kg \cdot m/N \cdot s^2})^{\frac{1}{2}}$$
$$M_1 = \frac{V_1}{a_1} = \frac{668}{334} = 2.0$$

부록 표 II-4에 의하여 $M_1 = 2.0$에서

표 13·6

M_1	M_2	p_{0_2}/p_{0_1}	T_2/T_1	p_2/p_1	ρ_2/ρ_1
2.00	0.5774	0.7209	1.688	4.500	2.667

$$T_2 = 1.688\, T_1 = (1.688)278\ \mathrm{K} = 469\ \mathrm{K}$$
$$p_2 = 4.500\, p_1 = (4.500)65.0\ \mathrm{kPa} = 293\ \mathrm{kPa(abs)}$$
$$\rho_2 = \frac{p_2}{RT_2} = 2.93 \times 10^5\ \mathrm{N/m^2} \times \frac{1}{287}\ \mathrm{kg \cdot K/N \cdot m} \times \frac{1}{469\ \mathrm{K}}$$
$$= 2.18\ \mathrm{kg/m^3}$$
$$V_2 = M_2 a_2 = M_2\sqrt{kRT_2} = (0.5774)(1.4 \times 287 \times 469)^{\frac{1}{2}}$$
$$= 251\ \mathrm{m/s}$$

국소 등엔트로피 정체 특성값들은 단면 ①에서 부록 표 II-1에 의해 $M = 2.0$에서

$$\frac{T}{T_0} = \frac{T_1}{T_{0_1}} = 0.5556, \qquad T_{0_1} = \frac{T_1}{0.5556} = \frac{278\ \mathrm{K}}{0.5556} = 500\ \mathrm{K}$$
$$\frac{p}{p_0} = \frac{p_1}{p_{0_1}} = 0.1278, \qquad p_{0_1} = \frac{p_1}{0.1278} = \frac{65.0\ \mathrm{kPa}}{0.1278}$$
$$= 509\ \mathrm{kPa(abs)}$$

단열유동에서 정체온도는 일정하므로

$$T_{0_2} = T_{0_1} = 500\ \mathrm{K}$$

수직충격에 대한 상태비를 이용하여

$$p_{0_2} = p_{0_1}\frac{p_{0_2}}{p_{0_1}} = 509\ \mathrm{kPa}(0.7209) = 367\ \mathrm{kPa(abs)}$$

엔트로피 변화는

$$T ds = dh - v dp$$

이상기체에 대하여

$$ds = C_p \frac{dT}{T} - R\frac{dp}{p}$$

일정한 비열에 대하여 적분하면

$$s_2 - s_1 = C_p \ln\frac{T_2}{T_1} - R\ln\frac{p_2}{p_1}$$

그런데 $s_{0_2} - s_{0_1} = s_2 - s_1$ 이므로

$$s_{0_2} - s_{0_1} = s_2 - s_1 = C_p \ln\frac{T_{0_2}}{T_{0_1}} - R\ln\frac{p_{0_2}}{p_{0_1}}$$

$C_p \ln\dfrac{T_{0_2}}{T_{0_1}} = 0$이므로

$$\begin{aligned} s_2 - s_1 &= -0.287\ \text{kJ/kg}\cdot\text{K} \times \ln(0.7209) \\ &= 0.0939\ \text{kJ/kg}\cdot\text{K} \end{aligned}$$

…… 연 습 문 제 ……

1. 20℃의 헬륨에서의 음속을 계산하라.

2. 68°F의 질소에서의 음속을 계산하라.

3. 음파가 등온과정이라면 이상기체에서 음속에 대한 방정식을 유도하라.

4. 표준대기 상태(1 atm, 15℃)에서 바다 표면에서의 음속은 얼마인가?

5. 콩코드 비행기가 1500 km/h의 속도로 1400 m의 상공을 날고 있다. 그곳의 온도가 −60℃라고 하면 Mach수는 얼마가 되겠는가?

6. 유체를 통과하는 음파의 전파에서 압력과 밀도의 관계식이 다음과 같이 주어진다면 음파의 속도를 K와 ρ의 항으로 나타내라.

$$p = p_0 K \ln(\rho/\rho_0)$$

단, p_0, ρ_0는 기준상태에서의 압력 및 밀도이고, K는 체적탄성 계수이다.

7. 온도가 15℃인 대기 중을 비행기가 840 km/s의 속도로 날고 있다. 동일한 고도에서 온도가 −50℃라고 하면 비행기의 속도는 얼마가 되겠는가?

8. 면적비가 8.9인 풍동에서 절대 전압력 및 온도가 각각 3.8 MPa, 350 K로 작동되고 있다. 시험부에서 Mach수, 압력, 온도, 공기속도를 계산하라.

9. 시험부에서 단면적이 0.0082 m^{2}인 초음속 풍동에서 공기가 $M = 2.8$의 속도로 유동하고 있다. 시험부에서의 정압과 온도가 60 kPa, −18 K라고 하면 질량유량은 얼마가 되겠는가?

10. 관로의 단면적이 0.0072 m^{2}이고, 이곳을 통과하는 공기의 속도는 $M = 0.5$이다. 또 전압력이 350 kPa이고, 온도가 12℃라면 질량유량은 얼마인가?

11. 길이가 10 m이고 지름이 3 cm인 황동관이 있다. 관에 유동되는 공기의 온도는 300 K이며, 압력이 100 kPa인 대기에 공기를 분출하고 있다. 입구 정압이 120 kPa일 때 질량유량을 구하라.

12. $M = 2.5$로 작동되고 있는 풍동에서의 절대압력은 650 kPa이다. 1.2 cm의 지름을 갖는 구(球)가 풍동 내에 있다면 이 구에 발생하는 항력을 구하라. 단, 항력계수

는 $C_D = 0.96$이다.

13. Mach수가 0.8인 구의 유동에서 항력계수가 0.96이다. 만약 $p = 104$ kPa라고 하면 공기 중에서 10 mm 지름을 갖는 구에 작용하는 항력은 얼마인가?

14. 수직 충격파가 $M = 1.6$으로 유동되는 공기유동에서 발생하고 있다. 충격파 상류의 정압 및 온도는 각각 110 kPa(abs), 15℃이다. 하류의 Mach수, 압력, 온도를 구하라.

15. 문제 14에서 상류와 하류의 전압력을 계산하라.

16. 문제 14에서 충격파가 발생하는 동안에 엔트로피의 증가를 구하라.

17. 단면적이 일정한 긴 관 내를 0.2 kg/s로 공기를 유동시키고 있다. 공기로부터 열손실량은 18 kJ/s이고, 입구에서의 절대압력, 온도, 속도는 180 kPa, 438 K, 200 m/s이다. 출구에서 절대압력, 온도가 210 kPa, 348 K였다면, 단면적과 엔탈피의 변화, 내부 에너지 및 엔트로피를 구하라.

18. 관로유동에서 점 (1)에서는 $M_1 = 0.4$이고, 점 (2)에서는 $M = 0.8$이며, 음속유동이 발생한다고 한다. 점 (1)과 점 (2) 사이의 최대거리를 계산하라. 단, 평균 마찰계수는 0.018이며, 거리의 단위는 m이다.

19. 지름이 0.8 cm인 관로에 진공펌프를 장치하여 공기를 유동시키고 있다. 공기는 절대압력이 1 atm이고, 온도가 25℃인 압력탱크로부터 수축노즐을 통하여 유동되고 있다. 노즐출구 단면 (1)의 압력은 정압 게이지로 −22.0 mmHg이고, 단면 (2)에서는 −450 mmHg이다. 단면 (1)에서의 유속과 압력을 계산하라.

20. 지름이 5 cm인 상용강관에 60 m/s의 속도로 공기가 유입되고 있다. 공기의 압력, 온도가 각각 1 MPa, 100℃라고 하면 관로 50 m 떨어진 곳에서 Mach수를 계산하라.

21. 문제 20에서 관로 50 m 위치에서의 압력을 계산하라.

22. 정압이 68 kPa이고, 온도가 −40℃인 질소가 560 m/s로 유동될 때 수직 충격파가 발생한다. 충격파 하류의 Mach수, 압력, 그리고 엔트로피의 증가를 계산하라.

23. 정압과 온도가 각각 40 psia, 45°F인 공기가 $M = 3.2$로 유동되는데 수직 충격파가 발생한다. 충격파 하류의 Mach수, 압력, 온도를 구하라.

24. $M = 1.0$, $t = 100$℃에서 충격파가 발생하는 헬륨의 충격파 상류의 속도를 계산하라.

25. 절두노즐의 출구지름이 0.036 m이다. 이 노즐을 통해 압력이 $p_0=178$ kPa이고, 온도가 75℃인 압력탱크로부터 공기가 분출되고 있다. 만약 배압이 $p_b=100$ kPa 라고 하면 질량유량은 얼마인가?

26. 절두노즐을 유량측정을 위해 관로에 설치하였다. 노즐의 단면적은 0.0004 m^2이고, 노즐 상류의 압력과 온도는 각각 340 kPa(abs), 20℃라고 하면 배압이 90 kPa 일 때에 질량유량은 얼마인가?

27. 초기압력이 140 kPa(abs)이고, 후의 압력이 360 kPa(abs)인 헬륨 탱크에 단면적이 0.0012 m^2인 절두노즐을 설치하였다. 탱크의 온도는 30℃이고, 배압은 105 kPa 이다. 이때에 대한 헬륨의 질량유량을 계산하라.

28. 시험부에서 풍동의 성능이 $M=3.0$, 압력이 $p=1.6$ psia, 온도가 $t=-10$°F가 되도록 설계하였다. 공기를 유동시킬 때 필요한 노즐의 면적비와 압력탱크의 조건을 구하라.

29. Laval 노즐이 초음속으로 압력이 $p=32$ kPa(abs)로 작동가능하도록 설계되었다. 노즐에서의 정체압이 1 MPa이고, 질량유량이 6 kg/s일 때에 노즐의 면적비를 구하고, 정체온도가 550 K가 되도록 노즐의 목면적을 결정하라. 단, 유체는 질소이다.

30. 면적비가 4:1인 노즐에서 수직 충격파가 발생하고 있다. 유체가 수소라면 엔트로피 증가는 얼마가 되겠는가?

31. Laval 노즐을 통하여 공기가 유동되고 있을 때 동압이 최대로 걸리는 상태에서 Mach수와 면적비를 결정하라.

32. 그림 13 · 33에서와 같이 면적이 변하는 관로 내 위치 (3)에서의 Mach수, 정압,

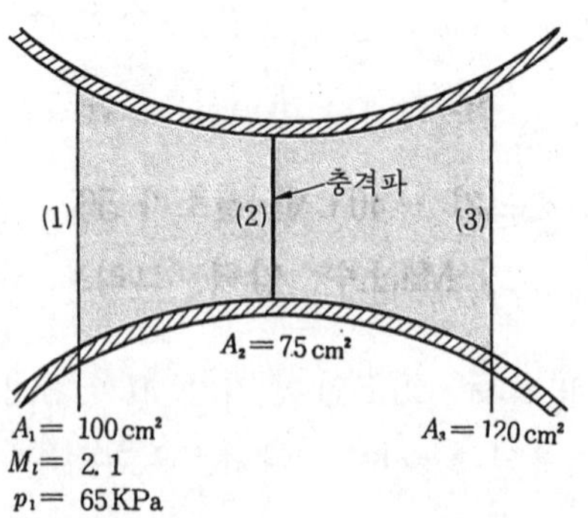

그림 13 · 33

정체압을 계산하라. 단, 수직 충격파를 제외하고는 등엔트로피 유동이라고 한다.

33. 상용강관의 안지름이 1.2 in이고, 관 내의 공기유속이 160 ft/s이다. 온도와 정압이 각각 $t = 70°F$, $p = 36$ psia이다. 음속이 발생할 수 있는 관의 길이와 관 끝에서의 압력을 계산하라. 단, 공기의 점도는 압력과는 무관하며, 평균 마찰계수는 $\overline{\lambda} = 0.025$로 간주한다.

34. 안지름이 0.6 in이고, 길이가 24 ft인 관의 입구와 출구에서의 Mach수는 각각 $M = 0.3$, $M = 0.8$이다. $k = 1.4$인 기체유동에서 평균 마찰계수 $\overline{\lambda}$를 계산하라.

35. 풍속기에 관을 부착하여 곡물을 지름 18 cm인 관을 통해서 수송하고 있다. 관의 길이는 160 m이고, 출구에서의 유속은 50 m/s이다. 유량은 15℃, 100 kPa인 대기에 방출시킨다면, 이 관로의 입구에서 필요한 압력, 유속, 공기의 밀도는 얼마가 되겠는가? 단, 곡물을 포함한 유동질량의 비열비는 1.4이다.

제 14 장

유체계측

Fluid Measurement

이제까지 우리는 유체공학의 기초인 유체역학의 기본이론과 방정식들에 대해 알아보았다. 모든 유체기계들의 설계는 곧 유체역학 이론의 응용이며, 유체기계의 효율과 계수들의 산정은 실험을 통해서만 가능하다.

이 장에서는 유체역학의 기본 이론식에서 설계나 계산에 영향을 미치는 각종 계수들을 실제 유체계측을 통하여 구할 수 있는 방법 및 실험장치들에 대해 다루어 보기로 한다. 이와 같이 실험을 통한 계수들의 산정과 이론식에 접근한 반실험을 유도하는 방법으로 개략적인 도식적 방법과 최소 자승법(least-square-fit)을 많이 사용한다. 이 경우의 결과는 선형적인 함수관계가 있어야 한다.

14.1 최소 자승법의 적용

실험에서 실험값(data)을 측정하여 두 변수간의 함수적인 관계를 검토하는 데는 그림 14·1과 같이 각 실험값들에 공통 점근직선을 그어 실험식을 유도하는 것이 보통이다. 그러나 이는 두 변수가 상호 선형적인 증감을 할 때에는 가능하지만, 임의로 변하는 경우에는 간단한 2원 1차 방정식으로 나타내기가 어렵다.

그림에서 직선의 기울기 A와 y의 절편 B는 임의의 공통 점근직선을 그어서 구할 수 있으나, 이는 각 실험값과 편차를 최소로 하는 정확한 값을 기대하기가 어렵다. 그러므로 다음과 같은 최소 자승법을 적용하여 구한다.

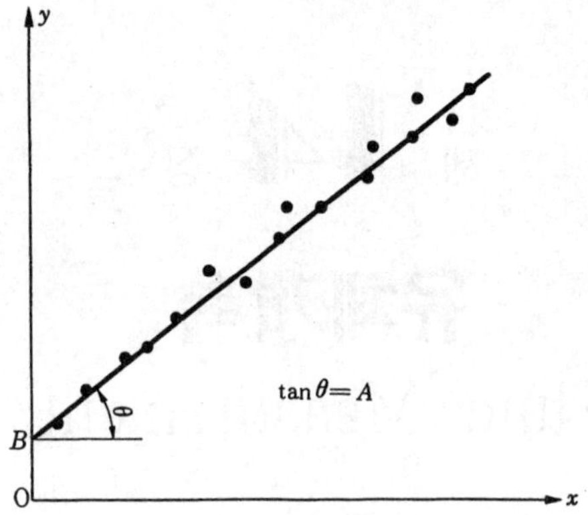

그림 14 · 1

$$y = Ax + B \tag{14 · 1}$$

$$A = \frac{1}{D}(n\Sigma x_i y_i - \Sigma x_i \Sigma y_i)$$

$$B = \frac{1}{D}(n\Sigma y_i \Sigma x_i^2 - \Sigma x_i y_i \Sigma x_i)$$

$$D = n\Sigma x_i^2 - (\Sigma x_i)^2$$

여기서 x, y는 실험측정 변수이고 x_i, y_i는 실험 측정값($i = 1, 2 \cdots\cdots, n$)이며 n은 측정횟수이다.

14.2 압력들의 관계

압력이란 제1장에서 논한 대로 단위면적에 작용하는 평균력(average force)이다. 이 압력의 측정은 일반적으로 유체라는 매체를 통하여 측정되며 Pa, psi, kg/in^2, kg/cm^2 등으로 나타내고 있다. 여러 압력들, 즉 기압, 전압력, 게이지 압력, 절대 압력 등을 도표로 나타내면 그림 14 · 2와 같다.

일반적으로 대기압 이하의 압력을 진공(vacuum)이라고 하며, 낮은 압력을 계산하는데 다음과 같은 단위들이 편리하게 사용되고 있다.

$$1\ \text{millibar} = 10^2\ \text{Pa} = 14.5 \times 10^{-3}\ \text{psi}$$
$$1\ \text{micron} = 10^{-6}\ \text{mHg} = 19.34 \times 10^{-6}\ \text{psi} = 1.333 \times 10^{-1}\ \text{Pa}$$
$$1\ \text{torr} = 1\ \text{mmHg} = 1000\,\mu = 19.34 \times 10^{-3}\ \text{psi} = 1.333 \times 10^2\ \text{Pa}$$

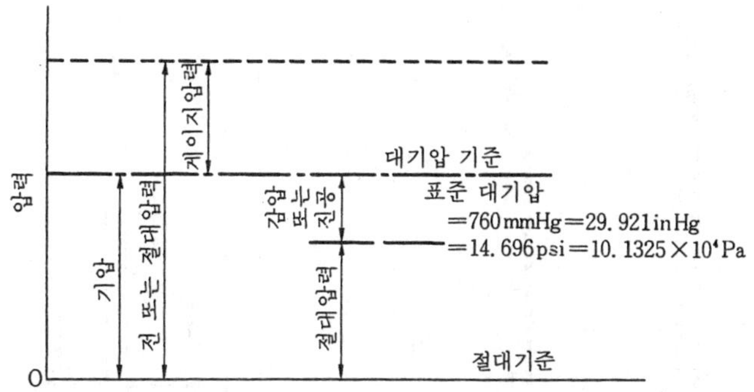

그림 14 · 2

또 높은 압력은 때때로 대기압으로 나타내는 경우가 있다.

$$1\,\text{atm} = 14.696\,\text{psi} = 101.325 \times 10^3\,\text{Pa} \approx 1\,\text{bar}$$

유체가 평형상태에 있다는 것은 유체 내의 어느 한 점에서 압력이 방향과 관계없이 일정한 상태를 말하며, 이때의 압력을 정압이라 한다. 그러나 압력 기울기가 발생하는 경우에는 유체유동 내의 고압영역에서 저압영역으로 압력이 평형을 이루려고 하는 힘이 작용하는데, 이때의 전압력은 방향에 무관하지 않다.

14.3 압력측정

유체의 정압을 측정하는 경우, 유체 정역학의 기본 방정식 $p = \rho gh = \gamma h$에 의해 측정하고자 한 위치에서 유체 표면까지의 수직높이(깊이) h를 측정하여 쉽게 계산할 수 있다. 그러나 운동유체의 두 점간의 압력차는 그림 14 · 3과 같은 U자관(U-tube)을 사용하여 측정할 수 있다. 평형 방정식을 생각하면

$$p_2 = \gamma_1 A h_1 + \gamma_2 A h = p_1 + \gamma_1 A(h_1 + h)$$
$$p_1 - p_2 = Ah(\gamma_2 - \gamma_1) \qquad (14 \cdot 2)$$

식 (14 · 2)는 양측의 전압력차를 나타내며, 단위면적당 압력차 Δp는

$$\Delta p = h(\gamma_2 - \gamma_1) \qquad (14 \cdot 3)$$

로써 구할 수 있다.

그림 14 · 4는 경사 압력계의 원리를 응용하여 미압을 측정하는 방법으로, 압력차는 식 (14 · 3)으로부터

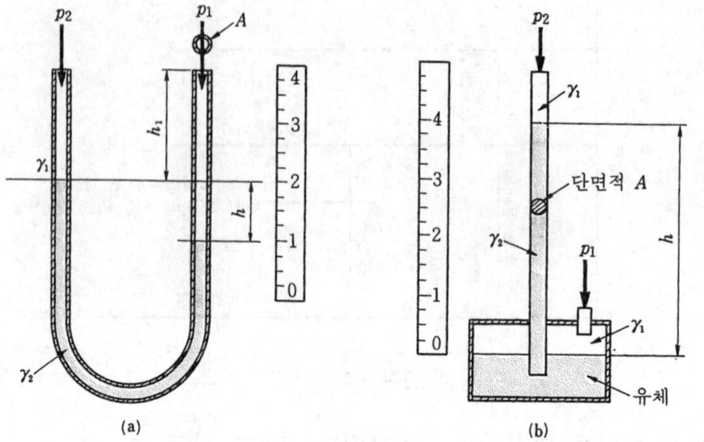

그림 14 · 3

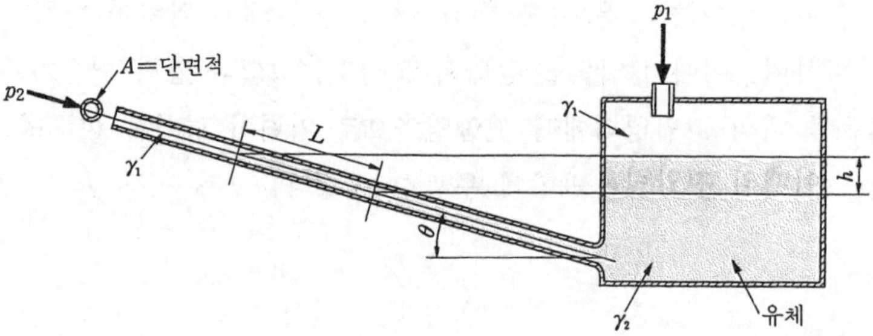

그림 14 · 4

$$\Delta p = L \sin\theta(\gamma_2 - \gamma_1) \tag{14 · 4}$$

으로 계산할 수 있다.

또 그림 14 · 5는 수은 압력계를 변형하여 가스의 압력을 계측할 수 있도록 McLeod가 고안한 McLeod 게이지의 개략도이다. 이 기본원리는 Boyle의 기본 방정식을 응용하여 압력을 측정하도록 되어 있다.

작동방법을 살펴보면, 수은이 들어 있는 용기 A의 높이를 임의로 조절하여 수은이 원점 O까지 내려오도록 낮춘다. 이때 B부분과 모세관 C는 비워지면서 진공원(vaccum source) p와 동일하게 된다. 다음에 수은이 B와 C를 채워 올라가고 우측 기준점이 표시된 모세관의 O 위치까지 채워지도록 용기 A를 서서히 높인다.

모세관의 단위 길이당 체적을 a라 하고 가스로 채워진 모세관의 길이를 y라고 하면

$$V_c = ay \tag{14 · 5}$$

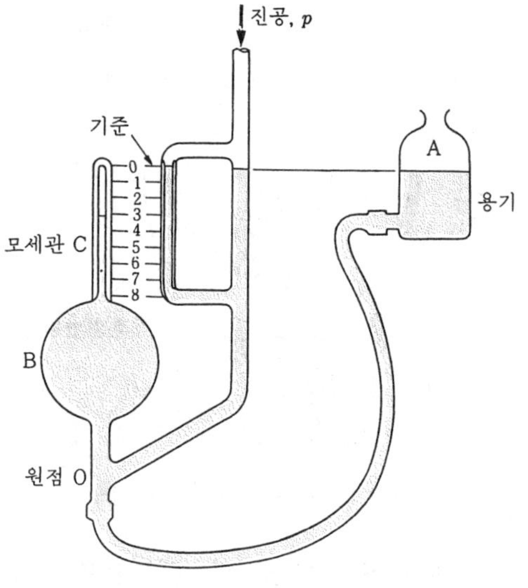

그림 14 · 5 McLeod 진공 게이지

원점 O에서 모세관 C 사이에 채워진 체적을 V_B 라 할 때, 모세관에 들어 있는 가스의 압력은 Boyle의 법칙에 의하여

$$p_c = p\frac{V_B}{c} \tag{14 · 6}$$

가 되며, 모세관에 의해 나타난 압력은 수은주로 나타내면

$$p_c - p = y \tag{14 · 7}$$

가 되므로, 식 (14 · 5)~(14 · 7)로부터 다음과 같은 식을 구할 수 있다.

$$p = \frac{ay^2}{V_B - ay} \tag{14 · 8}$$

여기서 $ay \ll V_B$이므로 결과적으로 미지의 압력 p는

$$p = \frac{ay^2}{V_B} \tag{14 · 9}$$

이 McLeod 게이지는 응축된 증기압 측정에는 부적당하며, 10^{-2}~$10^2\mu$m 압력범위에 적용이 가능하다.

그림 14 · 6은 넓은 범위의 압력계측에 사용이 가능하도록 고안된 Bourdon관 압력계이며, Heise 게이지로서 오차가 0.1% 정도로 알려져 있다. 그림에서 Bourdon관은 타원형 단면을 갖는 관으로서 C자형으로 되어 있다. 압력이 작용하면 관이 변형을 하

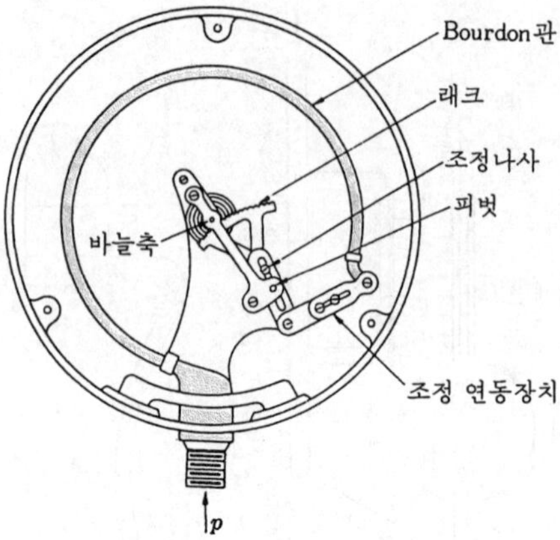

그림 14 · 6 Bourdon 압력계

게 되는데, 이는 압력에 비례하도록 되어 있다. 관의 끝은 스프링이 달린 연동장치에 연결되어 있으며 변위를 증폭시키고 바늘이 회전할 수 있도록 되어 있다.

관내 유동유체의 정압을 측정하기 위해서는 그림 14 · 7과 같이 관에 뚫린 액주 압력계의 구멍은 작아야 하며, 표면에 수직으로 뚫어야 한다. 유체와 접하는 표면의 구멍은 원활한 모양으로 하는 것이 좋으며, 거친 가공 또는 구멍이 곧바르게 뚫리지 않으면 측정오차를 가져오기가 쉽다. 관의 한 단면에서 정압을 측정하고자 할 때에는 같은 단면의 관 둘레에 여러 개(보통 4~6개)의 구멍을 뚫어 동시에 측정하여 그 평균값을 취하는 것이 보통이다. 이와 같이 여러 개의 구멍을 뚫어서 한 단면의 주위에서 동시에 정압을 측정하기가 복잡하므로, 그림 14 · 8과 같이 단면의 주위에 압력을 모아서 다시 하나의 구멍을 뚫어 거기에 액주 압력계를 설치하여 압력을 측정한다.

그림 14 · 7과 그림 14 · 8에서는 관 내에 유체가 흐를 때 유체와 접하는 관 내부 표면에서 정압을 측정하였으나, 그림 14 · 9와 같이 관 내부의 임의의 위치의 정압을

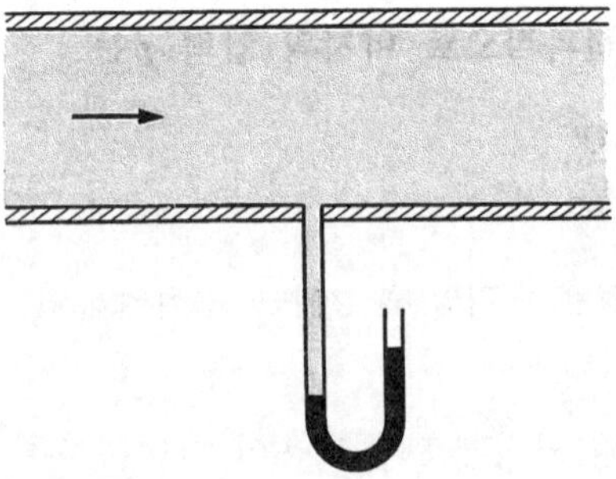

그림 14 · 7

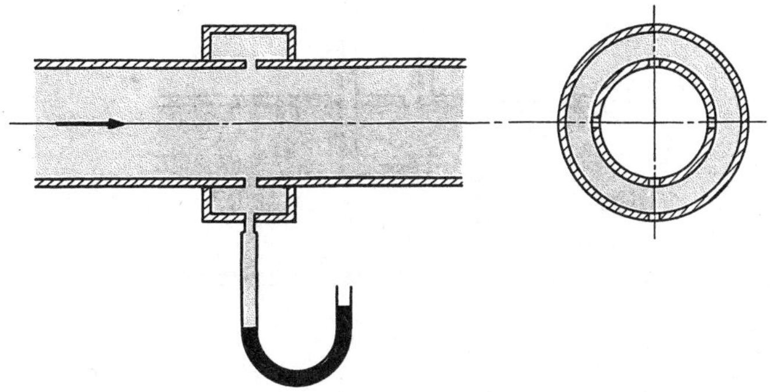

그림 14 · 8

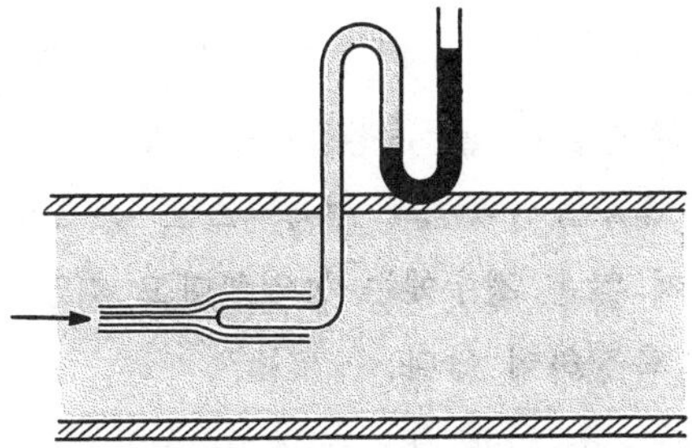

그림 14 · 9

측정하는 경우는 액주 압력계의 끝을 유체유동 방향과 일치하도록 직각으로 구부려서 설치한다. 이때 끝은 완전히 밀폐하고 유체가 끝부분에 부딪쳐 교란이 일어나는 것을 최소화하기 위해 원활한 유선형으로 만들고, 그림에서와 같이 압력관에 구멍을 뚫어서 정압을 측정하게 된다.

물론 정압관의 끝부분과 직각으로 구부러진 부분에서 일어나는 유체의 교란으로 정확한 정압을 측정하기가 어렵다. 그러므로 정압관을 사용하기 전에 교정하여야 한다. 대개, 이러한 정압관을 사용하였을 때는 그 편차 Δh는 관 내에 흐르는 유속의 제곱에 비례하는 것으로 알려져 있다.

$$\Delta h = C\frac{v^2}{2g} \tag{14 · 10}$$

여기서 C는 압력과 유속을 알고 있는 관에 정압관을 그림 14 · 9와 같이 설치하여 실험적으로 찾아낸 상수이다.

다음에 동압과 전압을 측정하는 방법에 대하여 생각해 보자. 그림 14 · 10과 같이 압력관(일반적인 경우, 안지름이 1~3 mm)을 직각으로 휘어서 관 내 중심부를 유동방

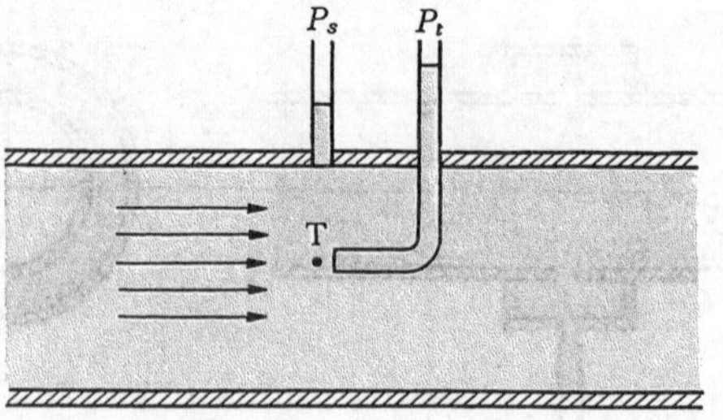

그림 14 · 10

향과 나란하게 설치한다.

여기서 P_S는 앞에서와 같이 정압을 측정하고, P_t는 앞에서 사용한 P_S를 측정하는 압력관과는 달리 점 T의 전압력을 측정하는 관이다. P_S 측정점과 점 T는 한 단면에 위치하는 것이 보다 더 정확한 압력을 측정할 수 있다.

실제적으로 P_S값은 관 내부표면에서의 정압이므로 점 T의 값과는 다르다고 할 수도 있으나, 관이 아주 크지 않은 경우에는 동일하다고 취급하여 Pitot tube가 나오기 전에는 모두 이 방법으로 측정하여 왔다.

전압, 동압, 정압 사이에는 다음과 같은 관계가 있다.

$$P_t = P_d + P_S \qquad (14 \cdot 11)$$

그러므로 동압을 측정하기 위해서는 P_t와 P_S를 측정하여 P_d를 구한다. 그러나 그림 14 · 10과 같은 방법으로 압력을 측정하여 생기는 오차를 줄이기 위해서, 또 측정기기의 간편화를 위하여 정압과 전압을 한 개의 압력관에 결합시켜 만든 것이 그림 14 · 11과 같다.

Pitot관에 의하여 전압을 측정할 때 주의해야 할 점은 Pitot관의 중심선과 유체의 유동방향을 평행하게 위치시켜야 한다. 유동방항과 Pitot관의 중심선을 이루는 각을 편각(yaw angle)이라고 한다.

편각은 0이 되어야 하나 유동의 방향과 유속은 항상 일정하다고 볼 수 있으므로 편각에 대한 Pitot관의 감도(sensitivity)는 아주 중요하다. 특히 Pitot 정압관은 그림 14 · 12에서 보는 바와 같이 편각에 대하여 아주 민감하다.

그림 14 · 13은 전압력이나 충격압을 측정하기 위하여 사용한 Kiel 프로브의 편각에 대한 $\dfrac{\text{전압력 오차}}{\text{동압}}$와의 관계를 나타낸 것이다.

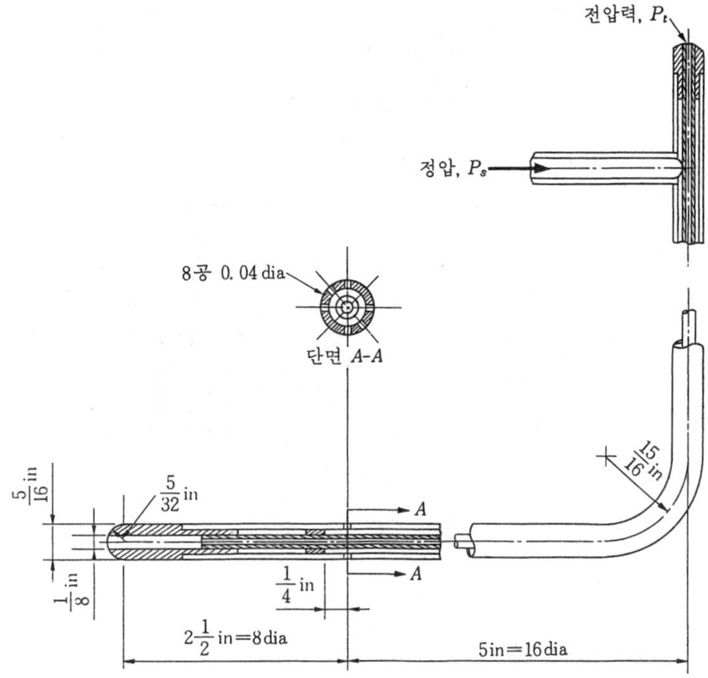

그림 14 · 11

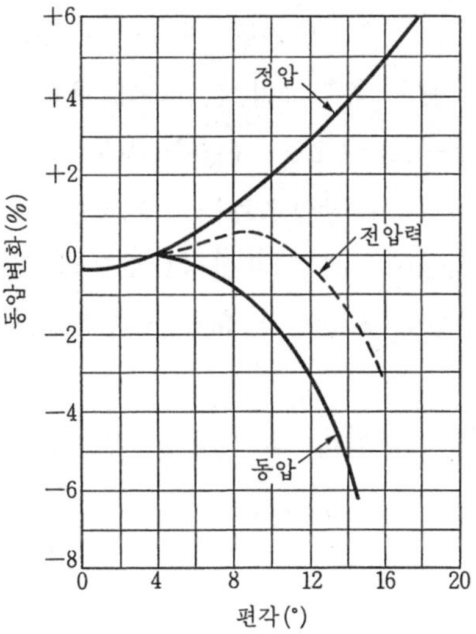

그림 14 · 12

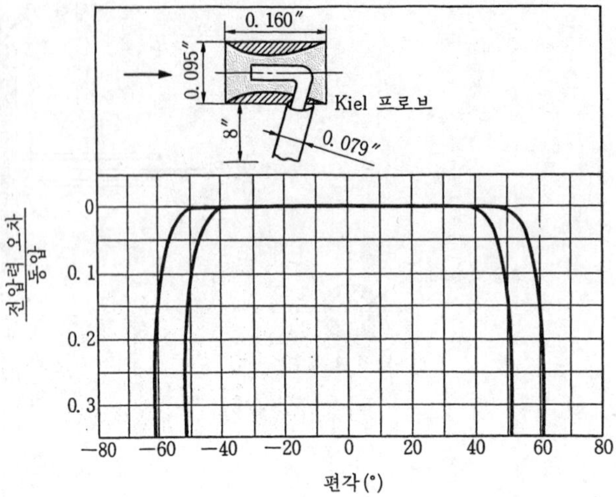

그림 14 · 13

14.4 유속측정

유속측정 방법은 우선 연속 방정식 $AV=$ 일정, 즉 유량 $Q=AV$로부터 구할 수 있다. 즉 넓이를 알고 있는 어느 단면을 통과하는 유속을 재기 위해서는 그 단면에 흐르는 단위시간당의 유량을 측정하여 간단하게 유속 V를 계산할 수 있다.

이러한 경우는 관로에서 출구로 나오는 유량을 측정하는 것이 보통이나 기체의 경우는 유량을 측정하기가 어려워 이 방법으로는 불가능하다. 그리하여 직접적으로 동압을 측정하여 Pitot나 Torricelli의 속도 계산식으로부터 직접 계산하는 방법을 택하고 있다. 그림 14 · 14는 개수로나 강에서 유속을 측정하는 H. Pitot의 유속측정 방법이다.

그림에서 h_0는 점 2의 정압수두이며, $h+h_0$는 전압력이므로 결과적으로 h는 동압이 된다.

그러므로 유속 V는

$$V=k\sqrt{2gh} \qquad (14 \cdot 12)$$

여기서 k는 Pitot관 계수 또는 속도계수로서 실험적으로 결정하여야 하며, 공기의 경우 Pitot관의 안지름이 1 mm 이상인 경우는 $k \fallingdotseq 1$임이 많은 실험에서 증명되었다.

일반적으로 k는 유체의 종류, 특히 Pitot관의 특성에 따라 다르며 $k=0.9 \sim 0.99$

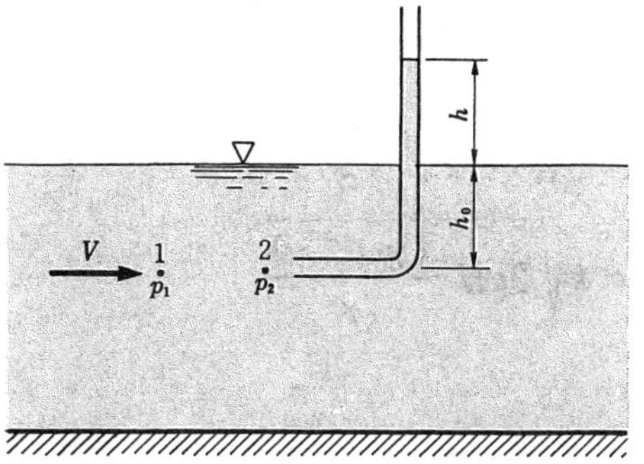

그림 14 · 14

의 범위에 있다.

액체나 기체의 경우, 일반적으로 관 내의 유동에서는 그림 14 · 10과 같은 방법으로 동압을 측정하여 유속을 계산하고 있다. 그림 14 · 10에서 U자관을 사용하여 측정하는 방법을 도시하면 그림 14 · 15와 같다. 정압과 전압력을 하나의 U자관에 연결하여 그 높이 차이로써 동압을 측정할 수가 있다.

U자관 내의 압력은 정역학적인 문제이므로

$$\frac{p_1}{\gamma}S + hS + HS_0 - (h + H)S = \frac{p_2}{\gamma}S$$

여기서 S_0, S는 유체의 비중이며, 그림에서 ρ_0, ρ 및 γ_0, γ는 각각의 밀도 및 비중량이다.

윗식을 간단히 하면

$$\frac{p_2 - p_1}{\gamma} = H\left(\frac{S_0}{S} - 1\right) \qquad (14 \cdot 13)$$

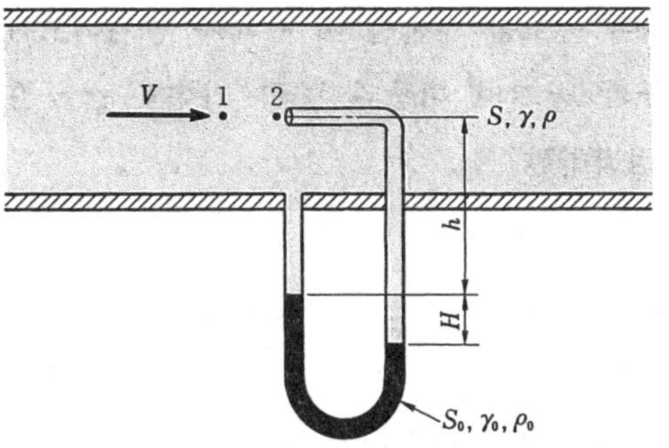

그림 14 · 15

$(p_2 - p_1)/\gamma = h$이므로 식 (14 · 12)에 대입하면

$$V = k\sqrt{2gH\frac{(S_0 - S)}{S}} \qquad (14 \cdot 14)$$

$$V = k\sqrt{2gH\frac{(\gamma_0 - \gamma)}{\gamma}} \qquad (14 \cdot 14\,\mathrm{a})$$

또는

$$V = k\sqrt{2gH\frac{(\rho_0 - \rho)}{\rho}} \qquad (14 \cdot 14\,\mathrm{b})$$

이제까지 측정한 유속들은 모두 평균속도로서 유체 내부의 유속을 측정하였기 때문에 측정점에 작용하는 정압을 0, 즉 대기압으로 간주할 수 없는 경우들이었다. 그러나 유체가 대기 중에 분출되는 경우는 분류 주위의 압력은 대기압으로 간주할 수 있다. 그리하여 그림 14 · 16과 같이 전압관으로서 측정한 값은 $P_S = 0$이므로 $P_t = P_d$가 되어 $P_d = \gamma H$를 계산하여 식 (14 · 14)로부터 쉽게 유속을 계산할 수 있다.

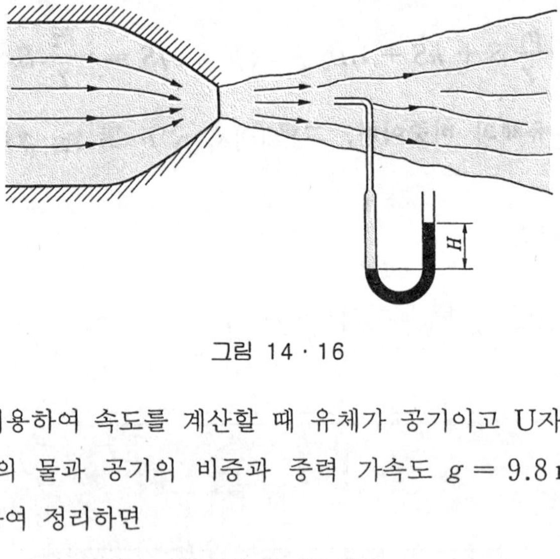

그림 14 · 16

식 (14 · 14)를 이용하여 속도를 계산할 때 유체가 공기이고 U자관 내의 액체를 물로 하면 상온에서의 물과 공기의 비중과 중력 가속도 $g = 9.8\,\mathrm{m/s^2}$ 그리고 H를 mm 단위로 대입하여 정리하면

$$V \fallingdotseq 4\sqrt{H}\ \mathrm{m/s} \qquad (14 \cdot 15)$$

가 되어 공기의 속도계산에 많이 사용되는 식이다.

대기 중에서는 그림 14 · 17과 같은 풍속계(anemometer)를 사용하고 있으나, 이는 Pitot관에 의한 속도교정을 거쳐 회전수를 풍속으로 환산해 읽을 수 있게 되어 있다.

또 미압을 측정하기 위하여 그림 14 · 18과 같은 미압계(micro-manometer)를 사용

그림 14·17 풍속계

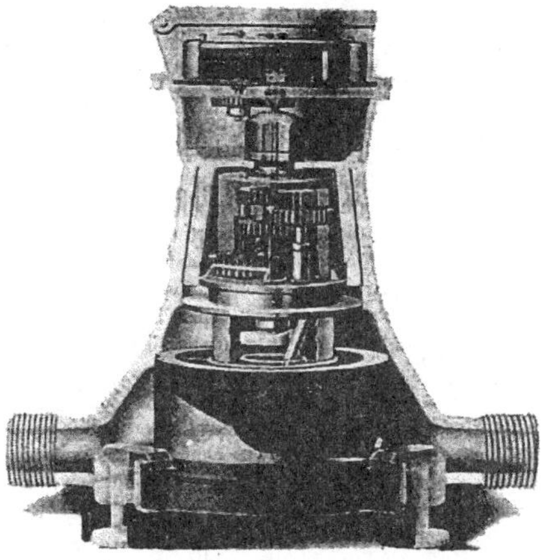

그림 14·18 미압계

하기도 한다.

예 제 14.1 그림 14·16과 같은 출구지름이 5 cm인 원형 노즐분사에서 공기의 속도를 측정하였다. 중심에서부터 측방향으로의 거리 R의 위치에 따라 Pitot관으로 측정한 실험값이 다음과 같다면, 각 점에서의 공기의 속도와 속도분포 선도를 도시하라. 단, 표에서 H는 수두이다.

표 14·1 실험값

R(mm)	H(mm)	R(mm)	H(mm)
0	39.06	17	9.00
5	36.00	20	4.52
7	33.06	22	3.06
10	26.27	25	1.27
13	19.14	30	0.25
15	14.06	35	0.02

풀이 Pitot관으로 공기의 속도를 측정할 때 U자관의 액주가 물인 경우, 속도를 $V = 4\sqrt{H}$ m/s의 식으로써 계산할 수 있으므로, 각 점에서의 공기의 속도는 표 14·2와 같다.

위의 계산결과 V와 R에 대하여 도시하면 속도분포 선도는 그림 14·19와 같다.

표 14 · 2

R(mm)	H(mm)	V(m/s)	R(mm)	H(mm)	V(m/s)
0	39.06	25.0	17	9.00	12.0
5	36.00	24.0	20	4.52	8.5
7	33.06	23.0	22	3.06	7.0
10	26.27	20.5	25	1.27	4.5
13	19.14	17.5	30	0.25	2.0
15	14.06	15.0	35	0.02	0.6

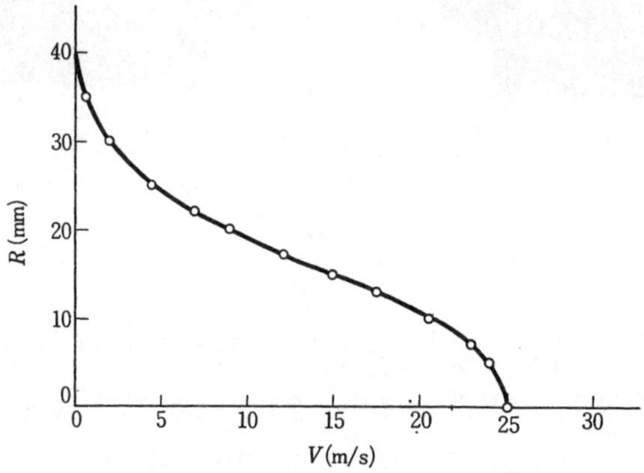

그림 14 · 19

예 제 14.2 그림 14 · 10과 같이 관의 중심을 흐르는 물의 유속 V_m을 Pitot관(P_t)으로 측정하고, 또 동시에 관의 벽에 액주계(P_s)를 세워서 정압을 측정하였다. 그 결과 Pitot관 내의 수면이 액주계의 수면보다 9 cm 더 높았다. 만약 유동 단면에서의 평균유속 $\overline{V}$가 중앙을 흐르는 유속 V_m의 $\frac{2}{3}$라고 하면 평균유속과 유량은 얼마인가?

풀 이 관의 중심에서의 속도 V_m은

$$V_m = k\sqrt{2gH} = 1.02\sqrt{2 \times 9.8 \times 0.09} = 1.02 \times 1.33$$
$$= 1.36 \text{ m/s}$$

이므로, 관의 단면에서의 평균유속 $\overline{V}$는

$$\overline{V} = \frac{2}{3} V_m = \frac{2}{3} \times 1.36 \text{ m/s} = 0.907 \text{ m/s}$$

로 된다. 또 흐름의 단면적 A는

$$A = \frac{\pi}{4} d^2 = \frac{\pi}{4} \times 0.25^2 = 0.0491\ \mathrm{m}^2$$

이다. 따라서, 구하는 유량 Q는

$$Q = A\overline{V} = 0.0491 \times 0.907 = 0.0445\ \mathrm{m}^3/\mathrm{s} = 44.5\ l/\mathrm{s}$$

14.5 비압축성 유체의 유량측정

유량은 운동유체의 속도와 유동방향에 수직한 유체의 단면적을 알면 VA로서 간단히 계산할 수 있다. 일반적으로 관 내에 흐르는 유량측정에서는 관의 단면적을 알고 있기 때문에 간단히 Pitot관으로 동압을 측정하여 $V = k\sqrt{2gH}$에 의한 계산으로 유량을 측정하고 있다. 그러나 Pitot관을 사용하지 않고 두 점간의 압력차로 유량을 측정하는 유량계로서 오리피스 미터, 벤투리 미터, 위어 등이 있으므로 이들의 용법을 살펴보기로 한다.

14.5.1 오리피스와 노즐(Orifice and nozzle)

큰 수조나 댐에 부착된 오리피스에서 유량을 측정할 경우 오리피스의 단면적을 알고 있으므로, 그 단면적을 A라고 하면 유량은

$$Q = C_d A\sqrt{2gH}$$

여기서 H는 액체의 표면으로부터 오리피스의 중심선까지의 깊이이다. 대개 우리가 실험하고 있는 것은 유량계수 C_d의 측정이다. 윗식에서 $A\sqrt{2g}$는 일정하고 Q는 직접 매스 실린더(mass cylinder)에 의해서 측정할 수 있으며, H는 Q를 재는 순간의 수두차이므로 눈금을 읽어 측정이 가능한 변수들이다. 그러므로 윗식은 다음과 같은 간단한 식으로 나타낼 수 있다.

$$Q = K\sqrt{H} \tag{14·16}$$

여기서 $K = C_d A\sqrt{2g}$이다.

결과적으로 Q와 H를 측정하여 $Q = f(\sqrt{H})$를 도시하여 도표상에서 기울기 K를 구하면, $C_d = \dfrac{K}{A\sqrt{2g}}$를 취하여 유량계수 C_d를 구할 수 있다.

표 14 · 3

H(m) \ d(cm)	0.61	1.22	2.13	3.66	6.10
0.183	0.655	0.630	0.618	0.605	0.601
0.305	0.644	0.623	0.612	0.605	0.600
0.61	0.632	0.614	0.607	0.601	0.599
1.22	0.623	0.609	0.603	0.600	0.599
2.74	0.613	0.604	0.600	0.599	0.597
6.10	0.601	0.599	0.597	0.596	0.596

표 14 · 3은 영국의 Hamilton Smith가 실험한 결과의 일부이다.

오리피스는 관 내에 설치하여 유량을 측정하는 기구로서 정확한 유량계로 알려져 있으며, 그림 14 · 20은 원형 칼날 오리피스의 설계값을 나타낸 것이다.

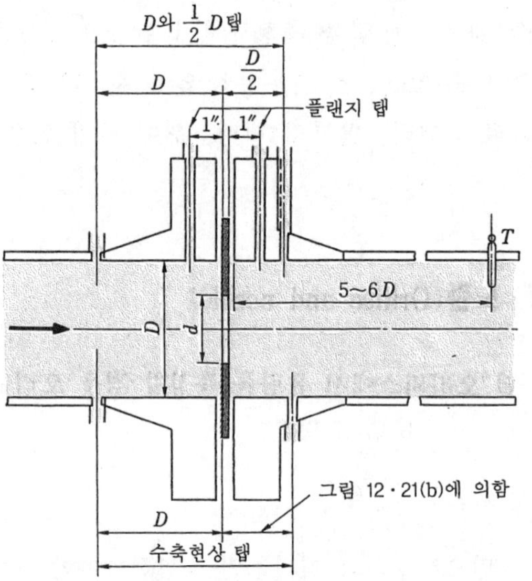

그림 14 · 20

제4장에서 설명한 대로 관내 오리피스 유동에서는 수축현상이 심하게 일어나는데, 이것을 그림으로 나타내면 그림 14 · 21의 (a)와 같으며, 그림 14 · 21 (b)는 오리피스면으로부터 측정한 'Vena contracta' 위치를 나타내는 그림이다.

그림에서

$$\beta = \frac{\text{오리피스 지름}}{\text{파이프 지름}} = \frac{d}{D}$$

$$R_t = \frac{\text{수축부의 지름}}{\text{파이프 지름}}$$

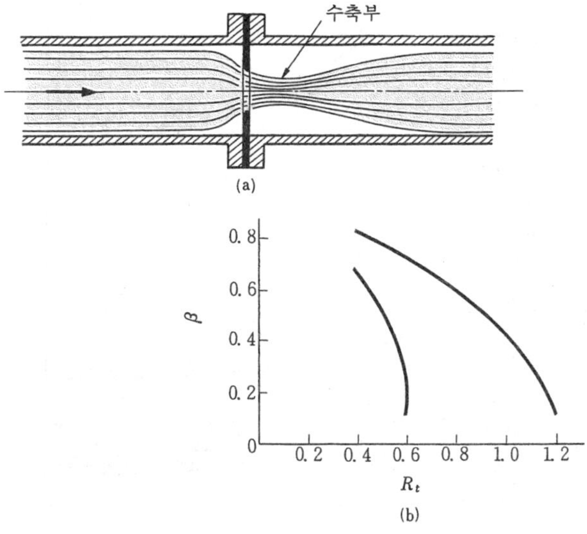

그림 14·21

유량 계산식은 식 (4·54)에 의하여

$$Q = CA_0 \sqrt{\frac{2gh}{1-(A_0/A_1)^2}}$$

여기서 C값은 계수이므로 각 오리피스의 특성에 따라 다르다. 그러므로 실험적으로 결정해야 하며, h를 측정하고 관출구에서 유량 Q를 동시에 측정하여 C값을 결정해 주어야 한다.

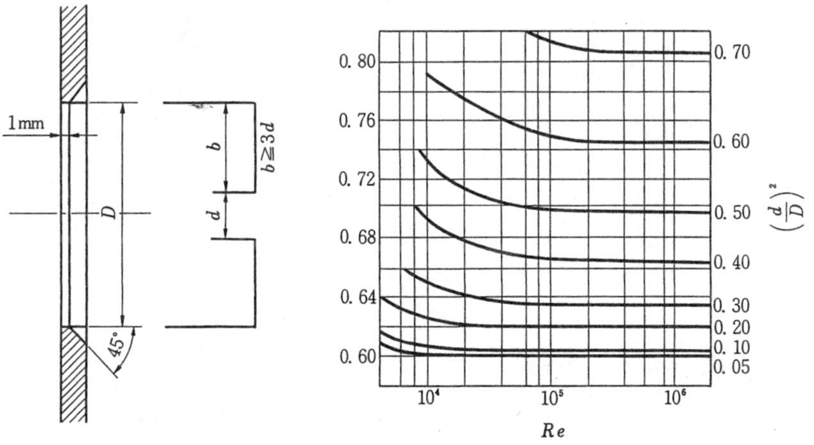

그림 14·22

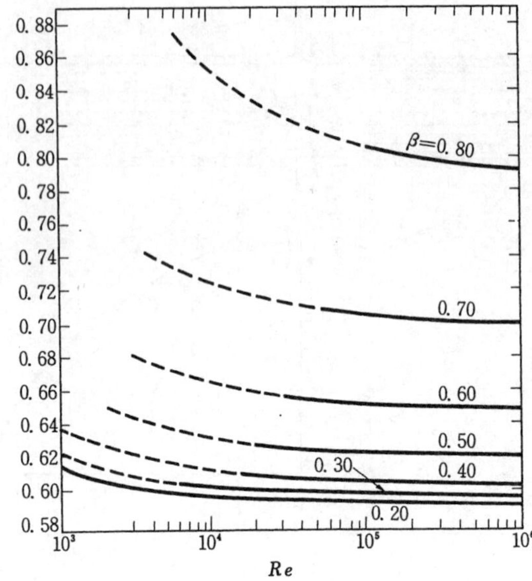

그림 14 · 23

이러한 실험결과를 $\left(\frac{d}{D}\right)^2 = f(Re)$로써 도시한 것이 그림 14 · 22이며, 그림 14 · 23은 $C = f(Re)$로 도시한 것이다.

또 오리피스를 변형하여 오리피스의 출구쪽에 수축부를 두어 사용하기도 한다. 그 각 부분의 설계제원을 표시하면 그림 14 · 24와 같으며, ASME 장반경 노즐(ASME long-radius flow nozzle)이라고 한다.

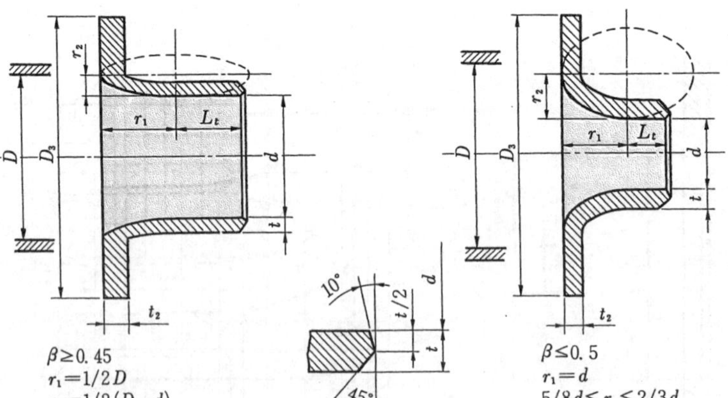

그림 14 · 24

그림 14 · 24와 같은 ASME 노즐의 유량계수를 실험적으로 측정하여 $\frac{d}{D}$의 비에 따라 $C=f(Re)$를 도시하면 그림 14 · 25와 같으며, 주로 많이 쓰고 있는 $\beta=\frac{d}{D}=0.2\sim0.5$에 대한 측정값을 도시하면 그림 14 · 26과 같다.

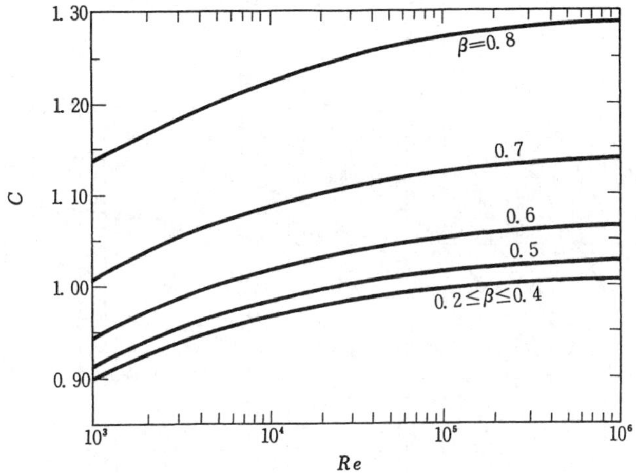

그림 14 · 25

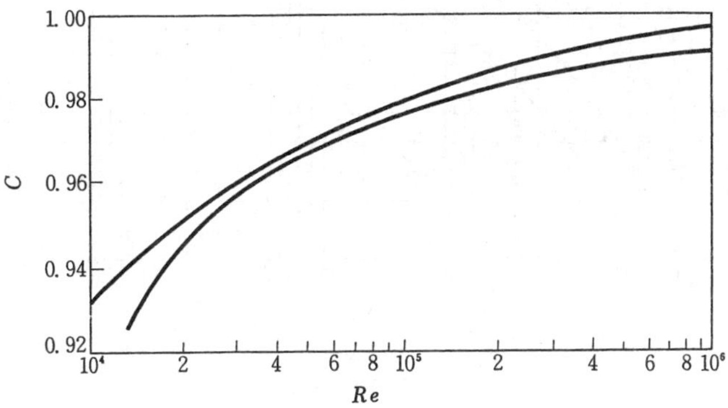

그림 14 · 26

또 그림 14 · 27은 그림 14 · 24의 ASME 장반경 노즐에서 관로의 Re와 유량계수 C_d와의 관계를 β값에 따라 도시한 것이다.

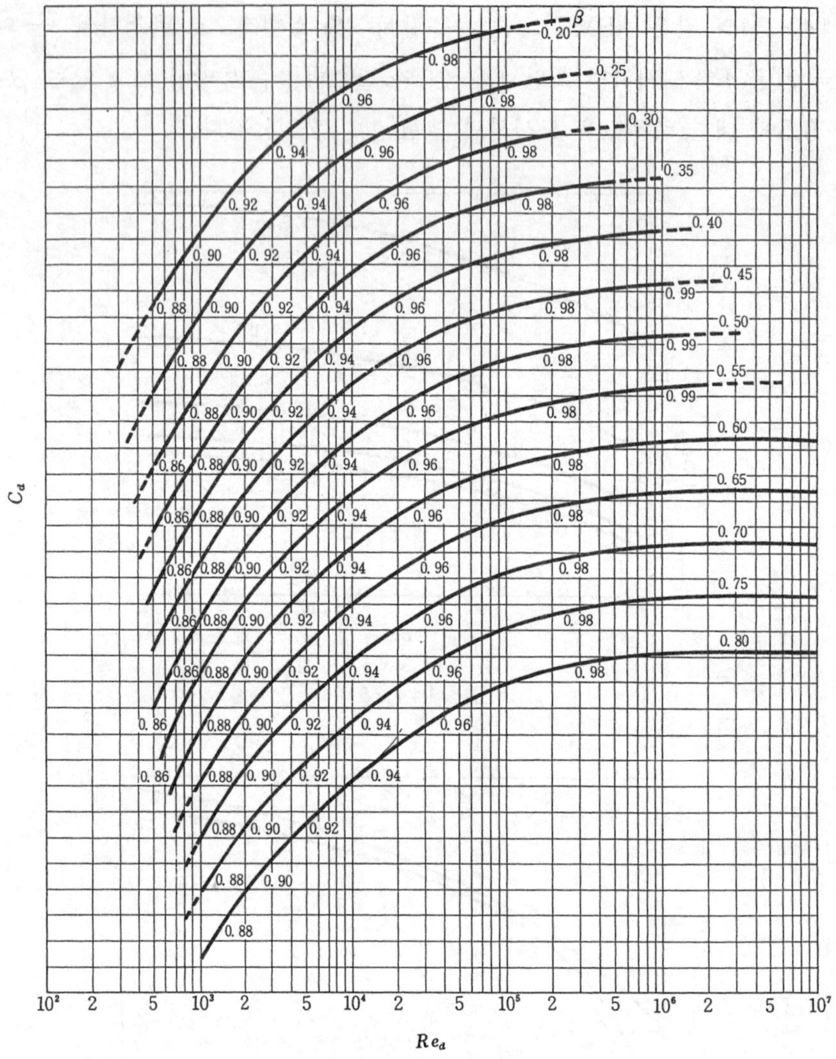

그림 14 · 27

14.5.2 Venturi 미터

Venturi 미터는 수축각이 20° 내외, 확대각이 5~7°로 되어 유량을 측정하는 기구로써 사용하고 있으며, Herschel형 Venturi 미터는 그림 14 · 28과 같다. 또 Venturi 미터를 사용하여 유량을 측정할 때 압력손실의 양상을 보면, 그림 14 · 29 (a)와 같다. 그림에서 보는 바와 같이 오리피스 유동에서의 압력손실은 30~40%를 나타내고 있으나, 오리피스 미터에 비해 오리피스 노즐 미터에서는 손실이 줄어들고, 오리피스

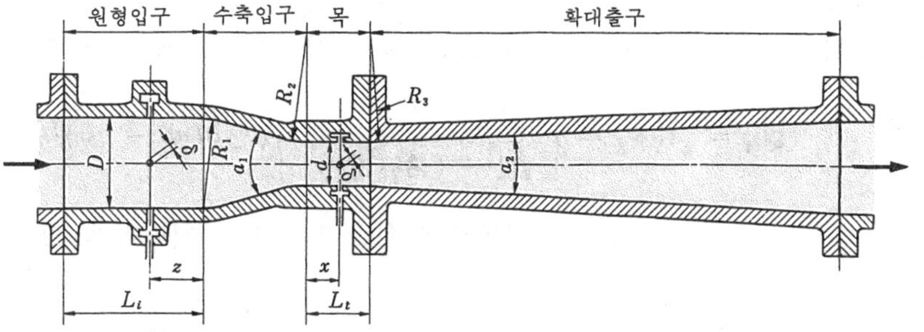

$L_t \leq D$ 또는 $L_t \leq (D/4+10'')$
$z \leq D/2 \pm D/4$ ($4'' \leq D \leq 6''$인 경우)
$D/4 \leq z \leq D/2$ ($6'' \leq D \leq 32''$인 경우)
$L_t \geq d/3$

$x \geq d/6$
$5/32'' \leq \delta \leq 25/64''$
$\delta < 0.1D$ 또는 $0.13d$
$R_1 = 1.375D \pm 20\%$

$R_2 = 3.625d \pm 0.125d$
$5d \leq R_3 \leq 15d$
$\alpha_1 = 21^\circ \pm 1^\circ$
$7^\circ \leq \alpha_2 \leq 8^\circ$ 또는 $7^\circ \leq \alpha \leq 15^\circ$

그림 14 · 28

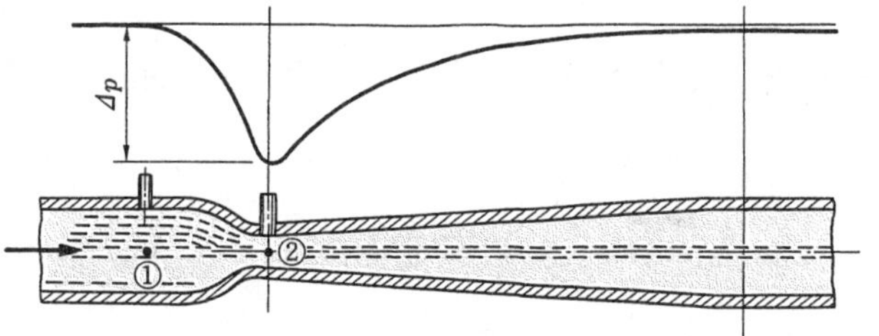

(a) Venturi

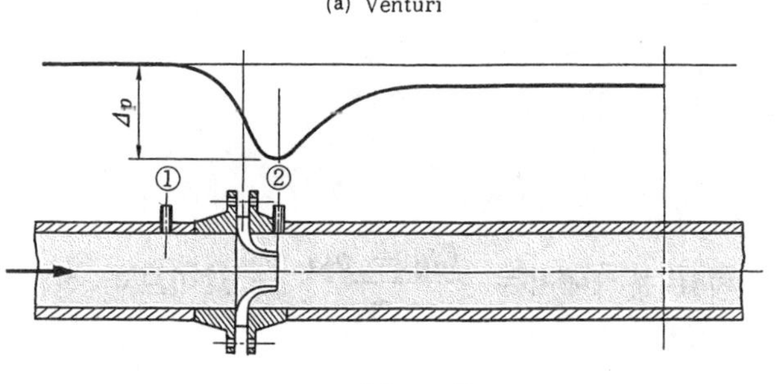

(b) 오리피스 노즐

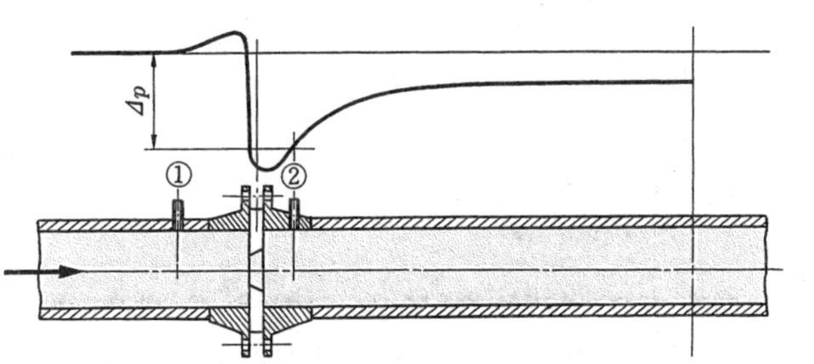

(c) 오리피스

그림 14 · 29

미터에서는 세 유량계 중에서 가장 적은 손실을 나타낸다.

Venturi 미터에 의한 유량측정과 유량계수를 실험적으로 구하는 관계식을 살펴보면

$$Q_{id} = A_2V_2 = \left\{\frac{A_2}{\sqrt{1-(A_2/A_1)^2}}\right\}\sqrt{2g(p_1-p_2)/\gamma} \quad (14 \cdot 17)$$

단면적 A_1, A_2는 알고 있는 값이므로 윗식을 계산하기 편리하게 정리하면

$$E = \frac{1}{\sqrt{1-(A_2/A_1)^2}} \quad (14 \cdot 18)$$

원형단면에 대해서는 $A = \dfrac{\pi d^2}{4}$이므로

$$E = \frac{1}{\sqrt{1-\beta^4}} \quad (14 \cdot 19)$$

여기서 $\beta = \dfrac{d}{D}$이며, E를 접근속도 계수(velocity of approach factor)라고 한다.

$$C_d = \frac{Q_{\text{act}}}{Q_{id}}$$

이므로

$$K = C_dE = \frac{C_d}{\sqrt{1-\beta^4}} \quad (14 \cdot 20)$$

여기서 K는 유동계수이다. 그러므로 유량은

$$Q_{\text{act}} = KA_2\sqrt{2g(p_1-p_2)/\gamma} \quad (14 \cdot 21)$$

가 된다. 실제 실험자료 분석에서는 $\dfrac{(p_1-p_2)}{\gamma} = H$이므로 식 (14 · 21)은

$$Q_{\text{act}} = K_1\sqrt{H} \quad (14 \cdot 22)$$

여기서 $K_1 = KA_2\sqrt{2g}$이고, 다시 정리하면

$$K_1 = \frac{C_dA_2\sqrt{2g}}{\sqrt{1-\beta^4}} \quad (14 \cdot 23)$$

이므로, 그림 14 · 30과 같은 방법으로 K_1을 구하여 C_d값을 쉽게 계산할 수 있다.

그림 14 · 31은 미국기계학회(ASME)에서 추천한 Venturi 미터의 설계값이다. 이 수치에 의해 설계제작된 Venturi 미터의 유량계수 $0.25 < \beta < 0.75$와 $D > 2$ in인 범위에서 측정하여 관로의 Re수와 C_d의 관계를 도시한 것이 그림 14 · 32이다.

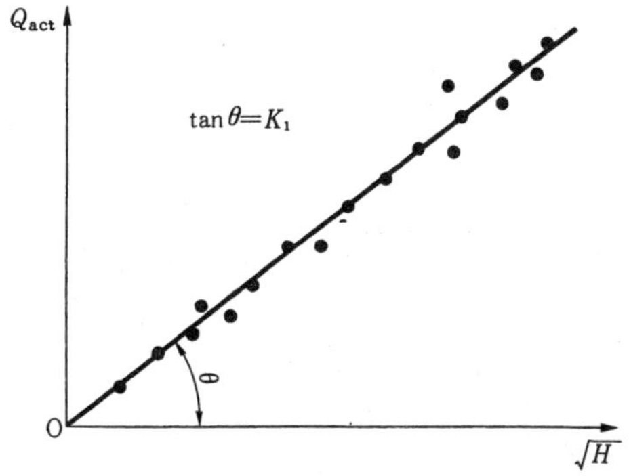

그림 14 · 30

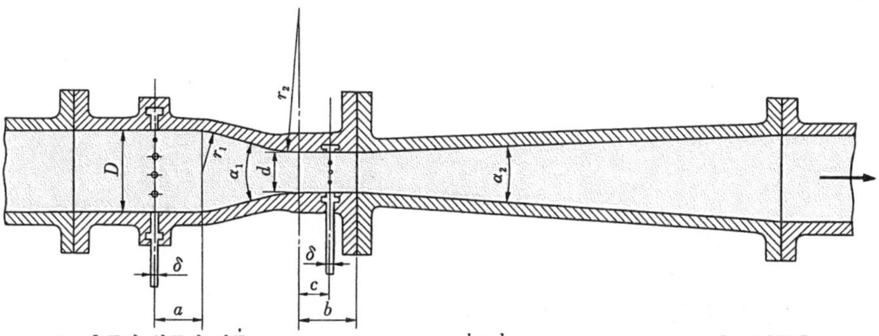

D=출구와 입구의 지름
d=목 지름
$a=0.25D\sim0.75D$($4''\leqq D\leqq6''$인 경우),
$0.25D\sim0.50D$($6''<D\leqq32''$인 경우)

$b=d$
$c=d/2$
$\delta=3/16\text{in}\sim1/2\text{in}$
$r_2=3.5d\sim3.75d$

$r_1=0\sim1.375D$
$\alpha_1=21°\pm2°$
$\alpha_2=5°\sim15°$

그림 14 · 31

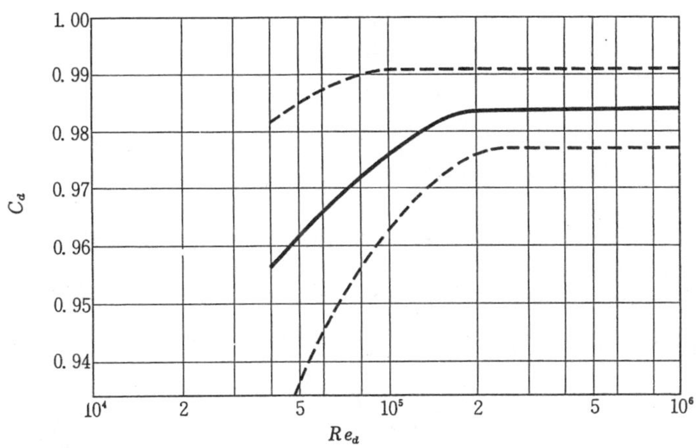

그림 14 · 32

그림 14·32에서 점선으로 표시된 구간은 C_d의 가변여유를 나타낸다. 또한 그림 14·33에는 목부분에서 계산한 Re수 Re_d와 유량계수 C_d의 관계를 도시한 것이며, 각 곡선에 표기된 수치는 관의 안지름과 목의 안지름이다.

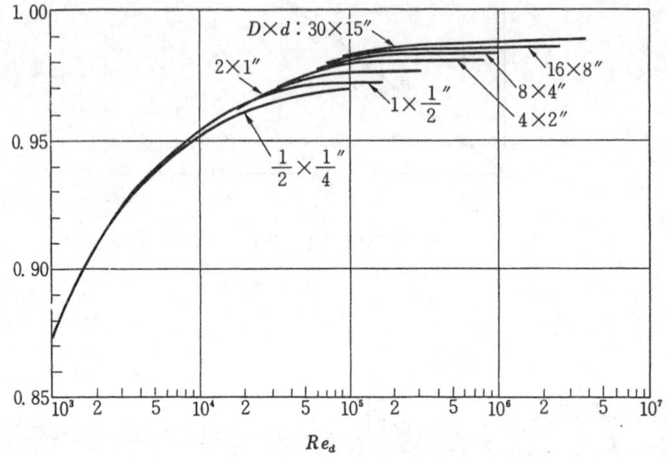

그림 14·33

14.5.3 위어 미터(Weir meter)

〔1〕 4각 위어

4각 위어에 의한 유량은 4.10.7절에서 유도한 방정식에 의하여 간단하게 계산할 수 있다.

$$Q = C_d \frac{2}{3} \sqrt{2g} B H^{\frac{3}{2}} \tag{4·65}$$

또는

$$Q = K \sqrt{2g} B H^{\frac{3}{2}} \tag{14·24}$$

여기서 $K = \dfrac{2C_d}{3}$이며, 이를 유량계수(flow coefficient)라고 한다.

그런데 Kindsvater와 Carter는 K를 그림 14·34의 H와 P에 의하여 변화하는 상수로 간주하여 실험에 의한 K값을 다음과 같이 제시하였다.

$$K = 0.40 + 0.05 \frac{H}{P} \tag{14·25}$$

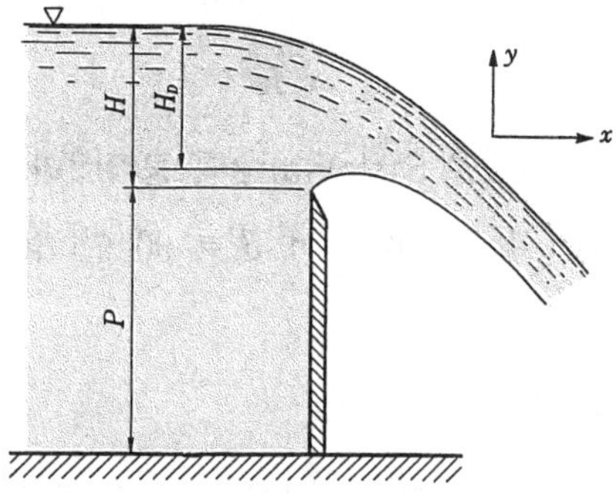

그림 14 · 34

아주 잘 가공된 위어에서 사용되는 유량계수 계산식은

$$C_d = 0.605 + 0.08\frac{H}{P} + \frac{1}{1000H} \tag{14·26}$$

〔2〕 3각 위어

3각 위어에 의한 유량도 4.10.7절에서 유도한 식에 의하여 쉽게 계산할 수 있다.

$$Q = C_d\frac{8}{15}\tan\frac{\theta}{2}\sqrt{2g}H^{\frac{5}{2}} \tag{4·69}$$

여기에서 유량계수 C_d를 먼저 구해야 되므로 Q와 H의 추정에 의하여 실험적으로 C_d값을 결정해 주면 유량 Q의 계산은 매번 H만 측정하여 대입하면 바로 계산된다.

물론 C_d는 Q와 H에 따라 약간 변하므로, 여러 번 측정한 값의 평균값을 사용하거나 $Q = f(H)$에 대한 실험곡선에 의하여 계산하는 수밖에 없다.

3각 위어에 대하여 독일의 Frese는 C_d값을 실험적으로 구하였다.

$$C_d = \left(0.615 + \frac{0.0021}{H}\right)\left\{1 + 0.55\left(\frac{H}{H+p}\right)^2\right\} \tag{14·27}$$

여기서 P는 위어의 높이이다.

스위스의 공학회에서는 C_d의 표준규격으로 다음 식을 정하였다.

$$C_d = 0.615\left(1 + \frac{1}{1000H + 1.6}\right)\left\{1 + 0.5\left(\frac{H}{H+p}\right)^2\right\} \tag{14·28}$$

일본의 JIS에서는 3각 위어에 대하여

$$C_d = 0.565 + \frac{0.00868}{\sqrt{H}} \tag{14·29}$$

을 택하고 있으며, 이를 영국인 Strickland의 공식이라고도 한다.

또 영국의 Thomson은 식 (4·69)에서 $\theta = 90°$인 경우에 상수를 계산하여 다음과 같은 유량공식을 제시하였다.

$$Q = 1.4H^{\frac{5}{2}} \ \mathrm{m^3/s} \tag{14·30}$$

나아가서 Lenz는 점도, 표면장력, 위어의 조도 등을 고려하여 $\theta = 90°$인 경우의 유량계수를 다음과 같이 계산하였다.

$$C_d = 0.56 + \frac{0.70}{R^{0.165}W^{0.17}} \tag{14·31}$$

여기서 $R = \dfrac{\rho\sqrt{g}\,H^{\frac{3}{2}}}{\mu}$, $W = \dfrac{\rho g H^2}{\sigma}$ (σ는 표면장력)이다.

위어의 정점을 넘쳐 흐르는 액체는 그림 14·35 (a)와 같이 포물선을 그리며, 그 포물선의 반실험식은 다음과 같이 유도된다.

$$2\left(\frac{y}{H_D}\right) = \left(\frac{x}{H_D}\right)^{1.85} \tag{14·32}$$

또한 C_d와 $\dfrac{H}{H_D}$의 관계는 그림 14·35 (b)와 같다.

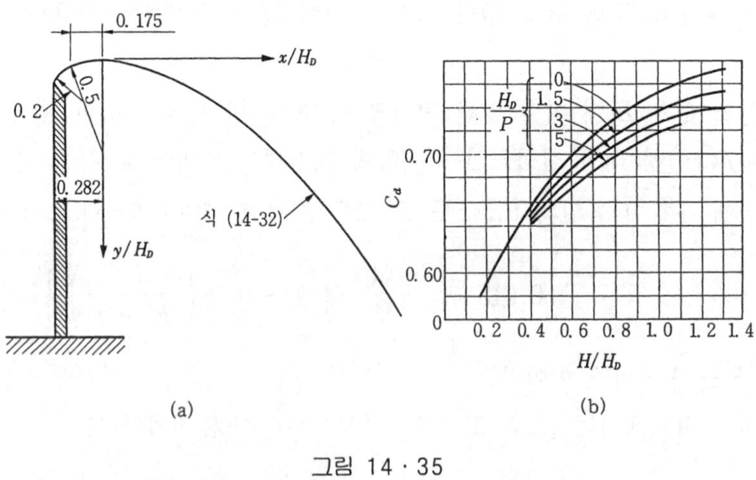

그림 14·35

14.5.4 로터미터

Venturi · 오리피스 · 노즐 미터로 유량을 계측할 경우, 유동장이 넓어서 압력이 일정하지 않으므로 정확한 유량을 계측하기가 어렵다. 이러한 단점을 보완하기 위하여 실제계측에서는 여러 점의 압력을 측정하여 평균값을 사용하기도 한다. 이에 보다 정확한 유량을 측정하기 위한 방법으로 그림 14 · 36과 같은 로터미터를 고안해 내게 되었다.

유체가 밑으로부터 유입되면, 부자(浮子)는 테이퍼관의 상부로 떠오르게 되므로 부자와 테이퍼관 사이에 간격이 생겨 유체가 그 사이로 유동하게 된다. 부자는 유량에 따라 높이 뜨거나 또는 낮게 떠 관벽과의 사이를 정밀하게 유지시켜 준다. 이 현상은 역학적으로 유체유동에 의해 발생하는 항력과 부자의 무게, 그리고 부력이 평형을 이루는 위치에서 부자는 정지해 있게 된다. 그러므로 평형 방정식은

$$F_D = \rho_f g V_b = \rho_b g V_b \qquad (14 \cdot 33)$$

여기에서 ρ_f, ρ_b는 유체와 부자의 밀도이고, V_b는 부자의 체적, g는 중력 가속도, F_D는 항력이다.

항력은

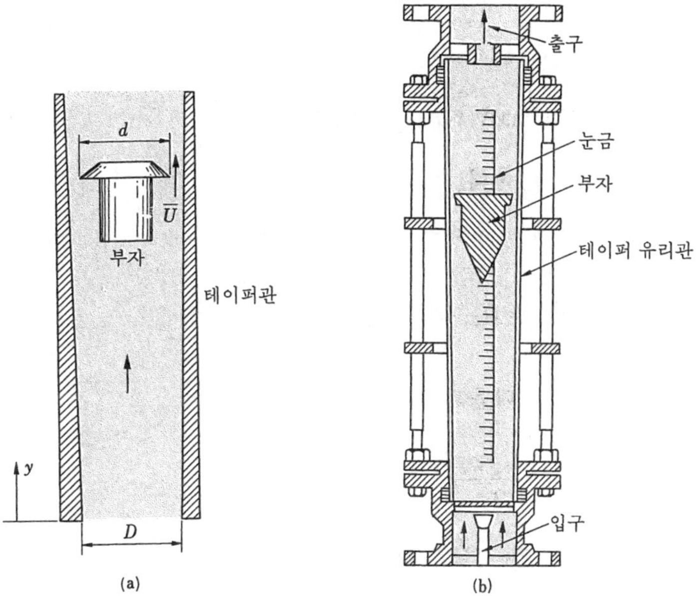

그림 14 · 36

$$F_D = C_D A_b \frac{\rho_f U_m^2}{2} \tag{14 · 34}$$

여기서 C_D는 항력계수이고 A_b는 부자의 앞면적이며, U_m은 부자와 관벽 사이에 흐르는 평균유속이다. 식 (14 · 33)~(14 · 34)로부터

$$U_m = \left[\frac{1}{C_D}\frac{2gV_b}{A_b}\left(\frac{\rho_b}{\rho_f} - 1\right)\right]^{\frac{1}{2}} \tag{14 · 35}$$

즉 유량은

$$Q = AU_m = A\left[\frac{1}{C_D}\frac{2gV_b}{A_b}\left(\frac{\rho_b}{\rho_f} - 1\right)\right]^{\frac{1}{2}} \tag{14 · 36}$$

또는 유량계수 $C_d = \sqrt{1/C_D}$로 놓으면

$$Q = AC_D\left[\frac{2gV_b}{A_b}\left(\frac{\rho_b}{\rho_f} - 1\right)\right]^{\frac{1}{2}} \tag{14 · 36a}$$

여기서 $A = \frac{\pi}{4}\{(D + ay)^2 - d^2\}$이고, y는 테이퍼관의 입구(기준점)로부터 부자의 위치까지 수직높이이며, a는 관의 테이퍼 정도에 따라 정해지는 상수이다. 그리고 면적 A는 실제 사용하고 있는 부자와 관에서 거의 선형적인 관계를 나타내므로 질량 유량식은

$$\dot{m} = C_1 y\sqrt{(\rho_b - \rho_f)\rho_f} \tag{14 · 37}$$

여기서 C_1은 미터의 상수이다.

로터미터의 경우는 유체의 밀도와는 무관하므로

$$\frac{\partial \dot{m}}{\partial \rho_f} = 0,\ 즉\ \rho_b = 2\rho_f$$

를 얻기 때문에 질량유량은 다음과 같이 계산된다.

$$\dot{m} = \frac{C_1 y \rho_b}{2} \tag{14 · 38}$$

식 (14 · 38)에서 알 수 있는 바와 같이 유량계측에서 부자의 밀도가 중요하므로 유체 중에서 밀도가 변하지 않는 특수재질을 사용하여야 한다. 식 (14 · 38)에 의한 계측 오차는 0.2% 정도로 알려져 있다.

예제 14.3 지름이 26 cm인 관에 16 cm의 원형 오리피스가 설치되어 있다. U자관에 수은이 들어 있고, 관로에는 20℃의 물이 유동되고 있다. 수은주의 높이차가 20 cm라고 하면 유량은 얼마가 되겠는가?

풀이 먼저, 수은주 20 cm를 수주(水柱)로 환산하면

$$\frac{p_1 - p_2}{\gamma_w} = \Delta h = \frac{h(\gamma_m - \gamma_w)}{\gamma_w} h(S_m - 1)$$

그러므로

$$\Delta h = 0.2 \times (13.6 - 1) = 2.52\,\mathrm{m}$$

또 그림 14 · 23에서 $\beta = \dfrac{16}{26} = 0.62$인 경우 $C = 0.66$을 택할 수 있으므로

$$Q = CA_0\sqrt{\frac{2gh}{1-(A_0/A_1)^2}} = 0.66 \times \frac{\pi}{4} \times (0.16)^2 \times \sqrt{\frac{2 \times 9.8 \times 2.52}{1-(0.16/0.26)^2}} = 0.1183\,\mathrm{m^3/s}$$

예제 14.4 3각 위어의 실험에서 유량 Q와 정점에서 수면까지의 높이 H를 여러 번 측정하여 그들의 함수관계를 도표로 도시한 결과, 그림 14 · 37과 같이 되었다. 3각 위어의 각도는 80°이고, 유체가 물이었다면 이 위어의 유량계수 C_d를 결정하라.

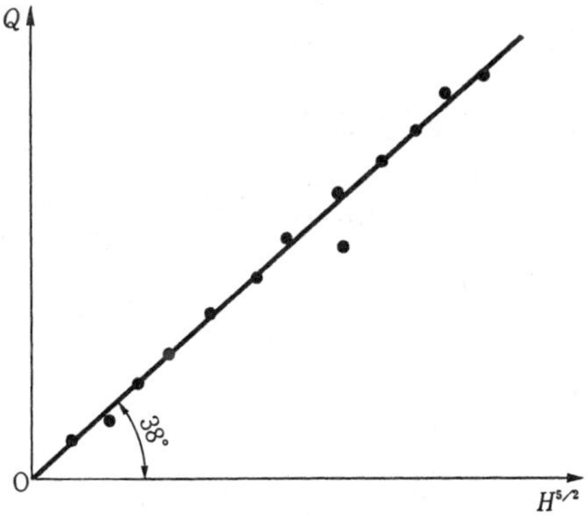

그림 14 · 37

풀이 그림 14 · 37에서 Q와 $H^{5/2}$는 직선적인 함수관계를 이루고 있으므로

$$Q = KH^{5/2}$$

여기서 $K = \tan 38° = 0.78$이므로, 3각 위어의 유량공식은

$$Q = C_d \frac{8}{15} \tan\frac{\theta}{2} \sqrt{2g} H^{5/2}$$

로부터

$$K = C_d \frac{8}{15} \tan\frac{\theta}{2} \sqrt{2g} = 0.78$$

결과적으로 유량계수는

$$C_d = 0.78 \times \frac{15}{8} \times \frac{1}{\sqrt{2g} \times \tan 40°} = 0.39$$

예 제 14.5 큰 수조의 밑바닥에 뚫린 오리피스로부터 물이 방출되고 있다. 수면까지의 높이가 H_1일 때 V_1의 속도로, H_2일 경우 V_2의 속도로 물이 방출된다면 H_1에서 H_2까지 수면의 높이가 감소하는 데 소요되는 시간을 구하라. 또, 물의 평균 방출속도는 $V_m = \frac{(V_1 + V_2)}{2}$가 됨을 증명하라.

풀 이 dt시간 동안 dh의 높이만큼 물이 방출되었다면 체적은 $dV = -A_0 dh$가 된다. 또, 오리피스의 단면적을 A라 하면

$$Q = C_d A \sqrt{2gh}$$

즉, $dV = Qdt$이므로

$$-A_0 dh = C_d A \sqrt{2gh}\, dt$$

$$\frac{dh}{dt} = -\frac{C_d A}{A_0}\sqrt{2gh} \quad \text{또는} \quad \frac{dt}{dh} = -\frac{A_0}{C_d A \sqrt{2gh}}$$

이것을 적분하면

$$t = \frac{2A_0(\sqrt{H_1} - \sqrt{H_2})}{C_d A \sqrt{2g}}$$

따라서 방출된 물의 양은

$$= A_0(H_1 - H_2)$$

평균유량은 $Q_m = \dfrac{V}{t}$ 이며, 분류의 단면적은 $A_c = C_c A$ 라고 하면 평균유속은

$$V_m = \frac{Q_m}{C_c A} = \frac{V/t}{C_c A}$$

따라서 V와 t의 값을 대입하여 정리하면

$$V_m = \frac{C_d\sqrt{2g}\,(\sqrt{H_1} + \sqrt{H_2})}{2C_c}$$

$C_d = C_c \cdot C_v$ 이므로

$$V_m = \frac{V_1 + V_2}{2}$$

예 제 14.6 원통형 가스탱크에 26,000 kgf의 피스톤이 설치되어 가스를 압축하고, 이 압축된 가스가 지름이 8 cm인 구멍을 통하여 분출되고 있다. 피스톤이 자중(自重)에 의하여 등속강하하고 있다면, 비중량이 0.88 kgf/m^{3}인 가스 180 m^{3}를 방출시키는 데 소요되는 시간은 얼마인가? 단, 출구의 손실은 무시하고, 피스톤의 지름은 7.6 m라고 한다.

풀 이 먼저, 가스탱크의 압력을 구하면

$$p = \frac{W}{A} = \frac{26,000}{(\pi/4) \times (7.6)^2} = 573.4\ \text{kgf/m}^2$$

가스의 압력기주(壓力氣柱)는

$$H = \frac{P}{r} = \frac{573.4}{0.88} = 651.6\ \text{m}$$

가스의 분출속도는

$$H = \sqrt{2gH} = \sqrt{2 \times 9.8 \times 651.6} = 113.01\ \text{m/s}$$

유량은

$$Q = \frac{\pi}{4} d^2 v = \frac{\pi}{4} \times (0.08)^2 \times 113.01 = 0.568\ \text{m}^3/\text{s}$$

따라서 시간 t는

$$t = \frac{V}{Q} = \frac{180}{0.568} = 316.9\text{초} = 5\text{분 } 16\text{초}$$

예 제 14.7 수평으로 놓여 있는 Venturi 미터에서 15℃의 물이 수송되고 있는 동안 압력차이는 30 kPa이다. 관의 지름과 Venturi 미터의 목부분의 지름이 각각 46 cm, 23 cm라고 하면 유량은 얼마가 되겠는가? 단, 유량계수는 $C_d = 0.62$이다.

풀 이 먼저, 압력차에 의한 수두를 계산하면

$$h = \frac{\Delta p}{\gamma_w} = \frac{30,000\ \mathrm{N/m^2}}{9810\ \mathrm{N/m^3}} = 3.06\ \mathrm{m(H_2O)}$$

또, 식 (14 · 20)에서 $\beta = 0.5$이므로 유동계수 K는

$$K = \frac{C_b}{\sqrt{1-\beta^4}} = \frac{0.62}{\sqrt{1-(0.5)^4}} = 0.64$$

그러므로 유량은 식 (14 · 21)에 의하여

$$\begin{aligned} Q_{\text{act}} &= KA_2\sqrt{2g(p_1 - p_2)/\gamma} \\ &= 0.64 \times \frac{\pi}{4} \times (0.23)^2 \times \sqrt{2 \times 9.8 \times 3.06} \\ &= 0.206\ \mathrm{m^3/s} \end{aligned}$$

예 제 14.8 Venturi 미터의 입구와 목부분의 안지름이 각각 36 cm, 13 cm이며, 유량계수는 $C_d = 0.86$이다. 유량이 $5.6\ \mathrm{m^3/min}$일 때 입구와 목부분의 압력 수두차를 계산하라.

풀 이 입구와 목부분의 유동 단면적 A_1, A_2를 계산하면

$$A_1 = \frac{\pi}{4} \times (0.36)^2 = 0.102\ \mathrm{m^2}$$

$$A_2 = \frac{\pi}{4} \times (0.13)^2 = 0.013\ \mathrm{m^2}$$

유량은

$$Q = C_d \frac{A_1 A_2}{\sqrt{A_1^2 - A_2^2}}\sqrt{2gH}$$

이므로 압력 수두차 H는

$$H = \frac{1}{2g}\left(\frac{Q}{C_d}\right)^2 \frac{A_1^2 - A_2^2}{(A_1A_2)^2}$$
$$= \frac{1}{2 \times 9.8} \times \left(\frac{5.6}{60 \times 0.86}\right)^2 \times \frac{(0.102)^2 - (0.013)^2}{(0.102)^2 \times (0.013)^2}$$
$$= 3.498 \text{ m}$$

예제 14.9 Venturi 미터의 입구와 목부분의 안지름이 66 cm, 24 cm이고 두 부분의 압력차 수은주가 4 cm라고 하면 유량은 얼마인가? 단, 유량계수 $C_d = 0.96$이다.

풀이 입구와 목부분의 단면적을 A_1, A_2라고 하면

$$A_1 = \frac{\pi}{4} \times (0.66)^2 = 0.342 \text{ m}^2$$
$$A_2 = \frac{\pi}{4} \times (0.24)^2 = 0.045 \text{ m}^2$$

수은주를 수주로 계산하면

$$H = \frac{p_1 - p_2}{\gamma_w} = H'\left(\frac{\gamma_m}{\gamma_w} - 1\right) = H'(S_m - 1) = 4(13.6 - 1)$$

따라서 유량은

$$Q = C_d \frac{A_1A_2}{\sqrt{A_1^2 - A_2^2}} \sqrt{2gH}$$
$$= \frac{0.96 \times 0.342 \times 0.045}{\sqrt{(0.342)^2 - (0.045)^2}} \times \sqrt{2 \times 9.8 \times 0.504}$$
$$= 0.137 \text{ m}^3/\text{s}$$

14.6 압축성 유체의 유량측정

앞 절에서는 오리피스 미터, Venturi 미터 등을 이용하여 유량측정 방법을 살펴보았으나, 이는 모두 비압축성 유체에서 $\rho =$ 일정한 경우에 대한 측정방법들이다.

압축성 유체의 유량을 수축 또는 확대부를 갖는 유량계로써 측정한다면, ρ는 유동단면 어느 점에서나 일정하다고 볼 수 없으므로 간단한 방법으로 계산하기가 어렵다.

유량은 에너지 방정식으로부터 유도한 식

$$\frac{p_1 - p_2}{\gamma} = \frac{{v_2}^2 - {v_1}^2}{2g} + (z_2 - z_1) \tag{14·39}$$

을 이용하여 유속을 구하여 계산하나, 압축성 유체에서는 팽창계수(expansion factor) Y를 고려하여 다음과 같은 식을 통해 유량을 계산한다.

$$W = KA_2 Y\sqrt{2g(p_1 - p_2)/\gamma} \tag{14·40}$$

팽창계수는 노즐과 Venturi 미터에 대해서는 이론적으로, 오리피스 미터에 대해서는 실험적으로 구할 수 있다.

노즐과 Venturi 미터에 대한 Y값은 다음 식을 사용하고 있다.

$$Y = \left[\left(\frac{p_2}{p_1}\right)^{2/k}\left(\frac{k}{k-1}\right)\left\{\frac{1-(p_2/p_1)^{(k-1)/k}}{1-(p_2/p_1)}\right\} \times \left\{\frac{1-\beta^4}{1-\beta^4(p_2/p_1)^{2/k}}\right\}\right] \tag{14·41}$$

여기서 k는 비열비이다.

사각 오리피스(square-edged orifice)에 대한 실험식은

$$Y = 1 - (0.41 + 0.35\beta^4)\left(\frac{p_1 - p_2}{kp_1}\right) \tag{14·42}$$

를 사용한다.

팽창계수 Y값은 $k = 1.4$인 경우에 노즐과 Venturi 미터에 대해서는 그림 14·38에, 사각 오리피스 미터에 대하여는 그림 14·39에 각각 도시하였다.

등엔트로피 압축성 유체의 수축부를 통과하는 유동의 목부분에서 유속이 음속($M = 1$)이 되는 유동을 초크유동(choked flow)이라 한다. 초크유동이 일어나기 위한 임계압력비는

$$\frac{p_2}{p_1} = \left(\frac{1+k}{2}\right)^{k/1-k} \tag{14·43}$$

로 계산되며, $k = 1.4$인 경우에는 $\frac{p_2}{p_1} = 0.528$이 된다.

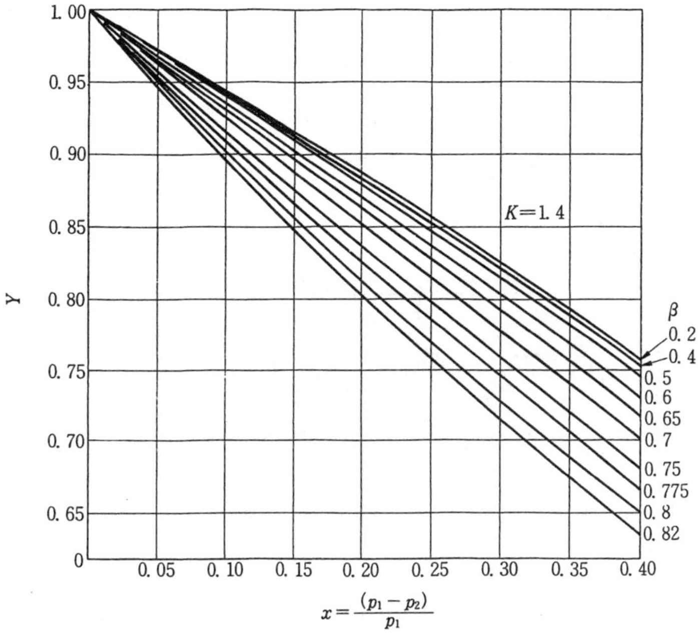

그림 14 · 38

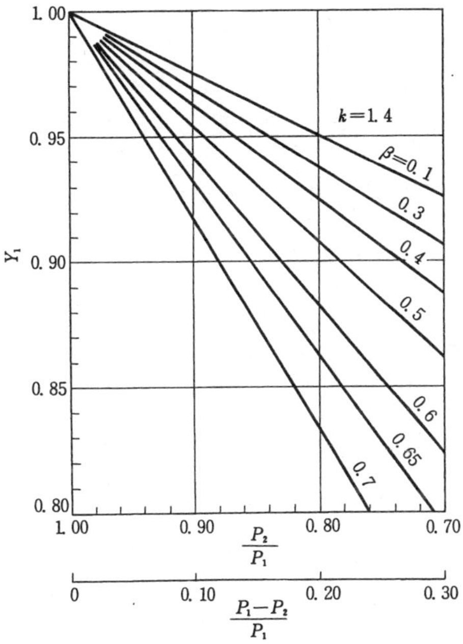

그림 14 · 39

예 제 14.10 표준상태에서 지름이 0.25 m인 관로유동에서는 공기의 유량이 1 m^3/s이다. 이 관에 오리피스 미터를 설치하여 유량을 측정하고자 한다. 최대 150 mm 수주까지 측정이 가능한 마노미터를 사용하였을 때 오리피스의 지름을 얼마로 하면 좋겠는가? 또 압력손실 수두는 얼마인가? 단, 오리피스의 수축계수는 $C_c = 0.60$이다.

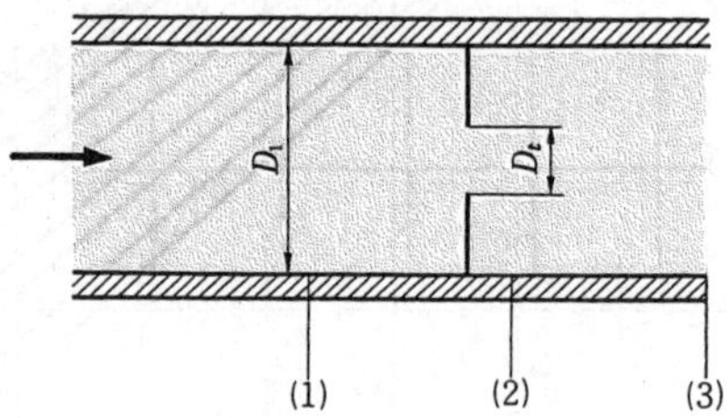

그림 14 · 40

풀 이 오리피스의 지름을 D_t, 단면적을 A_t라 하면, 실제 유출되는 질량유량 $\dot{m}_{ac}$는

$$\dot{m}_{ac} = KA_t\sqrt{2\rho(p_1 - p_2)} \quad \cdots\cdots ①$$

$$\frac{A_t}{A_1} = \left(\frac{D_t}{d_1}\right)^2 = \beta^2$$

여기서 D_1, A_1은 관의 지름과 단면적 $\beta = \dfrac{D_t}{D_1}$이다. 그러므로 식 ①은

$$\dot{m}_{ac} = K\beta^2 A_1\sqrt{2\rho(p_1 - p_2)}$$

또는

$$K\beta^2 = \frac{\dot{m}_{ac}}{A_1\sqrt{2\rho(p_1 - p_2)}} = \frac{\rho Q}{A_1\sqrt{2\rho(p_1 - p_2)}}$$

$$= \frac{Q}{A_1}\sqrt{\frac{\rho}{2(p_1 - p_2)}} = \frac{Q}{A_1}\sqrt{\frac{\rho}{2g\rho\varDelta h}}$$

$$= 1 \times \frac{4}{\pi(0.25)^2}\left(\frac{1}{2} \times 1.23 \times \frac{1}{9.81} \times \frac{1}{999} \times \frac{1}{0.15}\right)^{\frac{1}{2}}$$

$$= 0.417$$

또는

$$K = \frac{0.417}{\beta^2} \quad \cdots\cdots ②$$

β는 대개 $0.25 < \beta < 0.90$ 범위에서 설계되고 있으므로 대략 $\beta = 0.76$으로 놓으면, 식 ②로부터

$$K = \frac{0.417}{(0.76)^2} = 0.722$$

$$D_t = \beta D_1 = 0.76(0.25\,\mathrm{m}) = 0.19\,\mathrm{m}$$

손실수두를 계산하기 위한 (1)과 (3) 단면에서 에너지 방정식은

$$\left(\frac{p_1}{\rho} + C_1\frac{v_1^2}{2} + gz_1\right) - \left(\frac{p_3}{\rho} + C_3\frac{v_3^2}{2} + gz^3\right) = h_L$$

여기서 $C_1 v_1^2 = C_3 v_3^2$라 가정하면,

$$h_L = \frac{p_1 - p_3}{\rho} = \frac{p_1 - p_2 - (p_3 - p_2)}{\rho} \quad \cdots\cdots\cdots\cdots\cdots\cdots ③$$

단면 (2), 단면 (3)에서 운동량 방정식은

$$(p_2 - p_3)A_1 = u_2(-\rho v_2 A_2) + u_3(\rho v_3 A_3)$$

$$= (u_3 - u_2)\rho Q = (v_3 - v_2)\rho Q$$

따라서 $p_3 - p_2 = (v_2 - v_3)\dfrac{\rho Q}{A_1}$, $v_3 = \dfrac{Q}{A_1}$이고

$$v_2 = \frac{Q}{A_2} = \frac{Q}{C_c A_t} = \frac{Q}{C_c \beta^2 A_1}$$

그러므로

$$p_3 - p_2 = \frac{\rho Q^2}{A_1^2}\left(\frac{1}{C_c\beta^2} - 1\right)$$

$$p_3 - p_2 = 1.23 \times 1^2 \times \frac{4^2}{\pi^2} \times \frac{1}{(0.25)^4}\left\{\frac{1}{0.6(0.76)^2} - 1\right\}$$

$$= 962\,\mathrm{N/m^2}$$

$$p_1 - p_2 = \rho g \Delta h = 999 \times 9.81 \times 0.15 = 1470\,\mathrm{N/m^2}$$

식 ③에 각각 대입하면

$$h_L = \frac{(1476 - 962)}{1.23} = 418\,\mathrm{N \cdot m/kg}$$

14.7 점도측정

점도 자체는 직접측정이 불가능하므로 측정이 가능한 유량(quantity)에 연관된 식을 이용하여 계산할 수 있으며, 측정에 사용되는 기구들을 점도계(viscosimeter 또는 viscometer)라고 한다.

이상적인 점도계에서 시험유체의 유동은 점성에 의하여 완전히 결정된다. 그러므로 실용 점도계에서는 다른 여러 가지의 영향을 고려하여 방정식들의 교정이 필요하고, 정확히 알려진 점도와 비교하여 계기를 교정할 필요가 있다. 그러므로 여기에 몇 가지의 점도측정 방법에 대하여 설명하기로 한다.

14.7.1 배출방법

대부분의 점도계는 원형관을 통한 층류유동에 의한 방법으로 측정하도록 되어 있다. 그림 14·41에서 점도를 측정하고자 하는 유체를 B까지 채우고 유체가 B에서 점 C까지 하강하는 시간을 측정하여 단위시간당 유량을 측정한다. 이때 BC간에 채워져 있는 유체량을 $\mathcal{V}$라 하고, $\mathcal{V}$가 하강하는 데 t초의 시간이 걸렸다면 $Q = \dfrac{\mathcal{V}}{t}$이므로, Poiseuille의 법칙을 이용하여 다음과 같이 점도를 계산할 수 있다.

$$\mu = \frac{\pi d^4 (p_1 - p_2)}{128 Q l} = \frac{\pi d^4 \gamma h_L t}{128 \mathcal{V} l} \qquad (14 \cdot 44)$$

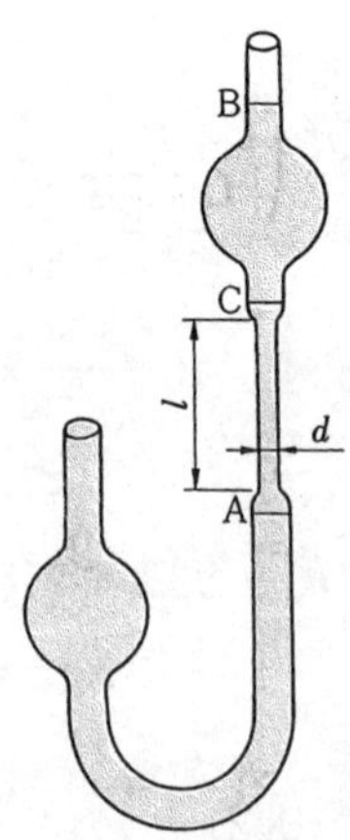

그림 14·41 Ostwald 점도계

이 방법은 일찍이 Wilheim Ostwald(1853~1932)에 의해 고안되어 Ostwald 점도계라고 한다. 식 (14·44)에서 손실수두 h_L은 점 C와 점 A 사이의 손실이나, 실제적으로 거의 일정한 값을 가지며 V, l, d값들 역시 일정하므로 결과적으로 시간 t만을 측정하여 계산할 수가 있다.

14.7.2 공업용 점도계

여러 가지 많은 기구들이 공업 기술용 점도측정 기구로 사용되고 있다. 대개 여기에서 사용되고 있는 모세관은 아주 짧기 때문에 오리피스와 같은 유동이 될 수도 있으며, 짧은 관의 경우 Poiseuille의 법칙을 적용하기가 어렵다. 따라서 간단한 유량측정만으로는 점도를 정확히 계산해 내기가 어려우므로 이미 점도가 알려진 유체와 교정을 하여야 한다.

영국에서는 Redwood 점도계, 미국에서는 Saybolt 점도계, 독일 등 서부국가들은 Engler 점도계를 많이 사용하고 있다. 이러한 점도계들은 형태가 다를 뿐 동일한 원리로 되어 있다. 그림 14·42에 있는 Boverton Redwood(1846~1919)가 발명한 Redwood 점도계에 대하여 살펴보기로 한다.

밸브 V로 모세관으로 되어 있는 J를 막은 다음 측정하고자 하는 액체를 A에 채운다. 주위의 통 B에 물을 채워 넣어 온도를 등온으로 유지되도록 하고, 외부의 열이 내부에 전달되지 않도록 한다. 혹 H는 측정액체의 높이를 가리키고 밑의 플라스크에 떨어지는 액체유량을 측정한다.

만약 여기서도 Poiseuille 법칙의 사용이 가능하다면, 일정 유량에 대한 높이(head)를 알 수 있으므로 압력 ρgh를 대입하여

$$Q = \frac{\pi \rho g h d^4}{128\,\mu l} = \frac{\pi g h d^4}{128\,\nu l}$$

유량 Q는 동점성 계수 ν에 역비례함을 알 수 있다. 액체가 흘러나오면 h, 즉 Q가 감소하나 유량 Q는 $\dfrac{1}{\nu}$에 정비례하고 있다. 그러나 실제적으로는 이 비례값 자체가 근사값이다.

관 양끝의 압력차는 Poiseuille 공식에 나타나 있는 점성저항을 막아 주고, 액체가 관을 통하여 흘러갈 때 액체에 운동 에너지를 주기 위한 것이다. 따라서 관 입구에서의 $\dfrac{\partial p}{\partial x}$값은 충분히 발달된 층류 유동역이 아니므로 Poiseuille 공식에서의 값보다 크게 나타나고 있다. 그러므로 이러한 영향을 고려하여 동점성 계수의 값을 시간 t에

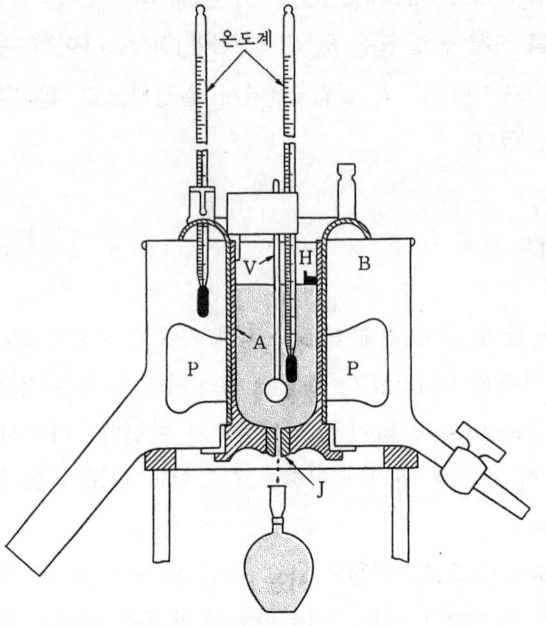

그림 14 · 42 Redwood No. 1 점도계

대하여 $\nu = At - \dfrac{B}{t}$ 로써 교정해 주고 있다. 여기서 A와 B는 측정기에 따라 정해지는 상수이다. 이러한 점도계는 극히 작은 모세관을 사용하기 때문에 많은 시간이 걸리는 단점이 있다.

그림 14 · 43은 Saybolt 점도계의 원리를 도시한 것으로서 A에 채워진 유체가 일정한 용량의 용기 B에 채워지는 시간을 측정하여 점도와 동점성 계수를 계산하는 방법이다.

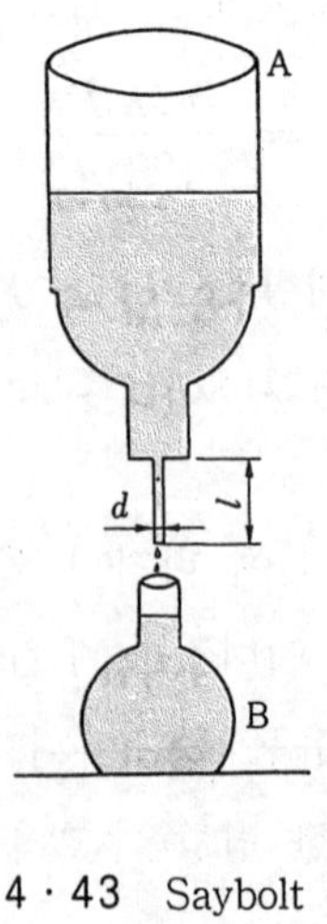

그림 14 · 43 Saybolt 점도계

표 14·4 S.A.E. 점도(엔진오일)

S.A.E. 점도 No.	99℃에서 Saybolts	99℃에서 ν(mm²/s)
20	45~58	5.85~9.66
30	58~70	9.66~12.7
40	70~85	12.7~16.5

Poiseuille 공식에서 일정한 값들의 적(積)을 K로 놓으면

$$\mu = K\gamma t = K\rho g t \tag{14·45}$$

가 되고, 동점성 계수는

$$\nu = \frac{\mu}{\rho} = Kgt \tag{14·46}$$

가 되어 μ 및 ν의 값은 측정한 시간 t만의 함수관계에 있음을 알 수 있다.

$t > 32$ s의 경우에 Saybolt 점도계에 의해 측정한 실험식은

$$\nu = 10^{-4}\left(0.002197\,t - \frac{1.798}{t}\right) \tag{14·47}$$

로 사용되고 있으며, t의 값이 큰 경우에 윗식은 선형적인 함수관계를 나타낸다.

14.7.3 구(球) 낙하법

크기와 무게가 알려진 작은 입체를 유체매체를 통하여 낙하시켜 점도를 측정하는 방법이 있다. 만약 입체가 아주 작은 구로 되어 있고, 입체와 유체와의 밀도차가 아주 작은 경우에 구는 아주 낮은 속도 $\frac{2RV}{\nu} < 1$로 낙하하게 되므로 Stokes의 이론을 적용할 수가 있다.

그림 14·44에서와 같이 구가 등속도로 일정한 거리 d를 낙하해 갈 때, 시간 t를 측정하여 점도를 계산한다. 등속도에서 구에 작용하는 힘은 평형을 이루게 되므로 $\Sigma F = 0$이 된다.

즉

$$\text{무게} - \text{부력} - \text{항력} = 0$$

$$\rho_S g \frac{4}{3}\pi R^3 - \rho g \frac{4}{3}\pi R^3 - 6\pi\mu V R = 0 \tag{14·48}$$

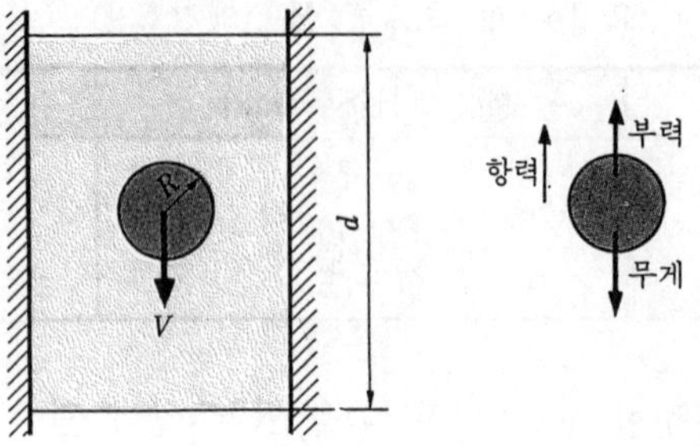

그림 14 · 44

여기서 ρ_S, ρ는 구와 액체의 밀도를 나타내며, 항력 $6\pi\mu VR$는 $D = C_D \frac{1}{2}\rho V^2 A$에 $C_D = \frac{24\nu}{2RV}$의 값을 대입하여 나온 값이다.

윗식에서 μ에 대하여 풀면

$$\mu = \frac{2}{9} g(\rho_S - \rho)\frac{R^2}{V} \tag{14 · 49}$$

$V = \frac{d}{t}$이므로

$$\mu = \frac{2}{9} gR^2(\rho_S - \rho)\frac{t}{d} \tag{14 · 50}$$

여기에서 항력 $6\pi\mu VR$는 시험관의 반지름이 구의 반지름보다 아주 클 때 적용이 가능하며, 실제적으로는 식 (14 · 50)에서 벽면의 영향을 고려해야 한다.

그리고

$$\mu = \frac{2}{9} g\frac{R^2}{K}(\rho - \rho)\frac{t}{d} \tag{14 · 51}$$

여기서 K는 실험적으로 정해지는 상수이다.

표 14 · 5

구의 반지름/시험관의 반지름	K
0	1.000
0.1	1.263
0.2	1.680
0.3	2.371
0.4	3.596
0.5	5.970
0.6	11.135
0.7	24.955

14.7.4 로터리 점도계

그림 14·45와 같이 로터리 점도계는 동심축을 갖는 두 개의 실린더에서 하나는 회전하고, 다른 하나는 정지상태에 있도록 한 점도측정 기기이다. 두 실린더 사이에 점도를 측정하고자 하는 유체를 넣어 한 실린더를 회전시킴으로써 발생하는 토크(torque)를 측정하여 점성을 계산한다.

그림 14·45와 같이 외부 실린더가 알고 있는 rpm으로 회전하고, 내부 실린더는 정지상태에 있도록 하여 내부 실린더에서 비틀림(torsion)이나 스프링으로 휨량(deflection)을 측정한다. 점도는 내부 실린더에 발생한 토크에 비례하므로 두 실린더 간의 간격이 좁은 경우에 다음과 같은 식을 생각할 수 있다.

$$\tau = \mu \frac{du}{dy} = \mu \frac{U}{d} = \mu \frac{\omega(R + d)}{d} \qquad (14 \cdot 52)$$

내부 실린더에 발생한 토크 T는

$$T = F_s \times R = \tau 2\pi RhR \qquad (14 \cdot 53)$$

여기서 F_s는 전단력이다.

윗식에서 $\tau = \dfrac{T}{2\pi hR^2}$ 이므로

$$\mu \frac{\omega(R + d)}{d} = \frac{T}{2\pi hR^2} \qquad (14 \cdot 54)$$

d는 R보다 극히 작으므로 윗식은 간략하게 다음과 같이 사용되고 있다.

$$\mu = \frac{T \times d}{2\pi R^3 h\omega} \qquad (14 \cdot 55)$$

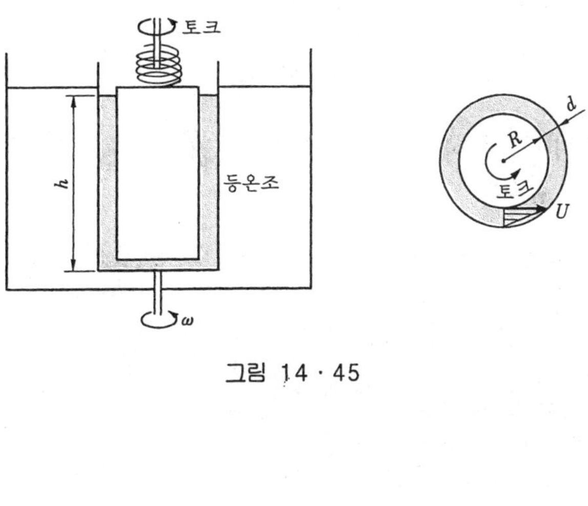

그림 14·45

예 제 14.11 지름이 10 mm인 강구(鋼球)가 액체로 채워진 지름이 50 mm의 시험관의 중심선을 따라 낙하하고 있다. 강구와 액체의 밀도는 각각 7850 kg/m³, 918 kg/m³이고, 구가 1 m의 거리를 0.1 s로 낙하한다면 액체의 점도는 얼마인가?

풀 이 구와 관의 반지름비가 0.2이므로 표 14·3에서 $K = 1.680$이다. 그러므로 식 (14·51)로부터

$$\mu = \frac{2}{9} g \frac{R^2}{K} (\rho_S - \rho) \frac{t}{d}$$
$$= \frac{2}{9}(9.8 \text{ m/s}^2) \frac{0.005^2 \text{ m}^2}{1.680} \{(7850 - 918) \text{ kg/m}^3\} \frac{0.1 \text{ s}}{1 \text{ m}}$$
$$= 0.022 \text{ Pa} \cdot \text{s}$$

예 제 14.12 반지름 R_1인 플랜지가 부착된 회전축이 그림 14·46과 같이 점성계수가 μ인 유체를 플랜지와 고정대 사이에 두고 설치되어 있다. 유체막의 두께는 h이고, 축이 각속도 ω로 회전하고 있다면 소요되는 동력은 얼마인가?

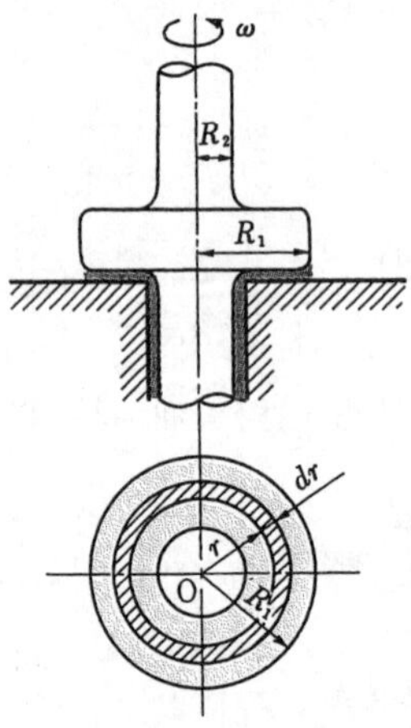

그림 14·46

풀 이 그림에서 반지름이 r이고, 폭이 dr인 곳 dA에 발생하는 마찰력을 dF라 하면 $\tau = \mu \frac{\omega r}{h}$이므로

$$dF = \tau dA = \frac{\mu\omega r}{h} 2\pi r dr = \frac{2\pi\mu\omega r^2}{h} dr$$

또 축중심에 대한 마찰저항 모멘트는

$$dM = r dF = \frac{2\pi\mu\omega r^3}{h} dr$$

따라서 전점성 마찰 모멘트는

$$M = \frac{2\pi\mu\omega}{h}\int_{R_2}^{R^1} r^3 dr = \frac{\pi\mu\omega}{2h}(R_1^{\ 4} - R_2^{\ 4})$$

그러므로 소요동력은

$$L = M\omega = \frac{\pi\mu\omega^2}{2h}(R_1^{\ 4} - R_2^{\ 4})$$

14.8 열선 풍속계(Hot-Wire Anemometer)

열선 풍속계는 유동하는 유체의 동압(動壓)을 Wheatstone 브리지의 원리를 이용하여 전압을 측정하고, 그 값을 속도로 환산하여 유속을 측정하는 전기적인 방법이다.

그림 14 · 47은 Wheatstone 브리지의 원리를 그림으로 나타낸 것이며, 여기서 R_1, R_2, R_3, R_4는 저항을 나타내고, i_1, i_2, i_3, i_4는 전류로서 전위차계에 전류가 흐르지 않게 되면 AC, AD, CB, DB의 전위차는 같게 되어

$$i_1R_1 = i_3R_3$$
$$i_2R_2 = i_4R_4$$

가 되고, 전위차계에 전류가 흐르지 않으므로 $i_1 = i_2$, $i_3 = i_4$이므로, 위의 두 식으로부터

$$\frac{R_1}{R_2} = \frac{R_3}{R_4} \tag{14 · 56}$$

그러므로 이런 상태에서는 전류가 흐르지 않기 때문에 Wheatstone 브리지는 평형상

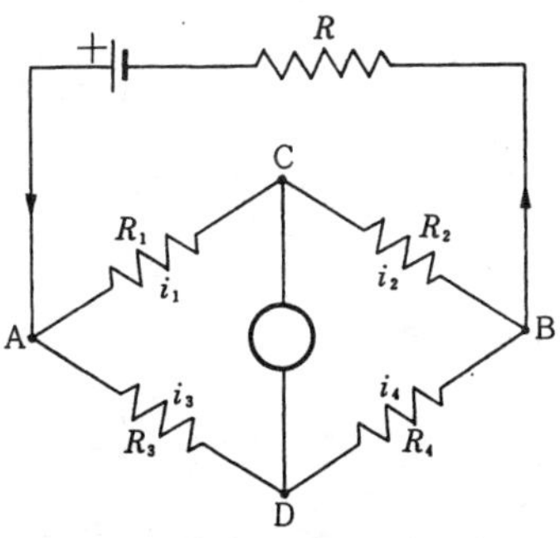

그림 14 · 47 Wheatstone 브리지

태를 이루고 있다. 그러나 이 4저항 중 어느 한 곳에 저항이 증가하게 되면 이 게이지는 다시 식 (14 · 56)과 같은 관계, 즉 평형을 유지하기 위하여 전위차계에 전류가 흐르게 될 것이다. 이 원리를 이용하여 가는 금속선을 임의의 저항위치에 연결하고, 여기에 압력을 가했을 때 나오는 전류를 전위차계에서 읽도록 고안한 것이 열선 풍속계(hot-wire anemometer)이다.

Wheatstone 브리지의 회로와 열선 프로브의 연결 개략선도는 그림 14 · 48과 같다. 사용하는 열선은 극히 정밀하게 제작된 열에 강한 선이며, 그 크기는 대개 길이가 2~3 mm이고 지름은 0.25~5 μm가 보통이다.

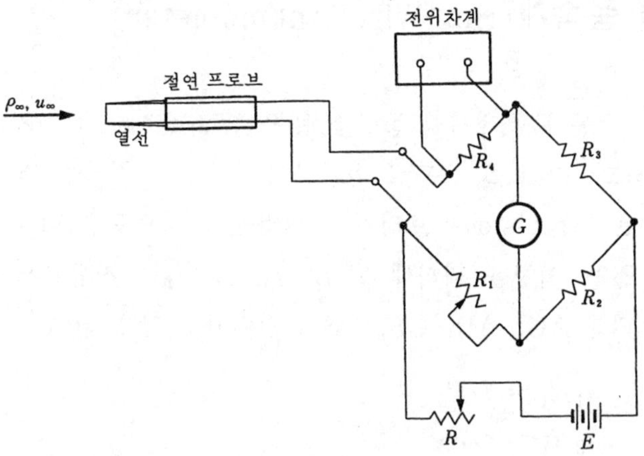

그림 14 · 48

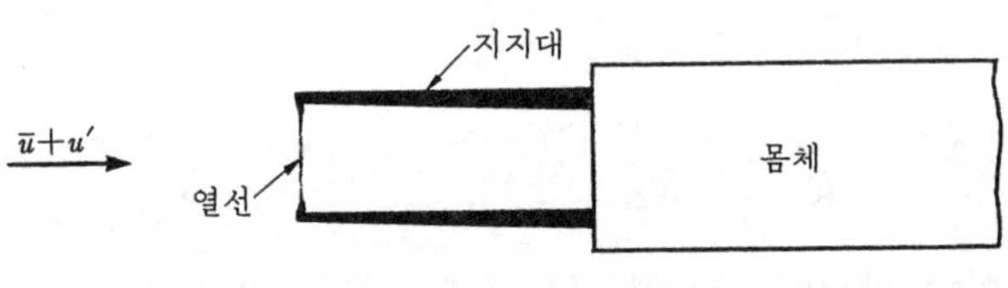

그림 14 · 49

열선 프로브(hot-wire probe)는 그림 14 · 49와 같은 모양으로 되어 있다.

풍속계는 등온형으로 되어 있으며, 풍속계에서 나오는 출력볼트 V는 센서(sensor) 내부에 흐르는 전류 I에 비례한다. 따라서 King은 열선(hot-wire)으로부터 나오는 동력(power)을 다음과 같이 표기하였다.

$$P = I^2R = (a + b\sqrt{\rho U})(T_S - T_f) \tag{14 · 57}$$

여기서 I는 전류, U는 센서에 수직한 유체의 순간속도이고 a, b는 열선의 특성에 따라 정해지는 상수, T_s는 센서의 온도, T_f는 유체의 온도이다.

T_s와 T_f는 상수이므로 $V^2 \propto I^2$이 되고, T_f가 일정할 때는

$$V^2 = (A + B\sqrt{\rho U}) \tag{14·58}$$

여기서 A, B는 상수이다.

실제 풍속계에서 출력 V와 순간속도 U를 측정하여 V와 U의 관계를 도시하면 그림 14·50과 같이 된다.

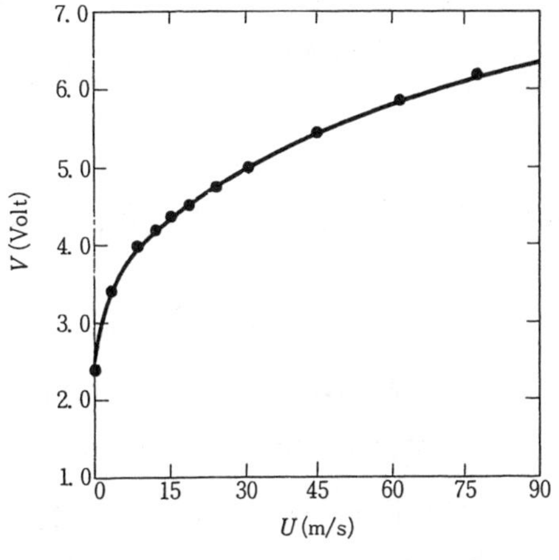

그림 14·50

그림 14·50은 출력전압 V를 유속 U로 환산할 수 있는 교정곡선(calibration curve)이다. 그러나 이 곡선으로는 V와 U의 정확한 함수 관계식을 구하기가 매우 어렵다. 그리하여 King은 멱법칙(power)을 사용하여 식 (14·58)을 여러 단계의 계산 과정을 거쳐 우리가 사용하기에 편리한 다음과 같은 식을 유도하였으며, 이것을 King의 법칙(King's law)이라고 한다.

$$U = KV \tag{14·59}$$

여기서 K는 열선의 특성에 따라 정해지는 비례상수이며, 이 선형 방정식은 열선 풍속계에서 출력된 전압이 선형기(linearizer)에 입력되어 대수적인 회로를 거쳐 출력되므로 유속과 전압의 직선의 식을 얻게 된다. 이 과정을 열선 풍속계 교정(calibration)이라고 하며, 실제작동을 위하여는 많은 숙련된 기술이 요구된다. 따라서 선형화된 열선 풍속계에서 출력된 전압과 동일한 조건하에서 동시에 계측된 유속과의 교정곡선은 그림 14·51과 같은 직선으로 나타나게 된다.

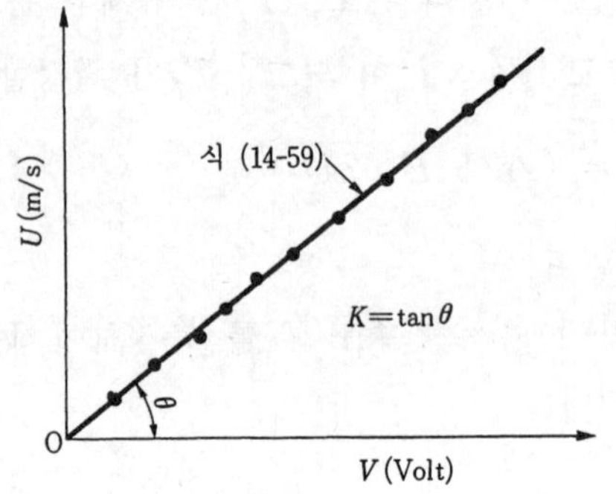

그림 14 · 51

14.9 레이저-도플러 풍속계(Laser-Doppler Anemometer)

레이저-도플러 풍속계(LDA)는 유동장에 광선을 투과시켜 유체입자들이 유동하면서 빛을 산란시키는 효과로서 유속을 계측하는 새로운 방법이다. 이 방법은 Pitot관처럼 비교적 넓은 측정범위를 가지며, 설치에 어려움이 있는 관로 또는 곡부의 유동장에서 유동에 전혀 영향을 미치지 않으면서 계측할 수 있는 큰 이점을 지니고 있다. 또 열선풍속계에 의한 계측은 유체입자들의 크기나 유동방향을 감지할 수 없는 데 비하여 LDA는 유체의 유동방향을 계측할 수 있으며, 음속이나 복잡한 선회운동을 하는 와류를 계측할 수 있는 큰 장점을 가지고 있다. 나아가서 보다 전문적인 연구분야에서의 유체입자들의 분포, 즉 농도(concentration)의 계측도 가능하다.

LDA는 용도에 따라 여러 형태가 있으나 그 원리는 동일하므로, 여기에서는 그림 14 · 52와 같은 두 개의 평행광선에 의해 형성되는 LDV 장치를 살펴보기로 한다.

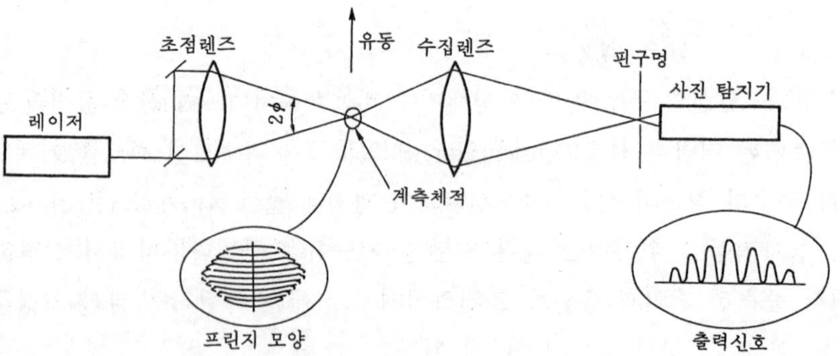

그림 14 · 52 두 광선 LDA

두 평행광선은 수집렌즈(converging lens)에 의해 2ϕ의 각도로 교차되어 그 교차점은 일종의 타원과 같은 형태를 이루게 된다. 대개 이 교차점의 지름은 0.3 mm이고 길이는 2 mm 정도이다. 결국 유체입자들은 이 점을 통과하면서 빛을 산란시키게 된다. 두 광선의 간섭은 두 광선의 평면에 수직한 계측체적에서 빛이 밝았다 어두웠다 하는 프린지(light and dark fringe)를 연속적으로 발생시키게 된다. 입자가 프린지 모양의 교차점을 통과하게 되면 빛은 산란하게 되고, 이 산란광의 일부는 제2의 수집렌즈를 통과하여 사진 탐지기에 포착되며, 이를 오실로스코프(oscilloscope)와 연결하여 출력시키면 그 신호는 그림에서와 같은 형상으로 나타난다.

광학이론을 적용하면 발생하는 프린지들 사이의 거리 Δx는

$$\Delta x = \frac{\lambda}{2\sin\phi} \tag{14·60}$$

여기서 λ는 레이저 빔(laser beam)의 파장이며, ϕ는 두 교차광선들 사이의 반각(半角)이다.

이 이론에 의하여 유속계측에서 전자회로의 적절한 설계를 통해 주파수 f를 계측할 수 있으며, 이 관계를 유속과 관련시켜 다음과 같은 식을 유도할 수 있다.

$$u = \frac{\Delta x}{\Delta t} = \frac{\lambda f}{2\sin\phi} \tag{14·61}$$

결과적으로 LDV에 의한 계측은 유동장 내에 유체입자들을 발생시켜 빛을 산란시켜야 하고, 이 입자들이 유동되고 있는 유체와 동일한 속도로 유동되어야 하므로 입자의 크기가 매우 작아야 한다.

…… 연 습 문 제 ……

1. 지름 2″의 송수관에 지름 0.4″인 오리피스를 장치하여 유량을 측정할 때 오리피스의 U자관에 압력차가 수은주로 $h = 50$ mm로 나타났다. 오리피스의 유량계수를 $C_d = 0.90$으로 할 때, 송수관 내의 유량을 단위 l/s로 계산하라.

2. 수면으로부터 2.5 m 밑에 있는 지름 10 cm의 오리피스로부터 물이 유출될 때 $C_v = 0.95$, 수축계수 $C_c = 0.70$이면 실제의 유량은 얼마인가?

3. Pitot관에 의하여 공기의 유속을 측정하기 위해 U자관에 물을 넣어 대기에 분출되는 공기의 압력을 측정한 결과 1.2 cm의 수주차가 났다. 유속을 계산하라.

4. 관로에서 20℃의 물이 수조에 5분 동안 유입되었다. 유입중량이 12,000 N이라 하면 유량은 몇 m^3/s인가?

5. 오리피스의 수두가 5.8 m이고 물의 분출속도가 10.2 m/s라고 하면 오리피스의 속도계수는 얼마인가?

6. 그림 14·53과 같이 물이 분사되고 있다. 속도계수 C_v, 수축계수 C_c, 유량계수 C_d를 계산하라.

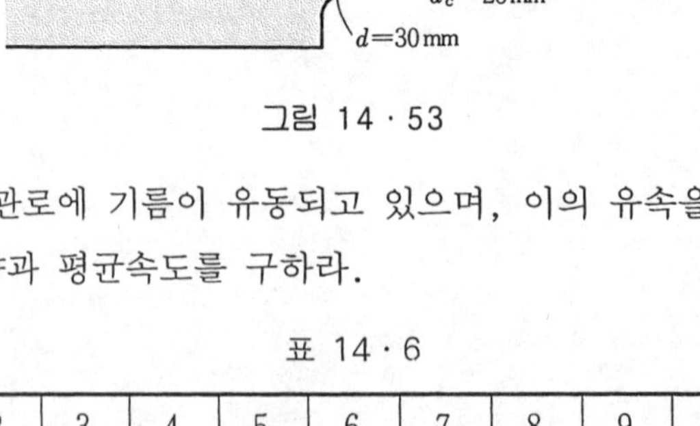

그림 14·53

7. 지름이 24 cm의 관로에 기름이 유동되고 있으며, 이의 유속을 측정한 결과 다음과 같이 되었다. 유량과 평균속도를 구하라.

표 14·6

Rcm	0	1	2	3	4	5	6	7	8	9	10	10.5	11.5	12
Vm/s	9.6	9.5	9.4	9.2	8.8	8.4	7.6	6.8	5.4	4.8	2.8	1.8	0.8	0

8. 관로유동에서 A단면에 정압관을, B단면에 Pitot관을 설치하여 압력 수주차를 측정한 결과 48 cm가 되었다. 유량은 얼마가 되겠는가? 단, 관의 지름은 12 cm이고 Pitot관 계수는 $k = 0.92$이다.

9. 비행중인 비행기의 앞날개에 Pitot관을 설치하여 압력을 측정한 결과 수은주로 60 cm이었다. 비행기의 속도는 얼마인가? 단, 공기는 정지상태로 간주한다.

10. 그림 14 · 54와 같이 지름이 8 in인 오리피스를 통하여 대기 중에 물이 분출되고 있다. 수면은 압력 p_0가 작용하고, 오리피스 중심선에서 수면까지의 높이는 6 m이다. 유량이 $Q = 0.38\ \mathrm{m^3/s}$라고 하면 압력 p_0는 얼마인가? 단, $C_d = 0.6$이다.

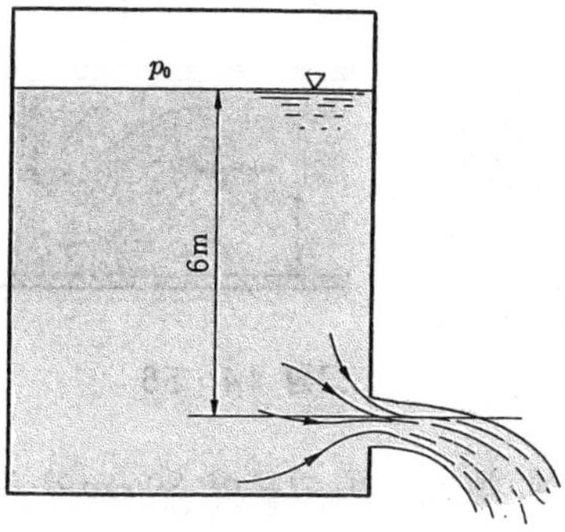

그림 14 · 54

11. 16 in 관로에 9.6 in의 오리피스가 설치되어 있다. 오리피스 전후에 수은을 넣은 U자관을 설치하여 압력차를 측정하였으며, 이때 유량은 $Q = 3.2\ \mathrm{ft^3/s}$였다. 압력 수두차를 구하라. 단, 유동계수는 $K = 0.6$이다.

12. 그림 14 · 55와 같이 지름이 60 cm인 관로에 20℃의 물이, 지름 20 cm인 오리피

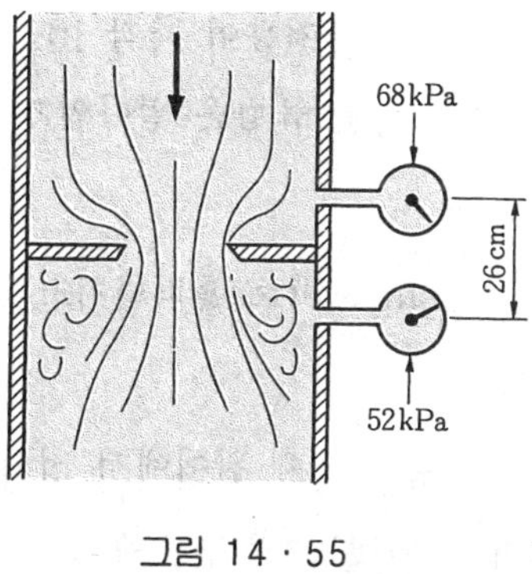

그림 14 · 55

스를 통하여 유동하고 있다면 유량은 얼마인가? 단, 유동계수는 $K = 0.6$이다.

13. 지름이 1.2 m인 관로에 유량이 2.4 m^3/s이고, 관로에 설치된 원형 오리피스의 상류·하류의 압력수두가 8.2 m라고 하면 오리피스의 지름은 얼마가 되겠는가? 단, 유동계수는 $K = 0.68$이다.

14. 그림 14·56과 같은 반원형 오리피스가 침전물을 유동시키면서 유량을 계측하기 위하여 설치되었다. 유량 Q를 압력차 Δp와 관의 지름 D의 항으로 나타내라.

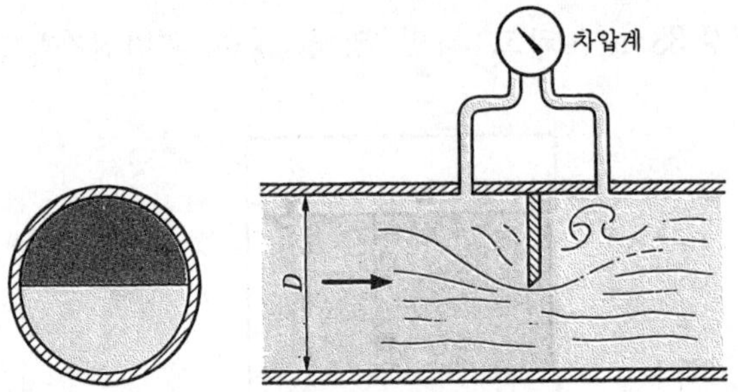

그림 14·56

15. 지름이 60 cm인 관로에 목부분의 지름이 30 cm인 Venturi 미터가 설치되어 20℃의 물이 0.60 m^3/s로 유동되고 있다. Venturi 미터의 목부분과 상류의 압력차를 U자관에 수은을 넣어 측정하였다면 수은주의 높이 차이는 얼마인가? 단, 유동계수는 $k = 0.62$이다.

16. 지름이 220 cm인 Venturi 미터가 설치되어 20℃의 물이 12 m^3/s로 유동되고 있다. Venturi 미터의 상류와 목부분의 압력차가 180 kPa라고 하면 Venturi 미터의 목부분의 지름은 얼마인가? 단, 유동계수는 $K = 0.98$이다.

17. Venturi 미터의 입구와 목부분의 안지름이 각각 10 cm, 4 cm이며, 입구과 목부분의 압력차가 수은주로 11cm라고 하면 유량은 얼마인가? 단, 유량계수는 $C_d = 0.66$이다.

18. 60°의 삼각 위어에서 물이 60 cm 높이로 흘러넘치고 있다. 유량계수가 $C_d = 0.65$라고 하면 유량은 얼마인가?

19. 폭이 220 cm이고 높이가 36 cm인 사각 위어에서 정점으로부터 수면까지의 높이가 16 cm라고 하면 유량은 얼마가 되겠는가? 단, 유량계수는 $C_d = 0.68$이다.

20. 지름이 50 mm인 관이 갑자기 25 mm로 수축되는 관 내를 물이 흐르고 있다. 수축부에서의 압력강하가 3.4 kPa라고 하면 체적유량은 얼마인가?

21. 지름이 0.3 m이고 길이가 50 m인 곧은 관로를 15℃에서 공기가 유동하고 있다. 유량이 0.6 m^3/s이고 관의 양끝에서 압력이 동일할 때 입구와 출구의 높이차를 구하라.

22. 지름이 9 mm인 구가 종속도 60 mm/s로서 20℃의 원유 속을 낙하하고 있다. 항력계수 $C_D = \dfrac{24}{Re}$를 이용하여 C_D를 구하고 구의 밀도를 구하라. 또, 이 구가 20℃ 물 속에서 낙하한다면 낙하속도는 얼마가 되겠는가?

23. 40℃의 석유가 0.3 m의 관로를 따라 송유되고 유량이 200 kg/s를 초과하지 않는다고 한다. 수주 1 m의 마노미터로써 오리피스 미터에 사용가능하다고 할 때 오리피스의 지름을 구하라. 또 수주 1 mm까지 정확히 읽을 수 있고 10% 이내의 정도를 가지고 있을 때 측정할 수 있는 최소유량은 얼마인가?

24. 관지름이 150 mm, 목부분의 지름이 75 mm인 Venturi 미터에 20℃의 공기가 흐르고 있다. 목 전후의 압력차가 수주로 3.5 cm이고, 유량계수가 $C_d = 0.62$일 때 유량은 얼마인가? 또 압력차를 수은주로 구하라.

25. 저널 베어링이 동심축 실린더로 되어 있다. 내부와 외부 반지름이 각각 25 mm, 26 mm이며, 2800 rpm으로 회전하고 있다. 저널 베어링을 회전시키는 데 걸리는 토크가 0.2 N · m라고 하면 저널 베어링 사이에 있는 기름의 점도는 얼마인가?

부 록

Ⅰ. 유체의 물리적 성질
Ⅱ. 압축성 유동
Ⅲ. 단위 및 환산표
Ⅳ. 모멘트와 도심
Ⅴ. 벡터의 개념과 해석
Ⅵ. 공동현상
Ⅶ. 연습문제 해답

부록 I : 유체의 물리적 성질

표 I-1 물의 물리적 성질(BG & EE 단위)

온 도 °F	비중량 γ lb/ft^3	밀 도 ρ slug/ft^3	점성계수 $\mu\times10^{-5}$ lb·s/ft^2	동점성 계수 $\nu\times10^{-5}$ ft^2/s	표면장력 $\sigma\times100$ lb/ft	증기압 p_v/γ ft	체적 탄성계수 $K\times10^3$ lb/in^3
32	62.42	1.940	3.746	1.931	0.518	0.20	293
40	62.43	1.940	3.229	1.664	0.514	0.28	294
50	62.41	1.940	2.735	1.410	0.509	0.41	305
60	62.37	1.938	2.359	1.217	0.504	0.59	311
70	62.30	1.936	2.050	1.059	0.500	0.84	320
80	62.22	1.934	1.799	0.930	0.492	1.17	322
90	62.11	1.931	1.595	0.826	0.486	1.61	323
100	62.00	1.927	1.424	0.739	0.480	2.19	327
110	61.86	1.923	1.284	0.667	0.473	2.95	331
120	61.71	1.918	1.168	0.609	0.465	3.91	333
130	61.55	1.913	1.069	0.558	0.460	5.13	334
140	61.38	1.908	0.981	0.514	0.454	6.67	330
150	61.20	1.902	0.905	0.476	0.447	8.58	328
160	61.00	1.896	0.838	0.442	0.441	10.95	326
170	60.80	1.890	0.780	0.413	0.433	13.83	322
180	60.58	1.883	0.726	0.385	0.426	17.33	313
190	60.36	1.876	0.678	0.362	0.419	21.55	313
200	60.12	1.868	0.637	0.341	0.412	26.59	308
212	59.83	1.860	0.593	0.319	0.404	33.90	300

표 I-2 물의 물리적 성질(SI 단위)

온 도 ℃	비중량 γ N/m^3	밀 도 ρ kg/m^3	점성계수 $\mu\times10^{-3}$ kg/m·s	동점성 계수 $\nu\times10^{-6}$ m^2/s	표면장력 $\sigma\times100^{-2}$ N/m	증기압 p_v/γ m	체적 탄성계수 $K\times10^7$ N/m^2
0	9805	999.9	1.792	1.792	7.62	0.06	204
5	9806	1000.0	1.519	1.519	7.54	0.09	206
10	9803	999.7	1.308	1.308	7.48	0.12	211
15	9798	999.1	1.140	1.141	7.41	0.17	214
20	9789	998.2	1.005	1.007	7.36	0.25	220
25	9779	997.1	0.894	0.897	7.26	0.33	222
30	9767	995.7	0.801	0.804	7.18	0.44	223
35	9752	994.1	0.723	0.727	7.10	0.58	224
40	9737	992.2	0.656	0.661	7.01	0.76	227
45	9720	990.2	0.599	0.605	6.92	0.98	229

50	9697	988.1	0.549	0.556	6.82	1.26	230
55	9679	985.7	0.506	0.513	6.74	1.61	231
60	9658	983.2	0.469	0.477	6.68	2.03	228
65	9635	980.6	0.436	0.444	6.58	2.56	226
70	9600	977.8	0.406	0.415	6.50	3.20	225
75	9589	974.9	0.380	0.390	6.40	3.96	223
80	9557	971.8	0.357	0.367	6.30	4.86	221
85	9529	968.6	0.336	0.347	6.20	5.93	217
90	9499	965.3	0.317	0.328	6.12	7.18	216
95	9469	961.9	0.299	0.311	6.02	8.62	211
100	9438	958.4	0.284	0.296	5.94	10.33	207

표 I-3 표준 대기압하에서의 일반액체의 물리적 성질(BG & EE 단위)

액 체	온 도 T °F	밀 도 ρ slug/ft^3	비 중 s —	체적 탄성 계수 K psi	점성계수 $\mu\times10^{-5}$ lb·s/ft^2	표면장력 σ lb/ft	증기압 p_v psia
벤젠	68	1.70	0.88	150,000	1.37	0.0020	1.45
사염화탄소	68	3.08	1.59	160,000	2.035	0.0018	1.90
원유	68	1.66	0.86	–	15.0	0.002	–
에틸알코올	68	1.53	0.79	175,000	2.51	0.0015	0.85
프레온-12	60	2.61	1.35	–	3.10	–	–
	−30	2.91	–	–	3.82	–	–
가솔린	68	1.32	0.68	–	0.61	–	8.0
글리세린	68	2.44	1.26	630,000	3120	0.0043	0.000002
수소	−431	0.143	–	–	0.0435	0.0002	3.1
제트연료 (JP-4)	60	1.50	0.77	–	1.82	0.002	1.3
수은	60	26.3	13.57	3,800,000	3.26	0.035	0.000025
	600	24.9	12.8	–	1.88	–	6.85
산소	−320	2.34	–	–	0.58	0.001	3.1
소듐	600	1.70	–	–	0.690	–	–
	1000	1.60	–	–	0.472	–	–
물	68	1.936	1.00	300,000	2.10	0.0050	0.34

표 I-4 표준 대기압하에서의 일반액체의 물리적 성질(SI 단위)

액 체	온 도 T ℃	밀 도 ρ kg/m^3	비 중 s —	체적 탄성 계수 K kN/m^2	점성계수 $\mu\times10^{-4}$ N·s/m^2	표면장력 σ N/m	증기압 p_v kN/m^{2}abs
벤젠	20	876.2	0.88	1,034,250	6.56	0.029	10.0
사염화탄소	20	1587.4	1.59	1,103,200	9.74	0.026	13.1
원유	20	855.6	0.86	–	71.8	0.03	–

에틸알코올	20	788.6	0.79	1,206,625	12.0	0.022	5.86
프레온-12	15.6	1345.2	1.35	–	14.8	–	–
	−34.4	1499.8	–	–	18.3	–	–
가솔린	20	680.3	0.68	–	2.9	–	55.2
글리세린	20	1257.6	1.26	4,343,850	14939	0.063	0.000014
수소	−257.2	73.7	–	–	0.21	0.0029	21.4
제트연료 (JP−4)	15.6	773.1	0.77	–	8.7	0.029	8.96
수은	15.6	13,555	13.57	26,201,000	15.6	0.51	0.00017
	315.6	12,833	12.8	–	9.0	–	47.2
산소	−195.6	1206.0	–	–	2.78	0.015	21.4
소듐	315.6	876.2	–	–	3.30	–	
	537.8	824.62	–	–	2.26	–	
물	20	998.2	1.00	2,068,500	10.1	0.073	2.34

표 I-5 대기압하에서 공기의 물리적 성질(SI 단위)

온 도		밀 도	점성계수	동점성 계수
T(℃)	T(K)	ρ(kg/m³)	μ(N·s/m²)	ν(m²/s)
−50	223	1.582	1.46×10^{-5}	0.921×10^{-5}
−40	233	1.514	1.51×10^{-5}	0.988×10^{-5}
−30	243	1.452	1.56×10^{-5}	1.08×10^{-5}
−20	253	1.394	1.61×10^{-5}	1.16×10^{-5}
−10	263	1.342	1.67×10^{-5}	1.24×10^{-5}
0	273	1.292	1.72×10^{-5}	1.33×10^{-5}
10	283	1.247	1.76×10^{-5}	1.42×10^{-5}
20	293	1.204	1.81×10^{-5}	1.51×10^{-5}
30	303	1.164	1.86×10^{-5}	1.60×10^{-5}
40	313	1.127	1.91×10^{-5}	1.69×10^{-5}
50	323	1.092	1.95×10^{-5}	1.79×10^{-5}
60	333	1.060	2.00×10^{-5}	1.89×10^{-5}
70	343	1.030	2.05×10^{-5}	1.99×10^{-5}
80	353	1.000	2.09×10^{-5}	2.09×10^{-5}
90	363	0.973	2.13×10^{-5}	2.19×10^{-5}
100	373	0.946	2.17×10^{-5}	2.30×10^{-5}
150	423	0.834	2.38×10^{-5}	2.85×10^{-5}
200	473	0.746	2.57×10^{-5}	3.45×10^{-5}
250	523	0.675	2.75×10^{-5}	4.08×10^{-5}
300	573	0.616	2.93×10^{-5}	4.75×10^{-5}

표 I-6 U.S. 표준대기의 성질(SI 단위)

고 도 z(m)	온 도 T(K)	압 력 P(Pa)	밀 도 $\rho(kg/m^3)$	중력 가속도 $g(m/s^2)$	점성계수 $\mu(N \cdot s/m^2)$	동점성 계수 $\nu(m^2/s)$
−5000	320.7	1.778 E5	1.931	9.822	1.942 E-5	1.006 E-5
−4000	314.2	1.596 E5	1.770	9.819	1.912 E-5	1.081 E-5
−3000	307.7	1.430 E5	1.619	9.816	1.882 E-5	1.163 E-5
−2000	301.2	1.278 E5	1.478	9.813	1.852 E-5	1.253 E-5
−1000	294.7	1.139 E5	1.347	9.810	1.821 E-5	1.352 E-5
0	288.2	1.013 E5	1.225	9.807	1.789 E-5	1.461 E-5
1000	281.7	8.988 E4	1.112	9.804	1.758 E-5	1.581 E-5
2000	275.2	7.950 E4	1.007	9.801	1.726 E-5	1.715 E-5
3000	268.7	7.012 E4	9.093 E-1	9.797	1.694 E-5	1.863 E-5
4000	262.2	6.166 E4	8.194 E-1	9.794	1.661 E-5	2.028 E-5
5000	255.7	5.405 E4	7.364 E-1	9.791	1.628 E-5	2.211 E-5
6000	249.2	4.722 E4	6.601 E-1	9.788	1.595 E-5	2.416 E-5
7000	242.7	4.111 E4	5.900 E-1	9.785	1.561 E-5	2.646 E-5
8000	236.2	3.565 E4	5.258 E-1	9.782	1.527 E-5	2.904 E-5
9000	229.7	3.080 E4	4.671 E-1	9.779	1.493 E-5	3.196 E-5
10,000	223.3	2.650 E4	4.135 E-1	9.776	1.458 E-5	3.525 E-5
15,000	216.7	1.211 E4	1.948 E-1	9.761	1.422 E-5	7.300 E-4
20,000	216.7	5.529 E3	8.891 E-2	9.745	1.422 E-5	1.599 E-4
30,000	226.5	1.197 E3	1.841 E-2	9.715	1.475 E-5	8.013 E-4
40,000	250.4	2.871 E2	3.996 E-3	9.684	1.601 E-5	4.007 E-3
50,000	270.7	7.978 E1	1.027 E-3	9.654	1.704 E-5	1.659 E-2
60,000	255.8	2.246 E1	3.059 E-4	9.624	1.629 E-5	5.324 E-2
70,000	219.7	5.520 E0	8.754 E-5	9.594	1.438 E-5	1.643 E-1
80,000	180.7	1.037 E0	1.999 E-5	9.564	1.216 E-5	6.058 E-1
90,000	180.7	1.644 E-1	3.170 E-6	9.535	1.216 E-5	3.837 E0

표 I-7 U.S. 표준대기의 성질(BG & EE 단위)

고 도 z(ft)	온 도 T(°R)	압 력 p(psia)	밀 도 $\rho(lbm/ft^3)$	밀 도 $\rho(slug/ft^3)$	중력 가속도 $g(ft/s^2)$	점성계수 $\mu(lb \cdot s/ft^2)$	동점성 계수 $\nu(ft^2/s)$
−15,000	572.2	24.626	1.162 E-1	3.610 E-3	32.220	4.031 E-7	1.116 E-4
−10,000	554.3	20.847	1.015 E-1	3.155 E-3	32.205	3.935 E-7	1.247 E-4
−5000	536.5	17.554	8.831 E-2	2.745 E-3	32.189	3.835 E-7	1.398 E-4
0	518.7	14.696	7.647 E-2	2.377 E-3	32.174	3.736 E-7	1.572 E-4
5000	500.8	12.054	6.590 E-2	2.048 E-3	32.159	3.636 E-7	1.776 E-4
10,000	483.0	10.108	5.648 E-2	1.756 E-3	32.143	3.534 E-7	2.013 E-4
15,000	465.2	8.297	4.814 E-2	1.496 E-3	32.128	3.431 E-7	2.293 E-4
20,000	447.4	6.759	4.077 E-2	1.267 E-3	32.112	3.326 E-7	2.623 E-4
25,000	429.6	5.461	3.431 E-2	1.066 E-3	32.097	3.217 E-7	3.017 E-4
30,000	411.8	4.373	2.866 E-2	8.907 E-4	32.082	3.107 E-7	3.488 E-4

35,000	394.1	3.468	2.375 E-2	7.382 E-4	32.066	2.995 E-7	4.057 E-4
40,000	390.0	2.730	1.890 E-2	5.873 E-4	32.051	2.969 E-7	5.057 E-4
45,000	390.0	2.149	1.487 E-2	4.623 E-4	32.036	2.969 E-7	6.423 E-4
50,000	390.0	1.692	1.171 E-2	3.639 E-4	32.020	2.969 E-7	8.159 E-4
55,000	390.0	1.332	9.219 E-3	2.865 E-4	32.005	2.969 E-7	1.036 E-3
60,000	390.0	1.049	7.259 E-3	2.256 E-4	31.990	2.969 E-7	1.316 E-3
65,000	390.0	0.826	5.716 E-3	1.777 E-4	31.974	2.969 E-7	1.671 E-3
70,000	392.2	0.651	4.479 E-3	1.392 E-4	31.959	2.983 E-7	2.143 E-3
75,000	395.0	0.514	3.511 E-3	1.091 E-4	31.944	3.001 E-7	2.750 E-3
80,000	397.7	0.406	2.758 E-3	8.571 E-5	31.929	3.018 E-7	3.521 E-3
85,000	400.4	0.322	2.170 E-3	6.743 E-5	31.913	3.035 E-7	4.501 E-3
90,000	403.1	0.255	1.710 E-3	5.315 E-5	31.898	3.052 E-7	5.743 E-3
95,000	405.8	0.203	1.350 E-3	4.196 E-5	31.883	3.070 E-7	7.316 E-3
100,000	408.6	0.162	1.068 E-3	3.318 E-5	31.868	3.087 E-7	9.302 E-3
150,000	479.1	0.020	1.112 E-4	3.456 E-6	31.716	3.512 E-7	1.016 E-1
200,000	457.0	0.003	1.696 E-5	5.270 E-7	31.566	3.382 E-7	6.416 E-1
250,000	351.8	0.000	2.263 E-6	7.034 E-8	31.42	2.721 E-7	3.868 E0
300,000	332.9	0.000	1.488 E-7	4.625 E-9	31.27	2.593 E-7	5.608 E1

표 I-8 STP 상태에서 일반기체의 성질

기 체	분자식	분자량 M_m	R^+ $\left(\frac{J}{kg \cdot K}\right)$	C_p $\left(\frac{J}{kg \cdot K}\right)$	C_v $\left(\frac{J}{kg \cdot K}\right)$	$k=\frac{C_p}{C_v}$ $(-)$	R^+ $\left(\frac{ft \cdot lb}{lbm \cdot R}\right)$	C_p $\left(\frac{Btu}{lbm \cdot R}\right)$	C_v $\left(\frac{Btu}{lbm \cdot R}\right)$
공기	–	28.98	286.9	1004	717.4	1.40	53.33	0.2399	0.1713
이산화탄소	CO_2	44.01	188.9	840.4	651.4	1.29	35.11	0.2007	0.1556
일산화탄소	CO	28.01	296.8	1039	742.1	1.40	55.17	0.2481	0.1772
헬륨	He	4.003	2077	5225	3147	1.66	386.1	1.248	0.7517
수소	H_2	2.016	4124	14,180	10,060	1.41	766.5	3.388	2.402
메탄	CH_4	16.04	518.3	2190	1672	1.31	96.32	0.5231	0.3993
질소	N_2	28.01	296.8	1039	742.0	1.40	55.16	0.2481	0.1772
산소	O_2	32.00	259.8	909.4	649.6	1.40	48.29	0.2172	0.1551
증기	H_2O	18.02	461.4	~2000	~1540	~1.30	85.78	~0.478	~0.368

* STP = standard temperature and pressure, $T = 15℃(59°F)$ and $\rho = 101.325$ kPa absolute(14.696 psia)

+ $R = R_u/M_m$; $R_u = 8314.3$ J/kg mol · K(1545.3 ft · lb/lbm mol · R) ; 1 Btu = 778.2 ft · lb

부록 II : 압축성 유동

표 II-1 등엔트로피 유동(1차원 유동, 이상기체, $k = 1.4$)

M	T/T_0	p/p_0	ρ/ρ_0	A/A^*
0.00	1.0000	1.0000	1.0000	∞
0.02	0.9999	0.9997	0.9998	28.94
0.04	0.9997	0.9989	0.9992	14.48
0.06	0.9993	0.9975	0.9982	9.666
0.08	0.9987	0.9955	0.9968	7.262
0.10	0.9980	0.9930	0.9950	5.822
0.12	0.9971	0.9900	0.9928	4.864
0.14	0.9961	0.9864	0.9903	4.182
0.16	0.9949	0.9823	0.9873	3.673
0.18	0.9936	0.9777	0.9840	3.278
0.20	0.9921	0.9725	0.9803	2.964
0.22	0.9904	0.9669	0.9762	2.708
0.24	0.9886	0.9607	0.9718	2.496
0.26	0.9867	0.9541	0.9670	2.317
0.28	0.9846	0.9470	0.9619	2.166
0.30	0.9823	0.9395	0.9564	2.035
0.32	0.9799	0.9315	0.9506	1.922
0.34	0.9774	0.9231	0.9445	1.823
0.36	0.9747	0.9143	0.9380	1.736
0.38	0.9719	0.9052	0.9313	1.659
0.40	0.9690	0.8956	0.9243	1.590
0.42	0.9659	0.8857	0.9170	1.529
0.44	0.9627	0.8755	0.9094	1.474
0.46	0.9594	0.8650	0.9016	1.425
0.48	0.9560	0.8541	0.8935	1.380
0.50	0.9524	0.8430	0.8852	1.340
0.52	0.9487	0.8317	0.8766	1.303
0.54	0.9449	0.8201	0.8679	1.270
0.56	0.9410	0.8082	0.8589	1.240
0.58	0.9370	0.7962	0.8498	1.213
0.60	0.9328	0.7840	0.8405	1.188
0.62	0.9286	0.7716	0.8310	1.166
0.64	0.9243	0.7591	0.8213	1.145
0.66	0.9199	0.7465	0.8115	1.127

표 II-1 (계속)

M	T/T_0	p/p_0	ρ/ρ_0	A/A^*
0.68	0.9154	0.7338	0.8016	1.110
0.70	0.9108	0.7209	0.7916	1.094
0.72	0.9061	0.7080	0.7814	1.081
0.74	0.9013	0.6951	0.7712	1.068
0.76	0.8964	0.6821	0.7609	1.057
0.78	0.8915	0.6691	0.7505	1.047
0.80	0.8865	0.6560	0.7400	1.038
0.82	0.8815	0.6430	0.7295	1.030
0.84	0.8763	0.6300	0.7189	1.024
0.86	0.8711	0.6170	0.7083	1.018
0.88	0.8659	0.6041	0.6977	1.013
0.90	0.8606	0.5913	0.6870	1.009
0.92	0.8552	0.5785	0.6764	1.006
0.94	0.8498	0.5658	0.6658	1.003
0.96	0.8444	0.5532	0.6551	1.001
0.98	0.8389	0.5407	0.6445	1.000
1.00	0.8333	0.5283	0.6339	1.000
1.02	0.8278	0.5160	0.6234	1.000
1.04	0.8222	0.5039	0.6129	1.001
1.06	0.8165	0.4919	0.6024	1.003
1.08	0.8108	0.4801	0.5920	1.005
1.10	0.8052	0.4684	0.5817	1.008
1.12	0.7994	0.4568	0.5714	1.011
1.14	0.7937	0.4455	0.5612	1.015
1.16	0.7880	0.4343	0.5511	1.020
1.18	0.7822	0.4232	0.5411	1.025
1.20	0.7764	0.4124	0.5311	1.030
1.22	0.7706	0.4017	0.5213	1.037
1.24	0.7648	0.3912	0.5115	1.043
1.26	0.7590	0.3809	0.5019	1.050
1.28	0.7532	0.3708	0.4923	1.058
1.30	0.7474	0.3609	0.4829	1.066
1.32	0.7416	0.3512	0.4736	1.075
1.34	0.7358	0.3417	0.4644	1.084
1.36	0.7300	0.3323	0.4553	1.094
1.38	0.7242	0.3232	0.4463	1.104
1.40	0.7184	0.3142	0.4374	1.115
1.42	0.7126	0.3055	0.4287	1.126

표 II-1 (계속)

M	T/T_0	p/p_0	ρ/ρ_0	A/A^*
1.44	0.7069	0.2969	0.4201	1.138
1.46	0.7011	0.2886	0.4116	1.150
1.48	0.6954	0.2804	0.4032	1.163
1.50	0.6897	0.2724	0.3950	1.176
1.52	0.6840	0.2646	0.3869	1.190
1.54	0.6783	0.2570	0.3789	1.204
1.56	0.6726	0.2496	0.3711	1.219
1.58	0.6670	0.2423	0.3633	1.234
1.60	0.6614	0.2353	0.3557	1.250
1.62	0.6558	0.2284	0.3483	1.267
1.64	0.6502	0.2217	0.3409	1.284
1.66	0.6447	0.2152	0.3337	1.301
1.68	0.6392	0.2088	0.3266	1.319
1.70	0.6337	0.2026	0.3197	1.338
1.72	0.6283	0.1966	0.3129	1.357
1.74	0.6229	0.1907	0.3062	1.376
1.76	0.6175	0.1850	0.2996	1.397
1.78	0.6121	0.1794	0.2931	1.418
1.80	0.6068	0.1740	0.2868	1.439
1.82	0.6015	0.1688	0.2806	1.461
1.84	0.5963	0.1637	0.2745	1.484
1.86	0.5911	0.1587	0.2686	1.507
1.88	0.5859	0.1539	0.2627	1.531
1.90	0.5807	0.1492	0.2570	1.555
1.92	0.5756	0.1447	0.2514	1.580
1.94	0.5705	0.1403	0.2459	1.606
1.96	0.5655	0.1360	0.2405	1.633
1.98	0.5605	0.1318	0.2352	1.660
2.00	0.5556	0.1278	0.2301	1.688
2.02	0.5506	0.1239	0.2250	1.716
2.04	0.5458	0.1201	0.2200	1.745
2.06	0.5409	0.1164	0.2152	1.775
2.08	0.5361	0.1128	0.2105	1.806
2.10	0.5314	0.1094	0.2058	1.837
2.12	0.5266	0.1060	0.2013	1.869
2.14	0.5219	0.1027	0.1968	1.902
2.16	0.5173	0.09956	0.1952	1.935
2.18	0.5127	0.09650	0.1882	1.970
2.20	0.5081	0.09352	0.1841	2.005

표 II-1 (계속)

M	T/T_0	p/p_0	ρ/ρ_0	A/A^*
2.22	0.5036	0.09064	0.1800	2.041
2.24	0.4991	0.08784	0.1760	2.078
2.26	0.4947	0.08514	0.1721	2.115
2.28	0.4903	0.08252	0.1683	2.154
2.30	0.4859	0.07997	0.1646	2.193
2.32	0.4816	0.07751	0.1610	2.233
2.34	0.4773	0.07513	0.1574	2.274
2.36	0.4731	0.07281	0.1539	2.316
2.38	0.4689	0.07057	0.1505	2.350
2.40	0.4647	0.06840	0.1472	2.403
2.42	0.4606	0.06630	0.1440	2.448
2.44	0.4565	0.06426	0.1408	2.494
2.46	0.4524	0.06229	0.1377	2.540
2.48	0.4484	0.06038	0.1347	2.588
2.50	0.4444	0.05853	0.1317	2.637
2.52	0.4405	0.05674	0.1288	2.687
2.54	0.4366	0.05500	0.1260	2.737
2.56	0.4328	0.05332	0.1232	2.789
2.58	0.4289	0.05169	0.1205	2.842
2.60	0.4252	0.05012	0.1179	2.896
2.62	0.4214	0.04859	0.1153	2.951
2.64	0.4177	0.04711	0.1128	3.007
2.66	0.4141	0.04568	0.1103	3.065
2.68	0.4104	0.04429	0.1079	3.123
2.70	0.4068	0.04295	0.1056	3.183
2.72	0.4033	0.04166	0.1033	3.244
2.74	0.3998	0.04039	0.1010	3.306
2.76	0.3963	0.03917	0.09885	3.370
2.78	0.3928	0.03800	0.09671	3.434
2.80	0.3894	0.03685	0.09462	3.500
2.82	0.3860	0.03574	0.09259	3.567
2.84	0.3827	0.03467	0.09059	3.636
2.86	0.3794	0.03363	0.08865	3.706
2.88	0.3761	0.03262	0.08674	3.777
2.90	0.3729	0.03165	0.08489	3.850
2.92	0.3697	0.03071	0.08308	3.924
2.94	0.3665	0.02980	0.08130	3.999
2.96	0.3663	0.02891	0.07957	4.076
2.98	0.3602	0.02805	0.07788	4.155

표 II-1 (계속)

M	T/T_0	p/p_0	ρ/ρ_0	A/A^*
3.00	0.3571	0.02722	0.07623	4.235
3.10	0.3422	0.02345	0.06852	4.657
3.20	0.3281	0.02023	0.06165	5.121
3.30	0.3147	0.01748	0.05554	5.629
3.40	0.3019	0.01512	0.05009	6.184
3.50	0.2899	0.01311	0.04523	6.790
3.60	0.2784	0.01138	0.04089	7.450
3.70	0.2675	0.009903	0.03702	8.169
3.80	0.2572	0.008629	0.03355	8.951
3.90	0.2474	0.007532	0.03044	9.799
4.00	0.2381	0.006586	0.02766	10.72
4.10	0.2293	0.005769	0.02516	11.71
4.20	0.2208	0.005062	0.02292	12.79
4.30	0.2129	0.004449	0.02090	13.95
4.40	0.2053	0.003918	0.01909	15.21
4.50	0.1980	0.003455	0.01745	16.56
4.60	0.1911	0.003053	0.01597	18.02
4.70	0.1846	0.002701	0.01463	19.58
4.80	0.1783	0.002394	0.01343	21.26
4.90	0.1724	0.002126	0.01233	23.07
5.00	0.1667	0.001890	0.01134	25.00

표 II-2 Fanno line 함수(1차원 유동, 이상기체, $k=1.4$)

M	p_0/p_0^*	T/T^*	p/p^*	V/V^*	$\bar{\lambda}L_{max}/D_h$
0.00	∞	1.200	∞	0.0000	∞
0.02	28.94	1.200	54.77	0.02191	1778
0.04	14.48	1.200	27.38	0.04381	440.5
0.06	9.666	1.199	18.25	0.06570	193.0
0.08	7.262	1.199	13.68	0.08758	106.7
0.10	5.822	1.198	10.94	0.1094	66.92
0.12	4.864	1.197	9.116	0.1313	45.41
0.14	4.182	1.195	7.809	0.1531	32.51
0.16	3.673	1.194	6.829	0.1748	24.20
0.18	3.278	1.192	6.066	0.1965	18.54
0.20	2.964	1.191	5.456	0.2182	14.53
0.22	2.708	1.189	4.955	0.2398	11.60
0.24	2.496	1.186	4.538	0.2614	9.387

표 II-2 (계속)

M	p_0/p_0^*	T/T^*	p/p^*	V/V^*	$\bar{\lambda}L_{max}/D_h$
0.26	2.317	1.184	4.185	0.2829	7.688
0.28	2.166	1.182	3.882	0.3044	6.357
0.30	2.035	1.179	3.619	0.3257	5.299
0.32	1.922	1.176	3.389	0.3470	4.447
0.34	1.823	1.173	3.185	0.3682	3.752
0.36	1.736	1.170	3.004	0.3894	3.180
0.38	1.659	1.166	2.842	0.4104	2.706
0.40	1.590	1.163	2.696	0.4313	2.309
0.42	1.529	1.159	2.563	0.4522	1.974
0.44	1.474	1.155	2.443	0.4729	1.692
0.46	1.425	1.151	2.333	0.4936	1.451
0.48	1.380	1.147	2.231	0.5141	1.245
0.50	1.340	1.143	2.138	0.5345	1.069
0.52	1.303	1.138	2.052	0.5548	0.9174
0.54	1.270	1.134	1.972	0.5750	0.7866
0.56	1.240	1.129	1.898	0.5951	0.6736
0.58	1.213	1.124	1.828	0.6150	0.5757
0.60	1.188	1.119	1.763	0.6348	0.4908
0.62	1.166	1.114	1.703	0.6545	0.4172
0.64	1.145	1.109	1.646	0.6740	0.3533
0.66	1.127	1.104	1.592	0.6934	0.2979
0.68	1.110	1.098	1.541	0.7127	0.2498
0.70	1.094	1.093	1.493	0.7318	0.2081
0.72	1.081	1.087	1.448	0.7508	0.1722
0.74	1.068	1.082	1.405	0.7696	0.1411
0.76	1.057	1.076	1.365	0.7883	0.1145
0.78	1.047	1.070	1.326	0.8068	0.09167
0.80	1.038	1.064	1.289	0.8251	0.07229
0.82	1.030	1.058	1.254	0.8433	0.05593
0.84	1.024	1.052	1.221	0.8614	0.04226
0.86	1.018	1.045	1.189	0.8793	0.03097
0.88	1.013	1.039	1.158	0.8970	0.02180
0.90	1.0089	1.033	1.129	0.9146	0.01451
0.92	1.0056	1.026	1.101	0.9320	0.008913
0.94	1.0031	1.020	1.074	0.9493	0.004815
0.96	1.0014	1.013	1.049	0.9663	0.002057
0.98	1.0003	1.007	1.024	0.9832	0.0004947
1.00	1.0000	1.000	1.000	1.000	0.0000

표 II-2 (계속)

M	p_0/p_0^*	T/T^*	p/p^*	V/V^*	$\bar{\lambda} L_{max}/D_h$
1.02	1.0003	0.9933	0.9771	1.017	0.0004587
1.04	1.0013	0.9866	0.9551	1.033	0.001769
1.06	1.0029	0.9798	0.9338	1.049	0.003838
1.08	1.0051	0.9730	0.9134	1.065	0.006585
1.10	1.0079	0.9662	0.8936	1.081	0.009935
1.12	1.011	0.9593	0.8745	1.097	0.01382
1.14	1.015	0.9524	0.8561	1.113	0.01819
1.16	1.020	0.9455	0.8383	1.128	0.02298
1.18	1.025	0.9386	0.8210	1.143	0.02814
1.20	1.030	0.9317	0.8044	1.158	0.03364
1.22	1.037	0.9247	0.7882	1.173	0.03942
1.24	1.043	0.9178	0.7726	1.188	0.04547
1.26	1.050	0.9108	0.7574	1.203	0.05174
1.28	1.058	0.9038	0.7427	1.217	0.05820
1.30	1.066	0.8969	0.7285	1.231	0.06483
1.32	1.075	0.8899	0.7147	1.245	0.07161
1.34	1.084	0.8829	0.7012	1.259	0.07850
1.36	1.094	0.8760	0.6882	1.273	0.08550
1.38	1.104	0.8690	0.6755	1.286	0.09259
1.40	1.115	0.8621	0.6632	1.300	0.09974
1.42	1.126	0.8551	0.6512	1.313	0.1069
1.44	1.138	0.8482	0.6396	1.326	0.1142
1.46	1.150	0.8413	0.6282	1.339	0.1215
1.48	1.163	0.8345	0.6172	1.352	0.1288
1.50	1.176	0.8276	0.6065	1.365	0.1361
1.52	1.190	0.8208	0.5960	1.377	0.1434
1.54	1.204	0.8139	0.5858	1.389	0.1506
1.56	1.219	0.8072	0.5759	1.402	0.1579
1.58	1.234	0.8004	0.5662	1.414	0.1651
1.60	1.250	0.7937	0.5568	1.425	0.1724
1.62	1.267	0.7870	0.5476	1.437	0.1795
1.64	1.284	0.7803	0.5386	1.449	0.1867
1.66	1.301	0.7736	0.5299	1.460	0.1938
1.68	1.319	0.7670	0.5213	1.471	0.2008
1.70	1.338	0.7605	0.5130	1.482	0.2078
1.72	1.357	0.7539	0.5048	1.494	0.2147
1.74	1.376	0.7474	0.4969	1.504	0.2216
1.76	1.397	0.7410	0.4891	1.515	0.2284
1.78	1.418	0.7345	0.4815	1.526	0.2352

표 II-2 (계속)

M	p_0/p_0^*	T/T^*	p/p^*	V/V^*	$\bar{\lambda}L_{max}/D_h$
1.80	1.439	0.7282	0.4741	1.536	0.2419
1.82	1.461	0.7218	0.4668	1.546	0.2485
1.84	1.484	0.7155	0.4597	1.556	0.2551
1.86	1.507	0.7093	0.4528	1.566	0.2616
1.88	1.531	0.7030	0.4460	1.576	0.2680
1.90	1.555	0.6969	0.4394	1.586	0.2743
1.92	1.580	0.6907	0.4329	1.596	0.2806
1.94	1.606	0.6847	0.4265	1.605	0.2868
1.96	1.633	0.6786	0.4203	1.615	0.2930
1.98	1.660	0.6726	0.4142	1.624	0.2990
2.00	1.688	0.6667	0.4083	1.633	0.3050
2.02	1.716	0.6608	0.4024	1.642	0.3109
2.04	1.745	0.6549	0.3967	1.651	0.3168
2.06	1.775	0.6491	0.3911	1.660	0.3225
2.08	1.806	0.6433	0.3856	1.668	0.3282
2.10	1.837	0.6376	0.3802	1.677	0.3339
2.12	1.869	0.6320	0.3750	1.685	0.3394
2.14	1.902	0.6263	0.3698	1.694	0.3449
2.16	1.935	0.6208	0.3648	1.702	0.3503
2.18	1.970	0.6152	0.3598	1.710	0.3556
2.20	2.005	0.6098	0.3549	1.718	0.3609
2.22	2.041	0.6043	0.3502	1.726	0.3661
2.24	2.078	0.5990	0.3455	1.734	0.3712
2.26	2.115	0.5936	0.3409	1.741	0.3763
2.28	2.154	0.5883	0.3364	1.749	0.3813
2.30	2.193	0.5831	0.3320	1.756	0.3862
2.32	2.233	0.5779	0.3277	1.764	0.3911
2.34	2.274	0.5728	0.3234	1.771	0.3959
2.36	2.316	0.5677	0.3193	1.778	0.4006
2.38	2.359	0.5626	0.3152	1.785	0.4053
2.40	2.403	0.5576	0.3111	1.792	0.4099
2.42	2.448	0.5527	0.3072	1.799	0.4144
2.44	2.494	0.5478	0.3033	1.806	0.4189
2.46	2.540	0.5429	0.2995	1.813	0.4233
2.48	2.588	0.5381	0.2958	1.819	0.4277
2.50	2.637	0.5333	0.2921	1.826	0.4320
2.52	2.687	0.5286	0.2885	1.832	0.4362
2.54	2.737	0.5239	0.2850	1.839	0.4404

표 II-2 (계속)

M	p_0/p_0^*	T/T^*	p/p^*	V/V^*	$\bar{\lambda}L_{max}/D_h$
2.56	2.789	0.5193	0.2815	1.845	0.4445
2.58	2.842	0.5147	0.2781	1.851	0.4486
2.60	2.896	0.5102	0.2747	1.857	0.4526
2.62	2.951	0.5057	0.2714	1.863	0.4565
2.64	3.007	0.5013	0.2682	1.869	0.4604
2.66	3.065	0.4969	0.2650	1.875	0.4643
2.68	3.123	0.4925	0.2619	1.881	0.4681
2.70	3.183	0.4882	0.2588	1.887	0.4718
2.72	3.244	0.4839	0.2588	1.892	0.4755
2.74	3.306	0.4797	0.2528	1.898	0.4792
2.76	3.370	0.4755	0.2499	1.903	0.4827
2.78	3.434	0.4714	0.2470	1.909	0.4863
2.80	3.500	0.4673	0.2441	1.914	0.4898
2.82	3.567	0.4632	0.2414	1.919	0.4932
2.84	3.636	0.4592	0.2386	1.925	0.4966
2.86	3.706	0.4553	0.2359	1.930	0.5000
2.88	3.777	0.4513	0.2333	1.935	0.5033
2.90	3.850	0.4474	0.2307	1.940	0.5065
2.92	3.924	0.4436	0.2281	1.945	0.5097
2.94	3.999	0.4398	0.2256	1.950	0.5129
2.96	4.076	0.4360	0.2231	1.954	0.5160
2.98	4.155	0.4323	0.2206	1.959	0.5191
3.00	4.235	0.4286	0.2182	1.964	0.5222
3.50	6.79	0.3478	0.1685	2.064	0.5864
4.00	10.72	0.2857	0.1336	2.138	0.6331
4.50	16.56	0.2376	0.1083	2.194	0.6676
5.00	25.00	0.2000	0.08944	2.236	0.6938

표 II-3 Rayleigh line 함수(1차원 유동, 이상기체, $k = 1.4$)

M	T_0/T_0^*	p_0/p_0^*	T/T^*	p/p^*	V/V^*
0.00	0.0000	1.268	0.0000	2.400	0.0000
0.02	0.001918	1.268	0.002301	2.399	0.0009595
0.04	0.007648	1.267	0.009175	2.395	0.003831
0.06	0.01712	1.265	0.02053	2.388	0.008597
0.08	0.03021	1.262	0.03621	2.379	0.01522
0.10	0.04678	1.259	0.05602	2.367	0.02367
0.12	0.06661	1.255	0.07970	2.353	0.03388

표 II-3 (계속)

M	T_0/T_0^*	p_0/p_0^*	T/T^*	p/p^*	V/V^*
0.14	0.08947	1.251	0.1070	2.336	0.04578
0.16	0.1151	1.246	0.1374	2.317	0.05931
0.18	0.1432	1.241	0.1708	2.296	0.07438
0.20	0.1736	1.235	0.2066	2.273	0.09091
0.22	0.2057	1.228	0.2445	2.248	0.1088
0.24	0.2395	1.221	0.2841	2.221	0.1279
0.26	0.2745	1.214	0.3250	2.193	0.1482
0.28	0.3104	1.206	0.3667	2.163	0.1696
0.30	0.3469	1.199	0.4089	2.131	0.1918
0.32	0.3837	1.190	0.4512	2.099	0.2149
0.34	0.4206	1.182	0.4933	2.066	0.2388
0.36	0.4572	1.174	0.5348	2.031	0.2633
0.38	0.4935	1.165	0.5755	1.996	0.2883
0.40	0.5290	1.157	0.6152	1.961	0.3137
0.42	0.5638	1.148	0.6535	1.925	0.3395
0.44	0.5975	1.139	0.6903	1.888	0.3656
0.46	0.6301	1.131	0.7254	1.852	0.3918
0.48	0.6614	1.122	0.7587	1.815	0.4181
0.50	0.6914	1.114	0.7901	1.778	0.4445
0.52	0.7199	1.106	0.8196	1.741	0.4708
0.54	0.7470	1.098	0.8470	1.704	0.4970
0.56	0.7725	1.090	0.8723	1.668	0.5230
0.58	0.7965	1.083	0.8955	1.632	0.5489
0.60	0.8189	1.075	0.9167	1.596	0.5745
0.62	0.8398	1.068	0.9359	1.560	0.5998
0.64	0.8592	1.061	0.9530	1.525	0.6248
0.66	0.8771	1.055	0.9682	1.491	0.6494
0.68	0.8935	1.049	0.9814	1.457	0.6737
0.70	0.9085	1.043	0.9929	1.424	0.6975
0.72	0.9221	1.038	1.003	1.391	0.7209
0.74	0.9334	1.033	1.011	1.359	0.7439
0.76	0.9455	1.028	1.017	1.327	0.7665
0.78	0.9553	1.023	1.022	1.296	0.7885
0.80	0.9639	1.019	1.025	1.266	0.8101
0.82	0.9715	1.016	1.028	1.236	0.8313
0.84	0.9781	1.012	1.029	1.207	0.8519
0.86	0.9836	1.010	1.028	1.179	0.8721
0.88	0.9883	1.007	1.027	1.152	0.8918
0.90	0.9921	1.005	1.025	1.125	0.9110

표 II-3 (계속)

M	T_0/T_0^*	p_0/p_0^*	T/T^*	p/p^*	V/V^*
0.92	0.9951	1.003	1.021	1.098	0.9297
0.94	0.9973	1.002	1.017	1.073	0.9480
0.96	0.9988	1.001	1.012	1.048	0.9658
0.98	0.9997	1.000	1.006	1.024	0.9831
1.00	0.000	1.000	1.000	1.000	1.000
1.02	0.9997	1.000	0.9930	0.9770	1.016
1.04	0.9990	1.001	0.9855	0.9546	1.032
1.06	0.9977	1.002	0.9776	0.9328	1.048
1.08	0.9960	1.003	0.9691	0.9115	1.063
1.10	0.9939	1.005	0.9603	0.8909	1.078
1.12	0.9915	1.007	0.9512	0.8708	1.092
1.14	0.9887	1.010	0.9417	0.8512	1.106
1.16	0.9856	1.012	0.9320	0.8322	1.120
1.18	0.9823	1.016	0.9220	0.8137	1.133
1.20	0.9787	1.019	0.9119	0.7958	1.146
1.22	0.9749	1.023	0.9015	0.7783	1.158
1.24	0.9709	1.028	0.8911	0.7613	1.171
1.26	0.9668	1.033	0.8805	0.7447	1.182
1.28	0.9624	1.038	0.8699	0.7287	1.194
1.30	0.9580	1.044	0.8592	0.7130	1.205
1.32	0.9534	1.050	0.8484	0.6978	1.216
1.34	0.9487	1.056	0.8377	0.6830	1.226
1.36	0.9440	1.063	0.8270	0.6686	1.237
1.38	0.9392	1.070	0.8161	0.6546	1.247
1.40	0.9343	1.078	0.8054	0.6410	1.256
1.42	0.9293	1.086	0.7947	0.6278	1.266
1.44	0.9243	1.094	0.7841	0.6149	1.275
1.46	0.9193	1.103	0.7735	0.6024	1.284
1.48	0.9143	1.112	0.7629	0.5902	1.293
1.50	0.9093	1.122	0.7525	0.5783	1.301
1.52	0.9042	1.132	0.7422	0.5668	1.310
1.54	0.8992	1.142	0.7319	0.5555	1.318
1.56	0.8942	1.153	0.7217	0.5446	1.325
1.58	0.8892	1.164	0.7117	0.5339	1.333
1.60	0.8842	1.176	0.7017	0.5236	1.340
1.62	0.8792	1.188	0.6919	0.5135	1.348
1.64	0.8743	1.200	0.6822	0.5036	1.355
1.66	0.8694	1.213	0.6726	0.4941	1.361
1.68	0.8645	1.226	0.6631	0.4847	1.368

표 II-3 (계속)

M	T_0/T_0^*	p_0/p_0^*	T/T^*	p/p^*	V/V^*
1.70	0.8597	1.240	0.6538	0.4756	1.375
1.72	0.8549	1.255	0.6446	0.4668	1.381
1.74	0.8502	1.269	0.6355	0.4581	1.387
1.76	0.8455	1.284	0.6265	0.4497	1.393
1.78	0.8409	1.300	0.6177	0.4415	1.399
1.80	0.8363	1.316	0.6089	0.4335	1.405
1.82	0.8317	1.332	0.6004	0.4257	1.410
1.84	0.8273	1.349	0.5919	0.4181	1.416
1.86	0.8228	1.367	0.5836	0.4107	1.421
1.88	0.8185	1.385	0.5754	0.4035	1.426
1.90	0.8141	1.403	0.5673	0.3964	1.431
1.92	0.8099	1.422	0.5594	0.3896	1.436
1.94	0.8057	1.442	0.5516	0.3828	1.441
1.96	0.8015	1.462	0.5439	0.3763	1.446
1.98	0.7974	1.482	0.5364	0.3699	1.450
2.00	0.7934	1.503	0.5289	0.3636	1.455
2.02	0.7894	1.525	0.5216	0.3575	1.459
2.04	0.7855	1.547	0.5144	0.3516	1.463
2.06	0.7816	1.569	0.5074	0.3458	1.467
2.08	0.7778	1.592	0.5004	0.3401	1.471
2.10	0.7741	1.616	0.4936	0.3345	1.475
2.12	0.7704	1.640	0.4868	0.3291	1.479
2.14	0.7667	1.665	0.4802	0.3238	1.483
2.16	0.7631	1.691	0.4737	0.3186	1.487
2.18	0.7596	1.717	0.4673	0.3136	1.490
2.20	0.7561	1.743	0.4611	0.3086	1.494
2.22	0.7527	1.771	0.4549	0.3038	1.497
2.24	0.7493	1.799	0.4488	0.2991	1.501
2.26	0.7460	1.827	0.4429	0.2945	1.504
2.28	0.7428	1.856	0.4370	0.2899	1.507
2.30	0.7395	1.886	0.4312	0.2855	1.510
2.32	0.7364	1.917	0.4256	0.2812	1.513
2.34	0.7333	1.948	0.4200	0.2770	1.517
2.36	0.7302	1.979	0.4145	0.2728	1.520
2.38	0.7272	2.012	0.4091	0.2688	1.522
2.40	0.7242	2.045	0.4038	0.2648	1.525
2.42	0.7213	2.079	0.3986	0.2609	1.528
2.44	0.7184	2.114	0.3935	0.2571	1.531

표 II-3 (계속)

M	T_0/T_0^*	p_0/p_0^*	T/T^*	p/p^*	V/V^*
2.46	0.7156	2.149	0.3885	0.2534	1.533
2.48	0.7128	2.185	0.3836	0.2497	1.536
2.50	0.7101	2.222	0.3787	0.2462	1.539
2.52	0.7074	2.259	0.3739	0.2427	1.541
2.54	0.7047	2.298	0.3692	0.2392	1.543
2.56	0.7021	2.337	0.3646	0.2359	1.546
2.58	0.6995	2.377	0.3601	0.2326	1.548
2.60	0.6970	2.418	0.3556	0.2294	1.551
2.62	0.6945	2.459	0.3512	0.2262	1.553
2.64	0.6921	2.502	0.3469	0.2231	1.555
2.66	0.6896	2.545	0.3427	0.2201	1.557
2.68	0.6873	2.589	0.3385	0.2171	1.559
2.70	0.6849	2.634	0.3344	0.2142	1.561
2.72	0.6826	0.680	0.3304	0.2113	1.563
2.74	0.6804	2.727	0.3264	0.2085	1.565
2.76	0.6782	2.775	0.3225	0.2058	1.567
2.78	0.6760	2.824	0.3186	0.2031	1.569
2.80	0.6738	2.873	0.3149	0.2004	1.571
2.82	0.6717	2.924	0.3111	0.1978	1.573
2.84	0.6696	2.975	0.3075	0.1953	1.575
2.86	0.6675	3.028	0.3039	0.1927	1.577
2.88	0.6655	3.081	0.3004	0.1903	1.578
2.90	0.6635	3.136	0.2969	0.1879	1.580
2.92	0.6615	3.191	0.2934	0.1855	1.582
2.94	0.6596	3.248	0.2901	0.1832	1.583
2.96	0.6577	3.306	0.2868	0.1809	1.585
2.98	0.6558	3.365	0.2835	0.1787	1.587
3.00	0.6540	3.424	0.2803	0.1765	1.588
3.50	0.6158	5.328	0.2142	0.1322	1.620
4.00	0.5891	8.227	0.1683	0.1026	1.641
4.50	0.5698	12.50	0.1354	0.08177	1.656
5.00	0.5556	18.63	0.1111	0.06667	1.667

표 II-4 수직충격 함수(1차원 유동, 이상기체, $k = 1.4$)

M_1	M_2	p_{0_2}/p_{0_1}	T_2/T_1	p_2/p_1	ρ_2/ρ_1
1.00	1.000	1.000	1.000	1.000	1.000
1.02	0.9805	1.000	1.013	1.047	1.033
1.04	0.9620	0.9999	1.026	1.095	1.067
1.06	0.9444	0.9998	1.039	1.144	1.101
1.08	0.9277	0.9994	1.052	1.194	1.135
1.10	0.9118	0.9989	1.065	1.245	1.169
1.12	0.8966	0.9982	1.078	1.297	1.203
1.14	0.8820	0.9973	1.090	1.350	1.238
1.16	0.8682	0.9961	1.103	1.403	1.272
1.18	0.8549	0.9946	1.115	1.458	1.307
1.20	0.8422	0.9928	1.128	1.513	1.342
1.22	0.8300	0.9907	1.141	1.570	1.376
1.24	0.8183	0.9884	1.153	1.627	1.411
1.26	0.8071	0.9857	1.166	1.686	1.446
1.28	0.7963	0.9827	1.178	1.745	1.481
1.30	0.7860	0.9794	1.191	1.805	1.516
1.32	0.7760	0.9757	1.204	1.866	1.551
1.34	0.7664	0.9718	1.216	1.928	1.585
1.36	0.7572	0.9676	1.229	1.991	1.620
1.38	0.7483	0.9630	1.242	2.055	1.655
1.40	0.7397	0.9582	1.255	2.120	1.690
1.42	0.7314	0.9531	1.268	2.186	1.724
1.44	0.7235	0.9477	1.281	2.253	1.759
1.46	0.7157	0.9420	1.294	2.320	1.793
1.48	0.7083	0.9360	1.307	2.389	1.828
1.50	0.7011	0.9298	1.320	2.458	1.862
1.52	0.6941	0.9233	1.334	2.529	1.896
1.54	0.6874	0.9166	1.347	2.600	1.930
1.56	0.6809	0.9097	1.361	2.673	1.964
1.58	0.6746	0.9026	1.374	2.746	1.998
1.60	0.6684	0.8952	1.388	2.820	2.032
1.62	0.6625	0.8876	1.402	2.895	2.065
1.64	0.6568	0.8799	1.416	2.971	2.099
1.66	0.6512	0.8720	1.430	3.048	2.132
1.68	0.6458	0.8640	1.444	3.126	2.165
1.70	0.6406	0.8557	1.458	3.205	2.198
1.72	0.6355	0.8474	1.473	3.285	2.230
1.74	0.6305	0.8389	1.487	3.366	2.263

표 II-4 (계속)

M_1	M_2	p_{0_2}/p_{0_1}	T_2/T_1	p_2/p_1	ρ_2/ρ_1
1.76	0.6257	0.8302	1.502	3.447	2.295
1.78	0.6210	0.8215	1.517	3.530	2.327
1.80	0.6165	0.8127	1.532	3.613	2.359
1.82	0.6121	0.8038	1.547	3.698	2.391
1.84	0.6078	0.7947	1.562	3.783	2.422
1.86	0.6036	0.7857	1.577	3.870	2.454
1.88	0.5996	0.7766	1.592	3.957	2.485
1.90	0.5956	0.7674	1.608	4.045	2.516
1.92	0.5918	0.7581	1.624	4.134	2.546
1.94	0.5880	0.7488	1.639	4.224	2.577
1.96	0.5844	0.7395	1.655	4.315	2.607
1.98	0.5808	0.7302	1.671	4.407	2.637
2.00	0.5774	0.7209	1.687	4.500	2.667
2.02	0.5740	0.7115	1.704	4.594	2.696
2.04	0.5707	0.7022	1.720	4.689	2.725
2.06	0.5675	0.6928	1.737	4.784	2.755
2.08	0.5643	0.6835	1.754	4.881	2.783
2.10	0.5613	0.6742	1.770	4.978	2.812
2.12	0.5583	0.6649	1.787	5.077	2.840
2.14	0.5554	0.6557	1.805	5.179	2.868
2.16	0.5525	0.6464	1.822	5.277	2.896
2.18	0.5498	0.6373	1.839	5.378	2.924
2.20	0.5471	0.6281	1.857	5.480	2.951
2.22	0.5444	0.6191	1.875	5.583	3.978
2.24	0.5418	0.6100	1.892	5.687	3.005
2.26	0.5393	0.6011	1.910	5.792	3.032
2.28	0.5368	0.5921	1.929	5.898	3.058
2.30	0.5344	0.5833	1.947	6.005	3.085
2.32	0.5321	0.5745	1.965	6.113	3.110
2.34	0.5297	0.5658	1.984	6.222	3.136
2.36	0.5275	0.5572	2.002	6.331	3.162
2.38	0.5253	0.5486	2.021	6.442	3.187
2.40	0.5231	0.5402	2.040	6.553	3.212
2.42	0.5210	0.5318	2.059	6.666	3.237
2.44	0.5189	0.5234	2.079	6.779	3.261
2.46	0.5169	0.5152	2.098	6.894	3.285
2.48	0.5149	0.5071	2.118	7.009	3.310
2.50	0.5130	0.4990	2.137	7.125	3.333

표 II-4 (계속)

M_1	M_2	p_{0_2}/p_{0_1}	T_2/T_1	p_2/p_1	ρ_2/ρ_1
2.52	0.5111	0.4910	2.157	7.242	3.357
2.54	0.5092	0.4832	2.177	7.360	3.380
2.56	0.5074	0.4754	2.198	7.479	3.403
2.58	0.5056	0.4677	2.218	7.599	3.426
2.60	0.5039	0.4601	2.238	7.720	3.449
2.62	0.5022	0.4526	2.259	7.842	3.471
2.64	0.5005	0.4452	2.280	7.965	3.494
2.66	0.4988	0.4379	2.301	8.088	3.516
2.68	0.4972	0.4307	2.322	8.213	3.537
2.70	0.4956	0.4236	2.343	8.338	3.559
2.72	0.4941	0.4166	2.364	8.465	3.580
2.74	0.4926	0.4097	2.386	8.592	3.601
2.76	0.4911	0.4028	2.407	8.721	3.622
2.78	0.4897	0.3961	2.429	8.850	3.643
2.80	0.4882	0.3895	2.451	8.980	3.664
2.82	0.4868	0.3829	2.473	9.111	3.684
2.84	0.4854	0.3765	2.496	9.243	3.704
2.86	0.4840	0.3701	2.518	9.376	3.724
2.88	0.4827	0.3639	2.540	9.510	3.743
2.90	0.4814	0.3577	2.563	9.645	3.763
2.92	0.4801	0.3517	2.586	9.781	3.782
2.94	0.4788	0.3457	2.609	9.918	3.801
2.96	0.4776	0.3398	2.632	10.06	3.820
2.98	0.4764	0.3340	2.656	10.19	3.839
3.00	0.4752	0.3283	2.679	10.33	3.857
3.10	0.4695	0.3012	2.799	11.05	3.947
3.20	0.4644	0.2762	2.922	11.78	4.031
3.30	0.4596	0.2533	3.049	12.54	4.112
3.40	0.4552	0.2322	3.180	13.32	4.188
3.50	0.4512	0.2130	3.315	14.13	4.261
3.60	0.4474	0.1953	3.454	14.95	4.330
3.70	0.4440	0.1792	3.596	15.81	4.395
3.80	0.4407	0.1645	3.743	16.68	4.457
3.90	0.4377	0.1510	3.893	17.58	4.516
4.00	0.4350	0.1388	4.047	18.50	4.571
4.10	0.4324	0.1276	4.205	19.45	4.624
4.20	0.4299	0.1173	4.367	20.41	4.675
4.30	0.4277	0.1080	4.532	21.41	4.723
4.40	0.4255	0.09948	4.702	22.42	4.768

표 II-4 (계속)

M_1	M_2	p_{0_2}/p_{0_1}	T_2/T_1	p_2/p_1	ρ_2/ρ_1
4.50	0.4236	0.09170	4.875	23.46	4.812
4.60	0.4217	0.08459	5.052	24.52	4.853
4.70	0.4199	0.07809	5.233	25.61	4.893
4.80	0.4183	0.07214	5.418	26.71	4.930
4.90	0.4167	0.06670	5.607	27.85	4.966
5.00	0.4152	0.06172	5.800	29.00	5.000

표 II-5 등엔트로피 유동에 대한 이상기체의 1차원 압축성 유동의 계산식

1. $\dfrac{p}{p_0} = \left(1+\dfrac{k-1}{2}M^2\right)^{-k/(k-1)}$
2. $\dfrac{T}{T_0} = \left(1+\dfrac{k-1}{2}M^2\right)^{-1}$
3. $\dfrac{\rho}{\rho_0} = \left(1+\dfrac{k-1}{2}M^2\right)^{-1/(k-1)}$
4. $\dfrac{\rho V^2}{2p_0} = \dfrac{kM^2}{2}\left(1+\dfrac{k-1}{2}M^2\right)^{-k/(k-1)}$
5. $\dfrac{A^*}{A} = M\left\{\dfrac{2}{k+1}\left(1+\dfrac{k-1}{2}M^2\right)\right\}^{-(k+1)/\{2(k-1)\}}$
6. $\dfrac{F^*}{F} = \dfrac{M}{1+kM^2}\left\{2(k+1)\left(1+\dfrac{k-1}{2}M^2\right)\right\}^{1/2}$
7. $\dfrac{V}{a^*} = M\left(\dfrac{k+1}{2}\right)^{1/2}\left(1+\dfrac{k-1}{2}M^2\right)^{-1/2}$
8. $\dfrac{\rho V}{p}(RT_0)^{1/2} = M\left\{k(1+\dfrac{k-1}{2}M^2)\right\}^{-1/2}$
9. $\dfrac{\rho V}{p}(RT_0)^{1/2} = Mk^{1/2}\left(1+\dfrac{k-1}{2}M^2\right)^{-(k+1)/[2(k-1)]}$

표 II-6 단면적이 일정한 등온유동 과정에서 이상기체의 1차원 압축성 유동 계산식

1. $\dfrac{p_0^*}{p_0} = k^{1/2}M\left\{\dfrac{2k}{3k-1}\left(1+\dfrac{k-1}{2}M^2\right)\right\}^{-k/(k-1)}$
2. $\dfrac{p^*}{p} = \dfrac{\rho^*}{\rho} = \dfrac{V}{a^*} = k^{1/2}M$
3. $\dfrac{p_0^*}{p} = k^{1/2}M\left(1+\dfrac{k-1}{2k}\right)^{k/(k-1)}$
4. $\dfrac{T_0}{T_0^*} = \dfrac{2k}{3k-1}\left(1+\dfrac{k-1}{2}M^2\right)$
5. $\dfrac{\rho V^2}{2p_0^*} = \dfrac{1}{2}k^{1/2}M\left(1+\dfrac{k-1}{2k}\right)^{-k/(k-1)}$

6. $\dfrac{F^*}{F} = \dfrac{2k^{1/2}M}{1+kM^2}$

7. $4\bar{\lambda}\dfrac{L_{\max}}{D_h} = \dfrac{1-kM^2}{kM^2} + \ln(kM^2)$

표 II-7 단면적이 일정한 무마찰 유동에서 이상기체의 1차원 압축성 유동 계산식

1. $\dfrac{p_0^*}{p_0} = \dfrac{1+kM^2}{k+1}\left(\dfrac{k+1}{2}\right)^{k/(k-1)}\left(1+\dfrac{k-1}{2}M^2\right)^{-k/(k-1)}$

2. $\dfrac{p}{p^*} = \dfrac{k+1}{1+kM^2}$

3. $\dfrac{p}{p_0^*} = \left(\dfrac{2}{k+1}\right)^{k/(k-1)}\dfrac{k+1}{1+kM^2}$

4. $\dfrac{T_0}{T_0^*} = \dfrac{2(k+1)M^2}{(1+kM^2)^2}\left(1+\dfrac{k-1}{2}M^2\right)$

5. $\dfrac{T}{T^*} = M^2\left(\dfrac{k+1}{1+kM^2}\right)^2$

6. $\dfrac{T}{T_0^*} = \dfrac{2(k+1)M^2}{(1+kM^2)^2}$

7. $\dfrac{\rho^*}{\rho} = \dfrac{V}{a^*} = \dfrac{(k+1)M^2}{1+kM^2}$

8. $\dfrac{\rho V^2}{2p_0^*} = \dfrac{kM^2}{2}\left(\dfrac{2}{k+1}\right)^{k/(k-1)}\dfrac{k+1}{1+kM^2}$

표 II-8 단면적이 일정한 단열유동에서 이상기체의 1차원 압축성 유동 계산식

1. $\dfrac{p_0^*}{p_0} = M\left\{\dfrac{2}{k+1}\left(1+\dfrac{k-1}{2}M^2\right)\right\}^{-(k+1)/\{2(k-1)\}}$

2. $\dfrac{p^*}{p} = M\left\{\dfrac{2}{k+1}\left(1+\dfrac{k-1}{2}M^2\right)\right\}^{1/2}$

3. $\dfrac{p_0^*}{p} = M\left(\dfrac{k+1}{2}\right)^{(k+1)/\{2(k-1)\}}\left(1+\dfrac{k-1}{2}M^2\right)^{1/2}$

4. $\dfrac{T}{T^*} = \dfrac{k+1}{2}\left(1+\dfrac{k-1}{2}M^2\right)^{-1}$

5. $\dfrac{\rho^*}{\rho} = \dfrac{V}{a^*} = M\left\{\dfrac{k+1}{2}\left(1+\dfrac{k-1}{2}M^2\right)^{-1}\right\}^{1/2}$

6. $\dfrac{\rho V^2}{2p_0^*} = \dfrac{kM}{2}\left\{\left(\dfrac{2}{k+1}\right)^{(k+1)/\{2(k-1)\}}\left(1+\dfrac{k-1}{2}M^2\right)\right\}^{-1/2}$

7. $\dfrac{F^*}{F} = \dfrac{M}{1+kM^2}\left\{2(k+1)\left(1+\dfrac{k-1}{2}M^2\right)\right\}^{1/2}$

8. $4\bar{\lambda}\dfrac{L_{\max}}{D_h} = \dfrac{1-M^2}{kM^2} + \dfrac{k+1}{2k}\ln\left\{\dfrac{k+1}{2}M^2\left(1+\dfrac{k-1}{2}M^2\right)^{-1}\right\}$

표 II-9 수직 충격유동에서 이상기체의 1차원 압축성 유동 계산식

$$1.\ M_2 = \left\{ \left(M_1^2 + \frac{2}{k-1} \right) \left(\frac{2k}{k-1} M_1^2 - 1 \right)^{-1} \right\}^{1/2}$$

$$2.\ \frac{p_{0_2}}{p_{0_1}} = \left\{ \frac{k+1}{2} M_1^2 \left(1 + \frac{k-1}{2} M_1^2 \right)^{-1} \right\}^{k/(k-1)} \left(\frac{2k}{k+1} M_1^2 - \frac{k-1}{k+1} \right)^{-1/(k-1)}$$

$$3.\ \frac{p_1}{p_2} = \left(\frac{2k}{k+1} M_1^2 - \frac{k-1}{k+1} \right)^{-1}$$

$$4.\ \frac{p_1}{p_{0_1}} = \left(1 + \frac{k-1}{2} M_1^2 \right)^{-k/(k-1)}$$

$$5.\ \frac{T_1}{T_2} = \frac{(k+1)^2 M_1^2}{2(k-1)} \left\{ \left(1 + \frac{k-1}{2} M_1^2 \right) \left(\frac{2k}{k-1} M_1^2 - 1 \right) \right\}^{-1}$$

$$6.\ \frac{T_1}{T_{0_1}} = \left(1 + \frac{k-1}{2} M_1^2 \right)^{-1}$$

$$7.\ \frac{\rho_1}{\rho_2} = \frac{V_2}{V_1} = \left(\frac{2kM_1^2}{k-1} - 1 \right) \left(1 + \frac{k-1}{2} M_1^2 \right) \left[\left(\frac{2kM_1^2}{k+1} - \frac{k-1}{k+1} \right) \left\{ \frac{(k+1)^2}{2(k-1)} M_1^2 \right\} \right]^{-1}$$

부록 III : 단위 및 환산표

표 III-1 단 위

SI 단위(양〈量〉)	단 위	SI 기호	공 식
SI 기본단위 : length	meter	m	–
mass	kilogram	kg	–
time	second	s	–
temperature	kelvin	K	–
SI 보조단위 : plane angle	radian	rad	–
SI 유도단위 : energy	joule	J	N · m
force	newton	N	kg · m/s^2
power	watt	W	J/s
pressure	pascal	Pa	N/m^2
work	joule	J	N · m

SI 접두어	적 산	접두어	SI 기호
	10^{12}	tera	T
	10^{9}	giga	G
	10^{6}	mega	M
	10^{3}	kilo	k
	10^{-2}	centi	c
	10^{-3}	milli	m
	10^{-6}	micro	μ
	10^{-9}	nano	n
	10^{-12}	pico	p
	10^{-15}	femto	f
	10^{-18}	atto	a

표 III-2 환산과 정의

기본 환산단위	영국단위	SI값	근사 SI값
길이	1 in	0.0254 m	–
질량	1 lbm	0.45359237 kg	0.4536 kg
온도	1°F	5/9 K	–

(1) 정 의

중력 가속도 : $g = 9.8066\ \text{m/s}^2 (= 32.174\ \text{ft/s}^2)$

에너지 : Btu(British thermal unit) ≡ 물 1 lbm을 1°F 높이는 데 필요한 에너지의 양(1 Btu = 778.2 ft · lb), kilocalorie ≡ 물 1 kg를 1 K를 높이는 데 필요한 에너지의 양(1 kcal = 4187 J)

길이 : 1 mile = 5280 ft, 1 해리 = 6076.1 ft

동력 : 1 HP ≡ 550 ft · lb/s

압력 : 1 bar ≡ 10^5 Pa

온도 : 화씨 $°\text{F} = \frac{9}{5}°\text{C} + 32$(°C : 섭씨, °F : 화씨)

degree Rankine °R = °F + 459.67, Kelvin K = °C + 273.15

점도 : 1 poise ≡ 0.1 kg/m · s, 1 stoke ≡ 0.0001 m^2/s

체적 : 1 ft^3 = 7.48 gal

(2) 유용한 단위환산

길이 : 1 m = 3.281 ft, 1 cm = 0.3937 in, 1 ft = 0.3048 m

면적 : 1 m^2 = 10.764 ft^2 = 1550 in^2, 1 ft^2 = 0.0929 m^2

체적 : 1 m^3 = 1000 liters = 35.315 ft^3, 1 liter = 1.057 quarts, 1 ft^3 = 0.02832 m^3

각도 : 1° = 0.01745 rad, 1 rad = 57.30°

질량 : 1 kg = 2.2046 lbm, 1 lbm = 453.59 g = 0.45359 kg

밀도 : 1 kg/m^3 = 0.06243 lbm/ft^3, 1 lbm/ft^3 = 16.02 kg/m^3

힘 : 1 N = 0.2248 lb = 10^5 dynes, 1 lb = 4.448 N

압력 : 1 Pa = 1 N/m^2 = 0.02089 lb/ft^2, 1 kPa = 0.14504 lb/in^2

1 lb/in^2(psi) = 6.8948 kPa, 1 lb/ft^2(psf) = 47.88 Pa

1 atm = 101.3 kPa = 14.696 psi = 760 mmHg(0℃에서)

온도 : K = ℃ + 273.15 = °R/1.8, °R = 1.8 K

속도 : 1 m/s = 3.281 fps = 3.6 km/hr, 1 ft/s = 0.3048 m/s

1 mile/hr = 0.4470 m/s = 1.609 km/hr

1 rpm = 0.1047 rad/s, 1 rad/s = 9.549 rpm

에너지 : 1 J = 1 N · m = 0.7376 ft · lb = 0.9478×10^{-3} Btu

1 Btu = 778.17 ft · lb = 1055 J, 1 ft · lb = 1.3558 J

동력 : $1\,\mathrm{W} = 1\,\mathrm{J/s} = 0.7376\,\mathrm{ft \cdot lb/s} = 1.341 \times 10^{-3}\,\mathrm{HP}$

$1\,\mathrm{HP} = 550\,\mathrm{ft \cdot lb/s} = 0.7475\,\mathrm{kW}$

점도 : $1\,\mathrm{Pa \cdot s} = 0.02089\,\mathrm{lb \cdot s/ft^2}$, $1\,\mathrm{m^2/s} = 10.764\,\mathrm{ft^2/s}$

$1\,\mathrm{lb \cdot s/ft^2} = 47.88\,\mathrm{Pa \cdot s}$, $1\,\mathrm{ft^2/s} = 0.09290\,\mathrm{m^2/s}$

부록 IV : 모멘트와 도심(圖心)

(1) 1차 모멘트(first moments)

그림 IV-1에서 y축을 중심으로 한 면적 모멘트는

$$\int_A x dA$$

y축과 평행한 축, 즉 $x = k$인 곳에서 모멘트는

$$\int_A (x - k) dA = \int_A x dA - kA \qquad \text{(IV-1)}$$

그러므로 임의의 축을 중심으로 한 모멘트가 0인 상호평행한 축들 $x = k = \bar{x}$를 생각할 수 있다. 이 축을 도심축(centroidal axis)이라고 하며, 식 (IV · 1)을 $\bar{x}$에 대하여 풀면

$$\bar{x} = \frac{1}{A} \int_A x dA \qquad \text{(IV-2)}$$

마찬가지로 x축에 평행한 다른 도심축은

$$\bar{y} = \frac{1}{A} \int_A y dA \qquad \text{(IV-3)}$$

이상과 같이 x-y 평면에서 두 도심축이 교차하는 점 $(\bar{x}, \bar{y})$를 면적의 도심(centroid)이라고 한다.

도심의 위치를 알면, 임의의 축에 대한 1차 모멘트는 면적에 도심으로부터 축까지의

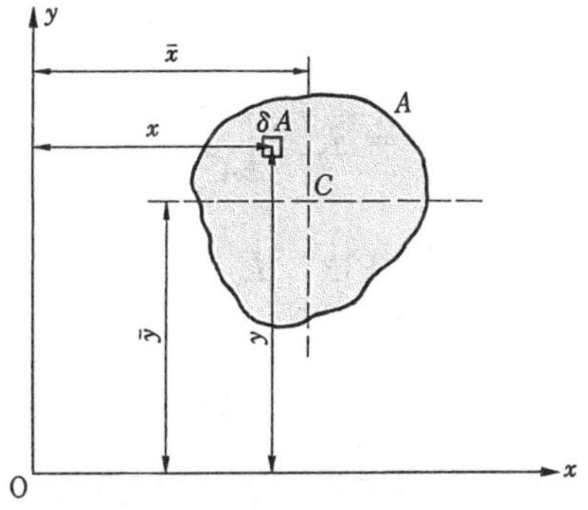

그림 IV-1

거리를 곱함으로써 구할 수 있다.

$$\int_A z dA = \bar{z}A \tag{IV-4}$$

삼각형에서 한 변에 평행한 도심축은 두 변으로부터 3분의 1의 높이에 존재하며, 반지름이 a인 반원에서는 지름으로부터 $\frac{4a}{3\pi}$인 곳에 있다.

yz 평면에 대한 체적 V의 1차 모멘트를 취하면 도심까지의 거리는 다음과 같이 구할 수 있다.

$$\bar{x} = \frac{1}{V}\int_V x dV \tag{IV-5}$$

물체의 질량중심(mass center)도 같은 방법으로 구할 수 있다.

$$x_m = \frac{1}{M}\int_M x dm \tag{IV-6}$$

여기서 dm은 미소 질량이고 M은 전질량이다. 실제공학에서는 여기서 말하는 질량중심이 그 물체의 중심(gravity center)이 된다.

(2) 2차 모멘트(second moments)

그림 IV-1에서 면적의 2차 모멘트는

$$I_y = \int_A x^2 dA \tag{IV-7}$$

이며, 이것을 면적의 관성 모멘트(moment of inertia)라고 하며, dA가 양이므로 항상 양의 값을 갖는다. 면적의 도심 C를 지나는 축에 평행하게 변위시키면

$$I_c = \int_A (x-\bar{x})^2 dA = \int_A x^2 dA - 2\bar{x}\int_A x dA + \bar{x}^2\int_A dA$$

그런데 $\int_A x dA = \bar{x}A$, $\int_A x^2 dA = I_y$, $\int_A dA = A$이므로

$$I_c = I_y - \bar{x}^2 A \quad \text{또는} \quad I_y = I_c + \bar{x}^2 A \tag{IV-8}$$

즉, 임의의 축에 대한 면적의 관성 모멘트는 도심을 지나는 평행한 축에 대한 관성 모멘트와, 면적과 두 축 사이의 거리제곱의 적과의 합임을 알 수 있다. 그림 IV·2는 네 가지 간단한 면적들에 대한 관성 모멘트를 나타낸다.

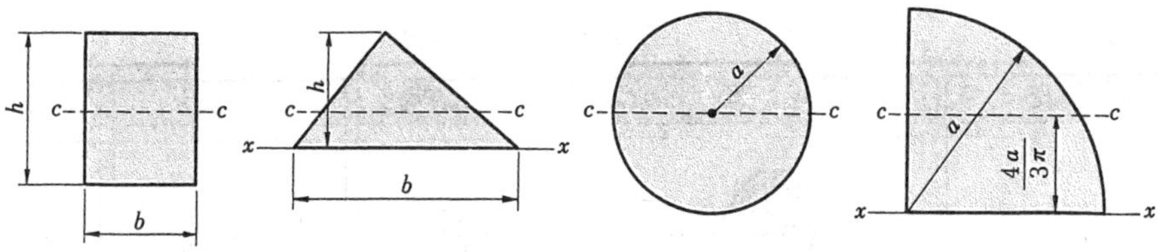

$I_c=\frac{1}{12}bh^3$ $\quad I_c=\frac{1}{36}bh^3$, $I_{x-x}=\frac{1}{12}bh^3$ $\quad I_c=\frac{\pi a^4}{4}$ $\quad I_c=0.0546a^4$, $I_{x-x}=\frac{\pi a^4}{16}$

그림 IV-2

한 면적의 관성 모멘트의 적 I_{xy}

$$I_{xy} = \int_A xydA \tag{IV-9}$$

$x-y$축에 평행한 도심축에 대한 관성 모멘트의 적 $\bar{I}_{xy}$는

$$\begin{aligned}\bar{I}_{xy} &= \int_A (x-\bar{x})(y-\bar{y})dA \\ &= \int_A xydA - \bar{x}\int_A ydA - \bar{y}\int_A xdA + \bar{x}\bar{y}A\end{aligned}$$

즉

$$\bar{I}_{xy} = \bar{I}_{xy} + \bar{x}\bar{y}A \tag{IV-10}$$

축이 면적의 대칭축이 되면 관성 모멘트의 적은 0이 된다. 변이 b, h인 삼각형의 관성 모멘트의 적 $\bar{I}_{xy}$는 좌표축을 양으로 하였을 때 $b^2h^2/24$이 된다.

표 IV-1은 각종 모형에 대한 면적 또는 체적, 도심, 관성 모멘트를 나타낸 것이다.

표 VI-1

도형명	도 형	면적 또는 체적	도심위치	I 또는 I_c
직사각형	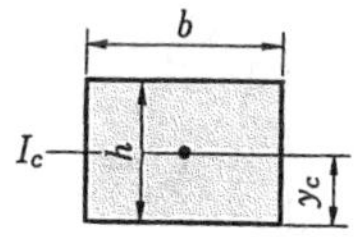	bh	$y_c=\frac{h}{2}$	$I_c=\frac{bh^3}{12}$
삼각형	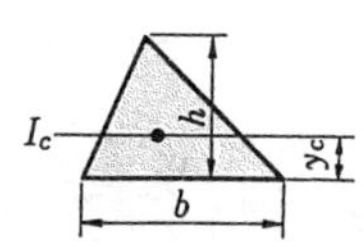	$\frac{bh}{2}$	$y_c=\frac{h}{3}$	$I_c=\frac{bh^3}{36}$

표 VI-1 (계속)

도형명	도 형	면적 또는 체적	도심위치	I 또는 I_c
원	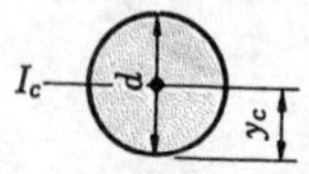	$\dfrac{\pi d^2}{4}$	$y_c = \dfrac{d}{2}$	$I_c = \dfrac{\pi d^4}{64}$
반원	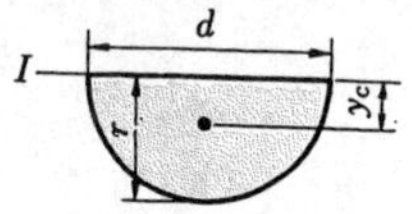	$\dfrac{\pi d^2}{8}$	$y_c = \dfrac{4r}{3\pi}$	$I_c = \dfrac{\pi d^4}{128}$
타원	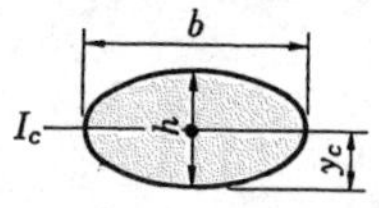	$\dfrac{\pi dh}{4}$	$y_c = \dfrac{h}{2}$	$I_c = \dfrac{\pi bh^3}{64}$
반타원	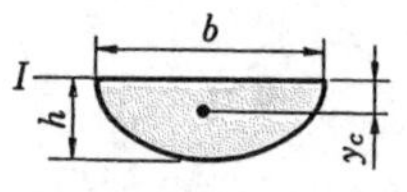	$\dfrac{\pi dh}{4}$	$y_c = \dfrac{4r}{3\pi}$	$I_c = \dfrac{\pi bh^3}{16}$
포물선	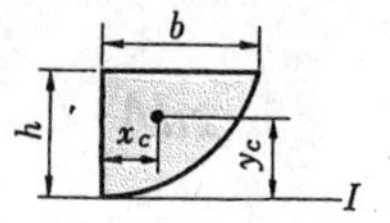	$\dfrac{2}{3}bh$	$y_c = \dfrac{3h}{5}$ $x_c = \dfrac{3b}{8}$	$I_c = \dfrac{2bh^3}{7}$
원통	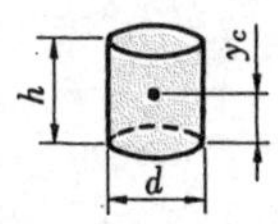	$\dfrac{\pi d^2 h}{4}$	$y_c = \dfrac{h}{2}$	
원추	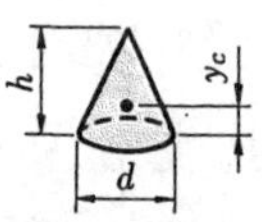	$\dfrac{1}{3}\left(\dfrac{\pi d^2 h}{4}\right)$	$y_c = \dfrac{h}{4}$	
포물선 회전체	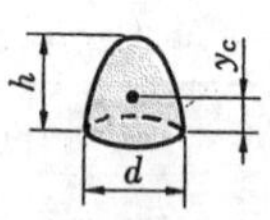	$\dfrac{1}{2}\left(\dfrac{\pi d^2 h}{4}\right)$	$y_c = \dfrac{h}{3}$	
구	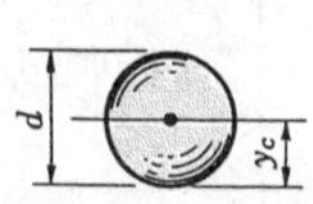	$\dfrac{\pi d^3}{6}$	$y_c = \dfrac{d}{2}$	
반구	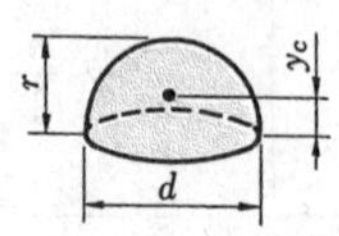	$\dfrac{\pi d^3}{12}$	$y_c = \dfrac{3r}{8}$	

부록 V : 벡터의 개념과 해석

(1) 벡터 부호

scalar는 a, b 등으로 나타내고 벡터량은 **a**, **b** 등으로 나타내기로 한다. x, y, z 방향에 대한 단위벡터 **i**, **j**, **k**로 각각 나타내면, 벡터는 다음과 같은 성분으로 표시된다.

$$\boldsymbol{a} = a_x\mathbf{i} + a_y\mathbf{j} + a_z\mathbf{k} \qquad \text{(V-1)}$$

원통좌표에서는 γ, θ, z방향에 대한 단위벡터를 각각 $\mathbf{i}_\gamma$, $\mathbf{i}_\theta$, $\mathbf{i}_z$라고 하면, **a**방향에 대한 단위벡터는

$$\mathbf{i}_a = \frac{\mathbf{a}}{|\mathbf{a}|}$$

여기서 $|\mathbf{a}|$는 **a**의 크기이다. 그림 V-1에서 우리는 $|\mathbf{a}|$를 a_x, a_y, a_z의 항으로 나타낼 수 있다. 삼각형의 법칙에 의하여

$$c^2 = (a_x)^2 + (a_z)^2$$

또

$$[|\mathbf{a}|]^2 = c^2 + (a_y)^2$$

또는

$$|\mathbf{a}| = \sqrt{(a_x)^2 + (a_y)^2 + (a_z)^2} \qquad \text{(V-2)}$$

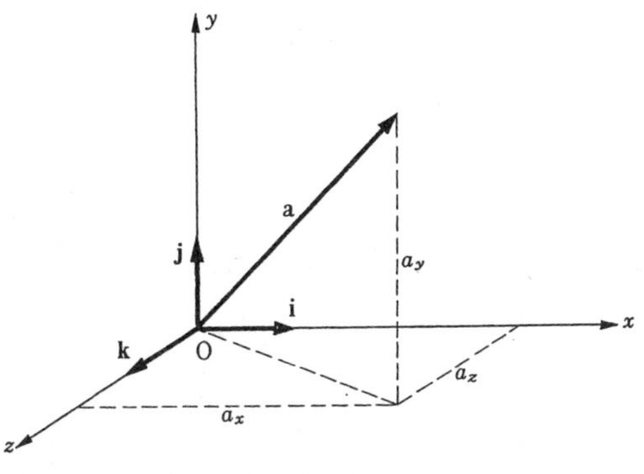

그림 V-1

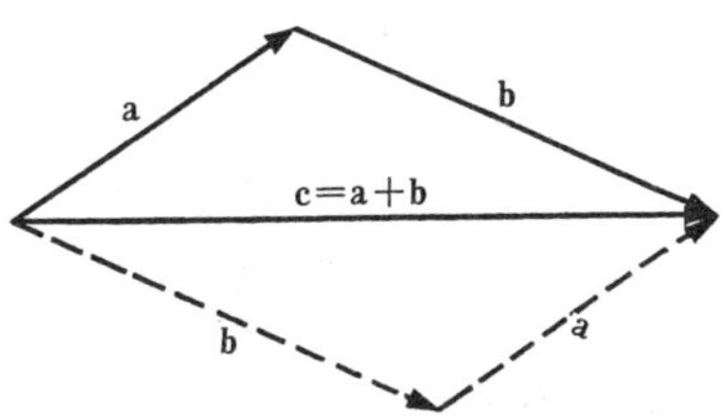

그림 V-2

벡터는 평행 사변형의 법칙에 의하여 크기와 방향에 따라 합을 구할 수 있다(그림 V-2).

$$\mathbf{c} = \mathbf{a} + \mathbf{b}$$

또

$$\mathbf{c} = c_x\mathbf{i} + c_y\mathbf{j} + c_z\mathbf{k}$$
$$= a_x\mathbf{i} + a_y\mathbf{j} + a_z\mathbf{k} + b_x\mathbf{i} + b_y\mathbf{j} + b_z\mathbf{k}$$
$$\mathbf{c} = (a_x + b_x)\mathbf{i} + (a_y + b_y)\mathbf{j} + (a_z + b_z)\mathbf{k}$$

그러므로

$$c_x = a_x + b_x, \qquad c_y = a_y + b_y, \qquad c_z = a_z + b_z \quad \text{(V-3)}$$

벡터 $\mathbf{d}$가 0이 되면 $d_x = dy = dz = 0$이 된다.

(2) 벡터 적(積)

〈a〉 dot(·) 적 : scalar product

두 벡터 $\mathbf{a}$, $\mathbf{b}$의 dot 적은 $\mathbf{a}\cdot\mathbf{b}$로써 다음과 같이 정의한다.

$$\mathbf{a}\cdot\mathbf{b} = |\mathbf{a}||\mathbf{b}|\cos\theta_{ab} \quad \text{(V-4)}$$

여기서 θ_{ab}는 벡터들 사이의 각이다. 식 (V−4)는 물리적으로 $|\mathbf{a}|$와 $\mathbf{a}$방향으로의 성분 $|\mathbf{b}|$와 적을 나타낸다. $\theta_{ab} < \frac{\pi}{2}$ 이면 크기는 양이고 $\theta_{ab} > \frac{\pi}{2}$ 이면 음이며, $\theta_{ab} = \frac{\pi}{2}$ 이면 $\mathbf{a}\cdot\mathbf{b} = 0$이 된다.

x, y, z 좌표계에서 단위벡터들의 dot 적은

$$\begin{array}{lll} \mathbf{i}\cdot\mathbf{i} = 1 & \mathbf{j}\cdot\mathbf{i} = 0 & \mathbf{k}\cdot\mathbf{i} = 0 \\ \mathbf{i}\cdot\mathbf{j} = 0 & \mathbf{j}\cdot\mathbf{j} = 1 & \mathbf{k}\cdot\mathbf{j} = 0 \\ \mathbf{i}\cdot\mathbf{k} = 0 & \mathbf{j}\cdot\mathbf{k} = 0 & \mathbf{k}\cdot\mathbf{k} = 1 \end{array}$$

그러므로

$$\mathbf{a}\cdot\mathbf{b} = (a_x\mathbf{i} + a_y\mathbf{j} + a_z\mathbf{k})\cdot(b_x\mathbf{i} + b_y\mathbf{j} + b_z\mathbf{k})$$
$$\mathbf{a}\cdot\mathbf{b} = a_xb_x + a_yb_y + a_zb_z \quad \text{(V-5)}$$

식 (V-5)로부터

(i) dot 적은 교환의 법칙이 성립한다. 즉 $\mathbf{a}\cdot\mathbf{b} = \mathbf{b}\cdot\mathbf{a}$이다. 식 (V-5)에서

$a_x b_x = b_x a_x$ 등

(ii) dot 적은 분배법칙이 성립하는데 $\mathbf{a}\cdot(\mathbf{b}+\mathbf{c}) = \mathbf{a}\cdot\mathbf{b} + \mathbf{a}\cdot\mathbf{c}$이다. 식 (V-3), (V-5)에서

$$\begin{aligned}\mathbf{a}\cdot(\mathbf{b}+\mathbf{c}) &= (a_x\mathbf{i} + \cdots\cdots)\cdot[(b_x + c_x) + \cdots\cdots] \\ &= a_x(b_x + c_x) + \cdots\cdots \\ \mathbf{a}\cdot(\mathbf{b}+\mathbf{c}) &= a_x b_x + a_x c_x + \cdots\cdots = \mathbf{a}\cdot\mathbf{b} + \mathbf{a}\cdot\mathbf{c}\end{aligned}$$

(iii) dot 적은 결합법칙이 성립하지 않는다. $\mathbf{a}(\mathbf{b}\cdot\mathbf{c}) \neq (\mathbf{a}\cdot\mathbf{b})\mathbf{c}$, $\mathbf{b}\cdot\mathbf{c}$는 scalar이므로 $\mathbf{a}(\mathbf{b}\cdot\mathbf{c}) = \alpha\mathbf{a}$이며, 마찬가지로 $(\mathbf{a}\cdot\mathbf{b})\mathbf{c} = \beta\mathbf{c}$이다. 벡터는 크기와 방향을 가지므로 $\alpha\mathbf{a} \neq \beta\mathbf{c}$이다.

거리 $\mathbf{ds}$에서 힘 $\mathbf{F}$로서 한 일의 양(量)은 scalar이므로

$$dW = |\mathbf{F}|\cos\theta_{FS}|\mathbf{ds}| = \mathbf{F}\cdot\mathbf{ds}$$

체적유량은 면적 dA이다. 여기에 수직한 속도 $\mathbf{V}$, 그리고 시간으로 주어지므로 dA에 수직한 벡터 $\mathbf{dA}$를 취하면

$$dQ = |\mathbf{V}|\cos\theta_v\, dA\, |d\mathbf{A}| = \mathbf{V}\cdot\mathbf{dA}$$

⟨b⟩ cross(×) 적 : vector product

두 벡터 $\mathbf{a}$와 $\mathbf{b}$의 cross 적은 $\mathbf{a}\times\mathbf{b}$로 표시되며, 다음과 같은 성질을 가지고 있다.

(i) $|\mathbf{a}\times\mathbf{b}| = |\mathbf{a}||\mathbf{b}|\sin\theta_{ab}$이다. $\mathbf{a}$와 $\mathbf{b}$가 평행하면 $\sin\theta_{ab} = 0$이므로, $\mathbf{a}\times\mathbf{b} = 0$이다.

(ii) $\mathbf{a}\times\mathbf{b}$는 $\mathbf{a}$와 $\mathbf{b}$에 모두 수직한 벡터이다.

(iii) $\mathbf{a}\times\mathbf{b}$의 방향은 오른손의 법칙을 따른다. 즉 $\mathbf{a}$는 $\mathbf{b}$로 회전하므로 $\mathbf{a}\times\mathbf{b}$는 오른손의 엄지손가락의 방향을 가리킨다(그림 V-3 참조).

단위벡터들의 cross 적은

$$\begin{array}{lll}\mathbf{i}\times\mathbf{i} = 0 & \mathbf{j}\times\mathbf{i} = -\mathbf{k} & \mathbf{k}\times\mathbf{i} = \mathbf{j} \\ \mathbf{i}\times\mathbf{j} = \mathbf{k} & \mathbf{j}\times\mathbf{j} = 0 & \mathbf{k}\times\mathbf{j} = -\mathbf{i} \\ \mathbf{i}\times\mathbf{k} = -\mathbf{j} & \mathbf{j}\times\mathbf{k} = \mathbf{i} & \mathbf{k}\times\mathbf{k} = 0\end{array}$$

cross 적 $\mathbf{a}\times\mathbf{b}$는 행렬식으로 계산할 수 있다.

$$\mathbf{a}\times\mathbf{b} = \begin{vmatrix}\mathbf{i} & \mathbf{j} & \mathbf{k} \\ a_x & a_y & a_z \\ b_x & b_y & b_z\end{vmatrix} \qquad \text{(V-6 a)}$$

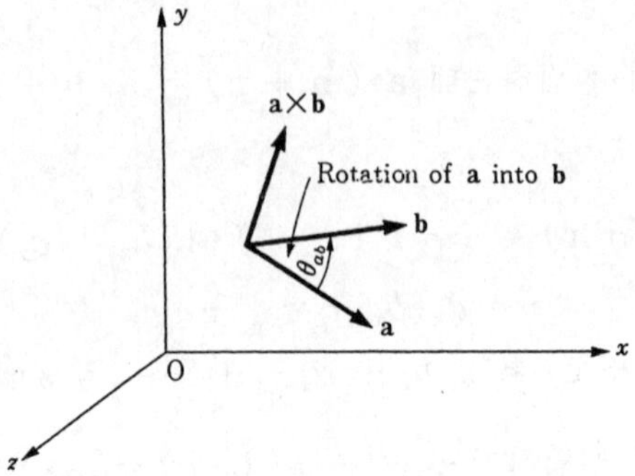

그림 V-3

전개하면

$$\mathbf{a}\times\mathbf{b} = \mathbf{i}(a_y b_z - a_z b_y) + (-\mathbf{j})(a_x b_z - a_z b_x) + \mathbf{k}(a_x b_y - a_y b_x)$$

또는

$$\mathbf{a}\times\mathbf{b} = \mathbf{i}(a_y b_z - a_z b_y) + \mathbf{j}(a_z b_x - a_x b_z) + \mathbf{k}(a_x b_y - a_y b_x) \tag{V-6 b}$$

식 (V-6)을 이용하여,

(i) cross 적은 교환법칙이 성립하지 않으므로 $\mathbf{a}\times\mathbf{b}\neq\mathbf{b}\times\mathbf{a}$이다. 두 열과 행을 바꾸면 행렬식의 부호가 바뀐다. 그러므로 $\mathbf{a}\times\mathbf{b} = -\mathbf{b}\times\mathbf{a}$이다.

(ii) cross 적은 분배법칙이 성립한다. $\mathbf{a}\times(\mathbf{b}+\mathbf{c}) = \mathbf{a}\times\mathbf{b}+\mathbf{a}\times\mathbf{c}$

(iii) cross 적은 결합법칙이 성립하지 않는다. $\mathbf{a}\times(\mathbf{b}\times\mathbf{c})\neq(\mathbf{a}\times\mathbf{b})\times\mathbf{c}$, $\mathbf{d}=\mathbf{c}$인 경우를 생각하면, 왼쪽에서 $\mathbf{a}\times(\mathbf{b}\times\mathbf{c}) = \mathbf{a}\times 0 = 0$이다. 그러나 $\mathbf{a}\times\mathbf{b}\neq 0$이며 오른쪽에서 $(\mathbf{a}\times\mathbf{b})\times\mathbf{c}\neq 0$이다. 그러므로 $\mathbf{a}\times(\mathbf{b}\times\mathbf{c})\neq(\mathbf{a}\times\mathbf{b})\times\mathbf{c}$이다.

cross 적은 토크의 공식에서나 물체에 작용하는 모멘트에 응용하고 있다. 물리적으로 토크는 $\mathbf{r}$에 수직한 힘 $\mathbf{F}$ 성분의 $|\mathbf{r}|$배라고 할 수 있다. 물체에 대한 그림 V-4로부터

$$|\mathbf{T}| = |\mathbf{r}||\mathbf{F}|\sin\theta_{rF}$$

또는

$$\mathbf{T} = \mathbf{r}\times\mathbf{F}$$

즉 오른손의 법칙이다.

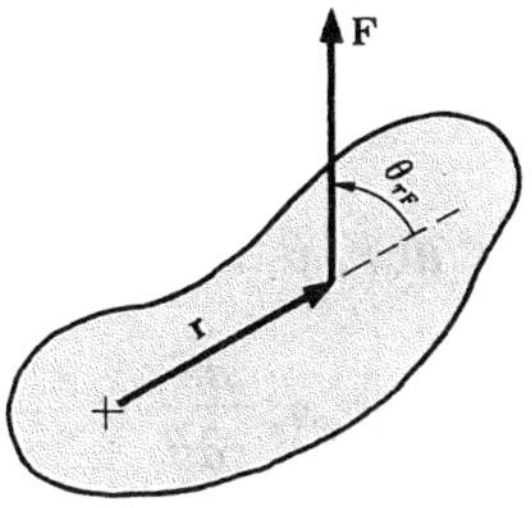

그림 V-4

(3) 벡터의 미분

일반미분 방법을 벡터미분에 적용해 보자. 벡터 $\mathbf{a} = \mathbf{a}(t)$를 생각하면, 직각 좌표계에서 $a_x = a_x(t)$이므로

$$\frac{d\mathbf{a}}{dt} = \lim_{\Delta t \to 0} \frac{\mathbf{a}(t + \Delta t) - \mathbf{a}(t)}{\Delta t}$$

$$\frac{d\mathbf{a}}{dt} = \lim_{\Delta t \to 0} \frac{a_x(t + \Delta t) - a_x(t)\,\mathbf{i} + \cdots\cdots}{\Delta t}$$

각 항의 극한값을 취하면

$$\frac{d\mathbf{a}}{dt} = \lim_{\Delta t \to 0} \frac{a_x(t + \Delta t) - a_x(t)}{\Delta t}\,\mathbf{i} + \lim_{\Delta t \to 0} \frac{a_y(t + \Delta t) - a_y(t)}{\Delta t}\,\mathbf{j} + \cdots\cdots$$

또는

$$\frac{d\mathbf{a}}{dt} = \frac{da_x}{dt}\,\mathbf{i} + \frac{da_y}{dt}\,\mathbf{j} + \frac{da_z}{dt}\,\mathbf{k} \tag{V-7}$$

마찬가지로 $\mathbf{a} = \mathbf{a}(x, y, z)$, 즉 $a_x = a_x(x, y, z)$이면

$$\frac{\partial \mathbf{a}}{\partial x} = \lim_{\Delta t \to 0} \frac{\mathbf{a}(x + \Delta x, y, z) - \mathbf{a}(x, y, z)}{\Delta x}$$

$$\frac{\partial \mathbf{a}}{\partial x} = \frac{\partial a_x}{\partial x}\,\mathbf{i} + \frac{\partial a_y}{\partial x}\,\mathbf{j} + \frac{\partial a_z}{\partial x}\,\mathbf{k} \tag{V-8}$$

원통좌표계에서 단위벡터 $\mathbf{i}_r$와 $\mathbf{i}_\theta$는 θ의 함수이다.

$$\frac{\partial \mathbf{i}_r}{\partial \theta} = \mathbf{i}_\theta, \qquad \frac{\partial \mathbf{i}_\theta}{\partial \theta} = -\mathbf{i}_r$$

결과적으로, 원통좌표에서 $\mathbf{a} = \mathbf{a}(r, \theta, z)$, 즉 $a_r = a_r(r, \theta, z)$이면

$$\frac{\partial \mathbf{a}}{\partial \theta} = \frac{\partial a_r}{\partial \theta}\mathbf{i}_r + a_r\frac{\partial \mathbf{i}_r}{\partial \theta} + \cdots\cdots = \frac{\partial a_r}{\partial \theta}\mathbf{i}_r + a_r\mathbf{i}_\theta + \cdots\cdots$$

(4) 벡터의 연산자(∇)

〈a〉 ∇의 정의 : 수학적인 계산에서 때때로 간단한 부호가 필요한 연산의 경우가 있다. 벡터 연산자 ∇(del)는 다음과 같이 정의되어 있다.

$$\left.\begin{aligned} \nabla &\equiv \mathbf{i}\frac{\partial}{\partial x} + \mathbf{j}\frac{\partial}{\partial y} + \mathbf{k}\frac{\partial}{\partial z} \text{(Cartesian 좌표)} \\ \nabla &\equiv \mathbf{i}_r\frac{\partial}{\partial r} + \mathbf{i}_\theta\frac{1}{r}\frac{\partial}{\partial \theta} + \mathbf{i}\frac{\partial}{\partial z} \text{(원통좌표)} \end{aligned}\right\} \quad \text{(V-9)}$$

〈b〉 grad(gradient) : ∇가 미분가능한 scalar 함수(또는 장)에 운용될 때, 그 결과를 'grad(gradient)'라고 한다. $\phi(x, y, z)$가 scalar장(場)이라면

$$\nabla\phi = \text{grad}\,\phi = \mathbf{i}\frac{\partial \phi}{\partial x} + \mathbf{j}\frac{\partial \phi}{\partial y} + \mathbf{k}\frac{\partial \phi}{\partial z} \quad \text{(V-10)}$$

여기서 ϕ는 scalar장이고 grad ϕ는 벡터장이다. $\nabla\phi$는 일정한 ϕ면에 수직한 벡터이다. 그것의 크기와 방향은 ϕ의 증가의 가장 큰 공간비의 크기와 방향을 나타낸다. 압력 기울기 ∇p(pressure gradient)는 유체역학에서 아주 중요하다.

〈c〉 divergence : div

dot 적이 ∇과 함수(또는 장)로 되어 있을 때, 이를 divergence라고 한다. Cartesian 좌표에서 $\mathbf{V} = \mathbf{V}(x, y, z)$이면

$$\begin{aligned} \nabla\cdot\mathbf{V} &= \text{divergence}\,\mathbf{V} = \text{div}\,\mathbf{V} \\ &= \left(\mathbf{i}\frac{\partial}{\partial x} + \mathbf{j}\frac{\partial}{\partial y} + \mathbf{k}\frac{\partial}{\partial z}\right)\cdot(V_x\mathbf{i} + V_y\mathbf{j} + V_z\mathbf{k}) \\ &= \mathbf{i}\cdot\frac{\partial V_x}{\partial x}\mathbf{i} + \underline{\mathbf{i}\cdot V_x\frac{\partial \mathbf{i}}{\partial x}} + \mathbf{j}\cdot\frac{\partial V_y}{\partial y}\mathbf{j} + \underline{\mathbf{j}\cdot V_y\frac{\partial \mathbf{j}}{\partial y}} \\ &\quad + \mathbf{k}\cdot\frac{\partial V_z}{\partial x}\mathbf{k} + \underline{\mathbf{k}\cdot V_z\frac{\partial \mathbf{k}}{\partial z}} \end{aligned}$$

밑줄을 친 항은 0이 되므로

$$\nabla \cdot \mathbf{V} = \frac{\partial V_x}{\partial x} + \frac{\partial V_y}{\partial y} + \frac{\partial V_z}{\partial z} \text{(Cartesian 좌표)} \qquad \text{(V-11)}$$

원통좌표에서 $\mathbf{V} = \mathbf{V}(r,\ \theta,\ z)$이면

$$\nabla \cdot \mathbf{V} = \left(\mathbf{i}_r \frac{\partial}{\partial r} + \mathbf{i}_\theta \frac{1}{\gamma} \cdot \frac{\partial}{\partial \theta} + \mathbf{i}_z \frac{\partial}{\partial z} \right) \cdot (\mathbf{i}_r V_r + \mathbf{i}_\theta V_\theta + \mathbf{i}_z V_z)$$

$$= \underline{\mathbf{i}_r \cdot \frac{\partial \mathbf{i}_r}{\partial r} V_r} + \mathbf{i}_r \cdot \mathbf{i}_r \frac{\partial V_r}{\partial r} + \mathbf{i}_\theta \cdot \frac{1 \partial \mathbf{i}_r}{r \partial \theta} V_r$$

$$+ \mathbf{i}_\theta \cdot \mathbf{i}_\theta \frac{1}{r} \frac{\partial V_\theta}{\partial \theta} + \underline{\mathbf{i}_z \cdot \frac{\partial \mathbf{i}_z}{\partial z} V_z} + \mathbf{i}_z \cdot \mathbf{i}_z \frac{\partial V_z}{\partial z}$$

밑줄을 친 항은 0이 되므로

$$\nabla \cdot \mathbf{V} = \frac{\partial V_r}{\partial r} + \mathbf{i}_\theta \cdot \frac{1}{r} \cdot \frac{\partial \mathbf{i}_r}{\partial \theta} V_r + \frac{1 \partial V_\theta}{r \partial \theta} + \frac{\partial V_z}{\partial z}$$

그런데 $\dfrac{\partial \mathbf{i}_r}{\partial \theta} = \mathbf{i}_\theta$이므로

$$\nabla \cdot \mathbf{V} = \frac{\partial V_r}{\partial r} + \frac{V_r}{r} + \frac{1}{r} \cdot \frac{\partial V_\theta}{\partial \theta} + \frac{\partial V_z}{\partial z}$$

여기서 $\dfrac{\partial V_r}{\partial r} + \dfrac{V_r}{r} = \dfrac{1}{r} \cdot \dfrac{\partial}{\partial r}(r V_r)$이므로

$$\nabla \cdot \mathbf{V} = \frac{1}{r} \cdot \frac{\partial}{\partial r}(r V_r) + \frac{1}{r} \cdot \frac{\partial V_\theta}{\partial \theta} + \frac{\partial V_z}{\partial z} \text{(원통좌표)} \qquad \text{(V-12)}$$

여기서 $\mathbf{V}$가 벡터장이므로 $\nabla \cdot \mathbf{V}$는 단위 질량당의 미소 제어체적으로부터 유동하는 유체의 체적유량이다. 비압축성 유동에 대하여는 $\nabla \cdot \mathbf{V} = 0$, 즉 미소 제어체적으로부터의 유량은 0이 된다.

〈d〉 curl(rot)

cross 적이 ∇과 속도장 사이의 관계로 되어 있을 때 이를 curl(rot)이라고 한다. $\mathbf{V} = \mathbf{V}(x,\ y,\ z)$이면 Cartesian 좌표에서

$$\nabla \times \mathbf{V} = \text{curl} V = \begin{vmatrix} \mathbf{i} & \mathbf{j} & \mathbf{k} \\ \dfrac{\partial}{\partial x} & \dfrac{\partial}{\partial y} & \dfrac{\partial}{\partial z} \\ V_x & V_y & V_z \end{vmatrix}$$

$$\nabla \times \mathbf{V} = \mathbf{i}\left(\frac{\partial V_z}{\partial y} - \frac{\partial V_y}{\partial z}\right) + \mathbf{j}\left(\frac{\partial V_x}{\partial z} - \frac{\partial V_z}{\partial x}\right) + \mathbf{k}\left(\frac{\partial V_y}{\partial x} - \frac{\partial V_x}{\partial y}\right) \tag{V-13}$$

원통좌표에서는 $\mathbf{V} = \mathbf{V}(r,\ \theta,\ z) = \mathbf{i}_r V_r + \mathbf{i}_\theta V_\theta + \mathbf{i}_z V_z$ 이다. 단위벡터는 각 θ 와 함께 변화하므로

$$\begin{aligned}
\nabla \times \mathbf{V} &= \left(\mathbf{i}_r \frac{\partial}{\partial r} + \mathbf{i}_\theta \frac{1}{\gamma}\frac{\partial}{\partial \theta} + \mathbf{i}_z \frac{\partial}{\partial z}\right) \times (\mathbf{i}_r V_r + \mathbf{i}_\theta V_\theta + \mathbf{i}_z V_z) \\
&= \mathbf{i}_r \frac{\partial}{\partial r} \times \mathbf{i}_r V_r + \mathbf{i}_r \frac{\partial}{\partial r} \times \mathbf{i}_\theta V_\theta + \mathbf{i}_r \frac{\partial}{\partial r} \times \mathbf{i}_z V_z \\
&\quad + \mathbf{i}_\theta \frac{1\partial}{r\partial \theta} \times \mathbf{i}_r V_r + \mathbf{i}_\theta \frac{1\partial}{r\partial \theta} \times \mathbf{i}_\theta V_\theta + \mathbf{i}_\theta \frac{1}{r}\frac{\partial}{\partial \theta} \times \mathbf{i}_z V_z \\
&\quad + \mathbf{i}_z \frac{\partial}{\partial z} \times \mathbf{i}_r V_r + \mathbf{i}\ \frac{\partial}{\partial z} \times \mathbf{i}_\theta V_\theta + \mathbf{i}_z \frac{\partial}{\partial r} \times \mathbf{i}_z V_z
\end{aligned}$$

$$\begin{aligned}
\nabla \times \mathbf{V} = &\ \underline{\mathbf{i}_r \times \mathbf{i}_r \frac{V_r}{\partial r}} + \underline{\mathbf{i}_r \times V_r \frac{\partial \mathbf{i}_r}{\partial r}} + \mathbf{i}_r \times \mathbf{i}_\theta \frac{\partial V_\theta}{\partial r} \\
&+ \underline{\mathbf{i}_r \times V_\theta \frac{\partial \mathbf{i}_\theta}{\partial r}} + \mathbf{i}_r + \mathbf{i}_z \frac{\partial V_z}{\partial r} + \underline{\mathbf{i}_r \times V_z \frac{\partial \mathbf{i}_z}{\partial r}} \\
&+ \mathbf{i}_\theta \times \mathbf{i}_r \frac{1}{r}\frac{\partial V_r}{\partial \theta} + \mathbf{i}_\theta \times V_r \frac{1}{r}\frac{\partial \mathbf{i}_r}{\partial \theta} + \underline{\mathbf{i}_\theta \times \mathbf{i}_\theta \frac{1}{r}\frac{\partial V_\theta}{\partial \theta}} \\
&+ \mathbf{i}_\theta \times V_\theta \frac{1}{r}\frac{\partial \mathbf{i}_\theta}{\partial \theta} + \mathbf{i}_\theta \times \mathbf{i}_z \frac{1}{r}\frac{\partial V_z}{\partial \theta} + \underline{\mathbf{i}_\theta \times V_z \frac{1}{r}\frac{\partial \mathbf{i}_z}{\partial \theta}} \\
&+ \mathbf{i}_z \times \mathbf{i}_r \frac{\partial V_r}{\partial z} + \underline{\mathbf{i}_z \times V_r \frac{\partial \mathbf{i}_r}{\partial z}} + \mathbf{i}_z \times \mathbf{i}_\theta \frac{\partial V_\theta}{\partial z} \\
&+ \underline{\mathbf{i}_z \times V_\theta \frac{\partial \mathbf{i}_\theta}{\partial z}} + \underline{\mathbf{i}_z \times \mathbf{i}_z \frac{\partial V_z}{\partial z}} + \underline{\mathbf{i}_z \times V_z \frac{\partial \mathbf{i}_z}{\partial z}}
\end{aligned}$$

윗식의 밑줄을 친 항은 0이 되며 $\dfrac{\partial \mathbf{i}_r}{\partial \theta} = \mathbf{i}_\theta,\ \dfrac{\partial \mathbf{i}_\theta}{\partial \theta} = -\mathbf{i}_r$가 성립하므로

$$\begin{aligned}
\nabla \times \mathbf{V} = &\ \mathbf{i}_z \frac{\partial V_\theta}{\partial r} - \mathbf{i}_\theta \frac{\partial V_z}{\partial r} - \mathbf{i}_z \frac{1}{r}\frac{\partial V_r}{\partial \theta} + \mathbf{i}_z \frac{V_\theta}{r} \\
&+ \mathbf{i}_r \frac{1}{r}\frac{\partial V_z}{\partial \theta} + \mathbf{i}_\theta \frac{\partial V_r}{\partial z} - \mathbf{i}_r \frac{\partial V_\theta}{\partial z}
\end{aligned}$$

결과적으로

$$\nabla \times \mathbf{V} = \mathbf{i}_r\left(\frac{1}{r}\frac{\partial V_z}{\partial \theta} - \frac{\partial V_\theta}{\partial z}\right) + \mathbf{i}_\theta\left(\frac{\partial V_r}{\partial z} - \frac{\partial V_z}{\partial r}\right)$$
$$+ \mathbf{i}_z \frac{1}{r}\left\{\frac{\partial}{\partial r}(rV_\theta) - \frac{\partial V_r}{\partial \theta}\right\} \tag{V-14}$$

방정식 (V-13)은 회전운동의 식이므로

$$\nabla \times \mathbf{V} = 2\boldsymbol{w}$$

여기서 $\mathbf{V}$는 속도벡터이며 $\boldsymbol{w}$는 유체입자에 대한 회전벡터이다. 그러므로 속도의 curl은 장의 회전과 관련이 있다.

〈e〉 Laplacian(∇^2)

또 다른 연산자 문제가 dot 적 $\nabla \cdot \nabla$의 계산과정에서 대두되는 때가 많다. 이 연산자를 Laplacian이라 하며, ∇^2기호로서 나타내고, Cartesian 좌표에서

$$\nabla^2 = \nabla \cdot \nabla = \frac{\partial^2}{\partial x^2} + \frac{\partial^2}{\partial y^2} + \frac{\partial^2}{\partial z^2} \tag{V-15}$$

원통좌표에서는

$$\nabla^2 = \nabla \cdot \nabla = \left(\mathbf{i}_r \frac{\partial}{\partial r} + \mathbf{i}_\theta \frac{1}{r} \cdot \frac{\partial}{\partial \theta} + \mathbf{i}\ \frac{\partial}{\partial z}\right)$$
$$\cdot\left(\mathbf{i}_r \frac{\partial}{\partial r} + \mathbf{i}_\theta \frac{1}{r} \cdot \frac{\partial}{\partial \theta} + \mathbf{i}_z \frac{\partial}{\partial z}\right)$$
$$= \frac{\partial^2}{\partial r^2} + \mathbf{i}_\theta \cdot \frac{1}{r}\left(\frac{\partial \mathbf{i}_r}{\partial \theta} \cdot \frac{\partial}{\partial r} + \mathbf{i}_r \frac{\partial^2}{\partial \theta \partial r}\right.$$
$$\left. + \frac{\partial \mathbf{i}_\theta}{\partial \theta} \cdot \frac{1}{r} \cdot \frac{\partial}{\partial \theta} + \mathbf{i}_\theta \frac{1}{r} \cdot \frac{\partial^2}{\partial \theta^2}\right) + \frac{\partial^2}{\partial z^2}$$

$\dfrac{\partial \mathbf{i}_r}{\partial \theta} = \mathbf{i}_\theta$, $\dfrac{\partial \mathbf{i}_\theta}{\partial \theta} = -\,\mathbf{i}_r$이므로

$$\nabla^2 = \frac{\partial^2}{\partial r^2} + \frac{1}{r} \cdot \frac{\partial}{\partial r} + \frac{1}{r^2} \cdot \frac{\partial^2}{\partial \theta^2} + \frac{\partial^2}{\partial z^2}$$

그런데

$$\frac{\partial^2}{\partial r^2} + \frac{1}{r} \cdot \frac{\partial}{\partial r} = \frac{1}{r} \cdot \frac{\partial}{\partial r}\left(r \frac{\partial}{\partial r}\right)$$

즉

$$\nabla^2 = \frac{1}{r}\cdot\frac{\partial}{\partial r}\left(r\frac{\partial}{\partial r}\right) + \frac{1}{r^2}\cdot\frac{\partial^2}{\partial\theta^2} + \frac{\partial^2}{\partial z^2} \qquad \text{(V-16)}$$

유동함수 Ψ와 속도 퍼텐셜 ϕ는 Laplace 방정식을 만족한다.

$$\nabla^2\Psi = \nabla^2\phi = 0$$

이는 2차원, 비회전, 비압축성 유동의 경우이다. 또 정상상태에서 열전도는 $\nabla^2 T = 0$이 된다.

(5) 벡터 항등식

〈a〉 $\nabla\times\nabla\phi = 0$: 이 항등식은 Cartesian 좌표에서 다음과 같이 전개된다.

$$\nabla\times\nabla\phi = \nabla\times\left(\mathbf{i}\frac{\partial\phi}{\partial x} + \mathbf{j}\frac{\partial\phi}{\partial y} + \mathbf{k}\frac{\partial\phi}{\partial z}\right)$$

$$= \begin{vmatrix} \mathbf{i} & \mathbf{j} & \mathbf{k} \\ \dfrac{\partial}{\partial x} & \dfrac{\partial}{\partial y} & \dfrac{\partial}{\partial z} \\ \dfrac{\partial\phi}{\partial x} & \dfrac{\partial\phi}{\partial y} & \dfrac{\partial\phi}{\partial z} \end{vmatrix}$$

$$\nabla\times\nabla\phi = \mathbf{i}\left(\frac{\partial^2\phi}{\partial y\,\partial z} - \frac{\partial^2\phi}{\partial z\,\partial y}\right) + \mathbf{j}\left(\frac{\partial^2\phi}{\partial z\,\partial x} - \frac{\partial^2\phi}{\partial x\,\partial z}\right) + \mathbf{k}\left(\frac{\partial^2\phi}{\partial x\,\partial y} - \frac{\partial^2\phi}{\partial y\,\partial x}\right)$$

$\phi = \phi(x, y, z)$가 연속이고 미분가능한 함수이며, 반복되는 미분의 순서는 중요하지 않다. 즉

$$\frac{\partial^2\phi}{\partial x\,\partial y} = \frac{\partial^2\phi}{\partial y\,\partial x}, \qquad \frac{\partial^2\phi}{\partial x\,\partial z} = \frac{\partial^2\phi}{\partial z\,\partial x}, \qquad \frac{\partial^2\phi}{\partial y\,\partial z} = \frac{\partial^2\phi}{\partial z\,\partial y}$$

결국 $\nabla\times\nabla\phi \equiv 0$이다.

(b) $(\mathbf{V}\cdot\nabla)\mathbf{V} = \frac{1}{2}\nabla(\mathbf{V}\cdot\mathbf{V}) - \mathbf{V}\times(\nabla\times\mathbf{V})$: 이는 Cartesian 좌표에서

$$\mathbf{V}\cdot\nabla = V_x\frac{\partial}{\partial x} + V_y\frac{\partial}{\partial y} + V\frac{\partial}{\partial z}$$

그러므로

$$(\mathbf{V}\cdot\nabla)\mathbf{V} = \mathbf{i}\left(V_x\frac{\partial V_x}{\partial x} + V_y\frac{\partial V_x}{\partial y} + V_z\frac{\partial V_x}{\partial z}\right)$$
$$+ \mathbf{j}\left(V_x\frac{\partial V_y}{\partial x} + V_y\frac{\partial V_y}{\partial y} + V_z\frac{\partial V_y}{\partial z}\right)$$
$$+ \mathbf{k}\left(V_x\frac{\partial V_z}{\partial x} + V_y\frac{\partial V_z}{\partial y} + V_z\frac{\partial V_z}{\partial z}\right) \quad \text{(V-17)}$$

또

$$\mathbf{V}\cdot\mathbf{V} = V_x^2 + V_y^2 + V_z^2$$

그러므로

$$\frac{1}{2}\nabla(\mathbf{V}\cdot\mathbf{V}) = \mathbf{i}\left(V_x\frac{\partial V_x}{\partial x} + V_y\frac{\partial V_y}{\partial x} + V_z\frac{\partial V_z}{\partial x}\right)$$
$$+ \mathbf{j}\left(V_x\frac{\partial V_x}{\partial y} + V_y\frac{\partial V_y}{\partial y} + V_z\frac{\partial V_z}{\partial y}\right)$$
$$+ \mathbf{k}\left(V_x\frac{\partial V_x}{\partial z} + V_y\frac{\partial V_y}{\partial z} + V_z\frac{\partial V_z}{\partial z}\right) \quad \text{(V-18 a)}$$

나아가서

$$-\mathbf{V}\times(\nabla\times\mathbf{V}) = -\begin{vmatrix} \mathbf{i} & \mathbf{j} & \mathbf{k} \\ V_x & V_y & V_z \\ \left(\frac{\partial V_z}{\partial y} - \frac{\partial V_y}{\partial z}\right) & \left(\frac{\partial V_x}{\partial z} - \frac{\partial V_z}{\partial x}\right) & \left(\frac{\partial V_y}{\partial x} - \frac{\partial V_x}{\partial y}\right) \end{vmatrix}$$
$$= \mathbf{i}\left(V_z\frac{\partial V_x}{\partial z} - V_z\frac{\partial V_z}{\partial x} - V_y\frac{\partial V_y}{\partial x} + V_y\frac{\partial V_x}{\partial y}\right)$$
$$+ \mathbf{j}\left(-V_z\frac{\partial V_z}{\partial y} - V_z\frac{\partial V_y}{\partial z} - V_x\frac{\partial V_y}{\partial x} - V_x\frac{\partial V_x}{\partial y}\right)$$
$$+ \mathbf{k}\left(-V_x\frac{\partial V_x}{\partial z} - V_x\frac{\partial V_z}{\partial x} - V_y\frac{\partial V_z}{\partial y} - V_y\frac{\partial V_y}{\partial z}\right)$$
$$\text{(V-18 b)}$$

식 (V-18 a)와 식 (V-18 b)를 합하면

$$\frac{1}{2}\nabla(\mathbf{V}\cdot\mathbf{V}) - \mathbf{V}\times(\nabla\times\mathbf{V})$$
$$= \mathbf{i}\left(V_x\frac{\partial V_x}{\partial x} + V_y\frac{\partial V_x}{\partial y} + V_z\frac{\partial V_x}{\partial z}\right)$$

$$+ \mathbf{j}\left(V \frac{\partial V_y}{\partial x} + V_y \frac{\partial V_y}{\partial y} + V_z \frac{\partial V_y}{\partial z} \right)$$

$$+ \mathbf{k}\left(V_x \frac{\partial V_z}{\partial x} + V_y \frac{\partial V_z}{\partial y} + V_z \frac{\partial V_z}{\partial z} \right) \qquad \text{(V-19)}$$

식 (V-17)과 식 (V-19)는 결국 동일하므로

$$(\mathbf{V} \cdot \nabla) \mathbf{V} = \frac{1}{2} \nabla (\mathbf{V} \cdot \mathbf{V}) - \mathbf{V} \times (\nabla \times \mathbf{V})$$

부록 VI : 공동현상

액체가 유동할 때 압력이 증기압까지 감소하면 거기에서 비등이 일어나고, 액체 내에 증기포켓(vapor pocket)이 발생한다. 여기에서 발생한 액체의 거품들은 유동하여 압력이 높은 곳에 이르러 상호충돌과 함께 터져서 급작스런 부분적 고압을 형성하여 높은 굉음을 발생하게 되는데, 이러한 현상을 **공동현상**(**空洞現象**; cavitation)이라 한다. 이로 인하여 관 내의 유동이나 터보기계(turbo machine) 내의 유동에서 국부적인 부식과 파괴가 생긴다. 특히 Venturi관의 확대부(diffuser)나 원심펌프의 날개(guide vane), 그리고 수력 발전소의 압력관 내에서의 공동현상에 의한 부식현상은 아주 심각한 문제로 대두되고 있다.

액체유동에서 공동변수(cavitation parameter)를 σ로 표시하여 다음과 같은 식으로 나타내며, 이를 공동수(cavitation number)라고 한다.

$$\sigma = \frac{p - p_v}{\rho V^2/2} \qquad \text{(VI-1)}$$

여기서 p, p_v는 각각 공동현상이 일어나는 위치에서의 절대압력과 증기압이다. 결과적으로 공동현상은 액체의 유동구간(주로 관내 또는 터보기계의 경우 케이스 내) 중 압력이 가장 낮은 곳에서 증기포켓, 즉 기포가 형성되는데, 이곳을 약간 벗어난 하류에서 일어난다.

기하학적으로 상사(相似)인 경우에 동일한 σ수에 대해서는 동률의 공동현상이 일어나며, 또 $\sigma = 0$인 경우는 증기압과 비등이 일어난다. 이와 같이 증기압이 발생하고 비등이 일어나서 공동현상이 일어나는 시간은 수천분의 1초밖에 되지 않는다. 고체 표면에 수많은 작은 기포들의 충돌과 파괴로 표면에 아주 큰 응력을 발생시키며, 응력의

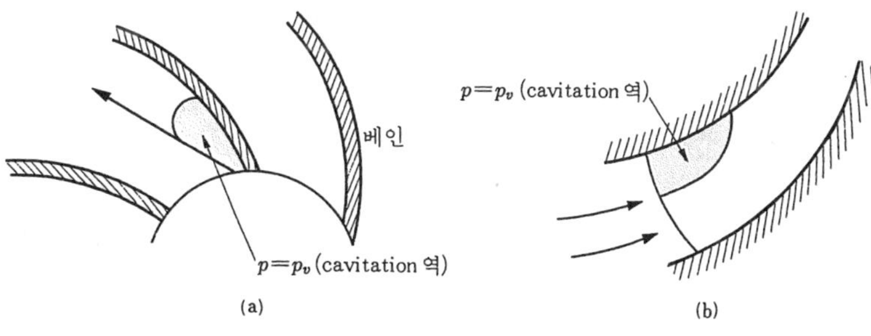

그림 VI-1

그림 VI-2

연속적인 발생으로 인하여 고체 표면에 피로현상이 나타난다.

최근 실험결과에 의하면 공동현상이 일어날 때 표면에 작용하는 응력이 200,000 psi에 이르는 것으로 밝혀졌다.

그림 VI-1 (a)는 원심펌프의 날개(vane)에 발생하는 공동현상을, 그림 VI-1 (b)는 임의 곡관에서 발생하는 공동현상을 예로 도시한 것이다. 또 그림 VI-2는 실제로 공동현상에 의하여 부식이 된 베인의 사진이다.

부록 VII : 연습문제 해답

제2장

1. $p = 1.0336\ \text{kgf/cm}^2$
2. 0.6095 배
3. $R = 49.5\ \text{m/K}$
   $M = 17.13\ \text{g/mol}$
4. $v_2 = 3.1335\ \text{m}^3/\text{kgf}$
5. $v_2 = 0.3082\ \text{m}^3/\text{kgf}$
6. $v = 0.7739\ \text{m}^3/\text{kgf}$
   $\rho = 0.1319\ \text{kgf}\cdot\text{s}^2/\text{m}^4$
7. $M = 46.56\ \text{g/mol}$
8. $\gamma_2 = 10.254\ \text{kN/m}^3$
9. (a) $a_s = 1460\ \text{m/s}$
   (b) $a_s = 1604\ \text{m/s}$
10. $\mu_a/\mu_w = 1.81 \times 10^{-2}$
    $\nu_a/\nu_w = 15.1$
11. $V_2 = 998.64\ \text{cm}^3$
12. $h = 7.4\ \text{mm}$
13. $h = 29.8\ \text{mm}$
14. $\Delta p = 1.111 \times 10^{-3}\ \text{kgf/cm}^2$
15. $\theta = 33.56°$
16. $p_i = 1.035\ \text{kgf/cm}^2$
17. 무차원
18. $1\ \text{Pa} = 1.45 \times 10^{-4}\ \text{psi}$,
    $= 1.02 \times 10^{-5}\ \text{kg/cm}^2$
19. $\mu = 2.04 \times 10^{-4}\ \text{lb}\cdot\text{s/ft}^2$
    $\mu = 9.77 \times 10^{-4}\ \text{kgf}\cdot\text{s/m}^2$
20. $\mu = 1.275\ \text{poise}$
21. $\nu = 1\ \text{stokes}(\text{cm}^2/\text{s})$
22. $T = 1.23 \times 10^6\ \text{dyne}\cdot\text{cm}$
23. $u = 1.875\ \text{m/s}$
24. $T = 13.8\ \text{kgf}\cdot\text{cm}$
25. $\mu = 2.45 \times 10^{-2}\ \text{N}\cdot\text{s/m}^2$
26. $T = 28.16\ \text{N}\cdot\text{m}$
27. $\tau = 0.864\ \text{N/m}^2$
28. (a) $u = \dfrac{W(D-d)}{2\pi\mu dl}$
    (b) $u = 0.3\ \text{m/s}$
29. (a) $\tau_2/\tau_4 = 0.5$
    (b) $u = 0.04\ \text{m/s}$
    (c) $\tau = 0.2\ \text{N/m}^2$
30. $T = 1.27 \times 10^{-5}\ \text{N}\cdot\text{m}$

제3장

1. $p = 101.293\ \text{N/m}^2$
2. $h = 4412\ \text{mmHg}$
3. $p_{\text{atm}} = 0.8094\ \text{kgf/cm}^2$
4. $p_0 = 0.0425\ \text{kgf/cm}^2$
   $p_b = 0.3425\ \text{kgf/cm}^2$
5. $h = 307.2\ \text{mm}$
6. $p_g = 8.352\ \text{kgf/cm}^2$

7. $h = 106.6$ mm

8. $\gamma = \dfrac{\gamma_A A + \gamma_B B}{A + B}$

9. $p_1 = 1.036$ kgf/cm^2

$p_2 = 1.033$ kgf/cm^2

10. $p = 0.03$ kgf/cm^2

11. $p_{abs} = 238$ kPa

12. $n = 10$

13. $p_g = 10,500$ kgf/m^2

14. $h = 6.583$ m

15. $p = 129,884.4$ N/m^2

16. $p_B = -2.8$ kPa

17. $\theta = 17.4°$

18. $dp = -37.218$ kPa

19. $p_A = 89.47$ kPa

20. $F_2 = 466.66$ kgf

21. $z = 149.12$ m

22. $p = 4.7326 \times 10^{-2}$ kgf/cm^2

$\rho = 0.01$ kgf · s^2/m^4

23. $dT/dz = -0.0065$ K/m

24. $n = 1.079$

25. $d\overline{V} = 2$ m^3

26. $a_x = 3.567$ m/s^2

27. $\overline{V} = 0.189$ m^3, $H = 4.7$ m

28. $H = 5.39$ m, $G_c = 0.76$ m

$B_c = 1.53$ m

29. $\gamma_{wood} = 5450$ N/m^3

30. 불안정

31. $P_t = 516.1$ kN, $Y_p = 2.058$ m

32. $h = 2.675$ m

33. $P_t = 28,000$ kgf, $y_p = 3.881$ m

34. $P_t = 113,097$ kgf, $h_p = 3.334$ m

35. $\theta = \tan^{-1}(h_1/h_2)^{3/2}$

36. $p_g = 1.185$ psi

37. $F = 1.32 \times 10^5$ kgf

38. $F_H = 41,184$ lb

$F_v = 30,232.8$ lb

$F = 51,089.57$ lb

39. $F = 211.2$ kN

40. $T = 942$ kN · m

41. $F_t = 369.98$ kN

42. $h = 0.264\, l$

43. 지탱함

44. $F = 32.33$ kN

45. $F_b = -288.1$ kN

제4장

1. 1/4배

2. $v = 16$ m/s

3. $h = 2$ cm

4. $v_2 = 17.8$ m/s

5. $\dot{m} = 0.493$ kg/s

6. $d = 5.31$ cm

7. $Q = 4.71$ m^3/s

8. $Q = 5.49$ m^3/s, $\overline{u} = 3.43$ m/s

9. $Q = 0.872$ ft^3/s $= 6.525$ gals/s

$= 1.692$ slugs/s

10. 만족, 회전유동

11. $a = \dfrac{-Q^2}{r(2\pi\gamma h)^2}$, $V_r = 35.39$ m/s

$a = -1267.8$ m/s^2

12. $v = 1.59$ m/s, $v_2 = 6.366$ m/s

13. $Q = 0.195\ \text{m}^3/\text{s}$
14. $v_1 = 25.8\ \text{m/s}$, $v_2 = 15.48\ \text{m/s}$
15. $v = 2.86\ \text{m/s}$
16. $v_A = 5.276\ \text{m/s}$, $v_B = 5.738\ \text{m/s}$
    $v_C = 15.48\ \text{m/s}$, $v_D = 5.67\ \text{m/s}$
    $v_E = 5512\ \text{m/s}$
17. $v_1 = 0.0486\ \text{m/s}$
18. $Q = 0.12\ \text{m}^3/\text{s}$
19. $v = 9.67\ \text{m/s}$
20. $Q = 0.008\ \text{m}^3/\text{s}$
21. $Q = 3.76 \times 10^{-3}\ \text{m}^3/\text{s}$, $z_2 = 3\ \text{m}$
22. $Q = 2.767 \times 10^{-4}\ \text{m}^3/\text{s}$
    $H = 1.5\ \text{m}$
23. $t = 321.25$초
24. $t = 37.53$초
25. 비워짐, $v = 0.052\ \text{m/s}$
26. $Q = 0.019\ \text{m}^3/\text{s}$
27. $v = 10.63\ \text{m/s}$
28. $v = 24.45\ \text{m/s}$, $Q = 0.107\ \text{m}^3/\text{s}$
29. $v = 7.41\ \text{m/s}$
30. $v = 25.3\ \text{m/s}$
31. $P_1 = 1.58\ \text{kgf/cm}^2$
32. $v = 6.447\ \text{m/s}$, $Q = 0.0285\ \text{m}^3/\text{s}$
33. $dp = 0.1275\ \text{kgf/cm}^2$
    $$\frac{A_1A_2}{\sqrt{A_1^2 - A_2^2}} = 0.0516$$
34. $v_c = 3820.75\ \text{m/s}$
35. $a_t = 3.556\ \text{m/s}^2$, $a_c = 160\ \text{m/s}^2$
36. $a_c = 282.8\ \text{m/s}^2$, $a_t = 0\ \text{m/s}^2$
37. $A_2 = 0.02\ \text{m}^2$
38. $Q = 0.02\ \text{m}^3/\text{s}$
39. 5.66배, $\theta' = 2\tan^{-1}\left(\frac{\tan\theta}{5.66}\right)$
40. $h = 5.89\ \text{m}$, $Q_2 = 0.047\ \text{m}^3/\text{s}$

제6장

1. $Q = 0.0877\ \text{m}^3/\text{s}$
2. $F = 10{,}219\ \text{kgf}$, $\theta = 14.77°$
3. $F = 114.8\ \text{kgf}$
4. $d = 3.2\ \text{m}$
5. $F = \rho QV(\cos\alpha + \cos\beta)$
6. $Q = 0.29\ \text{m}^3/\text{s}$
7. $W_B = 7.4745\ \text{kgf}$
8. 생략
9. $R = 1.2\ \text{kN}$
10. $T_{\text{shaft}} = 29.4\ \text{N}\cdot\text{m}$
    $R_x = 51.0\ \text{N}\cdot\text{m}$
    $R_y = 1.40\ \text{N}\cdot\text{m}$
11. $L_t = \frac{1}{2}\rho Q(V_1^2 - V_2^2)$
    $\eta_{th} = 1 - (V_2/V_1)^2$
12. $R_x = 15.47\ \text{kN}$, $R_y = 1.657\ \text{kN}$
13. $\mathbf{R} = (12.456\,\mathbf{i} + 49.206\,\mathbf{j} + 15.25\,\mathbf{k})\text{kN}$
14. $V_1 = 13.07\ \text{m/s}$
15. $F_A = 185.31\ \text{kgf}$
    $F_B = -14.45\ \text{kgf}$
16. $F_x = -243.56\ \text{kgf}$
    $F_y = -57.55\ \text{kgf}$
17. $F_x = -62.19\ \text{kgf}$
    $F_y = 25.76\ \text{kgf}$
18. $P = 79.7\ \text{HP}$

19. $F_{x\text{wall}} = \dfrac{\sqrt{3}}{2}\rho V_1^2$
20. $a = -6.56 \text{ m/s}^2$
21. $F_x = 1384.2 \text{ kgf}$
22. $H = 4.08 \text{ m}$
23. $\mathbf{F} = (-5785.66\,\mathbf{i} + 369.6\,\mathbf{j}) \text{ lb}$
24. $\mathbf{F} = (-4093.56\,\mathbf{i} - 1519.34\,\mathbf{j} + 561.6\,\mathbf{k}) \text{ lb}$
25. $\mathbf{F} = (-6788.57\,\mathbf{i} - 2424.87\,\mathbf{j} + 400\,\mathbf{k}) \text{ kgf}$
26. $\mathbf{F} = (-5070.87\,\mathbf{i} - 1355.44\,\mathbf{j}) \text{ kgf}$
27. $\mathbf{F} = (-0.466\,\mathbf{i} - 0.085\,\mathbf{j}) \text{ kgf}$
28. $\mathbf{F} = (-30921.54\,\mathbf{i} - 3769.92\,\mathbf{j}) \text{ kN}$
29. $F_x = -1599.57 \text{ lb}$
30. $F_x = -1977.47 \text{ lb}$
31. $F_x = -690 \text{ lb}$
32. $F_y = -3763.48 \text{ kgf}$
33. $T = 702 \text{ N}$
34. $M_0 = 504.98 \text{ kgf}$
35. $T_t = 4786.69 \text{ kN}$
36. 생략

제7장

1. $y = 0$일 때

$$\frac{d}{dl}(p + \gamma h) = \left(\frac{\mu V}{B} - \tau_B\right)\frac{2}{B}$$

$y = B$일 때

$$\frac{d}{dl}(p + \gamma h) = \left(\tau_B - \frac{\mu V}{B}\right)\frac{2}{B}$$

$$Q = \frac{VB}{2} - \frac{1}{6\mu}\left(\tau_B - \frac{\mu V}{B}\right)B^2$$

2. $Q = 0.2246 \text{ in}^3/\text{s}$, $F_D = 13.42 \text{ lb}$

$F = 225.5 \text{ lb}$

3. $F = 212.377 \text{ lb}$
4. $\tau = 333.3 \text{ N/m}^2$
5. $\mu = 1.743 \times 10^{-3} \text{ N} \cdot \text{s/m}^2$
6. $F = 33.964 \text{ lb/ft}$, (1)에서 (2)로 작용
7. $Q = 2.5 \times 10^{-5} \text{ ft}^3/\text{s}$
8. $H/L = 0.462$

$Q = 1.4 \times 10^{-5} \text{ m}^3/\text{s}$

9. $H = 199.68 \text{ m}$
10. $Re = 1.49 \times 10^6$
11. (2)에서 (1)로 유동,

$Q = 2.56 \times 10^{-5} \text{ m}^3/\text{s}$

$Re = 66.53$

12. $\mu = \dfrac{\pi D^4 \gamma H}{128 LQ}$
13. 생략
14. $u = 1.94 \text{ m/s}$, $\tau = -0.64 \text{ N/m}^2$
15. $\tau = -1.8 \text{ N/m}^2$

$Q = 5.4 \times 10^{-6} \text{ m}^3/\text{s}$

16. (a) $\tau = \dfrac{\partial p}{\partial x} y$

(b) $\tau_{\max} = -8.3 \times 10^{-3} \text{ lb/ft}^2$

17. $dp/dx = 93.8 \text{ Pa/m}$
18. $\tau_W = 3.92 \text{ N/m}^2$

$Q = 7.34 \times 10^{-4} \text{ m}^3/\text{s} \cdot \text{m}$

19. $r = 0.707R$

제8장

1. $d = 0.3072 \text{ m}$
2. $h = 72.8 \text{ m}$

3. $l = d/\lambda$, $l = 9.667\ \mathrm{m}$
4. 층류유동
5. (a) $v = 2.694\ \mathrm{m/s}$
   (b) $\tau_0 = 2.5\ \mathrm{kgf/m^2}$
   (c) $W = 1.57\ \mathrm{kgf \cdot m}$
6. $Q_2/Q_1 = 0.882$
7. $v = 1.73\ \mathrm{m/s}$
   $Q = 0.054\ \mathrm{m^3/s}$
   $9.82\ s^{-1}$
8. $d = 5.72\ \mathrm{mm}$
9. $x = 15.3\ \mathrm{mm}$
10. $Q = 2.45 \times 10^{-3}\ \mathrm{m^3/s}$
    $\lambda = 5.84 \times 10^{-4}$
11. $\lambda = 0.043$
12. $dp = 16.04\ \mathrm{N/m^2}$
13. 단면적 $a \times b = 57.34\ \mathrm{cm} \times 28.67\ \mathrm{cm}$
14. $Q_2/Q_1 = 0.971$
15. $\lambda_D = 0.0225$
    $\lambda_m = 0.0746$
16. $\Delta p = 0.047\ \mathrm{lb/ft^2}$
17. $\bar{u}_{y=5} = 32.81\ \mathrm{m/s}$
    $\bar{u}_{y=2} = 28.79\ \mathrm{m/s}$
18. $\tau_0 = 142.6\ \mathrm{kgf/m^2}$
19. $h = 34.64\ \mathrm{ft}$
20. (a) $h = 78.01\ \mathrm{m}$
    (b) $dp = 74294.8\ \mathrm{Pa}$

제9장

1. $\alpha = 7°$, $L = 41.54\ \mathrm{HP}$
2. $Q = hu_{\max}\left(-\frac{Ah^2}{12} + \frac{Bh}{4} + C\right)$
3. $x = 0.2385\ \mathrm{m}$
4. $A = U_0$, $B = \frac{\pi}{2\delta}$, $C = 0$
5. 생략
6. $dp = 48.0168\ \mathrm{kPa}$
7. $\frac{\delta_1}{\delta} = 0.363$, $\frac{\delta_2}{\delta} = 0.137$
8. $\delta = 0.0134\ \mathrm{m}$, $\tau_w = 0.0147\ \mathrm{N/m^2}$
   $L = 2.59 \times 10^{-4}\ \mathrm{HP}$
9. $x = 6.06\ \mathrm{m}$
10. $x = 2.71\ \mathrm{ft}$
11. $\delta = 0.014\sqrt{x}\ \mathrm{ft}$
    $\tau_s = \frac{0.23}{\sqrt{x}}\ \mathrm{lb/ft^2}$
12. $\delta = 0.006\ \mathrm{ft}$, $x = 0.87\ \mathrm{ft}$
    $\tau = 0.045\ \mathrm{lb/ft^2}$
13. $F_{sl} = 0.311\ \mathrm{lb}$

제10장

1. $d = 1.28\ \mathrm{ft}$
2. $v_m = 23.24\ \mathrm{m/s}$
3. $l_m/l_r = 1/9$
4. $\alpha = 1.247$
5. $Q = c\frac{\Delta p}{l}\frac{d^4}{\mu}$
6. $Q = \sqrt{g}H^{\frac{5}{2}}f_1(V_1/\sqrt{gH}, \phi)$
7. $\frac{\Delta h}{l} = f(R)\frac{1}{D}\frac{V^2}{2g}$
8. $\frac{F_t}{\rho V_0 D^2} = f\left(\frac{V_0}{D_w}, \frac{V_0 D\rho}{\mu}, \frac{V_0}{\alpha}\right)$

9. $V_a = 31.9 \sim 79.79$ m/s
10. i) $\dfrac{\rho V^2}{\Delta p}$, ii) $\dfrac{Fg^2}{\rho V^6}$, iii) $\dfrac{t\Delta p}{\mu}$
11. rad = [−], $\omega = [T^{-1}]$
$L = [ML^2T^{-3}]$, $W = [ML^2T^{-2}]$
$T = [ML^2T^{-2}]$, $M_m = [ML^2T^{-1}]$
12. rad = [−], $\omega = [T^{-1}]$
$L = [FLT^{-1}]$, $W = [FL]$
$T = [FL]$, $M_m = [FLT]$
13. $f\left(\dfrac{\Delta h}{l}, \dfrac{\mu D}{Q\rho}, \dfrac{Q^3 g \rho^5}{\mu^5}\right) = 0$
14. $F = f(\mu Vd)$ 또는 $\dfrac{F_D}{\mu Vd} = C$
15. $\dfrac{u}{U_0} = f\left(\dfrac{U_0 x\rho}{\mu}, \dfrac{\tau_0}{\rho U_0}, \dfrac{y}{x}\right)$
16. $\dfrac{T}{\rho D^2 V^2}$
$= f\left(\dfrac{VD\rho}{\mu}, \dfrac{V}{ND}, \dfrac{gD}{V^2}\right)$
17. $\alpha = 0.94$
18. $V_r = 3.162$ m/s
19. $Q_m = 7.98\ \mathrm{m^3/s}$
20. $(F_D)_r/(F_D)_m = 8 \times 10^{-3}$
21. $\Delta p_{\mathrm{gas}} = 0.465\ \mathrm{kgf/cm^2}$
22. $l \times b = 3.623$ m × 0.725 m
$(F_D)_r = 3.61$ N
23. $V_w = 214.3$ m/s
24. $V_r = 1.79$ m/s
25. $V_m = 918$ m/s, $V_r = 1020$ m/s
26. $(F_D)_r = 5.038$ N
27. $\rho_m = 7.48\ \mathrm{kg/m^3}$
28. $V_a = 221.7$ ft/s
29. $V_r = 2.4$ m/s, $\Delta p_r = 11.03$ kPa
30. $V_a = 15.5$ m/s, $\Delta p_w = 7.48$ kPa
31. $Q_m/Q_r = 1/10$, $\Delta p_r = 2.0$ kPa
32. $F_L = 26$ kN
33. $D = 1.10$ mm
34. $Q_r = 933.12\ \mathrm{m^3/s}$, $t_r = 6$분
35. $V_m = 0.23$ m/s, $t_m = 36.4$분

제11장

1. $d = 0.524$ m
2. $\Delta p = 2.51\ \mathrm{kgf/cm^2}$
3. $Q = 0.047\ \mathrm{m^3/s}$, $H = 16.2$ m
4. $H_L = 0.5$ m
$Q = 8.14 \times 10^{-5}\ \mathrm{m^3/s}$
5. $Q = 0.0134\ \mathrm{m^3/s}$, $\bar{u} = 1.7$ m/s,
그림 생략
6. $Q = 0.087\ \mathrm{m^3/s}$
$u_{\max} = 88.54$ m/s
7. $\tau_{y=r_0/2} = 0.0625\ \mathrm{kgf/m^2}$
8. $\lambda = 0.0203$
9. $\Delta p/l = 5.2\ \mathrm{kgf/m^2}$
10. $Q = 6.5 \times 10^{-3}\ \mathrm{ft^3/s}$
11. $d = 0.166$ m
12. $\Delta p = 15.9$ kPa
13. $h = 44.6$ m
14. $l = 46.4$ m
15. $Q = 350$ gals/min
16. $h = 15.2333$ m, $L_p = 5.97$ kW
17. $p_2 = 975.3$ kPa
18. $d = 49.1$ cm

19. $p_A = 568.05$ kPa
20. B에서 A로 유동, $Q = 8.73$ ft^3/s
21. $Q = 0.0134$ m^3/s
22. $L_p = 56.619$ kW
23. $d = 0.108$ m
24. $Q = 3.236$ ft^3/s
25. $t = 1.85$분
26. $L_p = 62174.12$ kW
27. $Q = 9.54$ ft^3/s
28. $z_A = 122.34$ m
29. $Q_A = 0.82$ m^3/s
    $Q_B = 0.38$ m^3/s
30. $Q_1/Q_2 = 1.76$

제12장

1. $Q = 66.78$ ft^3/s
2. $y_0 = 11.21$ ft
3. $y = 3.92$ ft
4. $Q = 76.032$ m^3/s
5. $Fr = 0.608 < 1$(아임계 유동)
6. $B = 21.16$ ft, $y_0 = 10.58$ ft
7. $y_c = 4.9084$ ft, $i_c = 0.00315$
8. 아임계 유동, $i_c = 0.00623$
   $i = 0.000567$
9. $Q = 2.44$ m^3/s
10. $B \times H = 3.65$ m $\times 1.825$ m
    $i = 0.00116$
11. $Fr = 2.062 > 1$(초임계 유동)
    $y_c = 0.97$ m
12. $Q = 13.83$ m^3/s
13. $i = 2.49$
14. $y_c = 0.588$ m
15. $i = 3.86 \times 10^{-4}$
16. $i = 11.85 \times 10^{-4}$
17. $Q = 807.54$ ft^3/s, $v = 6.26$ ft/s
18. $Q = 1.363\, y^{5/2}$
19. $y_c = 1.267$ m, $v_c = 3.157$ m/s
    $i_c = 0.00332$
20. $y = 0.166$ m
21. $L_t = 1232$ kW
22. $\tau_0 = 0.0587$ kgf/m^2
23. $v_c = 6.158$ ft/s, $i_c = 0.00361$
    $Q_c = 21.753$ ft^3/s
24. $Q = 94.617$ m^3/s
25. $L_1 = 3775.5$ HP
26. $L_t = 8241.48$ HP
27. $y_2 = 0.266$ m
28. (a) $y_2 = 6.745$ m
    (b) $h = 7.028$ m
    (c) $V_1 = 4$ m/s, $V_2 = 0.593$ m/s
29. $y_2 = 2.22$ m
30. $y_2 = 1.89$ m
31. $h_L = 1.825$ ft, $L_l = 3.727$ HP
    $F_x = 571.62$ lb

제13장

1. $a = 1005$ m/s
2. $a = 348.78$ m/s
3. $a = \sqrt{RT}$
4. $a = 340$ m/s

5. $M = 1.33$
6. $a = \sqrt{K/\rho}$
7. $V = 205.32$ m/s
8. $M = 3.8$, $p = 32.794$ kPa
   $T = 89.95$ K, $V = 722.4$ m/s
9. $\dot{m} = 6.02$ kg/s
10. $\dot{m} = 4.398$ kg/s
11. $\dot{m} = 0.067$ kg/s
12. $F_D = 18.05$ N
13. $F_D = 3.51$ N
14. $M_2 = 0.67$, $p_2 = 309.6$ kPa(abs)
   $T_2 = 399.6$ K
15. $P_{t_1} = 467.5$ kPa, $P_{t_2} = 418.3$ kPa
16. $\Delta s = 31.9$ J/kg · K
17. $A = 5.56 \times 10^{-4}$ m^2
   $\Delta h = -90$ kJ/kg
   $\Delta u = -64.44$ kJ/kg
   $\Delta s = -0.274$ kJ/kg · K
18. $L_{max} = 124.23$ m
19. $V_1 = 70.94$ m/s
   $P_1 = 98.36$ kPa(abs)
20. $M = 0.32$
21. $p = 500$ kPa
22. $M_2 = 0.617$, $p_2 = 246$ kPa
   $\Delta s = 61.7$ J/kg · K
23. $M_2 = 0.46$, $p_2 = 473$ psia
   $T_2 = 1017$°F
24. $V_1 = 1134$ m/s
25. $\dot{m} = 0.399$ kg/s
26. $\dot{m} = 0.321$ kg/s
27. $\dot{m}_1 = 0.129$ kg/s
   $\dot{m}_2 = 0.396$ kg/s
28. $A/A^* = 4.235$, $p_0 = 58.78$ psia
   $T_0 = 28$°F
29. $A_e/A^* = 3.83$, $A_T = 3.54$ cm^2
30. $\Delta s = 4392$ J/kg · K
31. $M = \sqrt{2}$, $A/A^* = 1.123$
32. $M_3 = 0.336$, $P_t = 499$ kPa
   $p_3 = 461$ kPa
33. $l = 126$ ft, $p^* = 4.68$ psia
34. $\overline{\lambda} = 0.0182$
35. $p_1 = 113$ kPa, $V_1 = 44.2$ m/s
   $\rho_1 = 1.37$ kg/m^3

제14장

1. $Q = 0.2566$ l/s
2. $Q = 0.0366$ m^3/s
3. $v = 13.86$ m/s
4. $Q = 4.086 \times 10^{-3}$ m^3/s
5. $C_v = 0.957$, $h_L = 0.488$ m
6. $C_v = 0.922$, $C_c = 0.751$
   $C_D = 0.692$
7. $\overline{V} = 6.06$ m/s, $Q = 0.274$ m^3/s
8. $Q = 0.032$ m^3/s
9. $v = 10.998$ m/s
10. $p_0 = 1348$ kgf/cm^2
11. $h = 0.0167$ in(Hg)
12. $Q = 0.115$ m^3/s
13. $d = 54.4$ cm
14. $Q = kD^2\sqrt{\Delta p/\rho}$

15. $h = 0.76\ \text{m(Hg)}$
16. $d = 0.906\ \text{m}$
17. $Q = 0.0044\ \text{m}^3/\text{s}$
18. $Q = 0.247\ \text{m}^3/\text{s}$
19. $Q = 0.238\ \text{m}^3/\text{s}$
20. $Q = 1.322 \times 10^{-3}\ \text{m}^3/\text{s}$
21. $h = 9.5\ \text{m}$
22. $C_D = 0.373$
    $\rho_s = 865.4\ \text{kg/m}^3$
    $v_w = 2.379\ \text{m/s}$
23. $D_0 = 232\ \text{mm}$
    $\dot{m}_{\text{min}} = 6.636\ \text{kg/s}$
24. $Q = 1.27\ \text{m}^3/\text{s}$, $h_m = 0.26\ \text{cm}$
25. $\mu = 0.0695\ \text{N} \cdot \text{s/m}^2$

찾아보기

(ㅈ)

(ㅊ)

(ㅋ)

(ㅌ)

(ㅍ)

(ㅎ)